复杂难动用油气藏
压裂技术及案例分析

蒋廷学　编著

中国石化出版社

内容提要

该书针对国内近期大量出现的疑难复杂井层特点，如特殊岩性（砾岩、碳酸盐岩、火山岩、煤层、页岩）、复杂岩性、复杂断块、天然裂缝、低孔特低渗、低压、多薄层、单薄层、距离边底水近等，再结合国内外最新压裂技术的发展成果，从国内复杂难动用油气藏的储层特征评价、岩石破裂及复杂裂缝的延伸规律、低伤害压裂液及高性能支撑剂优选、压裂酸化优化设计新方法及新工艺、配套的分层/分段改造工具、现场实施控制、压后评估分析以及典型案例分析等方面，全面、深入、系统地展示了复杂难动用油气藏水力压裂改造技术的最新研究成果，对现场压裂工程师及大专院校学生，都具有重要的指导和借鉴价值。

图书在版编目（CIP）数据

复杂难动用油气藏压裂技术及案例分析/蒋廷学编著.
—北京：中国石化出版社，2017.6
ISBN 978-7-5114-4428-8

Ⅰ.①复…　Ⅱ.①蒋…　Ⅲ.①低渗透油气藏-压裂-技术　Ⅳ.①TE357.1

中国版本图书馆 CIP 数据核字（2017）第 082340 号

中国石化出版社出版发行

地址:北京市朝阳区吉市口路 9 号
邮编:100020　电话:(010)59964500
发行部电话:(010)59964526
http://www.sinopec-press.com
E-mail:press@sinopec.com
北京科信印刷有限公司印刷
全国各地新华书店经销

*

787×1092 毫米 16 开本 30 印张 760 千字
2017 年 9 月第 1 版　2017 年 9 月第 1 次印刷
定价:118.00 元

序

目前，复杂难动用油气藏勘探与开发的比例越来越高，在许多油区甚至达到70%以上。这些复杂难动用油气藏包括特低渗油气藏、特殊岩性油气藏、复杂岩性油气藏、深层与超深层油气藏、单薄层与多薄层油气藏，以及凝析油气藏等。显然，上述复杂难动用油气藏如不经过储层改造，一般不具有经济开发价值。

但由于储层本身的特殊性与复杂性，上述油气藏的储层改造技术没有成熟的经验和模式可供借鉴，因此，必须针对储层的特点开展针对性的研究，提出与储层特征适应性最好的储层改造技术一体化解决方案，才能最大限度地挖掘储层的增产和稳产潜力。国内外矿场实践已经证明，最先进的储层改造技术不一定是最优的，只有适应储层特征的技术才是最实用的技术。

储层改造技术从20世纪40年代末诞生以来，已经历了70年的发展历程，并发生了翻天覆地的变化。从早期的解堵性压裂，发展到后来的大型压裂、端部脱砂压裂及高通道压裂，压裂针对的渗透率范围大幅度拓展；从直井单层压裂，发展到直井多层压裂、大斜度井分层压裂和水平井分段压裂，压裂面对的井型逐渐增多；从单井压裂，发展到整体压裂、开发压裂及井工厂多井同步压裂，压裂酸化技术从战术性增产增注手段发展成为油气田开发的战略性技术；尤其是页岩气水平井体积压裂技术的革命性突破，压裂设计理念也从原先的单一裂缝向复杂裂缝和体积裂缝转变。但不管怎么变化，压裂酸化的目标都是在目的层内实现最大的有效裂缝改造体积，只是针对不同的复杂难动用油气藏而言，具体的工艺实现的模式及参数有针对性不同而已。

鉴此，作者从复杂难动用油气藏的压前评价、岩石破裂及裂缝延伸规律、低伤害压裂液及高性能支撑剂优选、压裂酸化优化设计新方法、现场应用新工艺、配套的分层/分段改造工具配套、现场实施控制技术、压后评估以及各种复杂难动用油气藏的压裂酸化改造实例分析等方面，全面、深入、系统地展示了储层改造技术的最新进展，反应了作者 26 年来一直从事储层改造技术研究与应用的精华，是一本难得的力作，可供大专院校及现场工程师们参考。

中国工程院院士：[signature]

前　言

随着勘探开发进程的加深，复杂难动用油气藏的占比越来越多。所谓复杂难动用油气藏，就岩性而言，主要指有别于砂岩的碳酸盐岩、火山岩、页岩、煤岩、泥灰岩、砂砾岩等特殊岩性油气藏以及砂岩、碳酸盐岩与黏土各占三分之一左右的复杂岩性油气藏；就渗透性而言，主要指低孔特低渗、特低孔超低渗及致密油气藏；就埋深而言，主要有深层、超深层油气藏；此外，还有薄(互)层、低压、凝析气及含边底水油气藏等；就井型而言，主要指水平井、大斜度井及分支井等。

上述复杂难动用油气藏一般都需要进行压裂改造以获得经济开发效益。但由于其岩性、物性、电性、含油(气)性等都呈现出一定程度的特殊性与复杂性，导致储层的增产潜力及裂缝的起裂与扩展规律等都与常规砂岩油气藏有明显的差异。砂岩压裂大家较为熟悉，自不必多说。碳酸盐岩压裂主要在孔隙型碳酸盐岩中进行，因裂缝性、缝洞型碳酸盐岩的滤失太大，且高角度天然裂缝普遍存在，也易引起缝高的失控，此时，纵向地应力的差异也处于次要地位了。另外，碳酸盐岩在模拟地层条件下杨氏模量较高，也使得造缝宽度降低。这些因素都会引起碳酸盐岩井层压裂的难度和砂堵风险增大。火山岩在不同的火山相带，如溢出相、喷发相等，孔隙结构、岩石力学、地应力及天然裂缝发育程度等都不尽相同。但压裂滤失大、近井裂缝弯曲摩阻高、易形成人工多裂缝等现象都较为常见。页岩一般为纳米级孔喉结构，基质几乎没有渗透性，渗透率较常规砂岩低3~4个数量级。孔隙中有机孔隙占有相当的比例，有的甚至达一半以上。此外，水平层理/纹理缝相对发育，且天然气的赋存状态复杂，游离气与吸附气共存。脆性好的页岩易形成复杂的网络裂缝形态，可极大提高裂缝的改造体积，而塑性强的页岩仍易形成单一缝为主导的裂缝系统。煤层的杨氏模量一般在10000MPa以下，有的低阶煤甚至只有3000MPa左右，因此，支撑剂的嵌入问题非常严重。此外，煤岩的面割理和端割理较为发育，易发生过液不过砂的现象。煤粉也是压裂中易发生的问题，易引起支撑裂缝带的堵塞效应。泥灰岩是指黏土含量在20%~30%的石灰岩，既有常规碳酸盐岩特征对压裂造成的难题，又有黏土带来的难题，如塑性强，易发生水化膨胀等，堵塞主裂缝通道。砂砾岩是指常规砂岩和砾岩的复合体，有的砾岩内含碳酸盐岩成分。砾岩的存在，一是增加了岩石强度，使压裂施工压力升高，二是不同粒径的砾岩颗粒的存在，可能改变主裂缝延伸过程中的轨迹，甚至引发裂缝的转向。此时，非常容易引发压裂的砂堵现象。对于砂岩、碳酸盐岩及黏土各占三分之一左右的复杂岩性而言，既有常规砂岩对压裂的影响，又有碳酸盐岩对压裂的影响，再掺杂黏土的影响，使得复杂岩性油气藏的水力压裂面临多方面的问题，既有造缝宽度窄的问题，也有滤失大的问题，还有黏土膨胀堵塞主裂缝通道的问题。对低孔特低渗或特低孔超低渗油气藏压裂而言，往往需要大型压裂以极大地提高裂缝的改造体积，但压裂液规模的提高，可能造成裂缝高度的失控、远井裂缝纵向支撑效率低、压裂液滤失伤害大及难以实现复杂裂缝等问题，导致压后产量递减迅速。对深层/超深层油气藏而言，随油气藏埋深的增加，温度和压力普遍增加，导致井筒摩阻高，压裂施工排量受限，地应力及杨氏模量高，造缝宽度窄，岩石塑性增强，裂缝起裂与延伸更为困难。这些都容易导致压裂时发生砂堵、加砂规模小、裂缝导流能力低且递减快等难题。对薄层压裂而言，缝高容易失控，尤其在缝高更易下延的情况下，易造成无效的造缝和无效的支撑问题，也使压裂成本支出居高不下。对多个薄砂层与泥岩交互的薄(互)层压裂而言，直井压裂问题相对少些，对水平井的多层压裂而言，难度和挑战极大。此时要实现水平井的穿层压裂，可能穿透中间的泥岩隔层，但其过液不过砂的特性，决定了支撑剂很难被有效运移和铺置于上下储层里去，实际对产量有贡献的还是在水平井筒中穿行的砂层。对低压气藏压裂而言，最大的问题是压裂液的滤失大，主裂缝净压力难以提升，进而也难以形成复杂裂缝形态。同时，压后压裂液的返排困难，可能因返排率低，造成井筒和裂缝内的液相聚集和液锁伤害等问题。对凝析气藏压裂而言，关键是如何实现全尺度裂缝系统内的高通道压裂，使凝析气藏的流动阻力最小化，使得在压后相对较长的时间内，避免凝析油的出现。对于边底水油气藏而言，压裂的主要问题是如何避免压开水层，即使压开水层后，又如何避免支撑裂缝与水层的沟通。

以上主要就油气藏的不同类型对压裂带来的关键问题进行了扼要的阐述。而就井型而言，大斜度井及水平井与直井压裂也有很大的不同。直井螺旋式射孔最终基本是一条主裂缝延伸，即使发生近井裂缝弯曲摩阻也不影响最终的主裂缝延伸。大斜度井及水平井的各个孔眼独立起裂和延伸裂缝，相互之间难以像直井那样在垂向上重叠为一条主裂缝。但由于储层介质的强非均质性，总有部分孔眼处的储层要么地应力低，要么天然裂缝发育，这些孔眼处的裂缝起裂与延伸得较为充分，一旦这些大裂缝形成，则在大裂缝延伸过程中会产生较大的诱导应力作用，此诱导应力叠加在水平两向应力方向上，且在最小水平主应力方向上叠加的诱导应力更大。换言之，随着上述部分大裂缝的延伸，其诱发的应力叠加到垂直于裂缝面的方向上，使临近的正在扩展的小裂缝承受更大的应力挤压效应，最终可能极大地制约甚至抑制临近区域小裂缝的继续延伸。此时，进液方式由先前的所有孔眼以接近均匀的流量进液改变为仅从部分大裂缝处的孔眼进液，因此，此时的单孔进液流量势必增加，孔眼摩阻也会相应地增加，如处理不好，会发生支撑剂的进缝阻滞甚至诱发早期砂堵效应。

近年来，随着水平井分段压裂技术和页岩气体积压裂技术的兴起及其示范引领，上述复杂难动用油气藏的压裂技术水平及压后效果等都得到了较大幅度的提升，但仍有不少井层压后效果不尽人意，且压后产量递减速度也相对较快，需要进一步研究改进。但万变不离其宗，所有复杂难动用油气藏的压裂都可借鉴页岩气体积压裂的思路，即目标函数是有效裂缝改造体积(ESRV)的最大化。这可分为两个层次，一是裂缝改造体积的最大化，主要通过裂缝布局、缝间距及裂缝半长等的优化，获得最大的裂缝波及面积和波及体积；同时，通过增加裂缝的复杂性程度，如促使裂缝转向或有天然裂缝沟通形成的分支缝，以及与分支缝沟通的尺度更小的微裂隙系统等。以往常规的压裂施工，压裂液的黏度基本恒定，且一般为高黏度压裂液，这对降低压裂液滤失，提高造缝效率是有利的，但一般只利于形成大尺度的主裂缝，小尺度的次级裂缝难以形成，即使形成了，因压裂液的黏度高也难以有效地进行沟通和延伸。二是有效裂缝改造体积的最大化，有效二字主要体现在支撑剂的有效输送和铺置上。可通过支撑剂粒径及占比等的优化，实现不同尺度裂缝系统的饱填砂目标。以往单一粒径支撑剂的做法，只能充填主裂缝，对裂缝尺度小于主裂缝的众多次级裂缝而言，随压后流压的降低会快速趋于闭合，极大制约了压后效果及有效期。

同样是追求有效裂缝改造体积的最大化，页岩气的压裂模式是大液量、大排量、低砂液比等，这对水平层理/纹理异常发育的页岩而言是合适的，但对砂岩尤其是薄层砂岩而言则是不合适的，因砂岩的水平层理/纹理几乎不发育。因此，如盲目照搬页岩气的压裂模式，则非但实现不了体积压裂的目标，反而可能由于缝高的失控，与预期目标背道而驰。过去有的砂岩油气田水平井分段压裂施工，也模仿页岩气的做法，提出“万方液，千方砂”的技术模式，压后效果也不尽人意。究其原因，可能正是由于缝高的失控造成的。

此外，复杂难动用油气藏的压裂砂堵风险也是非常高的，造成砂堵的原因主要是造缝宽度窄，难以容纳特定支撑剂浓度的携砂液通过。造缝宽度窄的原因有压裂液滤失大、缝高失控、地应力高、杨氏模量高及多裂缝等。此外，黏土含量高时，黏土膨胀也会使造缝宽度变窄。井型也是重要的影响因素，如大斜度井压裂时，近井裂缝弯曲摩阻高，也容易出现支撑剂段塞施工时出现的砂堵异常情况。

本书针对不同复杂难动用油气藏的特点及应用的水力压裂新技术进行了回顾和总结，内容涵盖压前储层评价、裂缝起裂与扩展规律、压裂液、支撑剂、压裂优化设计、工艺新技术、压裂压力分析、裂缝诊断及压后评估技术等，最后通过对不同复杂难动用油气藏的实例进行剖析，其中，既有成功的案例，也有失败的案例，尤其通过压裂施工压力曲线特征及G函数等的分析，对其反应的储层特性及变化，裂缝特性参数等进行系统梳理分析，对下步工作有较强的现实指导性，尤其对压裂现场工程师具有一定的借鉴作用。

全书由蒋廷学总体策划和审校，吴峙颖进行了全书的汇总、校核和排版。具体分工为：前言及绪论由蒋廷学编写；第一章由肖博、左罗、苏瑗编写；第二章第一节由肖博、苏瑗编写；第二节由刘建坤编写；第三节由王海涛编写，第四节由蒋廷学编写；第三章第一节和第二节由周健编写，第三节由周珺、刘建坤及李双明编写；第四章第一节由贯文峰编写，第二节、第三节、第四节由魏娟明编写，第五节由黄静编写，第六节、第七节、第八节由杜涛编写，第九节由侯磊编写，第十节由陈晨编写；第五章第一节、第二节、第三节、第四节由张旭编写，第五节、第六节、第七节由蒋廷学编写，第八节由周林波编写，第九节由侯磊编写，第十节由周林波编写，第十一节由王海涛编写；第六章第一节由刘世华编写，第二节由周林波编写，第三节、第四节、第五节由卞晓冰编写；第七章第一节、第二节、第三节、第四节、第五节、第六节由蒋廷学编写，第七节由周珺编写，第八节、第九节由孙海成编写，第十节由李双明编写，第十一节由李奎为编写；第八章第一节、第二节由蒋廷学编写，第三节、第四节、第五节由李洪春编写，第六节、第七节、第八节由李奎为编写；第九章第一节由杜涛编写，第二节、第三节由王海涛编写；第十章第一节、第三节由李双明编写，第二节由卞晓冰编写，第四节由王海涛编写；第十一章第一节、第二节、第三节、第五节由蒋廷学编写，第四节由张旭编写；第十二章第一节、第三节、第六节、第七节、第八节、第十节、第十四节由蒋廷学编写，第九节由吴峙颖编写，第二节、第十三节由周林波编写，第四节由曲海编写，第五节由李双明编写，第十一节、第十二节由刘建坤编写，第十五节由吴春方编写，第十六节由周珺编写。

由于编者水平有限，时间仓促，各种错误和疏漏在所难免，恳请各位压裂同行多多批评与指正。

目　录

绪　论

一、常规水力压裂的作用及基本原理

（一）水力压裂的作用

众所周知，水力压裂是油气田开发中的主要增储、增产、增注手段，目前已广泛应用于油气勘探开发的各个阶段[1]。探井需要水力压裂以增加储量品质及加深对地层的认识。探井压裂的目标是在低伤害的前提下进行大型压裂以沟通有效的储集体，进而实现储层生产潜力的最大挖掘。以前的探井一般为直井，目前已发展为水平井。开发井的早期投产阶段，特别是低渗特低渗油气藏，都需要先压裂然后再正常投产，此时压裂的目标是长缝和中低裂缝导流能力。如中国石油的长庆油田及中国石化的华北油气分公司的几乎所有井都需要压裂后再投入生产或注入。中高渗储层也需要压裂，虽然压裂的增产倍数相对较低，但单井压裂后的绝对增产量是相当可观的。只是压裂的目标与低渗特低渗油气藏相比，追求的是高导流的相对短缝。到开发的中后期，随着油气井单井产量的递减，到一定时间后必然需要进行重复压裂以恢复或增加单井产能。

同样地，水井也需要压裂以实现增注的目的[2]。与油气井压裂不同，水井压裂一般追求短缝和适度的裂缝导流能力。一般采取小型压裂，有时甚至不加支撑剂。主要原理是水力裂缝面的凸凹度不同，即使不加支撑剂，裂缝也难以完全闭合，在一定闭合压力条件下，可以提供相对高的裂缝导流能力，且由于流动方式与油气井正相反，井底一直有相对较高的注入压力，也使水井的裂缝难以完全闭合。

水力压裂还是油气藏管理的重要手段，尤其对多层非均质性油气藏而言更是如此。水力压裂对某个单层而言，是加剧了层内的非均质性，因水力裂缝内的支撑剂渗透率是储层基质的数千倍甚至数万倍以上，但对多层油气藏而言，正是水力裂缝的纵向贯通作用，将多个油气层有效连接起来，各个油气藏的流体先从水平方向流向上述纵向贯通的水力裂缝，然后从此裂缝内再统一流向井底。换言之，水力裂缝的纵向沟通作用，使原先非均质性较强的多个油气层成为一个整体，可作为一个统一的开发单元，因此从这个角度讲，水力压裂也是油气藏管理的重要手段。

水力压裂不但是常规油气藏开发的重要手段，还是页岩气、干热岩等非常规油气藏的主要开发手段[3]。可以说，水力压裂技术具有不可替代的作用。连国际主流压裂专家也认为：当其他手段无效时，就尝试水力压裂技术吧。

水力压裂的基本作用原理是利用高压流体将地层破裂和延伸形成一条主裂缝通道，然后注入一定浓度的支撑剂，使张开的裂缝不再闭合。这样就使原先的地层径向流转变为两个线性流，即从地层线性地流向裂缝，再从裂缝线性地流向井底。线性流方式较原先的径向流模式能大幅度降低渗流阻力，从而能极大地提高油气井的产量。目前的主流观点还认为，水力压裂不但能增加油气井的产量，还可提高油气藏的采收率。

（二）水力压裂的基本原理

水力压裂的基本过程有三个，一是岩石的破裂和造缝阶段；二是支撑剂的携砂阶段；三是顶替阶段。

在破裂阶段，有张性破裂、剪切破裂和撕裂性破裂（既有张性破裂也有剪切破裂）三种模式。至于到底能形成哪种破裂模式，主要取决于岩石的脆塑性特征、三向应力状态、压裂液黏度及排量等参数的综合影响。破裂的机理有流体渗吸涨破（渗透性好的储层）和弯曲变形破裂（渗透性极差的页岩）等[4]。而且，破裂时有小破裂、多次破裂及大破裂等形式，矿场上追求的应是最终能形成大的裂缝通道的大破裂形式，才能确保后续的正常施工和支撑剂的顺畅加入。一般而言，脆性好的地层（石英等脆性矿物含量高）一般会发生多次破裂形式，而塑性强的地层（黏土含量高或高温高压深井地层）不易观察到明显的破裂特征。

在破裂后的前置液造缝阶段，主要应用高黏度的压裂液以提高造缝效率。此阶段的压裂液一般称为前置液。前置液的作用除了造缝外，还有降低地层温度的作用。一般前置液新造缝后，就会发生新延伸裂缝的初滤失和综合滤失，新开缝的滤失一般是最大的，随着裂缝不断往前延伸，更新的裂缝随时产生，以前产生的裂缝逐步变为老裂缝。由于综合滤失主要取决于综合滤失系数，此系数与压裂液经过的时间的平方根成反比。换言之，随着压裂施工时间的增长，越靠近井筒的裂缝壁处的滤失量越小，前置液在垂直于裂缝壁的区域形成了一个楔形的滤失带，近井筒裂缝滤失带最深，该滤失带起到阻滞作用，阻止后续压裂液的滤失。因此，越后注入的压裂液，其滤失量越小，则越有机会快速推进到前置液的造缝前缘继续造新缝，直至造缝半长达到设计的预期要求为止。

前置液量的设计至关重要。前置液量过大或过小都易产生严重的危害。如前置液量过大，则在压裂停泵后，裂缝还要继续延伸，则会发生停泵后支撑剂的再次运移分布，且随着裂缝在停泵后的继续扩展，会导致裂缝快速闭合，这种情况更糟，此时肯定出现所谓的“包饺子”现象，极大损害了裂缝的近井导流能力和压后产能[5]；反之，如前置液量偏小，则会发生端部脱砂或其他的近井裂缝砂堵现象。这样就要进行冲砂作业，既浪费了施工时间和成本，又容易对裂缝产生预想不到的负面影响。

值得指出的是，在前置液造缝的早期，由于裂缝的几何尺寸及体积相对较小，裂缝内净压力易于积聚，裂缝向前扩展的速度相对较快。随着裂缝尺寸的继续扩大，在同等排量注入条件下，裂缝内净压力的集聚速度就没有早期那么快，裂缝的扩展速度就会相对变慢。而且，由于水平方向的渗透率远高于垂直方向的渗透率，压裂液在裂缝扩展过程中更易于在水平方向延伸。换言之，越靠近裂缝端部位置，缝高的延伸程度越小。这对需要大型压裂的低渗特低渗油气藏而言尤为重要，可能因为上述缝高的延伸特性，导致远井地带的裂缝难以彻底沟通纵向上的储层，从而导致压后效果不尽人意。

在携砂液阶段，其主要任务是将一定浓度的支撑剂运移到裂缝的特定位置。由于滤失的上述特性，携砂液的运移速度明显快于前置液的运移速度，因此，支撑剂会随着携砂液快速运移到裂缝的前缘。在携砂液的早期阶段，一般采用小粒径支撑剂且低浓度的携砂液进行施工，因为该阶段的携砂液一般会最先到达裂缝的端部，而在裂缝端部的缝宽及缝高都相对较小，只有小粒径及低浓度的携砂液才可能正常运移和铺置到裂缝端部。另外，万一设计的前置液量不足，低浓度的携砂液还具有一定的造缝作用，可在一定程度上弥补前置液量的不足。在携砂液的中后期阶段，支撑剂的浓度要逐步增加，因后续支撑剂主要支撑在靠近井筒的裂缝位置，而此处的裂缝宽度是相对最宽的。

在顶替阶段，也是压裂停泵前的最后一道工序。主要目的是将射孔中部位置以上的井筒及地面管线内的高浓度携砂液，全部顶替进裂缝中。从原理上讲，应进行等量顶替，即顶替体积等于地面管线与井筒的容积之和。但对于脆性好的地层而言，压裂停泵后裂缝还要继续延伸一段距离[6]。储层岩石的脆性越好，压裂施工的规模及排量等越高，则压裂停泵后裂缝继续延伸的时间也越长，停泵后新延伸的缝长也越长。此时，需要进行欠顶替设计。欠顶替的量应等于停泵后新延伸的裂缝体积与其在停泵后至延伸停止时的滤失量之和。矿场上有时为操作方便和彻底利用井场上剩余的活性水等材料，一般采用线性胶和活性水混合注入的方式进行顶替作业。

值得指出的是，由于上述的欠顶替量不好准确计算，一般要求顶替液的黏度与最后的携砂液的黏度差要相对较大（如6倍以上），以形成“黏滞指进”效应，万一发生了过顶替现象，因“黏滞指进”作用，顶替液呈指状向前推进携砂液，则井筒处的高浓度的携砂液也有相当的比例滞留于近井筒裂缝处，进而有利于保护近井筒裂缝的高导流能力，这对支撑剖面的控制是极为有利的。室内相关的物模实验结果也证实，只要黏度差达到3～6倍以上，就可发生明显的“黏滞指进”效应。

此外需强调的是，如在顶替结束的瞬间，携砂液已完全进入裂缝内，而此刻的携砂液的前缘又刚好到达前置液的滤失前缘，此时裂缝的支撑剖面是最为科学合理的。即使是脆性好的地层，也难以再发生停泵后的裂缝继续延伸的现象，这是最为理想的情况，但由于现场上各种储层特性参数及其变化具有不确定性，一般很难达到这种极端理想的状况。

二、水力压裂技术的最高境界

无论是探井压裂、开发井压裂及重复压裂，还是直井压裂与水平井压裂，从压裂技术角度而言，如能同时做到或绝大部分做到以下要求，就可认为已基本达到了水力压裂技术的最高境界。该境界包括：低伤害、深穿透、高导流、全悬浮、全压开、转向缝及全尺度裂缝支撑等，下边分别进行阐述。

（一）低伤害

这里的低伤害是广义的概念，既包括常规意义上的储层伤害和裂缝伤害，也包括一切造成不能最大限度地挖掘储层增产潜能的不当措施。

储层伤害包括压裂液的滤液膨胀造成的渗透率的降低、部分滤液中的残渣进入储层基质孔喉降低基质的渗透率（压裂液的残渣粒径分析结果表明，这部分伤害占比较低）、缝壁压实效应（黏土含量高且井底施工压力高的深井易发生）造成的缝壁附近储层的渗透率降低等。考虑到压裂施工过程中裂缝内压力分布的特征，即近井地带裂缝内压力要高于裂缝端部的缝内压力，上述缝壁压实效应可能更多地发生于近井一定范围的裂缝内。

裂缝伤害主要包括裂缝导流能力的伤害，导流能力的伤害又包括压裂液残渣堵塞、未破胶或破胶不彻底造成的裂缝内残胶伤害、因过顶替造成的近井裂缝导流能力的缺失等。

导致不能最大限度地发挥储层潜能的不当措施，主要包括缝高控制不当沟通了邻近的水层及隔层黏土膨胀形成的泥饼回流对裂缝导流能力的伤害、压后返排时机及返排制度控制不当发生的不利支撑剖面对压后产能的影响等。

降低储层伤害的主要手段，从液体方面包括应用低浓度或超低浓度的瓜尔胶压裂液、低伤害的黏弹性表面活性剂压裂液、低分子瓜尔胶压裂液、N_2 或 CO_2 泡沫压裂液及低伤害清洁聚合物压裂液等[7]；从工艺设计方面包括综合降滤失措施，如固体降滤剂、高黏压裂液与低黏压裂液的交替注入等。

降低裂缝导流能力伤害的主要手段，包括合理支撑剂的选用、支撑剂注入程序设计、欠顶替设计及缝内基于温度场的均匀破胶设计等。这里对缝内均匀破胶做出说明，在压裂施工的不同阶段，裂缝内的温度场是不同的，可基于此结果将压裂施工分为几个不同的阶段，每个阶段根据温度场的不同设计对应的压裂液配方及破胶剂追加程序，最终确保压裂返排时，缝内所有的压裂液同时、彻底破胶。

（二）深穿透

深穿透主要指造缝半长和支撑半长都分别达到设计的预期要求，深穿透包括三个层次的要求：一是缝高控制好，严控缝高的失控导致造缝半长及支撑半长的大幅度降低；二是远井地带裂缝在纵向上的扩展相对充分，防止远井缝高延伸的不充分造成裂缝改造面积及体积的大幅减少。这与上述的控制缝高的要求正好相反，但并不矛盾；三是裂缝支撑半长的大幅度增长，要合理设计工艺注入参数和压裂液黏度及支撑剂性能等参数，确保造缝半长被最大限度地利用，最终形成支撑半长的最大化。

控缝高的技术措施又包括两个层次，一是造缝高的控制，主要有变黏度、变排量、控制压裂液总规模、小粒径支撑剂沉降控制缝高的下窜等。此外，上浮剂及下沉剂也是选项之一，关键是注入参数要合理设计，否则，控缝高效果会大打折扣；二是支撑缝高的控制，因万一造缝高控制不好，如何采用合理的措施确保支撑缝高的有效控制是至关重要的[8]。对造缝高主要向上延伸的情况而言，压裂停泵后可适当关井，让支撑剂大部分沉降在中下部的有效储层厚度范围内。对造缝高主要向下延伸的情况，则在压裂停泵后，应通过同步破胶技术的实施，压后立即返排，使缝内的支撑剂还未完全沉降或沉降不多时即控制返排压裂液。只要缝口处的压裂液先返排 $2\sim3m^3$ 后，缝口处的裂缝会优先闭合，由此可带动内部裂缝快速依次闭合。只要缝口处裂缝闭合后，就可加快压裂液的返排速度。此时，就可确保储层有效厚度内的支撑剂最大限度地保留在该有利裂缝区域。

至于变排量、变黏度的控造缝高的技术，也需结合不同储层的特征，合理选择变排量及变黏度的时机及用量[9]。如变排量技术，一旦低排量注入时间短了，起不到控制造缝高的作用，但如低排量的注入时间太长，则后续再提排量时缝高也难以提高。原因在于随裂缝尺寸的增加，再提高排量引起的缝内净压力的提升幅度也相应降低了。此时，造缝高可能只覆盖有效储层厚度的一部分，远井裂缝的高度覆盖程度就更小了，这对裂缝面积及体积的影响是非常大的。

排量与压裂液黏度的组合很关键。一般采用高排量与低黏度的组合，在施工中后期可采用高黏度与高排量的组合，以进一步提升远井裂缝地带的缝高延伸程度[10]。

（三）高导流

高导流主要指主裂缝系统而言的。以前有个误区，认为只有中高渗透率储层才需要高的裂缝导流能力，低渗特低渗透储层则不需要。实际上，即使是低渗特低渗油气藏，也同样需要高的裂缝导流能力。原因在于高导流的人工裂缝，可以极大降低油气的运移距离，也便于降低低渗特低渗储层固有的启动压力的影响。而在压裂后的长期生产过程中，压碎支撑剂颗粒及地层颗粒等，都可能在裂缝中运移堵塞导流能力，尤其是近井筒裂缝导流能力。而随着压后生产的进行，地层压力在一定程度上都降低了，尤其是采用衰竭式开采的气藏更是如此。地层压力的降低会导致闭合压力的降低，进而导致裂缝内的支撑剂更易于被生产流体带出裂缝，这也会使得裂缝的导流能力大幅降低。因此，高导流能力的人工裂缝利于延长压裂的有效周期。

此外，从近期支撑剂指数法优化设计角度而言，也得出同样的结论。

高的裂缝导流能力一般是通过注入高的支撑剂浓度的携砂液来完成的。但这还不够，如其他方面控制不好，也可能使近井筒裂缝的导流能力丧失殆尽。

近年来，随着高通道压裂技术的引入，为了实现更高的裂缝导流能力，有必要采用段塞式加砂辅助纤维伴注的技术模式。此时，提供导流能力的不是裂缝内的支撑剂，而是支撑剂中间无支撑的通道，该通道具有接近无限的裂缝导流能力。此时的支撑剂依靠纤维的包裹形成集聚在一起的支撑剂堆，它的作用只是支撑起裂缝壁面，使之在无支撑的区域内不至于坍塌。

（四）全悬浮

全悬浮主要指裂缝内的支撑剂从井筒到裂缝端部，从缝底到缝顶，支撑剂都呈现出悬浮状态。全悬浮的好处是压裂液造缝到哪里，支撑剂就能跟随到哪里，则造缝体积基本可转化为有效渗流的体积，也即对产量有贡献的体积[11]。当然，如造缝体积中含有无效体积（指造缝体积覆盖区域超过有效储层范围）则应另当别论。

影响全悬浮的因素有：压裂液的黏度、排量及其变化模式、支撑剂密度及粒径、裂缝宽度与壁面凸凹度等。显然地，压裂液的黏度越高、排量越大（从低到高的变排量施工可提高远井裂缝的全悬浮效果）、支撑剂的密度越低、粒径越小、裂缝宽度越窄，以及壁面凸凹度越大，则全悬浮的效果越好；反之，则越差。

值得指出的是，二次加砂模式，即在压裂中途，当加入一定量的支撑剂后，停泵一定的时间，则停泵前的支撑剂会发生一定程度的沉降现象，如设计合理，甚至可使之完全沉降。则再次起泵后注入的支撑剂，绝大部分会在停泵前沉降的支撑剂上部运移和铺置。只要设计的排量及黏度合理，再次起泵后不至于重新将先前沉降的支撑剂再次卷起带走，则通过上述二次加砂模式，可较大幅度地提高支撑剂的全悬浮效果，尤其是远井地带的全悬浮效果。

此外，压裂液变黏度、支撑剂变密度及变排量的组合注入模式，也可实现裂缝内支撑剂的全悬浮效果。开始应用低黏度压裂液、低排量及高密度支撑剂的注入，后期采用高黏度压裂液、高排量及低密度支撑剂的方式，可以有效实现全悬浮的技术目标。

值得指出的是，采用低黏度压裂液（如滑溜水或性水）与超低密度支撑剂的压裂模式，也利于实现全悬浮效果。而且，一般采用的低黏度压裂液和低砂液比的施工策略，可能出现支撑剂部分单层支撑的模式，这比高砂液比施工形成的多层支撑剂铺置模式提供的裂缝导流能力还要高。

(五) 全压开

上述讨论的都是单一油气层的压裂情况。如果是多层压裂，包括直井的分层压裂及水平井的分段压裂，如何实现全压开的目标，而又不至于造成各个单层的缝高失控？

对直井压裂而言，多层全压开的目的容易实现。目前，直井分层压裂的方法有限流量法、投球法、多层封隔器法，以及用于水平井的分段压裂工具，如水力喷射、桥塞射孔联作等，也可用于直井的分层压裂。

而对水平井分段压裂而言，实现多层压裂即水平井穿层压裂的目标难以全部实现。原因在于水平井筒仅能穿行其中的一个层位，其他层位的改造要靠水力裂缝的纵向沟通作用得以实现。能否单纯靠水力裂缝纵向沟通各个油气层，主要取决于纵向各储隔层的应力剖面及厚度分布情况等[12]。如各储隔层的纵向应力差异小（如平均低于 2MPa)，隔层的厚度又相对较薄（如小于 2m)，则可能实现水平井的穿层压裂目标。反之，则很难实现上述目标。

此外，即使实现了水平井的穿层压裂，但由于隔层的泥质含量相对较高，地应力也相对高些，则隔层的裂缝宽度会相对窄些，这些因素可能会导致过液不过砂或过少量砂的情况出现。加上隔层内泥质的水化膨胀形成的泥饼可能顺势流入砂层的裂缝中去，反而起到堵塞主裂缝通道的反效果。

还需指出的是，由于支撑剂的重力作用，水平井筒上边的油气层，即使能过支撑剂，也会因为支撑剂的重力作用，最终能在其中起真正支撑作用的支撑剂量也相对较少，这在一定程度上也会影响水平井多层分段压裂的增产效果。

(六) 转向缝

上述着重讨论的是单一裂缝问题。目前，随着体积压裂技术的普及，如何增加裂缝的复杂性程度或者实现裂缝的一次或多次转向，是提高裂缝改造体积的重要途径[13]。显然地，对低渗特低渗甚至超低渗油气藏而言，单一裂缝的压裂模式，即使全部实现了上述（一）~（五）的五个技术目标，也仍然难以获得经济开发效果及较长的压裂稳产期。因为，压裂的裂缝起裂与延伸方向一般与水平最大主应力方向一致，也是最大主渗透率方向，而垂直于裂缝面的渗透率一般为最小主渗透率方向。换言之，压裂后对产量有贡献的基质渗透率是最小水平渗透率，即使通过压裂形成了高导流的长缝，由于基质的油气供给能力弱，压后效果也很快递减[14]。因此，如何提高垂直于裂缝面方向的渗透率则是提高压后效果的唯一途径。此途径就是实现裂缝的转向效果，而且，一次转向效果还不一定能达到预期目标，有必要实现多次裂缝转向效果。

裂缝是否转向主要取决于储层岩石的脆性指数、两向水平应力差、天然裂缝发育情况及主裂缝内的净压力大小等因素。一般而言，储层岩石的脆性越好（如脆性指数大于 60%)、两向水平应力差小（应力差异系数低于 0.25)、与主裂缝有一定夹角的天然裂缝发育，以及高排量、低黏度等注入工艺参数等因素的共同作用，可能实现裂缝的转向效果。一旦实现了裂缝的转向效果，如何实现缝内的多次转向效果，则需要结合裂缝内的压力梯度影响因素进行控制。一般低黏度压裂液和相对低的排量等施工参数，裂缝内的压力梯度相对较小。但排量低了又不利于实现裂缝转向。因此，矿场上只剩下采用低黏度压裂液一种模式了。此模式可以极大降低裂缝内沿长度方向的压力梯度，一旦在某处实现了裂缝转向，在其他裂缝位置处也可能较为容易实现裂缝的转向。

在主裂缝的延伸过程中，裂缝的转向固然是好事，但如果裂缝太容易转向就会导致裂缝的弯曲摩阻大幅度增加，从而也增加了压裂的早期砂堵风险。一般的做法是以主裂缝的净压力为控制函数，在主裂缝的造缝半长未达到设计预期要求时，要控制主裂缝的净压力，使之不至于超过裂缝转向的临界压力。直到主裂缝造缝半长达到预期要求后，再采用一切必要的措施，大幅度增加主裂缝净压力，力争一次性实现全缝长方向的多次转向效果。

值得指出的是，上述的裂缝转向一般指的是水平方向的转向，而不是垂向上的缝高失控。因为，若缝高控制不好，采取的增加主裂缝内净压力的措施，如提高排量、压裂液黏度及施工砂液比等，可能造成缝高的极度失控，结果非但实现不了裂缝在水平方向的转向效果，反而可能与预期目标背道而驰。

（七）全尺度裂缝支撑

在（一）~（六）的阐述中，主要着力于主裂缝控制及转向等的讨论。实际上，在水力裂缝延伸过程中，不仅仅产生一种尺度的裂缝，即使采用了单一的高黏度压裂液也是如此。原因在于，储层岩石是非均质性较强的介质，在裂缝开裂过程中，岩石的力学弱面最薄弱处的裂缝最宽，次薄弱处的裂缝宽度次之。且因前置液造缝过程中一直处于储层的高温环境中，因此，前置液会有一部分降解为低黏度压裂液，储层温度越高，在裂缝周缘的前置液黏度也越低，这种低黏度的压裂液由于流动阻力小，更容易沟通与延伸除主裂缝外的其他小尺度裂缝系统。

此外，随着目前对压裂机理认识的加深及新技术的不断发展，变黏度压裂液的设计也大量应用于各种现场压裂井中。其中的低黏度压裂液的主要作用也是极大地沟通和促进了众多小尺度裂缝的有效延伸。

但目前在如何充分利用上述多尺度裂缝方面做的工作还非常不够。典型的做法一般是采用单一粒径（如20~40目）支撑剂，这种支撑剂一般只能在大尺度的主裂缝中起到充填和支撑作用，而众多的小尺度裂缝则没有机会获得支撑剂的进入和充填。原因在于大粒径的支撑剂运移阻力大，小尺度裂缝的吸力难以克服其黏滞阻力，即使部分大粒径支撑剂到达了小尺度裂缝缝口处，因为裂缝宽度与支撑剂粒径的不匹配也难以进入，即使进入也只是分布在小尺度裂缝缝口处的很小范围内，这对压后效果的改善所起到的作用是非常有限的。

因此，在压裂设计及施工中，有必要设计多种粒径的支撑剂。目前已有方法模拟上述不同尺度裂缝的各自占比，与此相对应，多种粒径支撑剂的设计要分别与不同尺度裂缝的占比及宽度相适应，这样就可较为准确地获得每种粒径支撑剂的粒径大小及相应的用量。通过这种新的设计方法，可确保各种尺度的造缝空间都最大限度地获得了有效的支撑，只有有效支撑了的造缝空间或体积，才能对压后效果起到实际贡献作用。否则，随压后生产的进行，井底流压降低后，上述未支撑的小尺度裂缝会快速趋于闭合，即使有部分壁面凸凹度的作用难以完全闭合，但在高闭合压力条件下（大于40MPa），也会很快失去导流能力。

但由于地下岩石物理特性的复杂性及其分布的随机性，要想将所有尺度的造缝空间都利用起来，难度是极大的。为此，可设计一种姑且称之为混合粒径加砂的技术，即改变以往不同粒径支撑剂按施工的先后顺序加入地层的做法，而是将小粒径与大粒径支撑剂按一定的混合比例掺杂在一起，这样，支撑剂的粒径分布就更宽泛了，小粒径的支撑剂更易于被与之相适应的小尺度裂缝吸纳进去，并在里边有效运移和铺置在一定的分布范围内。与此类似，大粒径支撑剂只能运移和铺置于大尺度的裂缝中，因小尺度裂缝的吸力不足以将运移阻力大的大粒径支撑剂吸纳进去，即使少部分被吸纳到裂缝缝口处，也难以有效进入。另外，即使有少部分小粒径支撑剂被尺度稍大的裂缝吸纳进去，其也容易被运移到裂缝的内部即裂缝尺度更小的接近端部区域，这也不影响该尺度裂缝的整体导流能力，因后续部分还是大粒径支撑剂被吸纳得更多。这样就使得多尺度裂缝的支撑效率也会得到较大幅度的提升。

值得指出的是，上述混合粒径的设计方法，必须要强调压裂液的中低黏度设计，如果采用高黏度的压裂液，由于黏滞阻力较大，不同粒径的支撑剂在运移和铺置的过程中，也难以被不同尺度的裂缝有效吸纳进去。而且，支撑剂的浓度也不能太高，否则，相互间的支撑剂颗粒干扰较为严重，难以确保小粒径支撑剂都能顺畅地运移到预定尺度的裂缝中去。

三、水力压裂砂堵的常见原因

确保压裂施工按设计的预期要求正常施工是压裂能否成功的第一步。矿场上经常因为各种原因发生了早期或中后期的砂堵，致使优化的压裂设计未能转化为优化的压裂施工。一般而言，压裂砂堵了，不一定产量就差，有时因砂堵造成的裂缝端部脱砂或裂缝内部某个位置脱砂，反而使裂缝的支撑剖面控制得更为理想。当然，过于保守的压裂施工的成功，如：过多的前置液量、过低的平均砂液比及过高的排量等，虽然对压裂施工有帮助，但对压后效果却不一定有利。现场上经常出现压裂施工成功的井效果不一定好，反而压裂施工砂堵的井有时产量却较高，可能就是这种原因造成的。

至于压裂砂堵的原因，最核心的就是造缝宽度窄，与施工砂液比及支撑剂粒径等不匹配。造成裂缝宽度窄的原因是多方面的，既有储层地质参数因素，又有压裂施工工艺及压裂液性能等因素。

地质方面的因素包括储层本身的地应力高、杨氏模量高、综合滤失系数高、岩石脆性指数高（断裂韧性值小）、黏土含量高引起的水化膨胀效应、薄层引起的缝高失控等。此外，临近隔层与储层的地质参数的差异性小也是导致缝高失控进而引起裂缝宽度变窄的主要原因。尤其是脆性好的地层易于破裂和延伸，有些人就觉得加砂容易甚至有点掉以轻心。实际上，脆性好的地层，裂缝长度的延伸速度远快于裂缝宽度和高度方向。岩石脆性越好，则缝长的延伸速度越快，此时随注入量的增加，裂缝缝宽不但不增加，反而有可能减少。因此，在这种地层进行压裂施工，对提高砂液比是非常敏感的，弄不好更可能造成早期砂堵。

压裂工艺参数方面的因素包括排量、降滤工艺、砂液比设计及射孔策略不当等。如薄层压裂应用过高的排量、降滤失剂的浓度不够或颗粒直径选择不合适、过早加砂或砂液比的台阶增幅偏高等。此外，射孔策略也很关键。若缝高易上延，则应下调射孔段位置；反之则应上调。

此外，压裂液的性能及其稳定性也是导致压裂砂堵的重要因素。如压裂液的黏度低造成的造缝效率低、压裂液经过射孔眼的高剪切而变稀导致的支撑剂过早沉降等，都易发生砂堵现象。还有支撑剂的粒径选择问题，一般经验要求，裂缝的宽度应是支撑剂粒径的 6～10 倍以上才可有效地避免砂堵的出现。

值得指出的是，砂堵的出现是有征兆的，不是突然就能砂堵的。一般以单位时间内井底压力的上升速率来判断。端部脱砂的压力上升速率为 1MPa/min，大于该压力上升速率的，一般是发生在裂缝内部某个位置的砂堵。压力上升速率越快，则砂堵的位置越接近井筒。有时若发现接近直线式压力上升，则肯定发生了近井筒砂堵。值得指出的是，上述压力上升速率的计算应折算为井底压力的上升速率。其他的砂堵征兆还有，井口施工压力突然快速降低，有时在几分钟内下降 10MPa 以上，此压力的突然下降，若排除了压裂液摩阻变化及仪器失灵等可能性后，应判断为沟通了邻近的断层或缝高突然失控，压力突降后接着可能面临着砂堵的出现。因此，如果矿场上遇到上述类似的情况，应有砂堵的应急预案，以防患于未然，最终确保压裂施工的顺利进行。

四、水力压裂井产量递减原因

压后产量递减的原因是多方面的，既有地层的原因，如渗透率特低或超低、压力低、深层地应力高、含油气丰度低、地层出砂等；又有裂缝失效的原因，如压裂液残渣和残胶伤害、压碎的支撑剂颗粒堵塞、井底流压变化使支撑剂承受的循环应力载荷变化进而导致裂缝导流能力的递减、生产压差控制不合理导致裂缝内支撑剂层的力学稳定性发生变化进而引发的支撑剂再次运移分布、气锁或液锁造成的多相流伤害、低速和高速非达西流效应等，还有水平井簇射孔的影响，如簇内多缝的影响也非常严重，此时，沿水平井筒方向产生了多个相互平行的密缝和短缝，且相互间渗流干扰严重，极大制约了裂缝改造体积及压后效果的提升，使压后产量递减快的趋势难以遏制。另外，若裂缝沟通了邻近的水层造成水的突进和水锁效应，也会造成压后产量递减。

总而言之，裂缝导流能力会因各种原因丧失大部分或完全丧失，导致相应的支撑半长也大幅度缩减。换言之，裂缝有效改造体积的快速递减乃至完全丧失，是导致压后产量递减的主要原因。具体而言，主要是在油气的正常泄油气范围内，裂缝的复杂性及改造体积没有达到预期的设计要求，且全尺度裂缝的导流能力没有实现高通道压裂要求的目标。这里提出了一个严苛的设计目标，不但要求大尺度的主裂缝内实现高通道的目标，而且各种小尺度的次级裂缝内也要实现高通道的目标。主裂缝内的高通道目标容易实现，但小尺度的次级裂缝如何有效形成？形成后又如何实现高通道的目标？这些问题都比较复杂，一直到目前，业界还没有一个很好的解决方法。

在二（七）中已提出了全尺度裂缝有效支撑的技术思路，再结合段塞式加砂形成高通道裂缝，也许是今后的技术发展方向。

五、水力压裂的低成本及环保技术

目前，随着国际油价的低位剧烈波动，对低成本的水力压裂技术的渴求越来越迫切。同时，全球范围内对环境保护的要求越来越严格，对压裂液的循环利用和排放处理技术也提出了更高的要求。

压裂的选井选层和段簇位置优选是降成本的首要措施。必须结合各种地质资料分析，将地质甜点优选出来，地质甜点优选需要考虑的因素有：脆性矿物含量、含油（气）饱和度或TOC、地层压力、天然裂缝等。此外，还需考虑一定的工程甜点与地质甜点相配合，主要包括黏土含量、杨氏模量及泊松比等。国内外的大量压后产油（气）剖面结果证实，水平井多段压裂后，对产量起贡献的只有60%左右，约40%没有任何产量。也有称之为“333”模式的，即三分之一的段簇贡献了70%左右的产量，另一个三分之一的段簇贡献了30%左右的产量，剩余的三分之一的段簇产量为0。因此，只要确保把最好的三分之一的段簇选出来，或者把不产出的三分之一的段簇排除掉，就可极大地降低压裂的作业成本。

值得指出的是，压后产油（气）剖面的结果不一定是恒定不变的，矿场上经常出现对同一口井前后两次测试的产油（气）剖面结果都不太一样的情况。前后测试间隔时间越长，则测试结果的差异性越大，尤其是页岩气藏更是如此。换言之，原先出油（气）的主力层段（段簇）与不产出的所谓无效/低效层段（段簇），有可能互换位置，或发生产出增减幅度不一的变化。原因在于，原先多产出的层段（段簇）随着油气的产出，地层压力快速下降，导致生产压差变小。而原先不出力或出力甚少的层段（段簇）地层压力不下降或下降很少，随井筒流压的降低就会逐步增加产量。

裂缝参数及压裂施工参数的优化是降本的重要措施。基于储层特征参数，合理优化，避免不必要的裂缝长度及导流能力要求，也避免无效的压裂液及支撑剂材料的浪费。如薄层压裂缝高控制不好，真正在有效储层起作用的压裂液和支撑剂可能只占总用量的10%～20%甚至更低。另外，如压裂裂缝扩展过程中沟通断层，也易出现大量压裂液的漏失和后续的砂堵等情况。

压裂新技术的应用虽然可能带来一定程度的风险，但也可能因此带来降本的额外好处。如近期谈论较热的高通道压裂技术，改变以往的连续加砂模式为段塞式加砂模式，可节约压裂液及支撑剂材料费约40%左右，同时，因裂缝导流能力的成倍增加，还具有增效的功用。

此外，井工厂压裂的作业模式是降本增效的革命性举措。通过在多口井的平台上进行两口以上的井同步压裂或拉链式压裂，提高裂缝干扰和复杂性程度，并通过集约化征地、设备搬迁，以及各作业工序间无缝衔接提高作业效率。同时，压裂返排液的多次循环利用等，都可最大限度地实现降本增效的永恒目标[15]。

压裂的环保技术除了液体的排放达标处理和循环利用外，还包括入井各压裂液添加剂的无毒性和生物可降解性，要从原材料筛选入手，合成低成本、高效、环保的压裂液添加剂及配方体系。

六、水力压裂的技术发展趋势

水力压裂技术从20世纪40年代末诞生以来，经过六十多年的发展，已发生了翻天覆地的变化，在油气田的勘探开发中发挥了举足轻重的作用。

在裂缝扩展模型方面，从早期的二维PKN、KGD及PENNY模型，发展到拟三维和全三维模型，以及从单层模型发展到多层模型。裂缝形态及尺寸与现场实际越来越贴近。目前，裂缝模型向井工厂多井多缝诱导应力干扰下的三维模型发展。

在压裂液方面，从早期的原油或柴油压裂液，发展到后期的植物胶压裂液（瓜尔胶原粉、改性瓜尔胶、羧甲基羟丙基瓜尔胶等）及人工合成聚合物压裂液。目前，随页岩气的大规模开发利用，低黏度、低摩阻的滑溜水压裂液也被开发出来。此外，油基压裂液、醇基压裂液、乳化压裂液、微乳化压裂液、N_2 和 CO_2 泡沫压裂液、纳米改性压裂液及改变相渗特性的 RPM 压裂液等，都获得了长足的进展。从耐温角度而言，上述压裂液都有对应的适合于不同深度储层的低温压裂液、中温压裂液及高温压裂液等系列。目前的最高耐温可达200℃以上。随着干热岩等压裂技术的发展，耐260℃以上的压裂液也有望被开发出来。目前，压裂液逐步向功能型、环保型和可重复利用等方向发展。

在支撑剂方面，从早期的天然石英砂发展到目前的陶粒支撑剂、覆膜支撑剂、超低密度支撑剂、表面改性（SMA）支撑剂、自悬浮支撑剂、纳米支撑剂等。从颗粒形态而言，从早期的球形支撑剂发展到目前的棒状支撑剂。从耐压级别而言，从早期的52MPa、69MPa，发展到目前的86MPa和103MPa。从粒径而言，有70～140目、40～70目、30～50目、20～40目及8～16目等，或其他粒径的支撑剂系列。目前，支撑剂向超低密度和高强度支撑剂及其他功能型方向发展。

在压裂优化设计方面，压裂井产量预测模型由以往的二维、单相、稳定流模型，发展到三维、多相、非稳定流模型，由以往的达西流模型发展到低速非达西和高速非达西流，由以往的单一尺度渗流模型发展到多尺度及分子渗流模型；由以往的直井分层压裂优化发展到大斜度井和水平井分段压裂优化；由以往的单井优化模式发展到井工厂多井压裂优化模式。目前，压裂优化设计向智能化和全开采周期内各环节的系统优化等方向发展。

压裂工艺技术方面，就岩性而言，有碳酸盐岩加砂压裂、泥灰岩压裂、火山岩压裂、复杂岩性储层压裂等；就应用对象而言，有单井压裂、整体压裂和开发压裂；就压裂液性质而言，有水基压裂液压裂、油基压裂液压裂、醇基压裂液压裂、N_2 或 CO_2 泡沫压裂、超临界 CO_2 压裂和LPG（液化石油气）压裂；就井深而言，有中深井压裂及深井/超深井压裂；就规模大小而言，有小型压裂及大型压裂等；就砂液比高低而言，有高砂比压裂及端部脱砂压裂等；就时机而言，有一次压裂及重复压裂等；就诱导应力应用而言，有单井压裂、井工厂多井同步压裂及拉链式压裂等。此外，还有低伤害复合压裂、分层压裂（限流法、投球法、封隔器法等）、水平井分段压裂（裸眼滑套、桥塞射孔联作及水力喷射等）、高通道压裂、宽带压裂、缝内转向压裂及体积压裂技术等。目前向低成本和全尺度有效支撑的体积压裂技术方向发展。

在裂缝诊断方面，有常规的压后井温测井、压力恢复试井、产油（气）剖面测试、测斜仪及微地震等。目前，向多井同步压裂的裂缝监测解释方法等方向发展。

参考文献

［1］米卡尔J. 埃克诺米德斯，尼肯斯G. 诺尔特等．油藏增产措施（第三版）．石油工业出版社，2006，8～11.

［2］王振铎，王晓泉．超深低渗透底水油藏压裂增注油藏模拟研究［J］．石油勘探与开发，1999（3）：64～67.

［3］阴艳芳．水平井技术在薄层低渗透油藏开发中的应用［J］．石油地质与工程，2007，21（6）：50～52.

[4] Bezaler Haimson. Initiation and extension of hydraulic fractures in rocks. SPE 1710.
[5] H. D. Murphy and M. C. Fehler. Hydraulic fracturing of jointe formations. SPE 14088.
[6] El Rabas, W. Hydraulic Fracture Propagation in the Presence of Stress Variation, SPE 16898.
[7] 卢拥军，杨晓刚，王春鹏，等．低浓度压裂液体系在长庆致密油藏的研究与应用［J］．石油钻采工艺，2012，34（4）：67～70.
[8] 宋毅，伊向艺，卢渊．地应力对垂直裂缝高度的影响及缝高控制技术研究［J］．石油地质与工程，2008，22（1）：75～81.
[9] 金智荣，张华丽，周继东等．薄互层大型压裂组合加砂技术研究与应用［J］．石油钻探技术，2006，41（6）：86～89.
[10] 尹建，郭建春，曾凡辉．低渗透薄互层压裂技术研究及应用［J］．天然气与石油，2012，30（6）：52～54.
[11] 张龙胜，秦升益，雷林，等．新型自悬浮支撑剂性能评价与现场应用，石油钻探技术，2016，44（3），105～108.
[12] 郭建春，赵志红，赵金洲，等．水平井投球分段压裂技术及现场应用［J］，石油钻采工艺，，2009，31（6）：86～88，95.
[13] 雷群，胥云，蒋廷学，等．用于提高低－特低渗透油气藏改造效果的缝网压裂技术［J］．石油学报，2009，02：237～241.
[14] David W. Yang and Rasmus Risnes. Experimental study on fracture initiation by pressure pulses. SPE 63035.
[15] 张金成，艾军，臧艳彬，等．涪陵页岩气田“井工厂”技术［J］．石油钻探技术，2016，03：9～15.

第一章　复杂难动用油气藏开发现状

第一节　复杂难动用油气藏地质特征

一、特殊岩性油气藏地质特征

（一）碳酸盐岩

碳酸盐岩分布占全球沉积岩总面积的20%，所蕴藏的油气储量约占世界总储量的52%，目前已查明以碳酸盐岩为主要烃源岩的含油气盆地众多，储量巨大，其一直是全球油气勘探开发的重点。

我国碳酸盐岩油气藏有着广泛的分布，已在四川、渤海湾、塔里木、鄂尔多斯、珠江口、北部湾、百色、柴达木、酒西、苏北等盆地获得发现，包括海相和湖相碳酸盐岩油气藏。

碳酸盐岩储层从岩性分为白云岩及石灰岩两大类。大型碳酸盐岩油气田中，晚前寒武纪－奥陶纪及三叠纪碳酸盐岩储层多数为白云岩储层，而白垩纪－第三纪碳酸盐岩储层主要为石灰岩。统计202个碳酸盐岩油气田，除陆棚及碳酸盐缓坡相粒屑灰岩、生物礁灰岩及生屑滩灰岩为较好的储集岩外，陆棚相及盆地相的泥质碳酸盐岩也是较好的储集岩。

碳酸盐岩储层发育有原生基质孔隙及次生裂缝、溶孔、溶洞组成。孔隙型、溶洞型、裂缝型为基本储集类型，孔洞型、缝洞型、孔缝型、孔缝洞复合型为过渡类型。全球202个大型碳酸盐岩油气田的统计表明，溶蚀作用、白云岩化作用及构造作用是最为主要的成岩作用。世界碳酸盐岩储层的孔隙度介于4%～16%之间。这一区间的储层数占其总数的82.5%。而孔隙度小于4%者，只占其总数的2%。大于16%者占15.5%。其中以晶间孔—粒间孔型储层的孔隙度最高，而裂缝—基质孔隙型储层的孔隙度最低。

世界上碳酸盐岩储层的渗透率多在$(1\sim500)\times10^{-3}\mu m^2$之间。这个区间的储层数占其总数的80.3%。小于$1\times10^{-3}\mu m^2$者占其总数的9.7%。大于$500\times10^{-3}\mu m^2$者只占其总数的10%。其中以溶孔—溶洞型储层的渗透率最高。晶洞孔－粒间孔型储层的渗透率最低。四川海相碳酸盐岩储层累积厚度约3000m，其中有孔段只有250m左右。只占其总厚度的约10%。其孔隙度一般为3%～6%，渗透率多数在$(0.01\sim1)\times10^{-3}\mu m^2$之间，属孔渗性极低的储层。

（二）火山岩

火山岩缘于地下岩浆的喷出活动所形成，它与侵入岩（或称深成岩）两者构成岩浆岩的两大类别。迄今为止，世界上已发现数量较多的火山岩气藏，几乎遍及各大洲。但大多数火山岩气藏规模不大，储量很小，与世界上占主导地位的砂岩油气藏和碳酸盐岩油气藏相比，火山岩油气藏占不到1%[1]。

国外火山岩油气藏勘探历史约有120年，20世纪80年代后期，随着美国、印度尼西亚、日本、墨西哥、委内瑞拉等国相继发现火成岩油气藏，我国也开始重视在火山岩中寻找油气藏。前后经历约50余年的勘探，相继在我国的准噶尔盆地西北缘、渤海湾盆地、松辽盆地、二连盆地、准噶尔盆地、塔里木盆地、四川盆地等火山岩油气勘探中取得了重大突破[2,3]。

近年来大庆油田在徐家围子断陷和长岭断陷中已探明的天然气储量超过$3000\times10^8m^3$，具有相似地质条件可望有所突破的断陷还有多个；地质评价结果表明，松辽盆地深层天然气资源量达$11161\times10^8m^3$[4]。海拉尔盆地目前已经探明石油地质储量8000×10^4t[5]，油气主要分布在不达特群浅变质火山岩、白垩系兴安岭群塔木兰沟组、铜钵庙组和南屯组火山—沉积地层中。辽河油田东部凹陷中发现以火山岩油藏为主的黄沙坨油田和欧利坨子油田，截至2004年已经探明地质储量达3175×10^4t[6]。渤海湾盆地济阳凹陷滨南油田储集层为古近纪火山岩，29口井中有5口日产百吨以上。此外，在二连、苏北、江汉等盆地中也发现了具有工业规模的火山岩油气藏。

火山岩岩性复杂，储层由安山岩状熔岩、凝灰岩、流纹岩、集块岩、凝灰角砾岩、次火山岩和变质岩等组成，常夹杂有陆源碎屑岩与碳酸盐岩类。储集空间复杂多样，以低孔－低渗透双重介质储层为主，其主要储集空间有大型孔、洞、缝，也有中小型及微型孔、缝；既有原生孔缝（晶间孔、气孔及成岩缝），也有大量次生孔缝（溶蚀孔、屑间孔及构造缝）；一般来说，杏仁状的玄武岩以孔、洞含油气为主；蚀变较强的玄武岩以微裂缝为储集空间；玄武质的角砾岩以裂缝及连通的孔、洞含油气为主；致密的玄武岩以裂缝为主要储集空间，但组成油气藏的整体仍是低孔、低渗的储层。储层非均质性严重，储层基质孔隙连通性差别性较大，孔隙度为0.1%～32%，渗透率为（0.01～150）$\times10^{-3}\mu m^2$。具有一定规模的火山岩气藏多与后期构造作用、抬升淋滤改造有关，尽管火山岩发育有原生、次生的多种类型孔洞缝，但总的看来其孔隙度较小、渗透率不高。工业性火山岩储层多经后期的构造作用和抬升淋滤改造，尤其是构造作用中的断裂作用及其与之相伴的微裂缝起到疏导油气和改善储层连通性、扩大储层渗透率的作用。

（三）页岩

页岩气是指主体位于暗色泥页岩或高碳泥页岩中，以吸附或游离状态为主要存在方式的天然气聚集。页岩气藏是“自生自储”式气藏，有着非常复杂的多机理递变特点，体现为成藏过程中的无运移或极短距离的有限运移，所以其现今保存状态基本上可以反映烃类运移的状况。天然气主要以游离相、吸附相和溶解相存在。

全球页岩气资源主要分布在北美、欧洲、拉美、波兰和奥地利及瑞典。我国页岩气资源量初步估计在$30\times10^{12}m^3$左右；其中三大地区海相页岩气资源量$21\times10^{12}m^3$，占总资源的70%，南方海相页岩气成藏条件最为有利。海相页岩主要集中在以下三大地区：南方古生界页岩、华北地区下古生界页岩、塔里木盆地寒武－奥陶系页岩。湖相页岩主要集中在以下五大盆地：松辽盆地白垩系页岩、准噶尔盆地上二叠统、侏罗系页岩、鄂尔多斯盆地上三叠统页岩、吐哈盆地中－下侏罗统页岩、渤海湾盆地新生界页岩。近年来，我国页岩气探明储量快速增长，目前已超过$7643\times10^8m^3$，形成涪陵、长宁、威远、延长四大页岩气主力产区，年产能达到$78.82\times10^8m^3$，其中中国石化在涪陵页岩气田探明地质储量$6008\times10^8m^3$、中国石油在四川威远-长宁地区页岩气田累计探明地质储量$1635\times10^8m^3$。

页岩气可以形成于海相、海陆过渡相及陆相沉积环境中。富有机质页岩的形成，一般具备两个重要条件：一是表层水中浮游生物发育，生产力高；二是具备有机质的有利保存与聚集、转化的条件。北美地区富有机质页岩，主要是在与外海流通性较差的深水前陆盆地沉积环境中形成的，主要分布于阿巴拉契亚、落基山造山带靠陆一侧。中国陆上富有机质页岩沉积环境可分为三大类：海相页岩、海陆过渡相－湖沼相煤系页岩和湖相页岩。

在陆相盆地中，湖沼相和三角洲相沉积产物一般是页岩气成藏的最好条件，但通常位于或接近于盆地的沉降—沉积中心处，导致页岩气的分布有利区主要集中于盆地中心处。从天然气的生成角度分析，生物气的产生需要厌氧环境，而热成因气的产生也需要较高的温度条件，因此靠近盆地中心方向是页岩气成藏的有利区域（表1-1）。

表1-1 页岩气成因模式[7]

国家	页岩	盆地	地层	TOC/%	吸附气/%	R_o/%	天然气类型
美国	Barnett 组	Fort Worth	密西西比系	1～12	40～60	0.6～1.6	热解气
美国	Ohio 组	Appalachian	泥盆系	1～4.5	50	0.4～1.3	热解气
美国	Antrim 组	Michigan	泥盆系	1～20	70～75	0.4～0.6	热解气
美国	NewAlbany 组	Illinois	泥盆系	1～25	40～60	0.4～1.0	热解气
美国	Lewis 组	San Juan	白垩系	1～2.5	60～85	1.6～1.9	热解气－生物气
加拿大	White Speckled 组	加拿大西部盆地（WCSB）	白垩系	1～11.9	/	未成熟至过成熟成熟	热解气
中国	龙马溪组	四川盆地	志留系	0.5～4	/	2.0～4.5	热解气干气

页岩脆性矿物含量较高，美国页岩脆性矿物含量约为46%～60%，其中石英含量约为28%～52%，碳酸盐岩含量约为4%～16%。中国3类页岩的脆性矿物含量总体较高，可以达40%；上扬子区古生界海相页岩总脆性矿物含量约为40%～80%；四川盆地须家河组石英、长石等脆性矿物含量约为50%；鄂尔多斯盆地上古生界煤系页岩总脆性矿物约为40%～58%；中生界三叠系湖相页岩总脆性矿物含量约为58%～70%。商业性开发的页岩，脆性矿物的含量要大于40%，黏土含量要小于30%。

页岩发育多种类型多尺度的孔隙，包括粒间孔、颗粒溶孔、黏土片孔、溶蚀杂基内孔、粒内溶蚀孔及有机质孔，孔径大小从1～3nm至400～750nm不等，平均约为100nm，比表面积较大，故可以吸附大量的气体。页岩基质孔隙度、渗透率很低，典型的含气页岩的孔隙度范围为4%～6.5%，渗透率小于$0.1\times10^{-3}\mu m^2$。

（四）煤层

煤层气是以吸附状态赋存于煤层中的一种自生自储的非常规天然气。我国埋深在300～2000m范围内的煤层气资源总量为$36.8\times10^{12}m^3$，可采储量约为$11\times10^{12}m^3$，世界位居第三。我国的煤层气资源不仅广泛分布于全国各地，而且还具有显著的时域性和地域富集特点。

我国煤层气主要集中在鄂尔多斯盆地东缘和沁水盆地，全国95%的煤层气资源分布在晋陕内蒙古、新疆、冀豫皖和云贵川渝等四个含气区，其中晋陕内蒙古含气区煤层气资源量最大，为$17.25\times10^{12}m^3$，占全国的50%左右。资源量超过$1\times10^{12}m^3$的盆地共9个，即：鄂尔多斯盆地东缘、沁水盆地、准噶尔盆地、滇东黔西盆地群、二连盆地、吐哈盆地、塔里木盆地、天山盆地群和海拉尔盆地。其中，鄂尔多斯和沁水盆地是两个最大的盆地，资源量分别为$9.8\times10^{12}m^3$和$3.9\times10^{12}m^3$，占全国总量的40%。根据我国煤层气分布特点，目前探明的具有较好商业开发价值的煤层气资源主要集中在沁水盆地和鄂尔多斯盆地。其中商业化开采资源主要集中在山西、河南省内。从煤层气分布深度来看，1000m以下的煤层气占比最大，为39%；其次是1500~2000m，占比为32%；在1000~1500m的煤层气占比为29%。

我国煤层气储层低含气饱和度、低渗透率、低压力的“三低”特性极大地制约了煤层气的开发。煤层气储层的原地应力比较大，阻碍了裂隙的发育以及割理和裂隙之间的连通，降低了储层的渗透性，影响排水采气效果。我国鄂尔多斯盆地东缘河东地区原地应力比较低，储层渗透性比较好，而滇东黔西地区原地应力比较高，导致储层渗透性比较低。储层的非均质性也较强，主要由沉积特征控制的煤层本身以及由构造特征控制的小规模构造边界引起。煤层气储层的非均质性导致同一煤层在一小范围内的储层特性发生改变，引起井网的井间干扰效应降低，在有限的开发范围内不能够形成有效的压降漏斗，达不到预期的干扰效果，使井网内单井产量相差很大，在沁南地区表现的比较明显。

煤层同样发育多种类型的孔隙，可分为四大类：原生孔、后生孔、变质孔及矿物质孔，其中原生孔可分为胞腔孔、屑间孔，后生孔可分为角砾石孔、碎粒孔及淋滤孔，变质孔主要为气孔，矿物质孔可分为铸模孔、溶蚀孔及晶间孔。煤层大孔孔径大于1000nm，中孔孔径在100~1000nm之间，小孔分布在10~100nm之间，微孔孔径小于10nm。与常规天然气储层孔隙度相比，煤的孔隙度较低，前者一般为10%~20%，后者一般小于10%，渗透率一般分布在（1~3.1）$\times10^{-3}\mu m^2$之间。

二、复杂岩性油气藏地质特征

（一）泥灰岩油气藏

泥灰岩油气藏储层主要含灰色、深灰色泥岩、钙质泥岩和泥灰岩；泥灰岩成因类型主要有结构混合沉积泥灰岩和互层混合沉积泥灰岩；结构混合沉积岩指碳酸盐岩中质量分数介于10%~50%的陆源碎屑，钙质质量分数高（大于50%），黏土质量分数较低，含有极少量的陆源粉砂；互层混合沉积岩是由未固结的层状沉积物沿着斜坡滑动变形，由于层与层之间物质成分存在差异，容易产生层间缝，在后期构造应力作用下，使之具有较好的渗滤空间，钙质质量分数高（大于50%）。泥灰岩孔隙以溶孔、粒间孔、粒内孔、层间缝和构造缝为主，孔喉直径主要分布在80~500nm之间。致密泥灰岩孔隙度较低，一般分布在0.02%~4%之间，渗透率集中分布在（0.5~4）$\times10^{-3}\mu m^2$之间，非致密泥灰岩孔隙度平均分布在6%~9%之间，渗透率达（5~100）$\times10^{-3}\mu m^2$，因此储层非均质性极强，但大多数泥灰岩孔渗都较差。

（二）砂砾岩油气藏

砂砾岩油气藏属于隐蔽油气藏，尽管所占比例较小，但其分布广泛，在大庆油田徐家围子地区、华北油田廊固凹陷、辽河西部凹陷、胜利油田的东营凹陷等地区均有分布。砂砾岩体主要发育于断陷陡坡带，其形成的沉积过程和构造背景决定了砂砾岩体油气藏的特殊性。砂砾岩具有近源、快速堆积的特征，由多期扇体叠置而成，纵向上沉积厚度变化大，岩相变化快，岩石结构成熟度和成分成熟度都很低，储层非均质性极强，缺乏正常碎屑岩沉积的泥岩夹层，在断陷湖盆发展的不同历史时期和不同位置，由于古构造特征、湖平面升降变化及古气候等条件的不同，砂砾岩体的沉积类型、形态、展布规模、岩性和物性会有所不同，受上述因素的控制，在陡坡带不同部位分别发育了不同成因类型的砂砾岩体，主要包括冲积扇、近岸水下扇、扇三角洲、陡坡带深水浊积扇和近岸砂体前缘滑塌浊积扇。

砂砾岩储层类型多样，母岩成分复杂。储层主要由砾状砂岩、含砾砂岩和砂质砾岩组成，成岩现象丰富，主要包括机械压实、胶结、溶蚀及黏土矿物成岩等作用，胶结物主要为碳酸盐和黏土矿物，其中碳酸盐以（铁）方解石、（铁）白云石为主，黏土矿物以伊利石和伊蒙混层为主。砂砾岩储层含有原生孔隙、次生孔隙、微孔隙和裂缝，其中以次生孔隙为主，次生孔隙包括粒间溶孔和粒内溶孔，微孔隙主要包括高岭石、伊利石和伊蒙混层的晶间微孔，裂缝包括粒内裂缝和岩石裂缝。砂砾岩储层孔隙度主要分布在1%～16.2%，有效储层平均孔隙度约为4%～8%，渗透率分布范围较广，分布在$(0.02\sim41)\times10^{-3}\mu m^2$之间，平均渗透率约为4.2mD，总体上属于低孔、低渗透储层。

（三）低渗特低渗油气藏

低渗储层是指渗透率分布在$(10\sim50)\times10^{-3}\mu m^2$之间的储层，特低渗储层是指渗透率分布在$(0.1\sim10)\times10^{-3}\mu m^2$之间的储层。我国低渗透（包括特低渗透）油田分布广泛，主要分布在长庆、大庆外围、吐哈、吉林、二连及延长等地区。低渗透油田探明储量141×10^8t，占全国探明地质储量的49.2%；探明低渗透天然气地质储量$4.1\times10^{12}m^3$。最近几年新增油气增量中，低渗透油气藏占70%以上。目前发现的低渗透油田储层以中深埋藏深度为主，埋藏深度小于1000m的约占5.2%，1000～2000m的约占43.1%，2000～3000m的约占36.2%，大于3000m的约占15.5%；低渗透储层中，特低渗透及超低渗透储量占有较大比例，渗透率为$(0.1\sim10)\times10^{-3}\mu m^2$的储量占比约为46%；国内低渗透油藏岩性以砂岩为主，砂岩油藏约占70%，砾岩油藏约占10%。

我国低渗透砂岩储层的沉积特征与中高渗透率砂岩储层一样，具有陆相沉积的普遍特征；河流—三角洲相砂体占主导地位。陆相碎屑岩矿物、结构成熟度较低加剧砂岩储层向低渗储层演化。沉积相主控制着储层的宏观非均质性。一般原生低渗透储层主要是受沉积作用的影响，沉积物粒度细，泥质含量高，分选差，以原生孔为主；次生低渗透储层主要是各种成岩作用改造的结果，含有较多的次生孔隙；裂缝型低渗透储层则以构造作用的影响为主；总的来说孔隙以粒间孔隙为主，包括原生粒间孔和次生粒间孔及相应的溶蚀孔。

（四）薄互层油气藏

薄互层油藏指储层的厚度薄、单一，层与层之间由较厚的非渗透层分开，层厚一般小于1.5m，如单期沉积的三角洲前缘席状砂体。松辽盆地长垣两侧及外围岩性油气藏、松辽盆地南部三角洲前缘构造岩性油气藏、鄂尔多斯盆地中生界岩性油气藏、鄂尔多斯盆地上古生界岩性气藏与川西北浅层气藏等都属于此类油气藏。其特点是油气储量品位相对较低、储层厚度较小、储层物性差、储层与非储层互层严重，但分布规模大、埋藏相对较浅。其中主砂带、裂缝发育区与构造和岩性复合型油气藏的产量相对较高，是低丰度中的优质储量。勘探的关键在于高精度三维地震采集、层序精细分析、地震解释和反演、砂体准确识别与客观描述。薄互层油气藏储量分布差异性较大，在大庆油田探明储量约10×10^8t以上，胜利油田薄互层探明储量1.7×10^8t以上，在海拉尔盆地薄互层地质储量约为5600×10^4t，天然气地质储量约为$113.3\times10^8m^3$。总体上储层孔隙度、渗透率较高，孔隙度主要分布在9%～15%之间，渗透率主要分布在（1～10）$\times10^{-3}\mu m^2$之间。

（五）低压油气藏

低压油气藏是指作用于沉积盆地地层孔隙空间的流体压力低于静水压力或压力系数小于1的油气藏。我国低压油气藏分布在松辽盆地北部地区的抚杨油层、鄂尔多斯盆地中部奥陶系顶风化壳负压气藏、吐哈盆地台北凹陷、渤海湾盆地东营凹陷边缘。低压油气藏形成的原因主要有以下几种：①由于岩石的膨胀或收缩系数均低于流体，温度的降低会引起孔隙流体体积相对于孔隙容积而缩小，从而形成异常低压；②储层上覆地层遭受剥蚀，上覆压力下降导致孔隙与地层流体膨胀使地层压力降低；③油气藏中轻烃通过扩散后，由于油气藏内物质和能量损失，加上烃类充注补给能量和地层水补给不足时，油气藏压力必然降低；④当受构造运动等影响，承压面与地表起伏不相一致时，由于潜水面低于地表，承压面以上的地层不承压，会导致计算的静水压力大于实际的流体压力，必然导致计算出的压力系数、压力梯度等指标偏低，出现异常低压[8]。

（六）深层/超深层油气藏

深层油气藏是指埋藏深度超过4500m的油气藏，而埋藏深度超过6000m的属于超深层油气藏。全世界80多个盆地和油区中发现了30多个深层大型油气田，其中在21个盆地中发现了75个埋深大于6000m的工业油气藏。北美深层油气可采储量达38.28×10^8t油气当量，中东和中南分别为34.2×10^8t油气当量与30.39×10^8t油气当量。经初步预测，中国石油探区范围内深层油气资源量约为（220～300）$\times10^8$t油气当量，主要分布于碳酸盐岩、碎屑岩和火山岩3大领域，以气为主。深层-超深层碳酸盐岩是未来勘探发展的重要接替领域，当前有塔里木盆地塔北南缘奥陶系岩溶发育区、塔里木盆地塔中奥陶系礁滩与岩溶发育区、鄂尔多斯盆地靖边气田周缘奥陶系岩溶发育区、四川盆地川东北二叠系-三叠系礁滩体发育区、四川盆地川东北石炭系白云岩富气区5大现实领域；深层碎屑岩资源潜力大，是未来深层油气勘探重要领域，当前有库车坳陷深层天然气、四川盆地须家河组天然气、准噶尔盆地腹部岩性地层油气3大现实领域；深层火山岩具备规模成藏的基础和条件，具有较好的油气勘探前景。现实领域有准噶尔盆地石炭-二叠系、松辽盆地侏罗系—白垩系、三塘湖盆地石炭-二叠系、渤海湾盆地侏罗系—古近系。世界深层油气可采储量的63.3%分布于碎屑岩储集层，而碳酸盐岩和结晶岩分别占35.0%和1.7%。

深层超深层储层孔隙主要以残余原生粒间孔、粒间溶孔、粒内溶孔、泥质微孔和微裂缝，主要以残余原生粒间孔、粒内和粒间溶孔为主。对于深层超深层储层来说孔隙流体超压、高沉积速率、抑制胶结作用的颗粒膜的发育、早期油气充注及碎屑组分的选择性溶解均可导致深层储集岩发育较高的孔隙度。5000～6000m的碎屑岩储层孔隙度一般主要分布在4%～20%之间，渗透率分布在（10～500）$\times10^{-3}\mu m^2$之间，超过7000m埋深的孔隙度一般小于8%。深层碳酸盐岩、碎屑岩及火山岩储层的裂缝发育，埋深大于7000m储层的孔隙度一般小于5%～8%，渗透率主要分布在（1～100）$\times10^{-3}\mu m^2$之间。总的来说海相砂岩比陆相砂岩储层物性好。

（七）凝析油气藏

凝析气藏不同于一般的气藏与油藏，在地下储层较高温度、压力条件下的烃类气体，开采到地面的过程中，由于温度和压力的下降，会凝结出部分液态烃，具有这种特性的气藏叫凝析气藏。目前我国大约共发现凝析气藏60个，其中大中型凝析气田20个，主要分布在渤海湾、塔里木、吐哈等盆地及东、南沿海陆架地区，总储量约占常规气藏储量的三分之一到四分之一，其中陆源有机气的比例最大约占50%，其次是混源气和煤型气，分别约占25%和20%，而海、陆相腐泥型凝析油的比例则很小，一般小于5%。

总体来说，凝析气藏各分布区的储层差异性较大，在柴达木盆地南翼目的层岩性主要以灰、深灰色碳酸岩盐为主，次为钙质泥岩、碎屑岩；塔里木盆地凝析气藏岩石以碳酸盐岩、灰岩为主；而在对桥口地区沙河街组岩性以石英砂岩和岩屑石英砂岩为主；泌阳凹陷安棚鼻状隆起凝析气藏岩性以砂质泥岩、砂岩为主；海拉尔盆地呼南地区和松辽盆地齐家—古龙凹陷以砂岩为主；千米桥潜山凝析气藏以碳酸盐岩为主；东营凹陷凝析气藏储层以砂岩、含砾砂岩、砾岩为主。这些凝析气藏储层孔隙类型多样，粒间孔、溶孔及溶蚀扩大孔、粒内溶孔、碳酸盐胶结物溶孔、压溶缝、晶间孔、晶间缝及裂隙孔。此外，凝析气藏储层非均质性极强，孔隙度主要分布在0.8%～19.4%之间，渗透率分布在（0.006～14.2）$\times 10^{-3}\mu m^2$，孔隙度大于10%且渗透率大于$1\times 10^{-3}\mu m^2$的储层是主力层。

（八）含边底水油气藏

底水油气藏是指油水或气水界面非常大，远大于油气层垂直截面而且油气层比较厚的油气藏；如果水界面比较小，与油气层垂直截面积差不多，就称为边水油气藏，边水油气藏的储层厚度较小并具有一定的倾角。

多数边底水油气藏储层为砂岩，储层砂体的分布主要受水下分流河道和河口坝微相控制，垂向序列主要表现为厚层水下分流河道复合正旋回、水下分流河道-河口坝反正复合旋回以及河口坝-远砂坝叠加反旋回，具有砂体厚度大、平面分布连续的特点。

储层的成岩作用类型包括压实作用、胶结作用、溶蚀作用和交代作用。胶结物主要为方解石、铁白云石、绿泥石、高岭石、伊利石及少量的加大石英和长石。溶蚀以长石和岩屑的最常见。交代以方解石交代长石和岩屑为特征。压实和胶结作用是奠定储层低孔、低渗的主要原因，但早期的绿泥石薄膜胶结抑制了方解石和自生石英的沉淀，有利于粒间孔的保存，而后期溶蚀则改善了储层品质。此外，一些储层含有多种类型的夹层：泥质粉砂岩、钙质砂岩、粉砂岩、细粉砂岩、泥岩、粉砂质泥岩、炭质泥岩，不同类型夹层具有不同的垂向渗透性[9]，因此含有夹层的储层物性往往差异性较大。

边底水油气藏储层孔隙类型包括粒间孔、粒间溶孔（杂基溶孔和胶结物溶孔）、粒内溶孔、晶间孔、裂隙等，孔隙度一般分布在6.8%～30%之间，渗透率分布较广，一般主要分布在（1～50）$\times 10^{-3}\mu m^2$及（200～1000）$\times 10^{-3}\mu m^2$两个区间内。

第二节　复杂难动用油气藏压裂现状

一、特殊岩性油气藏压裂现状

（一）碳酸盐岩

压裂作为碳酸盐岩的一种有效增产措施，在国内外的Veracruz Asset碳酸盐岩储层、扎纳若尔油气田碳酸盐岩储层、四川磨溪气田碳酸盐岩储层、长庆气田奥陶系碳酸盐岩储层、塔里木油田碳酸盐岩储层得到了广泛的应用。碳酸盐岩储层加砂压裂改造的难点主要体现在以下几个方面：(1) 非均质性强、天然裂缝发育、滤失量大。碳酸盐岩油气藏储层储集空间复杂，主要由原生气孔和裂缝组合、纯裂缝储层、溶孔与裂缝组合形成。水平层理、斜交缝异常发育，压裂液使得天然裂缝可能张开，使得压裂液滤失量大，滤失系数有两个特点：①滤失系数是动态变化的；②滤失系数比均质介质大很多，通常是数量级增加，这也是碳酸盐岩储层压裂砂堵率高的重要原因。此外，储层中溶洞的存在同样会造成泵注中液体滤失的突变，以致液体造缝效率大大降低，造成砂堵。(2) 基质低孔低渗、可动流体饱和度低。碳酸盐岩基质渗透率一般小于 $1\times10^{-3}\mu m^2$，有效孔隙度小于10%，可动流体饱和度低，反映出油气藏基质向裂缝供油气能力较差，压裂后初期产量较高，但有效期短。这就要求尽可能造长缝，尽量沟通更多的天然缝洞系统。(3) 缝高控制难。碳酸盐岩不像沉积岩呈层状分布，以及各种纵横交错、极为发育的天然缝洞系统，加上产层与隔层的有效应力差小，缝高的有效控制难度极大。(4) 施工压力对砂浓度敏感。碳酸盐岩储层的压裂裂缝的扩展复杂，裂缝可以延伸到目的层以外、形成倾斜的多裂缝、裂缝重新定向、近井裂缝转向或偏移等。长庆碳酸盐岩加砂压裂试验时发现碳酸盐岩形成的人工裂缝为T型缝和X型缝，以细缝、网缝和浅缝为主。近井地带多裂缝竞相延伸，降低有效裂缝宽度，使地层吃砂困难，这也是碳酸盐岩储层加砂压裂施工中砂堵多发生在砂比高于30%的原因。(5) 施工压力高、压裂难度大。碳酸盐岩杨氏模量、抗张强度、断裂韧性等比沉积岩高，如长庆下古生界碳酸盐岩储层杨氏模量一般均为 $(4\sim5)\times10^4$MPa，是砂岩的2倍，造成了裂缝在破裂、延伸过程中的压力均较高；此外，钻进过程中泥浆的滤失严重，堵塞了井筒附近储层的渗流通道，地层吸液困难，也使得施工压力高。(6) 深井高温，对设备要求严格。长庆靖边气田下古生界碳酸盐岩埋深3150~3765m，平均地层温度105.1℃；塔河油田奥陶系碳酸盐岩埋深5400~6600m，地层温度在150℃以上。这对压裂液的降摩阻、耐高温、耐剪切性能、携砂能力和压裂管柱、设备等都提出了更高的要求。

针对上述碳酸盐岩压裂难点，在压裂施工中需采取相应的措施：(1) 加强储层预测技术研究。碳酸盐岩储层非均质性严重，天然裂缝、溶洞发育，压裂液滤失严重、滤失量难以计算，这是造成碳酸盐岩加砂压裂砂堵率高的原因之一。建议利用测井振幅变化率、相干体、Jason反演等地球物理资料，结合钻井、完井和邻井的相关资料进行对比分析，确定储层在裂缝延伸方向上的发育情况，从而优选压裂液用量和压裂规模。(2) 强化小型测试压裂的应用。在主压裂前，应加强小型测试压裂技术的应用。若评价结果为天然裂缝发育，则使用以下措施消除多裂缝的影响：①射孔，采用超平衡射孔、定向射孔、小段射孔、深穿透射孔，减少近井地带裂缝的弯曲程度；②使用大排量造缝。大排量对井底附近裂缝起冲刷磨蚀作用，有利于增大缝宽，减少缝数；③使用高黏流体造缝。由于井底附近的摩阻损失只发生在裂缝起裂位置1m左右的范围，用高黏流体起裂，黏稠液体不易在多缝中分流，只进入多裂缝中少数易吸收液体的裂缝并使之扩展，从而防止产生多缝；④注入支撑剂段塞，在井底附近弯曲裂缝区域内，注入数个支撑剂段塞，必要时，注入每个段塞后关井测压。(3) 降低压裂液滤失。若碳酸盐岩储层缝洞体、天然裂缝异常发育，可以采用针对性措施：①粉砂或粉陶降滤压裂技术。通过在预前置液中以较低砂比加入100目的粉砂，用以堵塞狭窄的天然微裂缝，使张开的微裂缝逐渐被堵塞，压裂液无法进入天然裂缝内，迫使压裂液在人工主裂缝内延伸，进而提高压裂液的效率，②段塞降滤压裂技术。由于射孔或天然裂缝的影响，在近井地带出现多条裂缝并行延伸的情况，为了解决多裂缝滤失的问题，在压开目的层后、正式加砂之前加入少量的与主压裂相同的支撑剂作为段塞，充填在多裂缝中，堵塞天然微裂缝，增加了主裂缝宽度，达到降滤的目的；③组合陶粒降滤技术。在施工过程中的不同阶段加入不同粒径的陶粒，分别填充在不同宽度的裂缝内部，既起到了降滤的目的，也达到合理支撑的目的；④油溶性降滤失剂技术。以多种油溶性材料为原料，按一定比例及顺序混合，在一定条件下经磺化处理聚合而成为具特定粒径的颗粒，通过表面活性剂处理使颗粒表面产生极性，能够均匀、稳定地分散于水中，以水基前置液为载体将颗粒携带至人工裂缝中，实现对天然裂缝的暂堵。(4) 降低破裂压力和施工压力。碳酸盐岩储层在钻进过程中钻井液滤失严重，在井筒附近会形成非渗透带，降低储层的吸液能力。在正式压裂施工前，可以使用 HCl 预处理的办法，通过改变岩石的力学性质达到降低地层的破裂压力。该技术在川中和塔里木盆地得到了成功应用。此外，碳酸盐岩埋深一般在 3000m 以上，压裂液井筒摩阻较高，也增加了施工压力。在条件允许的情况下，可以采用油管和油套环空同时注液的方式，通过降低摩阻来部分降低施工压力。还可以采用超重压裂液体系来降低施工压力。据报道，塔里木油田已研制出密度可达 $1.5g/cm^3$，适宜 150℃的加重压裂液体系，室内测试显示性能优良，可以引用到碳酸盐岩的加砂压裂中。(5) 完善压裂液体系。应针对碳酸盐岩压裂的难点，研制新型压裂液，要求具有以下特点：①压裂液耐温性能的改进与完善，研制或筛选抗温能力好的温度稳定剂等，提高压裂液的耐剪切性，降低压裂液的滤失，增加携砂性能；②研发新型的压裂液交联体系，为了从根本上解决碳酸盐岩加砂压裂困难的问题，需研制新型的酸性交联液体系，既可携带支撑剂进入储层，又可对裂缝壁面进行酸蚀，扩大裂缝宽度，降低裂缝壁面对交联酸液的剪切作用，降低施工压力；③根据储层低孔特征，降低压裂液对储层的伤害。(6) 优化压裂工艺和施工规模。碳酸盐岩加砂压裂时，考虑到地层基质孔隙度小、物性差，对裂缝导流要求不高，所以压裂设计的原则是造长缝以增加沟通远井缝洞几率和扩大渗滤面积。由于天然裂缝发育和多裂缝形成，使得压裂液滤失严重，施工过程中应该适当增加前置液规模和排量，形成较宽的动态裂缝；此外，考虑碳酸盐岩杨氏模量高，动态缝宽窄，支撑剂选择 40～50 目或 30～50 目的低密度高强度小粒径支撑剂，可以减小各种摩阻，降低施工压力及缝内桥堵的几率。同时这种粒径的支撑剂沉降速率相对较慢，有利于支撑剂在缝内的流动、铺置。施工时应遵循砂比低起点、小台阶线性加砂的原则，平均砂比控制在 10%～20%，最高砂比控制在 30% 左右。

（二）火山岩

火山岩储集层作为一种特殊的油气储集层类型越来越受到关注。我国先后在克拉玛依、四川、渤海湾、辽河和松辽等盆地中发现火山岩气藏。该类储层埋藏深，温度高，岩性复杂，岩石坚硬，基质致密，存在大量微裂缝和孔洞，自然产能低，因此必须通过有效的增产改造技术才能使其具有工业开采价值[10]。

根据火山岩深气层的地质特点和压裂工艺的总体需要，压裂液体系必须具备良好的流变性能、延迟交联性、易于返排、低摩阻及低滤失等性能要求。常用的压裂液体系有以下几种：①交联酸携砂压裂。针对新疆油田石炭系深层火山岩油藏重复酸化效果变差，研制了由稠化剂、交联剂、交联延迟剂、破胶剂等组成的新型耐高温交联酸体系CYY－120。该体系是由丙烯酰胺等单体共聚的高分子聚合物，易溶于水和盐酸水溶液，具有抗高温、抗盐性能[11]。②超高温压裂液。大庆徐家围子深层火山岩储气层，最高温度超过170℃，最大厚度超过120m。采用国产羟丙基瓜尔胶作稠化剂，有机硼、有机钛复配体系作交联剂，过硫酸盐作破胶剂配制压裂液[12]。针对松辽盆地南部深层火山岩气井埋藏深温度高的情况，合成了新型羧甲基瓜尔胶超高温压裂液体系。③高温低浓度低伤害压裂液。长岭火山岩气藏不仅埋藏深，地温高，而且黏土矿物含量高，易膨胀。因此，通过实验优选出稠化剂、有机硼延缓交联剂、有机防膨剂、表面活性剂和螯合剂配制出新的压裂液，并采用胶囊分段破胶技术降低压裂液浓缩伤害[13]。④高防膨低伤害乳化压裂液。因吐哈油田三塘湖盆地火山岩地层水敏性强，故采用乳化压裂液。通过油相的乳化形成油水两相降低滤失，同时大大减少水相的用量，起到较好的防膨作用。研究表明，油相: 水相＝1∶1的乳化压裂液体系防膨效率可达76.15%，较水基压裂液提高50.0%，滤失系数降低60.0%～70.0%[14]。

火山岩气藏储层结构复杂，天然裂缝、孔洞发育和人工裂缝变化极其复杂，理论计算无法准确预测，故可采用实时监测技术研究裂缝形态和扩展规律，指导压裂参数优化设计。针对火山岩储集层压裂成功率低的难题，谈光敏[15]建立了地层压降曲线分析模型及测试压裂诊断解释图版，并阐述了导致缝内低净压、近井高摩阻、高停泵压力梯度、高滤失和无特征砂堵等疑难问题的机理和原因，形成了相应的5种不同类型储集层的诊断评价标准和控制处理技术。针对裂缝性火山岩压裂中出现“三高”（高滤失、高停泵压力梯度以及近井高摩阻）等疑难问题，以大庆徐家围子深部火山岩储气层为例，在国内首次运用测试压裂解释技术，评价了火山岩储气层的定量特征参数，奠定了裂缝性火山岩储气层压裂控制措施研究与应用的基础。火山岩中存在着大量的微裂缝，必须控制裂缝的延伸才能形成主裂缝。崔彦立等[16]提出并实施了火山岩劈裂法和全程加砂法，该技术效益显著，对国内同类油藏有借鉴作用。劈裂法是压裂液以大于岩体滤失速度和破裂速度的大排量瞬间从孔眼高压喷射注入岩体。当注入液净压力克服岩体的初始应力、流体压力和抗拉强度，在岩体中发生水力劈裂作用并形成新裂缝，保持注入压力和液量来提高压裂液扩散距离和穿透深度，并通过输入支撑剂保持裂缝张开。全程加砂充填法是压裂液以低于岩体破裂压力、大于裂隙张开压力的压力注入。在注入全过程使用陶粒（砂）以保障人工主裂缝的延伸和支撑。刘合等针对“千层饼”型地层[17]，采取措施保证只开启3条以内的主裂缝，并使其正常延伸；针对“仙人掌”型地层，在尽量减少“小掌”数量的同时，控制压裂液的滤失是关键，防止因“小掌”过液不过砂导致裂缝内局部砂浓度过高而造成砂桥导致施工失败。

深层火山岩储集层孔洞－裂缝发育，施工中存在多条裂缝同时破裂延伸的特点，导致施工易早期砂堵、压裂成功率低、改造规模小、增产效果差。张国亮等[18]通过理论与现场实践结合，形成了以胶塞处理近井高摩阻、粉砂封堵天然裂缝以及调整前置液比例、多段粉砂段塞注入为主的综合处理措施，使火山岩气藏压裂成功率由36.0%提高到90.0%以上。

在火山岩压裂施工中，压裂液的滤失速度变化较大，滤失速度随时间呈指数上升或梯度上升。火山岩储层滤失主要发生在微裂缝。降滤失剂可分为液态和固态两类，主要包括柴油乳化、粉陶等。

（三）页岩

页岩气以吸附或游离态存储于低孔低渗、富含有机质的暗色泥岩、高碳泥岩、页岩及粉砂质岩类夹层中，生成于有机成因的各种阶段，它主要以游离态（约50%）存在于裂缝、孔隙及其他储集空间中，以吸附态（约50%）存在于干酪根、黏土颗粒及孔隙表面，极少量以溶解态储存。与常规气藏不同，页岩气藏具有独立的油气系统，烃源岩、储集层和盖层都是其本身，生成后的运移也发生在其内部。页岩气的地质特征既不同于常规气藏，也不同于煤层气。页岩气井虽然产能低，但具有生产周期和开采寿命长的优点，开采寿命一般为30～50年，有的甚至能达80年。以增大压裂波及体积的体积压裂成为页岩气藏压裂的主流技术。由于页岩与常规砂岩不同，它具有基质渗透率极低和裂缝十分发育的特点，因此，页岩气井的压裂一般具有大规模、大排量和低砂比的特点。

随着页岩气开发的深入，水平井和水平井分段压裂技术已成为页岩气藏有效开发的主体技术。①水平井多级可钻式桥塞封隔分段压裂技术。该技术特点是套管压裂、多段分簇射孔和可钻式桥塞封隔。它是射孔和坐封桥塞联作，压裂结束后可短时间钻掉所有桥塞，节省了作业时间和成本，从而减小液体在地层的滞留时间和对地层的伤害。②水平井多级滑套封隔器分段压裂技术。该技术与投球压差式封隔器原理相同，通过井口落球系统操控滑套，具有作业时间短和成本低的优点。它采用工具或压力坐封的机械式封隔器，因此具有工艺复杂、风险大和多次下入工具串的缺点。③水平井膨胀式封隔器分段压裂技术。该技术原理是遇油/水膨胀封隔器被下入井底预定位置后，遇油气或水后快速膨胀至井壁后继续膨胀而产生接触应力，紧贴井壁密封，从而实现分层分段。该技术优点为可靠性高、成本和作业风险低、压裂后能很快转入试油投产，目前已广泛应用于国外页岩气压裂开发中。④水平井水力喷射分段压裂技术。该技术是综合射孔、压裂、封隔为一体的新型增产改造技术。它利用水力喷射工具来分段压裂，无需封隔器和桥塞等封隔工具，自动封堵且准确。它可实现多级压裂，优点为施工时间少、成本低、射孔定位准、压裂针对性强和对改造层段控制性高。⑤水平井多井同步压裂技术。该技术是在两口或更多相邻井之间同时用多套车组进行分段多簇压裂，或在相邻井之间进行拉链式交替压裂，让页岩地层承受更高的压力，增强邻井间的应力干扰，从而产生更复杂的缝网，进而改变近井地带的应力场[17]。这种复杂缝网依靠增加裂缝密度和裂缝壁面表面积来增加SRV和提高产量。⑥超高导流能力压裂新技术。该技术是在页岩气网络压裂技术的基础上发展而来的。它在设计思路、应用材料和泵注工艺上与常规网络压裂技术都有很大区别。在该技术中，真正提供导流能力的不是支撑剂本身而是各个支撑剂堆间无支撑剂充填的超高导流通道。它使用高黏压裂液及可溶性纤维把支撑剂紧裹起来，并采用多段注入低黏隔离液来形成超高导流通道，其优点还包括低净压力、高施工可操作性及高安全性等。压裂分析包括：小型压裂分析、压裂模拟、压后分析以及生产数据分析等。压裂效果可用储层改造体积SRV来表征，用微地震和油藏数值模拟方法来评价。

（四）煤层

煤层气俗称煤层瓦斯气，以游离自由态、吸附态和溶解态三种状态赋存于煤层中，主要以吸附态吸附在煤的微孔隙壁表面上。煤层气不同于常规天然气，必须要用不同于常规天然气的理论和方法来指导煤层气的勘探开发。首先，煤层气在地球化学特征、储集性能、成藏机制、流动机理、气井产量动态等方面与常规天然气有明显差别。天然气在储层中主要以游离状态存在，易于采出；煤层气在煤层中主要为吸附状态，其开采必须经历解吸过程并通过扩散和渗流后才能由井筒产出。这样，解吸速率、扩散速率和渗流速率均影响煤层气的产量。其次，我国煤层气储层具有独特性，由于成煤期后构造破坏强烈，构造煤发育，所以具有煤层气储层低含气饱和度、低渗透率、低压力的“三低”特性；储层的原地应力比较大；且具有非常强烈的非均质性。在目前的技术条件下，对“三低”煤层气的开采比较困难。针对以上问题，要想提高煤层气井的产能，煤层中应具有长度较大、连通性较好的裂隙系统，即需要进行压裂。除个别具有较高天然渗透性的区域外，煤层气生产井一般都需要进行压裂，以便形成工业性气流。然而，由于煤储层不同于常规砂岩储层，具有低杨氏模量、高泊松比、高滤失等特点，所以煤层气井的压裂工艺设计和施工都较难实施。此外，煤层发育大量割理，比表面积大，具有强吸附性，用于常规油气储层压裂的压裂液会对煤层产生较大的堵塞伤害，所以煤层气井一般选用活性水压裂液。而活性水的黏度低，携砂能力有限，且压裂多形成复杂的裂缝网络，降低了裂缝的导流能力。为了提高压裂液的携砂能力，考虑采用 CO_2、N_2 等气体进行伴注的工艺技术，同时还可以采用压后排液的能量，使压裂液易于返排。直井水力压裂技术是煤层气开发最为常用的增产技术，在国内外得到了广泛的应用，并且成为煤层气井的主要增产措施。主要的压裂工艺有以下几种：①水力喷射煤层气压裂技术。它是通过在下入煤层中的套管射孔，射孔过程中高能流体在煤层不同方位形成网状孔隙或小井眼，打通气体在煤层中的流动通道，进而改善煤层产气能力。水力喷射技术是把传统的水力喷射技术、水力封隔技术、水力压裂技术综合在一起的新技术。通过下入煤层的套管进行喷砂射孔，油管的流体通过地面加压将压能转化为流体的动能，高能流体射穿套管以及地层形成小的孔道，后续的高能流体进入孔道并在孔道内持续增压，当孔道内压力大于煤层的破裂压力时在煤层形成裂缝而将储层打通。在压裂过程中，环形空间的流体控制井底压力小于储层延伸压力，当一个层位压裂结束，环形空间的流体封隔已经压裂的层位，所以在不下封隔器的情况下达到封隔器的作用。优点是压裂过程中，高能流体在孔道上部聚集压力产生微裂缝，可以在相对较小的压力下压裂储层形成裂缝；射孔压裂过程简单，工艺造价低，施工风险低；水力封隔，减少用工成本。缺点是流体压力较高，施工过程中要防止高能流体泄漏；环形空间储存大量流体需实时监控井底压力；施工压力大于压裂过程压力，部分深井不适用。②高能气体煤层气压裂技术。通过点燃储放在目的层位的火药或者燃烧剂产生大量高温高压气体，在产层附近形成多条不规则裂缝，从而改善煤层渗透率，达到增产的目的。优点是火药点燃之后不会污染储层，不需要过多的地面压裂设备、支撑剂等；施工简单，工艺流程少；裂缝形成不受地层地应力影响。③间接煤层气压裂技术。间接煤层气压裂技术是通过对煤层顶部压裂，在顶部形成裂缝沟通与储层孔隙通道，改善煤层渗透率，间接达到对煤层改造的目的。通过压裂煤层存在的天然裂缝中的面割理，通过顶层传导裂缝的扩大，进而改善煤层产能。如果煤层层厚，压裂复杂，间接压裂效果差。④氮气泡沫煤层气压裂技术。氮气泡沫煤层气压裂技术是通过地面管线向煤层注入氮气泡沫压裂液，压裂储层的压裂技术。优势在于氮气泡沫对煤层伤害小；压裂液返排快，滤失小；适用于渗透率低、水敏性强的煤层；氮气泡沫能改善煤层润湿性；但是携砂较弱；工艺复杂，设备施工难以及成本高。⑤连续油管煤层气压裂技术。把压裂液或者支撑剂通过油管或者环形空间注入煤层，对煤层进行压裂改造，改善煤层渗透率，达到增产的目的。优点是适用于层位较多且薄的煤层，小井眼或者薄层分层压裂；但其工艺复杂，施工成本高；施工过程需要大直径油管，因此造成油管寿命低，增大了压裂风险。

目前我国煤层储层复杂，差异性较大造成煤层气开采难度大。因此必须充分了解煤层性，优化压裂技术，达到提高煤层气产量的目的。

二、复杂岩性油气藏压裂现状

（一）泥灰岩油气藏

泥灰岩储集层是国内外很少涉及的水力压裂改造领域，国外发表的相关文献也较少。我国华北束鹿凹陷的泥灰岩油气资源量达亿吨级规模，储集层主要特征表现为：①高温、高压、高地应力；②泥质含量和运移矿物含量较高；③储集层基质属特低渗范畴；④水平层理和各种斜交缝或高角度缝发育；⑤储集空间复杂多变；⑥岩石力学参数界于纯灰岩和纯砂岩之间。蒋廷学等[19]针对其主要压裂难点进行了相应的压裂对策研究。（1）压裂液防滤失及减少伤害难度大。主要对策有：①0.149mm 粉陶降滤。它主要堆积在滤失大的天然裂缝缝口处，对人工主裂缝几乎无影响，且压裂后在天然裂缝中起支撑作用；②采用高黏度低伤害的“超级”瓜尔胶压裂液体系，其基液黏度可达 102mPa · s 以上，造壁性滤失系数为 $7.54\times10^{-4}m/min^{0.5}$；③限压不限排量施工策略。当排量增大时，需用的前置液量减少。对探井而言，一般以动态比（支撑半长与造缝半长比值）为 75% ~80% 来确定前置液量。（2）储集层应力、滤失及近井筒摩阻等参数未知。为此，进行小型测试压裂试验。它具有 5 个作用：①求取压力与排量的对应关系；②通过三级台阶式降排量测试分析，求近井筒摩阻，为支撑剂段塞技术提供设计依据；③通过压力降落测试，求储集层的综合滤失系数；④由于储集层温度较高，还具有降温作用；⑤控制缝高。加入 0.149mm 粉陶，并利用关井测压降的机会，让支撑剂沉降缝底，从而在一定程度上阻止裂缝过度向下延伸，也便于施工后期“限压不限排量技术”的实施。（3）储集层易出现多裂缝与 T 型缝。压裂产生垂直裂缝，而水平层理的异常发育，会使大部分压裂液沿着水平层理运移。为此，主要应用高黏度、高排量与缩短射孔井段等措施，以瞬间在井筒内积聚足够高的压力，在垂向上起裂与延伸裂缝。（4）由于黏土含量高，远井地带可能呈现塑性特征。对塑性地层，其施工压力特性是早期高，后期低。只要有足够的前置液量和足够的排量，造缝充分后，由于压实效应，其滤失会逐渐减少，因此，加砂期间的压力反而较低。但前提是务必有充足的造缝空间，否则，压力的上升要比脆弹性地层快。（5）储集层高闭合应力、高滤失，加砂困难。为此，除了应用低伤害的“超级”瓜尔胶体系外，还根据裂缝温度场的模拟结果，应用了以微胶囊破胶剂为主体的“双元”破胶体系，在施工后期仍按常规的楔形法追加过硫酸铵。（6）在加砂后期，追加常规粒径的高强度陶粒支撑剂，并采取后期高砂比尾追封口的施工技术，以最大限度地防止压裂停泵后裂缝的继续延伸，从而最大限度地优化裂缝的支撑剖面。基于此提出的技术系统，包括动静态资料结合的压前精细储集层评价、高黏度低伤害的“超级”瓜尔胶压裂液和高强度变粒径组合的支撑剂技术、多功能小型测试压裂技术、防止多裂缝技术、压裂施工参数的系统组合优化技术、科学的压裂后管理策略及综合配套措施（包括限压不限排量技术、两种类型的支撑剂段塞技术、变稠化剂浓度技术及严格系统的现场质量控制技术等），在现场进行了国内外首次泥灰岩储集层的水力压裂施工，取得了良好效果。

（二）砂砾岩油气藏

砂砾岩属于沉积岩中的陆源碎屑岩，碎屑沉积被胶结凝固后成岩，砂砾岩碎屑颗粒较大。由于其特殊的沉积环境及储层特征使压裂改造的难度进一步加大。近物源快速堆积，砂砾岩储层岩性复杂、粒径变化大，岩石的成分成熟度及结构成熟度低，分选差，非均质性强，物性变化大。其油藏表现出沉积类型多样，空间展布复杂。砾石含量较高的区域压裂液滤失严重，岩石力学性质层间差异大且岩石塑性较强，裂缝起裂方式及扩展规律与常规的沉积岩差异很大。裂缝起裂方式、改造工艺技术与常规沉积岩改造有很大区别，储层改造施工风险大。砂砾岩压裂具有以下特点：①岩石成分复杂，裂缝破裂及延伸机理分析不清；特别是当砂砾岩含砾高、且砾石颗粒较大时，与正常砂岩岩体脆性破裂形态有显著区别，呈现沿轴向破裂形态，且破裂面极不规则，易产生多裂缝；②砂砾岩储层施工中产生的多裂缝造成压裂液滤失严重，影响压裂液的造缝及携砂性能，导致施工困难，甚至失败；③施工压力高，成功率低。砂砾岩改造针对性技术有：①前置多级段塞技术。由于砂砾岩油层为多期碎屑流沉积物的叠加、横向变化快，造成储层物性差（特低渗）、内幕非均质性强。孔喉分布极不均匀，导致压裂裂缝在延伸过程中极不规则，扭曲裂缝不仅在近井地带，在裂缝延伸过程中也有大量的扭曲裂缝，造成裂缝内摩阻增加，进一步加大了施工难度。为了减小裂缝延伸过程中的裂缝扭曲效应，在施工前期加入低砂比陶粒段塞，可以有效地降低裂缝穿透过程中的扭曲效应。②降滤失技术。砂砾岩油藏裂缝类型主要为微细裂缝，裂缝间连通性差、油水分布复杂。在压裂施工时微细裂缝的发育导致高压下压裂液滤失速度加快，为了保证压裂成功，在压裂施工前期加入小粒径陶粒，起到堵塞微裂缝降低压裂液滤失的作用。③由于砂砾岩地层特殊性，压裂施工时支撑剂嵌入是影响裂缝导流能力的主要因素。为降低这种嵌入效应，施工时采用组合陶粒技术达到降低嵌入的目的。实验数据表明，在闭合压力较高（超过40MPa）时，使用组合陶粒（20/40∶30/60 = 3∶1）获得的裂缝导流能力已经接近单一陶粒（20～40 目）的导流能力。

（三）低渗特低渗油气藏

一般将渗透率小于 $10\times10^{-3}\mu m^2$ 的储层称为特低渗储层。特低渗储层的一般特征为：①储层物性差、渗透率低，原生孔隙度低，孔隙结构复杂且分选较差，增大了储层原油的渗流阻力，导致不能形成有效生产压差；储层孔隙间的连通性较差，以细孔-微喉型为主，少部分为中孔-细喉及微孔-微喉型。砂岩基质渗透率极低。储层中还不均匀地分布有微、细裂缝，主要是层理缝、层间缝、成岩压实缝或收缩缝、粒沿缝等。②砂泥岩层交互，胶结物含量高，主要是黏土的含量高，非均质性严重，束缚水饱和度高等。③毛管力对渗流有明显影响，具有非达西流特征，启动压力随着渗透率的降低而增大。④采收率随着渗透率的降低而降低且采油速度低。⑤储层动力连通性差，单井控制的泄油面积小。必须通过压裂才能形成产能。在对特低渗储层压裂时，为了降低储层伤害，需要对压裂使用的压裂液进行严格筛选，降低压裂的残渣数量。常用的压裂液类型包括清洁压裂液、低相对分子质量瓜尔胶压裂液、无水压裂液等。

（四）薄互层油气藏

薄互层压裂具有以下难点：①储层厚度薄，单砂层厚度一般为2～8m；②隔层薄，一般小于5m，有的甚至小于1m；③隔产层应力差小，采用常规压裂技术的集中射孔方式，大排量压裂会导致裂缝窜层严重，支撑剂在储层底部铺置，无法对产层进行有效支撑；小排量压裂则可能会使部分需要改造的储层无法压开，影响增产效果；④岩石力学测试结果表明，这类地层的岩石通常表现出极强的塑性变形特征，容易发生支撑剂嵌入情况，无法长期保持高导流能力，大部分井压裂后初期试产效果较好，但稳产期短[20]。

薄互层压裂常采用的方法有：①定点射孔、压裂技术。在低渗透薄互层压裂改造中，常规集中射孔、压裂往往不能很好地处理每个油层段，许多薄层不能被压开，导致压裂效果不显著，油藏不能够完全开发。因此，在考虑储层物性、地应力分布、含油气性等基础上，对含油气性好的井段进行分段，定点射孔，压裂时促使裂缝在油层段内起裂和扩展，实现支撑剂对改造油层段的定点铺置[21]。②采用组合粒径陶粒施工。不但可以降低施工风险，且可以维持较高的裂缝导流能力。此外，采用组合粒径陶粒施工，还可改善支撑剂纵向铺置效果。因为采用单一粒径支撑剂施工时，对流沉降作用会导致支撑剂在输送过程中大都铺置在裂缝下部，而物性较好的上部储层往往得不到有效支撑；因不同粒径的支撑剂受力不同，通过组合不同粒径支撑剂，改善支撑剂纵向铺置效果，提高改造有效率。(3) 控缝高技术。一是变排量加段塞压裂技术。在裂缝三维扩展过程中，缝内净压力不断增加，如果大于隔层应力差，裂缝在纵向上会不断扩展，在延伸压力逐渐平稳后，提高排量并泵注低砂比含有小粒径支撑剂的压裂液，在近井地带裂缝易形成一条低渗甚至不渗透的人工隔层，可控制裂缝纵向延伸。二是高砂比压裂技术。储层与上下隔层的就地应力差是控制缝高的主要原因，而高砂比压裂相对低砂比压裂更能控制缝高的增长。其原因在于，高浓度砂浆进入裂缝上下端部的末梢处，大大降低了末梢附近的渗透性和传导性，使高浓度砂浆大部分沿裂缝中部运移，一方面能有效遏制缝高过度增长，另一方面能使支撑剂最大限度地在产层铺置，因而使裂缝在宽度方向获得较大的扩展，最终获得较高的导流能力和较高的裂缝支撑效率[22]。

（五）低压油气藏

低压油气藏压裂效果差的原因主要是地层压力低，压裂液返排困难，返排率低，压裂液对储层造成伤害，影响压裂效果。针对低压油气藏压裂，一般采用的措施有：①选择低伤害压裂液，包括低聚物压裂液，泡沫压裂液、清洁压裂液等[23]。通常是在压裂液中加入表面活性剂类物质，降低表面张力，减少毛管阻力，利于返排，降低伤害。②优选压后返排措施。加强压裂液助排和返排工作，实现压裂液快速返排，最大限度减少压裂液对储层和支撑裂缝导流能力的损害，提高压裂效果。目前常用的主要排液手段有液氮增能压裂技术、抽油泵排液、制氮拖车气举等排液技术[24]。

（六）深层/超深层油气藏

深层/超深层油气藏的主要压裂难点为：①对压裂材料要求高。由于油气藏异常高压，闭合压力大，要求支撑剂具有高强度、高导流能力；储层高温且致密，要求压裂液具有良好的耐高温、低伤害、低摩阻等性能。②对施工设备要求高。储层致密，要压出深穿透、高导流的长缝，需进行大型水力压裂，这必将延长压裂设备承受高泵压时间，对压裂施工设备提出了新的考验。③要求施工排量高。储层致密，岩石致密坚硬，杨氏模量大，要求有较高的排量才能压开、压好储层，便于顺利加砂，因此要求有较高的施工排量。④选择泵注方式余地不大。如：油管进液，油管容积小，摩阻大，增加施工泵压，排量难以提升；油套合压，油管下入长，油管接箍与套管间隙小，在泵注过程中除沿程摩阻外，又增加了局部附加摩阻，使泵压增大。因此，仅侧重于套管压裂这种方式。⑤施工难度大。受高压作业的影响，压裂设备及井下管柱、工具出现故障的机率增加，给安全施工增加了难度。

因此，针对深层/超深层常采用的工艺措施有：①降低破裂压力。深层超深储层岩石坚硬、致密，要劈开地层需要较高的注入压力，为减轻压裂设备承受高泵压的压力，采用四相位、大孔密射孔，以降低储层的破裂压力。②降低摩阻技术。在施工过程中，摩阻大小主要由三方面因素决定：一是施工排量；二是压裂液性能；三是泵注方式。由于该类储层杨氏模量大，压好储层需较高的排量，因此降排量方法不可取；解决问题的关键就集中在压裂液性能和优选泵注方式上。降摩阻可以采用压裂液延迟交联技术。深层储层的压裂泵注方式一般选择套管压裂，可有效增大井口设备的压力窗口。③选择性能优良的压裂材料。压裂液需要满足深层高温的要求，同时，需选用较高强度的支撑剂，使其能承受地层的高闭合压力。

（七）凝析油气藏

低渗凝析气藏一般具有埋藏较深、物性差、地露压差小、易发生反凝析且储层易受反凝析污染等特点[25]，并且受储层非均质性影响，气藏形态、厚度、油气富集性、地层流体性质等横向变化大，使得此类气藏开采较为复杂，自然产能往往达不到工业开采经济极限，需要进行压裂作业。对于凝析油气藏增产改造，需要从以下几个方面增强措施的针对性[26]：①开展多孔介质条件下凝析气藏露点压力研究，搞清凝析气藏的地露压差及相变特征。②借鉴当前凝析气藏保持压力开采的基本原理，进行压裂后返排速度优化，合理控制生产压差，保持地层能量，控制反凝析液析出，降低甚至抑制储层反凝析污染。③凝析气藏压裂后储层实际渗流能力与人工裂缝导流能力以及反凝析程度有关。凝析气井压裂前产能预测应立足反凝析规律、建立反凝析产能伤害评价模型并进行产能预测，依据常规气藏模型进行的产能经济评价不科学、可靠性差。④提高压裂液体系防水锁性能，加强解除低渗凝析气井近井污染研究，作业现场需备用反凝析污染、水锁处理方案及配套材料。

（八）含边底水油气藏

在底水油藏的开发中，进行常规水力压裂时有可能压穿底水层，若裂缝延伸穿透隔层进入水层时，不但不能起到增产作用，反而会引起油井含水暴增，因此，需要对压裂裂缝高度进行控制[27]。影响裂缝高度延伸的主要因素有地应力、岩石物性、压裂液性能及施工排量。底水油气藏的压裂需要根据油气层地质结构特征来选择压裂技术，设计合理的施工参数，选择适用的压裂液体，从而将缝高控制在油气层内。主要采用的技术有[28]：①人工隔层技术。利用下沉剂控制裂缝向下延伸是人工隔层控制裂缝高度技术的一种。目前压裂使用的下沉剂主要是石英砂和陶粒。施工时，在注完前置液造出一定规模的裂缝后，在注入携砂液之前，用低黏度携带液携带下沉剂进入裂缝。下沉剂在重力的作用下沉降于裂缝的底部，从而在裂缝底部形成一个压实的低渗区，它阻止一部分压裂液的滤失，限制了携砂液的压力向下部传递，改变了缝内垂向上流压的分布，在裂缝下部形成阻抗值，即人为增大了下部隔挡层的压力值，从而实现了人工隔层控制裂缝向下的过度延伸。②变排量压裂技术。变排量工艺的原则是：小排量造缝，大排量加砂。即在控制裂缝向下延伸的同时，可增长支撑缝长，增加裂缝内支撑剂铺置浓度，从而可有效地提高增产效果。具体做法是，一开始以小排量压开地层，挤入前置液。进入携砂液阶段后，从小到大小幅度提高排量。③低黏度压裂液控底水。在其他参数不变的情况下，压裂液的黏度越大，形成的裂缝高度也越大。压裂液的流变指数和稠度系数是计算压裂液视黏度的两个重要参数，通过计算裂缝高度随压裂液稠度系数、流变指数增大而增大。当目的层的地应力高于下部地层时，为了控制裂缝向下延伸，可以采用较低黏度的压裂液。④优化施工规模控底水。裂缝向前延伸的过程中，由于摩阻的存在，裂缝前端的净压力将逐渐降低，当低于裂缝的抗张强度，裂缝将不再向前延伸。如果继续泵入压裂液，将导致裂缝高度增加，因此通过优化施工规模可以控制裂缝的缝高。

参考文献

[1] 邹才能，赵文智，贾承造，等．中国沉积盆地火山岩油气藏形成与分布［J］．石油勘探与开发，2008，35（3）：257～271.

[2] 匡立春，薛新克，邹才能，等．火山岩岩性地层油藏成藏条件与富集规律——以准噶尔盆地克－百断裂带上盘石炭系为例［J］．石油勘探与开发，2007，34（3）：285～290.

[3] 杨辉，张研，邹才能，等．松辽盆地深层火山岩天然气勘探方向［J］．石油勘探与开发，2006，33（3）：274～281.

[4] 刘成林，杜蕴华，高嘉玉，等．松辽盆地深层火山岩储层成岩作用与孔隙演化［J］．岩性油氣藏，2008，20（4）：33～37.

[5] 张吉光，王金奎，秦龙卜，等．海拉尔盆地贝尔断陷苏德尔特变质岩潜山油藏特征［J］．石油学报，2007，28（4）：21～25，30.

[6] 谢文彦．辽河探区油气勘探新进展与下步勘探方向［J］．中国石油勘探，2005，10（4）：1～9.

[7] 刘成林，葛岩，范柏江，等．页岩气成藏模式研究［J］．油气地质与采收率，2010（5）：1～5.

[8] Law B E，Spencer C W. Abnormal pressure in hydrocarbon environments［J］. AAPG Memoir，1998，70（70）：1～11.

[9] 陈军，李俊军．裂缝型底水油气藏开发模式研究［J］．西南石油学院学报，2006，28（3）：23～26.

[10] 张显忠，冯程滨，谢建华，等．深层致密气层增产工艺技术［A］．大庆油田发现40年论文集［C］．北京：石油工业出版社，1999：79～82.

[11] 王斌，张健强，郎建军等．新疆油田石炭系油藏交联酸携砂压裂技术应用［J］．钻采工艺，2010，33（6）：56～60.

[12] 张浩，谢朝阳，韩松等．火山岩深气层压裂液体系研究与应用［J］．油田化学，2005，22（4）：310～312.

[13] 陈波，曾雨辰．长岭火山岩气藏高温低浓度低伤害压裂液研究［J］．天然气勘探与开发，2009，32（1）：57～61.

[14] 陈作，庄维礼，杜长虹等．火山岩储层低伤害压裂技术及其应用［J］．天然气工业，2009，29（9）：91～93.

[15] 谈光敏．火山岩气藏测试压裂诊断及控制技术［J］．断块油气田，2009，16（3）：99～101.

[16] 崔彦立，石磊，钱继贺，等．三塘湖火山岩油藏压裂技术的研究与应用［J］．油气井测试，2010，19（4）：10~13.
[17] 刘合，闫建文，冯程滨，等．松辽盆地深层火山岩气藏压裂新技术［J］．大庆石油地质与开发，2004，23（4）：35~37.
[18] 张国亮，兰中孝，刘鹏．大庆探区深层火山岩气藏压裂施工控制［J］．石油勘探与开发，2009，36（4）：529~534.
[19] 蒋廷学，张以明，冯兴凯，等．高温深井裂缝性泥灰岩压裂技术［J］．石油勘探与开发，2007，34（3）：348~353.
[20] 辛军，郭建春，赵金洲，等．砂泥岩交互储层支撑剂导流能力实验及应用［J］．西南石油大学学报（自然科学版），2010，32（3）：80~84.
[21] Wang Yanlou，Zhang Chuanxu. The Refined-Control Vertical Fracturing Technology for Thin and Low Permeability Interbeded Reservoir［C］．SPE131494，2010.
[22] 蒋廷学．高砂比压裂与裂缝强制闭合技术的现场应用．低渗透油气田，2001，5（1）：60.
[23] 马广明，廖锐全，谭光天，等．红台低压气藏压裂工艺技术研究与应用［J］．石油天然气学报，2008（3）：340~344.
[24] 刘佳．王府—德惠断陷低压气藏改造工艺技术研究［D］．东北石油大学，2015.
[25] 吴亚红，张士诚，吴亚生．低渗凝析油气藏压裂优化设计和产量预测［J］．天然气工业，2005，33（1）：84~87.
[26] 沈海超，胡晓庆．非均质低渗凝析气藏压裂后低效原因分析及改进措施研究［J］．特种油气藏，2012，19（2）：116~119.
[27] 安崇清．底水油藏水力压裂缝高控制技术实验研究［D］．西安石油大学．
[28] 张荣，刘研言，胡晓华．底水油藏压裂影响因素和技术对策［J］．中国石油和化工标准与质量，2012，33（14）：181.

第二章　复杂难动用油气藏压前储层评价技术

第一节　特殊测井技术

在油气勘探领域，测井技术作为有效识别和认识油气储层的重要手段，是石油十大重要学科之一。20 世纪 50 年代初进入模拟测井阶段，20 世纪 70 年代初进入数字测井阶段，20 世纪 80 年代初进入数控测井阶段，20 世纪 90 年代初进入成像测井阶段。我国油气工业发展对测井技术主要有三个方面的需求：复杂地质条件的需求；油气开采方面的需求；工程上的需求。我国 90% 的石油储量来自陆相沉积为主的砂岩油藏，天然气较大部分来自非砂岩气藏，地质条件十分复杂。油田总体规模小，储层条件差，类型多，岩性复杂，储层非均质性严重，物性变化大，薄层、薄互层、低渗、特低渗及非常规储层普遍存在。这些迫切需要深探测、高分辨率的测井仪器和方法，开发具有针对性、适应性强的配套测井技术。目前国内注水开发的储量已占可采储量的 90% 以上，受注水影响的产量已占总产量的 80%。油田经过多年注水后，地下油气层岩性、物性、含油（水）性、电声特性等都发生了较大变化，识别水淹层、确定剩余油饱和度及其分布、多相流监测、计算剩余油（气）层产量等方面的要求十分迫切。钻井地质导向、地层压力预测、地应力分析、固井质量检测、套管损坏检测、酸化压裂等增产措施效果检测等都需要新的测井测量方法。

近年来受油气勘探与开发的需求所推动，并借助现代电子和信息技术的新成果，测井技术发展十分迅速。由于薄互层、低孔低渗低阻储层测井评价和大位移井/水平井测井地层评价的需要，出现了新的测量手段，如高分辨率感应、三分量感应、正交偶极子声波等成像测井仪器。电子技术和遥测技术的新发展使测井仪器精度和可靠性得到改进，使仪器的应用扩展到高温高压等恶劣井眼环境。测井传感器技术的发展、机械设计和制造工艺水平的提高，促进了高可靠满贯组合测井系统的研制并取得了成功。钻井行业油基泥浆（OBM）和人工合成泥浆（SBM）的开发和推广使用，迫使服务公司研制出了油基泥浆电阻率成像测井仪器。储层监测是当今测井技术中发展最快、最活跃的一个领域，主要进展包括：过套管地层电阻率测井仪研制成功并推广使用；脉冲中子类电缆测井仪器有大的突破；永久放置在井下的各种传感器的研制获得重大进展；已研制成功温度、压力、流量等永久光纤传感器，用于探测流体流动、监测流体界面和饱和度的变化。随钻测井方面，研发的重点仍然是提高测量数据和井眼图像的实时传输能力，使钻井更安全、井眼轨迹（地质导向）更准确、完井后储层的排驱效果更佳。主要进展包括声波横波时差测量、随钻地震、随钻核磁共振测井。随钻脉冲中子测量、随钻地层测试等也已进行了现场测试。新的套管井地层测试仪器可以钻穿钢套管、水泥和岩石，测量储层压力，采集地层流体样品，封堵射孔孔眼。裸眼井电缆地层测试器具备了生产测试的许多功能。

储层岩石物理性质及特征参数，如孔隙度、渗透率、电阻率及声波速度等，常随方向而发生变化，即地层具各向异性。针对直井，常用阵列声波测井和阵列电阻率测井资料来评价各向异性地层。大斜度井和水平井的井眼与地层界面以低角度相交或平行，常用随钻测井和正交偶极声波测井来评价地层。这些资料与成像测井资料结合起来，可以实现更高精度的评价。在裸眼井和套管井中由应力诱导产生的各向异性主要用多极子阵列声波仪器进行评价。裂缝常会使横波分裂成快、慢分量，而四分量（正交偶极）仪能测量快、慢地层中的横波分裂，因此长被用于分析裸眼井中的裂缝，优化套管井完井（水力压裂）方案。薄层或岩性变化，如砂泥岩层序地层的沉积、颗粒大小或分选的变化，导致了地层的固有各向异性。由于测井仪器的分辨率不够，常导致低阻产层的错误解释及漏掉某些油气层。成像测井中的阵列感应测井在垂向上的分辨率较高，结合相应的反演算法，可实现高精度评价薄互层。近年出现的三分量感应测井，可以同时测量垂向电阻率和水平电阻率，其在薄互层的评价解释中取得了良好的效果[1]。

目前测井地面新系统——网络化测井地面系统，主要有哈里伯顿的INSITE和INSITE Anywhere及贝克-阿特拉斯公司的FOX系统。INSITE系统是一种实时数据管理和分配系统，其依靠一种公用的数据库结构，公司的所有服务器都能管理和共享井场作业期间采集的数据。INSITE Anywhere系统利用因特网传输数据，从而提供INSITE技术服务，不用安装专门的软件，在任何地方作业只要有用户口令，就可以使用INSITE技术服务[2]。

裸眼测井占测井市场总测井工作量的53%[3]，因为裸眼测井在寻找油气和划分油气水层时占有举足轻重的地位。目前常用满贯组合测井来提升测井解释的效率及可靠性，其是测井仪器的一个研发方向。通常满贯组合测井仪器主要有两大类：三组合仪（电阻率、密度和中子辅助测量）和四组合仪（电阻率、声波、密度和中子辅助测量）。目前市场上的满贯组合测井系统主要有斯伦贝谢公司的三组合快测平台（Express Platform），哈里伯顿公司的IQ四组合仪以及贝克-阿特拉斯公司的FOCUS测井系统（三组合及四组合）。

20世纪80年代后发展起来的成像测井解决了常规满贯组合测井难以解决的许多地质问题。成像测井主要用于确定断层定位、孔洞定位、倾角、探测裂缝、岩心归位验证、描述薄层或薄互层及地层各向异性等其他地质或工程的应用。成像测井目前已形成了普通泥浆（水基泥浆）电阻率成像、油基泥浆电阻率成像、核磁共振成像测井、三分量感应测井、正交偶极声波测井等技术。

套管井测井能减少仪器故障和井眼不稳定所伴随的测井风险。较少的测井次数及低廉的修井或完井钻机，套管井测井能显著地降低作业成本。对地质和构造已完全清楚的油田，套管测井可以代替裸眼电缆测井。套管井测井占总测井工作量的47%[3]。近来年套管井电阻率测井、井下永久传感器测井、脉冲中子测井、电动测井、套管钻井测井等套管测井技术得到了长足发展。电动测井在2002年由日本科学家提出，其是利用毕奥特快纵波在穿过渗透率、孔隙度等参数变化的界面时会产生毕奥特慢纵波的物理现象，根据毕奥特慢纵波的衰减信号来评价储层，可以较精确地估算土壤和岩石的渗透率。

随钻测井（LWD）能在钻井过程中实时提供地层和钻井数据，提供一系列地质导向和地层评价测量，能作为电缆测井的一种替代方法，能减少测井所需的钻机在用时间，还可以在高风险井中保证数据的采集。随钻测井仪器能用于常规井和小井眼井。除了阵列电阻率、中子孔隙度、密度和声波纵波时差测井以外，现在的LWD测量还包括脉冲中子、声波横波时差、随钻地震、随钻核磁、环空压力、地层测试及方位测量（包括电阻率、密度、声波），其中方位测量可以实时确定倾角，提供二维和三维井眼图象，用于地质导向和确定井位。

第二节　特殊实验技术

（一）核磁共振技术及其应用

核磁共振（NMR）作为一种物理现象是1946年由哈佛大学的Purcell和斯坦福大学的Bloch两人各自独立发现的。自其发现以来，在物理学、化学、生物学以及医学领域，核磁共振方法已经成为一种非常有用的工具。核磁共振技术应用于石油工业领域最早可追溯到1956年，Brown和Fatt在Chevron实验室研究发现，当流体处于很小的孔隙空间中时，例如岩石孔隙中时，其核磁共振弛豫时间与自由状态相比均大幅度减小[4]。受限扩散对流体核磁共振弛豫时间的影响这一基本现象的发现极为重要，它成为后来室内低磁场核磁共振岩心分析实验及矿场核磁共振测井解释的重要基础。后来大量理论和实验研究表明，流体的核磁共振弛豫时间与其所处环境的孔隙大小有关，孔隙半径越大则弛豫时间越长，孔隙半径越小则弛豫时间越短，这为核磁共振技术在分析油气藏储层微观孔隙结构大小中的应用奠定了理论基础。1961年，Brown对原油的核磁共振弛豫特征进行了研究[5]。1966年，Seevers观测到核磁共振弛豫时间分布与多孔介质的渗透率具有一定的相关关系[6]。1968~1969年，Timur提出了自由流体指数概念以及用核磁共振技术测量砂岩储层的孔隙度、渗透率和自由流体指数等参数的方法[7]。1979年，Brownstein和Tarr提出了岩石多孔介质的核磁共振弛豫理论[8]。这些理论和实验研究成果都为核磁共振技术今后的进一步发展和应用奠定了坚实的基础。

在石油工业中的应用方面，1990年由美国NUMAR公司的MRIL－B型核磁共振成像测井仪器即投入商业服务，该仪器采用多指数反演算法，获得了反映岩石核磁共振多弛豫特性的T2弛豫谱[9]。T2弛豫谱技术不仅成为核磁测井的重要分析技术，而且它也成为了低场核磁共振岩心分析的关键技术之一。我国从20世纪80年代初测井界就开始广泛关注国外核磁共振技术在石油工业方面的应用发展，并进行了一些调研和介绍工作；也是世界上较早从事核磁共振录井研究并进行规模化、商业化运作的国家。中国科学院武汉物理所采用核磁共振微成像技术开展了对岩石结构的分析工作，江汉石油学院开展过核磁测井国内应用的早期文献调研和理论分析工作，并在出版的专著中介绍了核磁共振技术及其测井应用的基本原理。中国石油天然气集团公司与中国科学院合办的渗流流体力学研究所于1991年成功地引进了国内第一台具有世界先进水平的超导核磁共振成像仪，并开展了大量的石油岩心分析和油气藏渗流力学方面的研究工作，成为目前国内专门从事岩心核磁共振技术设备、仪器、方法研发及在油气勘探开发中应用推广的代表性科研研究机构。经过对国外先进技术的学习、消化吸收和大量的科研攻关工作，中国科学院渗流流体力学研究所于1994年，在国内首次实现对核磁共振回波串信号的弛豫谱反演，为核磁共振录井数据处理奠定了基础；1996年研制出一套具有国际领先水平的低磁场（共振频率2MHz和5MHz）核磁共振全直径岩心分析系统，并开发出了多种适合岩心分析的脉冲序列及多弛豫反演技术，实现了孔隙度、渗透率、自由流体孔隙度、束缚水饱和度和含油饱和度等油气藏储层评价重要参数的快速无损检测，为核磁共振录井的发展提供了硬件保证；同时，中国科学院渗流流体力学研究所还开展了核磁共振测井的应用基础研究和定标工作，如确定可动流体 T2 截止值、渗透率解释模型等；针对我国油气藏岩性特点，率先实现全直径岩心的低磁场核磁共振检测，为评价低渗透油气田的可采储量提供了新方法[10,11]（图 2-1）。近年来，中国科学院渗流流体力学研究所推出的核磁“双孔探头”等技术发明以及新型核磁共振录井仪器的应用，加上陆续建立的“一次测量”、“两次测量”和“三次测量”等适合油田录井测量方法，使核磁共振录井作业变得更加方便、快捷和准确，促进了核磁共振技术在国内的迅速推广和普及。

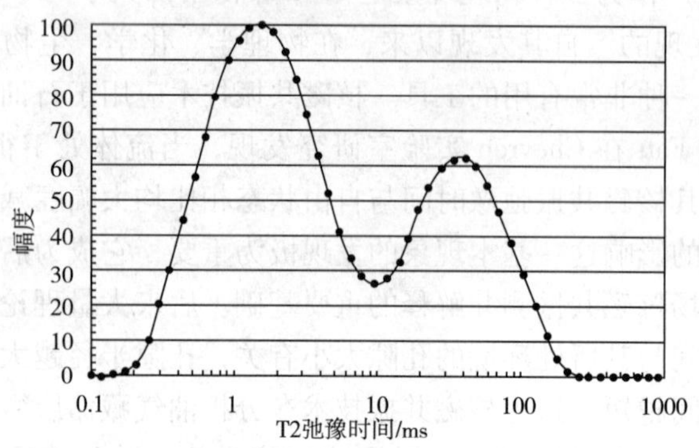

图 2-1　一块低渗透储层岩样的 T2 弛豫时间谱

随着核磁共振技术的发展，其应用涉及领域将越来越广。目前核磁共振技术在石油工业中的应用主要集中在两个方面：一方面是低磁场核磁共振岩样分析技术，主要包括研究不同类型储层岩石的核磁共振响应特征、核磁孔隙度、核磁渗透率、可动流体 T2 截止值、可动流体饱和度、束缚水饱和度、含油饱和度、油水及气水渗流机理、储层伤害机理、增产机理等方面的基础应用，同时攻克发展更先进的二维、三维核磁共振技术的前沿理论；不但能进行原始储层油气水识别、储层润湿性研究等更复杂问题的研究，还能提供如油气水扩散系数、原油黏度、孔隙度分布，油水饱和度分布等参数，更好的实时的评价储层。另一方面是在核磁共振测井领域的应用发展以及先进核磁测井仪器的研发，都是目前我国所面临的严峻问题。

把核磁共振技术应用于常规流动实验及外来流体对储层伤害机理研究中，是低磁场核磁共振岩样分析技术应用创新之一，也具有常规实验所不具备的技术特色和优势：一方面核磁共振 T2 谱不仅能够定量给出岩心孔隙内的流体总量，而且能够通过 T2 弛豫时间差异，定量地分别给出可动流体量和束缚流体量；另一方面核磁共振技术作为一项快速、无损的检测技术，一次测量通常只需要几分钟，测量过程中不会改变岩心内的矿物成分、固体表面性质、孔喉特征以及流体分布状态等，不会影响流动实验结果。基于以上技术特色和优势，近年来很多学者和中科院渗流流体力学研究所在这方面都做了很多基础性工作。

1. 压裂液水敏性伤害的核磁共振特征

外来活性水相侵入饱和地层水状态下的岩心后的伤害机理只有一个即黏土吸水伤

害。岩心饱和地层水后模拟外来活性水相侵入，使整个过程处于单相流体（水相）渗流状态，单相流体渗流不存在水锁伤害，而会造成黏土吸水伤害。岩心中的束缚水包括黏土束缚水和毛管束缚水两部分；由于外来活性水相表面张力低于地层水，所以侵入岩心后基本不会引起毛管束缚水增加；由于多数低渗透储层基本上都不同程度的含有蒙脱石、伊蒙间层和绿蒙间层等黏土矿物，外来活性水相挤入岩心后由于与岩心的不配伍会引起黏土吸水，使得黏土束缚水增加，因此黏土吸水是导致岩心内的束缚水增加的主要原因。另外在后期外来水侵入以及后续反排中，吸水膨胀后的黏土在流体流动中又会分散运移，缩小流体渗流孔隙空间，堵塞渗流通道，导致岩心绝对渗透率的下降，造成黏土吸水伤害。

利用核磁共振技术可以得到水敏性伤害实验中水驱测渗透率后、挤入压裂液对应“平行液”后、地层水充分返排“平行液”后三个状态下的核磁共振 T2 谱，通过核磁共振 T2 谱的分布变化情况，观察不同孔隙类型的储层岩心在地层水充分返排后岩心孔隙介质中水相的分布情况及变化规律，为分析水敏性伤害原因提供微观依据，从微观角度解释不同孔隙类型储层的水敏性伤害大小差别的原因。图 2-2 和图 2-3 为瓜尔胶压裂液“平行液”水敏性伤害实验 1 中两块有代表性岩心（G1、G2）的核磁共振 T2 谱分布变化图，图 2-4 和图 2-5 为酸性压裂液“平行液”水敏性伤害实验 1 中两块有代表性岩心（S1、S2）的核磁共振 T2 谱分布变化图。

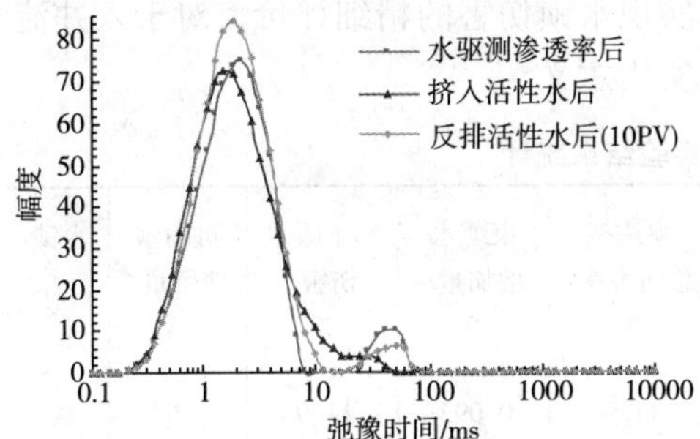

图 2-2　G1 号岩心的核磁共振 T2 谱分布变化

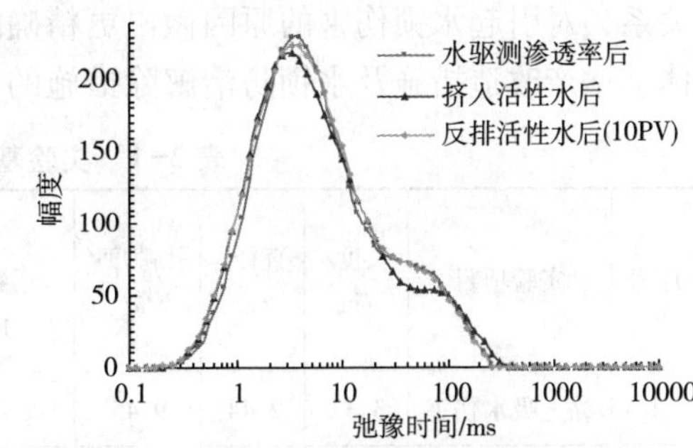

图 2-3　G2 号岩心的核磁共振 T2 谱分布变化

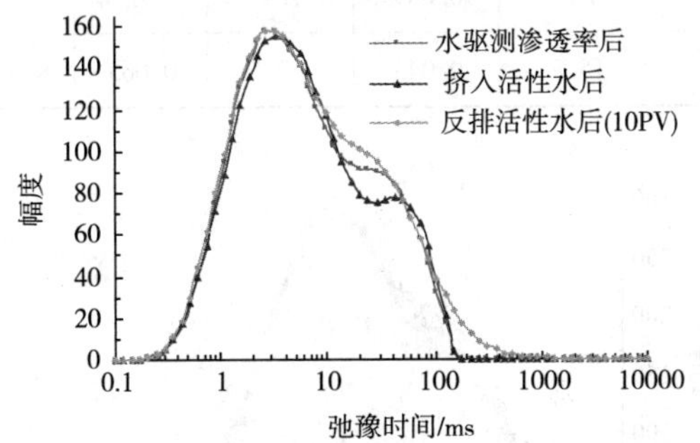

图 2-4　S1 号岩心的核磁共振 T2 谱分布变化

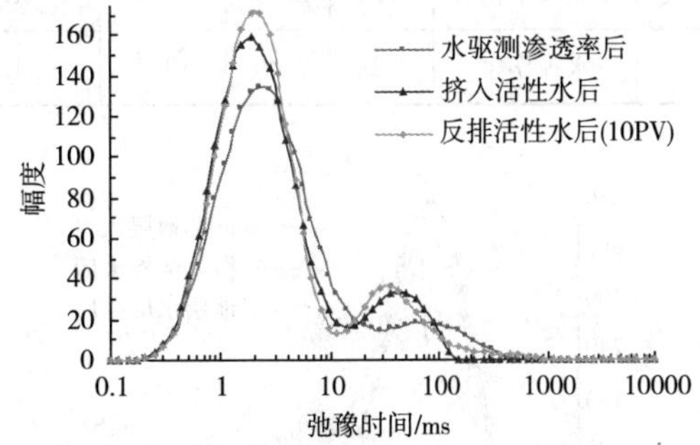

图 2-5　S2 号岩心的核磁共振 T2 谱分布变化

通过对压裂液实验液体的分解和实验方法的设计，实现了压裂液对岩心造成的水敏性伤害的定性评价和单因素分析；且把核磁共振技术应用于水敏性伤害实验中，从微观角度分析和解释了不同孔隙类型储层岩心及不同压裂液体系的水敏性伤害机理及差别，为分析水敏伤害的原因及机理提供微观依据，实现水敏性伤害的精细评价，从而建立了一种定性研究压裂液水敏性伤害的新方法。

2. 压裂液水锁伤害的核磁共振实验评价方法

水锁伤害是由于外来流体侵入油气层影响油水分布而造成的损害；从油水两相体系典型相对渗透率曲线可知，水相饱和度稍有增大，油相的相对渗透率就迅速下降，所以水锁伤害是相对渗透率下降的重要原因。对于饱和油束缚水下的油、水两相体系，挤入外来活性水相后，岩心渗透率的伤害机理有两个：一是黏土吸水伤害，二是水锁伤害；所以在水锁伤害实验中，必须考虑黏土吸水伤害的影响，在测得的总的渗透率伤害中，应扣除黏土吸水伤害部分，进而准确给出水锁伤害程度。

黏土吸水和水锁对储层伤害的机理存在差异，也存在联系，黏土吸水伤害在一定程度上会影响水锁伤害。针对这个问题，提出了水锁伤害的核磁共振实验评价方法。应用核磁共振技术，能定量检测外来水相侵入伤害实验中岩心内的束缚水增加量和可动水相滞留量。外来水相侵入岩心引起的水锁伤害大小主要取决于可动水相滞留量，可动水相滞留量越大，水锁伤害程度越大；反之，水锁伤害程度越小。利用低磁场核磁共振 T2 谱技术，结合常规流动实验手段，对同一性质岩心开展黏土吸水伤害和水锁伤害实验；通过实验对比（表 2-1、图 2-6、图 2-7），不但能准确给出水锁伤害程度，实现对水锁伤害的客观评价；而且能建立束缚水增加量与黏土吸水伤害、可动水相滞留量与水锁伤害之间的对应关系，对引起水锁伤害的原因做出更精确的判断，实现水锁伤害的精细评价，对于入井流体、增产改造措施及水锁防治解除措施的优选具有实用意义。

表 2-1 实验基本信息及实验结果统计

序号	实验项目	长度/cm	直径/cm	孔隙度/%	气测渗透率/($\times10^{-3}\mu m^2$)	渗透率总伤害率/%	束缚水增加量/PV	黏土吸水伤害/%	可动水滞留量/PV	水锁伤害/%
1	黏土吸水伤害	3.37	2.44	9.45	0.176	11.9	0.092	11.9	/	
2	水锁伤害	3.42	2.44	9.00	0.193	21.6	0.077	≈11.9	0.051	9.7
3	黏土吸水伤害	3.29	2.49	10.6	1.37	7.7	0.054	7.7	/	
4	水锁伤害	3.29	2.49	10.7	1.43	15.7	0.043	≈7.7	0.063	8.0

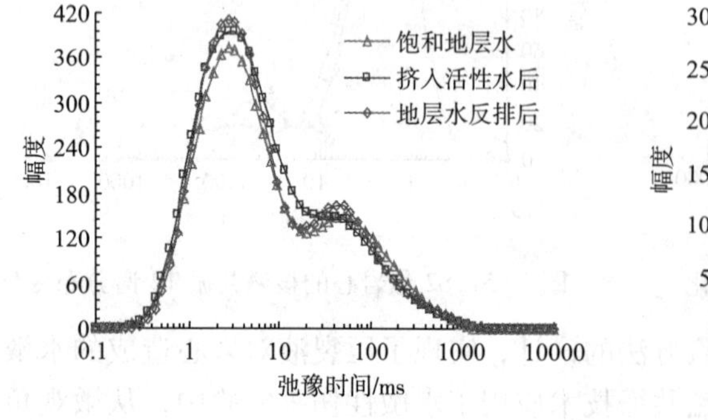

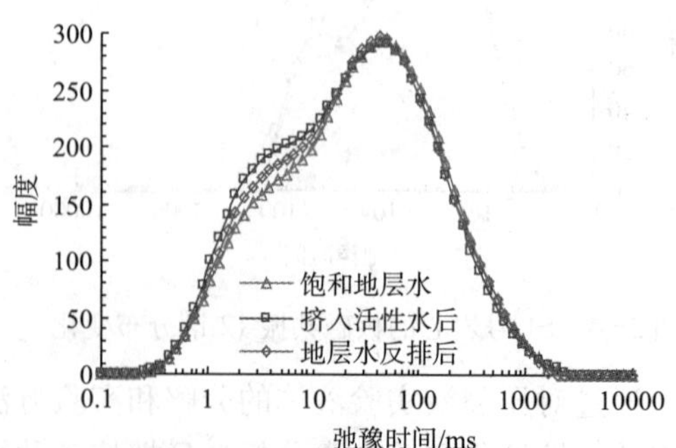

图 2-6 1 号、3 号岩心在黏土吸水伤害实验中的核磁共振 T2 谱分布变化

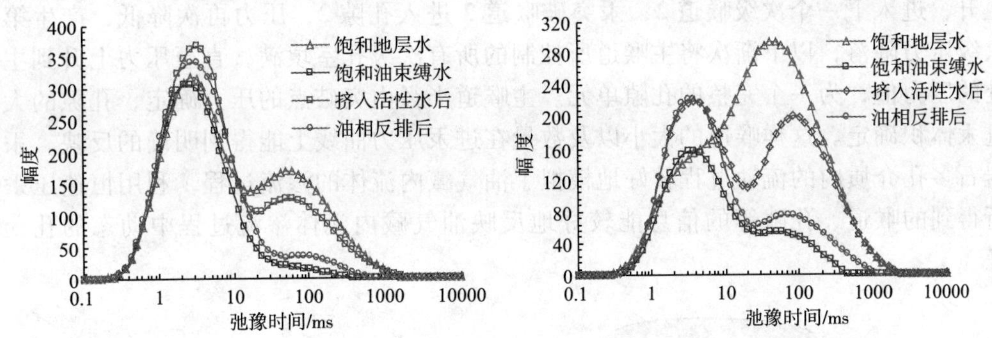

图2-7 2号、4号岩心在水锁伤害实验中的核磁共振T2谱分布变化

（二）恒速压汞技术及其应用

储层岩石微观孔隙结构决定其宏观储、渗性能，用微观孔隙结构参数表征岩石的宏观特性一直是石油工业中一个重要的研究领域。储层岩石微观孔隙结构可以划分为孔隙（pore body）和喉道（pore throat）两部分，其中孔道是指相对较大的孔隙空间，而喉道是指相对较小的将孔道连接起来的较小的孔隙空间。岩石内部的孔喉配套发育特征，对流体（油、气、水等）渗流特征、剩余油气分布特征、油气产能的变化特征以及最终油气采收率的高低等均具有显著影响，因此，岩石内部的孔喉配套发育特征是储层评价的一项重要参数和指标。

目前，压汞实验仍是获取岩石内部微观孔隙结构定量资料及孔喉配套发育特征的最重要途径，Purcell首次将压汞技术应用于石油工业中[12]。常规压汞是通过某一恒定进汞压力下的进汞量，来计算喉道半径及该进汞压力对应的喉道所控制的体积；常规压汞只是给出了某一级别的喉道所控制的孔隙体积，并没有直接测量喉道数量，因此只能得出喉道半径及对应的喉道控制的孔隙体积分布；而这个分布由于掺杂了孔隙体积的因素，并非是准确的喉道分布。

恒速压汞是岩石孔喉发育特征分析的先进技术，在实验过程中实现了对喉道数量的测量，从而克服了常规压汞的不足。真正实际应用恒速压汞实验是1989年Yuan和Swanson在孔隙测定仪APEX（Apparatus for Pore Examination）上首先开展的[13]。与常规压汞较大的进汞速度以及在实验过程中每步维持恒定的进汞压力不同，恒速压汞实验过程中维持非常低的进汞速度（通常为0.00005ml/min）向岩样喉道及孔隙内进汞，可近似保持准静态进汞的过程。其基本的理论假设是：进汞过程中，界面张力与接触角保持不变；进汞端经历的每一个孔隙形状的变化，都会引起弯液面形状的改变，从而引起系统毛管压力的改变，汞侵入岩石孔隙的过程受喉道控制，依次由一个喉道进入下一个喉道。其具体过程如图2-8、图2-9所示。在图2-9中，Rheon称为跳流，是指毛管压力突然下降的阶段，它是伴随整体吸吮过程中的局部驱替；subison称为子匀流，是指紧接着跳流后出现的一个从毛管压力开始增加至毛管压力上升到之前已达到的压力水平的区域；Rison称为再匀流，它是指一个毛管压力连续增加到以前尚未达到过的水平的区域；coMPartment称作腔室，是指将子匀流孔隙系统分成了更小的孔隙体积。当进汞前缘进入到主喉道1时，压力逐渐上升，当压力上升到一定值后，汞突破该喉道进入孔隙1，突破后压力突然下降（图2-9第一个压力降落），之后汞将逐渐将孔隙1填满后压力上升，进入下一个次级喉道2，汞突破喉道2进入孔隙2，压力再次降低，产生第二个次级压力降落，以下渐次将主喉道所控制的所有次级孔室填满，直至压力上升到主喉道处的压力值，为一个完整的孔隙单元。主喉道半径由突破点的压力确定，孔隙的大小由进汞体积确定。这样喉道的大小以及数量在进汞压力曲线上能得到明确的反映。汞液在岩石多孔介质内的流动过程较好地模拟了油气藏内流体的渗流过程，利用恒速压汞技术所得到的喉道、孔隙等的信息能较好地反映油气藏内流体渗流过程中动态的孔、喉特征。

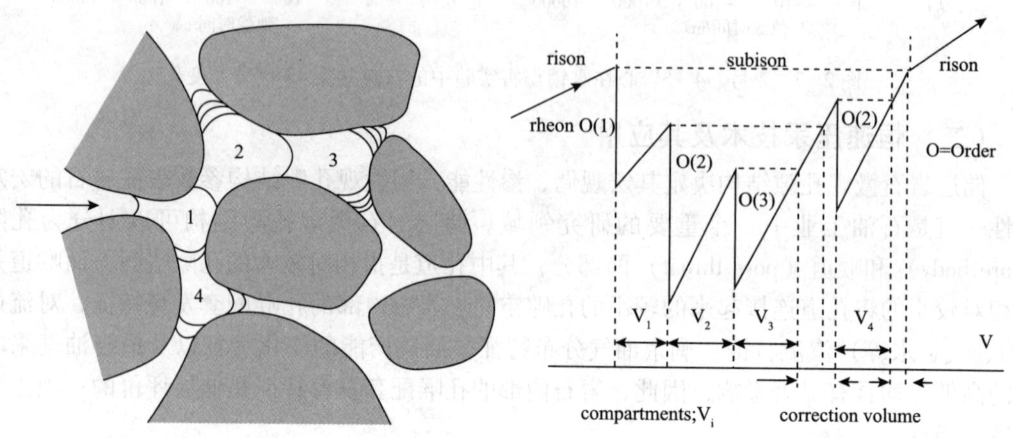

图2-8 恒速压汞孔隙结构示意图　　　图2-9 恒速压汞原理示意图

恒速压汞通过检测汞注入过程中的压力涨落将岩石内部的喉道和孔隙分开，不仅能够分别给出喉道和孔隙各自的毛管压力曲线和发育情况，而且能提供孔隙半径分布、喉道半径分布、孔喉半径比分布等岩石孔喉发育特征参数，对于孔喉性质差别很大的特低渗透储层尤其适用。与常规压汞相比，恒速压汞能够提供更丰富的岩石孔喉发育特征信息，能够明显区分两块岩样之间孔隙结构的差异，克服了常规压汞对应同一毛细管压力曲线会有不同孔隙结构的缺陷，从而实现对岩石孔喉发育特征给出更精细的描述。

由恒速压汞技术得到的喉道半径分布特征、孔喉半径比分布特征对压裂液伤害实验中的水锁伤害、稠化剂分子引起的吸附与固相颗粒堵塞伤害等有直接或间接的影响作用（表2-2、图2-10~图2-13）。为了更好的研究压裂液对低渗透气藏储层造成的伤害机理，分析引起伤害的原因及因素，有必要利用恒速压汞技术对气藏储层岩心的内部孔喉发育特征进行精细分析和描述。

表2-2　稠化剂分子造成的损害与喉道半径数据资料

组别	阈压喉道半径/μm	有效喉道半径加权平均值/μm	基质损害率/%	滤饼损害率/%	稠化剂损害率/%
第1组	0.37	0.27	9.07	22.40	31.50
第2组	1.57	0.78	15.28	9.80	25.10
第3组	1.24	0.75	10.06	8.00	18.10
第4组	0.30	0.20	-0.37	9.60	9.20

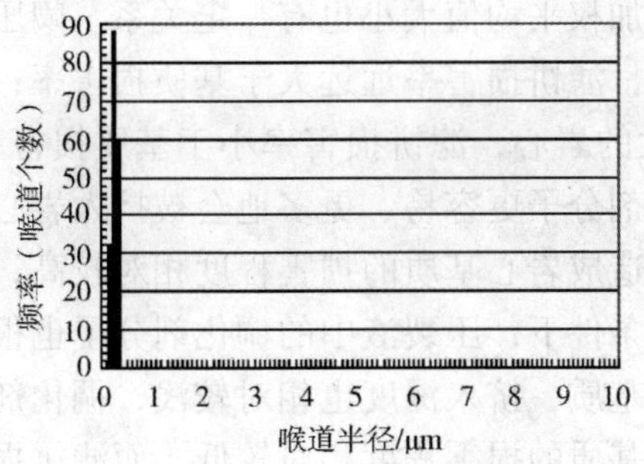

图 2-10　第 1 组岩心喉道半径分布图

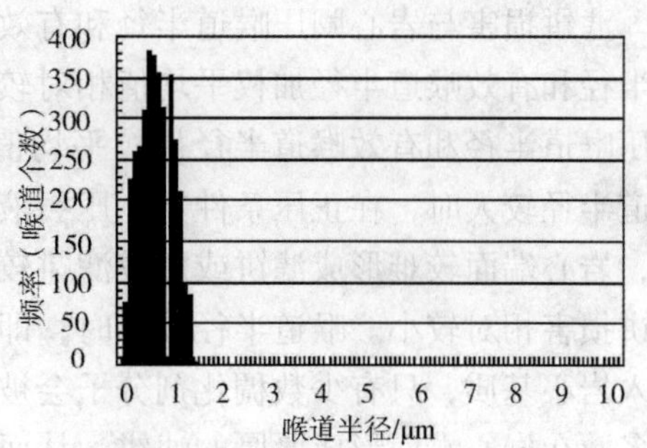

图 2-11　第 2 组岩心喉道半径分布图

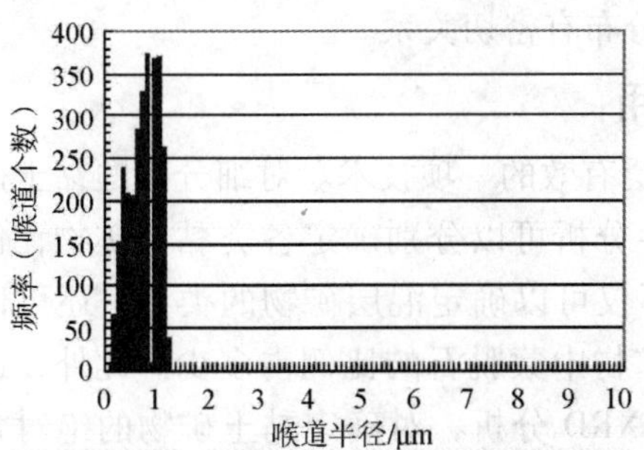

图 2-12　第 3 组岩心喉道半径分布图

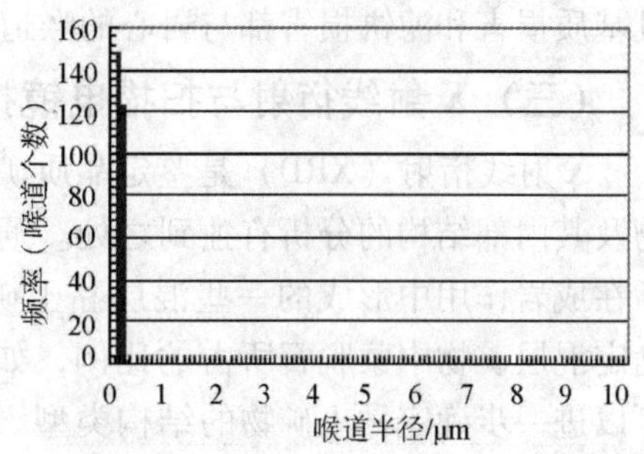

图 2-13　第 4 组岩心喉道半径分布图

岩石内部的孔喉发育特征是储层评价的一项重要参数和指标，而压汞实验技术仍是获取岩石内部微观孔隙结构定量资料及孔喉发育特征的最重要途径。恒速压汞是岩石孔喉发育特征分析的先进技术，比常规压汞技术能够提供更丰富的岩石孔喉发育特征信息，不仅能够分别给出喉道和孔隙各自的毛管压力曲线和发育情况，而且能提供孔隙半径分布、喉道半径分布、孔喉半径比分布等岩石孔喉发育特征参数，对于孔喉性质差别很大的低渗、致密储层就显得特别重要。

稠化剂分子对岩心造成的基质损害与岩心的喉道半径大小成线性正相关关系（图 2-14，图 2-15）：阈压喉道半径越大，基质损害越大，阈压喉道半径越小，基质损害越小；有效喉道半径加权平均值越大，基质损害越大，有效喉道半径加权平均值越小，基质损害越小。

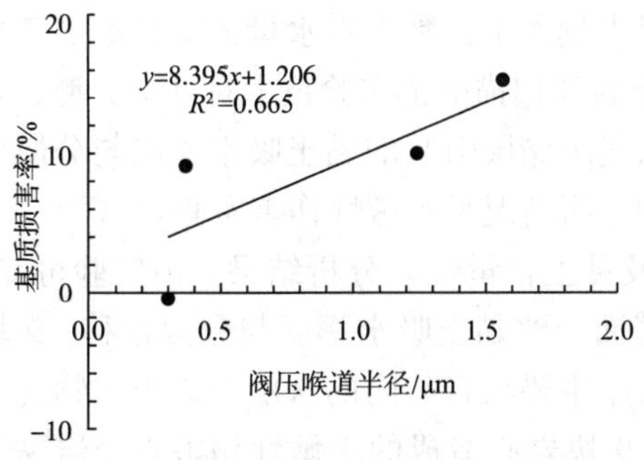

图 2-14　基质损害率与阈压喉道半径关系

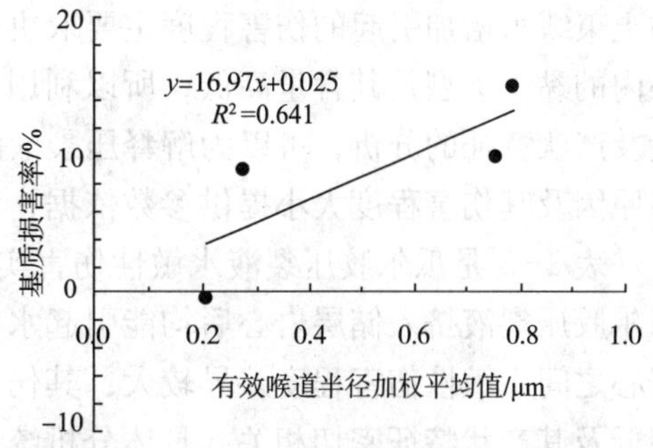

图 2-15　基质损害率与有效喉道半径均值关系

滤饼损害与岩心阈压喉道半径和有效喉道半径加权平均值大小也有一定关系。阈压喉道半径和有效喉道半径加权平均值相对较小的岩心，滤饼损害率远远大于基质损害率；而阈压喉道半径和有效喉道半径加权平均值相对较大的岩心，滤饼损害率小于基质损害率。喉道半径较大时，在正压条件下，压裂液中的稠化剂分子更容易、更多地会被挤入岩心基质，岩心端面较难形成滤饼或形成滤饼较少，从而造成岩心基质的损害程度相对较高，而滤饼损害相对较小。喉道半径较小时，即使在正压条件下，压裂液中的稠化剂分子也很难进入岩心基质，只有少数稠化剂分子会被挤入岩心基质，挤入深度也相对较浅，稠化剂分子多数在岩心端面形成厚厚的滤饼，从而造成岩心基质的损害程度相对较低，而滤饼损害程度相对较大。所以，稠化剂分子对岩心的损害是基质损害和滤饼损害共同作用的结果，且基质损害和滤饼损害都与岩心的喉道半径大小及分布有密切关系。

（三）X 射线衍射与扫描电镜技术及其应用

X 射线衍射（XRD）是鉴定晶质矿物应用最广泛有效的一项技术。对细分散的黏土矿物及其内部结构的分析有独到之处。通过 XRD 物性分析可以分别确定各类黏土矿物，包括在成岩作用中形成的一些混层黏土矿物。XRD 不仅可以确定混层矿物的类型，还可以确定混层矿物中蒙脱石所占的比例，如伊/蒙混层矿物中蒙脱石的比例占多少。此外，还可以进一步确定黏土矿物的结构类型。总之，使用 XRD 分析，对确定黏土矿物的绝对含量、黏土矿物类型及相对含量、间层比、有序性非常重要，这也是油气层保护技术所需的基本参数。

敏感性类型和程度是与敏感性矿物的成分、含量和产状分布密切相关。XRD 在认识敏感性矿物的成分和含量方面有它独到的作用，但是在认识敏感性矿物的大小、产状、孔隙形状、喉道大小、颗粒表面和孔喉壁的结构等方面，则是扫描电镜（SEM）的独到之处，而且分析直观、快速、有效。此外，利用 SEM 还能观察岩石与外来流体接触后的孔喉堵塞情况。因此，SEM 分析是保护油气层技术所需要的重要基础和手段。

引起水敏损害的主要原因是储层内的黏土矿物，而水敏损害的程度则主要取决于黏土矿物类型、含量、分布状态和储层的物性及孔喉结构特征。X 射线衍射和扫描电镜实验技术的应用，可以实现对砂岩储层岩心的黏土类型、含量及产状特征的分析。压裂液滤液侵入储层后与储层岩心中水敏性黏土矿物不可能完全配伍，因此压裂液滤液挤入岩心后，使得黏土束缚水增加，引起黏土吸水膨胀和分散运移，从而导致岩心渗透率受到伤害。由于黏土束缚水增加引起的伤害程度主要取决于黏土吸水量大小，黏土吸水量大小又取决于岩心内的黏土类型及其含量高低，所以利用 X 射线衍射和扫描电镜实验技术对黏土类型、含量及产状特征的分析，可以为解释压裂液滤液侵入气藏储层引起的黏土吸水膨胀与分散伤害原因及其伤害程度大小提供参数依据，具体应用分析情况见水敏性伤害实验。

表 2-3 是瓜尔胶压裂液水敏性伤害实验结果及黏土含量统计分析结果。由实验可知，瓜尔胶压裂液挤入储层岩心后均能引起水敏性伤害而导致黏土吸水膨胀与分散运移，9 块岩心之间水敏性伤害程度差异较大，其伤害程度大小主要与岩心内的水敏性黏土矿物含量高低及其产状特征密切相关。具体分析统计可知，9 块岩心造成的水敏性伤害与全岩黏土矿物总量间存在一定的线性相关关系，其相关性系数（$R2$）为 0.2916；9 块岩心的水敏性伤害与各种黏土矿物的绝对含量也存在一定的线性相关关系：水敏性伤害与伊/蒙间层绝

对含量的相关性系数为 0.5838、与伊利石绝对含量的相关性系数为 0.4508、与绿泥石绝对含量的相关性系数为 0.2631、与高岭石绝对含量的相关性系数为 0.0259；因此可以得出瓜尔胶压裂液对应“活性水”对气藏储层的水敏性伤害主要取决于伊/蒙间层、伊利石绝对含量及黏土矿物总量。

分析表 2-3 可知，如 1-1 号岩心，其扫描电镜样品描述为孔隙较发育，连通较差，以粒间高岭石、粒表粒间绿泥石、伊利石、伊蒙混层为主要胶结物，见少量石英；图 2-16 是 1-1 号岩心放大 1200 倍后的扫描电镜图片，可以看出丝状的伊利石或伊蒙混层以桥状形式分布在孔隙和喉道中央，把较大的孔喉分割成多个较小的空间；X 衍射分析得知伊/蒙间层绝对含量及伊利石绝对含量是 8 块岩心中最高的，其黏土矿物含量在 8 块岩心中居于第二，由伤害实验得出其水敏性伤害也是 8 块岩心中较大的，达到了 21.7%。反之，如 2-4 号岩心，扫描电镜样品描述为孔隙不发育，少量粒间孔隙，以粒间高岭石、方解石为主要胶结物，石莫盐次之，伊蒙混层、伊利石少量，图 2-17 是 2-4 号岩心放大 700 倍后的扫描电镜图片，可以看出绿泥石以膜状存在于岩石颗粒表面；X 衍射分析得知伊/蒙间层绝对含量是 8 块岩心中最低的，伊利石绝对含量和黏土矿物含量也较低，由伤害实验得出“活性水”挤入岩心后几乎没有引起水敏性伤害。

表 2-3　瓜尔胶压裂液水敏性伤害实验结果及黏土含量统计分析

岩心编号	1-1	1-2	1-3	1-4	2-1	2-2	2-3	2-4	2-5
气测渗透率/mD	0.539	0.375	0.154	2.079	0.283	0.184	0.281	0.163	0.163
孔隙度/%	16.16	13.24	11.08	16.65	13.02	6.01	8.73	7.70	5.95
水敏性伤害/%	21.7	14.3	30.0	4.2	7.0	18.2	12.0	-1.9	8.6
黏土总量/%	18.0	14.0	14.0	8.0	13.0	22.0	9.0	12.0	10.0
伊/蒙间层绝对含量/%	3.78	0.98	3.08	1.44	1.43	3.52	0.99	0.84	1.00
伊利石绝对含量/%	2.34	1.68	1.82	0.72	0.91	3.08	0.63	0.84	0.50
高岭石绝对含量/%	8.10	9.38	7.70	4.40	8.97	13.42	5.94	9.60	7.90
绿泥石绝对含量/%	3.78	1.96	1.40	1.44	1.69	1.98	1.44	0.72	0.60

图 2-16　1-1 岩心放大 1200 倍时的扫描电镜

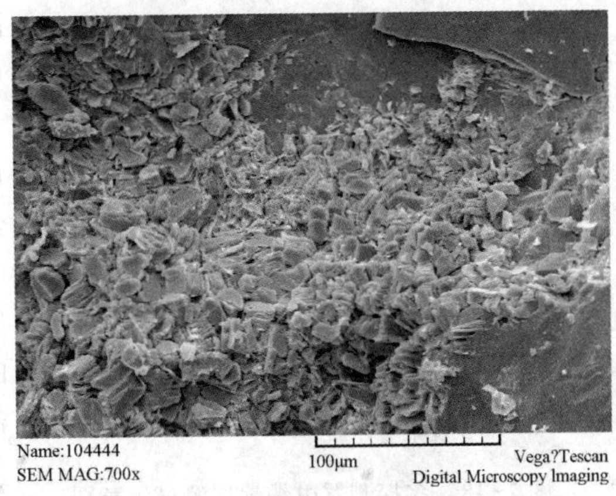

图 2-17　2-4 岩心放大 700 倍时的扫描电镜

第三节　特殊试井技术

试井是直接获取压裂目标井层地质资料的重要手段，目前常规的稳定试井和不稳定试井已为人们所熟知，在各类试井软件中组合成许多试井解释方法，提供储层模型诊断、流动期划分、曲线自动拟合和结果检验校正等功能。可以系统地分析计算均质地层的井筒储集系数、表皮系数和地层压力；判断边界性质，即断层、岩性尖灭等不渗透边界、边水或底水等恒压边界；计算边界距离、评价地层损害程度。

（1）对于裂缝性地层，采用双孔隙模型，还可以判断裂缝和基质的窜流能力，计算窜流系数、储容比；

（2）对于压裂井，可以计算裂缝半长，评价压裂效果；

（3）对于注水井，可以计算油水前缘的径向位置；

（4）对于气井，还可以确定气井产能方程，核实气井单井控制储量。

随着水平井钻井及压裂技术在致密气、页岩气开发中的推广应用采用，借助水平试井技术，可以有效地计算水平和垂向渗透率；采用多井干扰试井，可以判断井间连通情况，计算导压系数。

目前，国际上比较有代表性的试井解释软件有：SSI 公司的 Workbench 软件，KAPPA 公司的 Saphir 软件，EPS 公司的 PanMesh 软件，WT SOFTWARE 公司的 Fast 软件，这些国外软件模型丰富，功能强大，商品化程度高，并具有生产系统分析等拓展试井资料应用范围的功能。近年来，新推出数值试井解释版本，考虑了多井生产的影响，三维视觉效果使地质模型更接近实际，试井分析成果更具有实际意义。对于压前评价而言，还有一些较为特殊的试井技术。

一、电缆地层测试

无论在油田勘探阶段还是在油田开发阶段，要想了解油藏的原始动态特性，唯有进行电缆地层测试和钻杆地层测试。如果想要了解所有储集层的原始动态特性，只能进行电缆地层测试。电缆地层测试通常在裸眼井中进行，它是最后一个测井项目。由测井公司使用电缆地层测试器完成。它可以测出一口井最初始的所有储层地层静压的垂直剖面，给出所有储层地层有效渗透率的垂直剖面，给出最感兴趣的几个油层的流体样品，供高压物性分析，给出他们的生产能力。最新型的电缆地层测试器（图 2-18），还可测定各油层的垂直渗透率和水平渗透率的量值，还可取出许多地层的流体样品，但是电缆地层测试的探测范围较小。

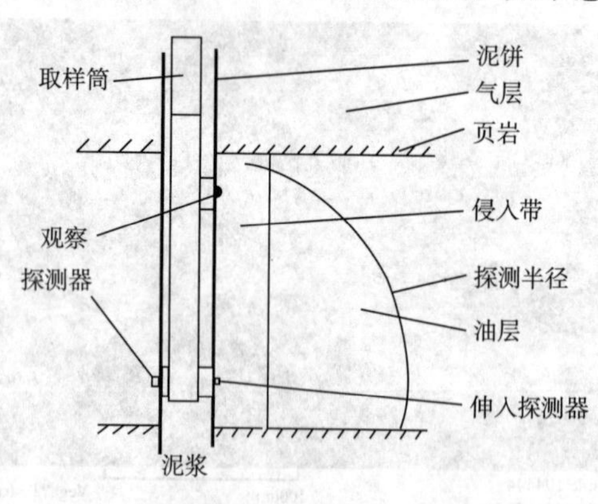

图 2-18　多探测器电缆地层测试示意图

二、钻杆地层测试

比起其他试井工艺，钻杆地层测试的最大优势是探测半径较大，可以给出值得信赖的产能预测资料。它可以得到一口井最初始的油藏动态信息，包括地层静压、地层温度、流体产物各种特性（包括常温分析和 PVT 分析），地层有效渗透率、流动系数、采油指数、污染系数以及各种不稳定试井的解释结果。这些资料是油藏最原始的动态资料，是一切动态变化的基础和出发点。它们是油田开发设计的可靠基础，也是油藏工程计算中大多数参数的实测数据，实用价值极高，极其珍贵。

钻杆地层测试还有一个很重要的优越性，即测试时间可以相对较长一些，而地层压力却不会下降很多，并能使流体保持单相流，可获取未饱和油藏单相流的一系列动态信息（包括单相流特性、单相 PVT 取样及分析）。一旦进入开发生产阶段以后，地层压力均有下降，这些动态信息将无法重新得到。所以这些测试结果可为后续的不稳定试井解释提供权威的参数值（如油藏流体地层体积系数、黏度、压缩性、饱和压力等）。

三、射孔期间的试井

射孔枪与测试设备由钻杆、油管或电缆一同传送到射孔位置（图 2-19）。测试设备中的井下压力计可以记录射孔前及射孔后要求时间内的压力资料。通常试井持续时间比较短，先运用冲击试井技术（1h 以内），再运用密闭容器测试技术。压力计可以承受得住射孔弹击发时的冲击。这种试井工艺的优势是可以用较短的时间（即 1h 或几小时），以很小的花费得到关于油藏压力、渗透率和完井污染系数的测量值；可以及时判断需不需要对油层进行增产处理。一般来说，射孔采用的是负压射孔，射孔期间对地层污染的可能性比较小，不需要排液、洗井，能立即投产。

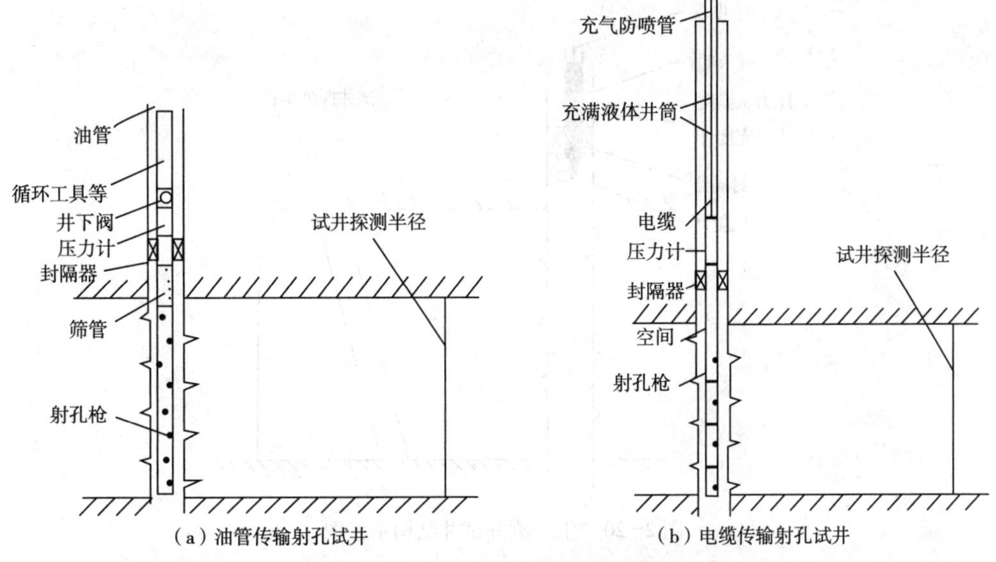

图 2-19　射孔期间试井示意图

四、垂直干扰试井

为进行垂直干扰试井，试井设备应能够在井中某个深度生产，而在另一个深度进行观测。它可以提供地层垂直渗透率的测量，或者在两个较高渗透率层段之间对低渗透率层段进行垂直渗透率的测量。最好的测量方法如图 2－18 所示。图 2－18 表示的是在裸眼井中进行的多探测器的电缆地层测试。它是在同一深度上有两个探测器，一个是伸入探测器，它需要吸入地层流体；另一个是观察探测器，记录全部过程的压力变化，这两个探测器的相位角为180°。距离伸入探测器以上（图 2－18）在一定间隔处与伸入探测器同一方位上安置有另一个观察探测器，也记录全部过程的压力变化。由测试的流量、时间、垂直的和水平的压力动态变化，可以计算出地层水平和垂直渗透率、污染系数，也可对垂直流动的局部阻挡进行评定。

套管井中的垂直干扰试井方法与上述方法相类似，但探测半径可以大得多，这主要取决于试井持续时间。当用多井干扰试井时，使用流量脉冲取代延长的压降/压力恢复程序，也可以引导出垂直干扰试井。

五、生产测井试井

在生产井或注水井中下入生产测井仪器（包括流量计、压力计、井温仪、密度计等），测取开井生产及关井状态下的连续测值曲线，利用压降和压力恢复试井方法，处理井底压力和流量等资料。生产测井仪器的安置如图 2-20 所示。生产测井可以得到不同射孔段的生产特性，可以帮助测定地层厚度、油层穿透率、污染系数、渗透率、油藏压力。由不稳定压力和流量测量进行褶积或反褶积导数，提供对压力导数的模拟量。选取早期不稳定响应能够测定井筒附近污染状况。生产测井对正常生产影响较小，在高产自喷井中也能进行。

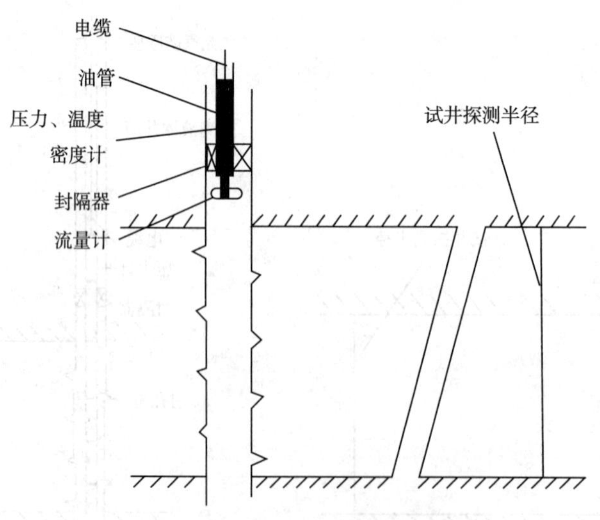

图 2-20　生产测井试井结构示意图

第四节　可压性及地质甜点评价技术

一、页岩可压性指数评价

众所周知，页岩裂缝的起裂与扩展是压裂的核心问题，与钻井讲究岩石的可钻性相类似，页岩压裂也有岩石的可压性问题。目前，国外研究页岩的可压性主要集中在页岩脆性指数的研究上，这些学者从不同的角度探讨了页岩脆性指数问题[14]。Evans 在 1990 年就给出了页岩脆性的定义，Ingram 和 Urain 在 1999 年用过渡胶结和正常胶结岩石的单轴抗压强度比值来表征脆性指数，Jarvie 在 2007 年用脆性矿物占总矿物组分的比例来表征脆性指数。此后，不同的学者又进行了从岩石力学特征来表征脆性指数的研究工作[15]。

但上述研究都仅从室内岩心分析或测井的方法出发，反映的仅是近井筒的情况，而且，岩心的获取不一定具有代表性，测井信息反映的又是动态值，难以反映压裂的准静态过程。鉴于此，首先建立了基于压裂施工压力曲线求取页岩脆性指数的新方法，然后建立了考虑地质甜点参数的综合可压性指数模型。

同时，考虑到页岩水平井分段压裂的特殊性，即每段裂缝起裂处的岩石可压性指数也不尽相同，文中还建立了利用每段压裂施工的数据（如压裂液总量及支撑剂总量等）表征页岩可压性指数的评价模型，并对两种页岩可压性指数模型的计算结果进行了对比分析。实际上，利用压裂施工资料反映的页岩可压性指数更能反映裂缝延伸范围内的总体情况，也更具现实指导性，特别是开发中后期，岩心及水平段的测井资料都很少，唯一可供借鉴的就是大量的压裂施工资料。

（一）页岩脆性指数研究

1. 国外页岩脆性指数常规研究方法对比

目前，国外研究者已进行了相关的大量研究，李庆辉等[16]已在 2012 年将国外现有的脆性指数计算方法进行了汇总，如表 2-4 所示。

表 2-4　国外脆性指数计算方法汇总

序号	计算公式	公式含义及变量说明	测试方法	文献来源
1	$B_1=\sigma_c/\sigma_t$	抗压强度 σ_c 与抗张强度 σ_t 之比	强度比值	V. Hucka，B. Das
2	$B_2=(\sigma_c-\sigma_t)/(\sigma_c+\sigma_t)$	抗压强度 σ_c 与抗张强度 σ_t 函数	强度比值	V. Hucka，B. Das
3	$B_3=\sigma_c\sigma_t/2$	抗压强度 σ_c 与抗张强度 σ_t 函数	应力-应变测试	R. Altindag
4	$B_4=\sqrt{\sigma_c\sigma_t}/2$	抗压强度 σ_c 与抗张强度 σ_t 函数	应力-应变测试	R. Altindag
5	$B_5=\varepsilon_{11}\times100\%$	ε_{11} 为试样破坏时不可恢复轴应变	应力-应变测试	G. E. Andreev
6	$B_6=\varepsilon_r/\varepsilon_t$	可恢复应变 ε_r 与总应变 ε_t 之比	应力-应变测试	V. Hucka，B. Das
7	$B_7=\sin\varphi$	φ 为内摩擦角	莫尔圆	V. Hucka，B. Das
8	$B_8=45°+\varphi/2$	破裂角关于内摩擦角 φ 的函数	应力-应变测试	V. Hucka，B. Das

续表

序号	计算公式	公式含义及变量说明	测试方法	文献来源
9	$B_9 = W_r / W_t$	可恢复应变能 W_r 与总能量 W_t 之比	应力－应变测试	V. Hucka，B. Das
10	$B_{10} = (\overline{E} + \overline{V})/2$	弹性模量与泊松比归一化后均值	应力－应变测试	R. Rickman 等
11	$B_{11} = (\zeta_p - \zeta_r)/\zeta_p$	关于峰值强度 ζ_p 与残余强度 ζ_r 函数	应力－应变测试	A. W. Bishop
12	$B_{12} = (\varepsilon_p - \varepsilon_r)/\varepsilon_p$	峰值应变 ε_p 与残余应变 ε_r 函数	应力－应变测试	H. Vahid，K. Peter
13	$B_{13} = (H_m - H)/K$	宏观硬度 H 和微观硬度 H_m 差异	硬度测试	H. Honda，Y. Sanada
14	$B_{14} = H/K_{IC}$	硬度 H 与断裂韧性 K_{IC} 之比	硬度与韧性	B. R. Lawn，D. B. Marshall
15	$B_{15} = HE/K_{IC}^2$	E 为弹性模量	陶制材料测试	J. B. Quinn，G. D. Quinn
16	$B_{16} = q\sigma_c$	q 为小于 0.60mm 碎屑百分比，σ_c 为抗压强度	普式冲击试验	M. M. Protodyakonov
17	$B_{17} = S_{20}$	S_{20} 为小于 11.2mm 碎屑百分比	冲击试验	J. B. Quinn，G. D. Quinn
18	$B_{18} = P_{inc}/P_{dec}$	荷载增量与荷载减量的比值	贯入试验	H. Copur
19	$B_{19} = F_{max}/P$	荷载 F_{max} 与贯入深度 P 之比	贯入试验	S. Yagiz
20	$B_{20} = (W_{qtz} + W_{carb})/W_{total}$	脆性矿物含量与总矿物含量之比	矿物组分分析	R. Rickman 等

上述研究分别从岩石的强度、硬度及应力应变特征等方面进行了表征方法的应用，虽有一定的指导性，但毕竟局限性也非常明显。因不同的方法都仅从某个角度进行分析，且同样的地层条件，计算的结果差别也很大。如按表 2-4 中的 20 个公式计算的某个页岩的脆性指数范围在 0.41% ~0.87%（以彭水地区为例），此时到底取哪个值都缺乏说服力。

为此，研究利用压裂施工的破裂压力资料来求取脆性指数的新方法，能充分考虑上述各因素的综合影响。

2. 基于页岩破裂压力特性表征脆性指数的新方法

大量的压裂实践证明，页岩破裂压力特性与页岩的脆性指数息息相关[17]。如脆性指数好，在升排量压裂过程中，即使很小的排量也会出现破裂现象，直到达到设计排量时还会出现多次破裂现象。反之，如页岩的塑性特征强，则直到设计排量前也难以出现明显的破裂特征。

本章着重从能量的角度来反映脆性与塑性的特征。对强塑性页岩而言，地层破裂后压力几乎不变，但变形一直持续存在，此时消耗的能量是最大的，即可简化为变形长度与变形期间几乎恒定的压力的乘积。该乘积反应到水力压裂施工参数上，可等效为施工压力（井口压力必须转换为井底压力）、施工排量及施工时间的乘积。考虑到在此变形期间，压力、排量等可能一直是变化的，必须采用在施工破裂期间内井底施工压力与排量的乘积，并对时间进行积分来求得。为简化起见，可假设地层破裂变形期间的排量是恒定的。

同样地，对脆性强的页岩层而言，地层破裂后，压力快速下降，显然，此时消耗的能量就相对较小。

按上述脆性地层与塑性地层消耗能量不同的思路，先定义完全的塑性页岩，地层破裂后压力一直处于峰值且恒定不变，形变匀速增加，此时消耗的能量最大，并将其作为基数，其脆性指数为0；而对完全的脆性页岩，地层破裂后压力应呈直线式下降，即压力几乎快速降低到最低值，其脆性指数为1。

上述定义的完全的塑性页岩及完全的脆性页岩是两个临界极值点，大部分情况下的脆性指数介于两者之间，此时，脆性指数的表达式见式（2-1）：

$$B_I = \frac{E_p - E_b}{E_p} B_I = \frac{E_p - E_b}{E_p} \tag{2-1}$$

式中 B_I——页岩的脆性指数，无因次；

E_p——完全的塑性页岩破裂后消耗的能量，J；

E_b——完全的脆性页岩破裂后消耗的能量，J。

就水力压裂施工而言，上述能量可转变为井底施工压力与排量的乘积，并对时间进行积分，表达式见式（2-2）：

$$E = \int_{T_0}^{T_c} [P(t) + P_h - P_f] \cdot Q(t) \cdot dt \tag{2-2}$$

按上述假设，破裂变形期间的排量保持恒定，则式（2-2）中与排量有关的井筒摩阻 P_f 也是恒量，则式（2-2）可转变为：

$$E = Q \cdot \int_{T_0}^{T_c} [P(t) + P_h - P_f] \cdot dt \quad E = Q \cdot \int_{T_0}^{T_c} [P(t) + P_h - P_f] \cdot dt \tag{2-3}$$

式中 E——压裂消耗的能量，J；

Q—压裂施工排量，m^3/min；

$P(t)$——井口施工压力，MPa；

P_h——静液柱压力，MPa；

P_f——井筒摩阻压力，MPa；

T_c——地层破裂变形后压力下降到最低值时的时间，min；

T_0——地层破裂变形后压力上升到最高值时的时间，min。

将式（2-3）代入式（2-1）并考虑到塑性与脆性的不同特性得：

$$B_I = \frac{(T_c - T_0) \cdot (P_{max} + P_h - P_f) - \int_{T_0}^{T_c} [P(t) + P_h - P_f] \cdot dt}{(T_c - T_0) \cdot (P_{max} + P_h - P_f)} \cdot E$$
$$= Q \cdot \int_{T_0}^{T_c} [P(t) + P_h - P_f] \cdot dt \tag{2-4}$$

式中 P_{max}——页岩塑性形变过程中井口压力上升到的最高值，MPa。

为直观起见，可用图形表示脆性指数覆盖的能量区域面积示意图，如图2-21所示。

对于出现多次破裂的情况而言，每次破裂情况都可按上述同样的方法进行处理，但不同之处是不能将各次得出的脆性指数进行简单的算术平均，因每次压裂施工排量不同，脆性覆盖的能量区域的比例也不同。理想的处理方法是将各次的脆性覆盖的能量区域面积求和，再与塑性覆盖的能量区域面积之和相除，最终得出的脆性指数就综合反应了施工排量的权重因素。为直观起见，多次破裂的脆性指数求取方法示意图见图2-22。

按上述方法求取的页岩脆性指数，涵盖了以往方法考虑的页岩硬度、强度以及岩石力学特性等特征。这些特征的综合作用，在宏观上反应的就是压裂中岩石变形及破裂特征。

同样按上述示例的页岩，按此方法计算的脆性指数为54.8%。虽然与表2-4中20个公式计算的都不同，但此结果因考虑了各因素在力学宏观上的综合作用，所以其结果应更为可靠。

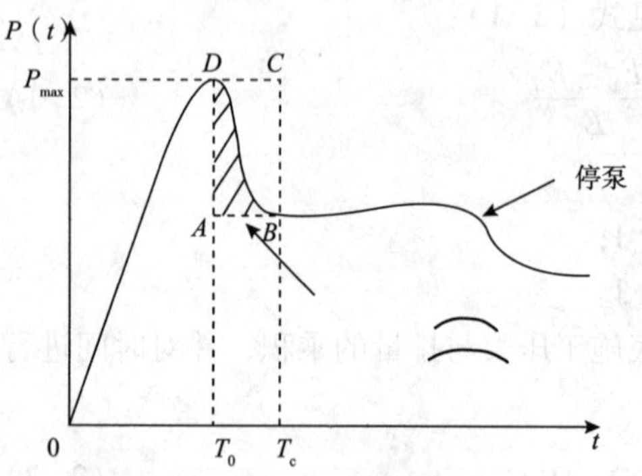

图2-21　压裂施工曲线中的塑性与脆性覆盖的能量区域示意图

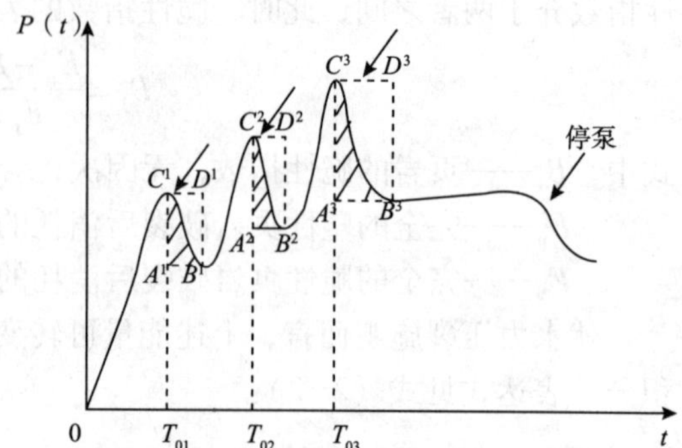

图2-22　压裂施工曲线中多次破裂时的塑性与脆性覆盖的能量区域示意图

（二）页岩可压性指数研究

（一）中研究的脆性指数只是可压性指数的一个方面，实际上，可压性指数还应考虑地质甜点的因素，换言之，最终的可压性指数大小，不但反应了页岩本身的脆性（可压裂性），也要反应压后出气的潜力，这样的可压性指标才能作为段簇位置优选的依据，也更具有现实的指导意义。

考虑脆性指数及地质甜点指标的可压性指数模型为：

$$F_{\mathrm{I}} = \sum_{i=1}^{2} S_{i} w_{i}, (i = 1,2) \tag{2-5}$$

式中　F_{I}——页岩可压性指数，无因次；

S_1，S_2——影响可压性指数的因素1及因素2，此处指脆性指数（无因次）及地质甜点指数（归一化处理后为无因次）；

w_1，w_2——S_1，S_2的权重因子（无因次）。

权重因子的确定一般采用层次分析法，也可根据需要由专家评判确定，只要满足两个权重因子之和为1即可。

地质甜点是一个综合性的指标，如热成熟度、含气丰度、吸附气饱和度等，或其他影响含气性的相关指标，只要满足相互独立性即可。地质甜点指数的求取方法与式（2-5）相同，在此不赘。

（三）基于压裂施工参数的页岩可压性指数评价方法

（二）中求取的页岩可压性指数虽然考虑因素很全面，但仅考虑了近井筒的特性参数，即使考虑了前期的破裂压力特性，也属近井筒范畴。其他的地质甜点指标基本是测井和岩心分析的数据，同样是近井筒参数。因此，此可压性指标尚不能反应远井的可压性情况。由于远井的地质甜点指标难以准确获取，可通过压裂施工参数将远井页岩本身的可压性特征反馈出来。

压裂施工中进地层的所有压裂液，不管是前置液、携砂液，还是段塞式加砂时的中顶液，目的都是造缝和防止砂堵；同样地，压裂中所有的支撑剂量，不管是前置液段塞的100目支撑剂，还是40～70目的中粒径支撑剂，抑或30～50目的支撑剂，都是反映地层能否接纳的最大支撑剂量。此支撑剂量与进地层的所有压裂液量的比值大小，反映了页岩地层压裂的难易程度。显然地，此比值越高，远井的可压性越好，反之越差。

由于进地层的压裂液类型及黏度各不同，如滑溜水、低黏胶液及中黏胶液，因此，进地层的压裂液总量应有个等效的方法，如都折算为滑溜水，此时的低黏胶液及中黏胶液的量就应当按砂液比的高低进行折算，如中黏胶液的砂液比是滑溜水的2倍，则其换算为滑溜水时也应将原中黏胶液体积乘以2，如式（2-6）所示，依次类推。同样地，因为支撑剂的类型及粒径各不同，为简便起见，仅考虑支撑剂的粒径不同。但一般情况下是以40～70目支撑剂为主体支撑剂，为统一对比，需将100目支撑剂和30～50目支撑剂，折算为40～70目的支撑剂。折算的方法是按平均粒径的比例进行计算，见式（2-7），只不过100目支撑剂折算后按对应比例缩小，而30～50目支撑剂折算后按对应的比例增大了。

$$\nu_f' = \nu_f \frac{R_I}{R_s} \tag{2-6}$$

式中 ν_f'——胶液折算体积，m^3；

ν_f——胶液体积，m^3；

R_I——胶液砂液比；

R_s——滑潜水砂液比。

$$\nu_s' = \nu_s \frac{\overline{\phi}}{\phi_{40\sim70}} \tag{2-7}$$

式中 ν_s'——折算加砂量；

ν_s——实际加砂量；

$\overline{\phi}$——支撑剂平均粒径，mm；

$\phi_{40\sim70}$——40～70目支撑剂的平均粒径，mm。

远井可压性指数的表达式如式（2-8）所示。

$$F_I = \nu_s'/\nu_f' \tag{2-8}$$

值得指出的是，按上述方法算出来的数值可能太小，为此，需进行归一化处理。即对压裂液量及支撑剂量都与某区块的最大用量参照进行归一化处理，这样，计算的可压性指数范围基本在0～1之间。

（四）现场应用及效果分析

统计了涪陵焦石坝区块A井、B井和C井的基本施工参数，如表2-5所示。在此基础上，应用本文提出的方法计算了三口井对应的页岩脆性指数及综合可压性指数，结果如表2-6所示。可以看出，无阻流量越大，脆性指数及两种方法计算的可压性指数也相对较高，从而验证了本方法的合理性。而以前常规方法计算结果仅考虑了近井参数，且不同计算方法的计算结果差异性较大，与压后效果的关联度不高。

表 2-5　焦石坝区块 3 口页岩气井基本施工数据

井名	水平段长/m	段数/簇数	施工压力/MPa	总液量/m^3	总砂量/m^3
A	1008	15/36	50~57	18716.6	965.82
B	1198	15/43	48~68	23815.8	674.59
C	1477	15/45	50~65	28650.18	773.37

表 2-6　焦石坝区块 3 口页岩气井可压性指数及无阻流量对比

井名	脆性指数	地质甜点指数	$F_{\text{I脆性指数+地质甜点指数}}$	$F_{\text{I施工参数}}$	无阻流量/$10^4m^3\cdot d^{-1}$
A	0.57	0.72	0.615	1	16.74
B	0.58	0.72	0.622	0.81	25.72
C	0.6	0.72	0.636	0.85	81.92

二、页岩地质甜度评价

目前，国内外大量的页岩气水平井分段压裂后的产气剖面结果证实，基本符合“三三三”原则，即约三分之一的段簇贡献了约 70% 的产气量，约三分之一的段簇贡献了约 30% 的产气量，其余约三分之一的段簇压后无产气量。因此，如何寻找出气潜力大的甜点区进行射孔压裂，是业界最为关注的问题。由此提出了页岩气地质甜点与工程甜点的概念，目前已被业界广泛采纳，并被大量用于页岩气勘探开发实践中，尤其在水平井分段压裂的段簇位置优选中。显然地，如甜点选好了，可以达到事半功倍的效果，因此，甜点优选的现实指导意义非常重大。

所谓甜点，就是指地质上的含气性较好，压后产气的概率较高；或者工程上的岩石脆性程度较高，压裂裂缝容易起裂和延伸，体积裂缝容易形成。显然地，理想的甜点应是综合性的甜点，即通常所谓的地质与工程双甜点（综合的甜点指标中，地质甜点与工程甜点的权重分配应不一样）。在双甜点位置进行射孔和压裂作业，可在实现体积裂缝的前提下，最大限度地挖掘地质上出气的潜力。

地质甜点的评价参数主要包括总有机碳含量（TOC）、热成熟度（RO）、含气量、孔隙度、天然裂缝特性参数及孔隙压力等[18]。工程甜点的评价参数主要包括岩石矿物组分及岩石力学参数等[19]。地质甜点与工程甜点的评价方法有多种，尤其是工程甜点的评价方法有 20 种之多[20]，但各种评价方法的计算结果差异性较大，难以综合权衡确定最佳的甜点值，导致水平井分段压裂段簇位置的划分具有很大的不确定性和风险性，且目前的验证结果表明，实际的压后产气效果与甜点指标的正相关性并不显著，因此，根据甜点指标进行的段簇位置优选仍具有一定的盲目性。此外，地质甜点和工程甜点的概念也有些宽泛，计算结果也只能是定性和半定量的居多。

鉴此，在以往甜点的基础上，提出了地质甜度和工程甜度的概念，即同样都是甜点区，但有的甜点区更“甜”，有的则不然。因此，需要对甜点区的“甜度”进行表征和量化，以提高水平井分段压裂段簇位置优选的科学性和指导性，从而能更好地实现页岩气勘探开发中“降本增效”的目标，因此，其现实指导意义更为重大。如果大规模推广应用，必将进一步加速国内页岩气勘探开发的进程。

（一）页岩气地质甜度及工程甜度的定义及评价方法

页岩气甜点计算模型用于现场实例井的验算，其与压后产量的相关系数不大，某井各段综合甜点指标和其产气贡献率的关系如图 2-23 所示，甜点指标和产气量并无明显相关性。

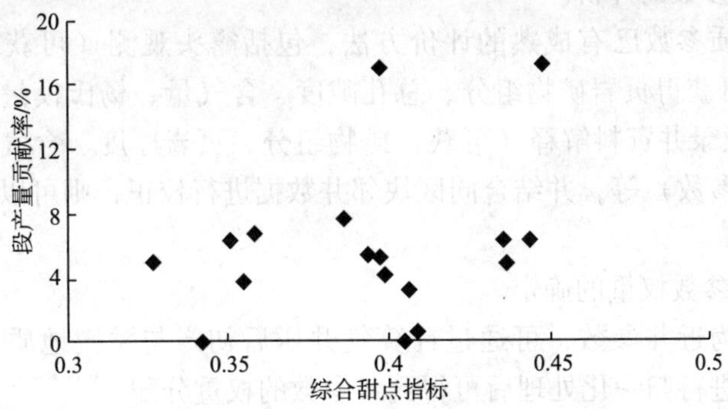

图 2-23　焦石坝某页岩气井综合甜点指标和产气贡献率的关系

综上所述，有必要研究出一种新的指标体系替代以往的甜点指标，以实现更为准确可靠的段簇位置优选，进而最大限度地实现降本增效的目标。

1. 页岩气地质甜度与工程甜度的定义

上述页岩气地质甜点和工程甜点的概念，只能说明页岩气层压后产气的可能性较大，而压后产能的高低与甜点指标的正相关性并不明显。地质甜度和工程甜度则表征了甜点的程度大小，与压后产能的高低具有较好的正相关性。也就是说，甜点可以对页岩气层的产气能力进行定性或半定量评价，而甜度可以实现页岩气层产气能力的定量评价。

在对某一区块的甜度进行评价时，首先要找出该区块甜度最高的标杆，该最高值可设置为 1。该标杆是地质甜点与工程甜点中所有相关独立性参数的集合，且各个参数值均最有利于压后产气。由于部分参数与压后产气量可能具有负相关性，因此所选参数值不一定是最大值。显然，标杆是某个区块或水平段中假想的最佳甜点位置，不存在或存在的概率非常低。

有了标杆的假设，可利用欧氏贴近度来表征水平井筒某个位置处的参数集合与上述标杆的相似度，相似度越高，表明该处页岩属性越接近标杆，甜度越高，反之，该处页岩属性与标杆差距越大，甜度也越低。换言之，可用与标杆的欧氏贴近度代替某页岩气层的地质甜度和工程甜度。

2. 页岩气地质甜度与工程甜度的计算

根据甜度的定义，在精细评价页岩地层各项地质参数及工程参数的基础上，严格分析各参数的相关性，确定彼此独立的地质参数与工程参数作为评价参数。例如，总有机碳含量（*TOC*）和含气量都可以描述页岩含气性，但是 *TOC* 主要用来评价页岩的生烃能力，含气量主要用来评价目前页岩的实测含气数值，*TOC* 高并不代表含气量高，而含气量高 *TOC* 往往会较高。所以，可以说两者有一定联系，二者相互间并不独立，因此评价参数只选用了含气量，没有选用 *TOC*。

基于评价参数之间具有独立性的原则，对页岩气甜点评价参数进行筛选。初步筛选的独立的地质参数有：脆性矿物含量、黏土矿物含量、页岩厚度、总孔隙度、有机质孔隙度、热演化程度、总含气量、游离气比例、基质渗透率、天然裂缝发育程度、压力系数、杨氏模量和泊松比；工程参数有：脆性指数（基于施工曲线中脆性区和弹性区的面积及对应的排量计算）、施工液量和加砂量。

（1）关键地质参数的评价。

初步筛选的地质参数已有成熟的评价方法，包括露头观测（可获得天然裂缝发育程度）、岩心实验（可获得页岩矿物组分、总孔隙度、含气量、杨氏模量和泊松比等大部分地质参数）、测井及录井资料解释（可获得矿物组分、页岩厚度、含气量、杨氏模量和泊松比等大部分地质参数）等，并结合同区块邻井数据进行校正，则可以得到单井或区域性的连续性地质参数。

（2）关键地质参数权重的确定。

地质参数一般为近井参数，可通过计算气井压后初产与关键地质参数间的灰色关联度，并对计算结果进行归一化处理后可得到各参数的权重分配。

设置各地质参数为比较序列 $X_i=\{x_i(1), x_i(2), x_i(3), \cdots, x_i(N)\}$，$(i=1, 2, 3, \cdots, n)$，压后初产为参考序列 $X_0=\{x_0(1), x_0(2), x_0(3), \cdots, x_0(N)\}$，由于各参数具有不同的量纲，因此，要进行无量纲化处理。笔者采用均值化法对数据进行无量纲处理，得到无量纲化处理后的序列 X_i' 与 X_0'，计算公式为：

$$X_0'(i)=X_0(i)/\overline{X}x_i'(k)=\frac{x_i(k)}{\frac{1}{N}\sum_{k=1}^{N}x_i(k)} \tag{2-9}$$

式中　$i=0, 1, 2, \cdots, n$；$k=1, 2, \cdots, N$；N 为变量序列的长度。

将序列 X_i' 与 X_0' 做如下变换：

$$\xi_{0i}(k)=\frac{\min\limits_{1\leqslant i\leqslant n}\min\limits_{1\leqslant k\leqslant N}|x'_0(k)-x'_i(k)|+\rho\max\limits_{1\leqslant i\leqslant n}\max\limits_{1\leqslant k\leqslant N}|x'_0(k)-x'_i(k)|}{|x'_0(k)-x'_i(k)|+\rho\max\limits_{1\leqslant i\leqslant n}\max\limits_{1\leqslant k\leqslant N}|x'_0(k)-x'_i(k)|} \tag{2-10}$$

式中　ρ——分辨系数，其取值范围为［0，1］，通常取 0.5；

$\xi_{0i}(k)$——关联系数，反映第 i 个比较序列 X_i 与参考序列 X_0 在第 k 个位置的关联程度。

综合所有的关联系数，可求取各比较序列与参考序列间的关联度：

$$r_{0i}=\frac{1}{N}\sum_{k=1}^{N}\xi_{0i}(k) \tag{2-11}$$

式中　r_{0i}——各比较序列与参考序列间的关联度。

r_{0i} 值越大，说明比较序列 X_i' 与与参考序列 X_0' 的关联程度越好。

将各参数的关联程度视为一个整体，其中某一参数的权重可通过该参数的关联度值与各参数关联度的集合间的比值求得：

$$w_i=\frac{1}{n}\sum_{i=1}^{n}r_{0i} \tag{2-12}$$

式中　w_i——第 i 个参数的权重。

按照该方法，根据涪陵区块实际获得的地质数据（某些地质参数不全，如压力系数等），求得关键地质参数的权重，见表 2-7。

表 2-7　关键地质参数权重分配

地质参数	权　重	地质参数	权　重
总孔隙度	0.083	基质渗透率	0.107
杨氏模量	0.113	黏土矿物	0.096
泊松比	0.125	总含气量	0.225
脆性矿物含量	0.128	天然裂缝发育程度	0.123

（3）甜度（欧氏贴近度）的计算。

贴近度是描述两个模糊集合相似或者贴近程度的一个重要指标。笔者用欧氏贴近度来表征实际井甜度与标杆井甜度之间的接近程度，即实际井甜度的大小。欧氏贴近度的计算方法如下：

设 A 为由 $n-1$ 个待选井 A_1、A_2、A_3、……、A_{n-1} 及标杆井 A_n^* 组成的集合，P 是对应于待选井 A_1、A_2、A_3、…、A_{n-1} 及标杆井 A_n^* A_n^* 的 m 个特征参数 P_1、P_2、…、P_m 组成的集合，按最大最小法求取由集合 A 到集合 P 的模糊矩阵 R：

$$\begin{cases} R = [r_{ij}]_{n\times m}, & i=1,\ 2,\ \cdots,\ n;\ j=1,\ 2,\ \cdots,\ m \\ r_{ij}\in [0,\ 1] \end{cases} \tag{2-13}$$

$$r_{ij}=\mu(x)=\begin{cases} 0 & x\leqslant a_1 \\ (x-a_1)/(a_2-a_1) & a_1<x<a_2 \\ 1 & x\geqslant a_2 \end{cases} \tag{2-14}$$

式中，r_{ij} 表示待选井 A_i 具有参数 P_j 特征的隶属度；x 为待选井或标杆井的任一特征参数；a_1 为待选井或标杆井的任一特征参数的最小值；a_2 为待选井或标杆井的任一特征参数的最大值。

将模糊矩阵 R 划分为 n 个次级模糊矩阵 R_1、R_2、……、R_{n-1} 及 R_n^*，计算 R_j（$j=1$，2，…，$n-1$）与 R_n^* 的接近程度，即欧氏贴近度：

$$\rho(R_j,R_n^*) = 1 - \sqrt{\frac{1}{m}\sum_{i=1}^{m}[R_j(P_i) - R_n^*(P_i)]^2} \tag{2-15}$$

（4）工程甜度的计算。

页岩气井压裂施工中的压力曲线形态及施工规模是页岩可压性最真实的反映，笔者以文献［21］提出的脆性指数和远井可压性指数评价方法为基础，通过压裂施工破裂压力曲线形态计算得到近井工程甜点，通过计算总的加砂量与总的入井压裂液量的比值而得到远井工程甜点，两者的权重采用 2.(2) 中灰色关联度的计算方法确定。页岩的工程甜度即定义为考虑近井工程甜点和远井工程甜点的综合指标。

（5）综合甜度计算。

有了地质甜度及工程甜度后，最终的甜度应是综合考虑地质甜度与工程甜度的折中结果，这会涉及地质甜度与工程甜度的权重分配问题。同样，根据 2.(2) 中灰色关联度的计算方法，考察压后产量与上述地质甜度及工程甜度的灰色关联度，按归一化原理求得各自的权重。

则最终的甜度为：

$$S = (S_G,S_E)(w_G,w_E)^T = S_G w_G + S_E w_E \tag{2-16}$$

式中　S——页岩综合甜度；

S_G——地质甜度；

S_E——工程甜度；

w_G——地质甜度的权重因子；

w_E——工程甜度的权重因子。

（二）应用实例

以在涪陵焦石坝页岩气田的应用为例，来说明甜度评价方法的适应性。

1. 标杆井（段簇）的确定

根据焦石坝页岩气田的地质参数与工程参数评价结果，确定标杆井的参数集合为：

地质参数：总孔隙度 5.79%，基质渗透率 0.26md，黏土矿物 22%，总含气量 $3.49m^3/t$，天然裂缝发育程度 0.43，杨氏模量 51.3GPa，泊松比 0.17，脆性矿物含量 66.8%；工程参数：脆性指数 0.51，施工液量 $1400m^3$，加砂量 $90m^3$。

2. 单井综合甜度分析

以焦石坝页岩气田 7 口井为例，其页岩甜点和甜度验算结果见表 2-8。由表 2-8 可以看出，该气田页岩气甜度与无阻流量具有正相关性。图 2-24 为焦石坝页岩气田部分页岩气井无阻流量与计算的页岩综合甜点和综合甜度的关系。由图 2-24 可以看出，页岩综合甜度与无阻流量的相关性高于采用式（2-5）计算的综合甜点与无阻流量的相关性。因此，可优先选用甜度指标对目标区块页岩可压性进行评价。

表 2-8　焦石坝页岩气田 7 口井页岩甜点和甜度验算结果

井名	综合甜点	地质甜度	工程甜度	综合甜度	无阻流量/$10^4m^3 \cdot d^{-1}$
A 井	0.26	0.26	0.29	0.28	10.13
B 井	0.42	0.36	0.62	0.51	16.74
C 井	0.39	0.40	0.66	0.55	27.6
D 井	0.53	0.34	0.52	0.44	41.32
E 井	0.46	0.56	1.00	0.82	81.92
F 井	0.41	0.39	0.74	0.59	102.29
G 井	0.38	0.39	0.72	0.58	155.83

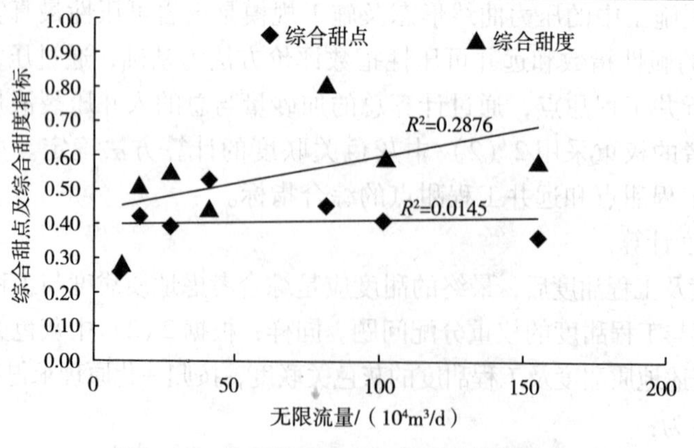

图 2-24　焦石坝页岩气田部分井无阻流量与页岩气综合甜点和综合甜度的关系

3. 单井不同段簇甜度分析

以示例的焦页坝 H 井为例，分别在地面计量产量为 $1.0\times10^5m^3/d$ 和 $1.5\times10^5m^3/d$ 的工作制度下进行水平井 FSI 的产气剖面测试，测试结果与甜度对应关系见图 2-25。由图 2-25 可以看出，在两个工作制度下，综合甜度指标与气井单段产气量具有较好的正相关性。该井除第 4 段和第 11 段没有产量贡献外，产量变化较大的压裂段为第 1、第 2、第 7、第 10 和第 13 段，其余压裂段产气量变化不大。压裂产气有效段簇占比达 88.2%，高于国外有效段簇的比例（1/2～2/3），获得了较好的储层改造效果。

以 $1.0\times10^5m^3/d$ 工作制度为例，H 井单段产量与综合甜点和综合甜度的关系如图 2-25 所示。由图 2-25 可以看出，随着甜度的增加，该井单段产量有增大的趋势，且综合甜度与单段产量的正相关性较式（2-5）计算的综合甜点与单段产量的正相关性更强。因此，应用甜度进行段簇设计有利于提高页岩气水平井分段压裂效果。

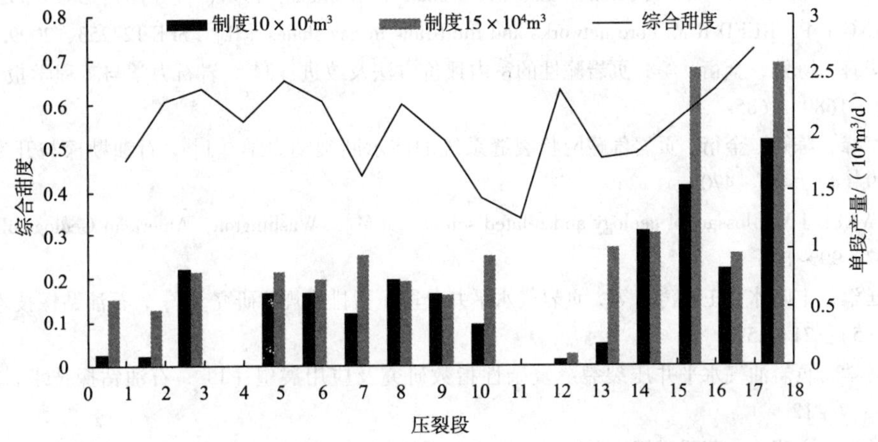

图 2-25 焦石坝 H 井产出剖面解释成果与综合甜度的关系

参考文献

[1] Alumbaugh D L, Lu X. Three-dimensional sensitivity analysis of induction logging in anisotropic media [J]. Petrophysics, 2001, 42 (06): 1～10.

[2] Herbert M, Pedersen J, Pedersen T. A step change in collaborative decision making-onshore drilling center as the New Work space [C] //SPE Annual Technical Conference and Exhibition. Society of Petroleum Engineers, 2003.

[3] 中国石油天然气集团公司测井重点实验室编著. 测井新技术培训教材 [C]. 北京：石油工业出版社，2004.

[4] Brown R, JS, Fatt I. Measurement of fractional wettability of oil fields' rocks by the nuclear magnetic relaxation method [C]. SPE743-G, 1956.

[5] Brown R. Protonrelaxation in crude oil [J]. Nature, 1961.

[6] Seevers D O. A nuclear magnetic method for determining the permeability of sandstones, Paper Presented at Annual Logging Symposium Transactions: Society of Professional Well Log Analysts, 1966.

[7] Timur A. An Investigation of permeability, porosity and residual water saturation relationships, Paper Presented at Annual Logging Symposium Transactions: Society of Professional Well Log Analysts, 1968.

[8] Brownstein K R, Tarr C E. Importance of classical diffusion in NMR studies of water in biological cells, Physical Review, Series A, 1979.
[9] 肖立志．我国核磁共振测井应用中的若干重要问题［J］．测井技术，2007，30（5）：401～407.
[10] Wang Weimin et al. Using NMR Technology to Determine the Movable Fluid Index of Rock Matrix in Xiaoguai Oilfield, Sixth International Oil&Gas Conference and Exhibition［C］. SPE50903, 1998.
[11] 王为民，郭和坤，叶朝辉．利用核磁共振可动流体评价低渗透油田开发潜力［J］．石油学报，2001，22（6）：13～17.
[12] Purcell W R. Capillary pressure-their measurement using mercury and thr calculation of permeability thereform［J］. Trans AIME, 1949, 186: 39～46.
[13] Yuan H H, Seanson B F. Resolving pore space characteristics by rate-controlled porsimetry［R］. SPE14892, 1989.
[14] HUCKA V, DAS B. Brittleness determination of rocks by different methods［J］. International Journal of Rock Mechanics and Mining Sciences and Geomechanics Abstracts, 1974, 11（10）: 389～392.
[15] WANG F P, REED R M. Pore networks and fluid flow in gas shales［R］. SPE 124253, 2009.
[16] 李庆辉，陈勉，金衍，等．页岩脆性的室内评价方法及改进［J］．岩石力学与工程学报 2012，31（8），1680～1685.
[17] 赵海峰，陈勉，金衍．页岩气藏网状裂缝系统的演示断裂动力学［J］．石油勘探与开发，2012，3939（4），464～470.
[18] HOWELL J V. Glossary of geology and related sciences［M］. Washington: American Geological Institute, 1957: 99～102.
[19] 蒋廷学，卞晓冰，王海涛，等．页岩气水平井分段压裂排采规律研究［J］．石油钻探技术，2013，41（5）：21～25.
[20] 蒋廷学．页岩油气水平井压裂裂缝复杂性指数研究及应用展望［J］．石油钻探技术，2013，41（2）：7～12.
[21] 蒋廷学，卞晓冰，苏瑗，等．页岩可压性指数评价新方法及应用［J］．石油钻探技术，2014，42（5）：16～20.

第三章　复杂难动用油气藏裂缝起裂与扩展规律

第一节　裂缝起裂与扩展机理

针对于不同岩性的储层压裂来说，从裂缝形成过程来看，压裂包括裂缝起裂和扩展两个阶段。在起裂分析中，主要应解决起裂压力和起裂方向两个基本问题。一般认为影响裂缝起裂的主要因素有：原地应力，地层的孔隙压力，井筒液柱压力，井筒与地层压差作用下液体向多孔地层中的渗滤流动，地层岩石的强度和其他物理力学性质及井壁条件等。众多学者在裂缝起裂的力学准则、破裂压力和破裂角度等方面都作出了研究。

一、起裂压力和破裂准则研究

Eaton 等人认为地下岩层处于水平应力状态，且其中充满着层理和裂缝，流体在压力作用下将沿着这些薄弱面侵入，使其张开并向岩层延伸，其张开裂缝的流体压力只需要克服垂直面的地应力[1]。他同时给出了泊松比随深度增加的关系曲线，但是没有考虑井的存在而产生的应力集中问题。1973 年 Anderson 在 Eaton 公式的基础上考虑了应力的集中问题，但是没有考虑构造应力的影响[2]。

1984 年黄荣樽在对自己提出的直井井壁应力场分布的基础上，运用拉伸强度理论，给出了新的有效切向应力的表达式，并且导出了新的破裂压力。

1982 年，Hoek 和 Brown 基于大量的岩石（岩体）抛物线型破坏包络线（强度曲线）系统的研究，提出了岩石破坏经验准则，但当时并没有运用于起裂的研究当中[3]。

1986 年，Murphy 等人提出另一种不同的压裂机理：剪切压裂。认为岩石的破裂是剪切应力作用的结果，并符合 Coulomb-Mohr 剪切破坏准则，尤其是对于节理性地层，压裂是岩石沿节理面的剪切滑移[4]。

1990 年 Soliman 把 Hock-Brown 的岩石破坏准则运用于水平井压裂（压裂裂缝为水平缝），并且导出了相应的破裂压力。通过室内水平井的压裂实验证明，该破坏准则运用于水平井压裂产生的水平缝非常理想[5]。

1999 年，Hossain 认为，张性破裂准则所预测的起裂压力比其他破裂准则都更精确，若岩石存在原始微裂隙，抗张强度可视为 0[6]。

综上所述，Hubbert 和 Willis（1957）的拉伸强度理论被广泛运用于垂直井的破裂压力预测，通常产生的是垂直裂缝。而 El-Rabaa（1989）和 Soliman（1990）室内研究以及 Weijers（1992）的现场研究表明，拉伸强度理论对于直井和产生垂向裂缝的水平井的破裂压力预测是有效的，而在水平井产生水平缝的破裂压力预测中，拉伸破坏准则低估了岩石的破裂压力，因此是不适用的。

根据拉伸强度理论，当井壁围岩上的某一点所受的主应力超过了该处岩石的拉伸强度，水力裂缝便会从该处起裂。而根据 Daneshy[7] 的研究表明，井壁围岩处的三向主应力可以表示为：

$$\sigma_1 = \sigma_r \tag{3-1}$$

$$\sigma_2 = \frac{1}{2}\left[(\sigma_z + \sigma_\theta) + \sqrt{(\sigma_z - \sigma_\theta)^2 + 4\sigma_{\theta z}^2}\right] \tag{3-2}$$

$$\sigma_3 = \frac{1}{2}\left[(\sigma_z + \sigma_\theta) - \sqrt{(\sigma_z - \sigma_\theta)^2 + 4\sigma_{\theta z}^2}\right] \tag{3-3}$$

式中 σ_r——径向应力；

σ_z——轴向应力；

σ_θ——周向应力；

$\sigma_{\theta z}$——剪应力；

σ_1——最大主应力；

σ_3——最小主应力；

σ_2——中间应力。

破裂压力是指井壁发生破裂时井内压力的大小，起裂角则是裂缝面与井轴之间的夹角，约定从裂缝面沿顺时针方向转至井轴时为正。井壁岩石破裂压力的大小和起裂方向，取决于其中的主应力状态。根据弹性力学理论，在 $z-\theta$ 平面上，最大拉伸应力有如下形式：

$$\sigma_{max}(\theta) = \frac{1}{2}\left[(\sigma_z + \sigma_\theta) + \sqrt{(\sigma_z - \sigma_\theta)^2 + 4\sigma_{\theta z}^2}\right] \tag{3-4}$$

井壁上发生拉伸破裂的位置角 θ 可以通过式（3-4）求导得到：

$$\frac{d\sigma_{max}(\theta)}{d\theta} = 0 \tag{3-5}$$

由于裂缝在井壁上的起裂角度 γ 与最小拉伸主应力同向，因此起裂角度为：

$$\gamma = \frac{1}{2}\tan^{-1}\left(\frac{2\sigma_{\theta z}}{\sigma_\theta - \sigma_z}\right) \tag{3-6}$$

根据拉伸强度理论，考虑地层孔隙压力 p 的影响，则破裂压力为：

$$p_f = \sigma_{max} - p \tag{3-7}$$

二、水力裂缝的延伸模型

为了模拟裂缝的扩展过程，必须解决以下几个方面的问题。

（1）在原地应力条件和压裂液压力作用下岩石的三维变形；

（2）压裂液通过裂缝的三维流动；

（3）裂缝扩展准则；

（4）支撑剂在裂缝中的运移；

（5）压裂液与地层之间的热交换；

（6）压裂液向地层中的滤失。

相应地，在水力裂缝几何形态模拟模型中一般包括下列基本方程：

（1）平衡方程。用于描述在原地应力和压裂液压力联合作用下岩石的变形或位移。

（2）压降方程。用于描述压裂液在裂缝中流动的规律，与压裂液流变性、裂缝形态和流动状态等因素有关。

（3）连续性方程。反映压裂液的体积平衡关系以及裂缝与周围界面之间的流体交换关系，与裂缝形态和地层渗透性有关。

（4）裂缝扩展准则。用于确定裂缝延伸的条件和方向。

（5）描述支撑剂运移规律的方程。

（6）热传导方程。

这些方程组成一个强耦合的非线性偏微分方程组。求解这个复杂的方程组也是水力压裂力学研究的重要内容之一。

弹性平衡方程：

设均质各向同性弹性地层中，有一平面垂直裂缝沿垂直于最小水平地应力的方向扩展，并且裂缝处于地层深处，自由地表的边界效应影响可忽略不计。这一弹性问题所要解决的是在裂缝表面施加法向压应力 $\sigma_{zz}(x,y,0)$，使其从初始的 $\sigma_{zz}^{0}(x,y,0)$ 变化到压裂液压力 p（x，y，t）时，岩石中位移场和应力场的变化。Clifton 等[8~11]从位错理论出发，采用边界积分方程将无限介质中的三维弹性问题简化为有限区域内的二维问题，并得到裂缝面净压力与缝宽之间的关系式：

$$\Delta p(x,y) = p(x,y) - \sigma_{zz}^{0}(x,y,0)$$

$$= \frac{G}{4\pi(1-\nu)} \iint_A \left\{ \frac{\partial}{\partial x'} \left[\frac{1}{R} \frac{\partial w(x',y')}{\partial x'} \right] + \frac{\partial}{\partial y'} \left[\frac{1}{R} \frac{\partial w(x',y')}{\partial y'} \right] \right\} \mathrm{d}x' \mathrm{d}y' \tag{3-8}$$

式中，$R = [(x-x')^2 + (y-y')^2]^{1/2}$ 表示积分原点（x'，y'）与压力作用的场点（x，y）之间的距离；w（x'，y'）为缝宽；G 为剪切弹性模量。式（3-8）是变边界的边界积分方程，可采用有限元方法求解。

压裂液流动方程：

缝中压裂液的流动简化为不可压缩非牛顿流体沿多孔平行板的层流流动。由于缝宽相对于缝高和缝长较小，因而忽略沿缝宽方向的流动；流体的滤失是垂直于裂缝面的一维流动，滤失速率的大小取决于缝内流体压力与地层孔隙压力之差以及滤失时间。

设压裂液的流变性符合幂律模型：

$$\tau = k'(D)^{n'} \tag{3-9}$$

式中 D——速度梯度；

k'——稠度系数；

n'——流性指数。

在 Navier—Stokes 方程中忽略惯性项和小数量级的速递项，并沿缝宽方向积分得到压降方程：

$$\begin{cases} \dfrac{\partial p}{\partial x} + 2^{n'+1} k' \left(2 + \dfrac{1}{n'}\right)^{n'} \left(\dfrac{|q|}{w^2}\right)^{n'-1} \dfrac{q_x}{w^3} = 0 \\ \dfrac{\partial p}{\partial y} + 2^{n'+1} k' \left(2 + \dfrac{1}{n'}\right)^{n'} \left(\dfrac{|q|}{w^2}\right)^{n'-1} \dfrac{q_y}{w^3} = \rho F_y \end{cases} \tag{3-10}$$

式中 q_x，q_y——沿 x，y 方向的体积流速；

$|q| = (q_x^2 + q_y^2)^{1/2}$——总流速；

ρF_y——y 方向的体积力；

w——缝宽；

p——流体压力；

ρ——压裂液密度。

滤失方程：

$$q_L(x,y,t) = \frac{2C_L(p - P_0)}{\sqrt{t - \tau(x,y)}} \tag{3-11}$$

式中 C_L——综合滤失系数；

τ——暴露时间；

q_L——滤失速度。

连续性方程：

$$\frac{\partial q_x}{\partial x} + \frac{\partial q_y}{\partial y} = -q_L - \frac{\partial w}{\partial t} + q_I \tag{3-12}$$

式中 q_I——注入体积速率。

（1）裂缝延伸准则。在裂尖部位岩石的形变受断裂力学机制控制，当裂尖应力强度因子达到岩石的断裂韧性时，裂缝扩展。即

$$K_I = K_{IC} \tag{3-13}$$

（2）压裂过程中的热传递原理。压裂液经井筒注入裂缝过程中，将与地层发生热交换，并引起压裂液和地层温度的改变。由于大多数压裂液的流变性和滤失性会随温度变化而变化，因而会影响压裂作业的诸多方面。压裂过程中的热传递包括压裂液与井壁地层的热传导、压裂液在裂缝内部的热传导以及压裂液与产层之间的热交换。

（3）压裂液注入过程中井筒温度的计算。由于压裂作业时间较短，因而压裂液与井筒之间的热交换是一个不稳定的热交换过程。目前大多根据能量平衡原理采用数值方法分析这一传热过程。

（4）缝内温度剖面的计算。主要解决压裂液在裂缝内部的热传导以及压裂液与产层之间的热交换问题。热传导的一般方程为[12]：

$$\nabla(k\,\nabla T) - (\rho c)_{Loss}\,\nabla(\vec{u}T) = \frac{\partial}{\partial t}(\rho c T) \tag{3-14}$$

式中 k、ρ、c——导热系数、密度和比热；

T——温度；

$\vec{u}$——滤失速度；

下标 Loss 表示滤失。

（5）支撑剂运移。

支撑剂的作用是防止压裂结束时裂缝闭合，并保证裂缝具有较高的导流能力。在裂缝中，支撑剂一方面随压裂液向前移动，另一方面由于自重而沉降，并在裂缝底部形成砂堤，同时由于压裂液向地层的滤失而导致缝中支撑剂浓度发生变化。支撑剂的存在还将对压裂液的流变性产生影响。

（6）支撑剂的沉降。

设有一球状颗粒在液体中沉降，根据 Stokes 定律，其阻力系数 C_D 为：

$$C_D = \frac{4}{3}\frac{\rho_p - \rho_f}{\rho_f}\frac{g d_p}{V_t^2} \tag{3-15}$$

式中　g——重力加速度；

d_p——颗粒直径；

V_t——颗粒最终沉降速度；

ρ_p——支撑剂密度；

ρ_f——流体密度。

Reynold 数 N_{Rep} 定义为：

$$N_{Rep} = \frac{d_p V_t \rho_f}{\mu} \tag{3-16}$$

式中　μ——流体黏度。

根据 Reynold 数的大小，可以建立阻力系数与 Reynold 数之间的关系[13]：

Stokes 区：

$$C_D = \frac{24}{N_{Rep}}, N_{Rep} < 2.0 \tag{3-17}$$

$$V_t = \frac{g d_p^2 (\rho_p - \rho_f)}{18\mu} \tag{3-18}$$

过渡区：

$$C_D = \frac{18.5}{N_{Rep}^{0.6}},\ 2.0 < N_{Rep} < 500 \tag{3-19}$$

$$V_t = \left[\frac{0.072(\rho_p - \rho_f) g d_p^{1.6}}{\rho_f^{0.4} \mu^{0.6}}\right]^{0.71} \tag{3-20}$$

Newton 区：

$$C_D \approx 0.44,\ 500 < N_{Rep} < 200000 \tag{3-21}$$

但在水力压裂中很少达到该区域。

以上的分析只适用于单颗粒在静止的无限大牛顿液体中沉降的情况，对于压裂液中支撑剂的沉降，还必须进行非牛顿液体影响、多颗粒干扰、裂缝壁面干扰等诸方面的修正。

（7）支撑剂携带。

支撑剂在缝内的运动应满足质量守恒定律。对于每个裂缝垂向剖面，质量守恒方程为[13]：

$$\frac{\partial}{\partial x}\int_H (c_p w u)(x,y)\,\mathrm{d}y = \frac{\partial}{\partial t}\int_H (c_p w)\,\mathrm{d}y + q_{setl} \tag{3-22}$$

式中　c_p——支撑剂浓度；

w——缝宽；

u——平均流速；

x，y——缝长和缝高方向；

q_{setl}——支撑剂沉降速率。

第二节　裂缝扩展物理模拟技术及实验规律

一、真三轴水力压裂物理模拟装置与相似理论

大尺寸真三轴设备是研究不同的地质材料在各种边界条件下变形特性的物理模拟手段，这种室内研究方法在土壤、地质、石油工程等领域得到了广泛的应用。大尺寸真三轴设备在石油行业的应用主要应用于水力压裂物理模拟与分析，研究的内容相当广泛。

（一）国内外水力压裂物理模拟装置技术现状

美国 Sandia 国家实验室为了研究核爆炸和核废料处理，首先开始了裂缝扩展的物理模拟实验研究。随着水力压裂成为低渗油气田开发的手段，美国哈里伯顿公司和 TerraTek 等公司开始着手水力压裂的物理模拟研究。目前，应用大型物模装置从事水力压裂为主的石油工程应用物理模拟研究的国外机构有 9 家，其中美国 7 家、荷兰 1 家、澳大利亚 1 家，国内机构有 2 家，主要用于以水力压裂为主的石油工程应用研究。

近 50 年来，从事石油工程相关科研研究较活跃的单位有：20 世纪 70 年代，哈里伯顿 Dunken 研发中心；20 世纪 90 年代，荷兰 Delft 大学、石油大学（北京）水力压裂重点实验室、澳大利亚西南威尔士大学、美国 TerraTek 公司（现属斯伦贝谢），2011 年，中石油廊坊分院压裂中心。这些实验模拟系统都是根据各自的技术思路分别设计，样品尺寸从小到大，加载应力各有差异，具备裂缝扩展声波监测各半。

中国石油大学（北京）于 1995 年建有一套 300mm × 300mm × 300mm 的真三轴物理模拟实验装置，该装置为石油大学从事水力压裂的裂缝起裂及扩展等方面的基础研究工作提供实验技术支持。其加载系统运用氮气瓶和借用实验室已有实验加载系统，设备缺乏裂缝扩展监测手段，裂缝起裂及扩展情况主要依靠实验后打开实验样品观察。中石油廊坊分院压裂酸化中心于 2010 年与斯伦贝谢 TerraTek 公司签订了“大尺寸真三轴水力压裂模拟的物理模拟实验系统”购置合同，2012 年 3 月才完成设备的安装、调试与培训工作，但该设备的建立主要是为中石油系统内部科研提供实验技术支持，一般不对外提供实验研究工作。

国内外目前在用的真三轴水力压裂物理模拟实验系统物理配置、技术指标等详细参数见表 3-1 所示。

表 3-1　国内外水力压裂物理模拟装置的使用机构及设备主要指标

序号	国家	使用机构名称	试样尺寸/mm × mm × mm	三轴应力/MPa	孔隙压力	试样岩性	裂缝监测
1	荷兰	Delft University of Technology	300 × 300 × 300	37.5	无	水泥砂岩	声波监测系统
2	美国	Hallibuton Energy Services	153 × 457 × 305	25	无	砂岩	无
3		Schlumberger Perforating & Testing Center	686 × 686 × 813	56	有	水泥砂岩	声波监测系统
4		TerraTek of Schlumberger	762 × 762 × 915	69	有	砂岩 大理石等	声波监测系统
5		Rock Mechanics Inc & Science Applications Inc	300 × 300 × 300	20.7	无	泥页 岩石膏岩	无
6		Sandia Natl. Laboratories	203 × 152 × 152	/	无	砂岩	无
7		University of California, Berkeley and Shell	460 × 460 × 460	55	有	砂岩灰岩 硅藻土	声波监测系统
8		University of Texas at Austin	686 × 686 × 813	/	有	花岗岩	压力传感器
9	澳大利亚	The University of New South Wales	400 × 400 × 400	30	无	砂岩	无

续表

序号	国家	使用机构名称	试样尺寸/mm×mm×mm	三轴应力/MPa	孔隙压力	试样岩性	裂缝监测
10	中国	中国石油大学（北京）	300×300×300	27	无	水泥砂岩	微地震监测系统
11		廊坊分院压裂中心	762×762×914.4	69	有	/	声波监测系统

目前，国内外水力压裂物理模拟设备，都是根据各自研究需求自行定制的，没有定型的设备销售。美国 TrraTek 公司、荷兰 Delft 大学的水力压裂物理模拟实验系统在以上研究机构中相对比较突出，其设备及研究水平处于世界领先。

荷兰 Delft 大学（应用地球科学实验室）：利用自身大物模进行的理论研究非常丰富，设备有独特的实时监测系统，声波监测设计理念比较先进，可对裂缝扩展实施进行主动声波监测（虽然是中等尺寸物模，但通过声波监测分析裂缝起裂和扩展的经验丰富，具有研究和设计水平）。目前，Delft 大学三轴物理模拟实验系统按比例模型，结合超声波监测，可以模拟裂缝的起裂与扩展、天然裂缝条件下的裂缝起裂与扩展、水平井井筒方位与裂缝延伸的关系、层间应力差对裂缝扩展的影响、排量对裂缝形态和排量及流体黏度对裂缝形态的影响等。

美国 TrraTek 公司：是斯伦贝谢地质力学研究中心，实验研究历史长，可以使用不同样品尺寸、可以施加孔隙压力、具有先进的水力裂缝扩展的声波监测系统；具有的设备建造能力，是国外几处物模的建造参与者，最大物模的拥有者，也是目前仅有的根据用户的需求，提供大中尺寸真三轴水力压裂物理模拟装置的定制销售业务的唯一供应商。目前最大尺寸的水力压裂模拟装置，其最大立方体样品边长可达 100cm，且开发了裂缝实时声波监测系统。

TrraTek 公司除了设备制造还具有很强的地质力学研究能力，其三轴物理模拟系统能开展斜井裂缝起裂与扩展、水平井裂缝起裂与扩展、天然裂缝条件下的裂缝起裂与扩展、重复压裂裂缝起裂与扩展、不同黏度注入下的裂缝起裂与扩展等方面的研究。近几年的实验类型主要集中在水力压裂、酸压以及射孔影响等的物理模拟研究。实验基本采用岩石露头，样品大小采用大尺寸、中尺寸和小尺寸，其样品规格分别为：大尺寸样品：762mm×762mm×915mm；中尺寸样品：500mm×500mm×610mm；小尺寸样品：310mm×310mm×500mm。根据近两年该公司实验统计：大尺寸样品实验占 1/4，中尺寸样品实验占 3/4，具体实验类型及所用样品尺寸详见表 3-2。

表 3-2　TrraTek 公司近两年压裂物理模拟研究实验类型及所用样品尺寸

序号	实验类型	实验次数	样品尺寸
1	水力压裂	5	大
		89	中
2	射孔/水力压裂	5	大
		13	中

续表

序号	实验类型	实验次数	样品尺寸
3	酸压	9	大
		11	中
4	合计	113	大
		19	中

（二）物理模型实验相似基本原理

遵循同一物理方程的现象称为同类现象。两个同类现象对应物理量成比例（在对应的时空点，各标量物理量的大小成比例，各向量物理量大小成比例、方向相同）称为相似现象。

物理模型的实质是用与原型（岩体或其他人工结构等）力学性质相似的材料按几何相似常数缩制成的模型。在模型上模拟各类工程问题，以观察与研究工程围岩内的变形与破坏等现象。物理模型一种是定性模型，主要目的是通过模型实验去定性地判断原型中发生某种现象的本质和机理；或者若干模型实验了解某一因素所产生的某种现象。在这种模型中，不要求严格遵循各种相似关系，而只需要满足主要的相似常数。物理模型另一种是定量模型，在这种模型中，要求主要的物理量都尽量满足相似常数与相似指标。

1. 几何相似

利用模型研究工程有关问题，要使之相似必须使模型与原型各部分的尺寸按同样的比例缩小达到几何相似。即：

$$\frac{l_p}{l_m} = C_l \tag{3-23}$$

式中，下标 p 表示原型；下标 m 表示模型。在相似模型设计中各方向按比例制作。对页岩压裂相似模型实验，定量模型的 $C_l = 7$ 。

2. 相似模型材料

在物理模型实验中，模拟岩体的相似材料的力学特性参数需要同岩体的力学参数满足相似条件，由于岩体的种类千差万别，因此模型不同的工程岩体应该采用与其相似的材料，为此必须建立起物理模型实验的相似条件。

研究页岩水力压裂裂缝扩展规律需要考虑如下的物理相似常数：

$$\sigma_c = \frac{\sigma_p}{\sigma_m}, C_E = \frac{E_p}{E_m}, C_\varepsilon = \frac{\varepsilon_p}{\varepsilon_m}, C_\gamma = \frac{\gamma_p}{\gamma_m} \tag{3-24}$$

式中，σ_c 表示应力相似常数；C_E 表示弹性模量相似常数；C_ε 表示应变相似常数。

根据原型与模型中应力－应变曲线应当用同一方程表示的要求，因此有：

$$E_p = \frac{\sigma_p}{\varepsilon_p}, E_m = \frac{\sigma_m}{\varepsilon_m} \tag{3-25}$$

根据式（3－23）和式（3－24）可以得到相似指标：

$$C_E = \frac{C_\sigma}{C_\varepsilon} \tag{3-26}$$

式中，ε 是无量纲值，因此 $C_\varepsilon = 1$，所以应满足的相似指标为：$C_E = C_\sigma$。

在弹性范围内，原型与模型都应当满足微分平衡方程，由此可以得到相似条件为：

$$\frac{C_\sigma}{C_l C_\gamma} = 1 \tag{3-27}$$

式（3-23）是选择材料配方时应尽量满足的关系式，一旦几何相似系数 C_l 根据模拟范围确定后，材料的重度相似系数和应力相似系数 C_γ、C_σ 应该满足式（3-27），相似材料的骨料选用砂、重晶石、石膏、铁粉等，通过不同的组合，可以使重度相似系数 C_γ 接近或者等于1。

3. 引入畸变模型

根据相似第二定理，若相似模型与原型上一一对应，所建立的模型叫做真实模型。但实际上，特别是当现象较为复杂时，由于尺寸、荷载、材料或介质的畸变等，使得上述模型类型常常难以真正实现。若模型中有一个或更多个条件不能满足，这种模型叫做畸变模型。

畸变模型的全部自变 π 项中，有一个或几个起支配作用的模型设计条件不能满足，可引起模型预测结果的变异（这时 $\pi_1 \neq \pi_{1m}$），此时模型不能预测原型。为了在畸变的情况下把模型和原型统一起来，引入两个系数：预测系数和畸变系数。

4. 量纲分析法

量纲分析是以量纲方程为核心，以方程的齐次性为依据而进行，其理论基础包括量纲齐次方程的数学理论和相似第二定理即 π 定理。

若物理方程 $f(x_1, x_2, \cdots, x_p) = 0$ 共含有 p 个物理量，其中 r 个是基本量，并保持量纲的协调性，则可写为 $F(\pi_1, \pi_2, \cdots, \pi_{p-r}) = 0$，式中：$\pi_1, \pi_2, \cdots, \pi_{p-r}$ 是由物理方程中的物理量所构成的无量纲量，称为相似判据。

量纲分析法步骤如下：

（1）从 $x_1, x_2, \cdots, x_p$ 中按不同量纲选取 r 个物理量，组成基本量群。要求这些参数是基本量纲或不能互相导出的量纲，且每个基本量纲在所选的 r 个物理量中至少出现一次。

（2）将基本量群中量纲的幂相乘作为分母。

（3）将其他没被选入量群的物理量分别作为分析物理量，构成 $p-r$ 个分式，每个分式为无量纲量，即相似判据 π。

页岩压裂相似模型参量选择如下：

页岩压裂实验主要因素包括：①几何尺度：l；②物理力学参数：密度 ρ、黏聚力 c、内摩擦角 φ、弹性模量 E、泊松比 μ、重力加速度 g、应力 σ 等；③压裂参数：压裂时间 t、泵压排量 L、渗透系数 k、压裂液黏度 η 等。

则有：

$$f(l, \rho, c, \varphi, E, \mu, g, \sigma, t, L, k, \eta) = 1$$

根据量纲分析确定各参数的相似比。

（三）水力压裂大型物理模拟实验理论与方法

为更加有效地研究裂缝扩展的机理，采用室内大型物理模拟实验对压裂裂缝扩展规律进行研究，但需要考虑现场原型和实验模型之间的相似性，否则会削弱实验的价值和可信度。下面首先介绍如何将方程分析的一般性方法运用于具体的全三维水力压裂控制方程，以导出实验参数之间的联系。

相似方法是把个别现象（模型）的研究结果推广到相似现象（原型）上去的科学方法，模型实验要求在模型与原型之间建立某种关系以满足相似性要求。

1. 相似现象与相对型方程

本次实验相似理论的应用属于连续介质力学的范围，而且属同类现象的相似问题。现取 N 个性质相同的现象，其中每个现象都是由下列的变量构成。

$$x_{1\beta},x_{2\beta},\cdots,x_{n\beta},\beta = 1,2,\cdots,N \tag{3-28}$$

设前面 k 个量为自变量，后 $m = n - k$ 个量为因变量，假定这些量的变化满足完整方程组

$$D_i(x_{1\beta},x_{2\beta},\cdots,x_{n\beta}) = 0,i = 1,2,\cdots,m \tag{3-29}$$

并设其中第 i 个方程由 z_i 项相加组成，其中每一项都是变量 $x_1,x_2,\cdots,x_n$ 中的全部或一部分变量的幂积以及因变量 $x_{k+1},x_{k+2},\cdots,x_n$ 对自变量 $x_1,x_2,\cdots,x_k$ 的各阶导数的幂积组成。

对应于角码 $\beta = 1$ 的现象称为起始现象或现象组中的原型。

现象相似至少应发生在线性几何相似的域中，而且各同名物理量相似。同名物理量相似可以表述为：

$$x_{\alpha\beta} = c_{\alpha\beta}x_{\alpha 1},\alpha = 1,2,\cdots,n,\beta = 1,2,\cdots,N \tag{3-30}$$

或

$$\frac{x_{\alpha\beta}}{x_{\alpha\beta_0}} = \frac{x_{\alpha 1}}{x_{\alpha 10}},\alpha = 1,2,\cdots,n,\beta = 1,2,\cdots,N \tag{3-31}$$

式中，$c_{1\beta},c_{2\beta},\cdots c_{n\beta}$ 为无量纲纯量，称为相似比例系数；$x_{1\beta 0},x_{2\beta 0},\cdots,x_{n\beta 0}$ 为第 β 个现象中与 $x_{1\beta},x_{2\beta},\cdots,x_{n\beta}$ 同性质的常量集。

当存在以上两个关系式时，所取的 N 个性质相同，被完整方程组所确定的现象，就成了相似现象。关于同类性质现象相似定义也可用文字描述为：如果同类现象的各物理量相似，并且这些物理量满足同样的完整方程组，则这些方程组所确定的性质相同的现象成为同类相似现象。

2. 相似理论基本定理

相似定理赖以存在的基础是：物理量的变化受制于主宰现象的各个客观规律，没有任意变化的自由；物理量的大小也是客观存在的，与所采用的测量单位的大小无关；更进一步，表征现象各物理量变化的客观规律的数学表达式，即方程，也不应受测量单位制的选择而变化。

相似第一定理：相似第一定理是现象相似的性质定理。其表述为：凡是相似的现象其各相似指标为1，或者说，凡是相似的现象，在对应瞬间，对应点上的同名准则数值相等。即

$$C_{1,\beta} = C_{2,\beta} = \cdots = C_{z_i-1,\beta} = 1 \tag{3-32}$$

相似第三定理：相似第三定理是现象相似的充要条件，是一切模型实验应该遵循的指导原则，其表述为：对于同类现象，如果单值性条件相似，并且，由单值性条件量所组成的准则相等，则这些现象相似。所谓单值条件量，是指单值条件中物理量，而单值条件是将一个个别现象从同类现象中区分开来，即将现象的通解转变为特解的具体条件。单值条件一般包括几何条件（或称空间条件）、介质条件（或称物理条件）、边界条件和起始条

件（或称时间条件）。以上这几类单值条件并不是独立存在的，单值条件式可以是一般代数式，也可以是微分方程的形式。

二、国内外水力压裂物理模拟研究进展及趋势

长期以来，人们一直以常规三轴实验作为研究岩石的性质及指标的主要实验手段。然而，常规三轴实验只能对岩体施加2个方向的主应力，使岩体处于轴对称的应力状态，只能反映轴对称应力状态下的强度和变形规律，而忽略了中主应力的影响，不能代表岩体在实际三维复杂应力状态下的性能。为克服这一不足，人们发展了真三轴实验。真三轴实验能独立施加3个主应力，分析不同主应力对岩体强度的影响，因而能更准确地模拟岩体实际受力状态，有利于研究岩体三维强度及三维本构关系。

水力压裂大尺寸真三轴物理模拟实验作为水力压裂机理研究的重要和直接的手段，是认识裂缝扩展机理和复杂地质条件下裂缝系统研究的主要方法。

（一）国外水力压裂物理模拟研究进展

目前为止，国内外已经研制了多种真三轴仪。按其压力室加载特性来分，有“刚性”、“柔性”、“复合”3种形式。它们各有特点，适用范围也不同。在国外，刚性的真三轴仪主要有瑞典Kjellman研制的和英国剑桥大学Pears研制的。柔性的真三轴仪主要有Surrey大学Mengles研制的、墨西哥大学Marsal研制的和美国Lo等研制的、日本谷藤株式会社和本诚研舍研制的。国内除了从国外引进真三轴仪外，还有进行改造或自己开发的几种真三轴仪，分别为清华大学真三轴仪、同济大学真三轴仪和河海大学真三轴仪。中国石油大学（北京）岩石力学实验室，为了模拟复杂条件下水力裂缝起裂和扩展规律、缝高控制等进行室内直观系统研究，在2000年前就设计组建了一套大尺寸真三轴模拟实验系统；西安理工大学邵生俊等人在2009年研发了一种轴向刚性板加载、侧向双轴液压柔性囊加载的三向加载方式的新型真三轴仪。

水力压裂自1947年在美国首次试验成功后，作为油气增产的主要措施和技术手段已被广泛应用于现代石油工业中，对低渗透油气藏及非常规能源的开发起到了重要的作用。与此同时，水力压裂还发展成为测定深部地层原地应力的最可靠方法之一。因此，水力压裂技术具有重要的工业价值和经济效益。

水力裂缝的几何形态是影响压裂处理效果的主要因素之一。经济有效的压裂，应尽可能地让裂缝在储层延伸，并且应防止裂缝穿透水层和低压渗透层。这就要在深刻认识裂缝扩展规律的基础上优选压裂作业参数，并采取有效措施控制裂缝的扩展。但是，现场作业表明，水力压裂的效果往往不是十分明显，有时由于穿透隔层而导致失败，尤其当存在高压底水层时，如果裂缝贯穿水层，不仅导致压裂作业失败，还将造成油层压力体系的破坏。水力压裂作业失败的一个主要原因是未能对裂缝的几何形态实现有效地控制。这说明对水力裂缝的扩展机制以及影响裂缝扩展规律因素的认识还是十分有限的。水力压裂物理模拟实验作为压裂现场施工的重要补充，可以对复杂条件下水力裂缝起裂和扩展规律、缝高控制等进行室内直观系统研究，提高认识水平，可以达到优化压裂方案设计的目的，具有重要意义。

深部地层的水力压裂是一个十分复杂的物理过程。由于现场水力压裂所产生的裂缝实际

形态难于直接观察，而且尚无有效的测试方法，人们往往只能借助于数值模型进行间接分析。数值模型是重要的，但常常因对水力压裂裂缝扩展机理认识的局限而带来较大的误差。水力压裂模拟实验是认识裂缝扩展机制的重要手段，通过模拟地层条件下的压裂实验，可以对裂缝扩展的实际物理过程进行监测，并且对形成的裂缝进行直接观察。这对于正确认识特定层位水力裂缝扩展的机理，并在此基础上建立更实际的数值模型具有重要的意义。

对于水力压裂来说，三向主应力的相对大小决定着裂缝扩展的方向，而且最小水平地应力的大小与分布影响到裂缝的几何形态。岩石力学物理模拟实验是水力压裂的基础，实验仪器的开发在岩石力学实验中有重要的地位，真三轴仪是一种真实模拟主应力状态的测试仪器。因此在物理模拟实验中采用真三轴加载方式能更好地反映地层的实际应力状况。在现阶段，由于对水力压裂机理认识的局限性，在分析裂缝扩展规律时往往采用理想化的假设条件，在预测水力裂缝几何形态时大多采用了过于简化的二维模型来模拟水力压裂过程。由于这些简化的模型不能正确地反映深部地层水力裂缝的扩展规律，因此常常导致压裂作业的结果与实际情况有很大差异。另外，目前国内外现有的压裂物理模拟装置整体存在试样尺寸偏小、裂缝监测方法有限、应力加载受限，从而限制了室内压裂模拟研究及压后评估。

水力压裂物理模拟实验是认识裂缝起裂和延伸机制的重要手段。国外在开展水力压裂物理模拟实验研究方面起步比较早，很多学者对裂缝起裂和延伸机制进行了深入研究，从事此类研究的科研研究机构也较多（哈里伯顿研发中心、荷兰 Delft 大学、澳大利亚西南威尔士大学、美国 TerraTek 公司 - 现斯伦贝谢），技术上也有一定的积淀和优势。

1981 年，W. L. MWDLIN 等人通过实验研究了水力压裂裂缝起裂压力和起裂方位。把形状为球形和圆柱形的实验试样放在直径为 10cm 的拟三轴的围压筒内。试样是选自不同采石场的石灰石，所选的石灰石基本是均质的，但是根据软硬程度不同分为四类。空气增压泵的最大压力达到 34MPa。实验在模拟水力静地应力条件下，利用裂缝起裂的压力验证了非渗透流体的多孔弹性理论。他们发现，裂缝起裂的方位主要取决于应力场的分布和井眼的尺寸大小。对于球形的试样，应力条件是主要影响因素，而对于圆柱形的试样，应力条件则影响不大。他们还把浸过原油的试样实验后的结果和没有浸过油的实验结果进行了比较，发现浸不浸油对于裂缝的起裂机理影响不大。在实验中发现，岩石的各向异性对于裂缝的起裂压力和方位影响也不大[14]。

1989 年，Ch. Marangos 通过实验研究了流体的滤失对于裂缝起裂的影响。通过实验发现，在有天然裂缝存在的条件下，液体的滤失对于水压裂缝的起裂影响重大。实验采用的是相同的均质砂岩岩心，不同滤失系数的压裂液。在进行水力压裂实验之前，还进行了岩石力学参数实验。在所有的 8 组对比压裂实验中，使用 4 种不同滤失系数的压裂液，即使是油泵的压力达到最大，实验岩心都没有起裂，这是压裂液过早的脱水造成的。另外发现，水力压裂中泵压对于起裂的影响要比流体滤失的影响要小；当两组压裂液的滤失系数是三倍关系的时候，与之对应的起裂压力是 1.7 倍的关系。流体滤失对于裂缝起裂的影响，尤其是对于天然裂缝地层的影响特别大。在这种情况下，有少量的压裂液会先于压裂液的主体进入，并且导致相对较低的起裂压力[15]。

1989 年，El Rabaa W 对水平井的水力压裂裂缝进行了研究，研究结果表明水平井压裂近井地带的裂缝形态受井的方位和射孔间距所控制，当射孔间距小于 4 倍井筒直径的时候，很可能产生一个主裂缝；当射孔间距大于等于4倍的井筒直径，且方位角 $\theta < 75°$的时候，容易产生多裂缝；当 $35° < \theta < 75°$的时候，水力裂缝重新定位，裂缝壁面粗糙，裂缝形态为S型的非平面裂缝[16]。

2000年，David W. Yang等从压力脉冲的角度，通过实验研究了裂缝的起裂。他们设计了一套实验装置，该装置可以通过压力脉冲方法研究裂缝起裂的动态过程；根据抗拉强度大小把试样分类为低强度、中等强度和高强度。实验共做了63块试样，这些试样一部分是来自现场岩心，另一部分是人造岩心[17]。

通过实验，发现了裂缝起裂过程中从产生水力压裂裂缝模式到产生多裂缝模式的临界增压速率，其大小与岩石的抗拉强度有关。即岩石的强度越高，则其对应的产生多裂缝的临界增压速率则越大。虽然无法给出临界增压速率和产生多裂缝条数之间的定量关系，但是从实验中回归出了一个临界增压速率和岩石抗拉强度的线性关系：

$$\left(\frac{\mathrm{d}p}{\mathrm{d}t}\right)_{\mathrm{c}}[\mathrm{bar/ms}] = 58.7T_{\mathrm{o}}[\mathrm{MPa}] + 255.7 \tag{3-33}$$

同时还给出了临界增压速率和裂缝起裂时的净破裂压力的线性关系：

$$\left(\frac{\mathrm{d}p}{\mathrm{d}t}\right)_{\mathrm{c}}[\mathrm{bar/ms}] = 0.82p_{\mathrm{break}}[\mathrm{bar}] + 243.7 \tag{3-34}$$

2002年，T. P. Lhomme等也通过实验研究了砂岩的水力裂缝起裂机理。在前人研究的基础上，他们也开发了一套研究起裂的实验装置，并运用实验验证了一套起裂模型，该模型重点描述流体在砂岩基质和缝端的滤失问题。实验中采用牛顿流体的压裂液对干性砂岩进行压裂，通过改变流体的黏度和流体的泵注速率，来研究砂岩起裂过程中的滤失效应，同时还考虑了尺寸效应。研究表明，高黏度压裂液和低泵注速率的实验结果，与低黏度压裂液和高泵注速率的实验结果基本相同[18]。

国外很多科研机构和大学也进行了真三轴模拟实验系统模拟地层条件的裂缝扩展机理模拟实验。哈里伯顿Dunken研发中心真三轴模拟实验系统的试样尺寸为153mm×457mm×305mm的矩形块，模拟地应力最大加载为11.2MPa，但无裂缝监测系统；荷兰Delft大学采用声波主动监测了裂缝的起裂和延伸过程，真三轴模拟实验系统的试样尺寸达到30cm^3，模拟地应力最大加载37.5MPa，相当于3500m深的储层；澳大利亚西南威尔士大学的真三轴模拟实验系统的试样尺寸为400mm×400mm×400mm，模拟地应力最大加载为30MPa，但无裂缝监测系统；TerraTek及斯伦贝谢公司真三轴模拟实验系统采用压力传感器监测系统裂缝，试样尺寸为686mm×686mm×813mm，模拟地应力加载最大为56MPa。

（二）国内水力压裂物理模拟研究进展

中国石油大学（北京）岩石力学实验室设计组建了一套大尺寸真三轴模拟实验系统。采用该系统模拟地层条件，对天然岩样和人造岩样进行水力压裂裂缝扩展机理模拟实验，并实现对裂缝扩展的实际物理过程进行监测。讨论了地应力、断裂韧性、节理和天然裂缝等因素对水压裂缝扩展的影响[19]。

模拟压裂实验采用长庆油田所提供的长6砂岩露头加工模拟压裂试样，共对7块试样进行模拟压裂实验，整个试样的外形尺寸达到300mm×300mm×300mm；模拟压裂实验均采用35#液压油作为压裂液体；模拟地应力最大加载32MPa，相当于地层3000m典型的储层；采用声发射被动监测裂缝起裂和延伸，和微地震裂缝监测原理一样。模拟压裂实验系统由大尺寸真三轴实验架、MTS 伺服增压泵、Locan-AT14 声发射仪、稳压源、油水隔离器及其他辅助装置组成。其整体结构如图 3-1 所示。

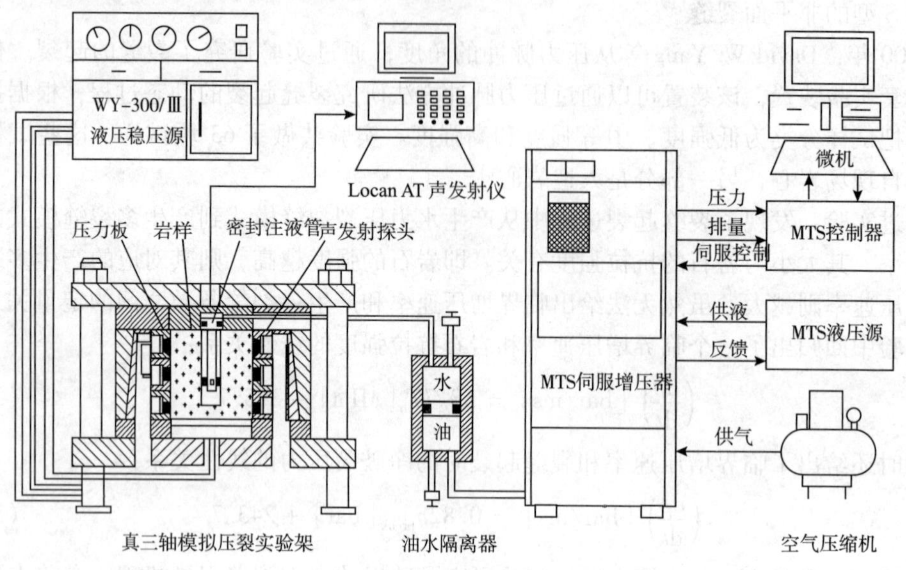

图 3-1　模拟压裂实验流程图

2007 年，邓金根等，采用以上介绍的中国石油大学（北京）岩石力学室设计组建的大尺寸真三轴模拟实验系统，进行了斜井压裂大型真三轴模拟实验研究。采用了自制的水泥块试样（水泥和细砂以 3∶1 混合，水泥为 425#建筑水泥），通过大型真三轴模拟实验，研究了井斜角、井眼方位角、射孔方式对斜井压裂裂缝起裂压力、起裂位置及裂缝延伸规律的影响，得到了以下几点认识：射孔方位对压裂影响较大，决定了裂缝起裂方向；斜井的水力压裂裂缝的起裂和扩展与井眼周围的应力分布和原始地应力密切相关，无论裂缝在何处起裂，裂缝总是沿着最大主应力方向延伸；射孔孔眼的存在改变了井眼周围的应力分布，影响了近井地区水力裂缝的起裂与扩展；裂缝易于在射孔孔眼根部起裂，裂缝起裂后发生转向，最终转到最大主应力方向；孔眼在最大主应力方向，易产生平整大裂缝，且破裂压力最低[20]。

该研究探索通过定向射孔形成一条平整大裂缝的途径，从而降低水力压裂地层的破裂压力，改善裂缝形态，提高压裂成功率，为优化斜井地层射孔方案及水力压裂设计提供依据。

2008 年，金衍等通过研究得出：产层水平方向常夹杂的岩性突变体会阻碍水力裂缝在缝长方向的扩展或改变水力裂缝的扩展方向，从而影响水力压裂的效果[21]。

2013 年，张旭、蒋廷学等建立了一套页岩储层水力压裂大型物理模拟实验方法。利用声发射监测系统实时监测了页岩压裂裂缝的产生与扩展演化过程，观察了水力压裂裂缝形态，并探讨了压裂液黏度、地应力差异系数、压裂液泵注排量等因素对水力裂缝形态及其扩展的影响。实验结果表明，随着压裂液黏度降低、地应力差异系数减小，水力裂缝沿着天然裂缝方向延伸，将原有天然裂缝沟通并形成网络裂缝。根据泵压曲线变化结果，提出在实际压裂施工过程中采用变排量的方式提高压裂改造体积[22]。

第三节　裂缝扩展数值模拟及规律

一、薄层控缝高压裂

当油气层很薄或产层与遮挡层之间最小水平主应力差较小时，压开的裂缝很容易进入遮挡层，阻碍裂缝按要求在水平方向上延伸，而且当邻层为水层时（底水油藏），不但起不到预期的增产作用，还会引起大量的水侵或水掩[23~25]。对于存在气顶的油藏，也同样存在引气入井的危险。此外，裂缝在垂直方向上的过分延伸，势必引起裂缝沿水平方向延伸的缩短。在这种情况下，要使裂缝的延伸控制在产层内，就必须优化施工参数，控制缝高在纵向上的延伸[26,27]。

（一）储层特征

长岭断陷南部龙凤山气田属于典型的低孔、特低渗凝析气藏，储层表现为致密低孔喉、岩性复杂、埋藏深、温度高等特点，目的层属于典型的多薄层气藏，大多数气井自然产能较差，无自然产能，试气难以获得工业气流，需要通过压裂酸化改造后才能获得较好的效果。因此，如何在薄层的有限厚度内，最大限度地提高改造体积及导流能力的长效性，提高薄层气藏压裂的有效性，是有待解决的瓶颈难题。

龙凤山气田北209井为典型的薄层储层，目的层厚度较薄，仅有10m左右。根据应力剖面解释（图3-2），本井目的层（3251.7~3262.5m）的最小主应力数值为43.3~44.7MPa，均值44.1MPa；目的层上部20m隔层最小主应力数值为45.1~46.0MPa，均值

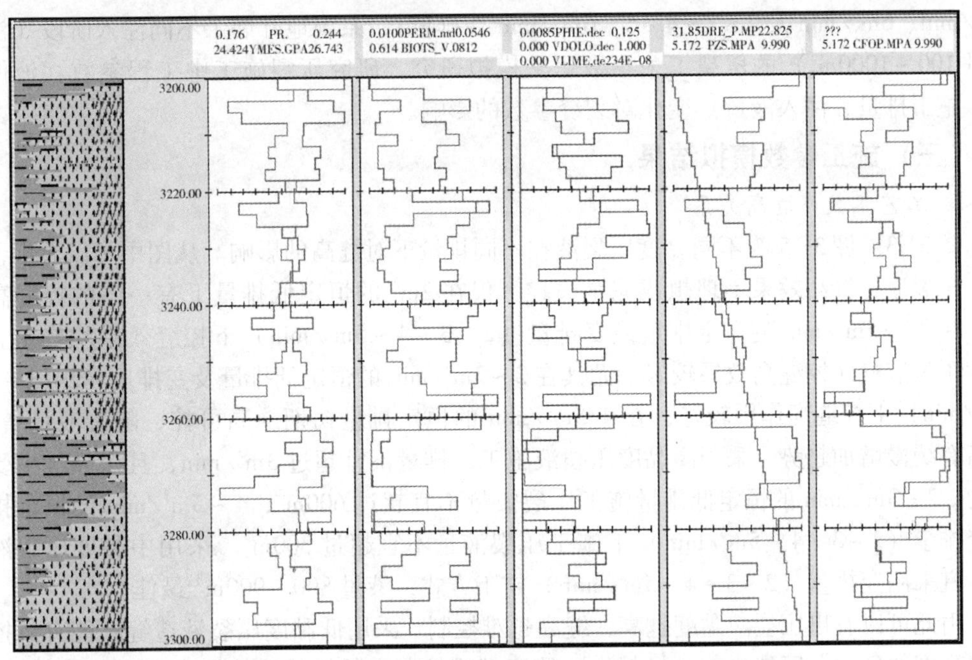

图3-2　北209井营Ⅲ压裂目的层地应力剖面解释成果图

45.5MPa；措施层下部20m隔层最小主应力数值为47.5～49.2MPa，均值48.7MPa；因此，目的层顶板遮挡条件较差，压裂施工时应注意控制缝高往上过度延伸。

（二）压裂工艺参数优化方案

薄层砂岩油气藏由于隔层的遮挡性较差，采用恒定高排量造缝及加砂的压裂工艺方法容易引起压裂缝高的失控及缝高在纵向上的过度延伸，甚至因缝高纵向延伸过大引发早期砂堵现象，浪费大量的压裂液与支撑剂[28～30]。现场实施井压后评价发现，很多井压后只有10%～20%的支撑剂在有效的砂岩储层中起到支撑作用，支撑效率极低，裂缝的缝长也因此大大缩短。

变排量压裂作为砂岩地层控制裂缝高度和防止早期砂堵的一种通用技术，已得到现场大规模推广应用。变排量压裂技术一般采用从低到高的渐近式提高排量的方法，在裂缝起裂及初始延伸阶段，通过采用较低排量，使井底压力集聚的速度相对较慢，因此裂缝的高度延伸受到很大程度的控制；而在加砂阶段通过逐级提高排量的策略，在裂缝内产生压力脉冲效应，可将要沉降的支撑剂卷起来并向远井端裂缝输送，防止支撑剂过早沉降缝底导致过流断面越来越小的被动局面；一般采用多次的变排量施工，达到预防早期砂堵及避免加砂阶段砂堵效应的出现。

本节以北209井营Ⅲ砂组示例，从压裂工程角度出发，结合储隔层实际地应力分布情况，采用正交模拟设计方法，系统研究不同黏度压裂液在不同的压裂施工参数下对裂缝延伸参数（缝高、缝长、缝宽、液体效率等）的影响规律，以期得出影响裂缝参数的主控工程因素。应用GOHFER压裂裂缝模拟软件，采用高黏度瓜尔胶压裂液（黏度为100～120mPa·s）、中黏度瓜尔胶压裂液（黏度为30～50mPa·s）及低黏度瓜尔胶压裂液（黏度为10～15mPa·s）三种压裂液体系，6种注入模式（$2m^3/min$、$3m^3/min$、$4m^3/min$、$5m^3/min$、$6m^3/min$及2～3～4～5～$6m^3/min$变排量），系统地开展了不同注入阶段（注入液量100～$1000m^3$）的压裂工艺参数正交模拟研究，研究压裂施工中工程参数（液体类型、施工排量、注入液量）变化对裂缝参数的影响。

（三）施工参数模拟结果

1. 工艺参数与缝高关系

图3-3～图3-5为不同黏度压裂液在不同排量下对缝高的影响。从图中可以看出，高黏度压裂液控缝高效果不理想或完全失控，仅在$2m^3$的恒定低排量下有一定的控缝高作用，在3/4/$5m^3/min$的恒定排量或变排量（2～3～4～$5m^3/min$）下控缝效果均较差。中黏度压裂液整体控缝高效果较好，尤其在2～$3m^3/min$的恒定低排量及变排量（2～3～4～$5m^3/min$）下控缝高作用较好，在4/$5m^3/min$的恒定排量初期缝高可控，随着液量增加，缝高有缓慢增加趋势。采用高黏度压裂液施工，排量不宜超过$3m^3/min$，且压裂规模受到制约。2～$3m^3/min$的恒定低排量施工压裂液量不宜超过$600m^3$，4～$5m^3/min$的恒定排量及变排量（2～3～4～$5m^3/min$）下施工压裂液量不宜超过$300m^3$。采用中黏度压裂液施工，宜采用变排量（2～3～4～$5m^3/min$）施工方式，液量800～$900m^3$最佳。

由此可以看出压裂液黏度越高，缝高越难控制。采用低黏度压裂液造缝，能有效控制裂缝高度的延伸；压裂施工排量越大，缝高越难控制。低排量造缝施工可有效控制逢高，变排量压裂技术可兼顾薄层造缝阶段控制缝高、加砂阶段高砂比携砂的要求；压裂施工液量越大，缝高纵向延伸高度增加，且表现出阶梯性增加特点，在保证加砂规模的情况下，尽量减少压裂液用量。

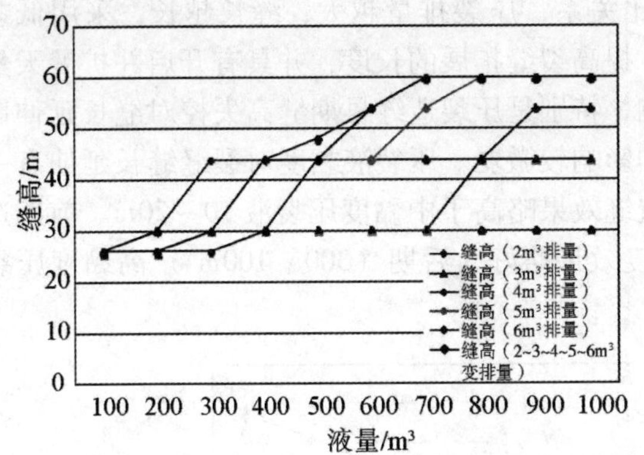

图3-3　高黏压裂液与造缝缝高关系

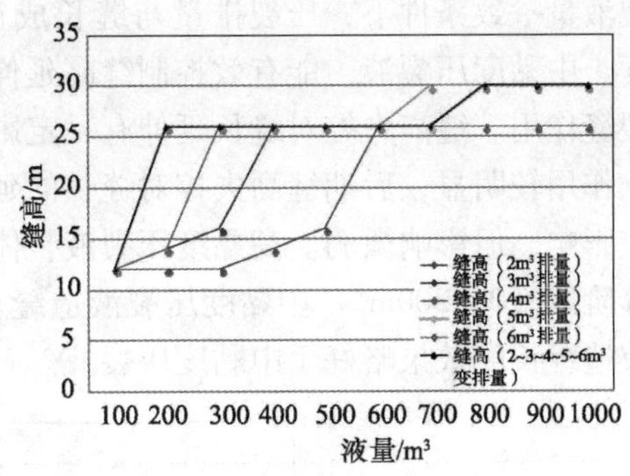

图3-4　中黏压裂液与造缝缝高关系

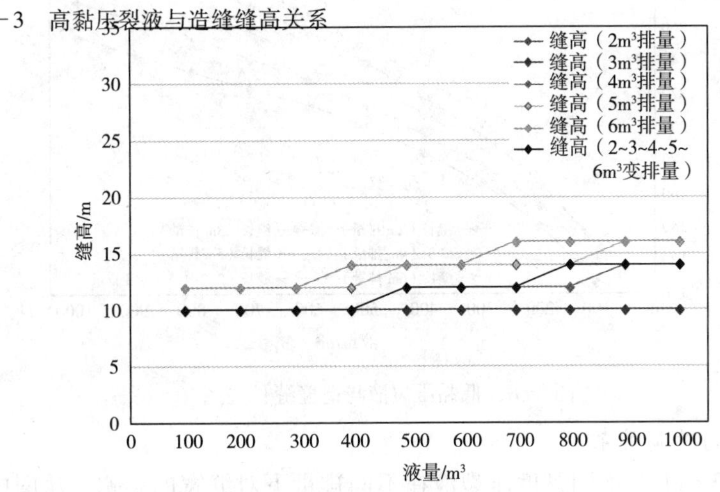

图3-5　低黏压裂液与造缝缝高关系

2. 工艺参数与缝长关系

图3-6～图3-8为不同黏度压裂液在不同排量下对缝长的影响。从图中可以看出，裂

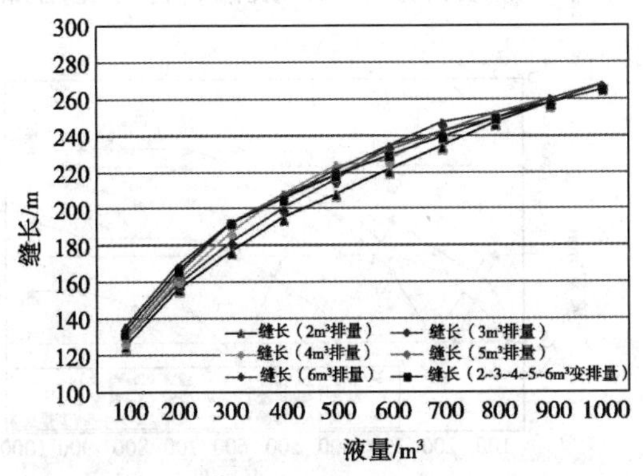

图3-6　高黏压裂液与造缝缝长关系

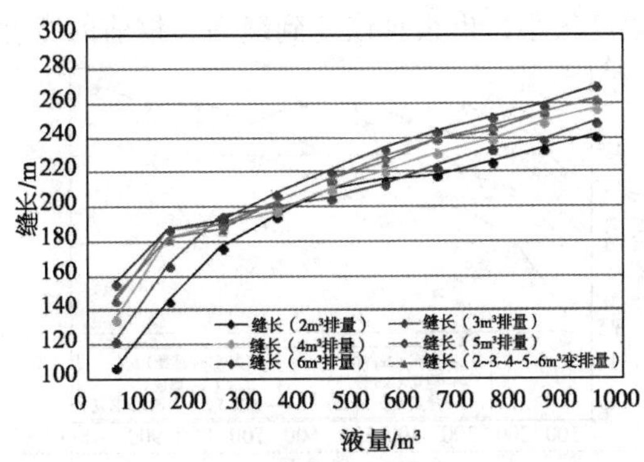

图3-7　中黏压裂液与造缝缝长关系

缝缝长增加分为三个阶段：快速增加阶段（0～300m³）、稳步增加阶段（300～800m³）、缓慢增加阶段（800～1000m³）。快速增加阶段可作为最佳的前置液造缝阶段。在注入压裂液量一致条件下，压裂排量与缝长成正比关系，压裂排量越大，缝长越长，采用低黏度、中黏度压裂液，能有效控制缝高延伸，提高裂缝扩展的长度，并具有开启并扩展天然裂缝作用。缝高失控对缝长延伸有一定影响，特别是压裂造缝早期缝高失控对缝长延伸影响作用较明显，后期缝高失控对缝长的延伸影响较微弱。压裂液黏度对裂缝缝长延伸有一定影响，但影响微弱。高黏度压裂液整体造缝效果略高于中黏度压裂液 10～20m。前期造缝阶段（0～300m³）中黏度压裂液造缝长度效果略好，后期（300～100m³）高黏度压裂液造缝长度效果略好于中黏度压裂液。

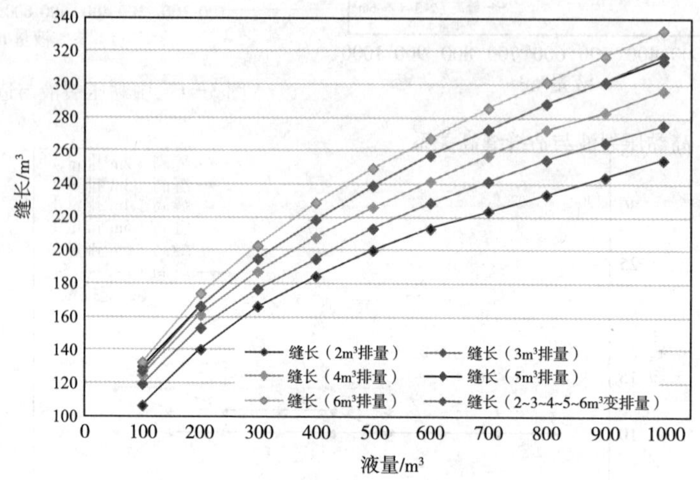

图 3-8　低黏压裂液与造缝缝长关系

3. 工艺参数与缝宽关系

图 3-9～图 3-11 为不同黏度压裂液在不同排量下对缝宽的影响。从图中可以看出，低黏度压裂液的造缝缝宽相对较窄，在压裂加砂初期，不宜采用大粒径的支撑剂；在注入压裂液量一致条件下，高黏度压裂液的造缝缝宽高于中黏度压裂液的造缝缝宽。当缝高未失控时，压裂排量与缝宽成正比关系，压裂排量越大，缝宽越宽。在压裂造缝及加砂阶段的缝高失控，会造成裂缝宽度急剧减小，即使后续持续注入压裂液，但缝宽增加幅度很小，也很难恢复到缝高失控前的宽度。

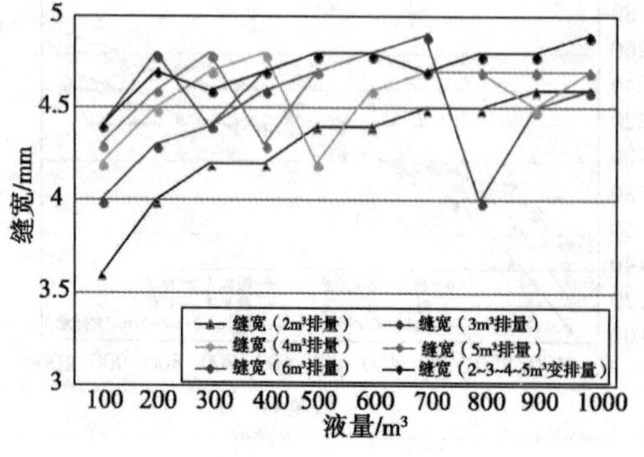

图 3-9　高黏压裂液与造缝缝宽关系

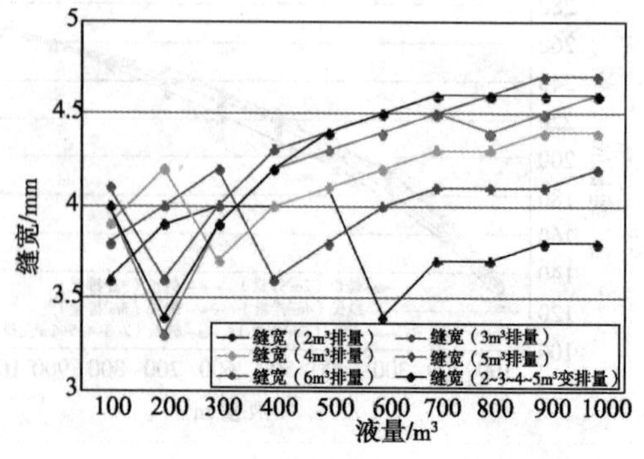

图 3-10　中黏压裂液与造缝缝宽关系

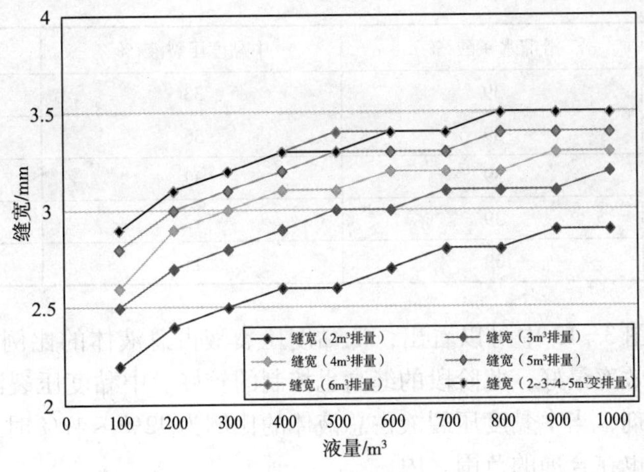

图 3-11　低黏压裂液与造缝缝宽关系

4. 液体比例优化

前置液关系着施工的成败，它起到保持压裂缝高不失控的作用。但是过多的前置液不但增加成本，加大地层滤失量，还影响最终的铺砂剖面。中黏度压裂液和高黏度区裂液是携砂的主要阶段，在保持缝高不失控的基础上，要尽可能的提高缝长和缝宽。因此，采用正交分析的方法优化各种液体比例，如表 3-3 所示。

表 3-3　低、中、高黏压裂液液体比例模拟

序　号	滑溜水＋酸/%	中黏度压裂液/%	高黏度压裂液/%
第一组	33	33	33
	33	36	31
	33	39	28
	33	42	25
	33	45	22
	33	48	19
第二组	30	36	34
	30	39	31
	30	42	28
	30	45	25
	30	48	22
第三组	36	33	31
	36	36	28
	36	39	25
	36	42	22
	36	45	19

续表

序　号	滑溜水 + 酸/%	中黏度压裂液/%	高黏度压裂液/%
第四组	39	33	28
	39	36	25
	39	39	22
	39	42	19
	39	45	16

从图 3-12 和图 3-13 中可以看出，低黏度压裂液占总液体的比例为 35% ~39% 时，缝长延伸的速度和效率最好，此阶段的缝高也控制的较好。中黏度压裂液能够较好地携带小粒径低砂比支撑剂，当中黏度压裂液占总液体的比例为 42% ~47% 时，缝长延伸的速度变缓，此时的缝高也在合理的范围之内。

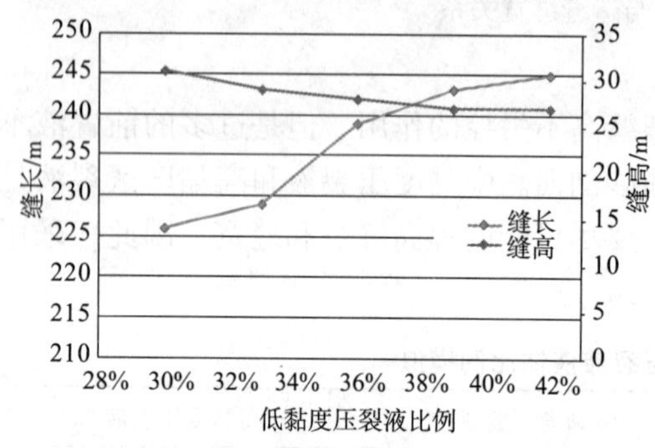

图 3-12　低黏度液体比例优化

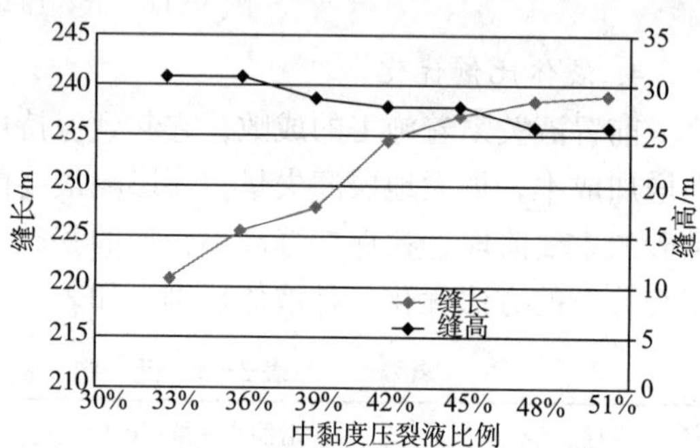

图 3-13　中黏度液体比例优化

（四）小结

（1）模拟研究表明：薄层压裂应以控缝高为前提，充分利用天然裂缝的作用，提高改造体积及裂缝支撑效率；压裂液黏度是影响裂缝扩展延伸的主要因素，其次是排量、液量。

（2）低黏度压裂液不但具有较好的控缝高性能和开启并扩展天然裂缝作用，而且可以减小对储层基质及裂缝导流能力的伤害，降低液体成本，适宜作为薄层体积压裂的前置液。

（3）在体积压裂施工不同阶段采用低伤害、低中高三种黏度组合的压裂液体系，既可以扩大有效造缝体积，形成多尺度的裂缝系统，又能兼顾前置液阶段控缝高及主加砂阶段携砂和加砂的要求。

（4）压裂缝高失控会造成裂缝宽度急剧减小且很难恢复到失控前的裂缝宽度；变排量注入工艺不仅利于造缝初期控缝高，也利于防止支撑剂过早沉降，优化支撑剂支撑剖面；正交优化存在最佳注入液量，在保证加砂规模的情况下，尽量减少压裂液用量，降低作业成本。

二、水平井穿层压裂

目前，水平井分段压裂技术已逐渐进入规模化应用时期，如国内的大庆、长庆、华北及胜利等以低渗透为主体的油气田，水平井分段压裂的比例逐年递增。一般而言，水平井对薄层油气层更为有利。但国内的薄层往往不是单一的薄层，而是多个薄层与泥岩互层，即通常说的砂泥岩薄互层。在这种类型油气田中，由于水平井筒井眼轨迹一般只在某一个薄层中穿行，因此，在进行水平井分段压裂设计及施工时，总是希望通过垂直裂缝的上下沟通，将多个薄互层都压开，从而提高所有薄砂层的产量供给能力。但在现场实践中发现，这样的目标很难实现，即使纵向砂泥岩层全部压开，也大多出现泥岩隔层进液不进砂的现象，而且，泥岩的膨胀水化现象比砂岩更为严重，甚至会出现泥岩中的泥饼逆势进入砂岩的支撑裂缝中，严重降低裂缝导流能力。

（一）储层特征

大牛地气田位于鄂尔多斯盆地伊陕斜坡北部上古生界自下而上发育了太1、太2、山1等7套气层，气藏纵向上交错叠合发育，且产层跨距较大，平面上分片展布，储层呈现砂泥岩薄互层的特点，储隔层的性质存在明显差异，水力裂缝剖面不再是近似的椭圆形，会在砂泥岩界面处发生突变。

储隔层之间的地应力差会影响裂缝高度的延伸，地应力差越大，裂缝在缝高方向上扩展越小。当储隔层之间的地应力差达到2～3MPa时，裂缝的垂向延伸就会受到遏止。大牛地气田盒1、山2储层砂泥岩应力差在3.81～9.61MPa范围内（图3-14）。单纯从储隔层地应力差的角度考虑，水力裂缝具有穿透和不能穿透隔层的可能性。泥岩厚度对裂缝能否穿透隔层有很大影响。当泥岩厚度为1～2m时，砂岩地层中产生的构造裂缝可以较容易地穿透泥岩隔层；当泥岩隔层厚度大于5m时，砂岩地层中产生的构造裂缝可以延伸至泥岩中但很难穿透隔层。大牛地其他盒1、山2薄砂泥岩互层中，很多砂岩储层的厚度在10m

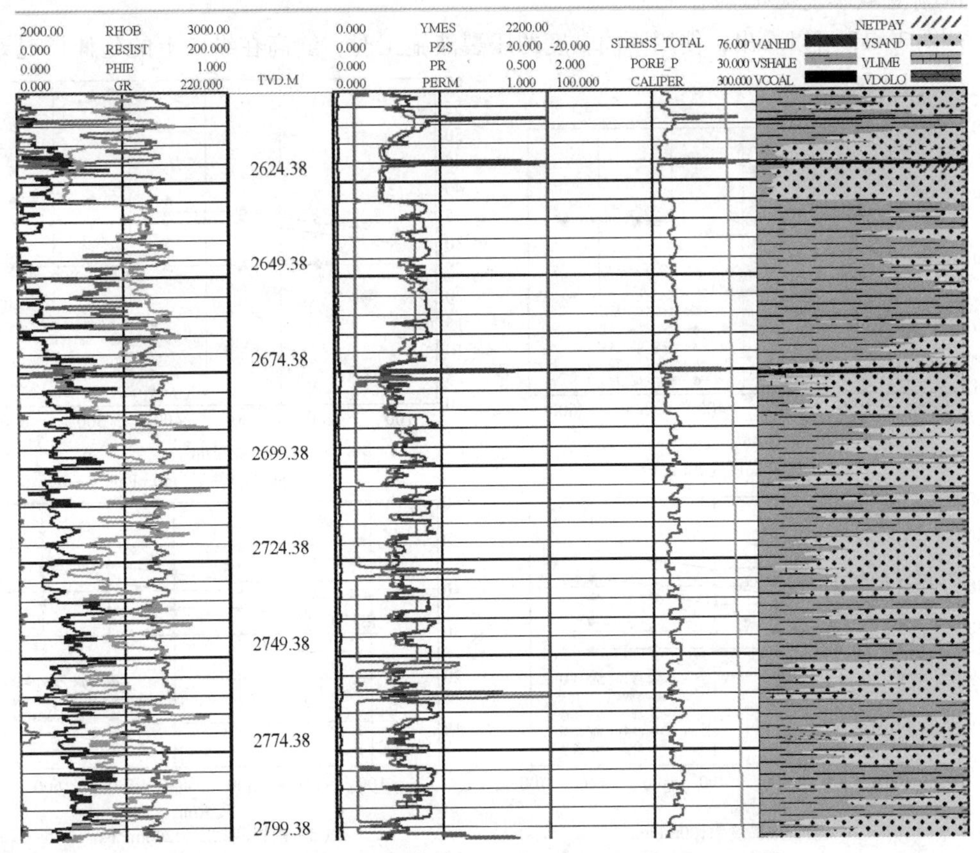

图3-14　D1-34井压裂目的层地应力剖面解释成果图

以内，泥岩隔层的厚度从 1～2m 到 5～8m 不均。从以前水力压裂裂缝监测结果来看，存在大量泥岩隔层没有被穿透，从而无法勾通上、下层的砂岩储层。

以 D1－34 井为例，储层内泥砂层间隔分布，岩石力学测井解释结果表明砂岩泊松比主要为 0.19～0.205，杨氏模量为 18～24GPa。泥岩的泊松比为 0.21～0.263，杨氏模量为 22.74～29.7GPa。砂岩最小水平主应力为 35.5～39.75MPa，泥岩最小水平主要应力为 38.23～43.77MPa，泥砂岩应力差为 2.46～6.74MPa。

（二）压裂工艺参数优化方案

水平井可控穿层压裂技术是通过优化设计和压裂施工，纵向建立人工裂缝，薄互储层的油层与隔层穿透，使人工裂缝有效沟通更多的油层。因此，就需要促使裂缝缝高能够尽快突破隔层延伸多个储层，并在多个储层内延伸。根据薄层压裂设计的研究成果，压裂液的黏度对缝高的延伸影响非常明显，因此分别研究压裂液黏度为 20mPa·s、50mPa·s、100mPa·s、200mPa·s 在不同排量和液量规模下对缝高的影响。前置液规模分别为 100m^3、200m^3、300m^3、400m^3、500m^3、600m^3；前置液比例分别为 10%、20%、30%、40%、50%、60%；前置液排量分别为 2m^3/min、3m^3/min、4m^3/min、5m^3/min、6m^3/min；携砂液中 100 目支撑剂的比例为 25%、30%、35%、40%、45%。

（三）施工参数模拟结果

1. 前置液黏度优化

从图 3-15 可以看出，使用不同黏度的压裂液施工时，缝高在纵向上的延伸情况差别

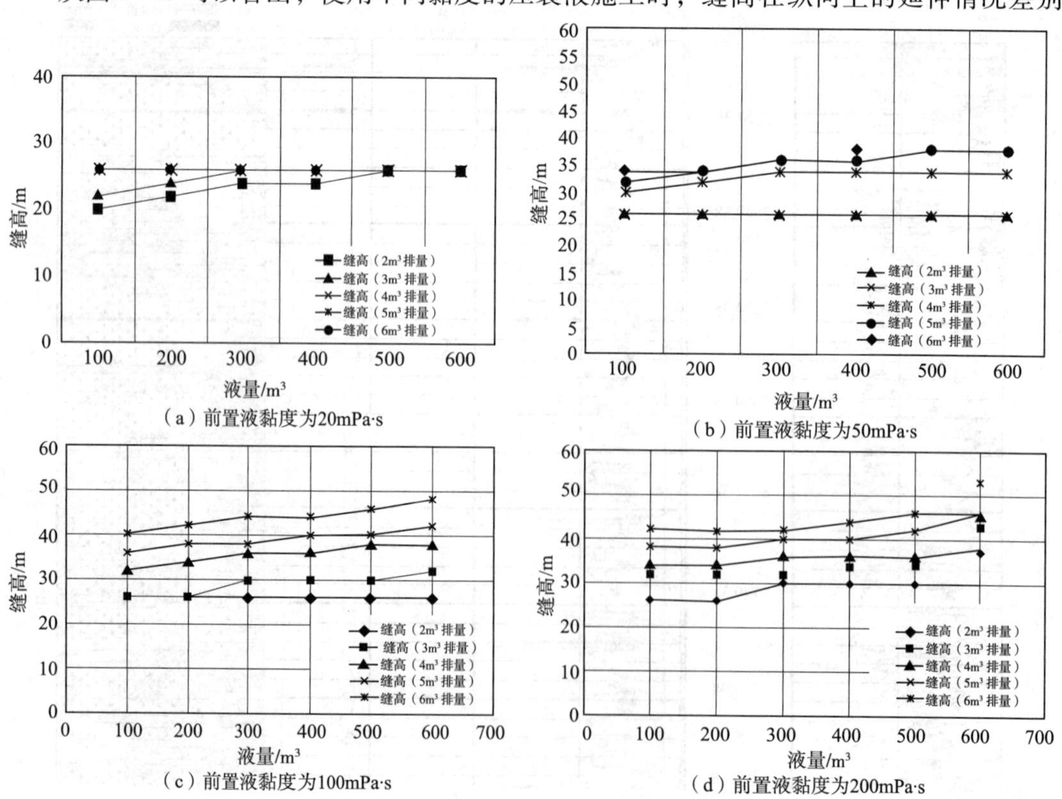

（a）前置液黏度为20mPa·s
（b）前置液黏度为50mPa·s
（c）前置液黏度为100mPa·s
（d）前置液黏度为200mPa·s

图 3-15 不同压裂液黏度对缝高的影响

很大。对于黏度为 20mPa·s 的压裂液，无论施工排量和液量提高多少，人工裂缝也无法压穿隔层，裂缝一直在储层内延伸。当压裂液黏度为 50mPa·s 时，施工排量提高到 $4m^3$/min 后，裂缝能够压穿隔层，但排量和液量继续提升后，裂缝高度增加的幅度不大。在压裂液黏度增大到 100mPa·s 后，施工排量大于 $3m^3$/min，缝高能够快速地在纵向上延伸，沟通多个薄互层。

研究结果表明：高黏度的压裂液有助于人工裂缝在高度方向上的延伸。在地层温度条件下，黏度小于 100mPa·s 的压裂液不利于裂缝穿层延伸。为了保障施工的顺利进行和尽可能沟通更多的储层，应考虑使用黏度为 200mPa·s 的压裂液体系进行施工作业。

2. 前置液排量优化

研究裂缝穿层效果时，仅分析裂缝是否能够穿层是不够的，很多时候裂缝有一部分穿透隔层，但在上部储层中未形成具有一定导流能力和长度的支撑缝，导致储层的上下部分没有得到有效的沟通，所以还需要对裂缝穿过隔层中的长度进行分析。当压裂液黏度为 200mPa·s 时，分别计算不同排量和液量对穿过隔层缝长的影响。

从图 3-16 可以看出，随着施工排量的增加，裂缝在高度方向上的延伸呈现出总体上升趋势，当排量大于 $4m^3$/min 后，缝长的增加幅度变大，尤其是当液量规模较小时，排量对缝长的影响更为明显。这是由于排量较小时，裂缝主要在储层内延伸，进入上下部储层的流量较小，难以在多个层内形成有效的支撑缝长。因此，施工时尽快提高排量达到设计值，以在井底快速建立起压开所有层的最高压力，防止排量提慢了，井底压力积聚速度慢，可能只压开部分砂泥岩层。以本井为例，前置液的施工排量应尽快提高到 5~$6m^3$/min。

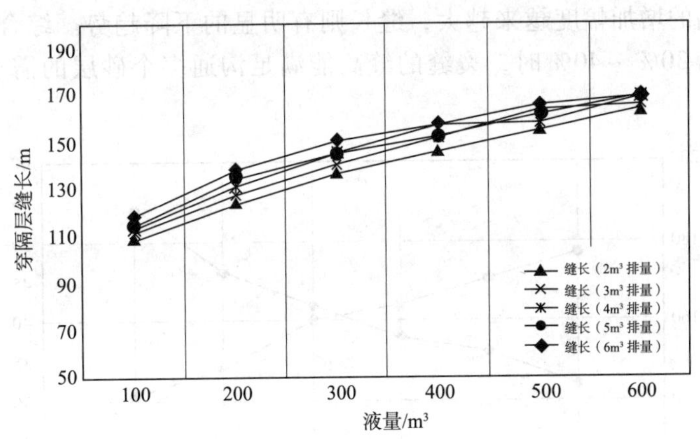

图 3-16　不同施工排量裂缝延伸尺寸对比图

3. 前置液量优化

对于水平井穿层压裂来说，即使压穿了上下隔层，也可能会存在着进液不进砂现象。由于隔层的黏土含量相对较高，塑性较强，即使压穿了，缝宽也相对较窄，液体可以通过，但支撑剂难以通过，或者大粒径支撑剂或高砂液比段支撑剂难以有效通过，最终隔开上下的砂层，即使压开了，也形成了一定长度与宽度的水力裂缝，但有效支撑的裂缝尺寸很小，未被支撑的水力裂缝也将快速失去导流能力，从而极大影响压后效果，因此隔层内缝宽的大小是决定加砂有效性的关键因素。通过提高压裂液黏度和施工排量有利于增加砂层和泥层的压裂缝宽。从图 3-17 中可以看出，整体而言，隔层内缝宽都是随液量增加而增加的，但随着液量的增加，隔层内缝宽会出现先减小再增加的波动特征，这是由于液量增加会导致缝高的扩展，液体更多的作用于上下各砂层内裂缝的向前延伸。因此建议现场使用液量根据需求不同，高黏度的前置液控制在 200～300m³ 之间。

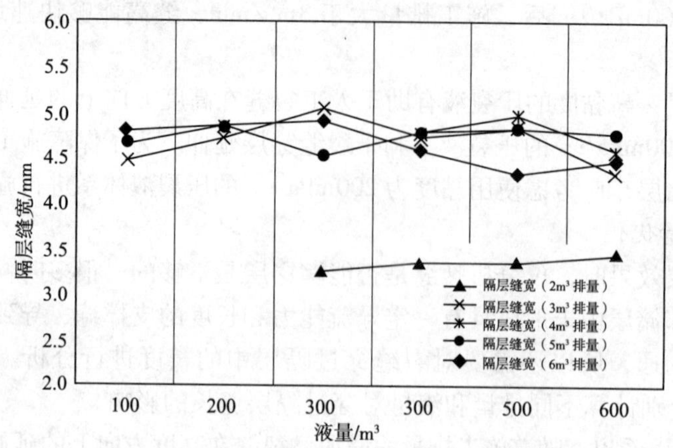

图 3-17　不同前置液量对隔层缝宽的影响

4. 前置液比例优化

在确保所有层压开后，为了保证只压裂砂层，泥岩裂缝不延伸的目的，需要立即换用低黏度压裂液进行携砂，促使压裂液在各个砂层的水平方向上注入。为此，分别计算了前置比例为 10%～60%时，裂缝的延伸情况。从图 3-18 中可以看出，随着前置液比例的增加，缝高的增加幅度越来越大，缝长则有明显的下降趋势。综合考虑施工效果，当前置液比例为 30%～40%时，裂缝的缝高能满足沟通多个砂层的需求，同时也保持了较长的缝宽。

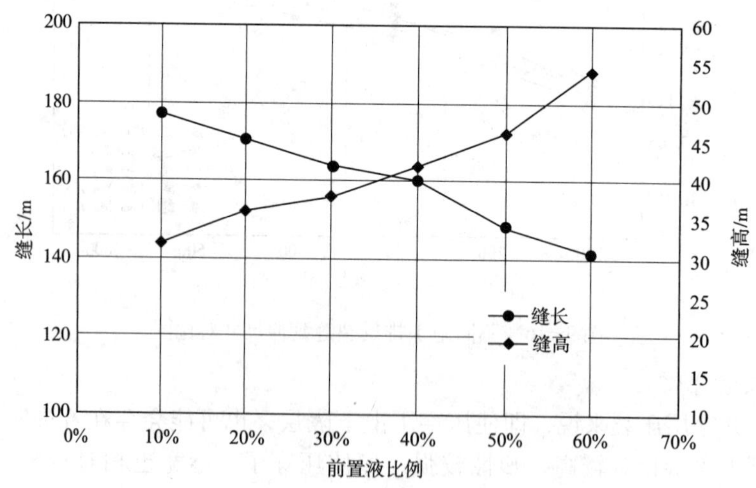

图 3-18　前置液比例对裂缝几何尺寸的影响

（四）小结

（1）在地层温度条件下，黏度小于 100mPa·s 的压裂液不利于储层穿层压裂改造，高黏度的压裂液有助于人工裂缝在高度上的延伸和隔层中最小缝宽的增加，同时确保有效的支撑裂缝尺寸。

（2）高排量施工有助于储层穿层压裂改造，需要根据具体单井储层情况，结合水平井分段压裂模拟计算来确定最优化排量数值。当高黏度前置液比例30% ~40%时可获得较好的裂缝形态。

三、中浅层页岩气体积压裂

页岩气分布广泛，开发潜力巨大，是常规石油天然气的理想接替能源。2012 年 11 月 7 日至 24 日，中石化在涪陵焦石坝区块部署第一口页岩气井焦页 1HF 井，经过 15 段压裂改造后，无阻流量为 $15.5\times10^4m^3/d$，控制产量为 $6.5\times10^4m^3/d$，由此表明我国页岩气的开发具有良好的前景。然而，与常规油气储层压裂技术不同，页岩气储层压裂需要人工创造有足够大的裂缝体积来改善地层连通性和增加单井泄气体积，其无论是在用液规模、加砂量，还是在施工参数（施工排量、压力等）等方面都远超过常规油气层的压裂设计[31-34]。

（一）储层特征

J1 -3 井位于龙马溪组，测井解释 30 层，其中气层 896m/15 层，含气层 404m/15 层。解释气层主要集中在 2769 ~3800m 水平井段，水平及大斜度井段共解释气层与含气层 1031m/20 层，显示出整体含气的特征。分析结果统计表明在 2674 ~3800m 水平井段及大斜度井段测井解释 *TOC* 和孔隙度普遍较高，平均 *TOC* 为 2.11%；孔隙度平均值为 2.55%。目的层（2377.5 ~2415.5m/38m）长英质等脆性矿物含量明显较高，含量一般为 50.9% ~80.3%，平均为 61.3%/51 块，石英含量最大达到 70.6%，平均为 44.42%。垂直层理方向泊松比为 0.192 ~0.198，杨氏模量为 25 ~38GP，水平地应力差异系数为 34%，具备较好可压性，有利于压裂改造。

（二）液体段塞数的优化

1. 段塞注入基本方案

在压裂施工过程中，为了确保水力压开缝的正常延伸，尤其在天然裂缝发育的地层，应在裂缝起裂初始尽量避免和减小天然裂缝造成的压裂液滤失。为了达到这一目的，通常需要进行前置液阶段间断加入 100 目或 70/140 目小粒径支撑剂进行天然裂缝封堵。相对于这些间断加入的小粒径支撑剂而言，所有前置液阶段注入的压裂液有三种目的：一是用来携带支撑剂对天然裂缝进行封堵；二是满足部分天然裂缝滤失饱和以确保主裂缝内足够的净压力；三是为之前加入的小粒径支撑剂打磨迂曲的裂缝提供动力。因此，合理的液体段塞优化应当满足以下基本原则：

①在一定液量造缝后加入第 1 段；②两段段塞之间的间隔液量应至少大于 1 倍井筒容积，以便于观察段塞进层时的压力变化；③加入段塞的段数应根据压力变化及设计目的而定；④段塞液量可设计为 20 ~40m³ 不等，无严格规定；⑤总段塞数还应结合液体效率和前置液百分比加以考虑；⑥不影响支撑剂剖面的连续性。

典型的前置液段塞泵注程序见表 3-4。

表 3-4 典型段塞冲刷施工设计表

名称	排量/（m^3/min）	砂浓度/（kg/m^3）	支撑剂类型（粒径）	液量/m^3	阶段砂量/t
前置液	10	0		100	0
段塞	10	40	100 目	15	0.6
前置液	10	0		20	0
段塞	10	80	100 目	15	1.2
前置液	10	0		20	0
段塞	10	120	100 目	15	1.8
前置液	10	0		40	0

2. 段塞数优化方案

图 3-19 ~ 图 3-22 描述了不同用液量/段塞数下，裂缝支撑剖面的变化情况（分三簇射孔，排量 $10m^3/min$）。

（1）滤失系数为 $5\times10^{-4}m/min^{0.5}$。

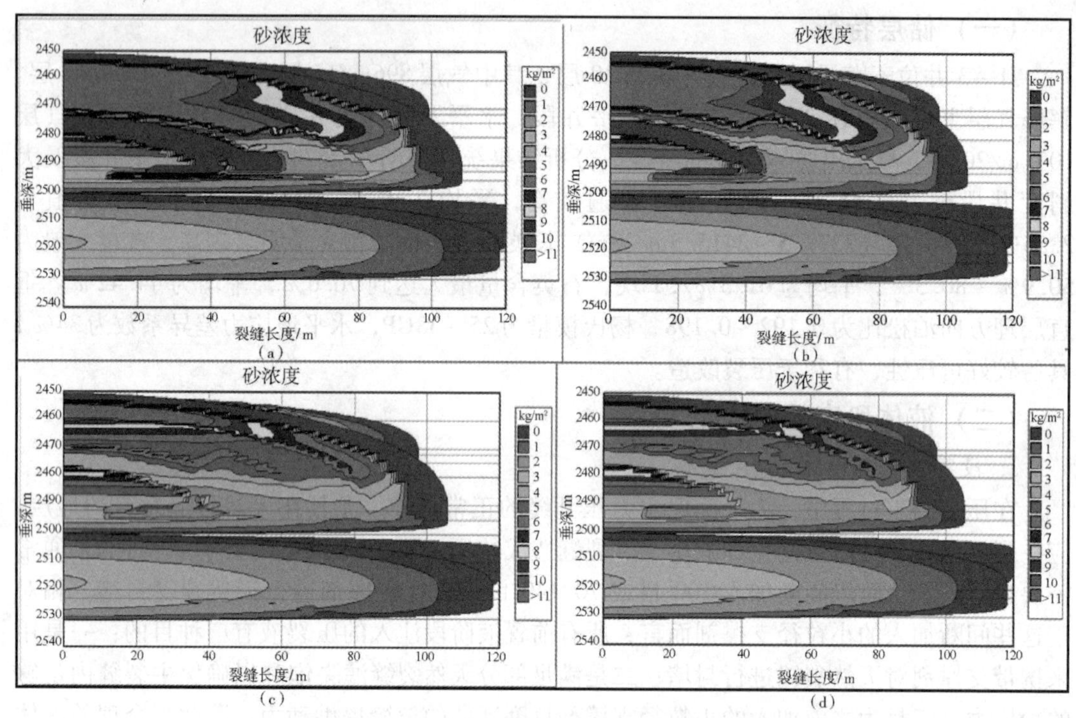

图 3-19 滤失系数为 $5\times10^{-4}m/min^{0.5}$ 时不同用液量/段塞数下裂缝支撑剖面的变化

在滤失系数为 $5\times10^{-4}m/min^{0.5}$ 时考察不同液体段塞量下的支撑剂剖面，以不影响支撑剂剖面的连续性进行段塞量的优化。图 3-22（a）、（b）、（c）和（d）分别为段塞量是 $100m^3$，$80m^3$，$60m^3$ 和 $40m^3$ 时的支撑剂剖面，可见在段塞量超过 $60m^3$ 就会出现明显不连续，因此初步确定段塞量为 $60m^3$ 左右。

（2）滤失系数为 $10\times10^{-4}m/min^{0.5}$。

在滤失系数为 $10\times10^{-4}m/min^{0.5}$ 时考察不同液体段塞量下的支撑剂剖面，以不影响支撑剂剖面的连续性进行段塞量的优化。图 3-20（a）、（b）、（c）和（d）分别为段塞量是 150m^3，120m^3，100m^3 和 80m^3 时的支撑剂剖面，可见在段塞量超过 80m^3 就会出现明显不连续，因此初步确定段塞量为 80m^3 左右。

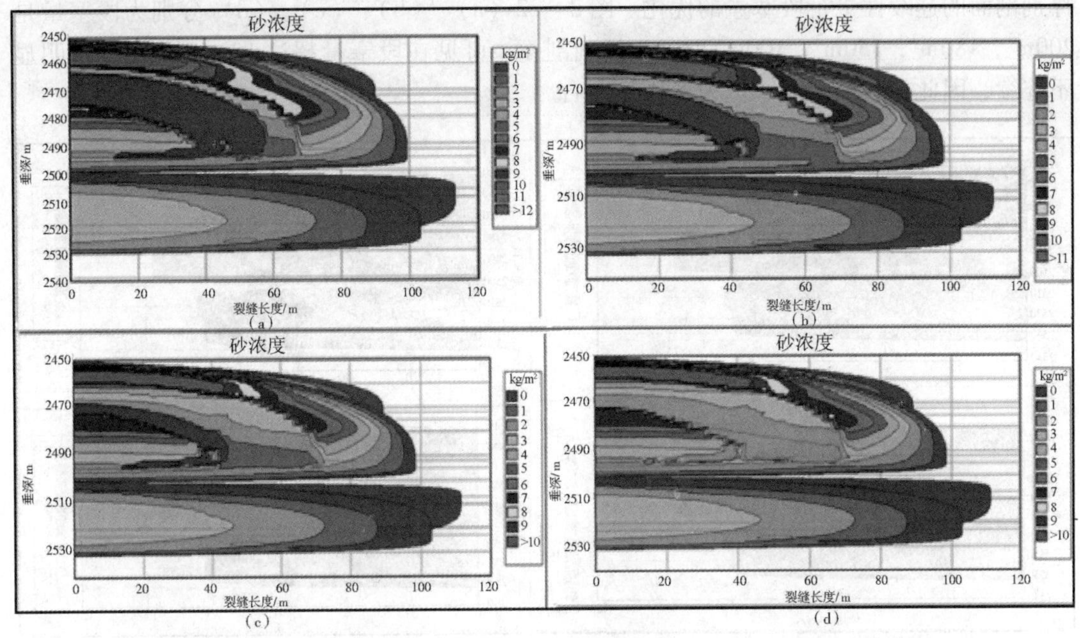

图 3-20　滤失系数为 10×10^{-4}m/min$^{0.5}$时不同用液量/段塞数下裂缝支撑剖面的变化

（3）滤失系数为 15×10^{-4}m/min$^{0.5}$。

在滤失系数为 15×10^{-4}m/min$^{0.5}$时考察不同液体段塞量下的支撑剂剖面，以不影响支撑剂剖面的连续性进行段塞量的优化。图 3-21（a）、（b）、（c）和（d）分别为段塞量是 150m^3，120m^3，100m^3 和 80m^3 时的支撑剂剖面，可见在段塞量超过 100m^3 就会出现明显不连续，因此初步确定段塞量为 100m^3 左右。

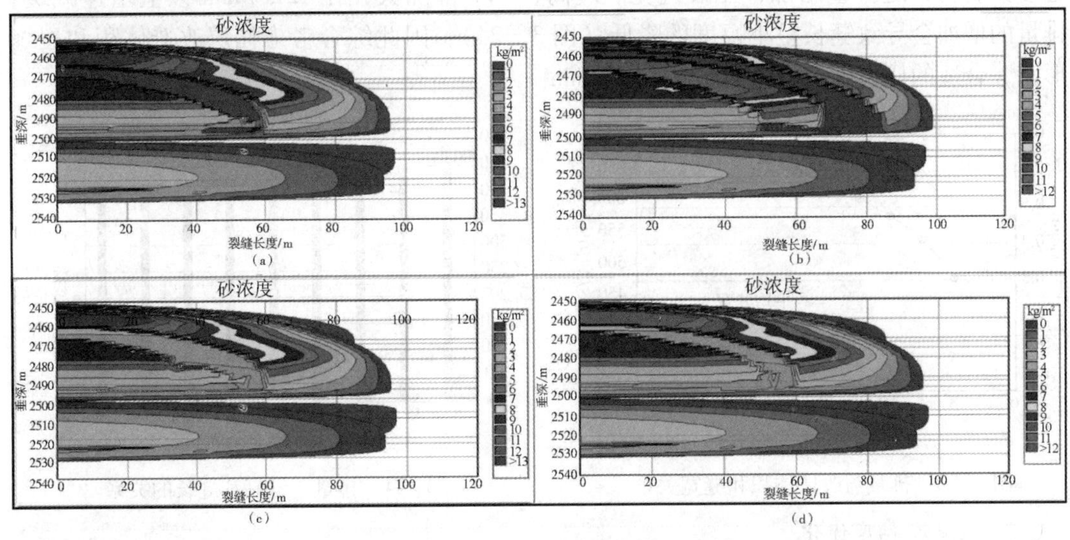

图 3-21　滤失系数为 15×10^{-4}m/min$^{0.5}$时不同用液量/段塞数下裂缝支撑剖面的变化

(4) 滤失系数为 $20 \times 10^{-4} m/min^{0.5}$。

在滤失系数为 $20 \times 10^{-4} m/min^{0.5}$ 时考察不同液体段塞量下的支撑剂剖面，以不影响支撑剂剖面的连续性进行段塞量的优化。图 3-22（a）、（b）、（c）、（d）分别为段塞量是 $200m^3$，$180m^3$，$150m^3$，$100m^3$ 时的支撑剂剖面，可见在段塞量超过 $150m^3$ 就会出现明显不连续，因此初步确定段塞量为 $150m^3$ 左右。

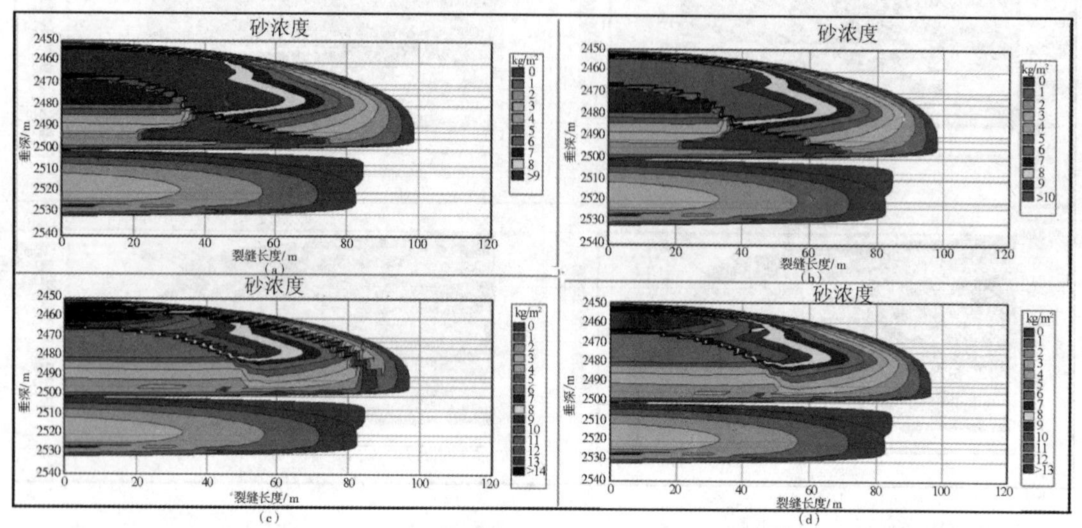

图 3-22 滤失系数为 $20 \times 10^{-4} m/min^{0.5}$ 时不同用液量/段塞数下裂缝支撑剖面的变化

(三) 压裂施工参数优化

1. 前置液排量的优化

前置液排量对改造体积影响如图 3-23 所示。在排量 $8 \sim 16m^3/min$ 下对比模拟压裂裂缝参数表明，随排量增加，压裂缝宽、缝高、SRV 都加大，在 $12m^3/min$ 以上增速减缓。排量的增加会导致缝长呈小幅度的降低（图 3-24），因此综合考虑储层改造体积和裂缝形态，合适的压裂施工排量为 $12 \sim 14m^3/min$。

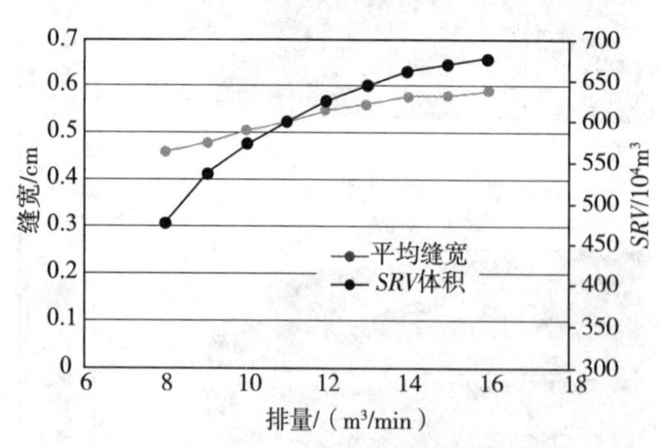

图 3-23 排量与改造体积和缝宽关系

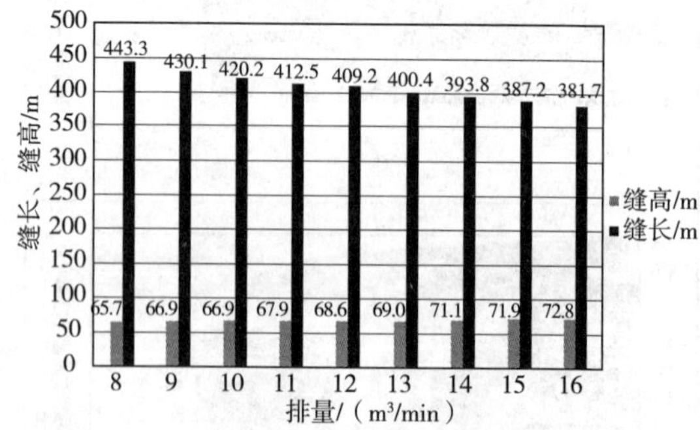

图 3-24 排量与缝高和缝长的关系

2. 压裂液黏度优化

压裂液黏度越低，体积改造的范围越广，其中最低黏度的压裂液为滑溜水压裂液（图

3-25）。因为页岩储层的弹性模量较高，存在弱胶结面及天然裂缝等地质特征，采用低黏度的滑溜水能进入各种尺度的天然裂缝，形成范围较大的剪切缝。当压裂液黏度增加后，更容易形成缝宽较宽的主裂缝，不利于缝长的增加（图3-26）。

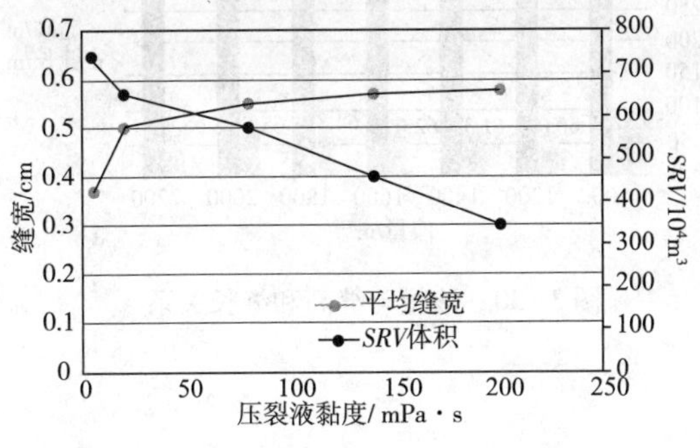

图3-25　压裂液黏度与改造体积和缝宽关系

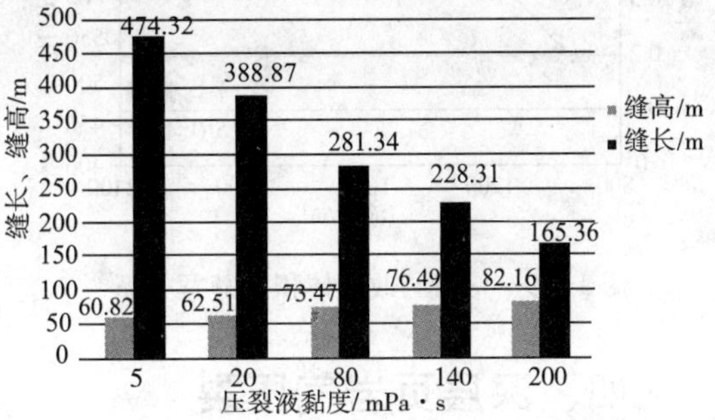

图3-26　压裂液黏度与缝高和缝长关系

3. 前置液比例优化

前置液主要用于造缝和高温地层降低近井地层的温度，在携砂阶段则必须增加压裂液的黏度提高支撑剂的流动性。从图3-27中可以看出，随着前置液量的等量增加，*SRV*体积将大幅度上升，但是平均缝宽将下降30%～40%，因此考虑到加砂的因素，前置液比优化为45%～50%左右。前置液比例与缝高、缝长的关系如图3-28所示。

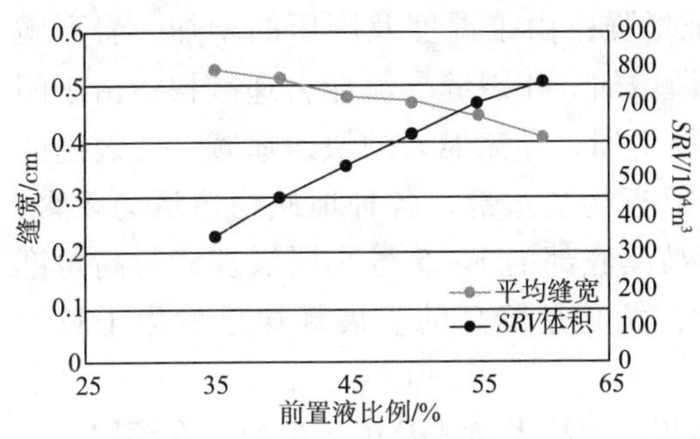

图3-27　前置液比例与改造体积和缝宽关系

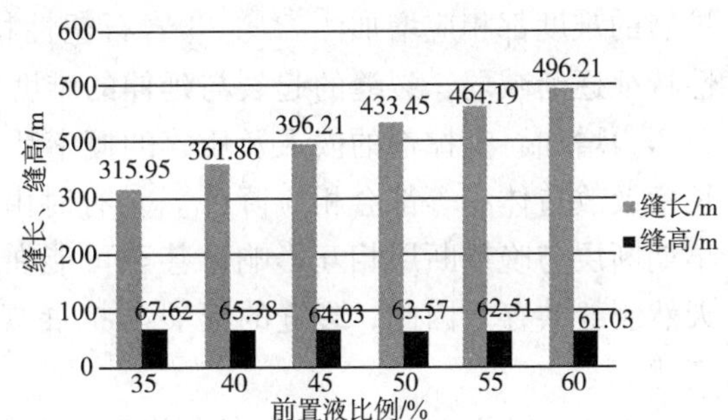

图3-28　前置液比例与缝高和缝长关系

4. 压裂规模的优化

根据国外统计数据表明，页岩气储层大规模压裂后的产量与用液量有着一定的关系[35]，而加砂规模（平均砂比<10%）的持续增加与压后产量没有明显的关系，因此页岩气储层的规模优化主要以液量规模为主。

图3-29和图3-30为不同液量下模拟得到的裂缝参数，由图3-29、图3-30可见：规模增加，裂缝等效长度明显增加，说明水力裂缝的波及体积持续增大。当液量大于1800m^3时，裂缝长度和*SRV*体积的增加幅度有限，因此建议现场使用液量根据需求不同，综合考虑优化施工规模为1400～1800m^3。

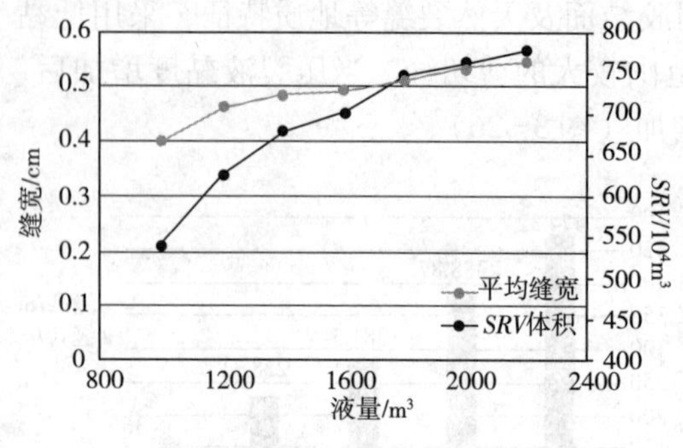

图 3-29　液量与改造体积和缝宽关系

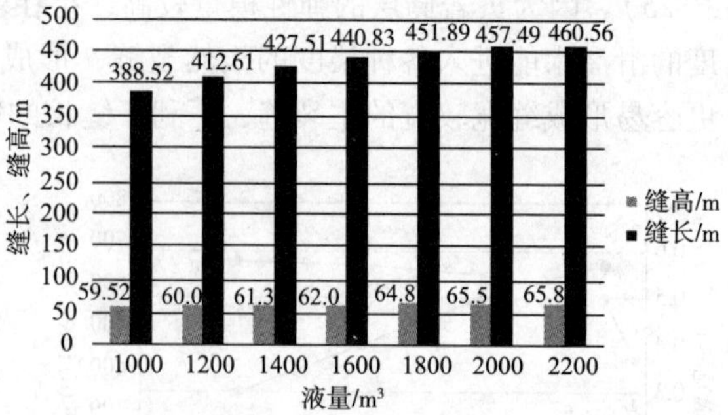

图 3-30　液量与缝高和缝长关系

四、深层页岩气压裂

随着涪陵、长宁、威远等页岩气勘探开发的突破和商业性开发程度的加深，目前的页岩气开发对象逐步向深层进军，所谓深层一般指垂深超过 3500m 以上的页岩气储层。据测算，深层页岩气资源量巨大，以大焦石坝、丁山、南川等区域为例，其深层页岩气资源量高达 $4612\times10^8m^3$，勘探开发前景十分广阔[36]。但随着深度的增加，页岩气的地质特征及其对压裂的影响也发生了较大变化，主要表现在：①井筒沿程摩阻增加：可造成井口施工压力高和注入排量受限，导致造缝宽度窄、施工砂液比低，因此裂缝导流能力低。②三向应力增加：两向水平应力差增加，三者的大小顺序也可能发生变化，其中，上覆应力在中浅层一般居中，在深层一般最大。由此带来裂缝转向及层理缝的横向扩展的难度都相应增加[37-38]。③岩石塑性特征增强：由于温度及围压的增加，岩石脆性特征逐渐减弱，裂缝的起裂与延伸的难度逐渐增加。④裂缝导流能力递减快：由于闭合压力增加，支撑剂的嵌入及压碎的概率都大幅增加，导流能力的快速递减，使裂缝的长度及改造体积等都会相应降低。⑤有时由于靠近构造边部，各种地质构造运动频繁，早期断层与晚期断层相互影响，甚至可能在龙马溪底部的 1～5 号小层层理缝与高角度天然裂缝共存。因此，裂缝的起裂与扩展规律，尤其是缝高的扩展规律已发生了较大变化。

因此，以往适合于中浅层的页岩气水平井体积压裂技术模式及工艺参数，在深层页岩气中基本上不再适用，必须针对具体目标区块的储层特性开展针对性的研究和改进，才能最终实现国内深层页岩气的经济有效开发[39-41]。

（一）储层特征

J7 井位于龙马溪组-五峰组 3418.30～3580.80m 井段，共解释气层、干层 158.2m/16 层，水平段测井解释 *TOC* 为 0.1～3.77%，平均为 1.08%，密度测井值为 2.55～2.92g/cm^3，平均值为 2.70g/cm^3。测井解释 9 个小层孔隙度为 2.52%～4.21%，含气量 0.26～4.86m^3/t，其中取心段下部 3531.5～3581.5m 含气量较高，达 2.34～4.86m^3/t，平均值为 3.71m^3/t。储层泊松比普遍介于 0.17～0.27，平均值为 0.23；杨氏模量普遍介于 45.8～55.6GPa，平均值为 51.3GPa；裂缝指数普遍介于 0.20～0.37，平均值为 0.305；破裂压力梯度普遍为 0.014～0.016MPa/m；斯伦贝尔比普遍介于 $5.92\sim7.35\times10^8$ $(MPa)^2$，平均值为 6.71×10^8 $(MPa)^2$。

（二）压裂工艺参数优化方案

根据重庆涪陵地区储层压裂地质特征情况，以J7井为例，对深层页岩气井进行缝网压裂优化设计，分析施工液量、施工排量、射孔簇数以及不同压裂液黏度的变化对施工效果所产生的影响及程度大小，最终针对试验井选取最佳的施工参数。模拟的4因素4水平正交实验方案如表3-5所示。

表3-5 正交方案设计

方案	液量/m^3	排量/（m^3/min）	簇数	黏度/mPa·s
1	1400	10	2	40
2	1400	12	3	60
3	1400	14	4	80
4	1400	16	5	100
5	1600	10	3	80
6	1600	12	2	100
7	1600	14	5	40
8	1600	16	4	60
9	1800	10	4	100
10	1800	12	5	80
11	1800	14	2	60
12	1800	16	3	40
13	2000	10	5	60
14	2000	12	4	40
15	2000	14	3	100
16	2000	16	2	80

（三）施工参数模拟结果

1. 多因素显著性分析

经缝宽、缝长、缝高及*SRV*的多因素模拟分析，认为压裂液黏度是最重要的因素。从图3-31中可以看出，对于缝宽的影响，压裂液黏度>簇数>排量>液量；对于*SRV*的影响，液量>压裂液黏度>簇数>排量。

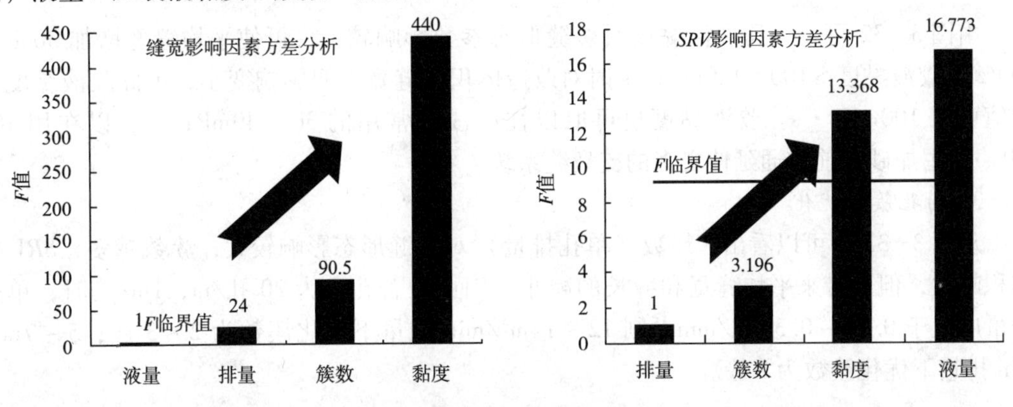

图3-31 缝宽及*SRV*的多因素显著性分析图版

一般地，低黏度压裂液穿透和沟通小微裂隙的能力强，而中高黏度压裂液因黏滞阻力高难以进入小微裂隙，只能沿主裂缝方向扩展。因此，充分利用好不同黏度压裂液的优点，进行变黏度、变排量压裂液的多级交替注入，既可实现主导裂缝的充分延伸，又能实现主导缝长大范围内的复杂裂缝连通效果，最终达到最大限度地提高裂缝的复杂性及改造体积的目标。

显然地，低黏滑溜水及中高黏度胶液的单级注入模式，只能形成近井复杂裂缝与远井单一主裂缝的裂缝组合模式；单纯的滑溜水注入只能形成近井复杂裂缝而没有主裂缝突破到远井地带；而滑溜水与胶液的多级交替注入，利用“黏滞指进”效应（黏度比6倍以上），后一级注入的滑溜水快速呈指状推进到上一级胶液的造缝前缘，继续沟通与延伸小微裂缝系统，再通过中高黏度的胶液注入，将主裂缝继续往前推进。如此多级循环注入，实现复杂裂缝沿主裂缝的全覆盖。

2. 压裂液黏度优化

考虑到深层因闭合压力增加，导致原生的各种层理及裂缝宽度都相对降低，需要更低黏度的滑溜水体系进行有效沟通与延伸。根据目前乳液型滑溜水的特性，可考虑选择2～3mPa·s的黏度。但后续滑溜水为了增加携砂性能，可考虑使用原来中浅层常用的黏度为9～12mPa·s的粉剂型滑溜水。胶液黏度上限值的优化结果如图3-32所示。

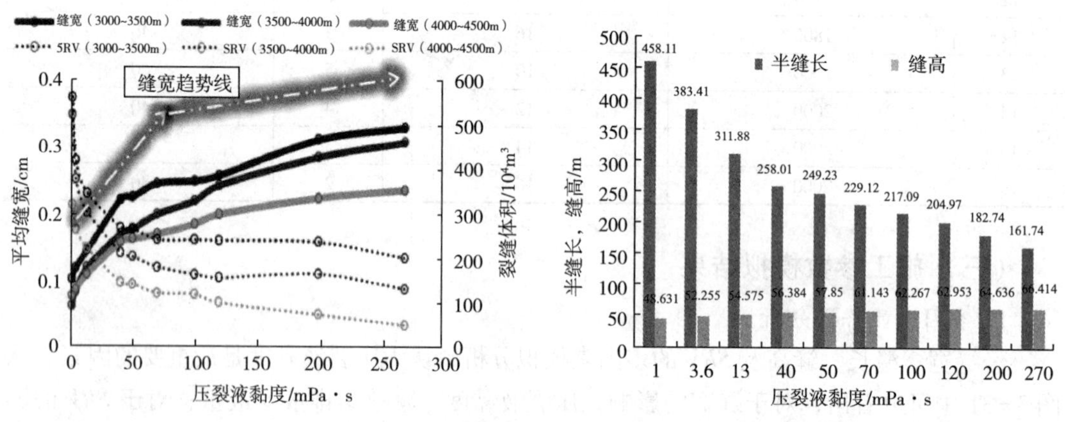

图3-32　压裂液黏度界限优化图版（左图为缝宽，右图为缝长及缝高）

由图3-32可见，压裂液黏度对裂缝形态参数影响较大，可使平均缝宽增加30%～300%；胶液黏度>100～120mPa·s时对改造体积和缝宽增幅影响变小，因此胶液黏度上限值可取100mPa·s。胶液黏度也可取以往中浅层常用的30～40mPa·s，以在用100mPa·s主加砂之前沟通延伸更多的支裂缝系统。

3. 射孔簇数优化

从图3-33中可以看出，簇数（单孔排量）对裂缝形态影响较大，簇数越多，*SRV*的体积越大，但会带来平均缝宽和缝长的减小。因此，若孔密为20孔/m，1m/簇时，单孔排量应大于0.25～0.35m^3/min，则12～14m^3/min排量下优化簇数为2～3簇；5～7m^3/min排量下优化簇数为1簇。

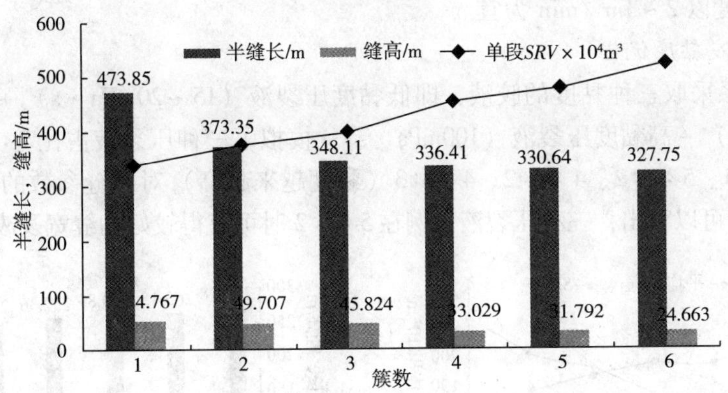

图 3-33　簇数对裂缝参数的影响

4. 前置液排量优化

根据裂缝参数及 *SRV* 的敏感性模拟分析（表 3-6 和图 3-34），前置液中，胶液用量越大，*SRV* 越小，缝宽越大。因此综合考虑分析，前置液中，胶液用量为 30% ~40% 时最为合适。

表 3-6　阶梯变排量及胶液比例对缝宽的影响

	0	10	20	30	40	50	60	70	80
2 ~4 ~6 ~8 ~10 ~12 ~14 ~16	0. 076	0. 096	0. 110	0. 120	0. 127	0. 133	0. 138	0. 142	0. 145
2 ~6 ~10 ~14 ~16	0. 073	0. 100	0. 114	0. 123	0. 129	0. 134	0. 138	0. 141	0. 144
2 ~8 ~14 ~16	0. 071	0. 098	0. 117	0. 124	0. 130	0. 134	0. 137	0. 140	0. 143
2 ~10 ~16	0. 067	0. 092	0. 112	0. 122	0. 129	0. 133	0. 137	0. 139	0. 141

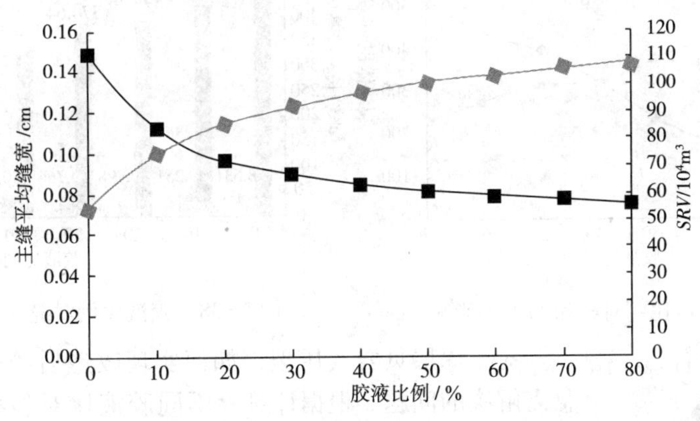

图 3-34　胶液比例对缝和 *SRV* 的影响

排量的选择与常规页岩气压裂不同，可采用低黏度与低排量、中黏度与中排量及高黏度与高排量的组合注入方式，使低黏液更有机会沟通延伸小微裂隙系统，中高黏液除了延伸支裂缝及主裂缝外，与中高排量的匹配，也更利于提升主裂缝净压力，进一步增加裂缝的复杂性。通过模拟结果发现，胶液比例在 0 ~20% 及大于 70% 时，宜采取小阶梯变排量 1 ~2m^3/min；胶液比例为 30% ~60% 时，宜采取大阶梯变排量 4 ~6m^3/min；低、中、高排量的相差幅度以 2 ~ 3m^3/min 为宜。

5. 主体胶液黏度优化

压裂液体系采取三种黏度的胶液，即低黏度压裂液（15 ~ 20mPa · s） + 中黏度压裂液（40 ~ 50mPa · s） + 高黏度压裂液（100mPa · s）；模拟了三种压裂液占比 7∶2∶1、6∶3∶1、6∶2∶2、5∶4∶1、5∶3∶2、4∶4∶2、4∶3∶3（黏度越来越高）对裂缝参数的影响，从图 3-35、图 3-36 中可以看出，三种压裂液比例在 5∶3∶2 时可获得较好的缝宽及改造体积效果。

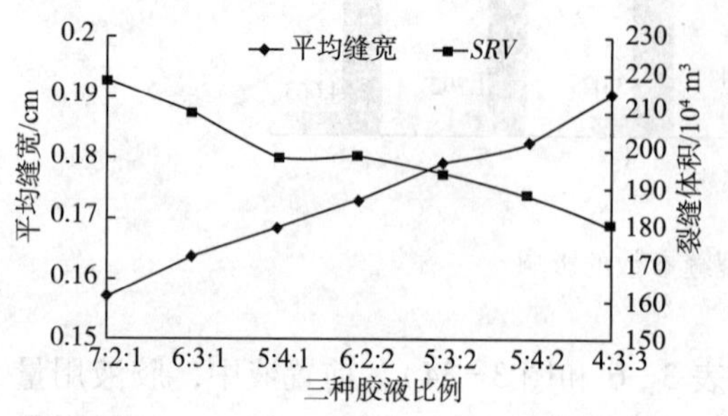

图 3-35 胶液比例对缝和 SRV 的影响

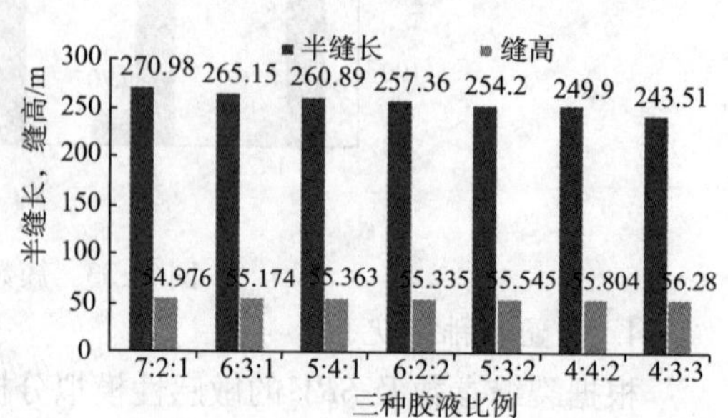

图 3-36 胶液比例对缝和 SRV 的影响

6. 总体胶液比例的优化

通过模拟整个施工阶段不同比例滑溜水与胶液对裂缝参数的影响（图 3-37、图 3-38），可以看出，裂缝形态受胶液比例的增加影响较大。胶液量的提高有利于增加深层页岩气的缝宽，从而降低施工风险，提高整体的加砂浓度，但是大幅度的降低缝长和 SRV 体积。因此，综合考虑施工安全和有效加砂强度的影响，总体胶液比例为 30% ~40% 可获得较好的缝宽及改造体积效果。

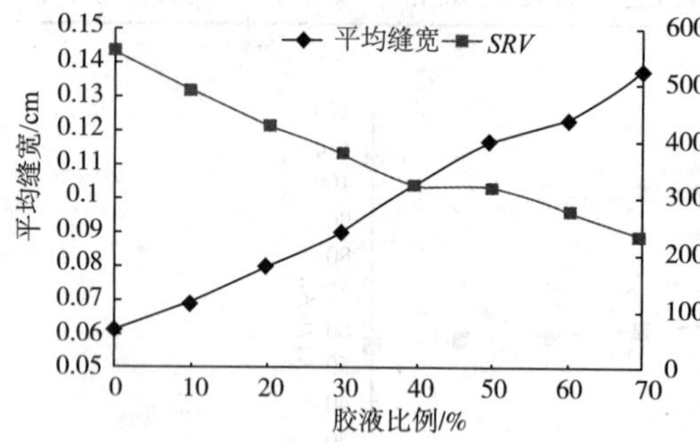

图 3-37 胶液比例对缝和 SRV 的影响

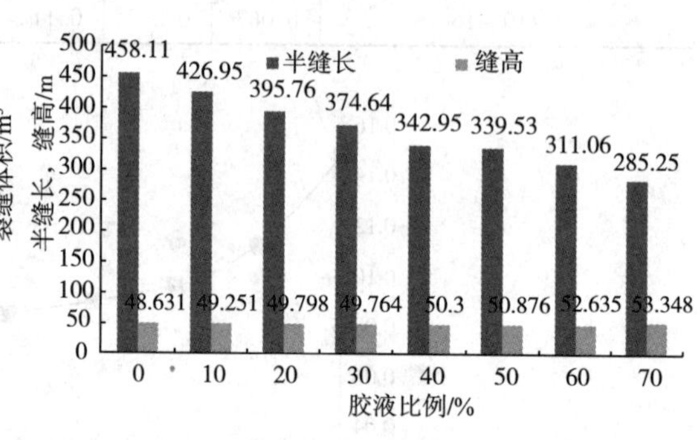

图 3-38 胶液比例对缝和 SRV 的影响

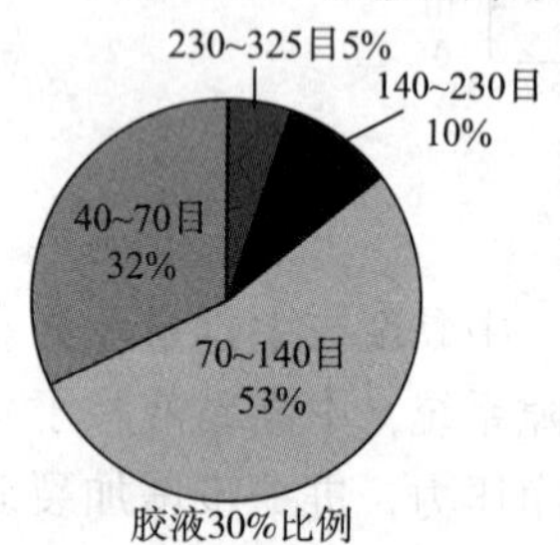

图 3-39 胶液 30% 时所加支撑剂目数比例

对于深层页岩气压裂，如何实现改造后的有效支撑是一个急需解决的问题。根据计算，不同胶液比对裂缝宽度的影响结果见表 3-7。因此，小粒径支撑剂的比例要大幅度增加。按照目前通用的造缝宽度是支撑剂平均粒径 6 倍的原则，根据表 3-7 得出的不同宽度的裂缝比例，看出有必要选用更小粒径的支撑剂，如 140 ~ 230 目的。图 3-39 为胶液比 30% 时，支撑剂不同粒径及占比的优化图版。

目前的研究证明，对既有主裂缝（一级缝）又有分支缝（二级缝）和更次级裂缝（三级及四级等）的复杂裂缝系统而言，70～140 目支撑剂能够进入二级、三级和四级缝，20～40 目支撑剂则较难进入二级缝及以下级的裂缝系统中。采用多尺度小粒径支撑剂，可以进入不同分支裂缝封堵、降滤和支撑。而且，当支撑剂粒径降低一个级别后，其沉降速度可降低1/3～1/2，有利于提高小微裂缝系统的远井纵向支撑效率。另外，随闭合压力的增加，小粒径支撑剂与大粒径支撑剂导流能力的差异趋于减少，考虑到小粒径支撑剂在现场的铺砂浓度增加，则导流能力可能比大粒径支撑剂更大。

表 3-7　不同深度不同胶液比例下的平均缝宽的占比情况

深度/m	平均裂缝尺寸/mm	不同胶液占比对应的平均缝宽比例							
		胶液 0	胶液 10%	胶液 20%	胶液 30%	胶液 40%	胶液 50%	胶液 60%	胶液 70%
3000～3500	0.270～0.378	6	6	6	6	6	6	6	6
	0.378～0.636	14	14	13	13	12	13	12	12
	0.636～1.272	55	47	47	47	46	46	43	36
	1.272～1.800	25	33	34	34	31	31	32	33
	1.800～3.600	/	/	/	/	4	5	7	11
	2.550～5.100	/	/	/	/	/	/	/	1

值得指出的是，小粒径支撑剂的注入时间必须相对较长才能实现上述目标，否则，也会有一部分滞留于主裂缝中反而会堵塞主裂缝的导流能力，因此，加砂程序设计显得尤为关键。且在小粒径支撑剂的加入过程中，应当以低黏度的滑溜水携带为主，如果携带液的黏度高，则小粒径支撑剂的拖拽力大，也难以进入小尺度的裂缝系统中。而后期高黏度胶液可采取连续加砂模式，以提高综合砂液比。

最后，考虑到表3-7 中计算的不同尺度裂缝的占比可能不准的实际，在某些情况下可实施混合粒径加砂技术，即将小粒径与中粒径或大粒径支撑剂按一定的比例掺杂，以低、中黏度的滑溜水作为携带液进行注入，实际上是增大了支撑剂的粒径范围，可通过自然选择的作用将不同粒径支撑剂输送进与各自匹配的多尺度裂缝中去。主要机理在于小粒径支撑剂的运移阻力小，易于进入小微尺度裂缝系统中，而大粒径支撑剂因运移阻力大，难以进入小微裂缝（其吸力也小），即使部分大粒径支撑剂运移到了小微尺度裂缝缝口，也难以进入。只要不同粒径的混合比例恰当，最终的支撑剂分布结果就是小粒径支撑剂进入小微裂缝系统，大粒径支撑剂滞留在大裂缝系统。

（四）小结

（1）排量对缝宽和缝长影响较大，稳定施工排量维持在 12～14m^3/min 及以上为宜。为保证单孔排量大于0.2～0.25m^3/min，则12～14m^3/min 排量下优化簇数为2～3 簇；6～9m^3/min 排量下优化簇数为 1～2 簇。采取多段少簇提高裂缝改造效果，簇间距应小于20m。

（2）总体胶液比例为 40%～50%，且三种黏度的胶液（15～20mPa·s、40～50 mPa·s、100mPa·s）比例5∶3∶2 可获得较好的缝宽及改造体积。

(3) 根据支撑剂粒径是平均缝宽的1/6，优选支撑剂类型以小粒径为主，70～140目支撑剂所占比例为50%以上，40～70目支撑剂所占比例为20%～30%。

五、碳酸盐岩多级交替酸压

中国的碳酸盐岩蕴含着丰富的储量，约占总储量的40%。近年来，随着勘探开发进程的加深，超深海相碳酸盐岩油气藏越来越多，如塔里木盆地、四川盆地等都发现了大量此类油气藏。其最大特点是埋深超过6000m，最小水平主应力超过100MPa。由此导致储层改造难度极大[42-44]，主要表现为：①井筒摩阻大，井口施工压力高，压力窗口窄；②地应力高，裂缝起裂延伸困难，初期裂缝导流能力低，且递减迅速；③储层温度高，酸岩反应速度快，难以获得深穿透裂缝；④储层岩石的杨氏模量高，造缝宽度窄，面容比大，酸蚀缝长及导流都受影响。

这些问题带来了超深碳酸盐岩储层酸压改造后产量低、递减快，难以实现经济有效开发。多级注入酸压工艺是碳酸盐岩储层目前常用的酸压工艺技术之一[45-46]，但目前施工设计多是根据经验来决定阶段液量、注入级数等施工参数[47]，因此需要系统优化不同液体黏度驱替效果、交替注入液体类、段塞用量和阶段排量等施工参数。

（一）储层特征

T1井酸压层段（4809.97～5382.00m）为中下奥陶统鹰山组，岩性为黄灰色含泥质灰岩、泥晶灰岩、含砂屑泥晶灰岩；钻井过程中无放空漏失；录井显示气测异常4层（36m），槽面无显示；测井解释Ⅰ类储集层1层（3m），Ⅱ类储集层10层（80m），Ⅲ类储集层18层（257.5m）。地震反射资料表明断裂较发育，是储集层发育有利部位。地层压力61MPa，温度为144℃。

根据地震、钻井、完井、测井、录井和邻井酸压施工情况，综合分析该井多级酸压存在以下难点：①邻井破裂压力高，预测该井破裂压力高，需采取降低破裂压力措施。②裂缝发育、滤失量大、液体利用率低，需采用降滤失措施，提高液体利用率。③微裂缝发育，基质呈低孔、低渗特征，可能存在固相、残渣堵塞污染，需采用低伤害压裂液体系。④最大水平主应力方向与井眼轨迹夹角为34.88°，二者呈小－中角度相交关系，酸压改造时近井筒易形成平行井筒方向的纵向缝或小角度斜交缝；⑤井区存在边水或底水，油水界面判断困难，需采取一定的控缝高措施。结合邻井地应力及地震剖面解释结果，认为改造层上部巴楚组下泥岩段遮挡较好，改造层下部无明显遮挡层，缝高控制难。⑥改造井段平均井径159.3mm，扩大率18.17%，井眼扩径严重，仅2段井径扩径小且相对规则，坐封位置选择困难。施工过程中有滑套不能打开和沿裂缝窜层的风险。

（二）施工参数优化设计

1. 交替注入设计思路

多级交替注入酸压工艺是指将数段前置液和酸液交替注入地层进行酸压施工。它是在前置液酸压工艺基础上发展起来的一项工艺措施。先用前置液造缝，同时在缝面上形成滤膜，可降低酸液滤失，降低地层温度，从而使酸岩反应速度降低，增长酸液有效作用距离。由于后一级前置液的注入，填充了酸蚀溶洞，亦增加了酸蚀作用距离。依靠前置液与酸液的黏度差，酸液可在缝内产生指进现象，产生刻蚀沟槽，可提高裂缝导流能力，进而提高增产效果。

交替注酸工艺中酸液的类型也可分为多种黏度。高黏度酸液的滤失小，在造缝的初期有利于缝长和缝宽的增加。随着裂缝增长速度的变慢，在高黏度酸液之后注入的低黏度酸液可以更加充分的进入各种尺度的天然裂缝中，扩大储层的改造范围和裂缝的复杂程度。然后交替注入具有黏度差异的酸液，形成了指进现象，提高了酸液在储层内的非均匀程度。裂缝内高黏度酸液的酸岩反应速度慢，低黏度酸液的酸岩反应速度快，低黏度酸液的不均匀分布有利于加深局部的刻蚀程度，提高裂缝面在高闭合应力下的支撑效果，增加了酸蚀裂缝的支撑效果和导流能力。

2. 交替注入方案设计

根据酸压区块的施工参数总结，主施工液体用量一般为600m^3 左右。因此对于二级交替注入（压裂液＋酸液或高黏度酸液＋低黏度酸液）正交模拟方案，酸液（胶凝酸）300m^3 和顶替压裂液各为300m^3 时，模拟不同黏度顶替液（80mPa·s、160mPa·s和240mPa·s）、不同顶替液比例（1∶1、1∶2、1∶3、2∶1、3∶1）、不同施工排量组合：①（4m^3/min胶凝酸＋4m^3/min压裂液）＋（4m^3/min胶凝酸＋5m^3/min压裂液）；②（4m^3/min胶凝酸＋5m^3/min压裂液）＋（5m^3/min胶凝酸＋5m^3/min压裂液）；③（4m^3/min胶凝酸＋5m^3/min压裂液）＋（5m^3/min胶凝酸＋6m^3/min压裂液）对酸液分布的影响。

三级交替注入中酸液（胶凝酸）和顶替压裂液（瓜尔胶压裂液）各为300m^3 时，模拟不同黏度顶替液（80mPa·s、160mPa·s和240mPa·s）、不同顶替液比例（1∶1∶1、1∶1.25∶1.5、1∶1.7∶2.3、1.5∶1.25∶1、2.3∶1.7∶1）、不同施工排量组合：①（4m^3/min胶凝酸＋4m^3/min压裂液）＋（4m^3/min胶凝酸＋5m^3/min压裂液）＋（4m^3/min胶凝酸＋6m^3/min压裂液）；②（4m^3/min胶凝酸＋5m^3/min压裂液）＋（4m^3/min胶凝酸＋6m^3/min压裂液）＋（5m^3/min胶凝酸＋6m^3/min压裂液）；③（4m^3/min胶凝酸＋5m^{3}min压裂液）＋（5m^3/min胶凝酸＋6m^3/min压裂液）＋（5m^3/min胶凝酸＋6m^3/min压裂液）时的裂缝参数。

通过模拟不同液体段塞类型（压裂液＋酸液或高黏度酸液＋低黏度酸液）、不同液体黏度、不同施工排量、段塞液量以及交替注入级数对裂缝参数和酸液在裂缝内分布的影响，优选出最佳的注入排量组合、顶替液量组合和段塞液体黏度。

（三）施工参数模拟结果

1. 注入排量优化

酸液＋压裂液段塞组合注入时的排量为阶梯式递增，即随着注入段数增加，酸液排量在上一级基础上逐渐增加，顶替液注入排量在上一级基础上逐渐增加，且每级顶替液排量大于酸液注入排量。图3-40是二级注入时，酸液＋压裂液段塞中排量对酸液在裂缝中分布的影响。从图中可以看出，递增幅度越大，酸液在裂缝中分布越好，二级注入时的最佳排量为（4m^3/min胶凝酸＋5m^3/min压裂液）＋（5m^3/min胶凝酸＋6m^3/min压裂液）。三级交替注入时，段塞液体的注入排量和顶替排量也是递增幅度越大，酸液在裂缝中分布越好，最优排量为（4m^3/min胶凝酸＋5m^3/min压裂液）＋（5m^3/min胶凝酸＋6m^3/min压裂液）＋（5m^3/min胶凝酸＋6m^3/min压裂液）。

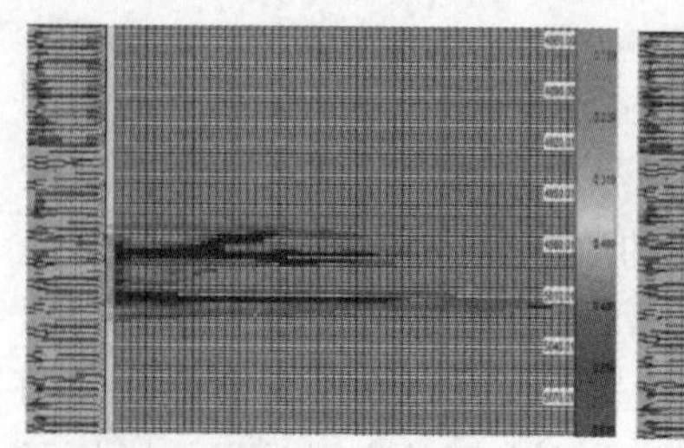
[4m³/min+4m³/min]+[4m³/min+5m³/min]

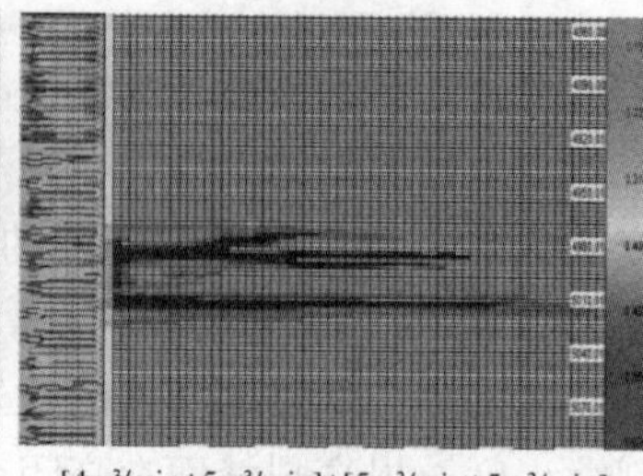
[4m³/min+5m³/min]+[5m³/min+5m³/min]

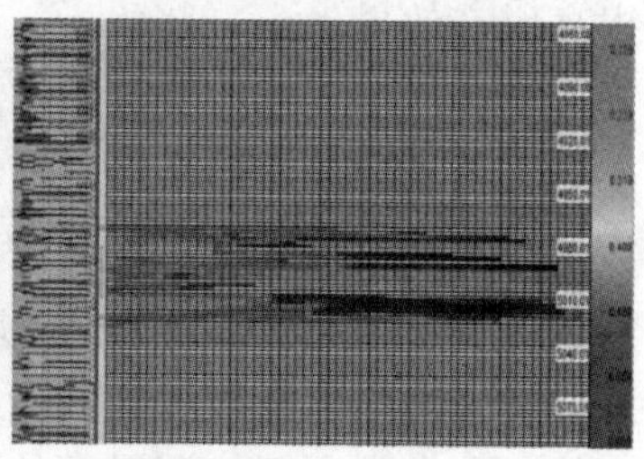
[4m³/min+5m³/min]+[5m³/min+6m³/min]

图 3-40　酸液＋压裂液段塞中排量对酸液在裂缝中分布的影响

2. 顶替液量优化

图 3-41 是酸液＋压裂液段塞中顶替液量对酸液在裂缝中分布的影响。从图中可以看出，每级顶替液量采用递减式的注入方式有利于酸液在裂缝中更均匀分布；递减幅度越大，酸液分布情况越好，缝长、缝高、缝宽延伸情况越优。通过计算，二级交替注入中，五种顶替液量比例（1∶1、1∶2、1∶3、2∶1、3∶1）中，递减式注入（3∶1、2∶1）方式优于递增式注入（1∶2、1∶3）方式。三级交替注入中，五种顶替液比例（1∶1∶1、1∶1.25∶1.5、1∶1.7∶2.3、1.5∶1.25∶1、2.3∶1.7∶1）中，递减式注入（2.3∶1.7∶1、1.5∶1.25∶1）方式优于递增式注入（1∶1.25∶1.5、1∶1.7∶2.3）方式。

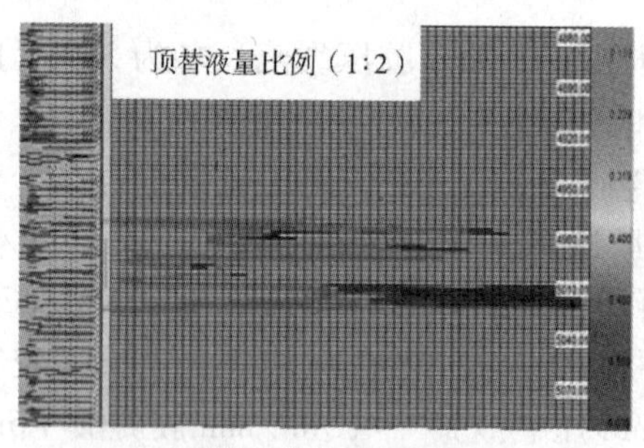

（a）顶替液排量比例 1∶2

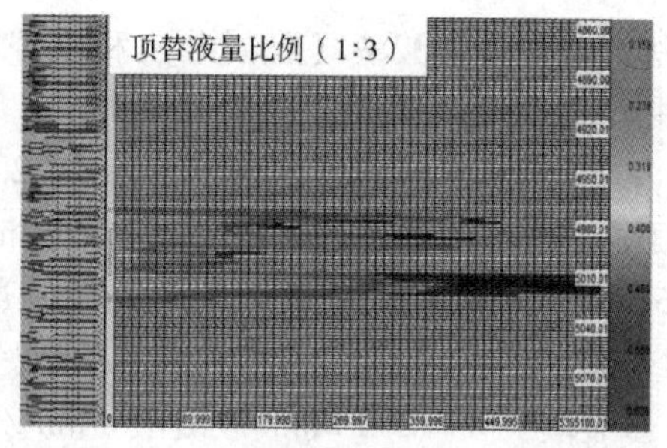

（b）顶替液排量比例 1∶3

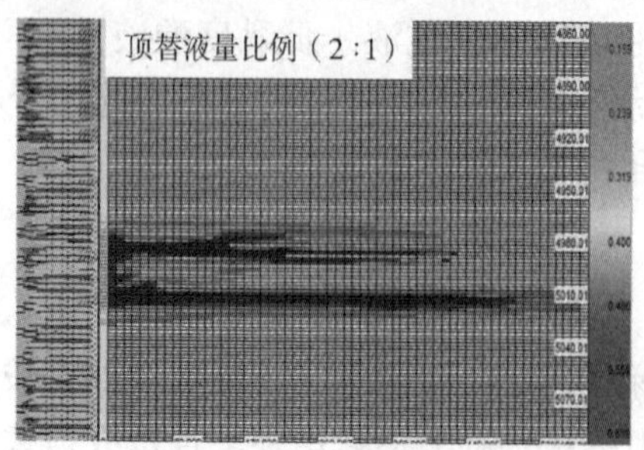

（c）顶替液排量比例 2∶1

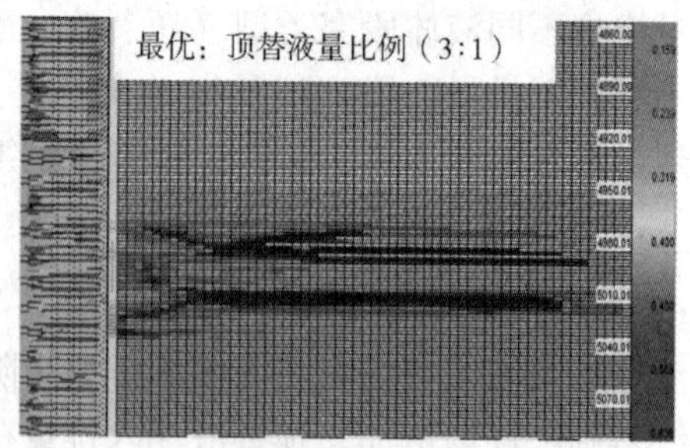

（d）顶替液排量比例 3∶1

图 3-41　酸液＋压裂液段塞中顶替液量对酸液在裂缝中分布的影响

3. 交替注入顶替液黏度优化

图 3-42 是酸液＋压裂液段塞中顶替液黏度对酸液在裂缝中分布的影响。从图中可以看出，80mPa·s、160mPa·s 和 240mPa·s 三种黏度顶替液，在 2.3∶1.7∶1 顶替液注入比例下，高黏度压裂液（240mPa·s）顶替时酸液分布及裂缝形态最优。这是由于液体黏

度差异越大，指进的现象越突出，会出现“手指状”或“树枝状”的复杂现象，使得酸液在裂缝内分布的更加分散，提高了局部的酸蚀效果。

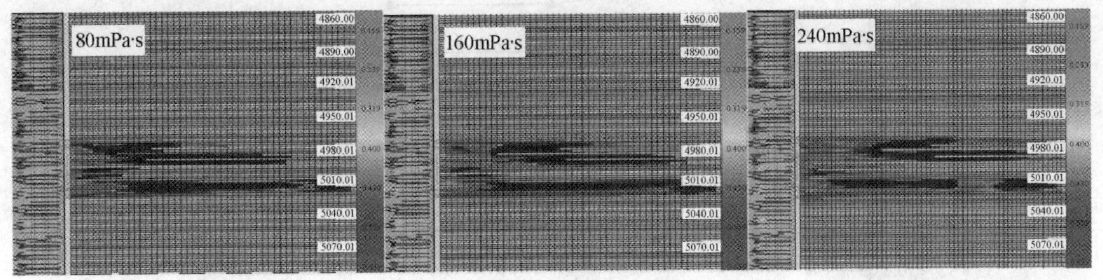

（a）顶替液黏度为80mPa•s　（b）顶替液黏度为160mPa•s　（c）顶替液黏度为240mPa•s

图3-42　酸液+压裂液段塞中顶替液黏度对酸液在裂缝中分布的影响

4. 交替级数优化

图3-43是酸液+压裂液段塞中交替级数对酸液在裂缝中分布的影响。从图中可以看出，交替注入过程中，在其他注入参数一致条件下，注入级数的增加，更能提高酸液在压裂裂缝体系中的波及范围，且酸液在裂缝中分布的面积更大，分散程度更好，因此在现场施工条件允许情况下，尽可能地增加交替注入的级数。

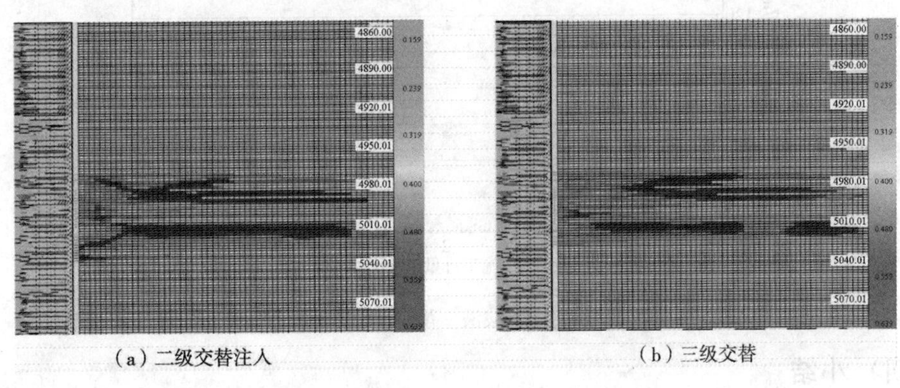

（a）二级交替注入　（b）三级交替

图3-43　酸液+压裂液段塞中交替级数对酸液在裂缝中分布的影响

5. 交替注入方式优选

图3-44和图3-45是（酸液+压裂液）与（酸液+酸液）二级交替模式下的裂缝参数。从图中可以看出，采用不同黏度的酸液交替注入时的缝高、缝宽略大于酸液+压裂液段塞注入组合的裂缝参数，导流能力是其5~6倍，但缝长要小一些，约为酸液+压裂液时的70%~80%。这是由于酸液用量的增加，提高了岩石的溶解量和酸岩反应速度，因此导流能力大幅提高。

根据参数的模拟结果，在实际施工时，考虑到施工的成本以及储层的特征，可以选择不同的交替注入液体方式。若需要沟通远处的缝洞体，则考虑酸液+压裂液交替注入的施工方式，提高酸蚀裂缝的长度。若储层的物性较好，则考虑不同黏度酸液交替注入的方式沟通更多天然裂缝系统，扩大酸液的改造范围，提高裂缝的导流能力。

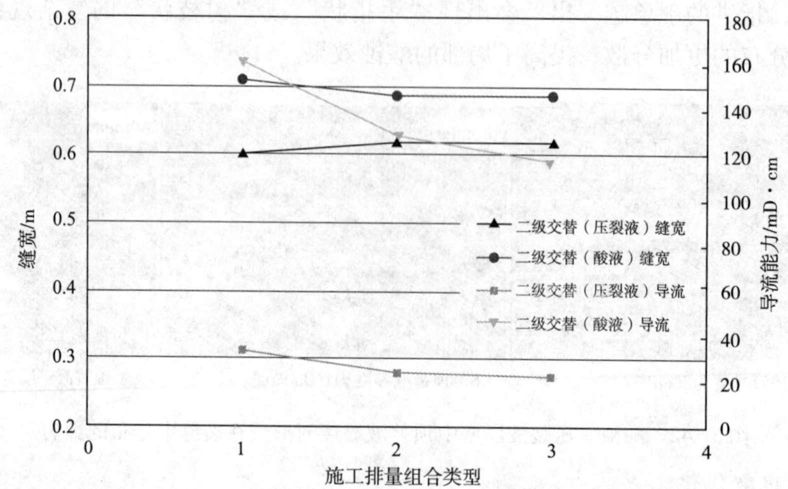

图 3-44　（酸液＋压裂液）与（酸液＋酸液）二级交替模式下的缝宽和导流能力

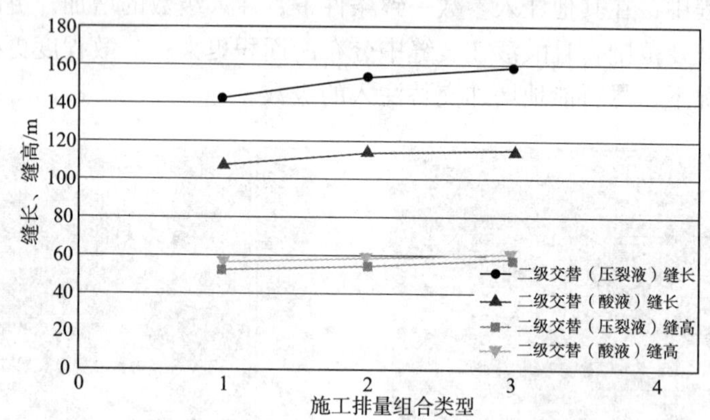

图 3-45　（酸液＋压裂液）与（酸液＋酸液）二级交替模式下的缝长和缝高

（四）小结

（1）采用多级注入酸压工艺，通过前置液来降低地层温度，降低液体滤失量和酸岩反应速度，增大酸穿透距离和酸液的有效作用距离及酸液导流能力。用前置液和酸液的黏度差形成的黏性指进来增加对地层的非均质刻蚀性，形成良好的导流能力通道。

（2）顶替液黏度比和顶替排量对酸液指进的影响很大，在同样注入排量及注入液量条件下，顶替液黏度越大，酸液在裂缝中的非均匀性分布越好，提高施工排量有利于提高酸液分布的非均匀程度。

（3）在高闭合压力条件下，交替注入级数越多，越能提高酸液在裂缝内分布的非均匀程度。但考虑到现场施工的复杂性以及其他因素对酸压效果的影响，加上实际施工时采用3级注入即可获得较为满意的改造效果，故一般选用3级注入。

六、煤层气井压裂

煤层气井压裂与油气井压裂相比有很大的风险性。煤层的杨氏模量较常规的砂岩杨氏模量小，易形成较宽的水力裂缝[48-50]。同时，煤层多数是受互相垂直的面节理与端节理的切割，在煤层中的水力压裂裂缝会沿着这些天然节理扩展，滤失量较大，仅能产生较短的压裂裂缝，造成单井产量不高[51,52]。另外，较短的裂缝将导致大量的压裂液渗入到煤层中，当压裂液中含有聚合物时，会堵塞煤层的节理，降低煤层的渗透性。因此，针对煤层的岩石特征和储层物性，参照页岩气缝网压裂的方式，优化煤层气井缝网压裂的施工参数。

（一）储层特层

山西组 Y3 井 2#煤层位于沁水盆地，采用套管测试方法进行微破裂、注入/压降及原地应力测试施工获取煤储层物性参数，为煤层气生产潜能评价和开发试验提供可靠依据，测试结果见表 3-8。

表 3-8　Y3 井 2#煤层测试层段分析结果表

参　数	数　值	单　位	参　数	数　值	单　位
储层压力（P_i）	9.9683	MPa	储层温度（T）	40.4	℃
压力梯度	8.55×10^{-3}	MPa/m	破裂压力（P_b）	17.526	MPa
渗透率（k）	0.1698	md	破裂压力梯度	1.503×10^{-2}	MPa/m
表皮系数（S_F）	−3.2		闭合压力（P_c）	14.54	MPa
调查半径（R_i）	20.1	m	闭合压力梯度	1.247×10^{-2}	MPa/m
压力点深度	1165.82	m	煤层中部深度	1170.8	m

Y3 井 2#煤层测试层段渗透率为 0.1698md，渗透率较低。储层压力为 9.9683MPa，储层压力梯度 8.55×10^{-3}MPa/m，属低压储层。2#煤层闭合压力为 14.54MPa，闭合压力梯度为 1.247×10^{-2}MPa/m。煤层应力场较高。

表 3-9　Y3 井 2#煤层及顶底板弹性力学参数表

井深/m	切变模量/10^4MPa	体积模量/10^4MPa	杨氏模量/10^4MPa	泊松比	备注
1166.00	2.35	4.57	6.01	0.28	2#煤顶板
1167.00	2.34	4.55	5.99	0.28	
1168.00	2.29	4.37	5.86	0.28	
1169.00	1.18	1.34	2.73	0.16	
1170.00	1.00	1.04	2.27	0.14	2#煤
1171.00	1.02	1.01	2.28	0.12	
1172.00	1.15	1.35	2.68	0.17	
1173.00	1.04	1.05	2.34	0.13	
1174.00	1.47	1.99	3.53	0.21	
1175.00	2.52	5.29	6.53	0.29	2#煤底板
1176.00	1.85	2.95	4.60	0.24	

由表 3-9 可知 2#煤层的顶底板各种弹性力学数值均高于煤层数值，反映煤层顶底板岩性致密、封隔性较好，而煤层的各项弹性力学参数较低，反映其机械强度弱，性脆而软。

（二）压裂工艺参数优化方案

根据山西沁水盆地南部储层压裂地质特征情况，以 Y3 井为例，对煤层气井进行缝网压裂优化设计，分析研究缝网压裂各施工参数的变化对施工效果所产生的影响及程度大小，最终针对试验井选取最佳的施工参数。液体总规模分别为 500m³、600m³、700m³、800m³、900m³；前置液比例分别为 20%、25%、30%、35%、40%；前置液排量分别为 2m³/min、3m³/min、4m³min、5m³/min、6m³/min；携砂液排量分别为 4m³min、5m³/min、6m³/min、7m³/min、8m³/min；平均砂比分别为 8%、10%、12%、16%、18%. 模拟的 5 因素 5 水平正交实验方案如表 3-10 所示。

表 3-10　正交实验方案

因素	液量/m³	前置液比/%	前置液排量/（m³/min）	携砂液排量/（m³/min）	平均砂比/%
水平 1	500	20	2	4	8
水平 2	600	25	3	5	10
水平 3	700	30	4	6	12
水平 4	800	35	5	7	16
水平 5	900	40	6	8	18

（三）施工参数模拟结果

1. 前置液比例的优化

前置液量决定了在支撑剂达到端部前可以获得多少裂缝的穿透深度。一旦前置液耗尽，裂缝可能在宽度窄的裂缝区内桥塞，尤其是煤层这样的高滤失层。因此，泵注前置液量是否充分才是造出所选缝长的关键。另外，太多的前置液虽然能够提高储层的改造效果，但是由于前置液采用的是低黏度的滑溜水，形成的缝宽较窄。若前置液量过多，不利于支撑剂的铺置，容易形成砂堵。而且，泵注停止后，裂缝继续延伸，在裂缝的端部附近遗留下较大的未支撑区。压后裂缝内的残余塑性使支撑剂被携带至端部，并最终形成较差的支撑剂分布，导致压后的有效导流能力较低。从图 3-47 中可以看出，随着前置液比例的增加，低黏度的滑溜水能够更加提高 *SRV* 体积，但是平均缝宽逐渐下降。当前置液比例为 40% 时，缝宽仅有 0. 32cm，导致有效导流能力较低。从图 3-46 中可以看出，前置液比例的增加会大幅度提高裂缝的长度，但是对缝高的影响不大。综合考虑 *SRV* 和裂缝的长度，煤层压裂的前置液比例在 30% ~35% 比较合适。

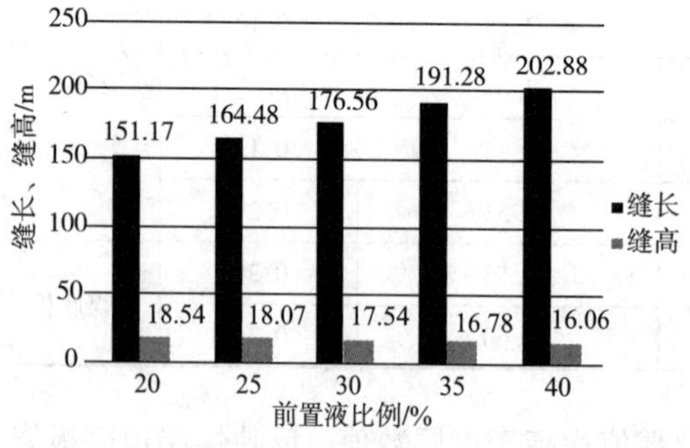

图 3-46　前置液比例与缝长、缝高的关系

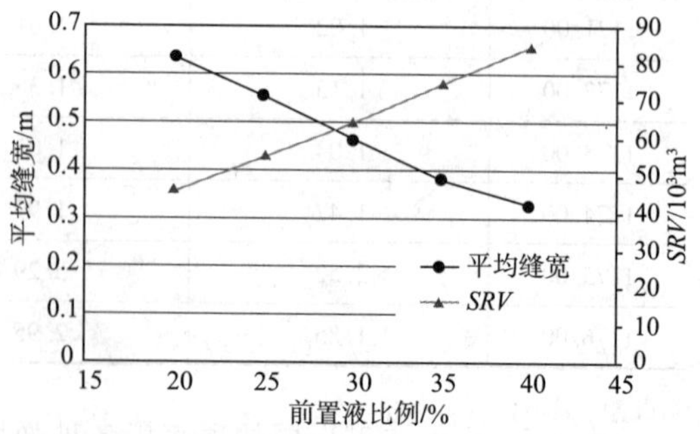

图 3-47　前置液比例与缝长、缝高的关系

2. 前置液排量优化

前置排量对裂缝参数的影响模拟结果如图 3-48 和图 3-49 所示。从图中可见，随着排量的增加，缝高、缝宽和 *SRV* 均呈增加的趋势，尤其是排量大于 $4m^3/min$ 后，*SRV* 的增加趋势更为剧烈，但是缝长一直在逐渐减小。考虑到前置液阶段主要以造缝为主，尽量提高裂缝的长度，因此前置液的最优排量为 $3\sim4m^3/min$。

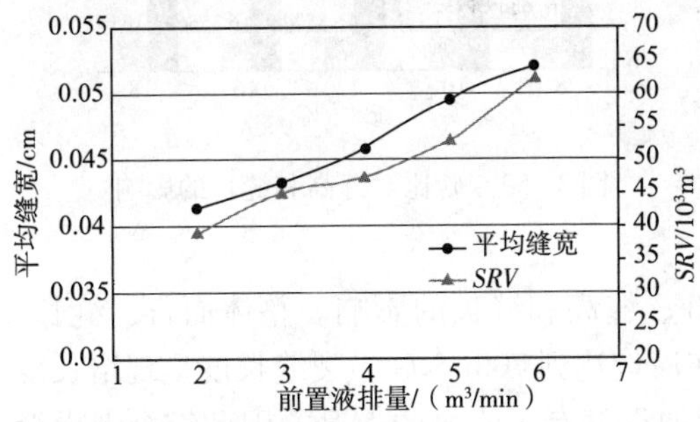

图 3-48　前置液排量对缝宽和 *SRV* 的影响

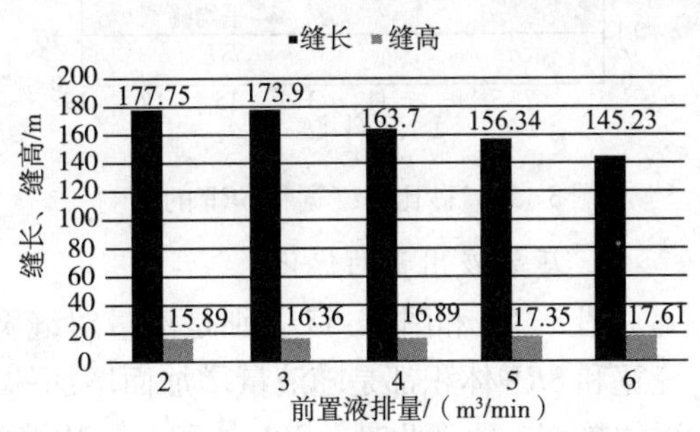

图 3-49　前置液排量对缝高和缝长的影响

3. 携砂液排量的优化

图 3-50 和图 3-51 分别是携砂液排量对缝宽、*SRV*、缝高和缝长的影响。在加砂阶段，此时裂缝以支撑为主，应该逐步提高排量，争取缝宽，保证加砂成功和较高的导流能力。从图中可以看出，随着携砂液排量的增加，*SRV* 和平均缝宽大幅提高。虽然携砂液排量的增加会带来裂缝长度的降低，但较高的 *SRV* 和裂缝导流能力对产量的影响会更大，因此携砂液阶段的最优排量为 $7\sim8^3/min$。

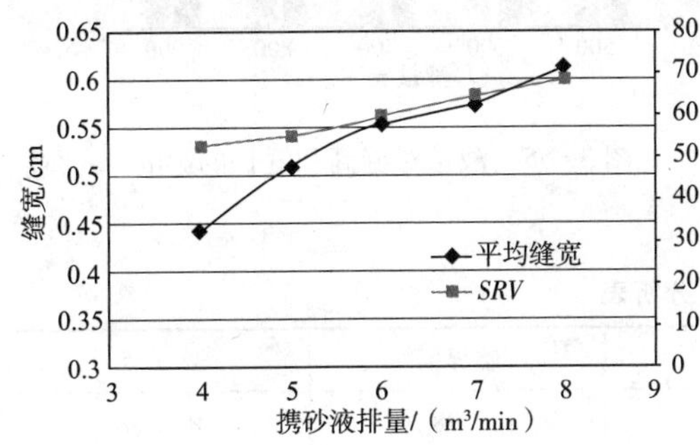

图 3-50　携砂液排量对缝宽和 *SRV* 的影响

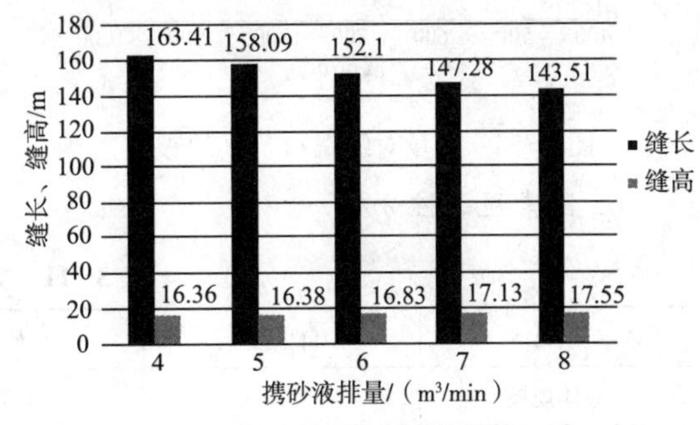

图 3-51　携砂液排量对缝高和缝长的影响

4. 平均砂液比的优化

从施工安全角度，即从滤失系数和近井筒摩阻两个方面考虑，借鉴国内外施工经验，在煤层可能的滤失系数范围内，采取低砂比能够降低施工风险。从图 3-52 和图 3-53 中可以看出，砂比的增加会提高裂缝的平均缝宽和 *SRV*，但是当砂比大于 12% 后，由于煤层泊松比高，形成的裂缝宽度窄，过多的加砂量会在裂缝内堆积，阻碍裂缝的进一步延伸。因此，本储层的平均砂比在 10% ~12% 之间较为合适，具体井层还应进一步优化。

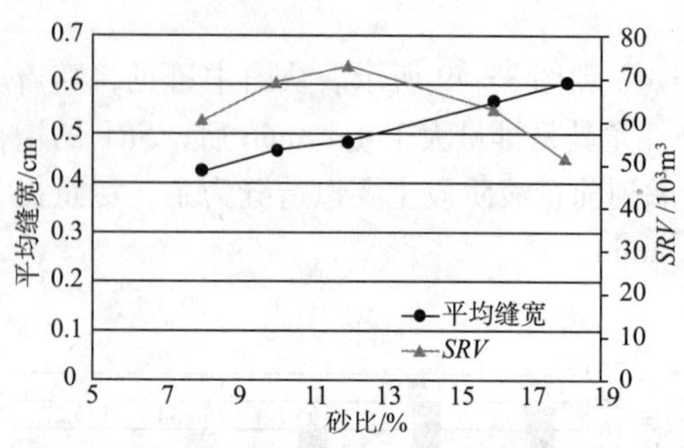

图 3-52　砂比对缝宽和 *SRV* 的影响

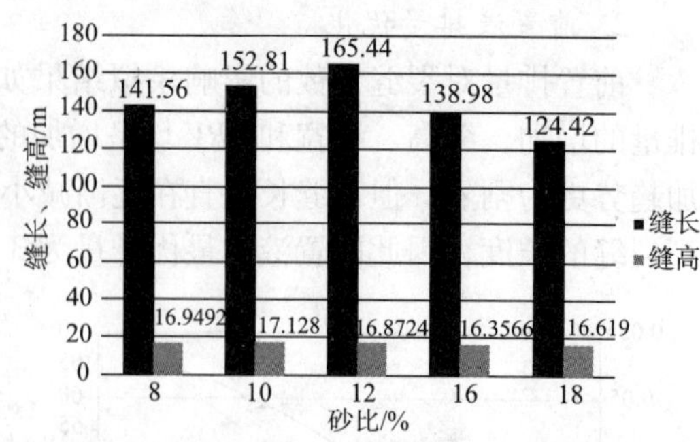

图 3-53　砂比对缝高和缝长的影响

5. 压裂液用量的优化

图 3-54 和图 3-55 分别是液量对缝宽、*SRV*、缝高和缝长的影响。整体而言，缝长、缝宽和 *SRV* 体积都是随液量增加而增加的，但在液量达到 700m^3 后，裂缝长度呈现增长变缓的趋势。然而此时，*SRV* 体积和平均缝宽的增加程度有了明显的上升，因此综合考虑缝长和 *SRV* 的增长幅度与施工成本，压裂液用量在 800m^3 左右较为合适。

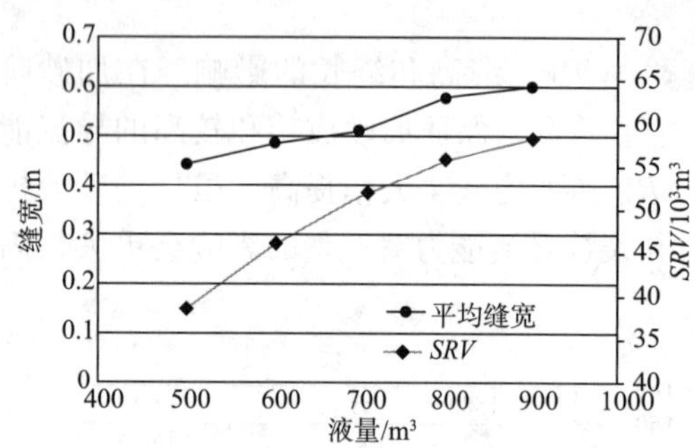

图 3-54　液量对缝宽和 *SRV* 的影响

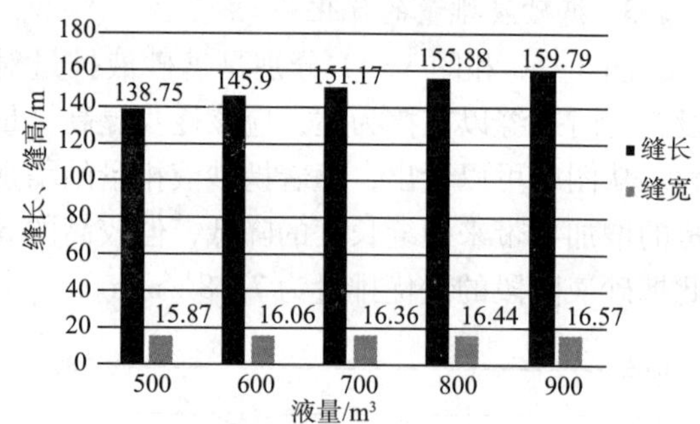

图 3-55　液量对缝高和缝长的影响

6. 因素显著性分析

表 3-11　方差分析表

项目	自由度	*F* 比	临界值	显著性
液体规模	4	1.719	2.78	不显著
前置液比	4	6.865	2.78	显著
前置液排量	4	0.225	2.78	不显著
携砂液排量	4	0.019	2.78	不显著
平均砂比	4	0.135	2.78	不显著

根据正交实验方差分析法的原理，主要因素应取最好的水平，而次要因素则可根据施工实际和现场情况选取适当的水平。从方差分析表 3-11 中可以看出，施工参数对 *SRV* 影响程度从大到小依次为：前置液比、液体规模、前置液排量、平均砂比，携砂液排量的影响最小。所以，对于显著因素前置液比，应选取高值 35%，总液量为 800m^3，前置液排量选择中等偏小的 4m^3/min，砂比选择低值 10%，而对于影响最小的携砂液排量选择较高的 7m^3/min。

（四）小结

（1）煤层作为一种非常规天然气储层，裂隙系统发育，弹性模量小，泊松比大，与常规油气储藏岩石性质有很大的差异，压裂施工参数需要做针对性的优化研究。

（2）施工参数对 *SRV* 的影响程度从大到小依次为：前置液比、液体规模、前置液排量、平均砂比、携砂液排量的影响最小。综合考虑储层改造体积和施工安全，最优的施工参数为：前置液比例为35%，前置液排量为 $4m^3/min$，携砂液排量 $7m^3/min$，平均砂比为10% ~12%，总液量为 $800m^3$。

参考文献

［1］B. A. Eaton. Fracture gradient prediction techiques and their application in drilling，stimulation and secondary recovery operations. SPE 2136.

［2］R. A. Aderson. Dterming fracture pressure gradient from well logs，JPT，1973，11（1）：1259 ~1268.

［3］E. Hoek and E. T. Brown. Expirical strength criterion for rock masses，Geotech. Eng. Piv，ASCE106（GT9）：193 ~1035.

［4］H. D. Murphy and M. C. Fehler. Hydraulic fracturing of jointe formations. SPE 14088.

［5］Soliman. M. Y. Interpretation of pressure behavior of fractured，deviated，and horizontal wells. SPE 2106.

［6］M. M. Hossain，M. K. Rahman and Sheik S Rahman. A comprehensive monograph for hydraulic fracture initiation from deviated wellbores under arbitrary stress regimes. SPE 54360.

［7］Daneshy，A. A. Experimental investigation of hydraulic fracturing throuth performations. JPT，（Oct.），1201 ~1206，1973.

［8］Clifton，R. J. and Wang，J. J.：Multiple fluids，proppant transport，and thermal effects in three dimensional simulation of hydraulic fracturing，SPE 18198，1988.

［9］Cleary，M. P. and Lam，K. Y.：Development of a Fully Three-Dimensional Simulator for Analysis and Design of Hydraulic Fractures，SPE/DOE 11631.

［10］Cleary，M. P.，Kavvadas，M. and Lam，K. Y.：A Fully Three Dimensional Hydraulic Fracture Simulator. SPE 11631.

［11］陈勉，陈治喜，黄荣樽，三维弯曲水压裂缝力学模型及计算方法，石油大学学报（自然科学版），1995年第19卷增刊，43 ~47.

［12］Economides，M. J.，Nolte，K. G.：油藏增产技术，石油大学出版社，1991.

［13］Daneshy，A.：Proppant transport，Recent Advances In Hydraulic Fracturing，Ch. 10，1989.

［14］W. L. MWDLIN. Laboratory investigation of fracture initiation pressure and orientation. SPE 6087.

［15］Ch. Marangos. The effect of fluid loss on fracture initiation during squeeze cementing operations. SPE 19384.

［16］El Rabas，W. Hydraulic Fracture Propagation in the Presence of Stress Variation，SPE 16898.

［17］David W. Yang and Rasmus Risnes. Experimental study on fracture initiation by pressure pulses. SPE 63035.

［18］T. P. Lhomme and C. J. de Pater. Experimental study of hydraulic fracture initiation in colton sandstone. SPE 78187.

［19］陈勉，庞飞，金衍．大尺寸真三轴水力压裂模拟与分析［J］．岩石力学与工程学报，2000，19（增刊）：868 ~872.

［20］贾长贵，李明志，邓金根，等．斜井压裂大型真三轴模拟试验研究［J］．西南石油大学学报，2007，29（2）：135 ~137.

［21］金衍，陈勉，周健，等．岩性突变体对水力裂缝延伸影响的实验研究［J］．石油学报，2008，29

（2）：300～303.
［22］张旭，蒋廷学，贾长贵，等．页岩气储层水力压裂物理模拟试验研究［J］．石油钻探技术，2013，41（2）：70～74.
［23］周祥，张士诚，马新仿，等．薄差层水力压裂控缝高技术研究［J］．陕西科技大学学报，2015，33（4）：94～99.
［24］宋毅，伊向艺，卢渊．地应力对垂直裂缝高度的影响及缝高控制技术研究［J］．石油地质与工程，2008，22（1）：75～81.
［25］李勇明，李崇喜，郭建春．砂岩气藏压裂裂缝高度影响因素分析［J］．石油天然气学报，2007，29（2）：87～90.
［26］金智荣，张华丽，周继东，等．薄互层大型压裂组合加砂技术研究与应用［J］．石油钻探技术，2006，41（6）：86～89.
［27］尹建，郭建春，曾凡辉．低渗透薄互层压裂技术研究及应用［J］．天然气与石油，2012，30（6）：52～54.
［28］刘钦节，闫相祯，杨秀娟，等．分层地应力方法在薄互层低渗油藏大型压裂设计中的应用［J］．石油钻采工艺，2009，31（4）：83～88.
［29］牟善波，刘晓宇．高89块低孔、特低渗薄互层大型压裂技术研究与应用［J］．断块油气田，2006，13（2）：74～77.
［30］Kresse，Weng，Wu，et al. Numerical Modeling of Hydraulic Fractures Interaction In Complex Naturally Fractured Formations［J］. Rock Mechanics/Geomechanics Symposium，June 2012，24～27.
［31］吴奇，胥云，王腾飞，等．增产改造理念的重大变革——体积改造技术概论［J］．天然气工业，2011，31（4）：7～12.
［32］吴奇，胥云，王晓泉，等．非常规油气藏体积改造技术——内涵、优化设计与实现［J］．石油勘探与开发，2012，39（3）：352～358.
［33］郭建春，尹建，赵志红．裂缝干扰下页岩储层压裂形成复杂裂缝可行性［J］．岩石力学与工程学报，2014，33（8）：1589～1596.
［34］M. K. Fisher，J. R. Heinze，C. D. Harris et al. Optimizing Horizontal Completions in the Barnett Shale With Microseismic Fracture Mapping.［J］Journal of Petroleum Technology，2004：57（3）.
［35］陈作，曾义金．深层页岩气分段压裂技术现状及发展建议［J］．石油钻探技术，2016，44（1）：6～11.
［36］董大忠，邹才能，杨桦，等．中国页岩气勘探开发进展与发展前景［J］．石油学报，2012，33（增刊1）：107～114.
［37］王海涛，蒋廷学，卞晓冰，等．深层页岩压裂工艺优化与现场试验［J］．石油钻探技术，2016，44（2）：76～81.
［38］曾义金，陈作，卞晓冰．川东南深层页岩气分段压裂技术的突破与认识［J］．天然气工业，2016，36（1）：61～67.
［39］蒋廷学，卞晓冰，王海涛，等．页岩气水平井分段压裂排采规律研究［J］．石油钻探技术，2013，41（5）：21～25.
［40］周德华，焦方正，贾长贵，等．JY1HF 页岩气水平井大型分段压裂技术［J］．石油钻探技术，2014，42（1）：75～80.
［41］卞晓冰，蒋廷学，贾长贵，等．基于施工曲线的页岩气井压后评估新方法［J］．天然气工业，2016，36（2）：60～65.
［42］孙勇，任山，兰芳，等．川东北超深井碳酸盐岩储层酸化工艺研究，［J］天然气勘探与开发，2009，32（1）：35～38.

[43] 何春明，陈红军，王文耀，等．碳酸盐岩储层转向酸化技术现状与最新进展，[J] 石油钻探技术，2009，37（5）：121～126.
[44] 才博，张以明，金凤鸣，等．超高温储层深度酸压液体体系研究与应用，[J] 钻井液与完井液，2013，30（1）：69～71，74.
[45] 张永春，何青，陈付虎，等．致密碳酸盐岩水平井分段酸压工艺技术，[J] 天然气勘探与开发，2013，36（4）：71～73，80.
[46] 李小刚，雷腾蛟，杨兆中，等．酸压工艺进展及展望，[J] 油气井测试，2014，23（5）：43～47.
[47] 米强波．塔河油田碳酸盐岩储层酸压改造效果，[J] 油气田地面工程，2014，4：88～89.
[48] 王红霞，戴凤春，钟寿鹤．煤层气井压裂工艺技术研究与应用 [J]．油气井测试，2003（1）.
[49] 刘国璧．煤层气勘探开发和增产技术 [J]．新疆石油地质，1994，15（3）：87～90.
[50] 李文魁．多裂缝压裂改造技术在煤层气井压裂中的应用 [J]．西安石油学院学报，2000，15（5）：37～39.
[51] 张亚蒲．煤层气增产技术 [J]．特种油气藏，2006，13（1）：95～98.
[52] 袁志亮．井间地震层析成像技术在煤层气压裂监测的应用 [J] 中国煤田地质，2007，19（2）：70～74.

第四章　低伤害压裂液体系

随着对低渗、超低渗油气田及页岩气藏的不断开发，水力压裂技术已成为最直接、有效的增产、增注方式之一，而压裂液性能的好坏则是影响压裂施工成败的关键因素。目前，常用水基压裂液稠化剂为瓜尔胶及其衍生物，但瓜尔胶类稠化剂对储层具有一定伤害，且货源与价格波动较大。因此，对低伤害压裂液体系的应用越来越受到重视，低伤害压裂液体系主要有超低浓度羟丙基瓜尔胶压裂液、羧甲基羟丙基瓜尔胶压裂液、活性水压裂液、滑溜水压裂液、黏弹性表面活性剂压裂液、乳化压裂液、泡沫压裂液、清洁聚合物压裂液、超临界 CO_2 压裂液、LPG 压裂液等。

第一节　超低浓度羟丙基瓜尔胶压裂液

羟丙基瓜尔胶（HPG）于 20 世纪 70 年代用于水力压裂，硼交联羟丙基瓜尔胶压裂液（BXHPG）由于对裂缝导流伤害比较小，现已成为水基压裂液的主流。1993 年 Harris 详细研究了 BXHPG 的化学和流变特性，总结了 BXHPG 现场配制指南。该指南建议的 HPG 最低用量为 0.36%，温度越高则 HPG 用量越大。HPG 用量越大，对支撑剂导流的伤害也越严重，在保证携砂能力的前提下降低压裂液中 HPG 的用量，对提高压裂施工效果的意义越显著[1]。1996 年以来，国内外在降低压裂液中瓜尔胶用量方面做了大量工作，近些年国内外科学家提出了超低浓度瓜尔胶压裂液技术，并进行室内研发和现场应用。

超低浓度羟丙基瓜尔胶（LCHPG）压裂液技术是指在常规水基冻胶压裂液的基础上通过降低 HPG 使用浓度来减小储层伤害的一种低伤害压裂液技术。LCHPG 压裂液的特点是：第一，压裂液所用稠化剂浓度低，相同体积的压裂液 HPG 浓度小，相同体积的压裂液 HPG 用量少，水不溶物和残渣少，对地层伤害小；第二，压裂液经过剪切之后最终黏度低，形成滤饼强度小，相对高黏度压裂液破胶化水容易，对裂缝壁面伤害降低，并且反排容易；第三，压裂液黏度低，缝高扩展小，可以达到限制裂缝无限延伸的目的；第四，成本低。

一、LCHPG 压裂液原理

（一）利用缓冲溶液控制交联体系 pH 值

BXHPG 的性能取决于压裂液瓜尔胶和硼酸根离子浓度。硼酸根离子浓度过低时交联困难，过高时，剪切一段时间后会产生过度交联。以上两种情况均使压裂液携砂能力下降。压裂液中硼酸根浓度是硼的总量和 pH 值的函数，pH 越高，离解的硼酸根比例越大。用烧碱调节 pH 值的压裂液，温度升高时 pH 值急剧下降，交联性能变差。为避免压裂液交联不足，一般要提高 HPG 的用量，以保证携砂所需的足够黏度。

1996 年 Nimerick 等开发了一种 pH 值缓冲体系，加入该缓冲体系的压裂液，pH 值受温度影响较弱，可保证在地面和地层温度下硼酸根浓度变化不大，从而可优化 HPG 用量，在 100℃以下地层将 HPG 用量降低到 0.2% ~0.3%[1]。

（二）高效有机硼交联剂

据高分子溶液理论，稀溶液和浓溶液的本质区别，在于稀溶液中单分子链线团（包括其排斥体积）是孤立存在的，相互之间没有交叠；而在浓溶液体系中，大分子链之间发生聚集和缠结。细致的区分，稀溶液和浓溶液之间还可分出一个亚浓溶液。此溶液和浓溶液的分界浓度，称接触浓度 c^*，亦称临界交叠浓度；亚浓溶液和浓溶液的分界浓度，称缠结浓度 c^{**}。

Cuiyue Lei 等[1]详细研究了瓜尔胶类天然高分子溶液的临界交叠浓度 c^*、缠结浓度 c^{**} 的测定方法，利用比黏度 *VS* 浓度曲线得到了瓜尔胶、羟丙基瓜尔胶、羧甲基羟丙基瓜尔胶等溶液的临界交叠浓度 c^* 和缠结浓度 c^{**}，如图4-1 和图4-2 所示。在临界交叠浓度 c^* 和缠结浓度 c^{**} 之间有效交联随浓度逐渐增加，并且存在一个最小的形成三维网状冻胶结构的浓度，称为临界交联浓度 c_{cc}，这个浓度可能不能在实际中应用，但是可以提供一个参考值。

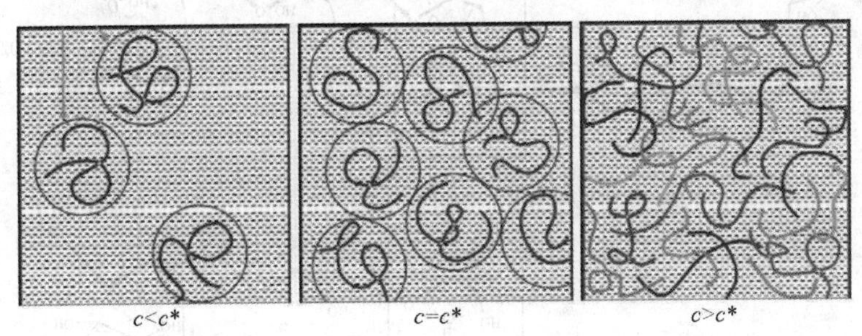

图 4-1　高分稀溶液、亚浓溶液及其分界线示意图

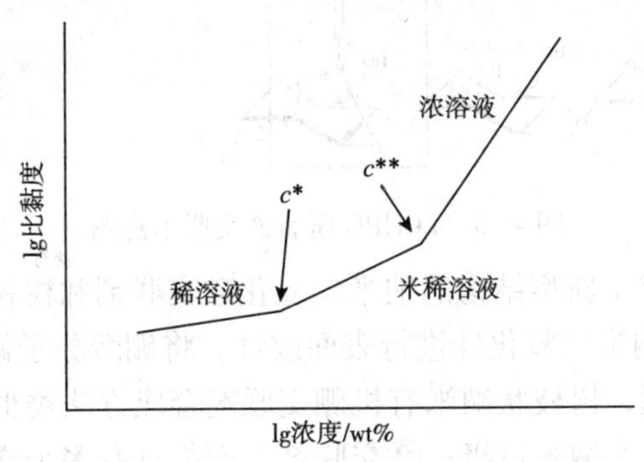

图 4-2　比黏度与聚合物浓度关系曲线

不同的高分子结构得到的临界交叠浓度 c^*、缠结浓度 c^{**}、临界交联浓度 c_{cc} 各不相同，见表4-1。通过这些数据为进一步研究超低浓度瓜尔胶类冻胶体系压裂液提供了参考。

表 4-1　不同瓜尔胶衍生物临界交叠浓度 c^*、缠结浓度 c^{**}、临界交联浓度 c_{cc}

聚合物	c^*	c_{cc}	交联剂
Gw-3	0.051	0.178	Borate
CMG	0.054	0.193	Zr-Chelate
CMHPG	0.068	0.22	Zr-Chelate
Guar	0.078	0.26	Borate
HPG	0.093	0.285	Borate

从表 4-1 可以看出 HPG 的临界交联浓度为 0.285%，当 HPG 浓度低于 0.285% 后普通硼交联剂无法实现有效交联，通过增大交联剂尺寸可以达到有效交联的目的，这也是近些年国内外科学家研究的主要方向，如图 4-3 所示。增大有机硼交联剂尺寸的方法主要是通过将硼酸分子修饰到大尺寸有机分子或者纳米材料表面[3~7]，形成具有较大尺寸的多交联位点新型有机硼交联剂，进而降低 HPG 使用浓度而不影响压裂液体系耐温性及携砂能力。通过上述方法，HPG 最低使用浓度可以达到 0.15%。

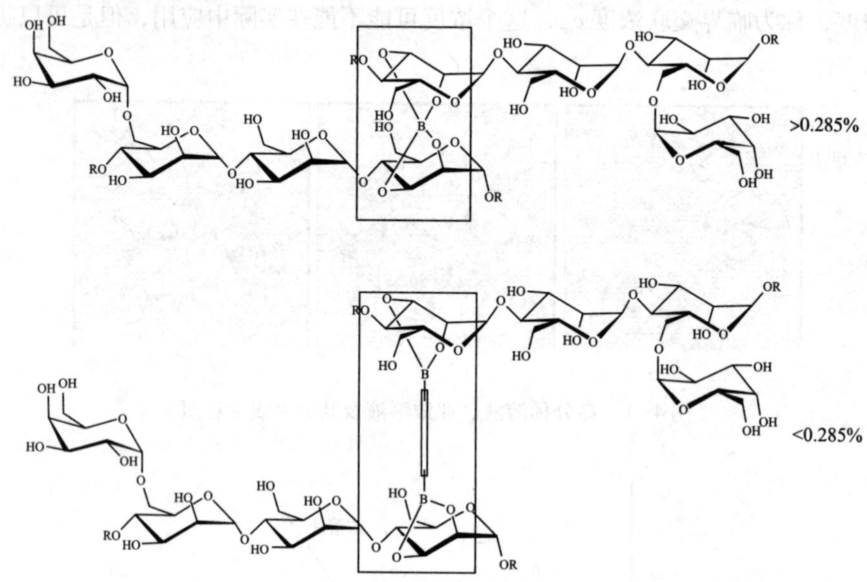

图 4-3　LCHPG 压裂液交联示意图

贾文峰等[2]设计合成了新型结构的纳米二氧化硅交联剂和树枝状有机硼交联剂，交联剂结构如图 4-4 所示。纳米二氧化硅进行表面改性，将硼酸分子修饰到纳米二氧化硅表面得到纳米二氧化硅交联剂，树枝状纳米有机硼交联剂合成方法类似。上述两种交联剂具有共同特点：①交联剂尺寸在纳米量级；②交联剂表面都具有多个交联位点。这些表面带有多个有机硼的交联剂可与多个 HPG 链段进行交联，提高体系的耐温性。同时，由于纳米二氧化硅交联剂和树枝状有机硼交联剂具有纳米级尺寸，可以与距离较远的 HPG 分子进行交联形成冻胶结构合成的两种交联都可以在 HPG 低于 0.3% 时有效交联。

常规 HPG 压裂液在 90℃ 和 120℃ 时稠化剂浓度分别为 0.4% 和 0.5%，然而通过纳米交联剂和树枝状有机硼交联剂交联的低 HPG 压裂液稠化剂浓度为 0.25% 时能完全满足现场压裂要求，使得稠化剂浓度分别降低37.5%和50%。稠化剂浓度的降低不仅可以降低压裂液对支撑裂缝导流能力的伤害，同时还能降低压裂成本，因此具有潜在应用价值。

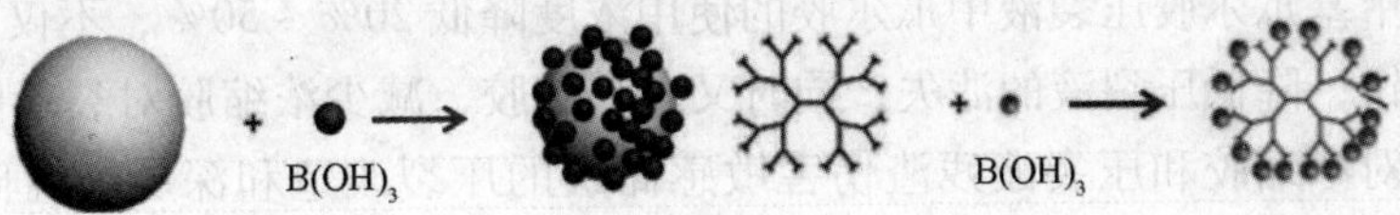

图4-4　纳米交联剂和树枝状交联剂分子结构示意图

二、体系的适用性

LCHPG压裂液体系不仅用于致密砂岩、碳酸盐岩等致密储层压裂，还可以用于页岩气、页岩油、煤层气等非常规油气储层压裂。适用地层温度范围广，可用于20～150℃油气田储层压裂改造。

三、基本配方组成及综合性能

HPG使用浓度在0.15%～0.35%范围内，通过缓冲溶液调节pH值，再加黏土稳定剂、杀菌剂、助排剂等助剂，最后加入适量的高效有机硼交联剂得到LCHPG压裂液体系。LCHPG压裂液体系HPG用量降低30%以上，体系综合性能还能满足水基压裂液性能要求，满足现场压裂携砂要求，压裂结束后具有良好破胶性能，具有对储层和支撑裂缝导流能力低伤害的特点，完全可以替代常规瓜尔胶压裂液，成为下一代压裂液体系。

四、应用情况

LCHPG压裂液体系在国内外已经进行大量应用研究，并取得了良好应用效果，具有广泛的应用前景。

卢拥军等[3]根据长庆致密油藏低孔、低渗、低可动流体饱和度的特点，研制了稠化剂浓度为0.15%～0.2%的低浓度压裂液体系（LCG）。该体系具有良好的耐温耐剪切性能、流变性能和破乳性能，破胶快速彻底。岩心损害率为25.1%，压裂液残渣含量仅为156mg/L，不足以往使用压裂液的三分之一，降低了压裂液残渣对裂缝导流能力的损害。现场应用7口井，投产3个月后的产量和比采油指数分别为对比井的1.59倍和1.93倍，为致密油藏高效改造提供了一条有效途径。Legemah M等[4]利用多胺硼交联剂将浓度为0.18%瓜尔胶压裂液用于65℃美国Green River砂岩储层中，取得了良好的压裂液效果，为下一步大范围推广奠定了基础。

第二节　羧甲基羟丙基瓜尔胶压裂液

一、低浓度羧甲基羟丙基瓜尔胶压裂液体系的适用性

致密低渗、特低渗储层、强水敏储层及深层火山岩储层的增产和求产技术对压裂技术

提出越来越严格的要求。压裂液是压裂改造的重要组成部分和关键环节，其性能优劣决定压裂施工的顺利与否和效果好坏，对于易受伤害的储层和深层高温储层，这种影响更为突出。

低浓度羧甲基瓜尔胶压裂液中瓜尔胶的使用浓度降低 20% ~50%，不仅可在裂缝壁面上形成有效滤饼，降低压裂液的滤失，同时又容易破胶，减少浓缩胶对裂缝的伤害。该体系特别适用于对浓缩胶和压裂液残渣伤害敏感储层的压裂改造和深层高温储层的压裂改造。以低浓度羧甲基羟丙基（CMHPG）为主剂的压裂液体系具有如下优点：

（1）使用浓度低（0.12% ~0.7%），比常规瓜尔胶用量少 1/3 ~1/2，HPG 使用浓度 0.28% ~1.3%；

（2）水不溶物低，比常规瓜尔胶平均降低 89%，比优级瓜尔胶降低 75%，比超级瓜尔胶降低 33%；

（3）相对分子质量低，易破胶，破胶彻底，压裂液残渣低，为常规瓜尔胶体系的 30% ~50%；

（4）残渣伤害率比常规压裂液降低 25%，残胶伤害率比常规压裂液降低 55%；

（5）摩阻低，比常规瓜尔胶压裂液降低 30% 左右；

（6）使用温度范围广，能够满足从低温至 200℃ 的地层压裂需要；

（7）具有广泛的适用性，能适应不同地区及不同矿化度的水质，性能不受影响。

二、羧甲基羟丙基瓜尔胶压裂液体系的基本配方

羧甲基羟丙基瓜尔胶（CMHPG）是在瓜尔胶分子结构上引入羧甲基和羟丙基两种取代基的阴离子型瓜尔胶衍生物，是一种重要的混合醚，它综合了羟丙基瓜尔胶（HPG）的优异盐相容性和羧甲基瓜尔胶（CMG）的悬浮稳定性，在酸性或强碱性介质中的稳定性有很大改善。极性亲水基团羧甲基提高了瓜尔胶的亲水性，水不溶物含量减少并增加分子的支链数目，瓜尔胶水溶速度加快，改善了防腐储存性能；极性亲水非离子基团羟丙基减少了瓜尔胶分子中的氢键，提高了与电解质的相容性并降低水不溶物含量，并使其达到更高的耐温性[5]。

目前低浓度羧甲基羟丙基瓜尔胶（CMHPG）已形成了 80℃、90 ~110℃、120℃、150℃和 180℃ 五个温度下的系列应用配方。表 4-2 给出了低浓度羧甲基羟丙基瓜尔胶压裂液与常规瓜尔胶压裂液稠化剂用量对比。

表 4-2　羧甲基羟丙基压裂液与常规瓜尔胶压裂液稠化剂用量对比

温度/℃	80	90	120	150	180
羧甲基羟丙基瓜尔胶/%	0.25	0.3	0.35	0.5	0.6
常规瓜尔胶压裂液/%	0.35	0.45 ~0.5	0.5	0.7	/

低浓度羧甲基羟丙基瓜尔胶压裂液由稠化剂、交联剂、黏土稳定剂、破胶剂、杀菌剂、表面活性剂、温度稳定剂、pH 控制剂和降滤失剂等添加剂组成，添加剂之间必须满足配伍性的要求。

三、羧甲基羟丙基瓜尔胶压裂液配方组成与性能参数

（一）基本配方组成

1. 80℃配方组成

基液：0.25% CMHPG +0.5% 防膨剂 +0.3% 助排剂 +0.4% ~0.6% 交联促进剂

基液黏度：18mPa・s

交联剂：FACM－37

交联比：100∶0.25～0.3

基液 pH 值：12

交联时间：20″～1′20（不同温度）

2. 90～110℃配方组成

基液：0.3% CMGHPG +0.5% 防膨剂 +0.5% 助排剂 +0.8% 交联促进剂

基液黏度：25.5mPa・s

交联剂：FACM－37

交联比：100∶0.4

基液 pH 值：13

交联时间：20″～1′20

3. 120℃配方组成

基液：0.35% CMHPG +0.4% 高温增效剂 +0.3% 高效助排剂 +0.02% 消泡剂 +0.1% 杀菌剂 +0.3% 黏土稳定剂 + pH 调节剂（Na_2CO_3、NaOH）

交联剂：JD－02

交联比：100∶0.3

4. 150℃配方组成

基液：0.50% CMHPG +0.35% 高温增效剂 +0.3% 高效助排剂 +0.02% 消泡剂 +0.1% 杀菌剂 +0.3% 黏土稳定剂 + pH 调节剂（Na_2CO_3、NaOH）

交联剂：JD－02

交联比：100∶0.5

5. 180℃配方组成

基液：0.6% CMGHPG +0.3% 防膨剂 + 助排剂 + 高温增效剂 +0.02% 消泡剂 + 杀菌剂 + pH 调节剂（Na_2CO_3、NaOH）

交联剂：FACM－37

交联比：100∶0.6

交联时间：4′20″

基液 pH 值：11

基液黏度：92mPa・s

耐温耐剪切性能：$170s^{-1}$，180℃，剪切 240min，表观黏度 78mPa・s

（二）耐温耐剪切性能

由于低浓度瓜尔胶压裂液独特的交联机理，在满足相同流变性能的条件下，与常规瓜尔

胶压裂液相比，低浓度瓜尔胶压裂液中的瓜尔胶使用浓度可以降低 20% ~50%，图 4-5 ~图 4-10 分别给出了 80℃、90℃、110℃、120℃、150℃和 180℃下的交联冻胶的剪切结果。

由图 4-5 中的实验结果可以看出，羧甲基压裂液体系具有较好的耐温耐剪切性能，在温度 80℃下，剪切 90min 仍然具有 500mPa · s 的黏度，可以满足该储层下的压裂携砂要求。

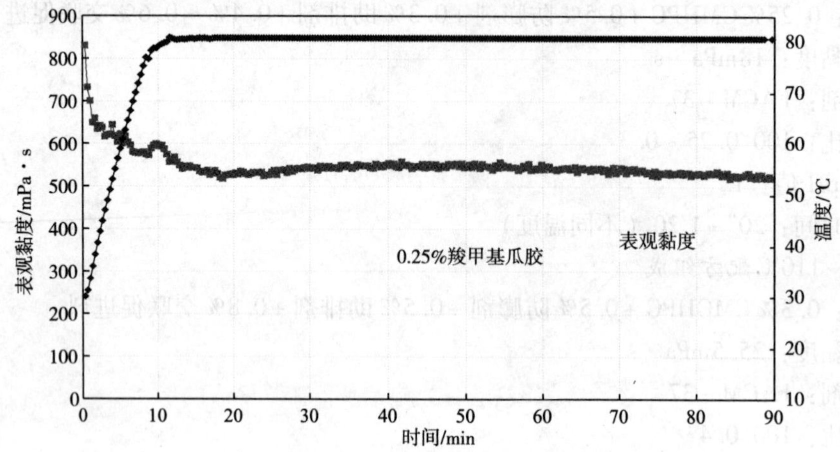

图 4-5　在 80℃温度下，羧甲基压裂液的耐温耐剪切性能

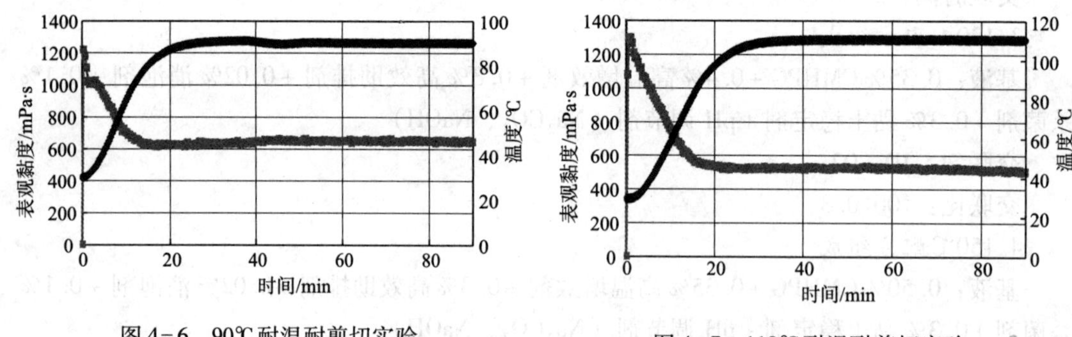

图 4-6　90℃耐温耐剪切实验

图 4-7　110℃耐温耐剪切实验

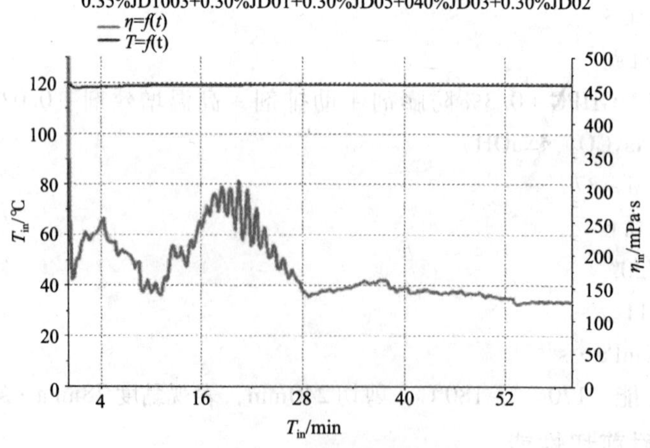

图 4-8　120℃耐温耐剪切实验

在90℃温度下，该体系剪切120min时，压裂液的表观黏度仍然为632mPa·s。

在110℃温度下，该体系剪切120min，压裂液的表观黏度仍然为489.9mPa·s。可见在满足工业要求的条件下，瓜尔胶的使用浓度还可以降低；110℃下交联冻胶具有良好的剪切性能。

在120℃条件下的耐温耐剪切性能实验结果表明：剪切60min，表观黏度大于120mPa·s，具有很好的耐温耐剪切性能。破胶后黏度≤5mPa·s，残渣为103mg/L。

在150℃条件下的耐温耐剪切性能实验结果表明：剪切120min，表观黏度大于100mPa·s，具有很好的耐温耐剪切性能。破胶后黏度≤5mPa·s，残渣为140mg/L。

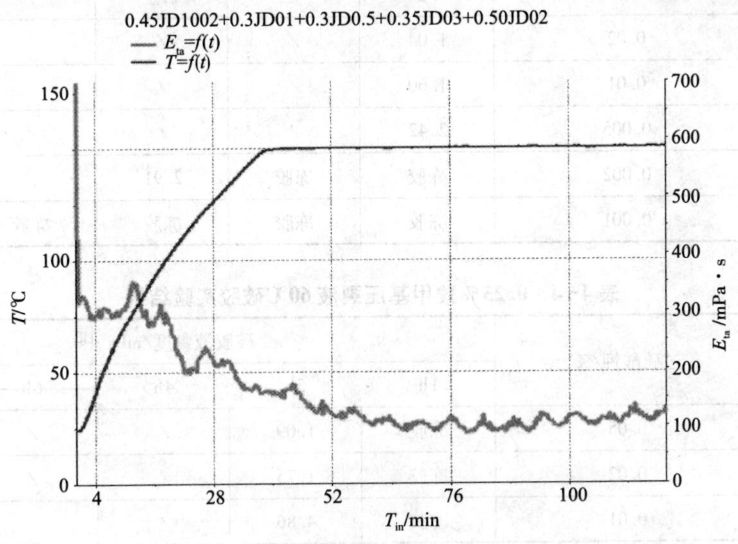

图4-9　150℃耐温耐剪切实验

在180℃条件下的耐温耐剪切性能实验结果表明：剪切240min，表观黏度为78mPa·s，具有很好的耐温耐剪切性能。破胶后黏度≤5mPa·s。

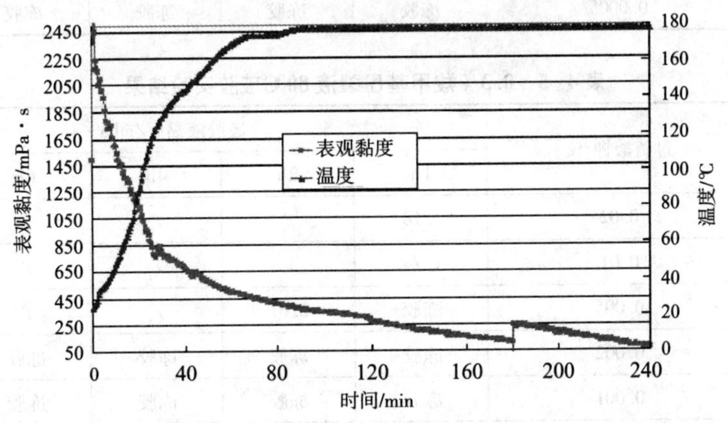

图4-10　180℃耐温耐剪切实验

（三）羧甲基羟丙基瓜尔胶压裂液破胶性能

为了设计及现场施工时能够优化和调整破胶剂剖面，进行了羧甲基羟丙基瓜尔胶浓度为0.25%、0.3%条件下80℃及110℃配方的破胶实验。

80℃配方分别完成了80℃、60℃、40℃、20℃四种温度条件下的破胶实验。实验结果见表4-3～表4-8。

表4-3　0.25%羧甲基压裂液80℃破胶实验结果

温度	过硫酸钾/%	破胶液黏度/mPa·s				
		1h	2h	5h	6h	8h
80℃	0.07	0.8	/	/	/	/
	0.05	0.89	/	/	/	/
	0.02	1.04	/	/	/	/
	0.01	1.60	/	/	/	/
	0.005	2.42	/	/	/	/
	0.002	冻胶	冻胶	2.91	/	/
	0.001	冻胶	冻胶	冻胶	冻胶	冻胶

表4-4　0.25%羧甲基压裂液60℃破胶实验结果

温度	过硫酸钾/%	破胶液黏度/mPa·s				
		1h	2h	4h	6h	8h
60℃	0.05	冻胶	1.09	/	/	/
	0.02	冻胶	1.75	/	/	/
	0.01	冻胶	4.86	/	/	/
	0.005	冻胶	冻胶	冻胶	2.44	/
	0.002	冻胶	冻胶	冻胶	冻胶	冻胶
	0.001	冻胶	冻胶	冻胶	冻胶	冻胶
	0.0005	冻胶	冻胶	冻胶	冻胶	冻胶

表4-5　0.3%羧甲基压裂液80℃破胶实验结果

温度	过硫酸钾/%	破胶液黏度/mPa·s				
		1h	2h	4h	6h	8h
80℃	0.02	1.18	/	/	/	/
	0.01	1.74	/	/	/	/
	0.005	冻胶	2.67	/	/	/
	0.002	冻胶	冻胶	冻胶	冻胶	冻胶
	0.001	冻胶	冻胶	冻胶	冻胶	冻胶
	0.0005	冻胶	冻胶	冻胶	冻胶	冻胶
	0.0002	冻胶	冻胶	冻胶	冻胶	冻胶

表 4-6　0.3%羧甲基压裂液 60℃破胶实验结果

	APS 加量/10^{-4}	破胶液黏度/mPa·s					
		0.5h	1h	2h	4h	6h	8h
温度 60℃	0.2	冻胶	冻胶	冻胶	冻胶	冻胶	冻胶
	0.5	冻胶	冻胶	冻胶	冻胶	冻胶	冻胶
	1	冻胶	冻胶	冻胶	2.50	/	/
	2	冻胶	冻胶	冻胶	2.02	/	/

表 4-7　0.3%羧甲基压裂液 40℃破胶实验结果

	APS 加量/10^{-4}	破胶液黏度/mPa·s					
		0.5h	1h	2h	4h	6h	8h
温度 40℃	0.5	冻胶	冻胶	冻胶	冻胶	冻胶	冻胶
	1	冻胶	冻胶	冻胶	冻胶	变稀	冻胶
	2	冻胶	冻胶	冻胶	冻胶	冻胶	9.47
	3	冻胶	冻胶	冻胶	冻胶	冻胶	7.93
	5	冻胶	冻胶	冻胶	冻胶	4.61	/

表 4-8　0.3%羧甲基压裂液 20℃破胶实验结果

	APS 加量/10^{-4}	破胶液黏度/mPa·s					
		0.5h	1h	2h	4h	6h	8h
温度 20℃	0.5	冻胶	冻胶	冻胶	冻胶	冻胶	冻胶
	1	冻胶	冻胶	冻胶	冻胶	冻胶	冻胶
	2	冻胶	冻胶	冻胶	冻胶	冻胶	冻胶
	5	冻胶	冻胶	冻胶	冻胶	冻胶	冻胶/放 18h 是 6.57
	7	冻胶	冻胶	冻胶	冻胶	冻胶	冻胶/放 18h 后 4.61

110℃配方分别完成了 110℃、90℃两种温度条件下的破胶实验。实验结果见表 4-9。

表 4-9　0.3%羧甲基压裂液 80℃破胶实验结果

温度	破胶剂加量/%	破胶时间/h；破胶液黏度/mPa·s			
		1	2	4	6
90℃	0.002	冻胶	冻胶	冻胶	冻胶
	0.004	冻胶	变稀	4.9	/
	0.006	5.67	3.05	/	/
	0.008	3.15	/	/	/
110℃	0.002	冻胶	冻胶	冻胶	冻胶
	0.004	冻胶	变稀	4.04	/
	0.006	变稀	2.92	/	/
	0.008	变稀	2.29	/	/

由以上实验数据可以看出，80～110℃的低浓度羧甲基压裂液的配方具有较好的破胶性能，能够满足现场施工快速破胶的要求。

（四）羧甲基羟丙基瓜尔胶压裂液残渣含量

由表4-10实验结果表明，羧甲基羟丙基压裂液的残渣含量远低于常规瓜尔胶的残渣含量（常规瓜尔胶的残渣含量一般300～600mg/L），能够有效地降低对储层的伤害。

表4-10　羧甲基羟丙基压裂液残渣含量实验结果

配方	残渣含量/（mg/L）
110℃配方	159
90℃配方	203

（五）羧甲基羟丙基瓜尔胶压裂液黏弹性

低浓度瓜尔胶压裂液体系是以弹性为主的交联网状结构，即代表弹性的储能模量 G' 大于代表黏性的耗能模量 G''。储能模量 G' 的大小取决于压裂液体系的交联结构，耗能模量 G'' 的大小取决于瓜尔胶的基本性能。随着温度的升高，交联网状结构会遭到一定程度的破坏，尤其是用常规瓜尔胶压裂液体系，低温下的储能摸量要比低浓度瓜尔胶压裂液高，但温度稍有增加，弹性结构破坏严重，储能模量 G' 大大降低，低浓度瓜尔胶压裂液使用浓度虽然较低，但它呈现出刚性的交联网状结构，而且随着温度的升高，储能模量 G' 变化不大，如图4-11所示。这暗示着低浓度瓜尔胶压裂液的携砂性能主要来源于它的弹性性能，而不是像普通瓜尔胶压裂液的携砂性能主要来源于黏性性能。

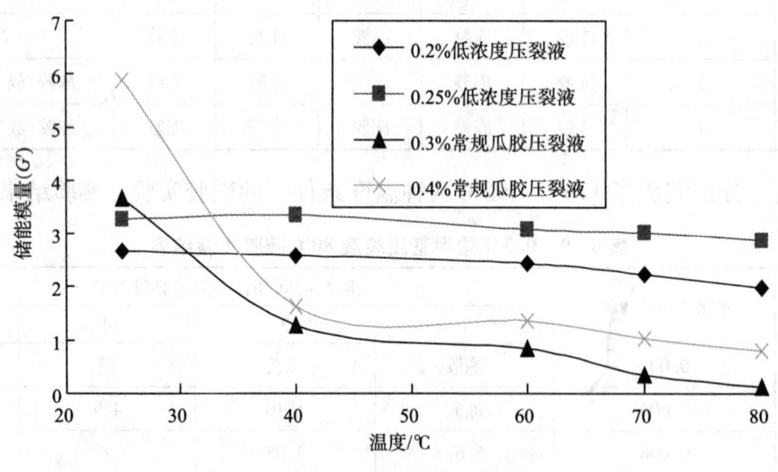

图4-11　低浓度瓜尔胶压裂液的黏弹性

（六）静态滤失实验

基液：0.3% CMHPG +0.5% 防膨剂 +0.5% 助排剂 +0.08% 杀菌剂

交联剂：FACM -37

交联比：100:0.4

表 4-11 80℃下静态滤失实验结果

时　间/min	0	1	4	9	16	25	36
累积滤失量/mL	8.5	10.5	14.5	19	23.5	28.5	34.5
滤失系数 $C_{Ⅲ}=9.72\times10^{-4}m/min^{1/2}$；静态初滤失量 $=2.96\times10^{-1}m^3/m^2$							
滤失速率 $=1.62\times10^{-4}m/min$							
冻胶配方：0.22% CMHPG							

表 4-12 90℃下静态滤失实验结果

时　间/min	0	1	4	9	16	25	36
累积滤失量/mL	14.0	15.0	17.0	21.0	23.5	27.0	32.5
滤失系数 $C_{Ⅲ}=6.80\times10^{-4}m/min^{1/2}$							
静态初滤失量 $=5.4\times10^{-1}m^3/m^2$							
滤失速率 $=1.13\times10^{-4}m/min$							

表 4-13 110℃下静态滤失实验结果

时　间/min	0	1	4	9	16	25	36
累积滤失量/mL	12.00	13.50	19.00	26.00	35.00	43.50	53.00
滤失系数 $C_{Ⅲ}=1.57\times10^{-3}m/min^{1/2}$							
静态初滤失量 $Q_{sp}=3.33\times10^{-3}m^3/m^2$							
滤失速率 $V=1.30\times10^{-4}m/min$							

由表 4-11 ~ 表 4-13 看出：羧甲基羟丙基瓜尔胶滤失速率略高于普通瓜尔胶，但在同一数量级。为了弥补这个弱点，配方采用了有机质乳化的方式，在降低压裂液的残渣和残胶的同时，也降低了液体的滤失，保护储层。

（七）羧甲基羟丙基压裂液摩阻性能

由图 4-12 看出，羧甲基羟丙基压裂液体系当排量大于 $2.5m^3/min$ 时摩阻相当于清水摩阻的 30%，当排量大于 $4m^3/min$ 后降低到清水摩阻的 25%，达到了真正的低摩阻性能，适宜深井大排量施工。

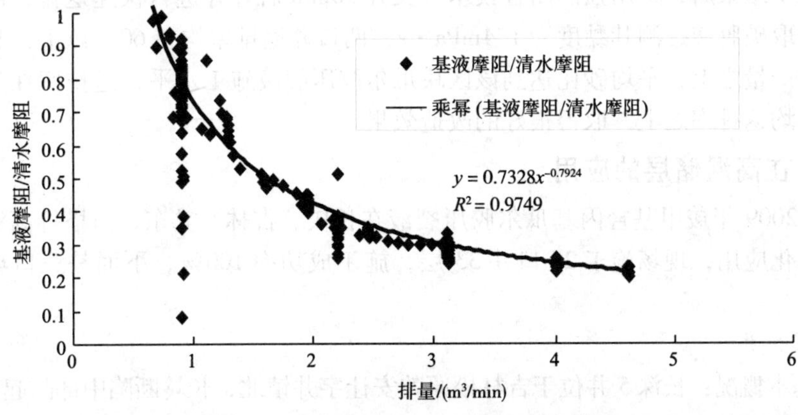

图 4-12 根据井底压力计结果计算的摩阻

综上所述，羧甲基羟丙基压裂液体系具有使用浓度低、残渣少、残胶低、携砂性能好、支撑裂缝伤害小、摩阻低、破胶彻底、耐温性较好等优点，能够很好地满足含泥质易受伤害的储层和深层高温储层压裂施工的要求。

四、羧甲基羟丙基瓜尔胶压裂液现场应用

（一）在苏里格气田的应用[6]

2011 年苏里格某区块 2 口新井压裂中使用了羧甲基羟丙基瓜尔胶压裂液体系，施工取得成功，获得了较好的增产效果，压后平均产量达到 $2.2\times10^4m^3$ 以上。现场试验表明该体系携砂性能好、返排快、污染小，放喷时间明显优于常规瓜尔胶压裂液。在此之前该区块使用的压裂液主要是羟丙基瓜尔胶压裂液，但是存在使用浓度高、残渣含量高、摩阻高、对地层污染大等缺点，而羧甲基羟丙基瓜尔胶压裂液除了具有使用浓度低、残渣含量低等特点外，携砂性也能够满足现场施工要求。

1. 储层基本情况

苏里格气田构造处于鄂尔多斯盆地陕北斜坡北部中带，为低压、低渗、低丰度、大面积分布的岩性气藏，其基本特性表现为低孔低渗，孔隙喉道小，毛管阻力高，储层属于低压气藏，压力系数为 0.771～0.914，储层埋藏较深，基本都在 3150～3510m；平均温度梯度为 3.06℃/100m，地层温度为 100～115℃；储层黏土矿物含量高，水敏性较强，体现中-强水锁特征。

2. 压裂施工情况

压裂施工过程中，负责液体的技术人员根据现场施工情况对液体交联效果、交联时间进行监测，为压裂顺利施工奠定了基础。

苏 1 井施工排量为 $3.0m^3/min$，其中第 2 层施工排量为 $2.4\sim2.7m^3/min$，入井液量 $673.1m^3$，入井砂量 $80m^3$，平均砂比 21%。施工压力 54～64MPa，停泵压力 23.7MPa，按设计施工顺利完成。

苏 2 井施工排量为 $3.0\sim3.3m^3/min$，入井液量 $545.7m^3$，入井砂量 $60m^3$，平均砂比 22%，施工压力 50～62MPa，停泵压力 19MPa，按设计施工顺利完成。

3. 压后效果

压裂施工结束后，采用强制闭合技术，关井 30min 后开井进行快速返排，压裂液破胶彻底，现场取破胶液，测其黏度为 1.4mPa·s，两口井返排率均在 60% 以上，日产气量在该区块平均产量之上，平均砂比达到该区块瓜尔胶压裂液施工水平，返排率在瓜尔胶压裂液施工井平均返排率之上，取得很好的改造效果。

（二）在高温储层的应用

2008～2009 年羧甲基羟丙基瓜尔胶压裂液在长庆、吉林、冀东、海塔等高温储层油气田得到规模化应用，现场施工 25 口井 33 层，施工成功率 100%，下面是三口典型井的施工情况。

1. 长深 5 井

（1）基本概况：长深 5 井位于吉林松原乾安让字井镇北，长岭断陷中部凸起带哈尔金构造西翼。完钻 5322m，压裂层位营城组，层段 5206～5227m，射孔 5217～5224m；井温 183℃。

(2) 施工情况：加入陶粒支撑剂 $55m^3$，前置液 $135m^3$，携砂液 $473.5m^3$，施工压力 83～88MPa，停泵压力 79MPa。

2. 吉林昌 37 井

(1) 基本概况：昌 37 井主要矿物成分为石英、长石，含少量泥质、灰质；储层孔隙式胶结，石英次生普遍发育，可见重结晶现象，有效孔隙度为 6%～9%；储层埋藏深，物性较差，存在高压天然气等复杂地层，压力层系复杂，给压裂施工带来了相当的难度[7]。施工井段：4792～4870m，渗透率：$0.1\times10^{-3}\mu m^2$，地层温度：170℃，压力系数：1.65。

(2) 施工情况：共顶替前置液 $233m^3$，携砂液 $698m^3$，顶替液 $35m^3$，施工排量 $4.2m^3/min$，泵压 62～77.3MPa，加砂 $154m^3$，最高砂比 34.4%，平均砂比 22%。

(3) 压裂施工曲线如图 4-13 所示。

(4) 压后效果：压后产气 $2000m^3/d$。

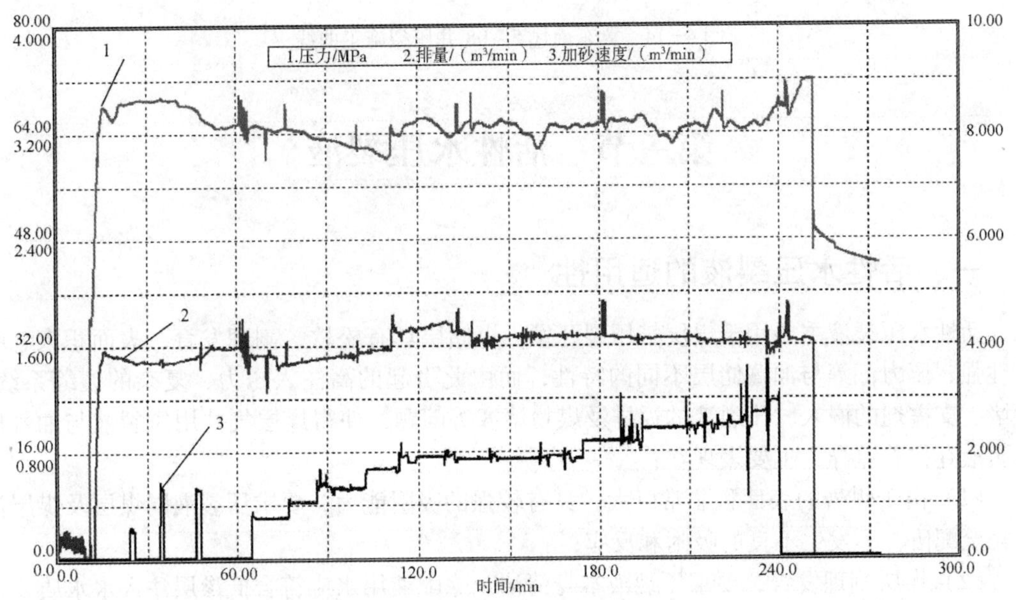

图 4-13　吉林昌 37 井压裂施工曲线

3. 冀东南堡 5-98 井

(1) 基本概况：施工井段 4962.6～5124.4m，渗透率 $0.74\times10^{-3}\mu m^2$，地层温度 174℃，压力系数 1.31。

(2) 施工情况：总用液量 $1058m^3$，前置液 $284m^3$，携砂液 $699m^3$，顶替液 $37m^3$，施工排量 $5.43m^3/min$，泵压 55～65.2MPa，加砂 $106.5m^3$，最高砂比 25%，平均砂比 16.1%，停泵压力 43.2MPa。

(3) 压裂施工曲线如图 4-14 所示。

(4) 压后效果：本井是当时国内外在高温深层火山岩储层大规模压裂首次取得成功；实现了羧甲基羟丙基瓜尔胶压裂液在火山岩大型压裂中的重大突破。在 185℃储层 5000m 深井中，4h 长时间施工，加砂规模 $106.5m^3$，是技术极限的挑战。

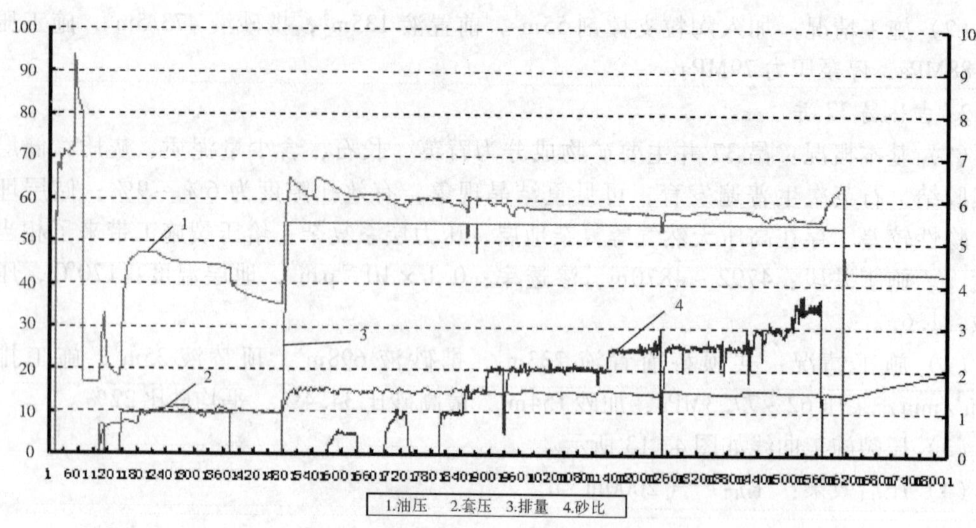

图4-14　冀东南堡5-98井压裂施工曲线

第三节　活性水压裂液

一、活性水压裂液的适用性

活性水压裂液主要用于煤层气压裂开发。煤储层具有松软、割理发育、表面积大、吸附性强、压力低等与油藏储层不同的特性，而由此引起的高注入压力、复杂的裂缝系统、砂堵、支撑剂的嵌入、压裂液的返排及煤粉堵塞等问题，使得煤层气井用压裂液与油气田压裂液存在着差异，主要表现在：

（1）由于煤岩的表面积非常巨大，具有较强的吸附能力，要求压裂液同煤层及煤层流体完全配伍，不发生不良的吸附和反应；

（2）煤层割理发育，要求压裂液本身清洁，除配液用水应符合低渗层注入水水质要求外，压裂液破胶残渣也应尽量低，以避免对煤层孔隙的堵塞；

（3）活性水压裂液应满足煤岩层防膨、降滤、返排、降阻、携砂等要求。

考虑到煤储层特点及压裂工艺的要求，对煤层气井活性水压裂液的优化原则为：

①尽可能少地使用添加剂，特别是有机类添加剂，以减少对煤储层的伤害；

②开发适合煤层气压裂用的活性水压裂液材料，使之与煤储层相配伍；

③在保证压裂工艺及施工条件下，降低压裂液成本，以满足市场经济的要求。

二、活性水压裂液的基本配方

活性水压裂液主要由清水、防膨剂和助排剂等组成[8]。活性水压裂液黏度低、伤害低和易返排，不存在破胶等问题，对煤层污染相对较轻，可以在排水采气时随地层水一同采出。主要不足是：携砂能力相对较差，滤失大。

基本配方：清水+0.5%防膨剂+0.2%助排剂+0.05%杀菌剂

三、活性水压裂液的基本性能

（一）对煤层气储层的伤害性[9]

实验选择 4 种待测液：活性水、2% KCl 水、冻胶破胶液、清洁压裂液（VES），经滤纸过滤后进行测试。实验结果如图 4-15 所示。通过对比分析可知，常用于油井压裂的瓜尔胶压裂液的破胶液对煤粉压实制成的人工煤芯的伤害率高达 41% 以上；而活性水和 KCl 水对煤粉芯的伤害率相差不大，为 11% 左右，说明活性水压裂液体系对煤层的伤害率较小，适合作为煤层压裂改造的压裂液体系。

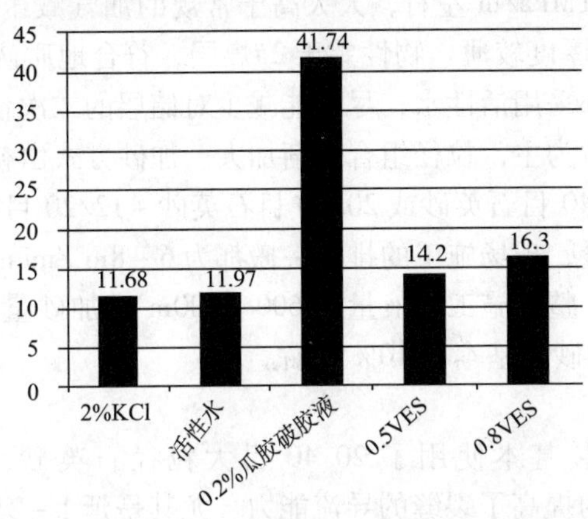

图 4-15 活性水等对填充煤芯的伤害率对比图曲线

（二）其他常规性能[9]

因目前并无活性水压裂液检测标准，因此依据评价水基压裂液的行业标准 SY/T 5107—2005 对活性水进行部分性能检测，测得其密度为 1.02g/cm^3，黏度为 1mPa·s，稠度系数为 0.001Pa·s^n，流性指数为 1，pH 值为 7。

四、活性水压裂液的现场应用

（一）深层煤层气压裂[10]

在延长矿区进行了 2 口深层煤层气井的压裂现场试验。2 口井均采用活性水压裂液，采取了大排量注入脉冲加砂的方式，压裂设计携砂液施工排量 4～6m^3，压裂设计平均砂比小于 8%，在加砂前期先加入 0.15～0.30mm 的支撑剂，在加砂中期加入 0.425～0.85mm 的支撑剂，在加砂后期加入 0.90～1.20mm 的支撑剂，最高压力达到了 65MPa，成功地完成了国内最深煤层气井的加砂压裂。

延长油田 2 口井创造了国内最深煤层气井现场压裂的成功，是深层煤层气压裂工艺技术上的一大突破。从而证实了采用活性水压裂液、大排量低砂比、脉冲加砂和复合支撑的技术思路是可行的，为深层煤层气的开发提供了重要的技术保障。

（二）延川南区块煤层气压裂[11]

1. 基本概况

位于鄂尔多斯盆地东缘南部的延川南地区内煤层气井排采获得工业气流，最高产气量

2632m^3。该区块内共发育11层煤，其中石炭系上统太原组2#煤和二叠系下统山西组10#煤全区分部稳定，是本区煤层气勘探的主力煤层。由于煤层的低渗透特点，需要进行水力压裂施工以提高储层渗透率，从而实现高效整体开发的目的。压裂层位以2#和10#煤层为主，埋深在900～1300m左右。

2. 延川南区块压裂工艺特点

（1）延川南区块2#煤层压裂施工压力较低，一般为10～20MPa，压力梯度为0.022～0.025MPa/m。

10#煤层则与2#煤层大不一样，施工压力异常偏高，破裂时地面显示压力为41MPa，折算破裂压力梯度在0.31MPa/m左右，大大高于常规的油气藏压力梯度，也远高于2#煤层，侧面反证了10#煤层厚度较薄、物性差于2#煤层，符合地质认识。

（2）压裂液体系全部采用活性水，尽可能减少对储层的二次伤害。

（3）支撑剂以石英砂为主，粒径组合逐渐加大。加砂方式由初期的小粒径粉砂打磨孔眼，改为全部单纯的20/40目石英砂或20/40目石英砂+12/20目石英砂的组合。

（4）清水压裂大排量，现场施工的排量一搬都为6～8m^3/min。

（5）施工规模较大，整体施工用液量为600～800m^3、加砂量为30～50m^3，受到活性水携砂能力的影响，平均砂比基本在10%左右。

3. 应用效果分析

延川南区块整体压裂基本使用了20/40目大粒径石英砂，并将加砂强度提高至6.0$m^3 \cdot m^{-1}$以上，有效的提高了裂缝的导流能力。尤其是延1－21－13井和延1－20－12井通过采用20/40目石英砂和16/20目石英砂组合压裂工艺及清水配合高效助排剂的降阻水压裂液体系，成功地进行了压裂施工，进一步提高了煤层内裂缝的导流能力，减小了对煤层的伤害。这两口井经过一段时间的降压排采后日平均产气量都超过了1000m^3，达到了工业气流。

第四节　滑溜水压裂液

一、滑溜水压裂液体系的适用性

页岩油气藏岩石性质显著特征是低孔特低渗透，页岩以小粒径物质为主，一般以泥质（粒径为5～63μm）和黏土（粒径<5μm）为其主要组分，砂（粒径>63μm）所占的组分相对较少。页岩基质的孔隙度和渗透率极低，一般在（0.000001～0.0001）$\times 10^{-3}\mu m^2$之间，孔隙度一般为3%～5%。除了少数天然裂缝十分发育的页岩储藏外，几乎所有的页岩气藏都需要经过压裂才有商业开采价值。

滑溜水压裂液能大幅度降低施工摩阻，降低施工压力，减轻压裂施工设备的高压负荷，有效增加施工净压力，有效携砂，大幅度改善压裂改造的施工效果，目前已成为页岩油气等储层压裂改造工艺中最重要、最常用的液体之一。滑溜水压裂液体系具有添加剂使用浓度低，溶解速度快，配制简单，携砂能力强，返排效果好，耐温耐盐性较好等特点，适应性强，能够满足不同页岩油气井压裂的需要。此外还可作为前置液用于薄互致密储层压裂改造。

二、滑溜水压裂液基本配方

滑溜水压裂液中98.0%～99.5%是水，添加剂包括降阻剂、表面活性剂、阻垢剂、黏土稳定剂以及杀菌剂等，一般占滑溜水总体积的0.5%～2.0%。降阻剂是滑溜水压裂液的核心添加剂，丙烯酰胺类聚合物、聚氧化乙烯（PEO）、瓜尔胶及其衍生物、纤维素衍生物以及黏弹性表面活性剂等均可作为降阻剂使用。聚丙烯酰胺具有优异的降阻性能且成本较低，是作为现场使用最多的降阻剂。目前，滑溜水压裂现场使用的降阻剂有聚丙酰胺粉剂和乳剂两种剂型产品。粉剂产品成本低、便于运输，操作简单，乳剂产品拥有溶解速度快、便于现场混配等优点，但成本略高，合成工艺较复杂。

（一）乳液滑溜水基本配方

以乳液型降阻剂为主剂，优选助排剂、黏土稳定剂等添加剂形成乳液型滑溜水配方体系，降阻率达到65%以上。

基本配方：0.10%降阻剂+0.10%～0.15%助排剂+0.30%黏土稳定剂

（二）粉末滑溜水基本配方

以粉末型降阻剂为主剂，优选助排剂、黏土稳定剂等添加剂形成粉末型滑溜水配方体系，降阻率大于65%。

基本配方：0.03%～0.1%降阻剂+0.03%～0.10%助排剂+0.30%黏土稳定剂

三、滑溜水压裂液性能参数

（一）乳液滑溜水体系

1. 乳液滑溜水体系基本性能参数（表4-14）

表4-14　乳液滑溜水基本性能参数

序号	项目	指标
1	密度，25℃/（g/cm^3）	1.05
2	pH值	7.01
3	表观黏度μ（25℃，$170S^{-1}$）/mPa·s	1.76
4	表面张力/（mN/m）	26.51
5	界面张力/（mN/m）	2.67
6	防膨率/%	70.3
7	降阻率/%	65.5

2. 降阻性能

采用酸蚀管路摩阻仪对滑溜水体系的降阻剂性能进行测试，测定其在室温、直径15mm的直管中，不同剪切速率下的压降，并与相同剪切速率下的清水压降进行对比，测得不同剪切速率下的降阻率，实验数据如图4-16所示。

从图4-16可以看出，在同一浓度下，随着剪切速率的增加，降阻效果明显。在0.10%使用浓度下，最高降阻率达到了65.5%，这是由于聚合物大分子的加入，大分子线性基团在管道流体中伸展使得流体内部的紊动阻力下降，抑制了径向的湍流扰动，使更多作用力作用在沿着流动方向的轴向，同时吸收能量，干扰薄层间的水分子从缓冲区进入湍流核心，从而阻止或者减轻湍流，湍流越大，抑制效果越明显，表现出的降阻效果越好。

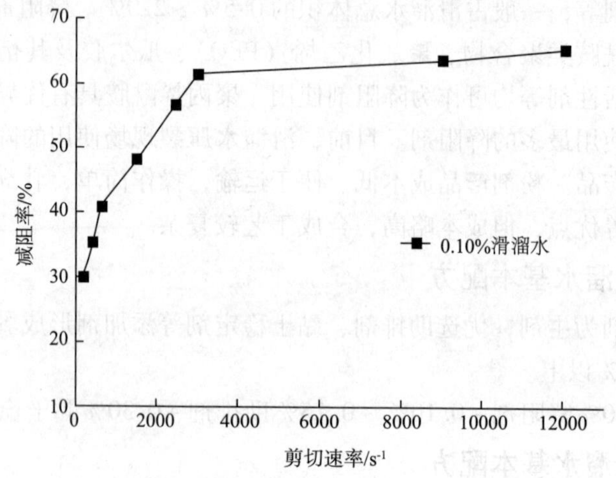

图 4-16　乳液滑溜水体系在不同流速下的降阻率

3. 黏弹性能

（1）频率扫描。

黏弹性是评价滑溜水体系的重要指标之一，利用流变仪，在 25.0℃下，对 0.1% 降阻剂溶液进行频率扫描，结果如图 4-17 所示。在扫描频率为 0.1～8Hz 较宽的频率范围内，其弹性模量较高，稳定在 1.0Pa 以上，且弹性模量 G' 均大于耗能模量 G''，表现为弹性体系。

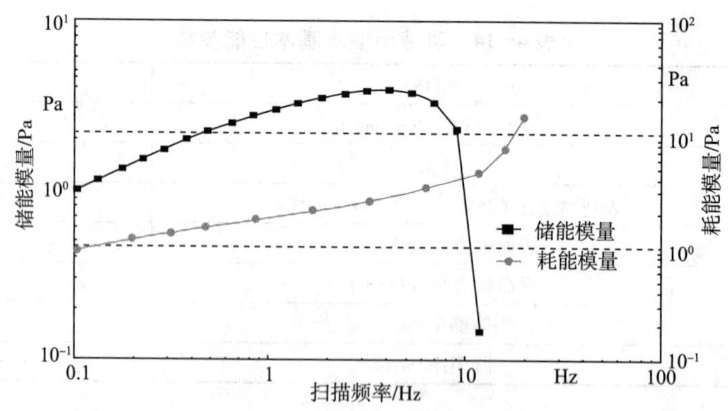

图 4-17　0.1% 降阻剂频率扫描结果

（2）应力扫描。

利用流变仪，在 25℃下，以 0.5Hz 的恒定频率，对 0.1% 降阻剂溶液进行应力扫描，测得剪切储能模量（弹性模量 G'）和剪切耗能模量（黏性模量 G''）与应力的关系，结果图 4-18 所示。

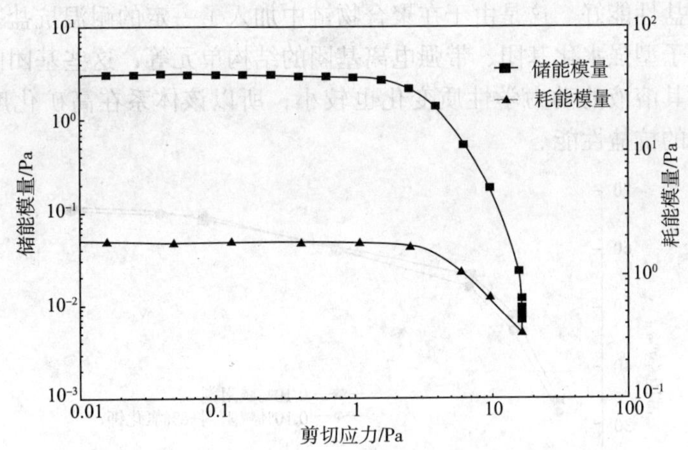

图 4-18　储能模量 G' 和耗能模量 G'' 与应力的关系

一般来说，若储能模量 G' > 耗能模量 G''，则流体表现出以弹性行为为主。如图 4-18 所示：在 0.01～3.0Pa 的应力扫描范围内，弹性模量 G' 一直大于黏性模量 G''，且 G' > 1.0Pa，根据 Hoffmann 提出的判断溶液是否具有黏弹性的方法，可以断定该溶液具有黏弹性。由于黏弹性与湍流漩涡发生作用，使得漩涡的一部分能量被降阻剂分子所吸收，以弹性能的方式储存起来，使涡流动能减小达到降阻效果。

4. 耐剪切性能

用流变仪对滑溜水溶液进行耐剪切实验，观察剪切速率从 0 增加到 3000s^{-1} 滑溜水黏度的变化情况，如图 4-19 所示。

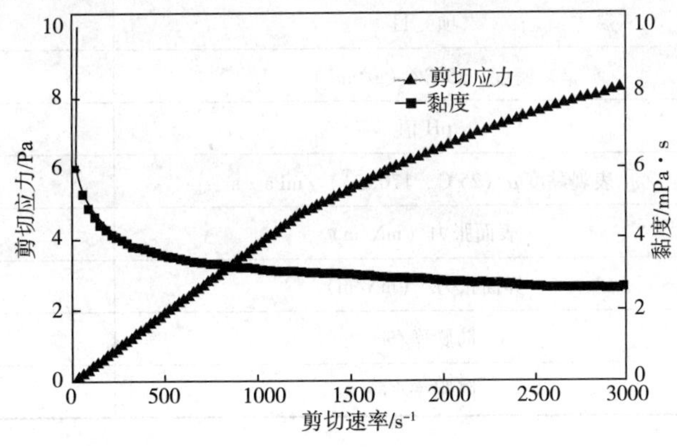

图 4-19　剪切速率与黏度变化关系实验结果

从图 4-19 看出，滑溜水体系的黏度随剪切速率的增加下降非常缓慢，有较好的耐剪切性。

5. 耐盐性能

地层中含有大量的金属离子（如钾、钠、钙、镁等），其盐类对一般聚合物的黏度有较大影响，会降低聚合物的降阻性能，因此评价滑溜水体系的耐盐性具有重要意义。

将降阻剂样品配成 0.10% 的滑溜水溶液，分别测试其加入氯化钾前后不同剪切速率下的降阻率，实验结果如图 4-20 所示。实验结果表明：滑溜水体系中加入氯化钾前后降阻率变化较小，耐盐性能好。这是由于在聚合物链中加入了一定的耐温抗盐基团，如含磺酸基的高活性阴离子型强水化基团、带强电离基团的结构单元等，这些基团的电离受电解质浓度影响较小，其溶液的动力学性质变化也较小；所以该体系在高矿化度下稳定性也较好，表现出较好的抗盐性能。

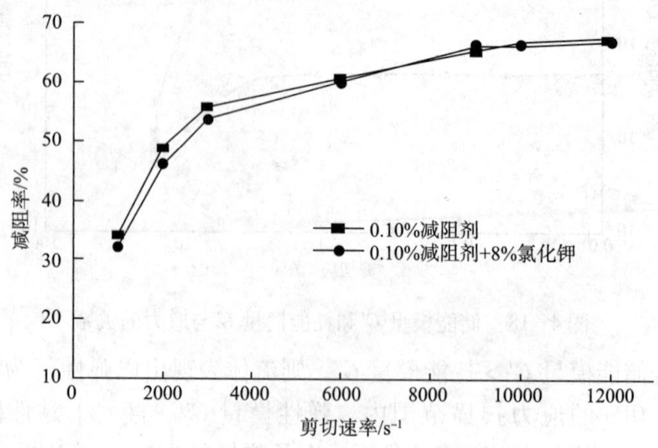

图 4-20　滑溜水体系的耐盐性

（二）粉末状滑溜水体系

1. 基本性能参数

（1）基本配方：0.03%降阻剂+0.10%助排剂+0.30%黏土稳定剂（表 4-15）。

表 4-15　粉末型滑溜水基本性能参数（0.03%）

序　号	项　目	指　标
1	密度，25℃/（g/cm^3）	1.03
2	pH 值	7.02
3	表观黏度μ（25℃，170S^{-1}）/mPa·s	2.0
4	表面张力（mN/m）	23.7
5	界面张力/（mN/m）	2.9
6	防膨率/%	68.2
7	降阻率/%	69.3

（2）基本配方：0.1%降阻剂+0.10%助排剂+0.30%黏土稳定剂（表 4-16）。

表 4-16　粉末型滑溜水基本性能参数（0.1%）

序　号	项　目	指　标
1	密度，25℃/（g/cm^3）	1.02
2	pH 值	7.02
3	表观黏度μ（25℃，170S^{-1}）/mPa·s	7.0
4	表面张力/（mN/m）	25.6

续表

序 号	项 目	指 标
5	界面张力/（mN/m）	2.7
6	防膨率/%	71.3
7	降阻率/%	66.7

2. 降阻性能

采用酸蚀管路摩阻仪对粉末滑溜水体系的降阻剂性能进行测试，测定其在室温下、直径为15mm的直管中，不同剪切速率下的压降，并与相同剪切速率下清水压降进行对比，测得不同剪切速率下的降阻率，实验数据如图4-21、图4-22所示。

实验结果表明粉末状滑溜水体系具有很好的降阻性能，但使用浓度存在最佳范围。

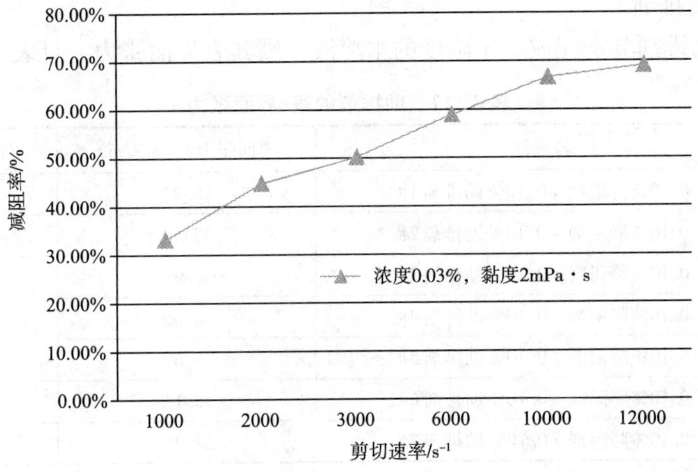

图4-21　0.03%滑溜水降阻率变化曲线

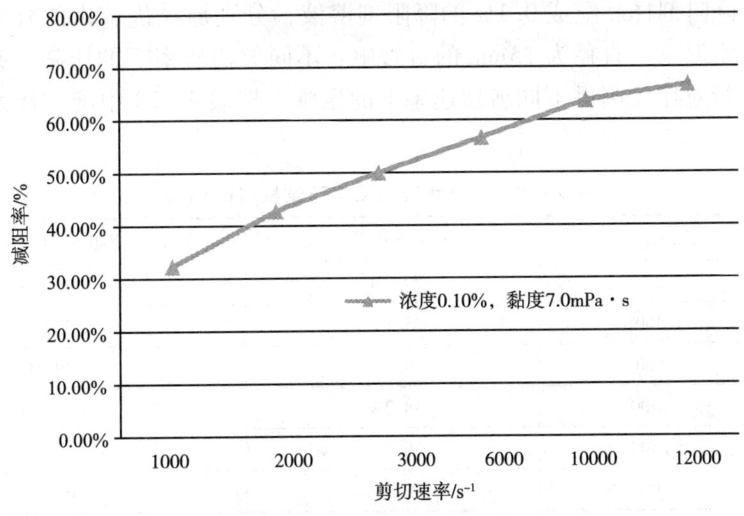

图4-22　0.10%滑溜水降阻率变化曲线

3. 助排性能

助排剂的使用主要是为了防止滑溜水压裂液在地层中滞留，产生液堵储层伤害。在压裂施工中，滑溜水压裂液沿缝壁渗滤入地层，改变了地层中原始油水饱和度分布，使水的饱和度增加，并产生两相流动，流动阻力加大。毛管力的作用致使压裂后返排困难和流体流动阻力增加。如果地层压力不能克服升高的毛细管力，水被束缚在地层中，则出现严重和持久的水锁。所以为了减少压裂液在地层的停留时间就必须降低压裂流体的表面张力，必须使用助排剂。

由于页岩储层非均质性强，具有低孔、特低渗透率等特点，现场压裂施工作业过程中，侵入储层的滑溜水由于滞留效应或液相的聚集效应造成返排缓慢或返排困难，加重储层的伤害。通过优选助排剂，可以降低滑溜水压裂液的表面张力、改变储层的润湿性，有助于压后返排，从而降低对储层的伤害。

（1）优选助排剂。

对优选的助排剂分别配成一定浓度的水溶液，测其表界面张力，见表4-17。

表4-17　助排剂的表/界面张力

序号	名　称	表面张力/（mN/m）	界面张力/（mN/m）
1	0.10%降阻剂+0.10%助排剂1#	26.27	4.36
2	0.10%降阻剂+0.10%助排剂2#	35.50	5.78
3	0.10%降阻剂+0.10%助排剂3#	33.99	3.65
4	0.10%降阻剂+0.10%助排剂4#	28.30	4.23
5	0.10%降阻剂+0.10%助排剂5#	27.69	4.67
6	0.10%降阻剂+0.10%助排剂6#	28.13	5.86
7	0.10%降阻剂+0.10%助排剂7#	24.25	3.21

（2）添加助排剂后体系的降阻率测试。

将粉末状降阻剂样品配成0.1%的降阻剂溶液，分别加入优选出的效果较好的助排剂，测试其在室温下、直径为15mm的直管中、不同剪切速率下的压降，并与剪切速率下清水压降进行对比，测得不同剪切速率下的压降。按表4-18中配方体系分别测定其降阻率。

表4-18　滑溜水降阻率实验结果（0.10%）

序号	剪切速/s^{-1}	0.10%降阻剂	0.10%降阻剂+0.10%助排剂7#
1	200	29.9%	30.1%
2	400	35.1%	36.7%
3	600	40.9%	39.1%
4	1500	48.2%	49.0%
5	2500	56.9%	55.2%
6	3000	61.5%	63.3%
7	9000	63.7%	64.1%
8	12000	65.5%	66.2%

由表4-18、图4-23表明：0.10%降阻剂+0.1%高效助排剂体系降阻效果较单纯降阻剂的效果好，这是由于助排剂对降阻效果具有较好的协同作用的结果。

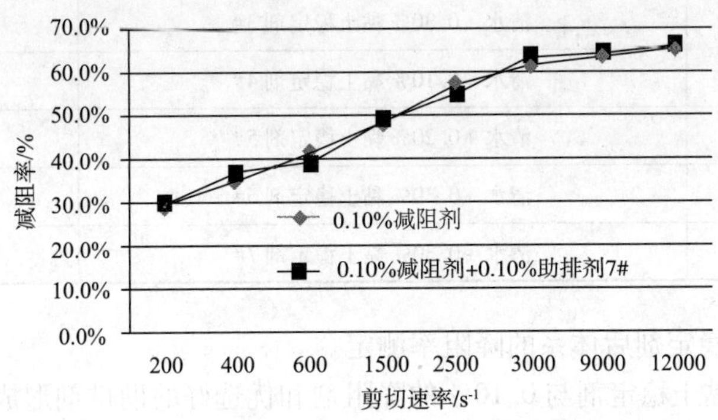

图4-23　滑溜水在不同流速下的降阻率

4. 防膨性能

使用滑溜水压裂液施工时，溶液以小分子水溶性滤液进入孔隙，水溶性介质对储集层黏土矿物潜在膨胀、分散和运移，对堵塞油层有很大的影响。滑溜水在地层中呈层状黏土微粒，当正电（铝）与负电（氧）间的电荷平衡因阳粒子置换或颗粒中断而遭到破坏时，产生带负电荷的粒子。液体中阳离子包围了黏土粒子并形成带正电的电子云。这样颗粒相互排斥易于运移。如果不采取黏土稳定措施将导致储集层渗透率不可逆转的下降。

无机盐防膨剂主要使用氯化钾，其使用量为1.0%时，防膨率就可以达到80%以上。这是因为氯化钾不仅提供了充分的阳离子浓度防止阳离子交换，压缩使黏土膨胀的扩散双电层，防止黏土膨胀、分散、运移，而且钾离子的直径（0.266nm）与黏土表面由6个氧原子围成的内切直径0.28nm的空间相匹配，使它容易进入此空间而不易从此间释出，有效地减少黏土表面的负电性。

有机防膨剂主要是阳离子化合物，其作用原理是提供阳离子浓度防止阳离子交换，并且黏土粒子吸附后，在表面展开形成一层保护膜防止黏土粒子与外来液相接触。而氧化钾是一种非永久性防膨剂，当其浓度减少到一定程度，它的防膨作用就会消失。因此，我们采用有机防膨剂，以期达到更好的防膨效果。

（1）黏土稳定剂的配伍性实验。

将降阻剂样品配成0.10%的降阻剂水溶液，分别加入不同的黏土稳定剂，没有沉淀及絮状物生成就是配伍性较好。

（2）黏土稳定剂的防膨率。

将配伍性较好的黏土稳定剂分别配成不同浓度的水溶液，分别测试其防膨率，结果见表4-19。

表4-19　清水+黏土稳定剂的防膨率

编　号	名　称	防膨率/%
1#	清水+0.10%黏土稳定剂1#	4.69
2#	清水+0.20%黏土稳定剂2#	15.63

续表

编 号	名 称	防膨率/%
3#	清水 +0.30% 黏土稳定剂 3#	12.50
4#	清水 +0.10% 黏土稳定剂 4#	37.50
5#	清水 +0.20% 黏土稳定剂 5#	50.00
6#	清水 +0.30% 黏土稳定剂 6#	56.25
7#	清水 +0.30% 黏土稳定剂 7#	81.2

(3) 添加黏土稳定剂后体系的降阻率测定。

将效果较好的黏土稳定剂与0.10%的降阻剂和优选好的助排剂形成滑溜水溶液，测试其在室温下、直径为15mm的直管中、不同剪切速率下的压降，并与相同剪切速率下清水压降进行对比，测得不同剪切速率下的压降。分别计算其降阻率见表4-20。

表4-20 滑溜水的减阻率实验结果

序号	剪切速率/s^{-1}	0.10%减阻剂	0.10%减阻剂+0.10%助排剂7#+0.30%黏土稳定剂6#
1	200	29.9%	28.3%
2	400	35.1%	33.90%
3	600	40.9%	49.00%
4	1500	48.2%	55.80%
5	2500	56.9%	60.50%
6	3000	61.5%	65.50%
7	9000	63.7%	66.70%
8	12000	65.5%	67.40%

由表4-20、图4-24表明，滑溜水体系的降阻率比纯降阻剂水溶液的降阻效果好，说明各种添加剂之间对降低摩阻有较好的协同作用。

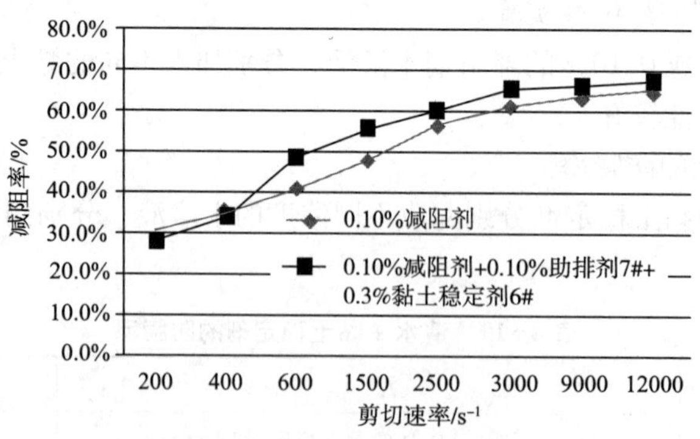

图4-24 降阻剂与滑溜水的降阻率曲线

四、滑溜水压裂液现场应用

（一）陆相页岩储层大型压裂中的应用

B井是西北柴达木盆地陆相侏罗系一口页岩气探井，为了评价大煤沟组页岩储层组的含气性，决定对目的储层3个层段（1928.0～1931.5m、1945.4～1949.2m、1958.0～1960.5，9.8m/3层）进行压裂改造。

1. 储层概况

岩性为大套的黑色－灰黑色碳质泥岩，顶部为含油页岩。下部层段岩心有机质含量高，黏土含量也高，导致岩心遇水膨胀，不是有利储层。录井显示该段以碳质泥岩、粉砂岩、含油页岩为主，根据全岩分析结果，平均石英含量为25.6%，平均黏土含量为57.76%，黏土含量较高，石英含量较低。黏土矿物类型主要以伊蒙混层为主，占48.9%，高岭石：25.5%，伊利石：14.1%，绿泥石：7.7%，蒙脱石：24.9%。

2. 施工情况

主压裂泵入滑溜水640.00m^3，胶液373.00m^3，段塞加砂57.00m^3，顶替液10.00m^3，破裂压力42.00MPa，施工最高压力55.80MPa，最大排量9.00m^3/min，平均砂比5.63%，滑溜水现场测试降阻率达到65%。

3. 现场施工曲线（图4-25）。

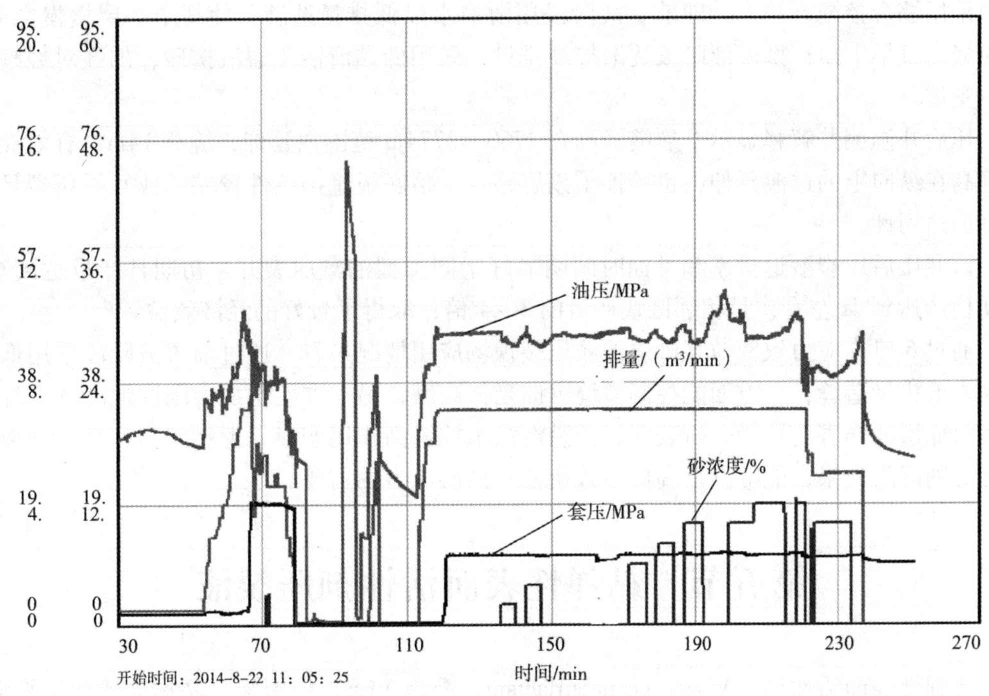

图4-25　B井压裂施工曲线

从页岩储层现场施工统计来看，新型滑溜水体系在页岩储层压裂中表现出了良好的特性：溶胀速度快，操作配制简单、易于配制，满足在线混配的要求（一天两段施工）；施工摩阻低，现场测试降阻效果好（降阻率达到65%以上），对于深层及超高应力储层压裂降压效果明显；滑溜水黏度可调，携砂能力较好，最高砂液比达到12%；防膨效果好，有效抑制储层黏土矿物膨胀（防膨率达到70%）、对储层基质伤害小（伤害率<10%）；表面张力小（<25mN/m），易返排，返排率高；耐温好（最高温度120℃），耐盐性好，适应性强，能够满足页岩油气储层大型压裂施工需要。

（二）致密薄互储层压裂中的应用

A井是江汉盆地江陵凹陷公安单斜带魏家场断鼻一口探井，为了评价新下3油组的含油性，决定对新下3油组3个薄层段（2760.8~2762.0m、2763.2~2764.4m、2771.0~2772.0m，3.4m/3层）进行压裂改造。

1. 储层概况

目的层段孔隙度在14.7%~18.86%之间，平均为16.2%；泥质含量在13.01%~42.87%之间，平均为33.1%，泥质含量相对较高；地层温度为113℃左右。预计地层压力系数1.47，储层压力37.5MPa。

2. 施工情况

总液量395m^3，滑溜水用量55m^3，胶液用量340m^3，施工排量1.5~2.5m^3，加砂量30.87m^3，平均砂比8.8%。

3. 缝高控制

根据应力剖面解释情况，本井目的层上部隔层应力遮挡条件较差，缝高难控，因此施工中采用综合控缝高技术，即前置液阶段用滑溜水以低排量造缝，使每个小层慢慢憋开，避免缝高过早上窜；携砂液阶段逐渐提高排量，采用低黏清洁压裂液携砂，加强对裂缝的有效支撑。

压后井温测井解释显示，裂缝缝高在2760~2774m范围内延伸，缝高14m，有效控制了缝高在纵向上的过渡延伸，也验证了该思路对于顶底板遮挡条件较差的薄互层压裂具有较好的适用性。

该井压后压裂液返排率和见油时间明显好于同类型油藏压裂井，初期日产量达到6t，后期稳产达到4t左右，是相邻区块产量的3~4倍，取得了较好的经济效益。

通过6口高应力致密薄互砂岩油藏压裂现场应用情况来看，通过前置液阶段采用低黏滑溜水低排量造缝，一方面能控制裂缝纵向延伸高度，另一方面也最大限度地降低了外来液体对储层的伤害。压后分析表明，低黏滑溜水控缝高作用明显，返排率高，且比压裂液有更好的降阻效果，能够满足高应力致密薄互储层压裂的需要。

第五节　黏弹性表面活性剂压裂液

黏弹性表面活性剂（Visco-elasiticSurfactant，简称VES）压裂液，又称为清洁压裂液，是一种无聚合物压裂液，主要由低分子长链脂肪酸衍生物季铵盐表面活性剂、盐溶液、激活剂和稳定剂等很少几种添加剂组成。其具有滤失量小、效率高、对地层的伤害性小等优势，非常适合低渗透油气层，尤其是渗透率小于0.005μm^3的压裂改造工作中。其中表面活性剂分子中含有亲水基和长链疏水基，相对分子质量比瓜尔胶小大约5000倍，并且在分子链两端上存在正负电荷端。和常规聚合物压裂液相比较，黏弹性表面活性剂压裂液具有明显的优势。其施工摩阻小，只有清水摩阻的25% ~40%，具有良好的控缝高而造长缝的作用，不含聚合物，自动破胶后没有瓜尔胶压裂液残留达60% ~65%的固体残渣[12]，不需要胶联剂和破胶剂，滤失不形成滤饼，对储层伤害小（伤害率仅3% ~5%），在170s^{-1}剪切条件下，有效携砂黏度为25mPa·s，比瓜尔胶压裂液在同等条件下最小携砂黏度>50mPa·s小1倍。黏弹性表面活性剂压裂液配方组成十分简单，只需要3 ~4种添加剂，现场配液简单，各方面性能稳定，而且由于其小相对分子质量的结构特点，对地层的伤害接近零，不需添加破胶剂，不溶物残余量也基本是零。黏弹性表面活性剂压裂液零伤害、零污染等方面的优点让其倍受重视，被称为清洁环保型压裂液，成功作为一种新型的压裂液体系出现在石油行业中。

一、黏弹性表面活性剂的结构特征

黏弹性表面活性剂压裂液中起主要作用的是黏弹性表面活性剂，因此，压裂液体系是否拥有良好的性能主要取决于黏弹性表面活性剂的结构特征。表面活性剂也称界面活性剂，主要作用是使目标溶液在较低浓度时，表面张力也能下降，以及降低水和其他液体间表面张力的物质。其分子结构是由截然不同的两部分构成，分子一端是非极亲油的疏水基（亲油基），疏水基通常是非极性烃链，比如8个C以上的碳链，另一端是极性亲水基（疏油基或亲水头），亲水基经常是硫酸、酸、酸基等及其盐，也可是醚键、酯胺基等（图4-26）。这两种基团之间用化学键连接起来，形成一种特殊结构同时具备亲水、亲油的性能，但并不是整体的亲水亲油。这种特别的结构常被称为“双亲结构”，也称“双亲分子”。表面活性剂因其独特的结构，广泛应用于各种不同的行业，包括化妆品清洁行业，食品加工行业作乳化剂、增调剂等，涂料工业中的表面处理以及石油工业中用于压裂液的制备、提高采收率等等。

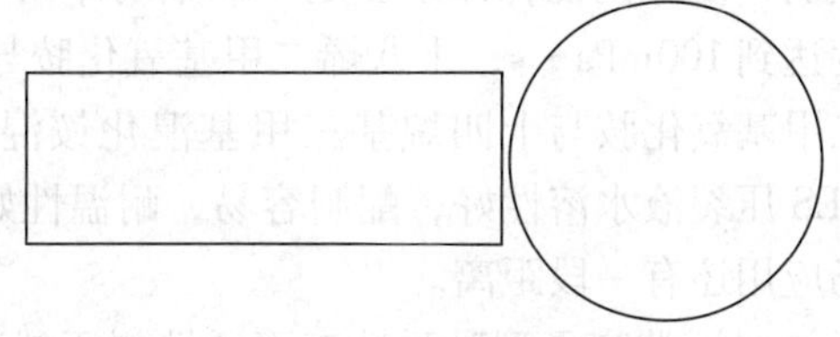

图4-26　表面活性剂结构图

二、黏弹性表面活性剂的分类

黏弹性表面活性剂压裂液体系可分为阳离子型、阴离子型、两性离子型和非离子型。

（1）阳离子型黏弹性表面活性剂压裂液体系。这类黏弹性表面活性剂压裂液主剂为阳离子型长链烷基季铵盐、长链烷基卤化吡啶等，反离子盐类有水杨酸钠、苯甲酸钠、苯磺酸钠、KCl、KBr等。其中，以含16 ~22个碳原子季铵盐类阳离子表面活性剂与水杨酸钠或氯化钾配制的清洁压裂液研究最为广泛。VES压裂液的斯伦贝谢公司最早开发的“Clear FRAC”压裂液由2.0% ~6.0%的二十二烷基二羟乙基甲基氯化铵、4.0% ~6.0%的KCl、0.06% ~0.1%的水杨酸钠组成，可以在93℃以内的储层中应用。BJ公司开发的“Aqua StarTM”压裂液由FAC -1W、FAC -2W或FAC -3W组成，是一种阳离子型表面活性剂压裂液，使用温度10 ~71℃，也可应用于N_2或CO_2泡沫压裂，耐温可达121℃。

（2）阴离子型黏弹性表面活性剂压裂液体系。该体系由长链阴离子表面活性剂及无机或有机盐和其他添加剂组成，磺酸盐型阴离子表面活性剂压裂液体系研究较多。Schlumberger 公司在 2000 年初开发了一种由阴离子表面活性剂构成的“Clear FRACEF” VES 压裂液，阴离子型 VES 压裂液的主剂主要是 1.0% ~4.0% 表面活性剂长链烷基（酰胺基）羧酸盐、磺酸盐、硫酸酯盐及 KCl 盐水等组成，适用于 26 ~82℃的地层，并在南美委内瑞拉 Bachaquero 油田得到应用。BJ 公司开发一种 ElastraFrac™压裂液，它由一种阴离子表面活性剂及多种盐类组成，耐温能力可达 120℃。另外，Thomas D. W. 等提出了一种可生物降解的阴离子型 VES 压裂液，成本低廉，原料可再生，但耐温性和降滤失性较差。

（3）两性离子型黏弹性表面活性剂压裂液体系。两性离子表面活性剂分子中含有一个阴离子基团和一个阳离子（或显正电性）基团，因此，某些两性离子表面活性剂在不添加助剂的情况下也能形成黏弹性溶液。另外，两性离子表面活性剂与阴阳离子表面活性剂在溶液中均具有较好的协同增稠作用，其复配体系可形成黏弹性胶束溶液。两性离子型 VES 压裂液的主剂主要为长链酰胺烷基甜菜碱、氧化胺，激活剂为 KCl、季铵盐等表面活性剂。两性离子表面活性剂因亲水基团多而水溶性好，低温配制较为方便。美国专利（US 7544643）介绍了 4% 的 TAPAO（牛脂酰胺丙基氧化胺）与 $CaCl_2$、$CaBr_2$ 盐水成胶形成的 VES 压裂液。一些两性离子表面活性剂与助表面活性剂（如直链醇类、阴或阳离子表面活性剂）复配的混合体系也是 VES 体系，十四烷基二甲基氧化胺与十二醇的混合溶液的黏度达到 100mPa · s，十八烯二甲基氧化胺与十二烷基硫酸钠混合液的黏度非常大，十八烯二甲基氧化胺与十四烷基三甲基溴化铵混合溶液的黏度也达到 104mPa · s。两性离子型 VES 压裂液水溶性好，配制容易，耐温性好，但国内还没有工业化产品，成本较高，离现场应用还有一段距离。

（4）非离子型黏弹性表面活性剂压裂液体系。非离子表面活性剂形成黏弹性溶液一般需要较高的浓度，非离子表面活性剂浓度一般超过 15%，体系耐高温性能良好，但成本较高。非离子型表面活性剂在水中不电离，其亲水基主要由具有一定数量的含氧基团（一般为醚基或羧基）构成。非离子表面活性剂在地层吸附少，是一种较为理想的 VES 压裂液的主剂。研究表明，非离子型表面活性剂要形成黏弹性流体，所需要的浓度较高，如总表面活性剂浓度在 10% 以上的非离子型 2，2-二羟乙基十二烷基胺与十二烷基硫酸钠混合后能形成 VES 溶液。国内外还未见非离子型 VES 压裂液的应用报道。

三、黏弹性表面活性剂压裂液的成胶与破胶机理

黏弹性表面活性剂是一种具有黏弹性的小分子，它的分子尺寸比瓜尔胶分子小 5000 倍的数量级，它包括亲水基和长链疏水基，分子链上有正电荷端和负电荷端。在盐的存在下，它们形成伸展的胶束聚集体。当这种表面活性剂在溶液中的浓度高于临界胶束浓度时，这些胶束互相缠绕并形成空间网状结构，流体呈现出黏弹性，能有效地携带支撑剂。这种体系不像瓜尔胶压裂液，它不需要交联剂。胶束结构中存在相互间排斥力，正是这种力使胶束保持球形，从而导致流体具有很低的黏度。但采用无机或有机阳离子能提高表面活性剂流体的黏度。当与油、气接触或被地层水冲洗时，清洁压裂液通过将蠕虫状的胶束破坏成小球形胶束而降低黏度。这些球形胶束彼此不能缠结，因而导致流体具有水样的黏

度，不需要破胶剂，流体就很容易被返排至地面，其成胶破胶机理可由图 4-27 来表示。

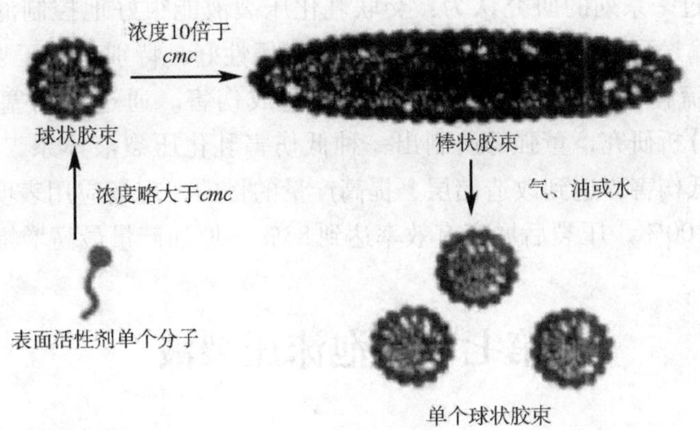

图 4-27　黏弹性表面活性剂压裂液成胶破胶机理示意图

四、黏弹性表面活性剂压裂液的应用情况

1997 年，Eni-Agip 的专家和 Schlumberger 压裂液工程师对常规聚合物压裂液进行分析和研究，他们放弃了使用常规的聚合物而选择使用黏弹性表面活性剂，研究出了用黏弹性表面活性剂（VES）制备压裂液的方法，这种压裂液由 EHAC、异丙醇、氯化钾等物质组成，具有添加剂种类少、现场配制简单、施工方便、对地层伤害低等特点，在国外得到了广泛研究和应用。目前，在美国、加拿大等北美国家应用超过 3000 井次，清洁压裂液应用于 CO_2 泡沫压裂也已超过 300 井次。

国内长庆油田 1999 年首先引进 Schlumberger 公司的“Clear FRAC”清洁压裂液并在现场进行了 5 口井试验，部分油气井增产效果明显，但因其价格高限制了其在国内范围的推广应用。随后，国内石油院校及油田生产单位进行自主研究和现场应用，如胜利油田、中原油田、新疆油田、南阳油田、延长油田等，均完成了数量不等的试验井，部分井取得了较好的效果。由于成本高及部分井增产不明显等原因，近几年各大油田开展清洁压裂液试验和推广应用的势头减缓。

第六节　乳化压裂液

乳化压裂液是 20 世纪 70 年代发展起来的压裂液体系，又分为水包油型乳化压裂液和油包水型乳化压裂液两种。70 年代中期到 80 年代，该体系有较快的发展，并作为经济、有效的压裂液应用于低压油气藏。水包油型乳化压裂液具有比油包水型乳化压裂液摩阻小、流变性便于调节、易返排等优点，在我国新疆、吐哈等油田多次施工应用，并取得了一定的成效，但水包油型乳化压裂液对地层（尤其是水敏地层）的伤害较为严重。油包水型乳化压裂液与油基冻胶压裂液相比，具有较高的性价比，适合于水敏性、低压、低渗储层的压裂改造，同时具有增黏能力强、黏度调节便利、高携砂、低滤失、低残渣等优点，但配制工艺相对严格，制备设备特殊，耐温性较差。对于低压水敏油气藏的压裂改造，以油包水型乳化压裂液代替目前广泛使用的油基冻胶压裂液，具有较为重要的现实意义。S KaKajian 等[13]通过一系列的研究认为：交联乳化压裂液能很好地控制滤失、有效地悬浮支撑剂并将它们输送到裂缝深处，与地层的流体配伍性好，特别是当压裂施工完毕后，易于破胶得到低黏流体，便于返排，防止对地层造成伤害。通过对阿塞拜疆 Kursenge 和 Karabagli 油田的分析研究，董强等研制出一种低伤害乳化压裂液体系[14]。该压裂液有助于保护储层，降低伤害，达到改造储层、提高产量的目的。现场应用表明，该乳化压裂液施工成功率达到100%，压裂后增产有效率达到83%，原油产量最高增幅达到50%以上。

第七节　泡沫压裂液

泡沫压裂液是在常规植物胶压裂液基础上混拌高浓度的液态 N_2 或 CO_2 等组成的，以气相为内相、液相为外相的低伤害压裂液。气体泡沫质量（在给定温度和压力下，气体体积占泡沫体积百分比）多为50% ~70%，泡沫质量小于52%时为增能体系，一般用作常规压裂后的尾追液，以帮助压后残液的返排；气泡质量大于52%时，内相气泡颗粒小，稳定性好，半衰期（从泡沫中分离出一半液体所需要的时间）长，分布均匀，流动时气泡与气泡相互接触，相互干扰，使其黏度大，携砂能力强；泡沫压裂液中液相比例小，一般只有30% ~50%，压裂中大大降低了液相在地层中的滤失量，伤害性小；泡沫压裂液注入地层后泡沫被压缩，体系聚积能量（压力），压裂结束后聚集的能量使气体膨胀，向外反顶压裂液残液，驱使残液快速而彻底返排，并将缝中残渣带出井筒；泡沫压裂液在井筒中能形成气流与管壁的滑流层而处于层流状态，其流动摩阻小，只有常规压裂液的30% ~40%。泡沫压裂液的这些优点，特别适用低温、低压、水敏或水锁等敏感性强的油气井的压裂改造。

一、国外泡沫压裂液研究进展

国外泡沫压裂液流体的研究始于20世纪70年代。1970年，MitchellB J. 研究了泡沫流体的流变学特性；1976年，Liption D，Burnet D B. 对修井液与完井液中使用的聚合物进行了比较研究；1983年，Hirasaki G J. 等研究了多孔介质中泡沫流体的毛细管滑流黏滞性机理，Grundmann S R 对泡沫压裂液的起泡剂进行了研究，Watk ins E K 研究开发出了一种新的交联泡沫压裂液体系；1985年，Harris P C. 对 N_2 泡沫压裂液体系的流动摩阻损失进行了研究；1986年、1987年和1997年，Reidenbach V G. 等先后3次对 N_2 和 CO_2 泡沫压裂液的流变性进行了研究；1987年，CawiezelK E，Niles T D. 率先两次模拟井下条件研究了泡沫压裂液的流变性，Phillip C. 等研究开发出了一种高质量的泡沫压裂液体系；1989年和1994年，Harris P C. 分别就泡沫的气泡结构对泡沫压裂液流变性的影响和交联泡沫压裂液流变学特性进行了研究；1995年，Durian D J，Mason T G，Mason T G，BibetteJ，We itz D A，EnzendorferC. 分别就泡沫的气泡尺寸对泡沫压裂液物理特性的影响、泡沫乳胶压裂液的压缩弹性、泡沫流体的管流黏滞性进行了研究；1996年，Harris P C，Heath S J. 研究了欠平衡钻井下水基泡沫压裂液的流变性；1999年，Herzhaft B. 对水基泡沫压裂液的流变学特征进行了研究；2000 年，Harris P C，Pippin P M. 在 1996 年 Harris P C，H eath S J. 研究基础上，再次研究了泡沫压裂液流动的管线摩阻和孔眼摩阻；2001 年，AbubM S. 等人也对植物胶泡沫压裂液的流变学特性进行了研究；2004 年，Sun Q C，StefanH. 对液相泡沫流体气泡晶格结构的二维模式进行了研究。回顾国外泡沫压裂液研究历程，早在 20 世纪 70 年代，泡沫压裂液就在美国率先得到应用，1982 年后有较大发展。泡沫压裂液研究大致经历了 4 个阶段：第一代泡沫压裂液（70 年代）主要由盐水、酸类、甲醇、原油、N_2和起泡剂配制而成，其泡沫稳定性差，寿命短，携砂浓度只有 120 ~ 240kg/m^3，适合浅井小规模施工；第二代泡沫压裂液（80 年代）由盐水、起泡剂、聚合物（植物胶）、稳泡剂和 N_2 或 CO_2 组成，其泡沫稳定性好、寿命长、黏度大，携砂浓度可达 480 ~ 600kg/m^3，适合各类油气井压裂施工；第三代泡沫压裂液（80 ~ 90 年代）由盐水、起泡剂、聚合物、交联剂、N_2或 CO_2组成，以交联冻胶体为稳泡剂，气泡分散更均匀、更稳定、黏度更大，携砂浓度可大于 600kg/m^3，适合高温深井压裂施工；第四代泡沫压裂液（90 年代后）在组成上与第三代差异不大，但更强调内相气泡的分布和体积的控制，具有抗温耐剪切性更好、气泡寿命更长、黏度更大、携砂能力更强的特点，携砂浓度可达 1440kg/m^3 以上，加砂规模可达 150t 以上，可满足大型加砂压裂施工的需要。

二、国内泡沫压裂液研究进展及应用现状

国内对泡沫压裂液的研究与应用始于 20 世纪 80 年代后期。1988 年辽河油田成功进行了 N_2 泡沫压裂液施工，1997 年吉林油田引进美国 SS 公司 CO_2 泡沫压裂液设备进行了油层吞吐和 CO_2 助排压裂的应用，从此拉开了国内泡沫压裂液研究及应用的序幕。国内泡沫压裂液研究可分为非交联泡沫压裂液研究和交联泡沫压裂液研究及应用两部分，交联泡沫压裂液研究及应用又分酸性交联 CO_2 泡沫压裂液研究及应用和有机硼（碱性）交联 N_2 泡沫压裂液研究及应用两部分。

（一）非交联泡沫压裂液研究

2000 年，陈彦东等与国外合作，开发了泡沫压裂液回路装置（MPFL）来研究 FCL－70 型非交联 CO_2 泡沫压裂液流变性，起泡剂采用中国石油压裂中心研制的 L－36，研究获得了不同 CO_2 质量泡沫压裂液流变参数，分析了泡沫质量与黏度、黏弹性、气泡微观结构、支撑剂沉降速度的关系[15]；2003 ~ 2004 年，王志刚等和王树众等模拟压裂施工条件分别对 CO_2 泡沫压裂液流变性和对流换热性进行了研究；王树众等研究了压力、温度、CO_2 质量、气液相流量等因素对泡沫压裂液在管柱内对流换热系数的影响；2006 年，沈林华等根据气泡尺寸对泡沫压裂液流变机理进行了研究，建立了泡沫压裂液二维物理模型，将气泡和液相及气泡与气泡间的作用比作弹簧，从能量耗散角度推导了泡沫质量大于 70%、剪切速率大于 $500s^{-1}$时泡沫压裂液的流变学方程，计算泡沫压裂液黏度的最大误差为 9.7%，平均为 4.9%，明显优于 Reidenbach 和 Mitchell 等的方程[16]；同年，李兆敏等研究了泡沫压裂液在裂缝中的层流流动，认为幂律式层流流动能体现泡沫压裂液的实际流动。非交联泡沫压裂液研究没有采用交联剂，稳泡剂是羟丙基瓜尔胶，相当于国外第二代泡沫压裂液，没有获得实际应用。

（二）酸性交联 CO_2 泡沫压裂液研究进展及应用现状

CO_2 在水溶液中显酸性，而羟丙基瓜尔胶多糖顺式羟基分子结构使它必须在碱性条件下才能实现交联而形成高黏弹性的冻胶体，在酸性条件下（pH＝3～4），高分子植物胶的羟基被水中 CO_2 的酸性所消耗而交联增黏困难。丁云宏等（2002 年）、刘晓明等及周继东等（2004 年）和杨胜来等（2007 年）采用酸性交联剂 AC－8，实现了 CO_2 泡沫压裂液在酸性条件下的交联。并对 CO_2 泡沫压裂液稳泡性、携砂性、滤失性、伤害性等进行了研究。这种 CO_2泡沫压裂液相当于国外的第三代泡沫压裂液，其稳泡性、抗温耐剪切性、携砂性、破胶性、助排性、滤失性、伤害性等均获得了显著提高。因此，在实际应用中获得了良好的效果。1999～2000 年，长庆靖安油田和江苏油田对陕 11、陕 28、陕 156、陕 217 和苏 6 等油气井进行 CO_2 泡沫压裂液施工后，分别获得了油气无阻流量 $7.7\times10^4m^3/d$、$56.6\times10^4m^3/d$、$4.2\times10^4m^3/d$、$15.4\times10^4m^3/d$ 和 $4.1\times10^4m^3/d$（苏 6 井山 1 层位）、$120.2\times10^4m^3/d$（苏 6 井盒 8 层位），增产效果明显；2000 年，江苏油田对 GX1、W2－3、SN20 3 口油井进行 CO_2 泡沫压裂液施工后，GX1 井和 W2－3 井自喷返排率达 78.8% 和 87.0%，而 GX1 井相似油层常规压裂后返排率不到 20%，W2－3 井压后原油产量由 4.0t/d 上升到 6.7t/d，SN20 井发生砂堵而只加砂 $7.4m^3$，但原油产量仍由 5.2t/d 上升到 12.8t/d，增产效果也很明显；2004 年，大庆油田对扶扬油层民 6 井 F1 号层采用 CO_2 泡沫压裂施工后，也获得了 4.1t/d 的原油工业产能，增产效果也明显。

（三）有机硼（碱性）交联 N_2 泡沫压裂液研究进展

2002 年，许卫等研究了 N_2 质量、温度、压力等因素对硼交联 N_2 泡沫压裂液流变性的影响；2005～2006 年，段百齐等模拟施工井下温度、压力条件，对硼交联 N_2 泡沫压裂液两相流和摩阻进行了研究[18]；2005 年，沈林华等对施工条件下硼交联 N_2 泡沫压裂液两相管流的对流传热性进行了研究，得出了压力、温度、N_2 质量对 N_2 泡沫压裂液对流传热性的影响规律，提出了施工条件下硼交联 N_2 泡沫压裂液对流换热系数计算式[19]；2007 年，舒玉华等研究了低分子醇类对硼交联 N_2 泡沫压裂液性能的影响[19]。有机硼交联 N_2 泡沫压裂液也相当于国外第三代泡沫压裂液，由冻胶体作稳泡剂，其稳定性、耐温抗剪切性、悬砂性、破胶性、助排性、滤失性、伤害性等均获得了显著提高，在实际应用中也获得了良好的效果。

综上所述，国内泡沫压裂液研究还主要建立在实验研究的基础之上，且多集中在技术实力强劲的大学和科研院所，如西安交通大学、中国石油大学、中国地质大学、西南石油大学和中国石油勘探开发研究院等单位。而泡沫压裂液的实际应用还不普遍，主要原因是泡沫压裂液施工设备复杂而昂贵，施工成本高，施工成本的回收期较长，且目前国内还不能独立生产这样的压裂施工设备。因此，需要加大投入，从国外引进泡沫压裂液施工设备才能获得普遍应用。中国石化石油工程西南有限公司正在引进拌 N_2 泡沫压裂液施工设备，实现川西低渗致密岩石气藏低温低压气井 N_2 泡沫压裂液施工已为期不远。

第八节　清洁聚合物压裂液

近年来，随着低渗透油气藏开发的不断深入，以及页岩气勘探开发的快速发展，作为主导增产措施的压裂工作量越来越多，压裂液是压裂施工关键技术之一。目前压裂施工主要采用了3种压裂液体系，它们分别为植物胶及衍生物压裂液体系、黏弹性表面活性剂（VES）压裂液体系和合成聚合物压裂液体系。植物胶压裂液占整个压裂市场的90%以上，但是该类型压裂液存在价格不稳定、残渣多和伤害储层等缺点；VES压裂液体系克服了植物胶压裂液伤害大的缺点，但是该类型压裂液耐温性能较差，不能满足高温储层压裂施工要求。因此，开发合成聚合物压裂液技术成为石油公司的迫切需要。清洁聚合物压裂液具有较强的耐温耐盐耐剪切性能、悬砂性能好和对储层伤害小等优点，该类型压裂液体系是压裂液技术的重要发展方向之一，该领域的研究已经成为国内外研究热点。本内容从化学交联清洁聚合物压裂液和可逆物理交联清洁聚合物压裂液两个方面，重点介绍了国内外最新研究及应用进展；从研制绿色环保智能聚合物压裂液、在线连续混配聚合物压裂液及聚合物压裂液交联、防膨、助排一体化技术3个方面对未来清洁聚合物压裂液发展方向提出了新认识。

一、化学交联清洁聚合物压裂液

化学交联清洁聚合物压裂液是聚合物压裂液中一种最常见的类型，其主要以丙烯酰胺为主单体合成高分子聚合物增稠剂；以有机锆、有机钛等金属有机化合物作为化学交联剂，增稠剂和交联剂分子之间通过共价键或配位键形成化学交联清洁聚合物压裂液。

张锁兵等[20]研制了适合80～140℃储层温度的化学交联清洁聚合物压裂液，该压裂液主要由阴离子型聚合物增稠剂、有机金属盐交联剂和有机螯合物交联调节剂组成，结果表明：该压裂液在140℃、$170s^{-1}$、剪切2h后黏度约为83mPa·s；破胶温度为80℃，破胶时间为2小时，破胶液残渣含量为30mg/L；80～120℃温度下滤失系数为1.13×10^{-4}～$3.62\times10^{-4}m/min^{0.5}$，压裂液滤液对岩心基质的伤害率为8.3%，该聚合物压裂液目前未见现场应用的报道。候帆等研制了有机钛化学交联清洁聚合物压裂液，其配方为0.6%聚合物增稠剂、0.8%有机钛交联剂、1%温度稳定剂、1%黏土稳定剂、1%助排剂和0.4%交联延缓剂，结果表明：该压裂液在140℃、$170s^{-1}$、剪切90min后黏度约为250mPa·s；20%砂比在常温下和90℃水浴中静置2h后基本无沉降；破胶液的黏度小于5mPa·s；该压裂液应用于压裂施工现场，每1000m摩阻比瓜尔胶压裂液低0.8MPa，降低摩阻效果明显。曾科等[22]研制了化学交联的小分子支链化聚合物压裂液，该压裂液主要由增稠剂、多羟基铝盐及锆盐化学交联剂、温度稳定剂、防膨剂及助排剂组成，结果表明：该压裂液在140℃、$170s^{-1}$、剪切2h后黏度约为65mPa·s；破胶液的黏度小于5mPa·s；破胶液表面张力小于28mN/m；界面张力小于2mN/m；该压裂液应用于坨36－33井压裂施工，平均砂比27.6%，22d累计产油72t，压裂增产效果较好。崔会杰等[23]研制了低相对分子质量聚合物压裂液，其主要由稠化剂、有机锆与醛复合化学交联剂、调节剂、活化剂和耐温剂组成。结果表明：该压裂液体系在130℃、$170s^{-1}$、剪切90min后黏度大于100mPa·s；对岩心伤害率小于20%；该压裂液在乌里雅斯太油田现场应用，平均单井日产油量12.23t，比使用瓜尔胶压裂液日产油量提高了21.3%；在鄂尔多斯盆地Y413和Y620天然气井现场应用，日产天然气1.2×10^4～$1.5\times10^4m^3$，比使用瓜尔胶压裂液日产气量提高了25%左右。何东[24]等介绍了以聚合物为增稠剂、乳酸铬和柠檬酸铝为交联剂配制成AP－P3压裂液。结果表明：该压裂液加入0.2%的过硫酸铵，4h破胶；压裂液滤液对岩心伤害率小于15%；现场施工平均砂比20.5%～41.8%，最高瞬时砂比51%，平均返排率大于80%，现场施工成功率达到100%。娄燕敏[25]研制了一种耐200℃聚合物压裂液体系，该化学交联清洁聚合物压裂液由1%增稠剂、0.8%交联剂、0.5%高温稳定剂、0.45%交联促进剂、1%黏土稳定剂、0.1%助排剂和0.08%破乳剂组成。结果表明：在200℃条件下，剪切150min后黏度为100mPa·s，该压裂液在辽河油田强1－56－19井进行压裂作业，日产油量由压裂前的4.4m^3上升到10.6m^3，最高日产油量为19.8m^3，压裂施工效果明显。中国专利CN101805600A[26]介绍了一种化学交联清洁聚合物压裂液，主要由0.3%～0.5%聚丙烯酰胺增稠剂、0.014%～0.04%氧氯化锆交联剂、0.01%～0.12%pH值调节剂和0.06%～0.12%破胶剂组成。结果表明：该体系低温交联速度快、黏度大、低滤失、破胶彻底且破胶液无残渣，易返排等特点，能有效提高煤层气产量。Liu Yueliang等[27]介绍了一种化学交联清洁聚合物压裂液，所用增稠剂是超支化高分子聚合物，分子结构见图4－28所示，化学交联形成冻胶见图4－29所示。该压裂液体系在150℃、170s^{-1}、剪切90min后黏度大于100mPa·s，对岩心伤害率小于10%；该压裂液在白T－404井现场应用，初始砂比为15%，最高砂比为45%，返排率为67.3%，日产油10.5m^3；在春B－401井现场应用初始砂比为15%，最高砂比为40%，返排率为70.9%，日产油13.8m^3。化学交联清洁聚合物压裂液黏度较高，形成“可挑挂”冻胶，具备较好的耐温性能、降滤失性能及悬砂性能，现场应用取得了较好的增产效果，但是该类型压裂液存在成本高、交联不可逆、低温破胶困难（≤60℃）等缺陷。因此研究一种低成本、交联可逆、易低温破胶的新型聚合物压裂液成为目前研究需要解决的问题。

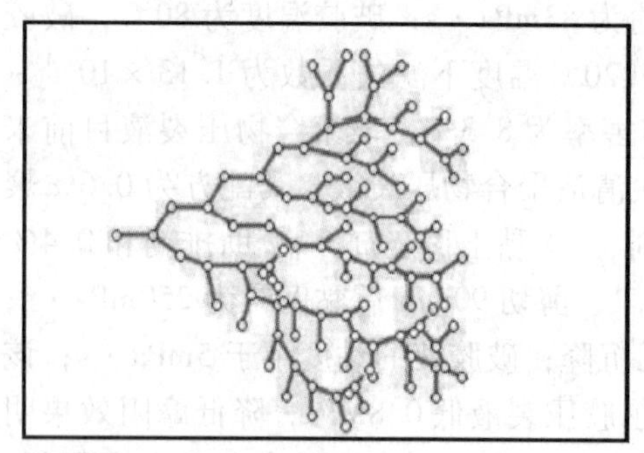
图4－28　超支化高分子聚合物示意图

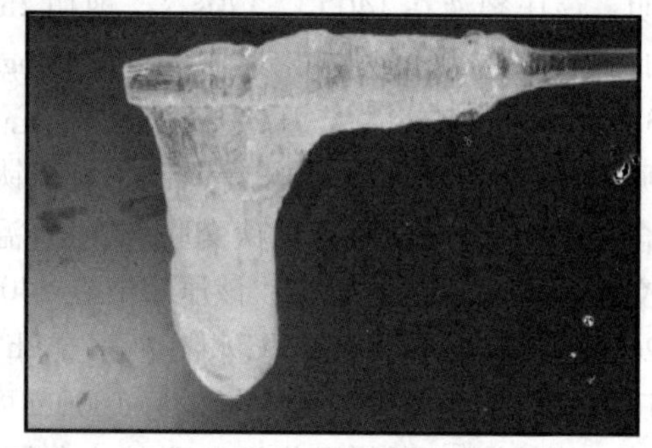
图4－29　化学交联形成冻胶示意图

二、可逆物理交联清洁聚合物压裂液

可逆物理交联清洁聚合物压裂液（又称疏水缔合聚合物压裂液）是目前国内外研究较多的技术领域，该压裂液所用增稠剂是一类在主链上引入极少量疏水基团的高分子聚合物，疏水基团含量为2～5mol%；所用交联剂是一类阴离子表面活性剂或非离子表面活性剂，其作用机理是疏水缔合聚合物增稠剂分子和物理交联剂分子通过静电、氢键或者范德华力形成三维网状结构，使溶液黏度大幅度增加。

赵鹏飞等[28]报道了西南石油大学GRF物理交联聚合物压裂液体系及现场应用（图4－30）。该压裂液具有良好的黏弹性、降滤失性、以及无残渣、低伤害和低摩阻等特性。在南VH10－1井现场施工最大排量2.8m^3/min，总液量为1438.63m^3，共加砂140m^3，返排液黏度4mPa·s，日产油从压裂前的0.8m^3 增加到7.9m^3，压裂增产效果显著。中国专利CN 102352232 A[29]介绍以N-十六烷基丙烯酰胺为疏水缔合单体的聚合物压裂液，该体系具有不需要化学交联剂就具有类似于交联聚合物的空间网络结构、剪切稀释性强、悬砂能力强，能够用海水和产出无水配制，能满足25~240 ℃井温要求，对油层没有污染。中国专利CN 103224779 A[30]介绍了一种缔合型非交联压裂液及其制备方法，其疏水缔合聚合物增稠剂分子结构中包含丙烯酰胺单体单元，至少一种双亲不饱和单体单元和至少一种阴离子烯属不饱和单元，其物理交联剂为阴离子表面活性剂或非离子表面活性剂。该物理交联聚合物压裂液体系具有组成简单、低残渣、低伤害、低摩阻、抗剪切和耐温耐盐等特点，可以作为替代瓜尔胶压裂液产品。中国专利CN 104087281 A[31]介绍了一种高抗盐性聚合物压裂液及其制备方法，其压裂液配方组成为0.6% ~0.8%聚合物增稠剂、0.3% ~0.4%物理交联剂、1.0% ~1.5%防膨剂、0.03% ~0.05%破胶剂和2.5% ~4%金属离子稳定剂，所用增稠剂是以丙烯酰胺、二甲基二烯丙基氯化铵为主单体的疏水缔合型增稠剂，所用物理交联剂为十二烷基苯磺酸钠、十二烷基硫酸钠等表面活性剂。该压裂液体系具有较强的抗盐，抗Ca^{2+}，Mg^{2+}能力，可以使用高盐度水，甚至海水进行配液。

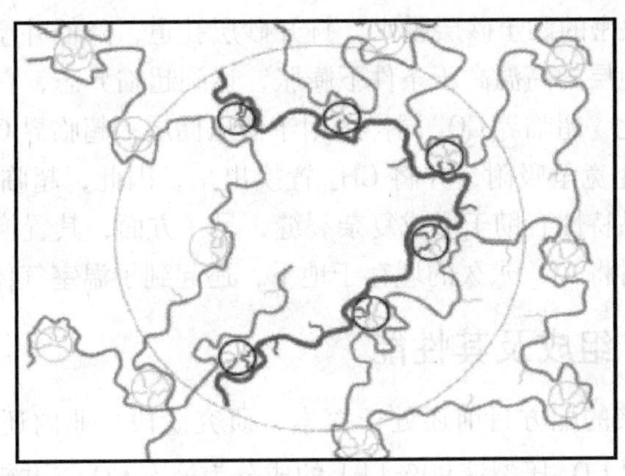

图4-30　物理交联聚合物压裂液作用机理示意图

中国石化石油工程技术研究院自2012年起开展了疏水缔合聚合物压裂液体系研究工作，从疏水缔合聚合物增稠剂分子和交联剂分子设计出发，实验室合成了高效低成本增稠剂和交联剂小样，在3000t/a的工业化装置上成功生产出增稠剂和交联剂工业产品，确定了不同储层条件的压裂液配方。工业生产工艺技术成熟，产品质量稳定，与国外同类产品性能相当，价格较国外产品大幅度下降。研究结果表明：该新型压裂液在140℃、170s^{-1}、剪切2h条件下，表观黏度为62mPa·s，流变性能良好；当砂比为40%时，24h和48h内的沉降速率分别为4.6×10^{-4}mm/s和6.9×10^{-4}mm/s，携砂性能良好；在80℃，破胶剂加入量为0.01%时，破胶时间为1h，破胶液黏度为3.84mPa·s，破胶液平均表面张力为26.5mN/m，破胶液基本无残渣；压裂液滤液对岩心基质伤害率为10.25%；降阻率为60.15%。该压裂液成功应用于青海民和盆地红6井和红7井，两口井的最高砂比分别为25%和20%，返排率分别为69.8%和54.87%，产油量分别为6.8t/d和5.2t/d，压裂增产效果明显。Gaillard N等介绍了Flojet AN195SH、Flojet FP9515SH和Flojet SP292压裂液产品，其增稠剂为阴离子聚丙烯酰胺类疏水缔合聚合物，疏水单体含量小于1.5%，相对分子质量范围为$500 \times 10^4 \sim 1500 \times 10^4$。研究结果表明：在100℃、$170s^{-1}$条件下，当增稠剂加入量为0.5%时，2h后的黏度为60mPa·s左右。物理交联聚合物压裂液形成冻胶有别于化学交联清洁聚合物压裂液，聚合物增稠剂分子内或者分子间能产生具有一定强度又可逆的物理缔合作用，这一特性能很好地解决压裂液的热稳定性和抗剪切性，另外盐的加入会使疏水缔合作用增强，使水溶液黏度保持稳定甚至增高，表现出良好的抗盐性。

第九节　超临界CO_2压裂液

超临界CO_2作为做压裂液，具有常规水基压裂液不可比拟的优势。超临界CO_2具有高密度、低黏度、低表面张力、高扩散系数等特性，并且其作为压裂液非常容易返排，是一种高效清洁的新型压裂液。超临界CO_2易溶于原油，能够有效降低原油黏度，提高稠油的流动性，因此，适用于原油较稠的储层；由于采用纯CO_2作为主要成分，不含水，可有效避免近井地层堵塞、保护油气层、改善储层渗透性，因此，特别适用于水敏地层；超临界CO_2压裂液还可以使致密的黏土砂层脱水，打开砂层孔道，降低井壁表皮系数；CO_2以液态形式注入地层，在地层的高温高压条件下膨胀，达到超临界态，在此相变过程中，地层能量得到了补充，因此，超临界CO_2同样适用于低压储层；超临界CO_2在页岩中具有很强的吸附性，与CH_4产生竞争吸附，并将CH_4置换出来，因此，超临界CO_2压裂液开发页岩气，一方面，其低黏特性有助于形成复杂裂缝，另一方面，其置换作用可以进一步提高页岩气的采收率，同时将CO_2永久的埋存于地下，还起到了温室气体处理的作用。

一、基本配方组成及其性能

超临界CO_2压裂液的配方目前还处于探索、研究阶段，业内还未形成成熟的配方体系。现场应用的超临界CO_2压裂液90%以上的成分为液态CO_2，并辅以少量的增黏剂，提高其造缝和携砂的能力。其中，增黏剂的研发也是超临界CO_2压裂液研究的关键问题之一。目前正在研究的CO_2增黏剂主要有小分子增黏剂、小分子表面活性剂和聚合物增黏剂。其中，小分子增黏剂12-羟基硬脂酸、半氟化三烷基锡、氟代醚双脲、2-乙基己醇等，小分子表面活性剂全氟聚醚碳酸铵、di-HCF4、F7H4、AOK、Dynol-604及Ls-36、Ls-45等，在超临界或液态CO_2中的增黏效果并不理想，即使其质量分数达到数个百分点，最多也仅能使CO_2的黏度增大3~5倍。有机硅聚合物和含氟聚合物的增黏效果相对较好。在加入20%的甲苯作助溶剂的条件下，6%的聚二甲基硅氧烷（PDMS）可以使超临界CO_2的黏度增大90倍，达到3.48mPa·s。氟化丙烯酸酯-苯乙烯无规共聚物是迄今为止唯一不需助溶剂即可使CO_2黏度增大两个数量级的增黏剂，其质量分数5%可使液态CO_2的黏度增大400倍。但是由于成本、环境等问题，含氟及有机硅聚合物增黏剂仅是一种概念验证，并不具有应用价值。廉价、环保的碳氢聚合物在CO_2中的溶解性则较差，即使是目前发现的在CO_2中溶解性最好的碳氢聚合物——聚乙酸乙烯酯（PVAc），其质量分数为5%在液态CO_2中溶解所需压力也超过60MPa，并不具备足够的亲CO_2性。应选取合适的亲CO_2官能团，设计合成超临界CO_2专用增黏剂。

中国石油川庆钻探工程有限公司钻采工程技术研究院是国内最早开展 CO_2 干法压裂现场应用的单位之一，并且提出了自主的 CO_2 干法压裂液体系。通过分子模拟技术，从微观、介观和宏观 3 个层次研究了 CO_2 黏度随温度、压强变化的基本规律，探索化学剂的种类、浓度影响 CO_2 黏度的微观机理，并进行提黏剂分子结构的设计，结合室内实验，研发了一种 CO_2 提黏剂 TNJ，建立了 CO_2 干法压裂液体系，配方为：1.5% ~2.0% TNJ +（98.5% ~98.0%）液态 CO_2。在温度 62 ~63℃、压力 15 ~20MPa 实验条件下，1.5% TNJ +98.5% CO_2 压裂液黏度为 5 ~9mPa · s；2% TNJ +98% CO_2 压裂液黏度为 6 ~10mPa · s。实验结果表明，1.5% ~2.0% 提黏剂加量下，超临界 CO_2 黏度提高了 240 ~490 倍，较大幅度地提高了 CO_2 的黏度（图 4-31）。

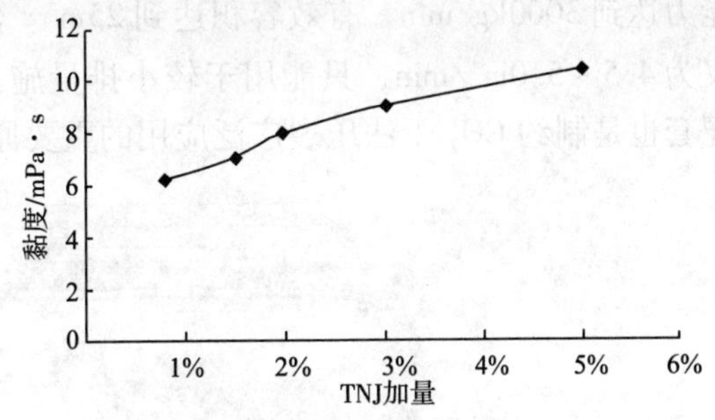

图 4-31　CO_2 压裂液黏度与 TNJ 加量关系图

BJ 公司通过向液态 CO_2 中混入液态 N_2，并使用甲氧基非氟代丁烷（$C_4F_9OCH_3$）作为起泡剂，形成了 CO_2/N_2 泡沫压裂液体系，该体系保留了液态 CO_2 压裂液的优势，同时大幅度提高了液体的悬砂能力和降滤失性能。中国石油大学（北京）压裂酸化实验室研发了一种高级脂肪酸酯作为液态 CO_2 的增稠剂，该增稠剂在加量 0.25% ~2.50% 条件下，可将液态 CO_2 提黏 17 ~184 倍，大大提高了增黏效率。

二、配套特种混砂车

压裂作业中普遍使用的压裂泵能够泵输液态 CO_2，若 CO_2 气化将导致压裂泵走空、失效。因此，在施工过程中，需确保地面泵注系统内的 CO_2 以液态形式存在。CO_2 相态受温度、压力影响敏感，常规水力压裂作业所使用的混砂装置无法满足 CO_2 干法加砂压裂作业需要，因此，需要一套 CO_2 密闭混砂装置，该装置具有保温、承压、输砂控制、流量计量和砂浓度监测等功能。

密闭混砂装置主要由混砂罐总成、动力系统、监测与控制系统和管汇系统组成。混砂罐总成用于存放压裂施工使用的支撑剂，具有保温功能，利用罐内的输砂螺旋将支撑剂输送到压裂管线中。动力系统为安装在输砂螺旋上的液压马达提供动力，具备低转速、大扭矩的特性，在一定范围内实现转速的无级调节。采用手动、自动一体式远距离集中控制设计，能够监测混砂装置的罐内压力，供液（气）流量和支撑剂浓度等数据。能够对装置的阀门，输砂螺旋的转速进行远程精确调节。管汇系统包含气相管汇、液相管汇、液位控制管汇、液相增压管汇、进排气管汇等，用于配合控制系统完成支撑剂充装、冷却、返排等工艺过程。

目前国内 CO_2 压裂设备与国际先进水平相比有较明显的差距，尤其关键设备——密闭混砂车存在明显缺陷。CO_2 黏度低，悬砂性能差，施工砂比低，这对混砂机的输砂能力提出了较高的要求。此外，CO_2 干法压裂需要先对混砂车中的支撑剂进行预冷，而支撑剂中含有水分，在低温下会结冰从而导致支撑剂结块，进而增加了平稳输砂的难度，甚至有造成砂堵的风险。传统混砂车多使用卧式混砂罐，搅拌轴转速低、搅拌轴短、搅拌存在死角，而 CO_2 携砂性能差，因此存在易沉砂、混砂罐最大砂比小的问题。目前，长庆油田使用的密闭混砂车，主要技术参数为：工作压力 2.5MPa；工作温度 -20℃；容积 $10m^3$；最大输砂速率仅为 $0.5m^3/min$。杰瑞公司 HSC05 型混砂车，容积达到了 $25m^3$，最大排量为 $5m^3/min$，最大输砂速率 $1m^3/min$，工作温度 -20℃，工作压力 2.5MPa，如图 4-32 所示。吉林油田设计了 1 台配备立式混砂罐的密闭混砂机，其最大排量达到 $8m^3/min$，最大喂料能力达到 3000kg/min，有效容积达到 $25m^3$。然而，配套的 CO_2 增压泵车长时间工作排量仅为 $4.5 \sim 5.0m^3/min$，只能用于较小排量施工。由此可见，压裂设备的落后及设备间不配套也是制约 CO_2 干法压裂广泛应用的重要原因之一。

图 4-32　杰瑞公司 HSC05 型密闭混砂车示意图

三、现场应用情况

2013 年 8 月 12 日，在苏里格气田苏东 ×× -22 井山 1 层进行了国内第 1 口 CO_2 干法加砂压裂现场试验。苏东 ×× -22 井山 1 段为砂岩储层，储层有效厚度 8.8m，电测解释基质渗透率 $0.4 \sim 1.2mD$，地层压力系数 0.86，属于低压、低渗透、强水锁伤害储层。压裂施工排量 $2.0 \sim 4.0m^3/min$，加砂量 $2.8m^3$，平均砂比 3.5%。压裂施工过程顺利，CO_2 密闭混砂装置运转平稳，压裂施工参数及施工曲线如图 4-33 所示。压裂施工结果表明，CO_2 干法加砂压裂形成了有效裂缝，裂缝宽度能够满足支撑剂的加入需要。苏东 ×× -22 井压裂瞬时停泵压力 22.0MPa，折算井底压力 52.7MPa，远高于地层闭合压力（40MPa），具备了裂缝开启条件。在 $2.0 \sim 4.0m^3/min$ 的 CO_2 注入排量（1.5% ~ 2.0% 的 CO_2 提黏剂加量）下所形成的动态裂缝能够满足 $70kg/m^3$ 支撑剂的加入需要。苏东 ×× -22 井压后关井 24h 后放喷返排，第 2d 点火可燃，压后 3d 其 CO_2 气体排放完毕，实现完全自主返排。最高关井压力 16.4MPa，一点法测试无阻流量 $3.0 \times 10^4 m^3/d$。试验井的 2 口瓜尔胶压裂邻井苏东 ×× -20 井和苏东 ×× -21 井压后排液不通，井口压力低（苏东 ×× -20 井关井压力为 0，苏东 ×× -21 井关井压力为 3.5MPa）试气认为 2 口井无产能。相比常规瓜尔胶压裂，CO_2 干法加砂压裂技术增产效果明显。

2014 年 9 月 15 日，吉林油田与烟台杰瑞集团联合研发进行了较大规模的二氧化碳无水蓄能压裂，在 40 ~ 65MPa 施工压力下，共加液 $290m^3$、支撑剂 $10.5m^3$，瞬时流量达到 $3.9m^3/min$，砂比 4.8%。该施工井黑 +79 -31 -45 位于的区块油层原油黏度高、凝固点高，常温下不易流动。由于二氧化碳对原油具有较好的溶胀性和降黏作用，因此，采用液态二氧化碳压裂液体系进行压裂，以达到枯竭式开采能量补充、提高单井产量的目的。

2015 年 7 月至 9 月，致密油气藏大规模二氧化碳蓄能压裂在吉林油田陆续铺开。让

53 平 9-3 井等 5 口井运用该技术均一次取得成功。其中，让 53 平 9-3 井平均油藏埋深 2286m，共计储备液态二氧化碳 3650m^3，泵入地层 3102m^3，加入陶粒 51.6m^3，平均砂比 7.8%，压裂时长共计 2d，与先导试验相比，缩短了 8d。当年 10 月中旬，第一口完成压裂的红 87-22-4 井的日产液量由原来的不到 1t 增至 6.4t，日产油量由原来的不足 0.6t 增至目前的 4.3t。其余实施压裂的 5 口井，完全避开了在低压、强水敏性储层注水堵死地层孔隙、喉道的弊端。液态二氧化碳注入后，气化膨胀，增加了地层弹性能量，采收率大幅提升，油井增产效果明显。

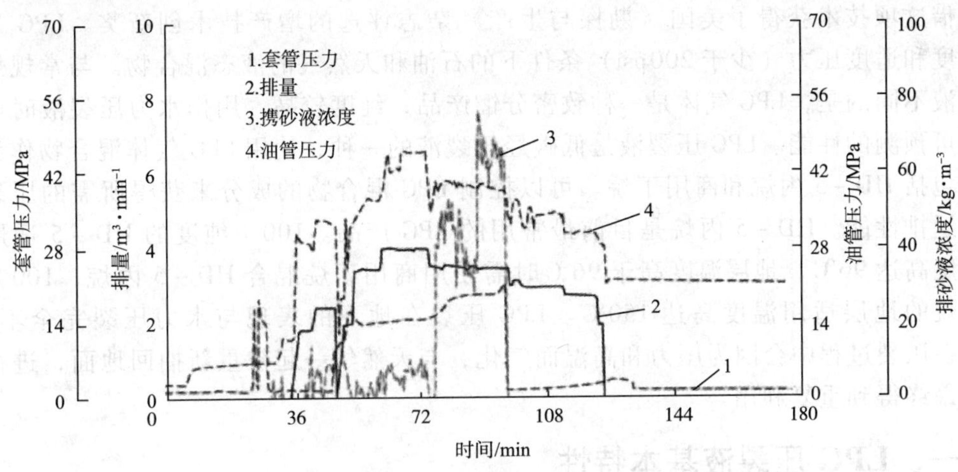

图 4-33　苏东××井压裂施工曲线

第十节　LPG 压裂液

页岩气等非常规油气资源已经成为世界天然气供应的重要组成部分，绝大多数需要采取有效的增产措施才能维持其经济开采。页岩气是指赋存于富有机质泥页岩及其夹层中，以吸附和游离状态为主要存在方式的非常规天然气，成分以甲烷为主，是一种清洁、高效的能源资源和化工原料，主要用于居民燃气、城市供热、发电、汽车燃料和化工生产等，用途广泛。我国页岩气资源潜力大，初步估计我国页岩气可采资源量在 36.1×$10^{12}$$m^3$，与常规天然气相当，略少于浅煤层气地质资源量。水力压裂技术虽然可以有效增加油气产量，但也存在一系列问题，主要体现在压裂液滞留所引起的储层伤害上，其中在气藏特别是非常规气藏更为突出。水相的侵入和滞留会对储层产生严重的水锁和水敏性伤害，而且储层质量越差，伤害就会越严重。为尽可能减少或者消除水相的使用，国内外尝试了多种新型压裂液体系，如增能/泡沫体系、醇基体系、油基体系和液态 CO_2 基体系等。其中，LPG 压裂液是一种以液化石油气代替水作为介质的压裂液体系，由加拿大 Gasfrac 公司首次提出并获得 2011 年 11 月第一届世界页岩气大会创新奖。

LPG（Liquefied Petroleum Gas），即液化石油气，是丙烷和丁烷的混合物，通常还伴随少量的丙烯和丁烯。LPG 是石油产品之一，是从油气田开采、炼油厂和乙烯工厂中生产的一种无色、挥发性气体，目前，主要应用于汽车、城市燃气、有色金属冶炼和金属切割等

行业。中国是全球LPG行业发展较快的国家之一，2015年1~10月，我国液化石油气累计产量2135.3794×10^4t，同比增长7.47%。

LPG是从原油溶解的密度较轻的混合物中通过滴定法来收集的，同时也可以通过密度大的碳氢化合物的分子裂变来产生。因此，LPG被人们认为是附属产品。以上数据表明，国内LPG产量丰富，具备发展LPG压裂技术的先决条件。

2011年11月，第一届世界页岩气大会将创新奖颁给了加拿大Gas Frac公司，以奖励他们在无水压裂技术上的突破性贡献－LPG（液化石油气）压裂。此后，该公司又凭借这项技术获得了美国《勘探与生产》杂志评选的增产技术创新奖。LPG是大气温度和适度压力（少于200psi）条件下的石油和天然气的液态混合物。与常规烃基压裂液不同的是，LPG气体是一种致密分馏产品，纯度较高，用作水力压裂液时可以产生可预测的性能。LPG压裂液是低碳烃压裂液的一种，使用LPG气体混合物作为基液，包括HD－5丙烷和商用丁烷。可以控制LPG混合物的成分来获得所需的压裂作业和返排性能。HD－5丙烷是目前最常用的LPG产品。100%纯度的HD－5适用地层温度高达96℃，地层温度高于96℃时需使用商用丁烷混合HD－5丙烷，100%商用丁烷的地层适用温度高达150℃。LPG压裂在地下的表现与水力压裂完全不同：LPG在压裂过程中会因为压力和高温而气化，与天然气一起被重新抽回地面，进行分离并最终得到重复利用。

一、LPG压裂液基本特性

（一）LPG压裂液组分

液化石油气作为介质，当其中溶解有起到稠化作用的胶凝剂和其他助剂，可在交联剂作用下形成具有三维网络结构的冻胶，即为LPG压裂液。

LPG压裂液主要是由交联后的胶凝剂分子所形成的三维网络结构包裹着液化石油气充当的介质和其他助剂。

1. 胶凝剂

胶凝剂是低碳烃压裂液的主要添加剂，是一种油溶性大分子酸性物质。其在低碳烃压裂液中主要起到两个方面的作用。一是稠化液化石油气的作用：它可均匀分散在油相中，通过交联使分子通过化学键产生遍布整个溶液的高粘网状弹性冻胶；二是起到减阻作用：由于冻胶在管柱中是以柱塞的形式流动，所以，在高速流动下，冻胶与管柱壁接触的表面受到很大的剪切力，将紧靠表面的交联结构拆散，产生一层具有降阻作用的过渡带，将冻胶塞与管壁表面隔开，使冻胶的流动阻力大大减小，这样可有效地降低施工时的泵注压力，给现场施工带来方便。

LPG压裂液中起到增稠作用的助剂通常被称作胶凝剂，是一类烷基磷酸酯。烷基磷酸酯胶凝剂可由五氧化二磷与碳数不同的脂肪醇的混合物通过酯化反应的方法制得，该合成路线仅有一步，操作简便，但是产率不高。所以，一般情况下通过一个两步反应来合成烷基磷酸酯：①以磷酸三乙（丁）酯与五氧化二磷反应，得到聚磷酸酯中间体；②将混合醇加入中间体中，发生酯化反应得到烷基磷酸酯。

水基压裂液的稠化剂多为天然或合成大分子，如瓜尔胶、魔芋胶、香豆胶、聚丙烯酰胺等，这些稠化剂相对分子质量较大，通常为百万级。从图 4-34 可以看出，LPG 压裂液的胶凝剂分子并不大，因此，在交联时容易出现交联速率缓慢、胶液黏度低、胶凝剂使用浓度高等问题。

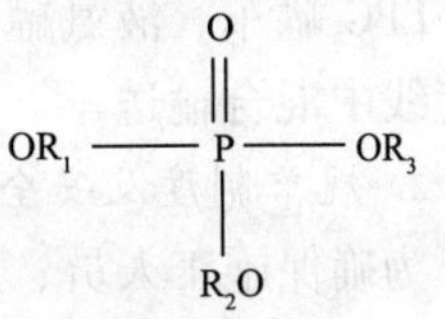

O
‖
OR_1 —— P —— OR_3
|
R_2O

R_1，R_2，R_3= H or C_nH_{2n+1}
（n=1，2，3……）

图 4-34　胶凝剂分子结构示意图

2. 交联剂

交联剂一般为偏铝酸钠或其他铝盐，含量为 0.02% ~ 0.04%，加入后可与磷酸酯类化合物经键合，形成空间网络结构，使基液稠化成为压裂液。交联过程及增稠机理如图 4-35 所示。在形成的空间网络结构中，由于来自脂肪醇碳链和基液中的石油烃分子，在结构上的相似性，从而形成了一个包括基液在内，由分子间作用力键合的超大分子缔合物，具有特定的黏性和热力学性质。

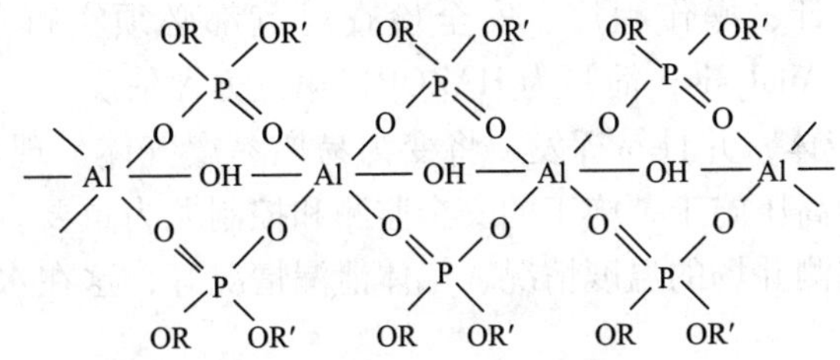

图 4-35　交联原理示意图

（二）LPG 压裂液特点

LPG 是一种性能优良的压裂液，其主要特点可归纳如下。

（1）油气井增产效率高。LPG 压裂液体及工艺中均不涉及大量水的使用，不会对地层渗透率造成明显影响；且常规水力压裂在实际生产中只有 20% 至 50% 的裂缝长度对生产有贡献，而 LPG 压裂产生的裂缝全部为有效长度，可以获得更高的产量，可大幅提高采收率。

（2）单井施工所需压裂段数少，压裂液体积小；LPG 与地层可以 100% 兼容，因此，使用 LPG 进行多次压裂时，两次压裂作业之间不需要立即进行返排。

（3）返排彻底，不伤害储层，返排物近乎 100% 回收。LPG 是一种天然不平衡流体，压裂作业后，可以快速进行完全返排。混合天然气时，LPG 会蒸发；与地层中油混合时，LPG 可以 100% 溶解，返排后的烃类物质，可以通过管线运出去销售或作其他利用。

（4）在储层保护方面，与水力压裂液相比，LPG 压裂液具有低表面张力、低密度以及能与储层中的烃类物质相融合、可再利用等多项优良属性，可以获得更多的有效裂缝、更大的初始产量、更优的环保效果和更长的油气生产寿命。

（5）在节约用水方面，LPG 压裂无需耗水，平均每口井可节省压裂用水 1.14×10^4 ~ $4.54\times10^4m^3$。

（三）LPG 压裂系统配套设备及制度

1. 压裂设备

LPG 压裂实行全自动化施工模式，设备组成主要包括压裂车、添加剂运载和泵送系统、LPG 罐车、液氮罐车、砂罐、管汇车、仪表车等。不需要混砂车，支撑剂和液体在低压管线中混合输送。

2. 规章制度及安全监测

为确保施工人员、施工设备以及井等的安全，LPG 压裂施工需建立符合自身特点的规章制度。

首先是与 LPG 压裂相关的已存在的工业推荐方法（Industry Recommended Practices）包括：试井及液体处置（IRP4）；易燃流体的泵送（IRP8）；基础安全常识（IRP9）；推荐安全行为准则（IRP16）；易燃流体处置（5IRP18）。

由于目前 LPG 施工以丙烷为主，施工还需按照 LPG/丙烷工业的相关要求，如：丙烷教育和研究委员会的相关要求；加拿大石油服务协会的要求；加拿大石油生产协会的要求；加拿大丙烷气生产协会的要求。

另外，施工设备设计、操作程序、安全检查规范都必须实行危险与可操作性分析（Hazard and Operability Analysis，简写为 HAZOP）第三方评估。

由于 LPG 为易燃液体，并且易挥发，将变为易燃易爆气体。现场压裂施工时 LPG 的量也较多，同时施工为高压施工，施工的安全监测和控制尤为重要。LPG 压裂专用仪表车内的一半空间是用于监测井场的温度情况、气体泄漏情况等，这在水基压裂的仪表指挥车里车是不需要的。

在施工准备期间，按照井场进行合理摆放，并严格划定警戒区域，该警戒区域主要为热感区域及泄露区，需有明显警戒标志。施工期间，警戒区域内禁止任何人员进入。

二、应用情况简介

（一）国外应用情况

掌握丙烷压裂技术的公司主要是加拿大 Gasfrac Energy Services。该公司拥有 10 组作业队，在加拿大 Cardium、Mannville、Viking 地层和美国 Niobrara、Eagle Ford、Permian、Marcellus 页岩地层压裂施工中均取得了成功，气井投产后经济效果显著。2012 年，GeoScout Industry Database 公布了该公司液化石油气压裂与清水压裂效果的对比结果，结果显示丙烷压裂初产产量提高 50% ~80%，累计产能提高 103% 以上。LPG 无水压裂技术已经获得超过 50 家能源公司的应用。

LPG 技术的最大作业纪录为水平段长度 1188.72m 的水平井十级压裂，支撑剂用量 453.59t；最大作业压力为 13050psi（1psi = 6.895kPa）。在作业的 45 个不同的油藏、气藏以及凝析气藏中，最大垂深达 4008.12m，地层温度分布在 15 ~135℃的范围内。

（二）国内应用情况

国内方面，中石油勘探院廊坊分院公开了一种丁烷基压裂液及其制备方法专利（CN201310359226.6），它以丁烷为基液，主要采用单醇合成二烷基磷酸酯增稠剂，采用偏铝酸钠作为交联剂。这种方法制备的压裂液在 70℃时黏度为 50mPa · s 左右，目前该技术还没有现场应用的报道。

西安石油大学公开了一种适合非常规储层压裂用无水压裂液专利（CN 104004506 A），该压裂液由以下原料组成：增稠剂 1% ~2%，胶束促进剂 2% ~4%，温度稳定剂 0.1% ~

0.5%，余量为烷基烃类，所述烷基烃为丙烷、丁烷和戊烷中的一种或几种，其中的增稠剂为二烷基磷酸酯铁，胶束促进剂为含有三价金属离子的有机络合物，温度稳定剂为氨基磺酸或十二烷基苯磺酸。该发明的增稠剂在常温下为液体，流动性好，成胶速度可控，可以满足 130 ℃以下页岩层的压裂改造，无需加入破胶剂，在地层温度和压力下压裂液气化，通过井管排出地面后可再回收利用，无废液外排和污染，具有环保等优点。

参考文献

[1] Lei C，Clark PE. Crosslinking of Guar and Guar Derivatives [C]. SPE90840，2004.

[2] 贾文峰，蒋廷学，陈作，等. 新型树枝状交联剂的合成及其交联压裂液的研究 [J]. 现代化工，2016，36 (6)：117 ~120.

[3] 卢拥军，杨晓刚，王春鹏，等. 低浓度压裂液体系在长庆致密油藏的研究与应用 [J]. 石油钻采工艺，2012，34 (4)：67 ~70.

[4] Legemah M，De Benedictis F，Workneh N，et al. Pushing the Limit on Guar Loading：Treatment of a Green River Sandstone Formation by Use of a Novel Low-Polymer Crosslinked Fluid [C]. SPE168186，2015.

[5] 蒋建新，张卫明，朱莉伟，等. 半乳甘露聚糖型植物胶的研究进展 [J]. 中国野生植物资源，2001，20 (4)：1 – S.

[6] 陈和平. 梭甲基压裂液在苏里格气田的初步应用与认识 [J]. 中国石油和化工标准与质量，2013，21：31 ~35.

[7] 王顺利，毛敬勋，侯兵，等. 吉林油田昌 37 井固井工艺技术 [J]. 钻井液与完井液，2009，26 (5)：43 ~46.

[8] 陶涛，林鑫，方绪祥，等. 煤层气井压裂伤害机理及低伤害压裂液研究 [J] 重启科技学院学报 (自然科学版)，2011，13 (2)：21 ~23.

[9] 高应运，刘红磊，孙婧，等. 延川南区块煤层气整体压裂技术研究与应用 [J]. 中国煤层气，2012，9 (6)：16 ~20.

[10] 张高群，肖兵，胡娅娅，等. 新型活性水压裂液在煤层气井的应用 [J]. 钻井液与完井液，2013，30 (2)：66 ~68.

[11] 张军涛，郭 庆，汶锋刚，等. 深层煤层气压裂技术的研究与应用 [J]. 延安大学学报 (自然科学版)，2015，34 (1)：78 ~80.

[12] Mathew S，Viscoelastic surfactant fracturing fluids：Applications in low permeability reservoirs [C]. SPE 60322，March 2000.

[13] KAKADJIAN S ，RAUSEO O，MARQUEZ R，et al. Crosslinkedemulsion to be used as fracturing fluids [C]. SPE InternationalSymposium on Oilfield Chemistry，13 ~16 February 2001，Houston，Texas.

[14] 董强，陈彦东，卢拥军. 乳化压裂液在低渗强水敏地层中的应用研究 [J]. 钻井液与完井液，2006，23 (5)：23 ~25.

[15] 陈彦东，卢拥军，田助红，等. CO_2 泡沫压裂液的流变特性研究 [J]. 钻井液与完井液，2000，17 (2)：25 ~27.

[16] 沈林华，王树众，段百齐，等. 基于气泡尺度的泡沫压裂液流变机理研究 [J]. 西安交通大学学报，2006，40 (3)：344 ~347.

[17] 宋微立. 低伤害压裂液在扶扬油层的应用 [J]. 油气井测试，2007，16 (3)：55 ~56.

[18] 段百齐，管保山，王树众，等. 氮气泡沫压裂液流变特性研究 [J]. 石油钻采工艺，2005，27 (4)：71 ~74.

[19] 舒玉华，陈作，卢拥军，等. 低分子有机醇对泡沫压裂液性能的影响 [J]. 天然气技术，2007

（4）：38～40.
［20］张锁兵，赵梦云，苏晓琳，等. 中高温低浓度合成聚合物压裂液性能研究. 油田化学，2014，31（3）：343～347.
［21］候帆，张烨，方裕燕，等. 低相对分子质量聚合物压裂液的研究及其在塔河油田的应用［J］. 钻井液与完井液，2014，31（1）：76～79.
［22］曾科，韩福利，董健敏，等. 小分子支链化聚合物压裂液的合成与应用［J］. 钻井液与完井液，2013，30（5）：75～78.
［23］崔会杰，李建平，杜爱红，等. 低相对分子质量聚合物压裂液体系的研究与应用［J］. 钻井液与完井液，2013，30（3）：79～81.
［24］何东，陈瑜芳. 胡尖山油田低渗透油藏压裂液体系适应性研究［J］. 石油化工应用，2010，29（5）：41～44.
［25］娄燕敏. 低伤害耐高温压裂液的研制与应用［D］. 东北石油大学，2013.
［26］戴彩丽，赵福麟，由庆，等. 一种适用于煤层气储层的冻胶压裂液［P］. 中国专利 CN 101805600 A，2010.
［27］Liu Yueliang，Li Huazhou. Application of novel hyper-branched polymer fracturing fluid system in low-permeability heavy oil reservoir［C］. SPE 174461，2015.
［28］赵鹏飞，刘通义，向静，等. GRF 新型清洁压裂液在南冀山浅油藏的应用［J］. 钻采工艺，2013，36（4）：83～85.
［29］郑焰，罗于建，白小丹. 抗温抗盐聚合物清洁压裂液增稠剂及其制备方法［P］. 中国专利 CN 102352232 A，2014.
［30］郭拥军，罗平亚. 一种缔合型非交联压裂液及其制备方法［P］. 中国专利 CN 103224779 A，2013.
［31］王中泽，孙海林，陈清，等. 高抗盐性聚合物压裂液及其制备方法［P］. 中国专利 CN 104087281 A，2014.

第五章 支撑剂体系

第一节 概 述

压裂支撑剂的作用在于填充压开的水力裂缝，使之不再重新闭合并在储层中形成一个具有高导流能力的流动通道。水力压裂自20世纪40年代末开始以来，支撑剂经历了半个多世纪的发展，所用的支撑剂大致可分为天然的和人造的两大类，前者以石英砂为代表，后者主要为电解、烧结陶粒。随着勘探深入，为了适应复杂地层，国内外开展了高性能、高质量、高导流能力的人造支撑剂研究。低密度中强度或高强度烧结陶粒、自悬浮支撑剂、可溶解支撑剂、棒状支撑剂、纳米支撑剂等都是目前重要的发展方向。表5-1为目前常用的压裂支撑剂（石英砂、陶粒和树脂覆膜砂）特性比较。

表5-1 石英砂、陶粒和树脂覆膜砂特性比较

类 别	石英砂	陶 粒	树脂覆膜砂
特点	密度低，便于泵送；100目粉砂可作为固体防滤添加剂，来源广，价格便宜	抗压强度大，能提供较高的导流能力和较长的有效期，具耐温、抗盐性能	密度低，悬浮性好，在高闭合压力作用下，表面的高韧高强材料可将原来颗粒间点—点接触变成小面积接触，分散了作用于颗粒上的负荷，从而使颗粒抗破碎能力提高，耐热湿性能好，导流能力好
	抗压强度低，承压超过20MPa后开始大量破碎，导流能力低，相对陶粒压后效果差	密度高，对压裂液性能和泵送条件要求高，配置用料严格，加工工艺复杂，价格比石英砂贵	由两部分组成，内部基质为石英砂，外部则包裹酚醛树脂、环氧树脂、呋喃树脂等涂层，价格比陶粒便宜，比石英砂贵
适用条件	浅井或者低闭合压力的压裂层	不同闭合压力与深度的压裂井	浅井和中深井

为了对支撑剂质量进行控制必须建立统一的评价方法，并对其进行性能测试。为此美国石油学会（API）于1983年及1989年分别颁布了API RP56 <Recommended Practices for Testing Sand Used in Hydraulic Fracturing Operations>，即《水力压裂用砂测试推荐方法》RP60 <Recommended Practices for Testing High-Strength Proppants Used in Hydraulic Fracturing Operations>，即《水力压裂用高强度支撑剂测试推荐方法》；以及RP61 <Evaluating Short Term Proppant Pack Conductivity>，即《支撑剂短期导流能力评价》，共3项压裂支撑剂评价标准，统一了全美国的压裂支撑剂评价方法。并于1995年和2000年分别对RP56和RP60进行修订沿用至今。为了更好控制油、气田现场砾石充填作业用砂质量，API于1995年修订了API RP58 <Recommended practices for testing sand used in gravel packing operations>，即《砾石充填作业用砂推荐方法》。

随着改革开放和国际交流的发展以及支撑剂质量控制的需要，原中国石油天然气总公

司采油采气专业标准化委员会于1986年和1997年组织有关单位完成了《压裂支撑剂性能测试推荐方法》（SY/T 5108）与《压裂支撑剂充填层短期导流能力评价推荐方法》（SY/T 6302）的编写工作，并于2006年和2009年对其进行修订。其中，SY/T 5108—2006标准根据API RP56：1995和API RP60：1995重新起草，对支撑剂的取样次数、样品合成、筛析试验及抗破碎能力试验与支撑剂质量的关系进行了详细论述。SY/T 6302—2009标准等同API RP61：1989。2007年中国石油化工集团公司参照SY/T 5108—2006标准，制定了《压裂用陶粒支撑剂技术要求》（Q/SH 0051—2007）。同年，国际标准化组织（ISO）再次审查了API标准RP56、RP58和RP60，并颁布了ISO 13503—2：2006（API RP 19C—2008）<Measurement of Properties of Proppants Used in Hydraulic Fracturing and Gravel-Packing Fracturing Operations>，即《压裂和砾石充填作业使用支撑剂的性能测试》。由于短期导流能力并不能表明压裂支撑剂在地下的真实导流能力，ISO于2006年颁布了ISO 13503—5：2006（API RP 19D—2008）<Measuring the Long-term Conductivity of Proppants>，即《支撑剂长期导流能力的测试》，规定了支撑剂长期导流能力的测试方法。2014年发布了最新的石油压裂支撑剂行业标准SY/T 5108—2014，与2006年和1997年两版相比，2014年发布的行业标准补充了树脂覆膜支撑剂和砾石充填介质以及其他支撑剂材料的试验评价。2014年发布的标准调整了观察支撑剂圆度、球度时的显微放大倍数，如调整后粒径范围在3350/1700～1700/850μm的支撑剂使用放大倍数为15倍，而调整前使用的放大倍数是30倍。陶粒支撑剂和树脂覆膜支撑剂的平均球度和圆度均应≥0.7，其他类型支撑剂平均球度和圆度均应≥0.6。酸溶解度测试首选HCl和HF比例为12∶3的溶液，但不排除使用其他酸溶液。密度测试增加了绝对密度的测量。视密度的测试液体不采用水而改用低密度石蜡油、煤油、柴油或与之相似的油类。石英砂、陶粒支撑剂和覆膜支撑剂的破碎率测定统一采用同一种方法。

20世纪90年代，市场上涌现了在天然砂和人工合成支撑剂涂敷树脂技术，这种支撑剂可在具体应用中实现其特殊效果，如通过树脂涂层的黏着力在支撑剂颗粒的接触处使颗粒胶结在一起，在裂缝中形成可固结的支撑剂充填层，便于提高其稳定性和减少嵌入等问题，同时减轻颗粒接触引起的高应力，由此提高支撑剂充填层负载能力。1991年，中国石油天然气总公司发布了树脂涂层砂标准（SY/T 5274）并于2000年对该标准进行了修改。该标准规定了涂层砂的适用范围，并对树脂涂敷砂的标记方法、技术要求及实验方法做了明确规定。表5-2描述了支撑剂检测标准的发展历史。

表5-2　支撑剂标准检测标准发展

标准号	标准名称	发布日期	修订日期
API RP 56	Recommended Practices for Testing Sand Used in Hydraulic Fracturing Operations	1983年	1995年
API RP 60	Recommended Practices for Testing High-Strength Proppants Used in Hydraulic Fracturing Operations	1989年	2000年
API RP 61	Evaluating Short Term Proppant Pack Conductivity	1989年	
API RP58	Recommended Practices for Testing Sand Used in Gravel Packing Operations	1983年	1995年

续表

标准号	标准名称	发布日期	修订日期
API RP 19C (ISO13503—2)	Measurement of Properties of Proppants Used in Hydraulic Fracturing and Gravel-Packing Operations	ISO 于 2006 年发布，API 于 2008 年发布	
API RP 19D (ISO 13503—5)	Measuring the Long-term Conductivity of Proppants	同上	
SY/T 5108	压裂支撑剂性能指标及测试推荐作法	1986 年	2006 年和 2014 年
SY/T 6302	压裂支撑剂充填层短期导流能力评价推荐方法	1997 年	2009 年
SY/T 5184	砾石充填作业用砂检测推荐作法	1987 年	2006 年
Q/SH 0051	压裂用陶粒支撑剂技术要求	2007 年	
Q/SH 1598	压裂支撑剂性能指标及测试方法	2008 年	2013 年
SY/T 5274	树脂涂敷砂	1991 年	2000 年

第二节　石英砂支撑剂

一、基本特征

石英砂是一种坚硬、耐磨、化学性能稳定的硅酸盐矿物质，大多产于沙漠、河滩或沿海地带，其主要成分是 SiO_2，伴有少量的 Al_2O_3、Fe_2O_3、K_2O、Na_2O、CaO、MgO。石英砂由于具有特殊的物化性质而被广泛应用于玻璃、建筑、化工及石油等行业。在油田注水开采的过程中，石英砂常作为压裂支撑剂和油水处理的过滤介质。20 世纪 60 年代后石英砂开始在现场应用。我国石英砂主要产地为甘肃兰州，河北承德、江西永修、福建福州、湖南岳阳砂等地。美国性能较好的天然石英砂支撑剂主要有“渥太华砂”和“Brady 砂”。表 5-3 为承德砂和兰州砂矿物成分表。

表 5-3　承德砂与兰州砂矿物成分表

矿物成分	承德砂	兰州砂
	质量百分数/%	
石英	70.6	78.7
单晶石英	66.3	58.7
复晶石英	4.3	12
燧石	4.1	2
钾长石	5.6	1.3
斜长石	5.4	1.0

石英含量是衡量石英砂质量的重要指标，压裂用石英砂分为优、良与未达标等几个级别。我国压裂用石英砂中石英含量一般在 80% 左右，且伴有少量长石、燧石及其他喷出岩及变质岩等岩屑。国外优质石英砂中石英含量可达 98% 以上。石英砂虽然成本低，但强度

差，当闭合压力超过35MPa时，石英砂会大量破碎；另外石英砂易受嵌入、微粒运移、堵塞、压裂液伤害（滤饼和残渣）等因素的影响，裂缝导流能力会降到原来的1/10甚至更低，从而使石英砂不适合在中、高闭合压力的地层中使用。

（一）石英砂支撑剂优点

（1）对低闭合压力的各类储层，使用石英砂能取得一定的增产效果。

（2）圆、球度好的石英砂破碎后呈小碎块，但仍能保持一定的导流能力。

（3）100目的粉砂可以作为压裂液的固体防滤添加剂，在裂缝延伸过程中可以充填与主裂缝沟通的天然裂缝，降低压裂液的滤失，并起到一定的增产作用。

（4）相对密度低，便于施工泵送。

（5）便宜，就地取材。

（二）石英砂支撑剂缺点

（1）强度较低，开始破碎压力约为20MPa，当闭合压力超过35MPa时，石英砂会大量破碎，不能用于中、高闭合压力的压裂层中使用。

（2）抗压强度低，破碎后大大降低裂缝导流能力。

二、性能测试及仪器

（一）圆度和球度

圆度是衡量支撑剂颗粒角隅锐利程度或颗粒曲度的指标。球度是对支撑剂颗粒近似球状程度的量度。圆度和球度可采用照相技术或数字技术来确定。支撑剂行业中测定圆度和球度使用最广的方法是API RP56和API RP60中Krumbein与Sloss（美）1963年发表的球度、圆度图版（图5-1）。行业标准SY/T 5108—2006规定，陶粒支撑剂的球度和圆度均应≥0.8，天然石英砂球度和圆度均应≥0.6。而行业标准SY/T 5108—2014规定，陶粒支撑剂和树脂覆膜支撑剂的球度和圆度均应≥0.7，其他类型支撑剂球度和圆度均应≥0.6。

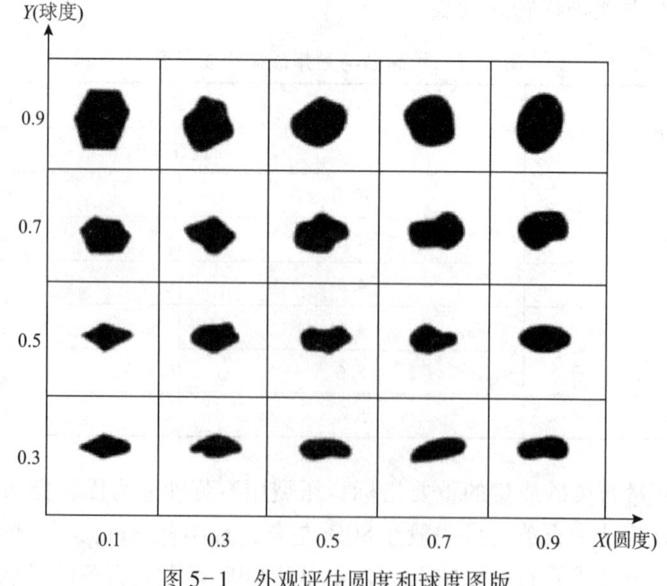

图5-1　外观评估圆度和球度图版

测试方法：随机选择至少20粒支撑剂，将试样平铺在一个合适的地方，层厚约为一个颗粒的厚度，然后用低倍放大镜（10～40倍）观察这些试样。对于指定的支撑剂粒径范围，放大倍数见表5-4。对照图5-1图版（*X*—圆度，*Y*—球度），确定每个颗粒的球度和圆度，并记录每个颗粒所对应的给定的号码。分别计算出记录下来的圆度和球度号码的平均值，精确度为0.1个图形单位。

表5-4　建议放大倍数

支撑剂粒径范围/μm	显微照片放大倍数
3350/1700～1700/850	15
1700/850～850/425	30
600/425～212/106	40

（二）体积密度和视密度

体积密度是充填一个单位体积的支撑剂质量，包括支撑剂和孔隙体积，可用于确定充填裂隙或装满储罐所需支撑剂的质量；视密度是指不包括支撑剂之间孔隙体积的密度，通常用低黏度液体来测量视密度，液体润湿了颗粒表面，包面液体不可触及的孔隙体积；绝对密度不包括支撑剂内部孔隙以及支撑剂之间的孔隙体积。

体积密度的测试采用图5-2所示仪器。

测量方法：将待测支撑剂试样从上方倒入体密测试器，让其自由下落入圆柱形容器（100mL）中，用直尺在圆筒边缘平滑地推移，使支撑剂与圆筒口的表面齐平。用电子天平称出圆筒中支撑剂的质量，再除以圆筒容积（100mL），即为支撑剂试样的体积密度，单位g/cm^3。

视密度的测量方法：先称出干燥密度瓶（图5-3）的质量m_f，再在环境温度下，将测试液装入密度瓶内至刻度线上。称量装有测试液的密度瓶的质量，记作m_f+1。称取20g左右的支撑剂，称量结果记作m_p。将密度瓶中的测试液倒出约一半，使用与密度瓶颈相适的漏斗将称量过的支撑剂移至密度瓶内。称量装有支撑剂和测试液的密度瓶的质量，

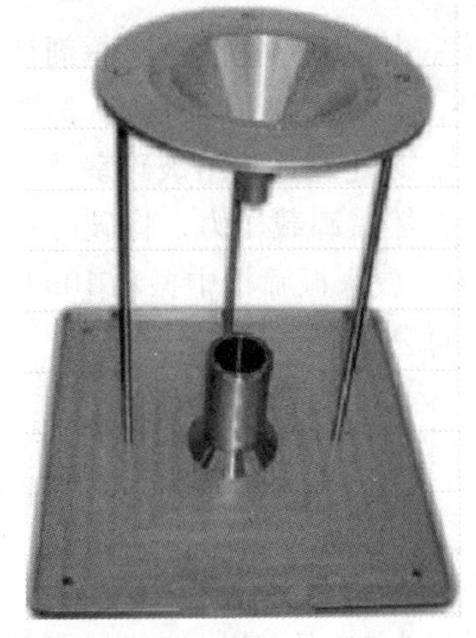

图5-2　体积密度测试仪

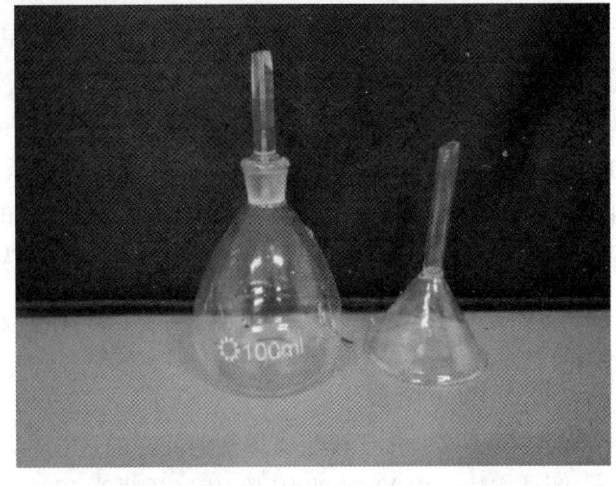

图5-3　密度瓶及漏斗

记作 m_{f+1+p}。公式（5-1）为支撑剂视密度计算公式。

$$\rho_p = \frac{m_p \rho_1}{m_{f+1} + m_p - m_{f+1+p}} \tag{5-1}$$

其中：
$$\rho_1 = \frac{m_{f+1} - m_f}{V_{pcy}}$$

式中　V_{pcy}——密度瓶的体积。

（三）破碎率

破碎率是指在给定压力条件下支撑剂破碎的数量。支撑剂破碎率越低表示其抗破碎能力越高，使用效果越好。SY/T 5108—2014 规定天然石英砂需满足的破碎率应力最低为14MPa，最高为35MPa，人造陶粒支撑剂需满足的破碎率应力最低为35MPa，最高为103MPa。

破碎率的测试采用图5-4所示仪器。

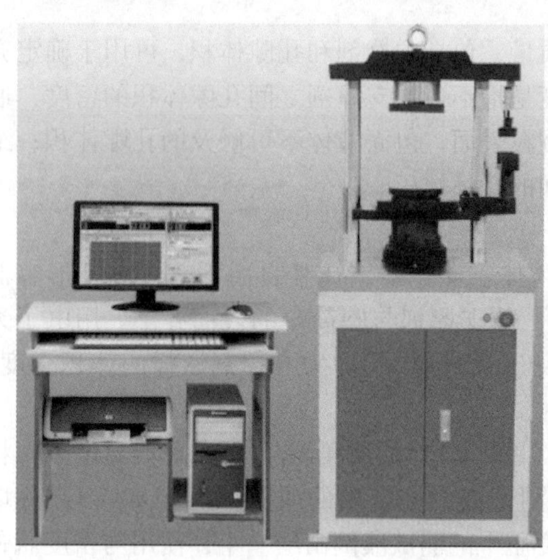

图5-4　压力试验机及破碎室

测试方法：称取质量为 m_p 的支撑剂试样，将其倒入破碎室内，破碎室内的支撑剂铺置面尽可能平。将活塞插入装有支撑剂的破碎室里，除重力外，不得施加任何外力。按顺时针方向使活塞旋转180°一次，以确保支撑剂试样铺置面齐平。以平稳速率给破碎室活塞加压，加载时间1min。达到额定压力后，保持该压力达2min，然后卸载压力，将破碎室取出。将试样从破碎室中取出倒入配有筛盖和底筛的标准筛中，放入振筛机中振动10min后，称出底筛中破碎料的质量 m_{pan}。公式（5-2）为破碎率计算公式。

$$\eta = \frac{m_{pan}}{m_p} \times 100\% \tag{5-2}$$

（四）酸溶解度

酸溶解度实验用于确定支撑剂遇酸时的适宜性。测试采用图5-5所示仪器。

测试方法：用12∶3的HCl∶HF（质量为12%的HCl和质量为3%的HF）溶液，一定质量的支撑剂被酸溶解的质量与总支撑剂质量的百分比。这种酸溶解度测试方法不排除使用其他酸溶液，如盐酸、有机酸等。

图 5-5　酸溶解度测试仪

（五）浊度

浊度实验确定悬浮颗粒的数量，或存在的其他细微分离的物质。通常使用散光式光电浊度仪（图 5-6）对支撑剂进行浊度测试，量程 0FTU ~ 200 FTU；分辨率 0.001FTU；准确度 5%F · S，或原理和精度相同的仪器也可用于支撑剂的浊度测试。

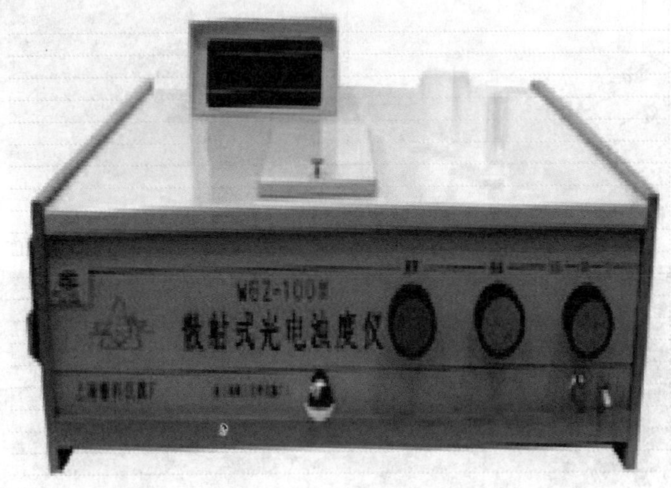

图 5-6　浊度仪

（六）导流能力

裂缝导流能力定义为在裂缝闭合压力下裂缝支撑剂层的渗透率（*KF*）与裂缝支撑缝宽（*WF*）的乘积（*KWF*）。它综合反映了支撑剂的物理性质与支撑剂在缝中的铺置状况。裂缝导流能力的高低是评价支撑剂的最终衡量指标。

裂缝导流能力与闭合压力（支撑剂承压）、支撑剂物理性质、支撑剂在缝中的铺置浓度（层数）、支撑剂对储层岩石的嵌入、承压时间以及压裂液对裂缝支撑剂层的伤害有关。导流能力需通过实验确定。

实验方法：短期或长期两种实验方法确定支撑剂导流能力。

短期导流能力实验：对支撑剂试样由小到大逐级加压，在每一压力级别下测量通过裂缝支撑剂层的流量与支撑缝宽，得出裂缝导流能力及支撑剂层的渗透率。这种实验的目的在于评价、选择支撑剂，只需几个小时即可完成。

长期导流能力实验：将支撑剂试样置于某一恒定压力与规定实验条件下考察导流能力随时间下降程度。实验周期至少 10d 以上，最好延长到 30d，使之足以反应支撑剂破碎、微粒运移或者堵塞粒间空隙、压实及嵌入等状况。显然，这种实验得到的数据比短期实验来的准确可靠，但是比短期实验装置、实验方法复杂困难的多。一般在取得长、短期导流能力实验的关系之后，即可对短期实验结果进行校正。

图 5-7 为 API 支撑剂导流室解剖图，图 5-8 为导流仪实物图，图 5-9 为导流仪工作原理图。

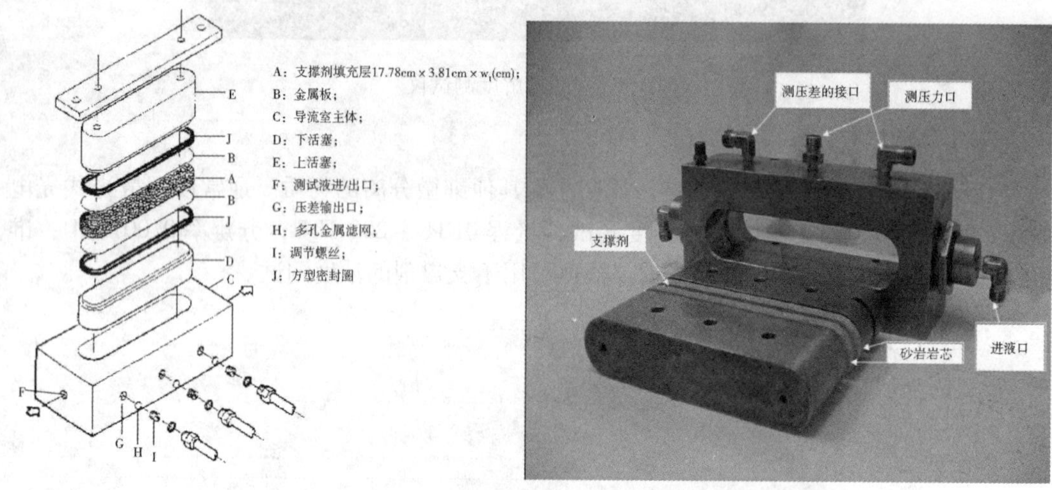

图 5-7　API 支撑剂导流室解剖图与 API 导流室实物图

图 5-8　导流仪实物图

实验原理用达西定律表示：

$$k = \frac{Q\mu L}{A\Delta p} \tag{5-3}$$

式中 k ——支撑裂缝渗透率，μm^2；

Q ——裂缝内流量，cm^3/s；

μ ——流体黏度，mPa · s；

L——测试段长度，cm；

A——支撑裂缝截面积，cm^2；

Δp——测试段两端的压力差，at。

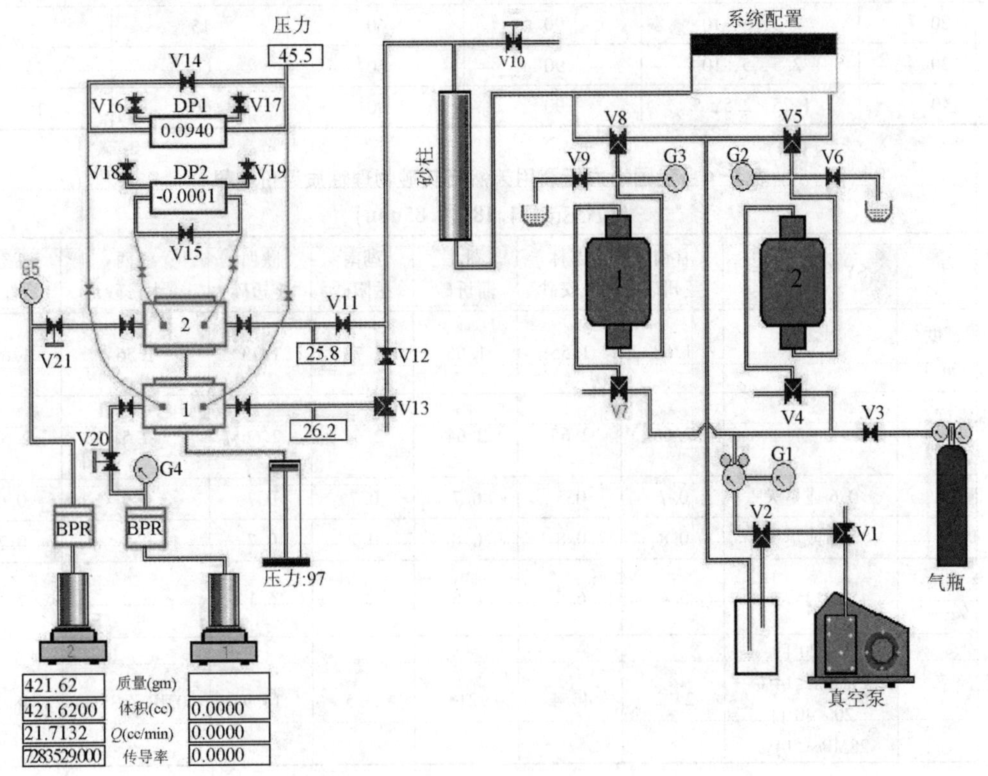

图 5-9 导流仪工作原理图

支撑剂渗透率及导流能力计算公式可以进一步表达为下面形式。

（1）支撑裂缝渗透率：

$$k = \frac{5.411 \times 10^{-4}\mu Q}{\Delta p W_f} \tag{5-4}$$

（2）支撑剂充填层导流能力：

$$kW_f = \frac{5.411 \times 10^{-4}\mu Q}{\Delta p} \tag{5-5}$$

式中 W_f ——充填裂缝缝宽，cm；

Q ——裂缝内流量，cm^3/min。

其他参数同上。

因此，实验中只需测得压差及流量即可求得支撑剂的导流能力。

三、评价结果

根据石油压裂支撑剂行业标准 SY/T 5018—2014 相关内容，对目前市场常用石英砂性能进行了测试[1]，表 5-5 为导流能力实验参数。实验结果见表 5-6 和表 5-7。

表 5-5 天然石英砂导流能力实验参数

实验压力/MPa	流速/(cm^3/min)	不同粒径稳定压力时间/min			
		12/20 目	16/20 目	20/40 目	40/70 目
10	2.5，5，10	60	60	15	15
20	2.5，5，10	90	60	15	15
30	2.5，5，10	90	60	60	15
40	1.25，2.5，5	90	90	60	15

表 5-6 我国水力压裂用天然石英砂物理性质评价结果
（粒径范围 1.18～0.85mm）

项目	SY 5108 标准	甘肃兰州砂	吉林农安砂	湖北蒲圻砂	湖南岳阳砂	陕西定边砂	江西水修砂	福建晋江砂
体积密度/(g/cm^3)		1.68	1.55	1.65	1.73	1.73	1.56	1.68
视密度/(g/cm^3)		2.66	2.65	2.64	2.64	2.66	2.5	2.65
圆度	0.6 或更大	0.7	0.5	0.7	0.7	0.7	0.5	0.6
球度	0.6 或更大	0.8	0.8	0.8	0.7	0.7	0.8	0.7
酸溶解度/%	不大于 7%	5.4	6.6	6.6	/	6.1	4.2	7.1
破碎率/%	16～20 目，21MPa≤14% 20～40 目 28MPa≤14%	24.2	46.4	21	23.5	14.9	40MPa：31%	48.3

表 5-7 我国部分水力压裂用天然石英砂导流能力实验结果

闭合压力/MPa	甘肃兰州砂				湖南岳阳砂				湖北蒲圻砂		吉林农安砂	
	24/35 目		16/24 目		24/35 目		16/24		24/35 目		24/35 目	
	导流能力	渗透率	导流能力	渗透率	导流能力	渗透率	导流能力	渗透率	导流能力	渗透率	导流能力	渗透率
	$\mu m^2 \cdot cm$	μm^2	$\mu m^2 \cdot cm$	μm^2	$\mu m^2 \cdot cm$	μm^2	$\mu m^2 \cdot cm$	μm^2	$\mu m^2 \cdot cm$	μm^2	$\mu m^2 \cdot cm$	μm^2
10	88	276	106	353	82	260	179	553	71	247	53	168
20	42	142	59	211	48	143	69	225	41	160	35	115
30	15	62	24	99	22	75	27	93	17	71	19	66
40	6	29									12	41

第三节　陶粒支撑剂

一、基本特征

陶粒支撑剂以铝矾土为原料，添加一定比例的金属离子，在隧道窑中烧结而成的人造支撑剂，大约是在20世纪90年代以后才开始研制并使用的。目前国内陶粒支撑剂的生产商主要集中在山西、河南、江苏、成都和贵州等地，而国外生产商以美国Carbo公司和法国Saint-Gobain公司为典型。陶粒支撑剂具有耐高温、耐高压、耐腐蚀、高强度、高导流能力、低密度、低破碎率等特点，广泛应用于中、深井的压裂。工业生产陶粒支撑剂可分为3类，即高密度（体积密度>1.80g/cm^3，视密度>3.35g/cm^3）、中密度（1.65g/cm^3<体积密度≤1.80g/cm^3，3.00g/cm^3<视密度≤3.35g/cm^3）及低密度（体积密度≤1.65g/cm^3，视密度≤3.00g/cm^3）的支撑剂（图5-10、图5-11）。

图5-10　不同粒径规格的陶粒支撑剂

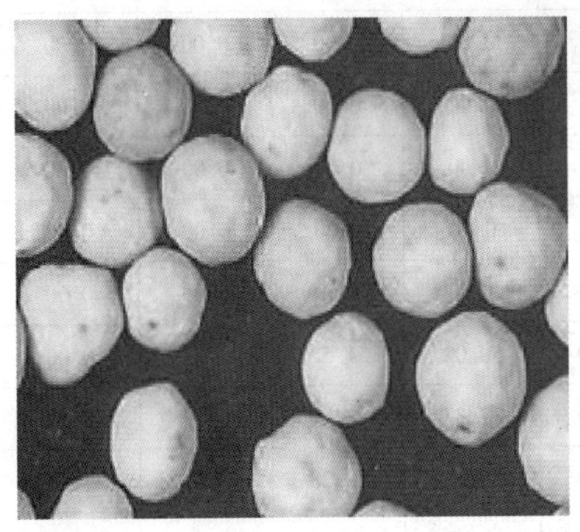

图5-11　陶粒颗粒放大图（左图为低密度陶粒20/40目，右图为中密度陶粒30/50目）

（一）陶粒支撑剂的优点

（1）具有抗盐、耐温性能。

（2）具有较高的强度。

（3）其破碎率在相同的闭合压力下与石英砂相比要更低一些，而导流能力则要更高。而随着闭合压力的增加或承压时间的延长，其破碎率与石英砂相比同样也要低很多，且导流能力的递减率也要慢很多。

（二）陶粒支撑剂的缺点

（1）由于陶粒颗粒的相对密度高，因而对压裂液性能（如黏度、流变性等）及泵送条件（如排量、设备功率等）要求都较高。

（2）物料中氧化铝的含量决定了陶粒颗粒的相对密度与抗压强度。氧化铝含量增加，其抗压强度与相对密度随之增大。因此，与其他支撑剂相比，陶粒的物料选择要更加严格、复杂。

（3）我国铝矾土分布广泛，在河北、山西、河南、山东、四川、贵州等地均有铝矾土，但受开采和加工的影响，其价格较贵，限制了陶粒的广泛使用。

二、评价结果

根据石油压裂支撑剂行业标准 SY/T 5018—2014 相关内容，对目前市场常用陶粒性能进行了测试。表 5-8 和表 5-9 为陶粒支撑剂物理测试结果。

表 5-8　国内部分陶粒支撑剂性能测试结果（河南卡博和郑州新密）

样品	河南卡博				郑州新密			
	低密度（16/30）		中密度（20/40）		低密度（20/40）		高密度（30/50）	
筛/目（μm）	筛上质量分数/%	累计质量分数/%	筛上质量分数/%	累计质量分数/%	筛上质量分数/%	累计质量分数/%	筛上质量分数/%	累计质量分数/%
8（2360）	0.00	0.00	0.00	0.00	0.00	0.00	0.00	0.00
10（2000）	0.00	0.00	0.00	0.00	0.00	0.00	0.00	0.00
12（1700）	0.00	0.00	0.00	0.00	0.00	0.00	0.00	0.00
14（1400）	0.00	0.00	0.00	0.00	0.00	0.00	0.00	0.00
16（1180）	1.00	1.00	0.00	0.00	0.00	0.00	0.00	0.00
18（1000）	14.02	15.02	0.00	0.00	0.00	0.00	0.00	0.00
20（850）	52.06	67.08	2.00	2.00	1.50	1.50	0.00	0.00
25（710）	31.03	98.11	34.00	36.00	50.02	51.52	0.00	0.00
30（600）	1.89	100.00	36.00	72.00	37.37	88.89	0.00	0.00
35（500）	0.00	100.00	25.00	97.00	9.39	98.28	29.70	29.70
40（425）	0.00	100.00	3.00	100.00	1.55	99.83	41.00	70.70

续表

样品	河南卡博				郑州新密			
	低密度（16/30）		中密度（20/40）		低密度（20/40）		高密度（30/50）	
筛/目（μm）	筛上质量分数/%	累计质量分数/%	筛上质量分数/%	累计质量分数/%	筛上质量分数/%	累计质量分数/%	筛上质量分数/%	累计质量分数/%
45（355）	0.00	100.00	0.00	100.00	0.00	99.83	29.30	100.00
50（300）	0.00	100.00	0.00	100.00	0.17	100.00	0.00	100.00
60（250）	0.00	100.00	0.00	100.00	0.00	100.00	0.00	100.00
70（212）	0.00	100.00	0.00	100.00	0.00	100.00	0.00	100.00
100（150）	0.00	100.00	0.00	100.00	0.00	100.00	0.00	100.00
底盘/%	0.00	100.00	0.00	100.00	0.00	100.00	0.00	100.00
总计/%	100	100	100	100				
粒径中值/mm	0.91		0.67		0.71		0.46	
视密/（g/cm^3）	2.70		3.27		2.92		3.16	
体积密度/（g/cm^3）	1.48		1.86		1.63		1.67	
圆度	0.90		0.90		0.88		0.89	
球度	0.90		0.90		0.88		0.89	
浊度/FTU	63.00		75.00		45.18		48.64	
破碎率/% 52MPa	2.00		/		3.28		/	
破碎率/% 69MPa	7.70		3.60		/		3.48	
破碎率/% 86MPa			/		/		/	
酸溶解度/%	5.20		4.50		6.72		6.16	

表 5-9　国内部分陶粒支撑剂性能测试结果（成都圣戈班和宜兴东方）

样品	成都圣戈班						江苏宜兴			
	低密度（30/50）		中密度（20/40）		高密度（20/40）		中密度（20/40）		中密度（30/50）	
筛/目（μm）	筛上质量分数/%	累计质量分数/%	筛上质量分数/%	累计质量分数/%	筛上质量分数/%	累计质量分数/%	筛上质量分数/%	累计质量分数/%	筛上质量分数/%	累计质量分数/%
8（2360）	0.00	0.00	0.00	0.00	0.00	0.00	0.00	0.00	0.00	0.00
10（2000）	0.00	0.00	0.00	0.00	0.00	0.00	0.00	0.00	0.00	0.00
12（1700）	0.00	0.00	0.00	0.00	0.00	0.00	0.00	0.00	0.00	0.00
14（1400）	0.00	0.00	0.00	0.00	0.00	0.00	0.00	0.00	0.00	0.00
16（1180）	0.00	0.00	0.00	0.00	0.00	0.00	0.00	0.00	0.00	0.00
18（1000）	0.00	0.00	0.00	0.00	0.00	0.00	0.00	0.00	0.00	0.00

续表

样品		成都圣戈班						江苏宜兴			
		低密度（30/50）		中密度（20/40）		高密度（20/40）		中密度（20/40）		中密度（30/50）	
筛/目（μm）		筛上质量分数/%	累计质量分数/%	筛上质量分数/%	累计质量分数/%	筛上质量分数/%	累计质量分数/%	筛上质量分数/%	累计质量分数/%	筛上质量分数/%	累计质量分数/%
20（850）		0.00	0.00	5.70	5.70	5.80	5.80	0.30	0.30	0.00	0.00
25（710）		0.00	0.00	35.02	40.72	38.39	44.19	21.43	21.73	0.00	0.00
30（600）		3.45	3.45	36.69	77.41	36.14	80.33	54.39	76.12	0.39	0.39
35（500）		38.95	42.40	20.20	97.61	17.19	97.52	21.4	97.52	24.58	24.97
40（425）		41.96	84.36	2.39	100	2.48	100	2.21	99.73	48.23	73.20
45（355）		14.02	98.38	0.00	100	0.00	100	0.00	99.73	24.30	97.50
50（300）		1.62	100	0.00	100	0.00	100	0.20	99.93	2.50	100
60（250）		0.00	100	0.00	100	0.00	100	0.00	99.93	0.00	100
70（212）		0.00	100	0.00	100	0.00	100	0.00	99.93	0.00	100
100（150）		0.00	100	0.00	100	0.00	100	0.00	99.93	0.00	100
底盘/%		0.00	100	0.00	100	0.00	100	0.07	100	0.00	100
总计/%		100		100		100		100		100	
粒径中值/mm		0.49		0.69		0.70		0.66		0.46	
视密度/（g/cm³）		2.87		3.22		3.40		3.20		3.19	
体密度/（g/cm³）		1.56		1.75		1.90		1.80		1.80	
圆度		0.84		0.84		0.85		0.90		0.90	
球度		0.84		0.85		0.85		0.9		0.9	
浊度/FTU		77.00		45.00		69.00		16.80		17.50	
破碎率/%	52MPa	3.38		/		/		/		/	
	69MPa	/		4.38		/		4.32		2.34	
	86MPa	/		/		4.40		7.31		/	
酸溶解度/%		6.01		5.40		4.76		6.02		6.04	

（一）支撑剂粒径对裂缝导流能力的影响

表5-10为陶粒支撑剂导流能力实验参数。由图5-12可以看出，3种不同粒径的支撑剂在闭合压力较低的情况下，导流能力有明显差异，粒径越大，导流能力越高。40/70目大约为70/140目支撑剂导流能力的4倍，支撑剂粒径由40/70目增加到20/40目时，导流能力提高了3~4倍，但闭合压力加载到一定数值后，导流能力下降迅速，且粒径越大，下降幅度越大[3~6]。

表 5-10　陶粒支撑剂导流能力实验参数

粒径/mm	闭合压力/MPa	铺砂浓度/（kg/m^2）
0.85/0.425（20/40 目）	5、15、25、35、45	5
0.425/0.212（40/70 目）	5、15、25、35、45	5
0.212/0.106（70/140 目）	5、15、25、35、45	5

在支撑剂相同铺置浓度的情况下，粒径越大，支撑剂颗粒之间的点接触越少，所承受的应力更大，使得嵌入程度较小的颗粒有所增大（图 5-13）。低闭合压力条件下，虽然大颗粒支撑剂的嵌入程度对小颗粒来说较大，但是提供的有效支撑缝宽和粒径之间的孔隙通道弥补了嵌入的问题，所以大粒径支撑剂比小粒径支撑剂有着更高的导流能力。而高闭合压力条件下，根据实验测得的裂缝宽度数据知，大颗粒支撑剂嵌入程度过于严重，有效支撑缝宽下降幅度较大，且压力超过支撑剂强度时还会发生破碎，破碎的支撑剂以及剥落的岩屑运移填充到颗粒孔隙当中，堵塞流动通道，导致导流能力下降，与小颗粒之间的差距减小[7]。

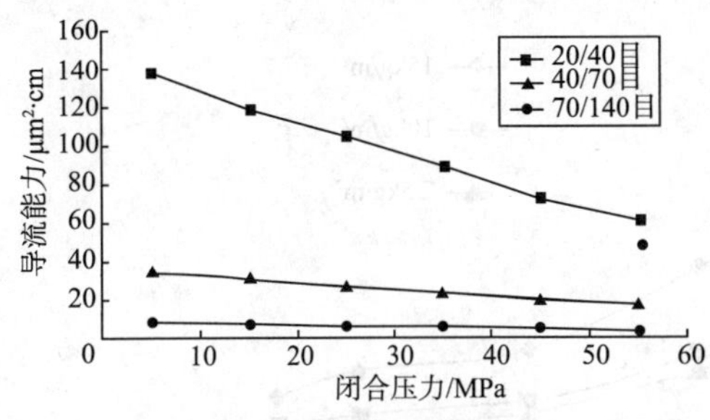

图 5-12　不同支撑剂粒径对导流能力的影响

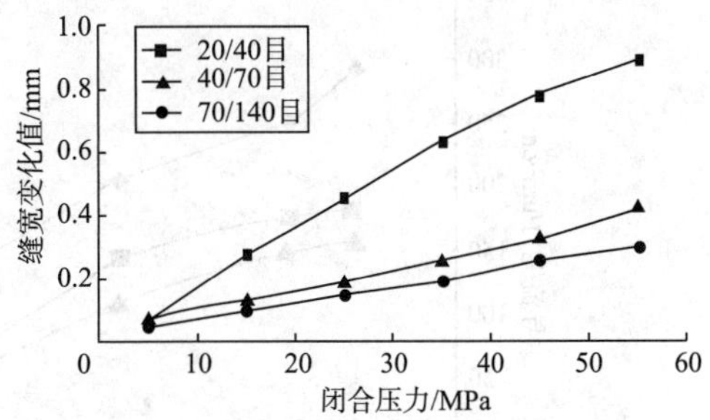

图 5-13　不同粒径支撑剂缝宽变化值

（二）闭合压力对导流能力的影响

进入水力裂缝中的支撑剂承受着裂缝的闭合压力，其数值等于储层最小主应力与井底流压之差。图 5-14 为闭合压力对导流能力的作用，从图中可见，不同类型支撑剂的导流能力均随闭合压力的增加而下降，同一闭合压力下，导流能力取决于支撑剂的类型。

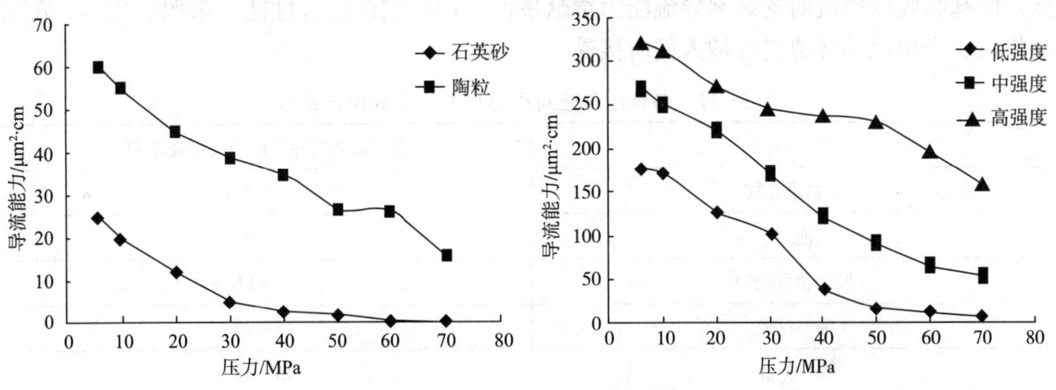

图 5-14　裂缝闭合压力对不同支撑剂类型导流能力的作用

（三）支撑剂物理性质对裂缝导流能力的影响

（1）粒度均匀或者圆、球度高的支撑剂在缝中承压均匀，相对提高抗压强度，因此可以产生高导流能力。

（2）支撑剂的破碎率是影响导流能力的关键。在同一闭合压力下，高密度陶粒以其低破碎率提供更高的导流能力，如图 5-14 所示。随着优质低伤害压裂液与高功率压裂设备的应用，泵送高砂比，高密度的陶粒已不再是压裂作业中的技术问题。

（四）支撑剂的铺置浓度对裂缝导流能力的影响

图 5-15 是支撑剂铺置浓度与裂缝导流能力的关系曲线，从图中可看出，低铺砂浓度下导流能力随着压力增大下降迅速。10MPa 时导流能力为 112μm^2 · cm，闭合压力增加到 60MPa 后，导流能力下降到 14μm^2 · cm，下降了 87.5%。说明低铺砂浓度下导流能力随闭合压力增加而下降的更快。高铺砂浓度下导流能力随闭合压力增大下降速度相对缓慢，20MPa 时导流能力为 222μm^2 · cm，70MPa 时导流能力为 80μm^2 · cm 下降了 68.5%。

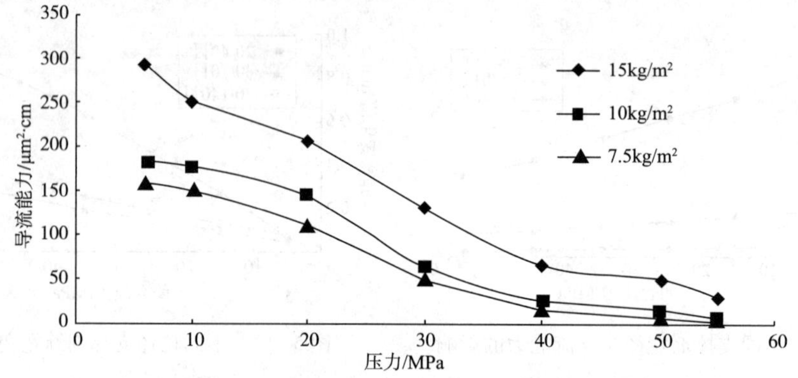

图 5-15　支撑剂铺置浓度与裂缝导流能力关系曲线图

（五）压裂液对裂缝导流能力的影响

压裂液在裂缝壁面上的滤饼与滞留在缝中支撑剂层孔隙中的残渣都会降低支撑剂层的渗透率。不同类型的压裂液对保持缝中导流能力的百分数亦不相同。如表 5-11 所示，虽然羟丙基胍胶压裂液对支撑剂导流能力贡献最低，但是它的综合性能、来源、成本、配置及投入、产出比的优势仍可被人们所接受。

表 5-11　各种压裂液对裂缝导流能力的保持系数

压裂液种类	压裂液对裂缝导流能力的保持系数/%
生物聚合物	95
泡沫	80 ~ 90
聚合物乳化物	65 ~ 85
油基冻胶	45 ~ 70
线性溶胶	45 ~ 55
羟丙基胍胶交联冻胶	10 ~ 50

（六）时间对裂缝导流能力的影响

对10种陶粒支撑剂进行了120～324h的常温长期导流能力实验，铺砂浓度为5.0kg/m²，压力为60MPa。实验结果见表5-12，从表中可以看出支撑剂在24h内的导流能力下降幅度较大，以后的下降幅度减小。10种支撑剂的导流能力在24h的平均下降率达40.3%，与长期导流能力相对稳定时平均下降率58.5%相比，占68.9%，说明导流能力在初期的下降是主要的。破碎率大的支撑剂长期导流能力下降幅度大。支撑剂的导流能力是随时间不断下降的，很难达到一个稳定的试验值，所取得的最终长期导流能力值是相对稳定时的试验值。所以要提高裂缝长期导流能力使用破碎率较低的压裂支撑剂、尽量减少支撑剂的细微颗粒、提高支撑剂粒度的均匀程度、加大铺砂浓度等。

表5-12　10种支撑剂的长期与短期导流能力实验结果对比

支撑剂代号	导流能力/μm²·cm		下降率/%	稳定时导流能力/μm²·cm	试验时间/h	下降率/%
	60MPa短期	24h				
1	38.52	24.90	35.40	17.08	216	55.70
2	47.08	29.31	37.70	17.37	198	63.10
3	38.92	31.42	19.30	17.98	252	53.80
4	28.21	13.69	51.50	8.40	124	70.20
5	38.21	22.10	42.20	14.92	174	60.90
6	38.23	19.32	49.50	12.01	216	68.50
7	30.08	20.14	33.00	13.47	120	55.20
8	35.47	18.47	47.90	15.23	46	56.50
9	20.77	7.850	62.20	7.85	24	62.20

（七）气测与液测导流能力对比研究

用某种20/40目和30/50目的中密度陶粒，支撑剂铺置浓度5kg/m²。液测导流能力采用二次蒸馏水，气测导流能力采用氮气。液测导流能力流量6cm³/min，气测导流能力每个闭合压力点下测5种流量。实验结果分别见表5-13和表5-14。

表5-13　液测渗透率和导流能力

闭合压力/MPa	20/40目陶粒支撑剂		30/50目陶粒支撑剂	
	渗透率/μm²	导流能力/μm²·cm	渗透率/μm²	导流能力/μm²·cm
10	592.89	163.05	269.60	70.77
20	552.71	149.78	245.86	63.92
30	511.88	137.70	231.49	59.61
40	464.47	124.01	214.44	54.79
50	422.02	111.84	197.36	50.13
60	369.85	97.45	180.69	45.72
70	305.51	80.20	160.01	40.32

表 5-14　气测渗透率和导流能力

闭合压力/MPa	20/40 目陶粒支撑剂		30/50 目陶粒支撑剂	
	渗透率/μm^2	导流能力/$\mu m^2 \cdot cm$	渗透率/μm^2	导流能力/$\mu m^2 \cdot cm$
10	1410.00	402.36	447.94	124.03
20	1070.77	302.76	398.68	109.44
30	981.95	275.44	349.64	94.76
40	885.21	245.64	319.66	85.83
50	785.54	215.86	306.71	81.43
60	691.10	187.98	289.17	76.05
70	599.42	161.54	269.35	69.87

从图 5-16 可见，相同规格陶粒的气测渗透率均大于其液测值，说明气体在支撑剂充填层中较液体具有更高的渗流能力，反过来说，要达到相同的渗透率充填层，气体渗流时较液体可以采用较低的铺置浓度，或者可以采用不同类型或规格的支撑剂；20/40 目陶粒的液测渗透率高于30/50 目陶粒气测值，说明支撑剂规格对支撑剂充填层的渗流能力起主要作用，支撑剂粒径越大，其孔隙空间越大，渗流能力越强。相同条件下的气测导流能力比液测导流能力高 1.5～2.5 倍，在低闭合压力下气测导流能力与液测导流能力的差异更大。用气测导流能力的实验结果来指导气井压裂的潜力分析、优化设计和压后效果预测及支撑剂的评价优选将更具合理性和针对性。

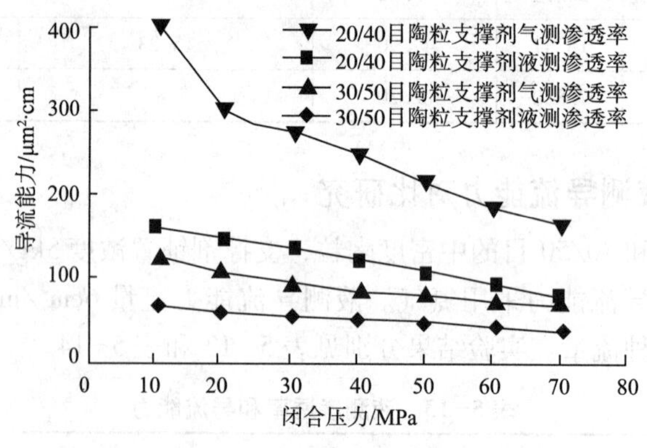

图 5-16　气测和液测导流能力对比

第四节　覆膜砂（陶粒）支撑剂

一、基本特征

覆膜砂（陶粒）是采用一种特殊工艺将改性苯酚甲醛树脂、环氧树脂或呋喃树脂包裹到石英砂（陶粒）表面，并经热固处理而成，见图 5-17。覆膜砂目前已逐渐在各大油田推广使用。覆膜陶粒支撑剂研究较少，而且成本较高，暂时未能用于实际生产，故本节以介绍覆膜砂支撑剂为主。

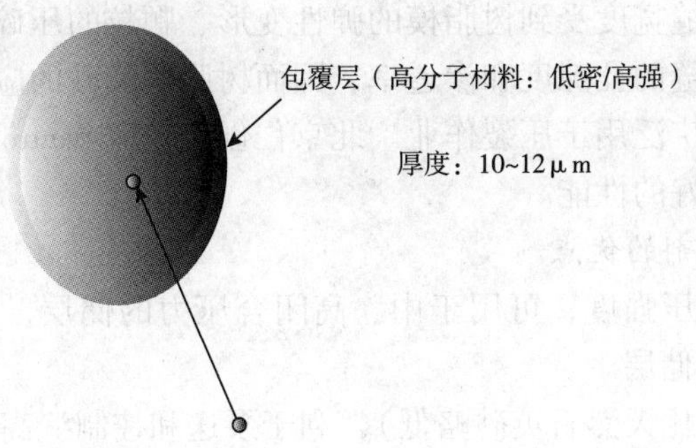

图 5-17　覆膜砂支撑剂基本原理

覆膜砂按树脂包裹方法可分为：预固化和（可）固化两种覆膜砂。它们在压裂中承担着不同任务，前者是为了保持裂缝导流能力，后者用于防砂。

（一）预固化树脂覆膜砂

在砂子表面上包裹一层树脂，使闭合压力分布在较大表面的树脂层上，分散了作用于颗粒上的负荷，这样即使压碎了覆膜内的砂子，外面的树脂覆膜仍然可以将碎块、微粒包裹在一起，防止它们运移或堵塞支撑剂带的孔隙，保持裂缝有较高的导流能力。

（二）（可）固化树脂覆膜砂

在石英砂表面上事先包裹一层与压裂目的层温度相匹配的树脂，并做为尾追支撑剂置于水力裂缝近井缝段，当裂缝闭合且地层温度恢复后，这种（可）固化树脂覆膜（覆膜）砂先在地层温度下软化成玻璃球状，然后由软至硬地将周围相同的（可）固化树脂覆膜砂胶结起来，这样在裂缝深处与井筒地带形成一道“屏障”，起到防止缝内支撑剂反吐回流的作用。

图 5-18 为镜下陶粒支撑剂表面［图 5-18（a）］与树脂砂支撑剂［图 5-18（b）］外观对比图。从图中可以看出树脂砂支撑剂表面光滑，而陶粒支撑剂表面粗糙。

（a）陶粒支撑剂　　（b）覆膜砂

图 5-18　陶粒支撑剂与覆膜砂支撑剂外观对比图

表5-14是石英砂和树脂覆膜砂性能对比表，从表中可以看出，树脂覆膜砂的颗粒密度比石英砂的密度轻，可以使裂缝保持较高的导流能力。但由于其破碎率会随着闭合压力的增高而变大，使得裂缝宽度受到树脂模的弹性变形、颗粒的压碎和重新排列的影响而变窄，从而影响到支撑裂缝的孔隙度和渗透率，因而树脂覆膜砂的应用受到一定限制[2]。目前树脂覆膜砂支撑剂被广泛用于压裂作业。北京仁创、美国Santrol和Abrco公司生产的树脂覆膜砂支撑剂具有较好的性能。

1. 树脂覆膜砂支撑剂的优点

（1）具有较高的抗压强度，可用于中、高闭合压力的储层，一般用于闭合压力低于8000psi（约55MPa）的储层。

（2）相对密度低（比天然石英砂略低），利于泵送和控制缝高，对设备磨损小。

（3）破碎率低，破碎后支撑剂的碎屑被树脂包裹，不堵塞微裂缝，不对储层造成伤害。

（4）性能相对稳定，耐高温（超过149℃），耐酸，耐腐蚀。

（5）可固化树脂覆膜砂支撑剂与地层相粘结，不易返排，可提高裂缝的渗流能力。

2. 树脂覆膜砂支撑剂的缺点

（1）可能会影响压裂液的性能。

（2）制造工艺复杂，成本高。

二、评价结果

根据石油压裂支撑剂行业标准SY/T 5018—2014相关内容，对树脂覆膜砂性能进行了测试。表5-15为其测试结果。图5-19为显微镜下覆膜砂破碎实验后的图，从图中可以看出覆膜砂破碎率低且碎片不迁移，可有效提高覆膜支撑剂导流能力。

表5-15　石英砂与树脂覆膜砂性能对比表

样　品		石英砂	树脂覆膜砂
粒径规格/目		20/40	20/40
视密度/（g/cm^3）		2.64	1.73
体积密度/（g/cm^3）		1.58	1.46
圆度		0.70	0.80
球度		0.70	0.80
浊度/FTU		128.00	20.00
酸溶解度/%		6.19	2.15
破碎率/%	28MPa	6.70	0.70
	52MPa	25.59	3.01
	69MPa	36.14	7.00

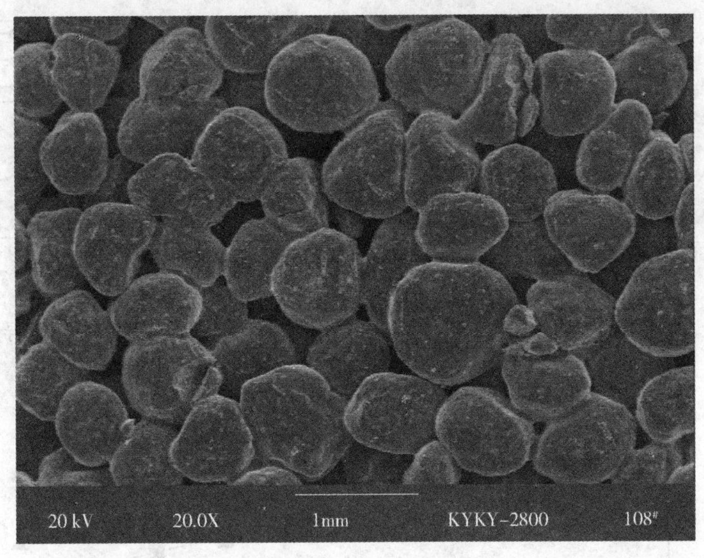

图 5-19　电子显微镜下破碎实验后的覆膜砂

(一) 覆膜砂力学性能评价

在 70℃下，用样品成型夹持器将覆膜砂制成 1in 直径、2in 长的样品，然后用岩石力学系统进行力学实验。

在 70℃和一定压力下固化 24h，然后取出时发现覆膜砂并没有固化，而是黏稠的砂浆，即树脂涂层在 70℃条件下不能固化，其强度几乎为零。将样品在夹持器中在室温下冷却，样品完全固化，固化后的树脂涂层砂的抗张强度达到了 5MPa 左右，甚至高于大部分砂岩的抗张强度，在不同围压条件下的抗压强度也达到了数十兆帕。实际上在 70℃地层中，这种覆膜砂根本不能固化，不但无法提高导流能力，反而因为涂层材料融化而对裂缝导流能力造成很大的伤害，所以固化温度是覆膜砂评价中最关键的参数之一。

(二) 覆膜砂导流能力评价

孚盛砂是由北京仁创科技有限公司生产，获得国家发明奖和科技进步一等奖等多项技术成果目前市场上最常用的覆膜砂支撑剂。表 5-16 为孚盛砂固结实验结果。图 5-20 ~ 图 5-22 为孚盛砂导流能力测试结果（数据均来自其官方网站）。

表 5-16　孚盛砂固结实验结果

时间/h	测试温度/℃			
	80	90	100	120
0.5	未固结	未固结	未固结	未固结
1.0	未固结	未固结	微结	完全固结
1.5	未固结	微结	完全固结	/

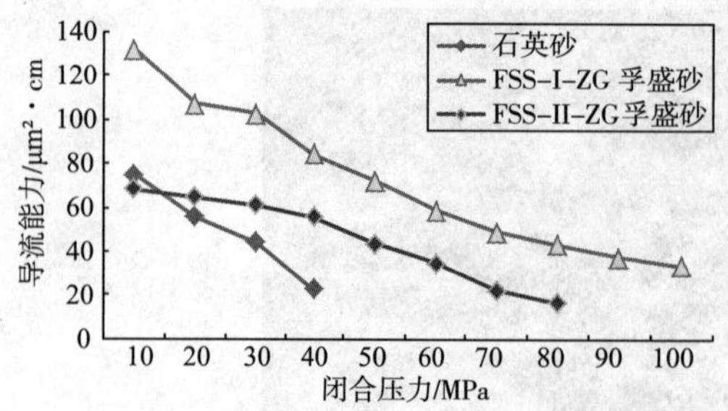

图5-20　石英砂、覆膜砂短期导流能力测试结果

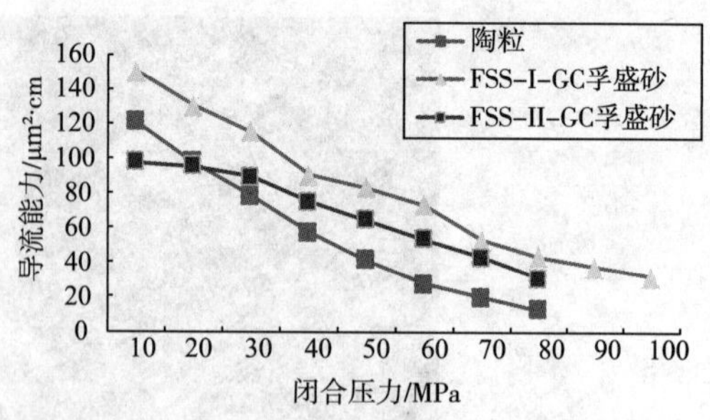

图5-21　陶粒、覆膜砂短期导流能力测试结果

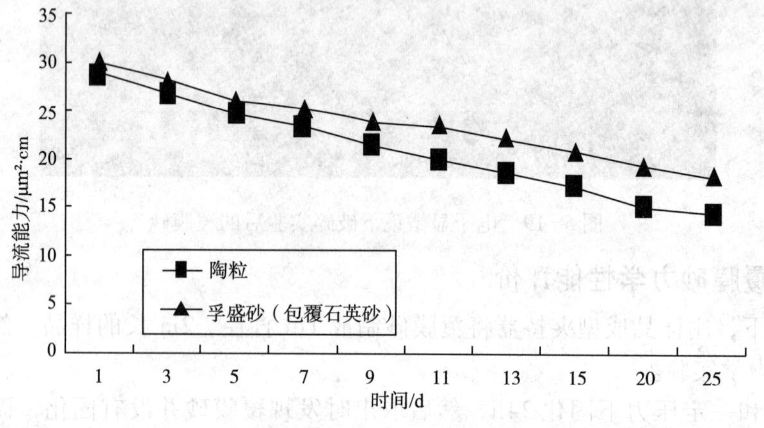

图5-22　陶粒、覆膜砂长期导流能力测试结果

从实验数据可以看出如下几点。

（1）孚盛砂（如包覆石英砂）完全可以替代普通陶粒使用，其物化性指标均优于相应的未覆膜的支撑剂材料。

（2）覆膜支撑剂长期导流能力普遍高于陶粒支撑剂。覆膜砂在低闭合压力下导流能力相对较高，在高闭合压力下破碎体包覆在树脂膜内，减少可移动微粒数量，增加导流能力。

（3）由于覆膜砂密度相对较低，在同等规模裂缝尺寸下压裂作业的支撑剂用量减少；在一定程度上减少对压裂液质量的依赖性，有利于提高压裂成功率，节约压裂液费用，保持压裂裂缝质量，提高产量。

第五节　低密/超低密度支撑剂

一、基本特征

非常规油气储层致密、渗透率低、孔隙度小于10%，孔喉以纳米级为主（多小于1μm）。近年来，国内外在低渗透油气藏压裂中成功的运用了清水压裂，为油气井的增产提供了很好的技术支持。但清水压裂携砂能力差，因而需要使用低密、超低密压裂支撑剂来实现压裂。体积密度高的支撑剂在使用过程中不仅对压裂设备磨损大，还需使用高黏度携砂液，其费用高，返排率较低，易对地层造成二次污染。因此，使用低密度支撑剂不仅能满足非常规油气藏的水力压裂要求，还能减小设备磨损，降低水力压裂的成本。

工业生产陶粒支撑剂可分为3类，即高密度（体积密度＞1.80g/cm^3，视密度＞3.35g/cm^3）、中密度（1.65g/cm^3＜体积密度≤1.80g/cm^3，3.00＜视密度≤3.35g/cm^3）及低密度（体积密度≤1.65g/cm^3，视密度≤3.00g/cm^3）的支撑剂。Carbo公司以高岭土为原料，在1200～1350℃温度范围内制备出体积密度为0.95～1.30g/cm^3，视密度为1.60～2.10g/cm^{3}的超低密支撑剂，且烧结温度高于1200℃时在28MPa下破碎率低于15%[8]。美国专利取瓷土（Al2O3含量低于20wt%）、陶土（Al_2O_3含量低于25wt%）和高岭土（Al_2O_3大约40wt%）为原料，在1150～1380℃温度范围内制备出体积密度为1.30～1.50g/cm^3，视密度为2.10～2.55g/cm^{3}的支撑剂。其中含Al_2O_3量为19.05%的支撑剂试样体积密度为1.30g/cm^3，视密度为2.4g/cm^3，35MPa下破碎率为3.8%，52MPa下破碎率为9.5%[9]。

目前，压裂支撑剂主要以铝矾土和高岭土为原料制备而得。而将粉煤灰、煤矸石和棕刚玉粉尘废料等固体废弃物应用到支撑剂的生产中，不仅经济环保还开辟了支撑剂在原料选择上的新思路。高如琴等[10]以粉煤灰和铝矾土为主要原料，高岭土和长石为烧结助剂，制备出体密度为0.998g/cm^3，视密度为2.559g/cm^3，22MPa下破碎率为8.241%的高强度低密度支撑剂。陈平等[11]以煤矸石矿渣和粉煤灰矿渣为主要原料，TiO_2、ZnO和白云石为矿化剂，制备出体积密度为1.54g/cm^3，69MPa压力下破碎率为3%～5%的高强度低密度支撑剂。

二、评价结果

根据石油压裂支撑剂行业标准SY/T5018－2014相关内容，对国产ST－Ⅰ型[12]超低密度支撑剂进行密度、圆球度、浊度、酸溶解度、抗破碎率等基本性能评价，见表5－17。结果表明，ST－Ⅰ型超低密度支撑剂视密度为2.37g/cm^3，体密度为1.26g/cm^3，52MPa下破碎率为1.43%，圆球度等其他各项性能也均能达到国标要求。

表5－17　不同支撑剂物理性能测试结果

参数	行业标准	普通陶粒A	普通陶粒B	普通陶粒C	ST－Ⅰ陶粒
视密度/g·cm^{-3}		3.43	2.94	2.81	2.37
体密度/g·cm^{-3}		1.80	1.62	1.55	1.26
浊度/FTU	≤100	18.5	28.3	12.5	12.0
圆度	≥0.7	0.9	0.8	0.9	0.85
球度	≥0.7	0.9	0.8	0.9	0.85
酸溶解度/%	≤7	4.97	2.59	4.29	1.12
抗破碎能力/%（52MPa）	≤7	1.12	0.22	1.06	1.43

（一）导流能力评价

支撑剂短期导流能力随时间变化曲线如图5-23所示。由测试结果可知，闭合压力一定时，短时间内支撑裂缝导流能力变化不明显，基本为一定值，并且在55.2MPa的高闭合压力下，导流能力能够维持在54.14$\mu m^2 \cdot cm$，具有较好的导流特性。

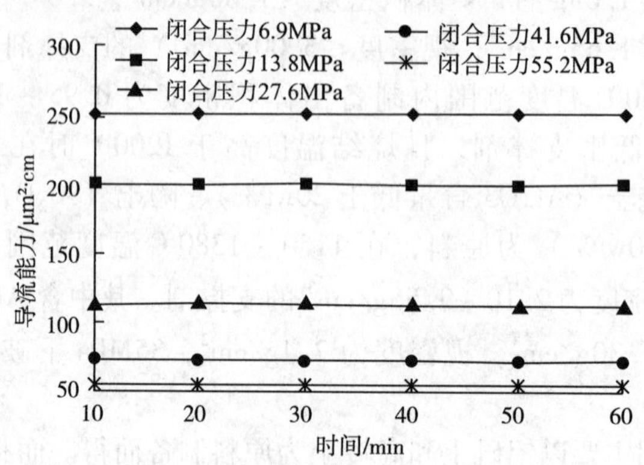

图5-23　ST-Ⅰ型支撑剂短期导流能力测试曲线

图5-24为不同的铺砂浓度下导流能力测试结果。从图中可见当支撑剂铺砂浓度为10.0kg/m^2时，闭合压力从6.9MPa增加到55.2MPa过程中，导流能力由251.47$\mu m^2 \cdot cm$下降到54.28$\mu m^2 \cdot cm$，下降率为78.4%，支撑剂导流能力下降较明显，42MPa后其导流能力基本不再变化。闭合压力为41.6MPa时，支撑剂铺砂浓度从5.0kg/m^2到10.0kg/m^2，对应的导流能力为40.16$\mu m^2 \cdot cm$到72.54$\mu m^2 \cdot cm$，说明较大的铺砂浓度可以获得较大的导流能力，较小的铺砂浓度获得的导流能力较小。但是增加铺砂浓度并不是取得最大导流能力的有效方法，实际压裂设计时还需选取最优铺砂浓度值。

水力压裂过程中，支撑剂会随着压裂液的运移而不断沉降，为观察该支撑剂在压裂液中的沉降特性，进行了不同黏度压裂液的沉降测试。沉降结果如图5-25所示，结果表明该支撑剂在上述不同黏度压裂液中的沉降时间依次为14s、32s、45s、54s，沉降普遍较慢。

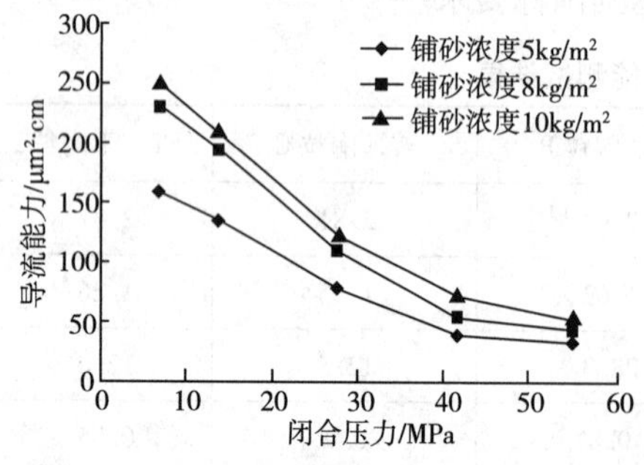

图5-24　不同铺砂浓度下ST-Ⅰ型支撑剂短期导流能力测试曲线

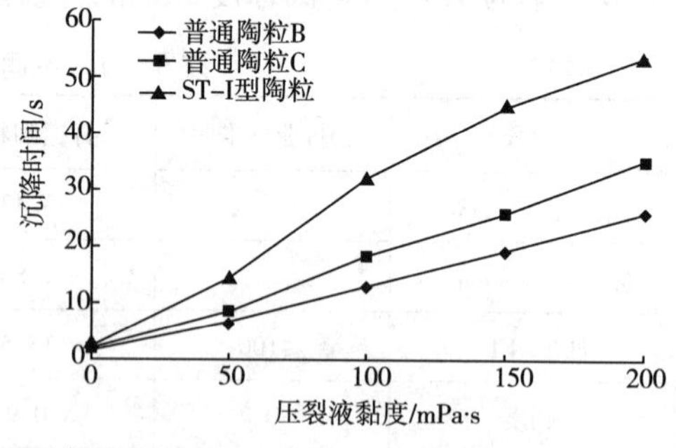

图5-25　不同压裂液黏度下支撑剂沉降对比曲线

（二）原料和烧结助剂对低密度支撑剂影响研究

目前，陶粒支撑剂多采用铝矾土、高岭土和石英等天然矿物为原料，添加软锰矿、白云石等添加剂制备而得。太原理工大学崔冰峡等[13]开展了对铝矾土基和高岭土基低密度陶粒支撑剂性能研究。

1. 铝矾土基低密度陶粒支撑剂研究

表5-17以铝矾土为原料，按比例配制成不同 Al_2O_3 陶粒支撑剂。从表5-18可以观察到，Al_2O_3 含量在46%~65%（wt）范围时，体积密度低于1.65g/cm^3，处于低密度支撑剂的体积密度范围内，Al_2O_3 含量为46%（wt）时，支撑剂在52MPa压力下破碎率高达17.10%，抗破碎能力较差。因此，若要制备体积密度和视密度均低的支撑剂，将 Al_2O_3 含量选在51%（wt）左右，再使用烧结助剂提高支撑剂的抗破碎能力。

表5-18　Al_2O_3 含量不同支撑剂性能测试

Al_2O_3 含量/%	Al_2O_3/SiO_2	体积密度/（g/cm^3）	视密度/（g/cm^3）	52MPa破碎率/%
46	1.26	1.36	2.44	17.1
51	1.57	1.44	2.55	14.04
58	2.15	1.48	2.97	11.56
65	3.04	1.50	3.01	13.67

表5-19展示 TiO_2 添加量及在1450℃煅烧时间不同的支撑剂试样性能。不含添加剂的试样体积密度和视密度均在低密度压裂支撑剂的相应范围内，28MPa压力下破碎率为7.02%。添加 TiO_2 降低了支撑剂的体积密度，TiO_2 添加量为1%（wt）时，保温时间为1h和2h的试样破碎率相比不添加 TiO_2 的试样分别降低了18.38%和28.21%。添加更多 TiO_2［3%（wt）］时，支撑剂破碎率反而上升。因此，在 TiO_2 不过量的条件下［本实验条件下需<2%（wt）］，适当延长保温时间有利于提高支撑剂的强度。

表5-19　TiO_2 含量及煅烧时间支撑剂性能测试

TiO_2 含量/%	煅烧时/h	体积密度/（g/cm^3）	视密度/（g/cm^3）	28MPa破碎率/%
0	1	1.36	2.75	7.02
1	1	1.21	2.78	5.73
2	1	1.25	2.73	10.08
3	1	1.20	2.82	17.09
1	2	1.22	2.77	5.04
2	2	1.23	2.74	9.77

表5-20展示了不同MgO含量的支撑剂试样性能。支撑剂的体积密度随MgO含量增加而增加。视密度和破碎率随MgO含量增加而下降，由此可见，MgO起到了降低支撑剂视密度和提高强度的作用。煤层气用压裂支撑剂要求达到相对较低的密度并且能够抵抗28MPa的闭合压力。破碎率测试结果表明添加3%（wt）MgO的支撑剂不仅能够满足破碎率要求，还具有接近石英砂（石英砂视密度在2.55~2.6g/cm^3之间）的视密度。

表 5-20　不同 MgO 含量支撑剂性能测试

MgO 含量/%	体积密度/（g/cm³）	视密度/（g/cm³）	28MPa 破碎率/%
0	1.36	2.75	7.02
1	1.37	2.71	5.4
2	1.37	2.69	4.74
3	1.42	2.63	4.06

2. 高岭土基低密度陶粒支撑剂研究

高岭土是一种非常重要的黏土矿物，是在酸性介质中，由火成岩和变质岩中的长石或其他硅酸盐矿物经风化而成。Carbo 公司[8]曾以高岭土为原料，在 1200～1350℃温度范围内制备出体积密度为 0.95～1.30g/cm³，视密度为 1.60～2.10g/cm³ 的超低密支撑剂，且煅烧温度高于 1200℃时 28MPa 压力下破碎率可降至 15%以下。Walter 等[14]的研究表明相比铝矾土基支撑剂，高岭土基支撑剂在强度相当的条件下密度更低。

表 5-21 为高岭土在不同烧结温度下支撑剂性能测试结果。从表中可以看出随着温度升高，体积密度逐渐上升，视密度和破碎率均逐渐减少，煅烧温度在 1460℃及以下时，支撑剂破碎率高于 9%，可见单独以生料高岭土为原料很难在较低温度下制备出 28MPa 闭合压力下破碎率合格的支撑剂。

表 5-21　高岭土不同烧结温度下支撑剂性能测试

烧结温度/℃	体积密度/（g/cm³）	视密度/（g/cm³）	28MPa 破碎率/%
1250	1.34	2.60	22.06
1280	1.31	2.61	21.86
1340	1.30	2.58	19.23
1400	1.40	2.60	11.70
1430	1.37	2.57	10.25
1460	1.40	2.56	9.59
1490	1.43	2.58	7.52
1520	1.48	2.51	6.91

表 5-22 为生料高岭土百分比不同情况下支撑剂测试结果。从表中可以看出，随生料高岭土含量增加，支撑剂体积密度和破碎率略有提高，视密度变化不大。在煅烧高岭土中添加 30%（wt）生料高岭土后陶粒成球率提高，其平均球度为 0.86，平均圆度为 0.85，满足 SY/T 5108—2014 的要求。综合考虑，对生料高岭土含量为 30%（wt）的支撑剂进行优化。

表 5-22　生料高岭土百分比不同支撑剂性能测试

生料含量/%	体积密度/（g/cm³）	视密度/（g/cm³）	28MPa 破碎率/%
10	1.102	2.727	17.218
20	1.106	2.71	17.343
30	1.144	2.731	17.66

图5-26给出了支撑剂试样M0、M1、M3、M5的体积密度、视密度和28MPa和35MPa压力下破碎率与煅烧温度的关系曲线。其中M代表钼酸铵，0、1、3、5分别代表钼酸铵百分含量。从图中可见添加钼酸铵可降低了支撑剂的体积密度，提高支撑剂视密度和强度；同时钼酸铵降低了支撑剂试样的烧结温度，促进了支撑剂在较低煅烧温度下获得高强度。

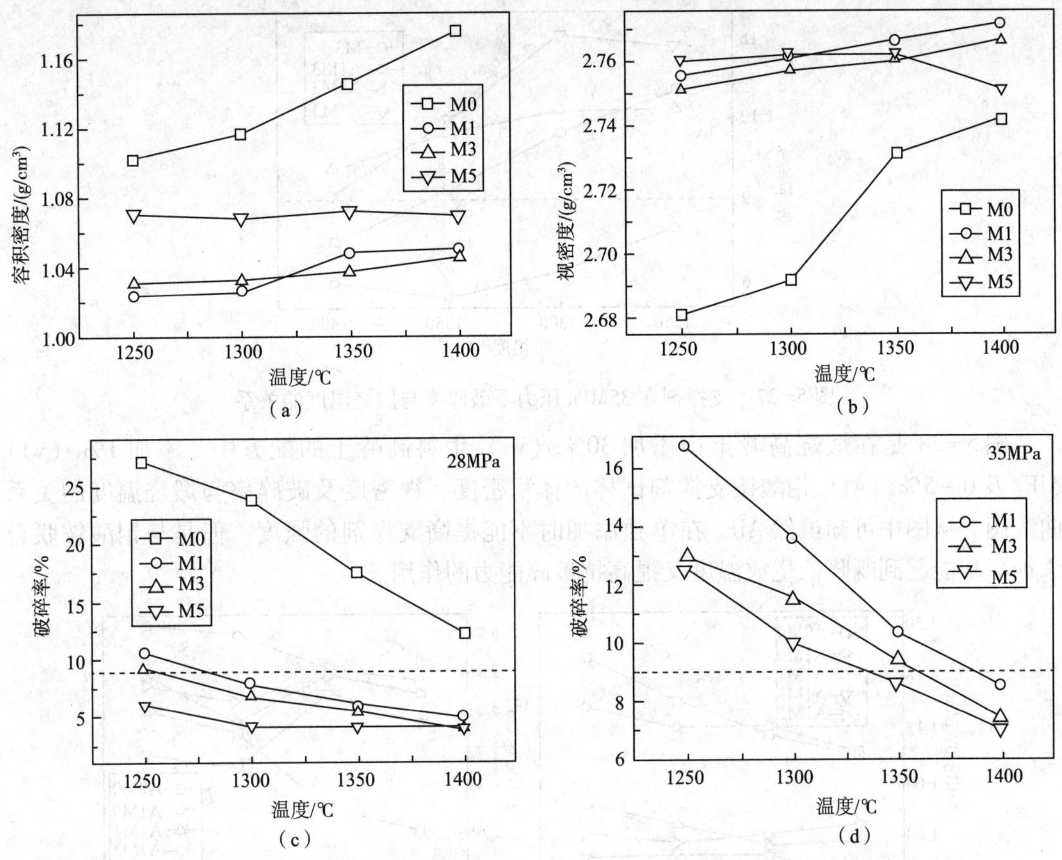

图5-26 生料30%高岭土添加钼酸铵后支撑剂试样关系曲线图

表5-23给出了在煅烧高岭土中添加30%（wt）生料高岭土后，再添加1%~3%（wt）AlF_3的陶粒在1350℃煅烧1h后所测的体积密度、视密度和28MPa破碎率测试结果。对比发现，添加AlF_3后支撑剂体积密度降低、视密度提高，破碎率上升。随AlF_3含量增加，试样体积密度逐渐降低，抗破碎能力下降。可见，AlF_3不能提高支撑剂强度，但能降低其体积密度。

表5-23 AlF_3含量不同支撑剂性能测试

AlF_3含量/%	体积密度/（g/cm^3）	视密度/（g/cm^3）	28MPa破碎率/%
0	1.144	2.73	17.66
1	1.124	2.78	18.134
3	1.05	2.768	23.342
5	1.028	2.74	30.569

图 5-27 是钼酸铵添加量一定，AlF_3 含量不同的支撑剂在 35MPa 压力下破碎率与煅烧温度的关系曲线。其中 A 代表 AlF_3，M 代表钼酸铵。在钼酸铵添加量相同的条件下，添加 1%（wt）AlF_3 的支撑剂试样在 1250~1400℃温度范围内破碎率均低于 9%，超过 1%（wt）的试样破碎率均不合格，因此 AlF_3 添加量为 1%（wt）。

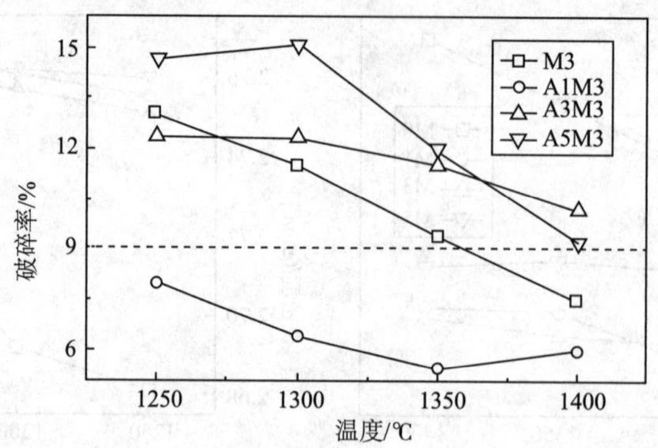

图 5-27 支撑剂在 35MPa 压力下破碎率与煅烧温度的关系

图 5-28 是在煅烧高岭土中添加 30%（wt）生料高岭土的配方中，添加 1%（wt）AlF_3 及 0~5%（wt）钼酸铵支撑剂试样的体积密度、视密度及破碎率与煅烧温度的关系曲线图。从图中可知虽然 AlF_3 在单独添加时不能提高支撑剂的强度，但是与钼酸铵联合添加后却能起到既降低烧成温度又提高抗破碎能力的作用。

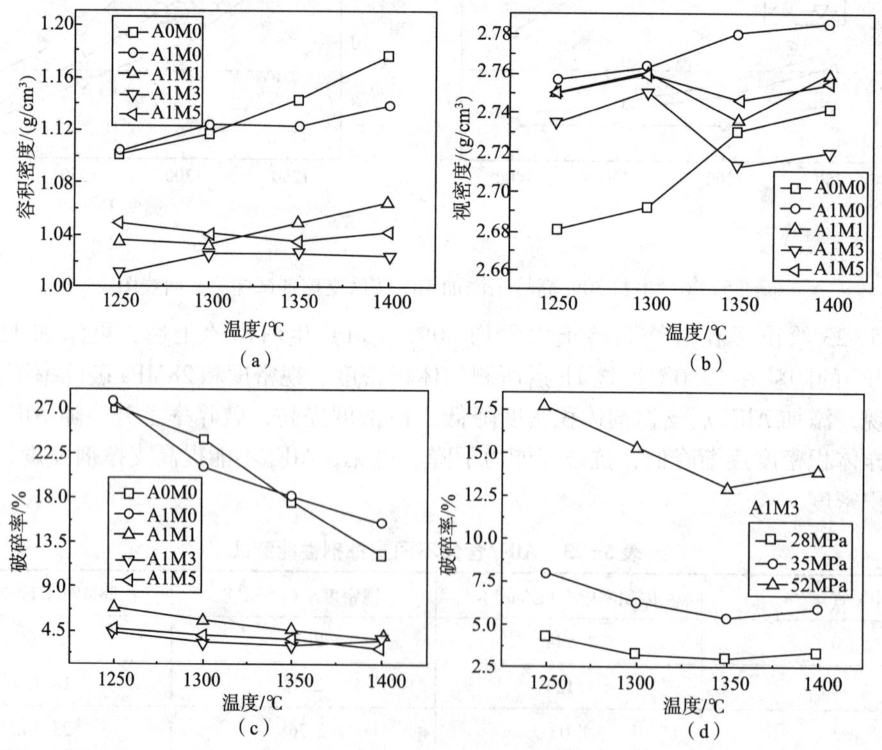

图 5-28 支撑剂试样的关系曲线

第六节　自悬浮支撑剂

所谓自悬浮支撑剂[15~17]是指支撑剂在压裂液中，不辅助其他手段，具有较强的自悬浮作用，可大幅度提高裂缝远端的支撑剂支撑效率。一般采用在常规密度支撑剂的表面，覆上一层或数层膨胀性树脂材料，该材料在压裂液中可舒展开来（图5-29），可因此阻止支撑剂颗粒的重力沉降作用。

自悬浮支撑剂的优势包括以下几点。

（1）提高支撑剂的输砂性能和裂缝远端的支撑效率。由于在压裂液中沉降速度慢，与压裂液的跟随性增强，不需要较高的压裂液黏度，就可提高其携砂性能，同时，在裂缝远端的支撑剂在纵向上的支撑效率高，在同等的压裂施工条件下，可极大提高裂缝的支撑面积及有效裂缝体积。

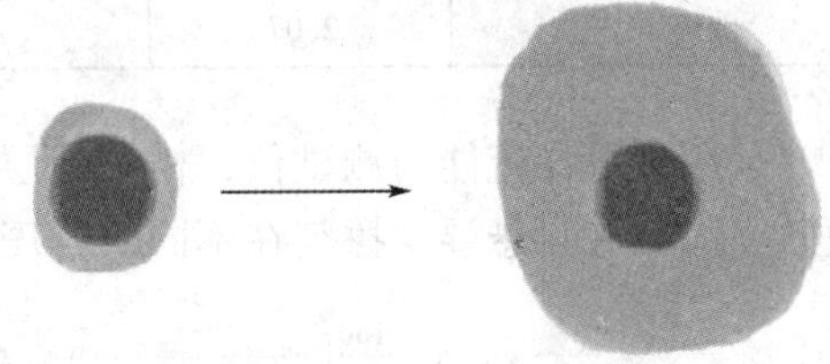

图5-29　自悬浮支撑剂的悬浮机理

（2）可降低压裂液黏度及稠化剂用量。由于自悬浮支撑剂的效果与超低密度支撑剂类似，可用较低的压裂液黏度甚至活性水压裂液（造缝效率要与储层的滤失性相匹配），就可有效地进行携带和铺置。因此，压裂稠化剂的浓度可大大降低，也进一步降低了压裂液的残渣伤害，在同等的压裂施工条件下，可较大幅度地提高裂缝的导流能力。

（3）可有效控制裂缝高度。正是由于对压裂液的黏度要求大幅度降低，因此，裂缝高度可以得到有效控制，即使在薄层压裂条件下，由于自悬浮支撑剂的强悬浮性，也不容易发生早期砂堵现象，因此，在同等压裂施工条件下，可大大提高缝长。

一、自悬浮支撑剂适应的储层条件

自悬浮支撑剂尤其适用于低渗、薄层油气藏。在这种条件下，要求的支撑缝长相对较长，但裂缝高度又相对较小，如用常规支撑剂，容易发生支撑剂的早期沉降砂堵等情况。

在其他的储层条件下，自悬浮支撑剂有有自身的优势。由于其自悬浮特性，对压裂液的黏度要求大大降低，甚至可用滑溜水或活性水进行压裂施工作业，在大幅降低压裂液成本的前提下，可同步实现控制缝高过度延伸、降低压裂液残渣或残胶等对裂缝导流能力的伤害。但此时的缺点是低黏度压裂液的滤失大，压裂液的造缝效率可能偏低。因此需综合权衡考虑压裂液的配方设计。

一般地，应用自悬浮支撑剂后，可以控制缝高并在远井获得有效支撑的长裂缝。

二、自悬浮支撑剂的基本物理性能

不同粒径的自悬浮支撑剂及陶粒的对比见表5-24。

表 5-24　自悬浮支撑剂的基础性能

指　标	20/40 目陶粒	20/40 目自悬浮支撑剂	30/50 目陶粒	30/50 目自悬浮支撑剂
圆度	0.83	0.85	0.85	0.77
球度	0.80	0.90	0.90	0.72
酸溶解度/%	0.25	0.45	0.11	0.46
浊度/FTU	7.60	7.50	6.20	5.80
体积密度/（g/cm^3）	1.41	1.48	1.75	1.75
视密度/（g/cm^3）	2.44	2.51	3.11	3.01
破碎率/%	2.07	1.28	6.22	1.28

采用裂缝导流能力测试仪，模拟地层温度90℃，测试相同抗压等级的20/40目普通覆膜砂、陶粒和自悬浮支撑剂在不同闭合压力下的导流能力，结果见图5-30。

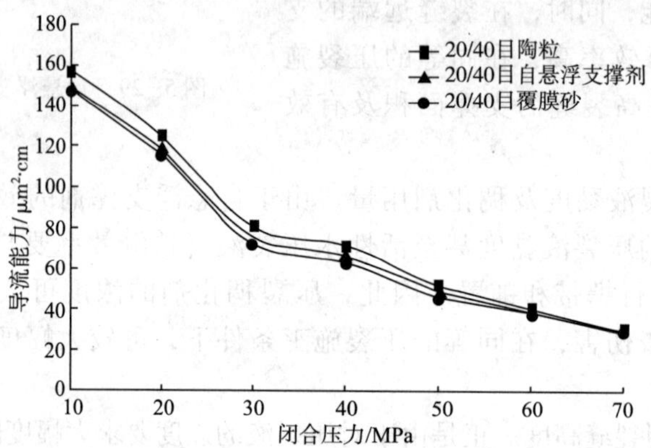

图 5-30　自悬浮支撑剂导流能力及与陶粒支撑剂的对比

由图5-30可见，3种支撑剂的导流能力随闭合压力升高而降低，自悬浮支撑剂的导流能力略高于普通覆膜砂，略低于陶粒。

自悬浮支撑剂与传统支撑剂最主要的区别就是其自身可以不借助增稠剂在清水中悬浮。实验分析了自悬浮支撑剂在常温以及加热状态下，悬浮起来和完全沉降下去所需要的时间，分析结果如表5-25所示。

表 5-25　自悬浮支撑剂自悬所需时间

状　态	砂液比/%	悬浮所需时间/s	完全沉降所需时间/h
常温	10	140	3.3
常温	15	90	>4
常温	20	66	>4
常温	25	63	>4
常温	30	54	>4
常温	35	50	>4

续表

状　态	砂液比/%	悬浮所需时间/s	完全沉降所需时间/h
加热（75℃）	10	60	2.8
加热（75℃）	15	35	3.7
加热（75℃）	20	23	>4
加热（75℃）	25	17	>4
加热（75℃）	30	15	>4
加热（75℃）	35	13	>4

三、自悬浮支撑剂的应用情况

新型自悬浮支撑剂在6口井的清水压裂中进行了现场应用，既包括常规砂岩油气藏压裂，也包括碳酸盐岩油气藏压裂，井深750.00～3750.00m，井底温度30～130℃，初始砂比10%，平均砂比18%，施工成功率100%。

6口井压裂后有5口井见油，1口井见气，达到预期目的。陈101井是苏北盆地溱潼凹陷陈家舍构造的一口定向探井，井深2350.00m，储层温度84℃，拟压裂地层下部11.20m处有一水层。由于拟压裂地层与水层间的隔层薄，若采用常规冻胶压裂易压穿水层，造成压裂后产水不产油。为此，该井设计采用以胍胶压裂液为前置液造缝、以活性水携自悬浮支撑剂加砂支撑裂缝的压裂方案。胍胶压裂液的配方为0.22%胍胶+0.20%交联剂。压裂施工时，首先泵注前置液造缝，然后采用活性水携自悬浮支撑剂加砂支撑裂缝，施工排量1.8～2.6m^3/min，实际加砂19.88m^3，主加砂段砂比18%～30%，最高砂比40%，压裂后返排率35%，达到了国内常规冻胶压裂液加砂压裂的技术指标。该井压裂后日产油量8.33t，综合含水率21%，产油量是该区块常规冻胶压裂井的2倍。

第七节　可溶解支撑剂

顾名思义，所谓可溶解支撑剂就是指在压后一定时间内可以自行溶解的支撑剂。本来支撑剂的作用就是在压裂后长期支撑水力裂缝，从而提供稳定的裂缝导流能力。而一旦溶解后就失去了其提供导流能力的作用。之所以要让其溶解，主要是配合高通道压裂新技术的需要。如先将可溶解支撑剂与常规支撑剂按一定比例和方式混合在一起，此时可采用连续加砂模式将上述混合支撑剂运移和铺置于既定的裂缝位置处，等可溶解支撑剂完全溶解后形成空隙，且此空隙是相互连通的，从而能提供更高的裂缝导流能力，最终实现高通道压裂技术的目标。

而高通道压裂中，为了形成所谓的高通道，要采用段塞式加砂方式，并辅助以纤维的手段，纤维在携砂液中可促使支撑剂“抱团”，而在不加支撑剂的段塞中也加入纤维，目的是使支撑剂难以进入中间的空白区。但经过孔眼的高剪切速率后，上述目的难以达到。因此，如有一种可溶解的支撑剂，在压裂施工中不溶解，而等裂缝闭合后再溶解，同样可以形成上述支撑剂堆间的空白区，也即高导流能力的通道。因此，可不加纤维，也可避免孔眼的高剪切速率对支撑剂堆的冲散效应。

其适用的储层条件与高通道压裂适用的储层条件相近，见表5-26。

表5-26 可溶解支撑剂适用的储层条件

杨氏模量/闭合应力	通道效果
<350	裂缝稳定性差
350～500	能够形成稳定的缝内网络通道
>500	长期稳定缝内流动通道

第八节 棒状支撑剂

常规的支撑剂颗粒是各向同性的球形，当其受闭合压力作用时会被压实，导致粒间的孔隙减小。阿帕奇（Apache）、斯伦贝谢（Schlumberger）和Imerys集团共同研制了新型的棒状支撑剂（图5-31），和常规的球状支撑剂相比，棒状支撑剂具有高纵横比的独特优势，截面直径比球形支撑剂的直径小，长度是球形支撑剂直径的3倍多，因而棒状支撑剂的形状各向异性，铺置形式较多。当裂缝通道空间一定时，棒状支撑剂的数量比球状支撑剂数量大大减少，于是棒状支撑剂充填层获得较大的孔隙度，同样条件下棒状支撑剂充填的裂缝导流能力高于球状支撑剂。实际使用表明，使用棒状支撑剂其泵送过程并不比球形支撑剂更困难，不会对地面和井下设备产生额外的负面影响，从而免去了“棒状”可能对泵送过程不利的后顾之忧。

图5-31 棒状支撑剂

棒状颗粒间的一个局部接触单元为研究体，该研究体上有3个受力接触点在垂直方向上存在3点弯曲应力：A与B、C点的应力反向，共同作用于2上，使2发生弯曲变形，把与其紧密接触的1、3、4稳固在一起；同时A、B、C3点受压而产生摩擦力，也阻止了颗粒间滑动。于是众多棒状颗粒间以这种机械干扰作用互锁桥接（图5-32），降低了棒状颗粒间相对移动的能力，形成坚固的充填层，其稳定性不受温度与化学物质作用的影响。

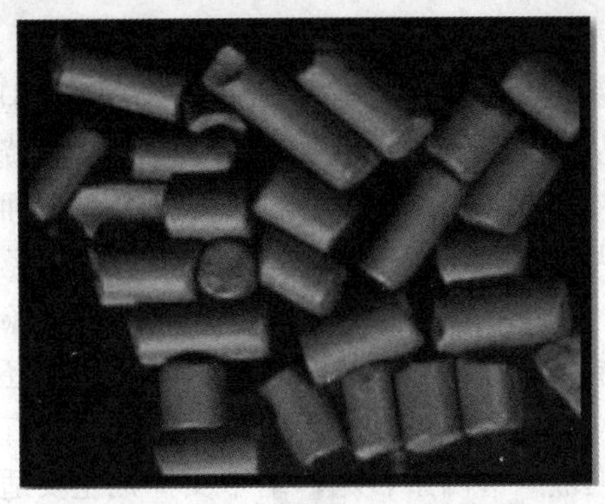

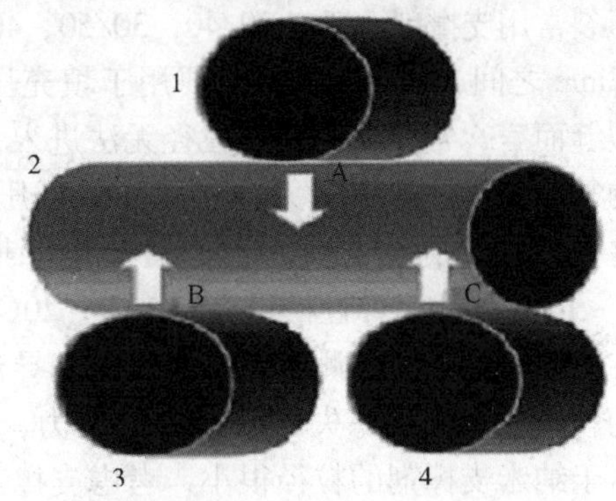

图5-32　棒状支撑剂机械互锁桥接作用

实验测试了不同类型支撑剂在高闭合应力下的导流能力（图5-33），在低闭合应力下，棒状支撑剂的导流能力为常规支撑剂的2倍。在高闭合应力下，棒状支撑剂的导流能力仍然具有较高的保持能力。就常规支撑剂而言，支撑剂充填层的基本导流能力一般取决于平均直径、粒度分布和材料强度。使用棒状支撑剂时，棒状颗粒相互作用形成的高孔隙度是形成高导流能力的原因所在。

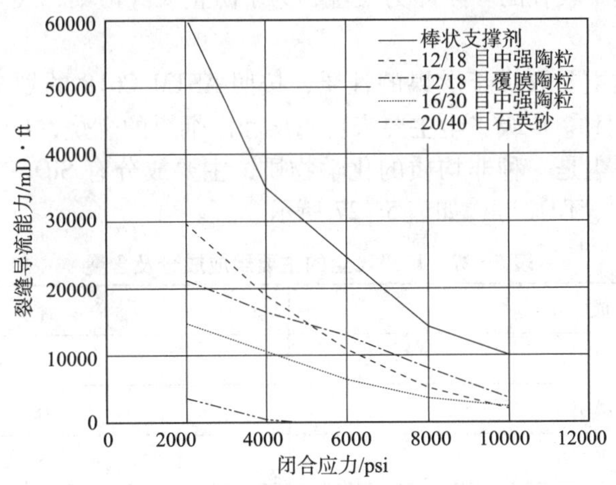

图5-33　棒状和球状支撑剂裂缝导流能力对比（浓度9.8kg/m² 温度120℃）

因此，在后期泵入阶段注入棒状支撑剂形成较高孔隙度的坚固充填层，既能提高裂缝导流性能，使压裂液迅速返排，又可防止或减小支撑剂颗粒或纤维残片的回流。在斯伦贝谢的推荐案例中，在近井口尾追棒状支撑剂，同尾追16/30目的球状支撑剂相比，尾追棒状支撑剂可使产量增高约15.7%。

第九节 纳米支撑剂

一、纳米支撑剂及其适应性

压裂常用支撑剂一般有20/40，30/50，40/70以及80/200等，粒径范围在104.14 μm～0.8382mm之间，这类支撑剂主要用于填充压裂裂缝和部分尺度较大的天然裂缝，但相对于微裂缝而言，常规支撑剂的粒径无法进入，从而导致大量的微裂缝在压后闭合，降低了裂缝的复杂程度和导流能力，从而降低了压裂效果，特别是对于致密页岩等低渗油藏而言，这种影响尤为明显。目前，美国堪萨斯大学研制了一种纳米支撑剂，其粒径介于100nm～1μm之间，弹性模量介于1.3～20GPa之间，采用API标准的导流能力实验进行纳米支撑剂的导流能力测试，结果无量纲导流能力较高，此外，纳米支撑剂的应用还能够有效的较低压裂液的滤失，保持缝内压力，有助于裂缝的拓展延伸以及支撑剂的有效输送，由于纳米支撑剂的粒径很小，考虑支撑剂的嵌入等因素影响，纳米支撑剂主要适用于致密坚硬的地层，如致密页岩等[18～20]。

二、基本物化参数

（一）原材料及制备

纳米支撑剂原料主要来自飞尘，是火力发电站的半生品，属于污染废物的回收再利用。煤燃烧后产生大量颗粒，其中较重的颗粒沉降到燃烧室底部，而较轻的颗粒在气流携带下被扬起带走，其中较轻的颗粒即为飞尘，为了防止大气污染，飞尘通常被静电除尘器收集。

飞尘的化学性质主要取决于燃煤的性质，按照ASTM C618的划分标准，飞尘主要被划分为C级和F级两种。C级飞尘主要来自褐煤和次烟煤的燃烧，F级飞尘主要来自无烟煤和烟煤的燃烧。飞尘是一种非均质的化学物质，主要成分有SiO_2、Al_2O_3、Fe_2O_3、CaO等，此外还包括MgO、TiO_2等，如表5-27所示。

表5-27 F级飞尘的主要组成成分及含量

成分	含量/%
SiO_2	40～60
Al_2O_3	18～31
Fe_2O_3	5～25
CaO	1～6
MgO	1～2
TiO_2	1～2

（二）粒径的测量

采用2%的KCl溶液对飞尘进行清洗，并用投射电子显微镜拍摄、测量纳米支撑剂的粒径，如图5-34所示。左边颗粒来自C级纳米支撑剂，粒径介于200~800nm之间，右边颗粒来自F级纳米支撑剂，粒径介于100~300nm之间。此外，电镜照片显示，两种纳米支撑剂均具有良好的圆球度，而圆球度的好坏与支撑列缝导流能力的大小直接相关。

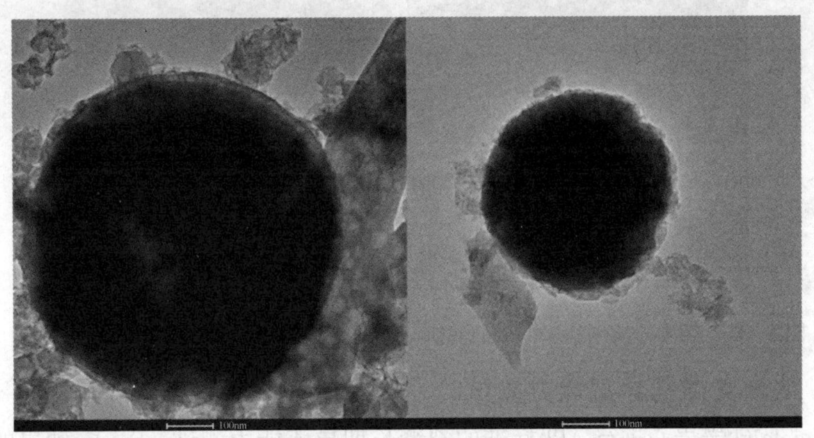

图5-34　飞尘的透射电子显微镜图（左边较大颗粒为C级，右边较小颗粒为F级）

（三）弹性模量测试

采用Oliver & Pharr方法测试纳米支撑剂的弹性模量，结果表明，C级纳米支撑剂的硬度和弹性模量分别为1.36GPa和33.10GPa，F级纳米支撑剂的硬度和弹性模量分别为1.23GPa和18.35GPa。可见，纳米支撑剂具有较高的硬度和弹性模量，在常规的页岩地层中，纳米支撑剂的硬度能够保持破碎率较小，在闭合压力的作用下，较高的弹性模量能够保持支撑剂不变形，从而更好的起到支撑裂缝的作用，提高裂缝的导流能力。

三、滤失及导流能力测试

（一）API静态滤失测试

采用印度灰岩岩心进行API静态滤失测试，结果如表5-28所示，纳米支撑剂具有很好的降滤失作用，既能减少配液的滤失系数，又能降低总滤失量。在第三组实验中，仅有2% KCl和纳米支撑剂的混合液中，液体滤失形成的滤饼是非均匀的，而其他两组形成的滤饼是均匀的，如图5-35所示。瓜胶的加入降低了纳米支撑剂的沉降速度，从而形成了更加均匀的滤饼，均匀的滤饼能够有效降低滤失量，因此，第一组和第二组实验的总滤失量和滤失系数明显小于第三组实验。

表5-28　纳米支撑剂的降滤失实验

岩　样	配　液	总滤失量/mL	滤失系数/（$ft/min^{0.5}$）	总时间/min
IL#15	144mL HPG + 45mL Borate + 45mL 2% KCl	6.93	0.0019 ft/min	90
IL#16	144mL HPG + 45mL Borate + 45mL（fly ash + 2% KCl）	4.07	0.0015 ft/min	90
IL#8	150mL 2% KCl + 2.34 g fly ash Class F	221.6	0.15 ft/min	90

图 5-35　纳米支撑剂滤失形成的滤饼（左图为均匀滤饼，右图为非均匀滤饼）

（二）纳米支撑剂导流能力测试

选用 Scioto 砂岩岩心进行 API 标准的裂缝长期导流能力测试，Scioto 砂岩的渗透率约为 0.01mD，纳米支撑剂支撑裂缝的导流能力为 0.779mD·ft，对应的无量纲导流能力约为 10。对于页岩来说，基岩的渗透率更低，无量纲的导流能力将更高。

第十节　原位成形支撑剂

沙特阿美石油公司和石油化工科技公司联合研制了一种新型的原位成形支撑剂[21]，该支撑剂是由压裂液在地层条件下转化为离散的固体颗粒，降低了传统压裂液和化学品对储层的伤害程度。这种压裂液本身不含固体，其包含的化学物质会在油藏中会逐渐形成球形的颗粒物，这种球形颗粒物能够保持流动通道张开，油气可以从该通道流入井中。原位形成的支撑剂尺寸明显大于传统支撑剂，因而不用担心脱砂。

图 5-36 显示了 150 ℉下、原位转化支撑剂形成的时间过程。左边的图片是化学反应前的均质溶液。中间的图片是液体混合 30min 后固体颗粒形成的早期阶段。右边的图片是在静置 60min 后，颗粒小珠的增长情况。总的说来，在两种化学溶液混合后，最快 15min，最慢 8h 内会形成这种颗粒小珠。颗粒的直径是化学溶液和它们停留在裂缝中时间的函数。较长的泵注时间和停留时间将会形成直径较大的颗粒，有利于微裂缝的支撑。图 5-37 为在 150 ℉下形成的不同粒径的固体颗粒。

图 5-38 显示了原位形成支撑剂、中等强度支撑剂（ISP）和高强度铝矾土支撑剂（HSP）的机械性能的压力和应变曲线。在低应力状态下，它们都表现出很高的硬度和很好的弹性。应力和应变曲线显示出随着载荷的增加，原位形成支撑剂刚度增加，但是依然保持弹性而没有破碎。传统脆性高强铝矾土支撑剂（HSP）在整个加压过程中表现出很高的硬度，然而当加压超过 10000psi 时，应力应变曲线显示出弹性模量的变化非常小。中等强度支撑剂（ISP）的应力应变曲线在 8000psi 时，开始不再呈线性变化。这些现象都表明支撑剂颗粒开始破碎。

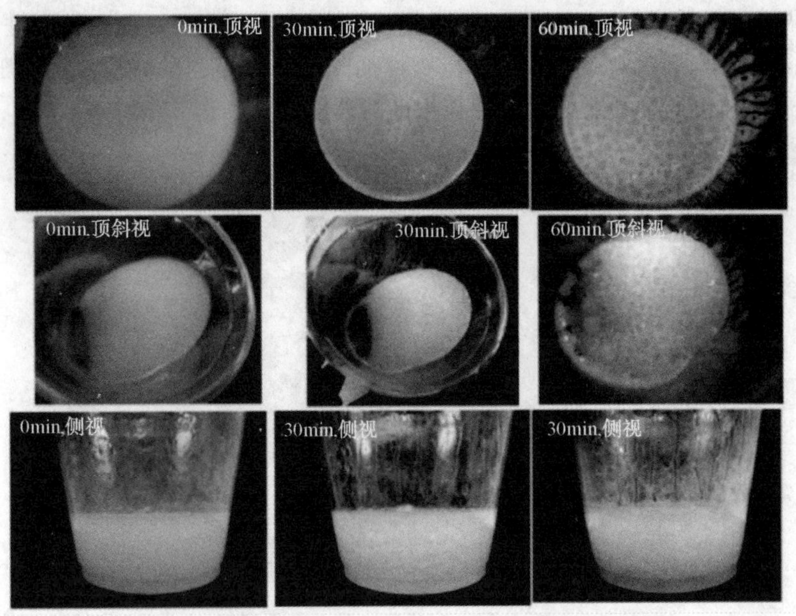

图 5-36　150 ℉下固态颗粒小珠的形成过程

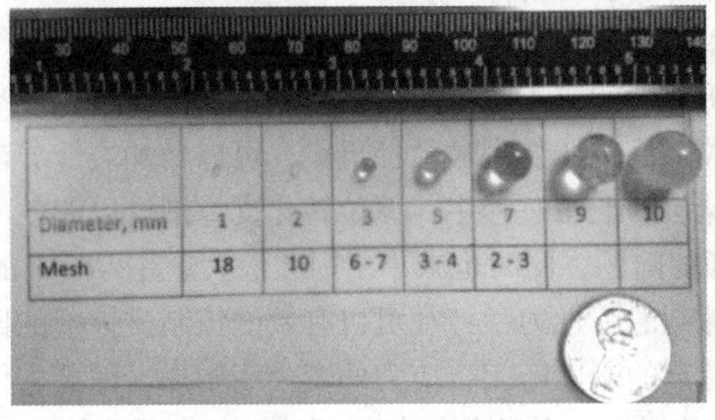

Diameter, mm	1	2	3	5	7	9	10
Mesh	18	10	6-7	3-4	2-3		

图 5-37　在 150 ℉下形成的不同粒径的固体颗粒

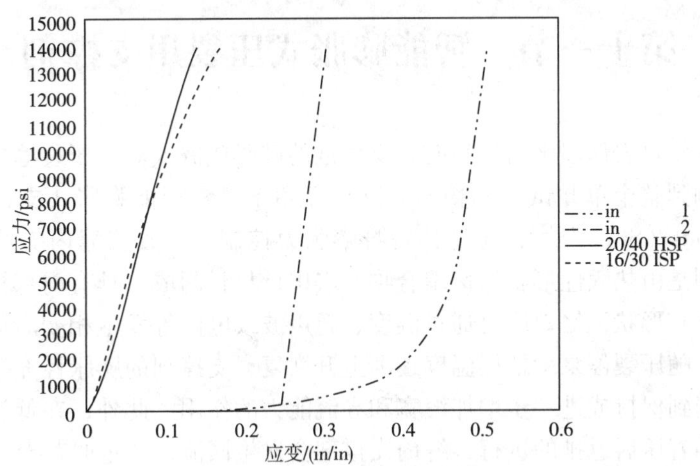

图 5-38　两种原位形成支撑剂、传统的高强度铝矾土支撑剂（HSP）和中等强度支撑剂（ISP）的机械性能的比较过程

图 5-39 显示当压力从最大载荷 14000psi 开始卸载后，原位形成支撑剂堆的颗粒几乎反弹至相同的形状。通过观察，原位形成支撑剂既没有破碎也没有粉末。当压力升高时，原位形成支撑剂堆变得非常坚硬而且保持很高的弹性应变。

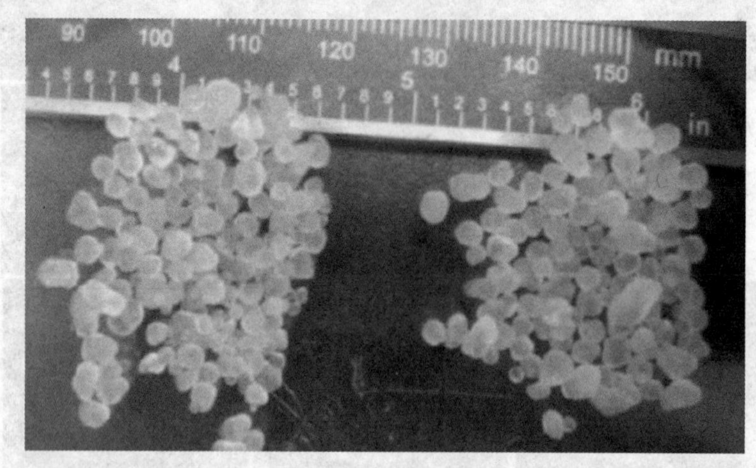

图 5-39　加载 14000psi 后状态

从实验结果可以看出以下几点。

（1）由于压裂液中不含支撑剂，液体对泵的磨损较小。

（2）压裂液可以更有效的进入各种尺度的裂缝中，形成多尺度裂缝的有效支撑。

（3）原位转化支撑剂比传统的陶粒粒径更大，可以增加裂缝导流能力。

（4）在碳酸盐岩储层的酸压过程中，原位转化支撑剂可以有效的解决因酸岩反应速度快而导致酸蚀裂缝果断的问题，同时也减小了因酸液大量注入带来的腐蚀问题。

（5）原位转化支撑剂的弹性力学特征可以有效的控制支撑剂的回流。

（6）原位转化支撑剂的刚度随闭合应力的变大而增加，因此它们具有很好的弹性，不会像传统的支撑剂会产生破碎，从而能够保持裂缝的长期导流能力。

第十一节　智能膨胀式压裂用支撑剂

深层或是偏软页岩储层水力压裂时，支撑剂的破碎或嵌入对于压裂缝导流能力的影响很大，继而影响到整个单井试气和稳产。这里介绍了一种智能膨胀式支撑剂“Smart Expandable Proppants（SEP）”[22]，通过其自身膨胀力控制，可改善缝内支撑剂充填支撑效果。这种支撑剂是由热固性形状记忆聚合物（SMP）材料制成，具有内部构象熵或内部能量控制的能力，其形状记忆效应可通过温度、超声波或电流等发生相变后而被激活。尤其在压裂过程中，随压裂停泵后地层温度逐渐上升恢复，支撑剂的膨胀性充分释放，膨胀后的支撑剂可以起到保持或进一步增加缝宽和导流能力的作用。此外，在低渗透油气藏加砂压裂过程中，随着压后返排的进行，缝内支撑剂会发生回流，严重时甚至发生井筒出砂或砂埋管柱等复杂事故，若采用这种新型 SMP 材料制成的支撑剂压裂，当其膨胀性在缝内激活后会产生人工屏障，防止支撑剂回流井筒。

这种支撑剂性能上要求不仅能够耐受高温环境以避免自身塑性变形，还能够在储层温度条件下被激活产生膨胀，轻微释放其存储应力。值得一提的是，这种存储应力可由热固性形状记忆聚合物材料实现，一般膨胀释放附加应力达 10～30MPa，足以开启页岩层中的一些微小裂缝，而不至于压碎岩石。注入过程比较简单，无需单独压裂泵注设备，可随常规支撑剂一起按照设计泵序分批注入（图 5-40）。

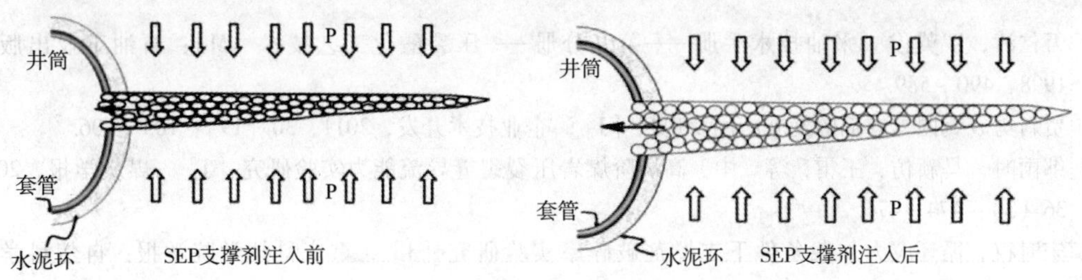

图 5-40　压裂支撑裂缝注入 SEP 支撑剂前后充填裂缝变化

为了进一步验证这种智能膨胀式支撑剂的导流特性，按照"API RP 61"标准开展了导流能力试验，并采用"计算流体力学－离散元方法（CFD－DEM）"进行了数值模拟计算。结合物模和数模结果表明：智能膨胀式支撑剂自身强度（杨氏模量）及激活膨胀后的应力释放对裂缝导流能力的影响最为显著。从图 5-41 结果可以看到：在 90℃、不同围压下，支撑剂膨胀性受温度激活，膨胀后支撑剂粒径为原始粒径的 10% 和 20%，分别对应的充填支撑剂堆积孔隙度可提高 10% 以上，渗透率可提高 25%～100%。

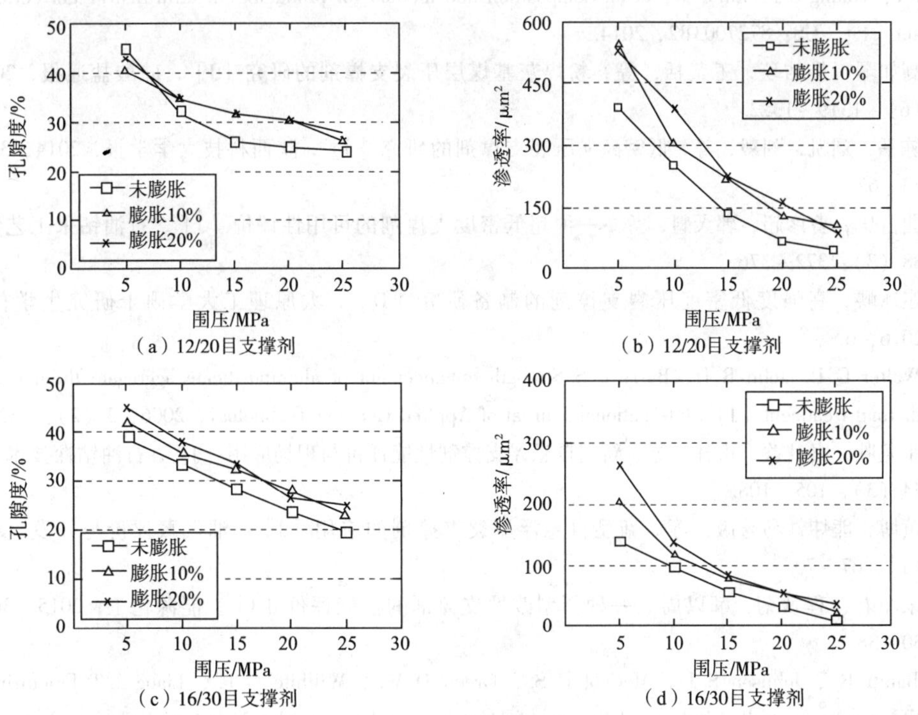

图 5-41　SEP 支撑剂膨胀 10% 和 20% 时与相同粒径常规支撑剂充填后孔隙度及渗透率对比

这种由热固性智能材料加工成的形状记忆支撑剂由于其在地层条件下激活膨胀能的释放，有利于开启更多的微小裂缝和增加裂缝复杂性程度，对于缝宽和导流能力的保持及提高至关重要，从而避免了油气井生产一段时间后导流能力下降而不得不进行重复改造，尤其对于裂缝性储层加砂压裂其优势更为明显，具有广阔的应用前景。

参考文献

[1] 万仁溥，罗英俊．采油技术手册——第九分册——压裂酸化工艺技术［M］：石油工业出版社，1998，490～589.

[2] 贾新勇．我国支撑剂的发展应用及现状［J］．企业技术开发，2011，30［19］：105～106.

[3] 邹雨时，马新仿，王雷，等．中、高煤阶煤岩压裂裂缝导流能力实验研究［J］．煤炭学报，2011，36（3）：474～476.

[4] 宋时权．循环应力加载条件下支撑剂破碎率实验研究［J］．重庆科技学院学报：自然科学版，2012，14（1）：85～86.

[5] 张守鹏，滕建彬，尹玉梅，等．胜利探区低渗透油层产液量不足的原因及改造对策［J］．石油实验地质，2015，37（4）：518～524.

[6] 毕文韬，卢拥军，蒙传幼，等．页岩储层导流能力影响因素新研究［J］．科学技术与工程，2015（30）：115～118.

[7] 毕文韬，卢拥军，蒙传幼，等．页岩储层支撑裂缝导流能力实验研究［J］．断块油气田，2016（23）：133～136.

[8] Cannan C D，Palamara T C. Low density proppant［P］，US：7036591B2，2006.

[9] Li Y，Huang Z J，Lin S M，et al. Composition and method for producing an ultra-lightweight cermic proppant［P］. US：8727003B2，2014.

[10] 高如琴，吴洁琰，王紫括，等．粉煤灰基煤层压裂支撑剂的研究［J］．硅酸盐通报，2014，33（6）：1319～1322.

[11] 陈平，刘凯，刘毅，等．低密高强压裂支撑剂的研究［J］．陕西科技大学学报，2014，32（1）：63～67.

[12] 曲占庆，曹彦超，郭天魁，等．一种超低密度支撑剂的可用性评价［J］．石油钻采工艺，2016，38（3）：372～376.

[13] 崔冰峡．高强度低密度压裂支撑剂的制备研究［D］．太原理工大学硕士研究生学位论文，2016，6.

[14] Walter G L，John R H，Barry E S. Strength enhancement of aluminosilicate aggregate through modified thermal treatment［J］. International Journal of Applied Ceramic Technology，2006，3（2）：157～165.

[15] 张龙胜，秦升益，雷林，等．新型自悬浮支撑剂性能评价与现场应用［J］．石油钻探技术，2016，44（3），105～108.

[16] 黄博，熊炜，马秀敏，等．新型自悬浮压裂支撑剂的应用［J］．油气藏评价与开发，2015，5（1），67～70.

[17] 朱丽君，程秋菊，郝以周．一种新型改性支撑剂的性能评价［J］．能源化工，2015，36（4），30～38.

[18] Barati R.，Johnson S. J.，McCool C. S.，Green D. W.，Willhite G. P.，Liang J. T. Fracturing Fluid Cleanup by Controlled Release of Enzymes from Polyelectrolyte Complex Nanoparticles［J］. Journal of Applied Polymer Science，2011，121（3），1292～1298.

[19] Keshavarz A.，Badalyan A.，Carageorgos T.，Johnson R.，Bedrikovetsky P.. Stimulation of Unconven-

tional Naturally Fractured Reservoirs by Graded Proppant Injection: Experimental Study and Mathematical Model [C] . SPE 167757, 2014.

[20] Charles C Bose, Awais Gul, Brian Fairchild, Teddy Jones, Reza Barati. Nano-Proppants for Fracture Conductivity Improvement and Fluid Loss Reduction [C], SPE 174037, 2015.

[21] Frank F. Chang, Saudi Aramco, Paul D. Berger, et. al. In-Situ Formation of Proppant and Highly Permeable Blocks for Hydraulic Fracturing [C] . SPE 173328, 2015.

[22] L. Santos, A. Dahl Taleghani, and G. Li. Smart Expandable Proppants to Achieve Sustainable Hydraulic Fracturing Treatments [C] . SPE 181391, 201

第六章　复杂难动用油气藏提高有效裂缝改造体积的压裂优化设计技术

目前，压裂改造的目标是最大限度地提高有效的裂缝改造体积，这体现在两个方面：一是裂缝参数的优化布局，如缝长、裂缝导流能力及簇间距等的合理配置；二是如何在工艺上实现上述裂缝参数，包括支撑剂指数法设计、压后返排设计及井工厂多参数优化设计等。现分别阐述如下。

第一节　考虑多因素的压裂水平井产量预测方法

压裂水平井产能预测是水平井压裂改造的一个基本问题，其作用包括如下几点。

（1）为裂缝参数优化设计提供依据。裂缝参数设计时不仅要考虑油气田开发方案和油气藏地质条件等因素，更需要考虑裂缝参数对水平井压裂后的产能的影响，选择最佳的裂缝参数，使油气井的产量相对最大化，并获得最优的经济效益。

（2）为优选水平井压裂设计方案提供科学依据。通过模拟不同裂缝参数的压后产量，结合相应的费用指标，可获得经济效益最大化的最佳压裂方案。

（3）为采油、采气工程方案编制提供依据。压裂前对水平井产能进行研究，然后可根据产能大小选择合适的采油气方式，确定合理的采油气参数和油气井工作制度[1]。

以往水平井压裂产量模拟的参数相对简单，本书考虑了诸多的参数影响，如裂缝的支撑剖面、裂缝的复杂性指数、缝壁滤失带伤害及压实效应等。

一、压裂水平井多参数产量预测方法

（一）压裂水平井渗流特征

压裂水平井改变了近井筒地层的渗流模式，将水平井的平面径向流模式转化为裂缝平面的线性渗流和拟径向渗流模式，有效减小了渗流阻力。压裂水平井流动一般分为 3 个阶段。

（1）早期拟径向流阶段：渗透率的各向异性导致近裂缝端部及水平井筒端部产生椭圆形的渗流场。当储层厚度较小或垂向渗透率与水平渗透率差别较大时，不会出现早期拟径向流。

（2）裂缝内的线性流动阶段：流体沿着裂缝平面流向水平井筒内产生线性流动。同时，裂缝长度与导流能力决定了流体通过裂缝之后的能量变化情况。

（3）椭圆流阶段：流体从远处流向裂缝的椭圆流。对于特低渗油气藏而言，此阶段消耗的能量最大。[2]

（二）水平井产能预测的方法

目前国内外学者关于水平井压裂的产能研究主要有两种方法：解析法和模拟法，其中模拟法又包括物理模拟和数值模拟方法。

解析法主要包括以下几种。

（1）位势叠加法：假设每条裂缝产量相同，利用位势理论和叠加原理得到水平井多裂缝的产能公式。

（2）渗流阻力法：分别考虑泄油（气）边界流入裂缝产生的压降、裂缝中的油气流动产生的压降以及井筒附近地层油气汇流产生的压降，利用渗流阻力原理导出水平井多条垂直裂缝的生产动态预测公式。

（3）稳态依次替换法：在多缝产量预测计算时，将预测期分成早、中、晚 3 个阶段，早期利用数值方法计算多缝产量，中期和晚期采用解析方法计算多裂缝的产量。当裂缝之间发生相互干扰时即达到中期。解析方法虽使用方便简单，但假设条件多，得出的只是单相流体稳定流动时的水平井压后产能，不能应用于多相不稳定流动，与实际生产情况并不完全一致，因此有一定局限性。

物理模拟方法利用相似性原理模拟水平井渗流场。由于油气藏中的渗流场与电流场有较好的相似性，实验室应用电模拟方法研究水平井生产动态。通过电模拟实验，测绘处水平井周围渗流场的等压线和流线的分布，研究水平井压力动态与产能的关系，为数学模型的研究提供依据。电模拟为复杂条件下的水平井渗流机理研究提供了一种可靠的物理模研究方法。

数值模拟方法用于预测压后水平井的多相不稳定生产动态，对于压裂水平井生产中后期产能模拟以及注水井网条件下压裂水平井的产能模拟有着无法替代的优势，计算需要的基础数据较多。此方法具有诸多优点：它可以考虑油气藏的非均质性、实际边界形状；可以描述实际的三维的地质形状以及在平面上和纵向上的非均质性变化；可以严格描述油气藏不同区域不同压力下流体性质的变化；可以描述油水两相相对渗透率对流动能力的影响和变化；还可以描述压裂后多裂缝间相互干扰的情况；可以通过控制井底流压、产液量、产油量、含水率等来实现各种实际生产动态；可以系统描述产液量、产油（气）量、含水率、累积产液量、累积产油（气）量、地层压力等参数随时间的动态变化。因此，数值方法计算的精确性比解析法高很多[3~4]。

对于复杂难动用油气藏，采用数值模拟方法对水平井压裂的裂缝形态参数进行优化，能更好地指导水平井压裂的优化设计，提高水平井压裂的效果和成功率，对指导现场施工具有重要的意义和参考价值。

二、影响压裂水平井产量的因素分析

压裂水平井能否获得准确的产能成为低渗致密油气藏开发的主要问题。为了能够获得较好的开发效果和经济效益，需要对单井采取合理的配产和必要的增产措施，因此需要深入分析和了解影响压裂水平井产能的主要因素，以及如何优化这些参数，以使得单井增产效果明显。

影响低渗透油气藏压裂水平井产能的主要因素包括地层参数、井参数和裂缝参数，主要地层参数为：储层有效厚度、有效渗透率、各向异性、应力敏感性和油气物性等；井参数主要包括：水平段长度、水平井偏心距以及水平井在油气藏中的位置等；裂缝参数包括：裂缝条数、裂缝半长、裂缝间距、裂缝缝宽、裂缝导流能力及裂缝在井筒中的位置分布等。

不同的储层，压裂后影响其产能的主要因素不同，不同的影响因素对压后水平井产能的影响程度也各不相同。因此，对于影响压裂水平井产量的因素，具体储层应具体分析。本书以杭锦旗地区气藏为例，对存在的问题进行分析，找出主要影响因素，并进行产能预测模拟，从而为压裂施工现场提供科学的理论依据。

（一）杭锦旗气田基本概况

杭锦旗气田构造位置处于伊陕斜坡与伊盟北部隆起的交界部位，紧邻苏里格气田北部，区块面积 9805.11km^2，天然气资源储量及潜力巨大，其中主要产气层位为下石盒子组盒 3 段、盒 2 段，其次为盒 1 段，山西、太原组含气性相对较差。盒 2 段、盒 3 段砂岩孔隙度主要分布区间为 5% ~17.5%，渗透率主要分布区间为 0.1 ~3.2mD，属于低孔、低渗储层。

根据 DST 测试和压恢测试结果，平均压力系数 0.84，为低压—正常压力系统，各气层压力系数相差不大，地温系统正常，地层中温，气藏属于构造与岩性双重控制的薄互层气藏（图 6-1）。

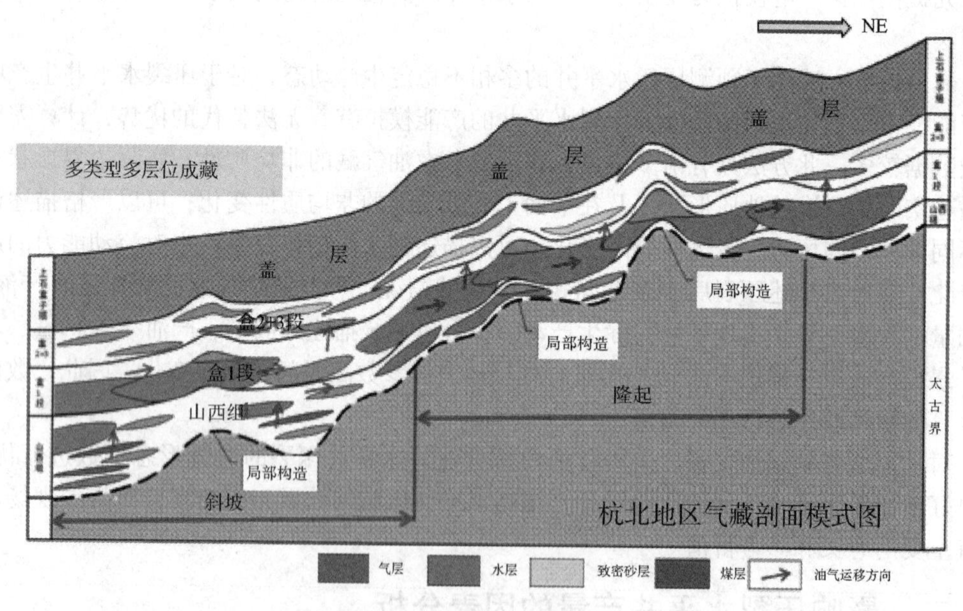

图 6-1　杭北地区气藏剖面模式图

依据测井解释成果、试气生产数据、注入和返排量对比以及水化学分析（矿化度、水化学特征系数及水型），将地层水分为 3 种类型：构造低部位滞留水（Ⅰ型）、“透镜状”滞留水（Ⅱ型）、孤立透镜体水（Ⅲ型），如图 6-2 所示。

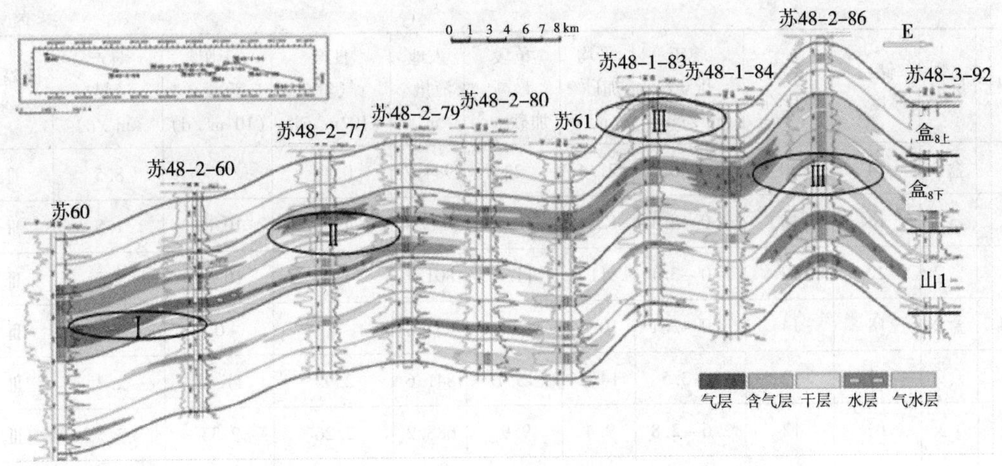

图6-2　含水情况剖面图

（二）压后产能影响因素分析

目前杭锦旗气田存在以下问题：①多层系复合含气特征；②储层“三低两高”的特征（低压、低渗、低孔、有效应力高、基块毛管压力高），储层裂缝不发育；③储层速敏、水敏、酸敏（HCl）不突出，盐敏中等，对HF敏感性强，碱敏也比较突出；④储层沉积相以河流相为主体的陆相碎屑岩，渗透率变化大，在纵横向上均存在较强的非均质性；⑤孔喉结构复杂，具有较强的水锁效应，较低的压力系数等特点；⑥气水关系认识不清，在自然建产和压裂后各井层普遍出水，且部分井层产水量较大，最高产水量高达51.1m^3/d，施工中控水难度大，措施容易见水。

截至2014年，杭锦旗区块直井压裂改造104口，229层，施工成功率92.6%；水平井改造43口，241层，施工成功率97.9%。出水率相当大，主力层为盒2层，产量低，每口井均产水，隔层遮挡性差（表6-1）。

表6-1　杭锦旗气田部分施工井情况表

井号	层位	储层厚度/m	隔层厚度/m	施工排量/(m^3/min)	平均加砂/m^3	单段最高加砂/m^3	入地液量/m^3	日产气量/(10^4m^3/d)	无阻流量/(10^4m^3/d)	日产液量/(m^3/d)	储隔层分类
A	盒2^1	5	3	2.5~2.6	9.4	9.9	303.6	0	0	0	Ⅰ
B	盒2^1	16	2	2.4~2.5	13.4	15.2	816.2	3.77	10.09	1.9	Ⅰ
C	盒2	10	10	2.8~3.0	12.7	13.8	684.2	5.35	10.09	4.2	Ⅱ
D	盒2	12	6	2.8~3.1	12	14.5	705	2.55	3.93	3.4	Ⅱ
E	盒2	14	6	3.2~3.5	16.7	18.3	1061	2.20	3.43	35	Ⅱ
F	盒2^2	8	8	2.4~2.5	10.2	10.3	461.4	0.85	1.16	27.3	Ⅱ
G	盒2^1	15	6	2.4~2.5	9.1	9.7	605.4	0	0	23.4	Ⅱ
H	盒2^1	12	10	2.4~2.5	15.1	16.5	1051	3.18	5.12	18.9	Ⅱ
I	盒2	13	14	2.9~3.0	16	18.1	1343.4	6.65	9.31	1.7	Ⅲ

续表

井号	层位	储层厚度/m	隔层厚度/m	施工排量/(m^3/min)	平均加砂/m^3	单段最高加砂/m^3	入地液量/m^3	日产气量/(10^4m^3/d)	无阻流量/(10^4m^3/d)	日产液量/(m^3/d)	储隔层分类
J	盒2	14	20	3.0~3.5	21.4	22	984.7	0.45	/	8.5	Ⅲ
K	盒2	14	15	3.0~4.1	12.4	12.9	1117.4	4.36	10.84	1.8	Ⅲ
L	盒2	22	12	3.0~3.1	11	11.6	801.1	4.75	10.90	4.2	Ⅲ
M	盒2	18	14	3.0~3.1	10.9	11.5	752.8	0	0	33.6	Ⅲ
N	盒2	22	12	3~3.5	14.2	15.1	841.6	2.95	11.45	2.4	Ⅲ
O	盒2^2	10	12	2.6~2.8	9.4	9.9	688.2	2.26	2.33	7.5	Ⅲ
P	盒2	15	12	2.7~2.8	9.5	9.9	849	2.80	4.23	26.2	Ⅲ
平均	盒2	13.75	10.1	/	12.7	13.7	816.6	3.24	6.91	13.3	/

结合该地区测井、录井、压裂设计与压裂施工等资料，从地质特征、储层物性和压裂工程等多方面进行了综合分析。就压裂施工而言，杭锦旗气田具有以下特征：①储层致密，需要大型压裂来极大提高裂缝改造体积，但压裂液规模的提高，可能造成裂缝高度失控、远井裂缝纵向支撑效率低、压裂液滤失伤害大及裂缝复杂性程度不够等问题，导致压后产量递减迅速。②薄层压裂，即使控制了缝高的过度延伸，也容易发生早期砂堵现象。③多个薄砂层与泥岩交互的薄（互）层，对直井压裂而言，问题相对少些，但对水平井多层压裂而言，难度和挑战极大。此时要实现水平井的穿层压裂，可能发生穿透中间的泥岩隔层，但其过液不过砂的特性决定了支撑剂很难被有效运移和铺置于上下储层里去，实际对产量有贡献的还是水平井筒穿行的砂层。④低压气藏，最大的问题是压裂液的滤失大，主裂缝净压力难以提升，进而也难以形成复杂裂缝形态。同时，压后压裂液的返排问题大，可能因返排率低，造成井筒和裂缝内的液相聚集和液锁伤害问题。⑤有边底水的气藏，压裂的主要问题是如何避免压开水层，即使压开水层后，又如何避免支撑裂缝与水层的沟通。

本书针对杭锦旗气藏的特点主要研究以下几个因素：缝壁滤失深度伤害及压实伤害、缝口导流能力损失的影响、裂缝支撑剖面模拟、多层潜力评价、双缝高通道压裂新技术的增产潜力模拟等。

三、杭锦旗薄互层气藏水平井压裂产能模拟

根据杭锦旗地区气藏的特点，采用 Eclipse 数值模拟软件建立单井地质模型，模型中流体为气、水两相，气藏中深 2110m，单井控制面积约 3km^2，原始地层压力约 17.72MPa，有边底水。水平井段长 1000m，水平井方位与最小主应力方向一致，初步压裂段数共 8 段，建模模型如图 6-3 所示。采用实际储层参数及流体参数建模，基础数据如表 6-2 所示。

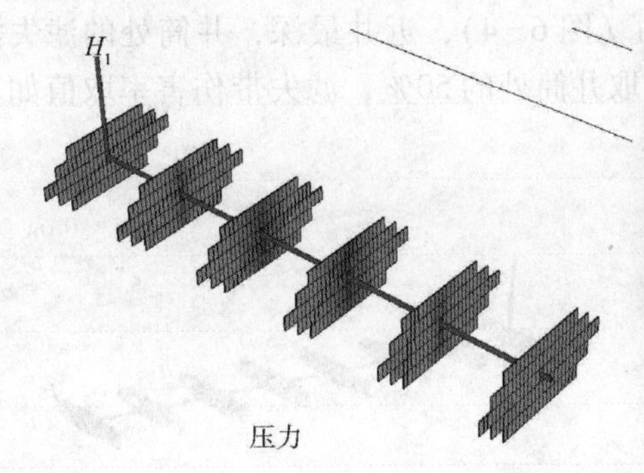

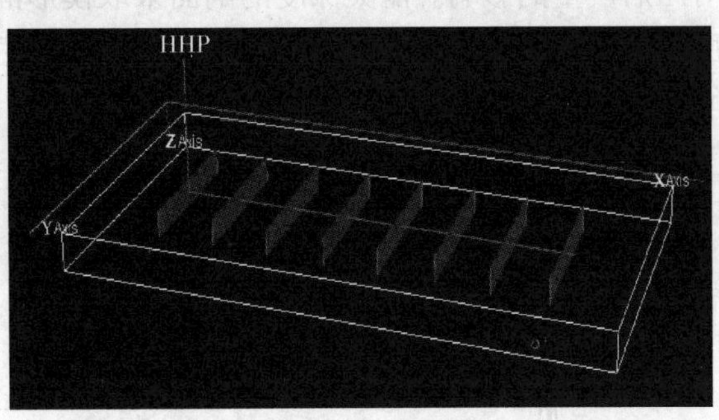

图 6-3　基本模型示意图

表 6-2　杭锦旗气藏基本参数表

气藏参数	气藏中深/m	2110
	有效厚度/m	5~15
	单井控制面积/km²	3
	平均孔隙度/%	10
	平均渗透率/$10^{-6}\mu m^2$	0.2
	含气饱和度/%	60
	原始地层压力/MPa	17.72

结合本区块的储层特性及已压裂井数据等，以压后累积产气量为目标，研究影响水平井多段压裂产量的各个影响因素，通过参数筛选分析制定方案，对以下因素进行了细致深入的模拟和分析：缝壁滤失深度伤害，导流能力影响，储层增产潜力模拟，多层潜力评价，双缝高通道等，具体如表 6-3 所示。

表 6-3　水平井压裂产量影响因素方案设计表

序号	模拟	方案设计
1	缝壁滤失深度伤害评价	井筒处滤失深度 0.1m、0.3m、0.5m 滤失带伤害率 -50%、-20%、10%、50%、90% 滤失及压实的双重作用
2	导流能力影响评价	恒定导流；长期导流；近井导流伤害
3	储层增产潜力评价	支撑高度剖面；裂缝间距；复杂裂缝
4	多层潜力评价	压开多层；RPM 效果
5	双缝高通道压裂潜力评价	分支缝间距：5%、20%、35%、50% 分支缝长：10m、40m、80m、140m 低渗透率下比较

（一）缝壁滤失深度伤害

对致密气藏而言，往往需要大型压裂以最大限度地提高裂缝的改造体积，但压裂液规模的提高，可能造成压裂液滤失伤害大的问题，因此需要模拟不同缝壁滤失深度伤害情况对压后产量的影响。滤失深度的剖面采取楔形的（图6－4），近井最深，井筒处的滤失深度分别取0.1m、0.3m、0.5m，平均的滤失深度取井筒处的50%，滤失带伤害率取值如表6－4所示。

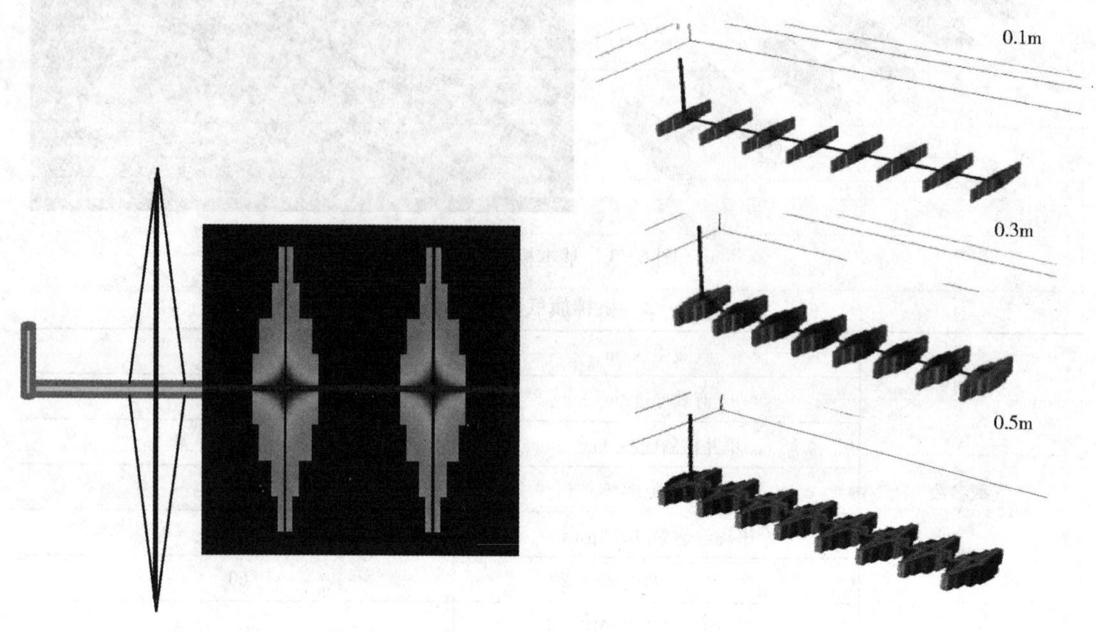

图6－4　缝壁滤失深度伤害模型图

表6－4　滤失伤害参数方案设计表

井筒处滤失深度/m	0.1	0.3	0.5
滤失带伤害率/%	10、50、90	10、50、90	－50、－20、10、50、90

1. 滤失带的深度和伤害率

滤失带的深度和伤害率的增大，都会使产量降低（图6－5），累计产量最小的是滤失带深度0.5m伤害率90%，相比不伤害产量最高减少24.9%，按产量从低到高排序依次为深度0.3m与伤害90%、深度0.5m与伤害50%、深度0.3m与伤害50%、深度0.1m与伤害90%、深度0.1m与伤害50%、深度0.5m与伤害10%、深度0.3m与伤害10%、深度0.1m与伤害10%、不伤害。而滤失带负伤害率对产量的影响见图6－6，假设滤失带的深度是0.5m，比较不伤害、负伤害20%和50%时产量的变化，负伤害越大产量增加也越高，负伤害50%相比不伤害3年累计产量最高增加6.4%。

滤失带的深度和伤害率影响结果比较，如表6－5所示，滤失带不伤害3年累产量$2045\times10^4m^3$，滤失带的深度和伤害率的增大，都会使产量降低，累计产量最高减少1/4。①在相同储层伤害率90%时，滤失带越深，产量越低，累计产量的减少率随滤失深度呈线性状态成倍增大；②在相同的滤失带深度0.5m时，储层伤害率越大，产量也越低，累计产量的减少率随储层伤害率的增加呈指数形式增大；③在相同的滤失带深度0.5m时，储层负伤害率越大，产量也越高，但累计产量的增加率比负伤害率的增大相对小一些；④在滤失带的深度都是0.5m时，伤害率50%累计产量比不伤害时减少9.8%，而负伤害率

50%时累计产量比不伤害时仅增加6.4%，说明滤失带伤害对储层的影响很大。图6-7为伤害率90%和-90%的压力传递图。

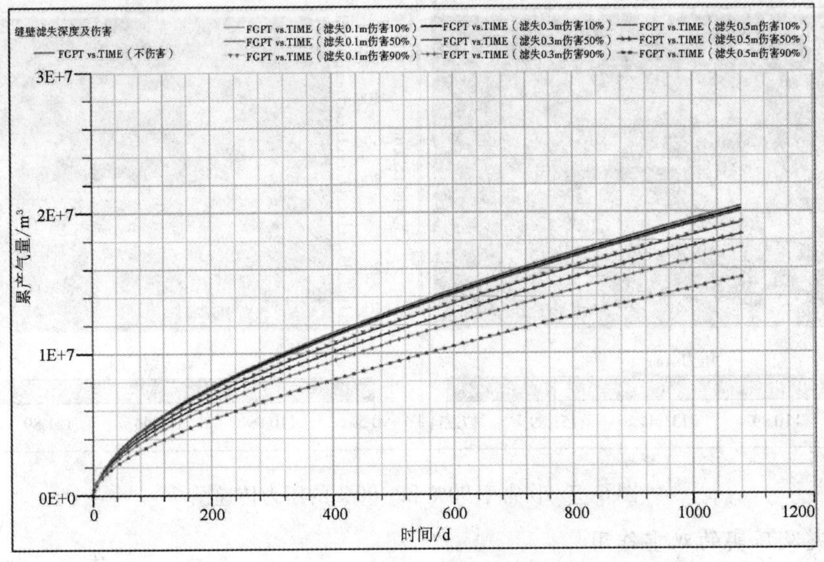

图6-5　缝壁滤失深度伤害累计产量图

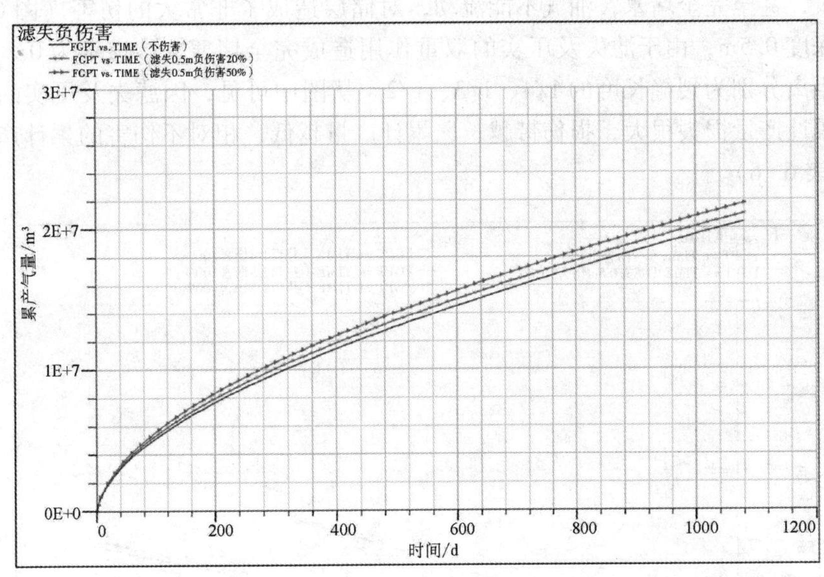

图6-6　缝壁滤失深度负伤害累计产量图

表6-5　滤失深度和伤害率对压后产量影响的比较

滤失带深度/m	0.1	0.3	0.5	0.5	0.5	0.5	0.5
储层伤害率/%	90	90	90	50	10	-20	-50
累计产量变化	减少5.4%	减少14.7%	减少24.9%	减少9.8%	减少1.6%	增加2.8%	增加6.4%

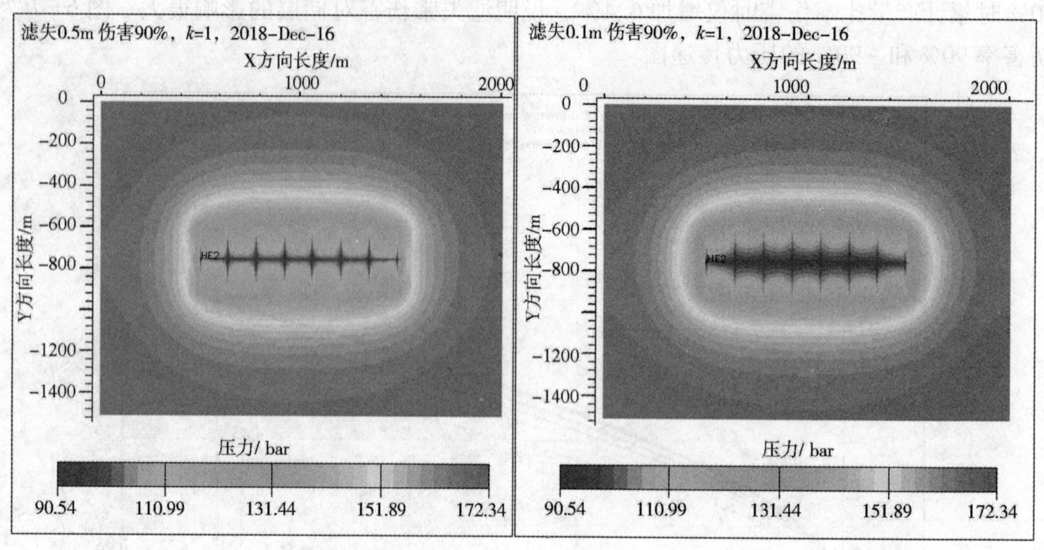

图6-7　伤害率90%和-90%的压力传递图

2. 滤失及压实的双重作用

在压裂作业过程中，有时因压裂液滤失及压实双重作用，导致近井的缝壁滤失带渗透率损伤很大，甚至完全堵塞，油气不能流动，对储层造成了非常大的伤害（图6-8）。假设滤失带深度0.5m，由于滤失及压实的双重作用造成完全堵塞，渗透率为$0\times10^{-6}\mu m^2$，损伤带的距离分别为裂缝长度的1/4、1/3、1/2。从图中可见，因滤失及压实的双重作用而造成的累计产量损失很大，损伤带越长，累计产量越低，相对不伤害的累计产量最大减少41%（表6-6）。

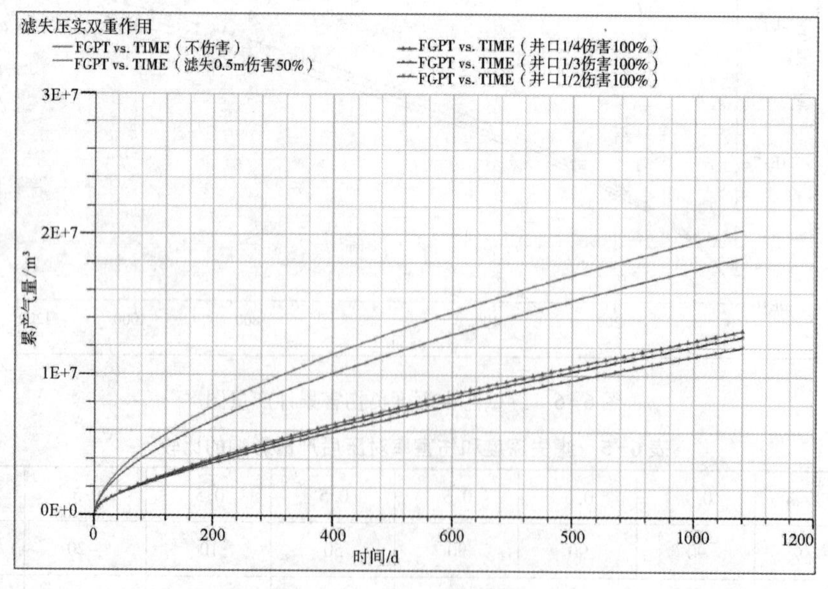

图6-8　滤失及压实的双重作用影响图

表 6-6　滤失及压实的双重作用下压后产量比较表

缝口处伤害情况	1/4	1/3	1/2
累计产量减少率/%	35.3	37.4	41

（二）裂缝导流能力

实践表明，裂缝导流能力是影响压裂水平井产能的最敏感因素之一。以往产量模拟往往应用恒定的裂缝导流能力，模拟的结果初产偏低，稳产情况偏好。实际的裂缝导流能力随时间是逐渐递减的，因此有必要模拟裂缝的长期导流能力对产量的影响。此外，由于水平井分段压裂普遍存在的过顶替导致近井筒导流能力损失的情况比较普遍，也有必要对此进行定量的模拟分析。

1. 裂缝恒定导流能力

裂缝恒定导流能力是指导流能力不随时间的推移而变化。为研究不同裂缝恒定导流能力对产量的影响，分别计算了导流能力为 1μm^2·cm、5μm^2·cm、10μm^2·cm、20μm^2·cm 时的压裂水平井生产动态。

从图 6-9 中可以看出，裂缝导流能力不同，累计产气量相差很大。20μm^2·cm 时的累计产气量是 1μm^2·cm 的 3 倍，从压力波传导图 6-10 中也可以看出，裂缝导流能力为 20μm^2·cm 时，压力波的波及范围较大。

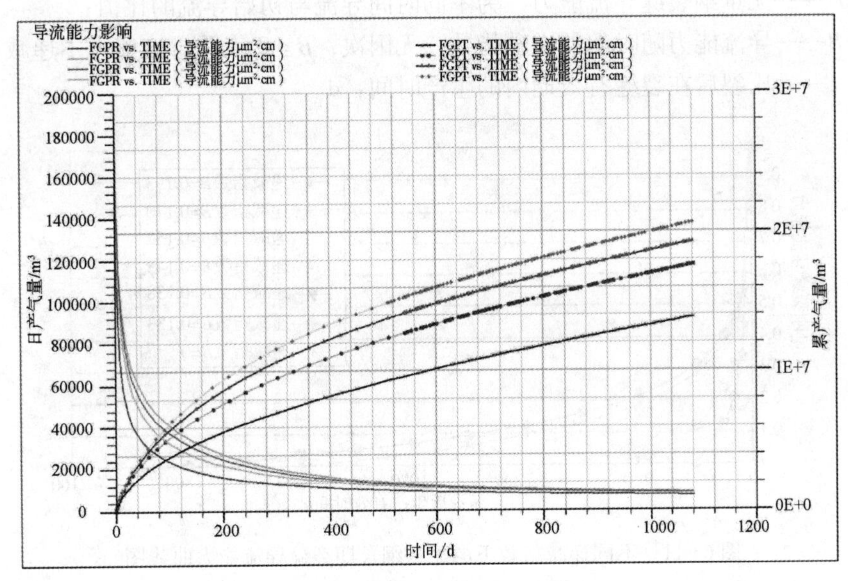

图 6-9　裂缝恒定导流能力产气量比较图

但导流能力的增加对增产的贡献不是无限的，当导流能力增加到一定程度时，产量上升幅度很小。以产量增加倍数和经济效益分析，最优裂缝导流能力并不是最大导流能力。

2. 裂缝长期导流能力

对油气井实施压裂改造后，随着生产的不断进行，裂缝的导流能力不断下降，表现出

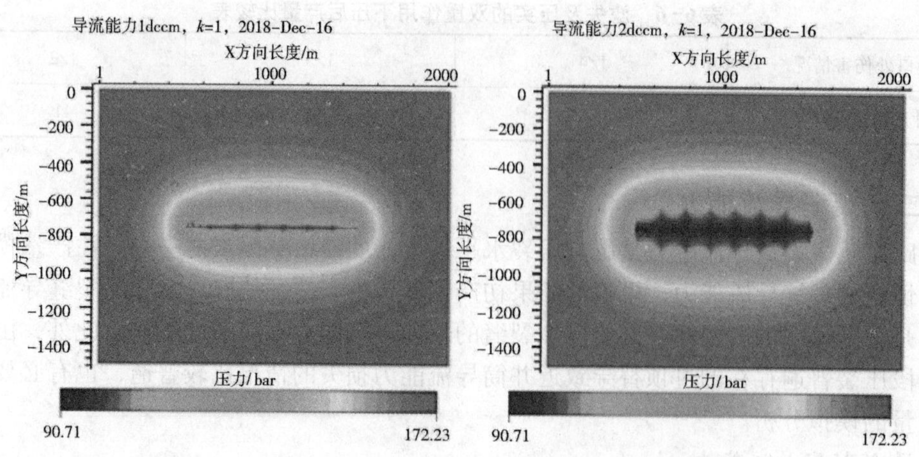

图6-10 恒定裂缝导流能力下的压力波传导图

随时间的失效性，最后趋向地层原始渗透率值。

裂缝的导流能力随时间变化的处理方法如图6-11所示，导流能力有效期分别为半年、1年、2年、3年、4年、5年时的情况，计算了不同递减指数下的无量纲长期裂缝导流能力，其公式为：

$$FCD = 1 - B \cdot \ln(T) \tag{6-1}$$

式中 FCD——无量纲裂缝导流能力，为不同时间导流与初始导流的比值；

B——导流能力随时间的递减指数，无因次，$B=0$ 表明导流能力不递减；

T——压裂后在裂缝有效期内的生产时间，d。

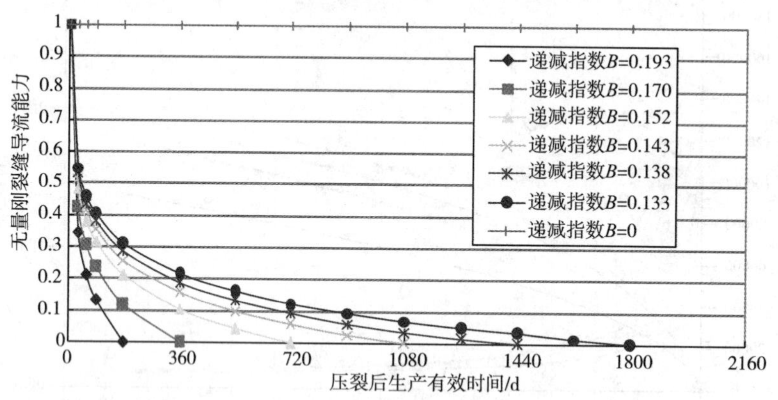

图6-11 不同递减指数下的无量纲长期裂缝导流能力曲线图

设置初始裂缝导流能力为20μm^2·cm，导流能力有效期分别为1年、2年、4年时对比计算裂缝长期导流能力对气藏产量的影响。

从累产和日产图6-12可知，在气井压裂完投产时，日产气量都相同，裂缝长期导流能力对日产量的影响主要体现在开发稳定期。从图6-13中也可以看出，气井压裂投产3年后，无限导流能力的波及范围较其他值明显增大。模拟结果证实了导流能力的递减加剧了产量递减，因此保持长期的裂缝导流能力的有效性极其重要。

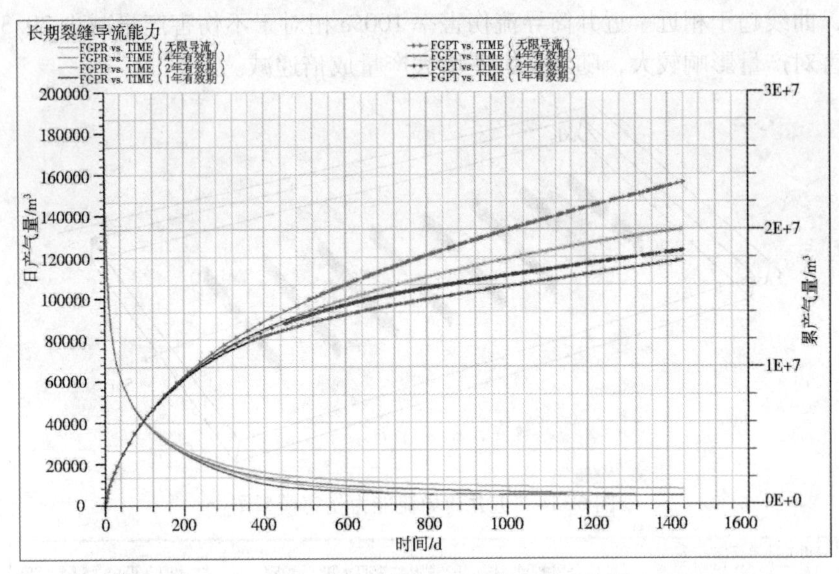

图 6-12　裂缝长期导流能力产量比较图

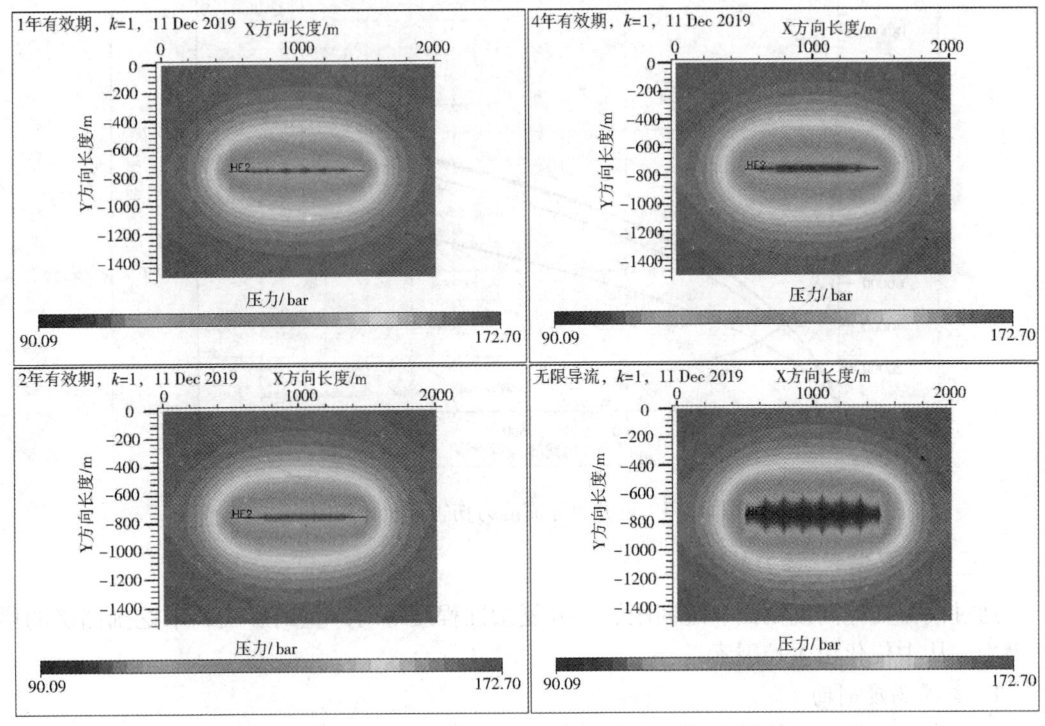

图 6-13　长期裂缝导流能力下的压力波传导图

3. 近井筒导流能力伤害

气井在压裂改造后，由于普遍存在的过顶替现象导致近井筒附近裂缝导流能力的伤害，模型中设置近井筒导流能力损失带为 5m，如图 6-14 所示。模拟了近井筒导流能力伤害分别为 0、20%、50%、90%、100% 时产量的变化情况。

从图 6-15 可知，在开发初期，近井筒导流伤害越小，日产气量越大；但随着生产时间的增大，曲线趋于相近。近井筒导流伤害率100%相对于不伤害产量减少29.3%，近井筒导流伤害对产量影响较大，随着伤害率增大产量成倍递减。

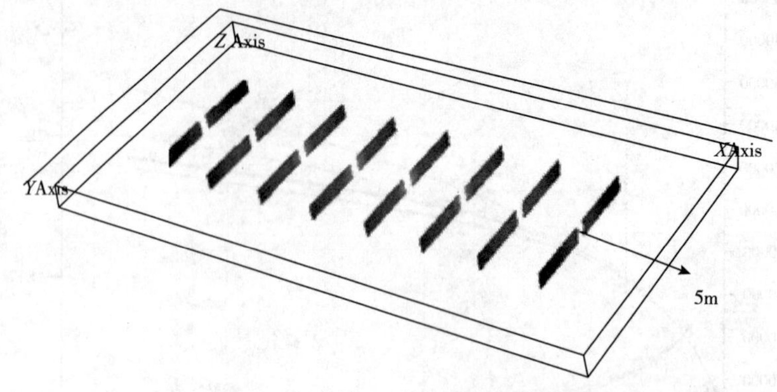

图6-14　近井筒导流能力伤害模型图

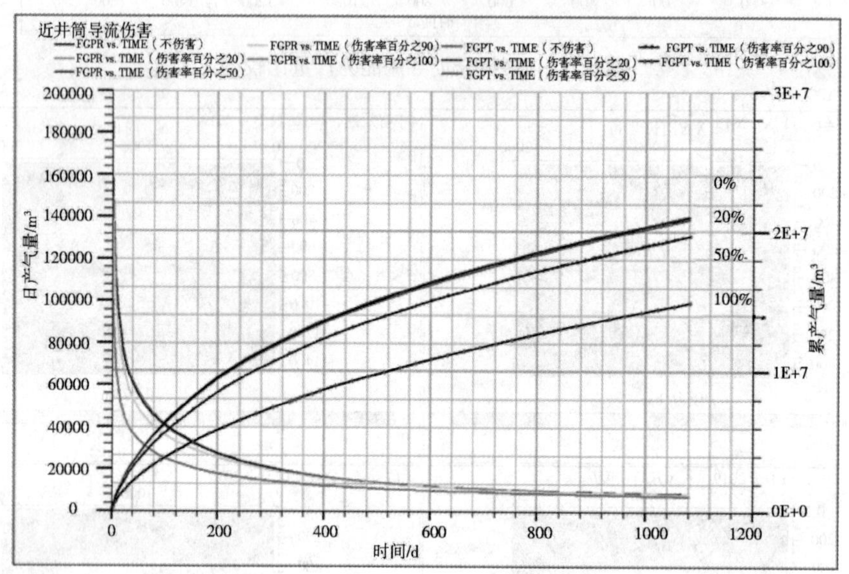

图6-15　近井筒导流能力伤害产量比较图

(三)储层增产潜力模拟

通过模拟支撑高度剖面、缝间距、裂缝复杂性程度等对产量的影响，来挖掘储层的增产潜力，从中优化出主控因素。

1. 支撑高度剖面

在压裂过程中，裂缝扩展形态一般呈椭球体，越往裂缝端部，缝高越小。加上支撑剂的沉降作用，裂缝端部的支撑缝高也是逐渐降低的。为简化起见，在图6-16中简化了缝高剖面设置，并设置缝高支撑效率分别为全支撑、支撑3/4、支撑1/2、支撑1/4。

缝高剖面对产量有较大影响，全支撑产量最大，如图6-17所示，支撑缝高为75%、50%、25%时，分别使3年累计产量减少了2.9%、8.5%、20.7%，支撑效率直接影响了压裂改造体积的大小，对初期产量影响明显，因此提高裂缝远端的支撑效率有利于压后效益的尽快回收。

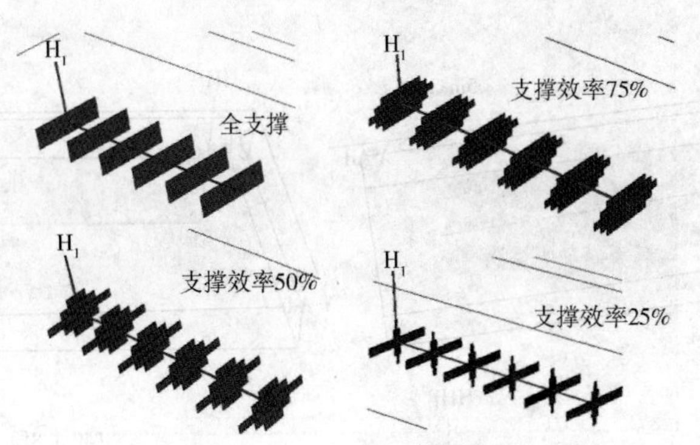

图 6-16　缝高剖面模型图

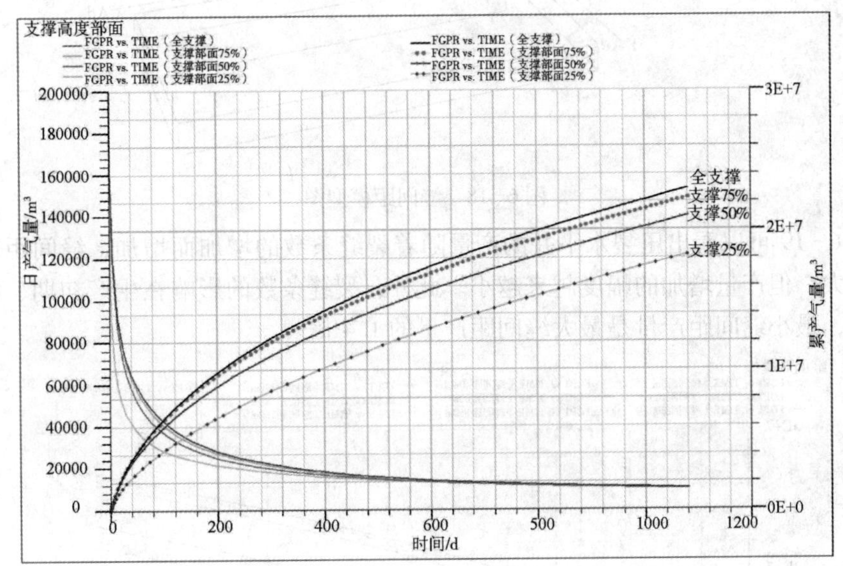

图 6-17　不同的裂缝支撑效率下的产量比较图

2. 缝间距

裂缝间距的大小直接关系到裂缝干扰的程度，间距越小，干扰越严重。裂缝间距与裂缝条数存在着对应关系。

为分析水平井的产量随裂缝条数的变化规律，分别计算缝间距在 5 ~ 200m，即对应裂缝条数 164 ~ 6 条时压裂水平井的产能变化，如表 6-7 所示。模型中裂缝等间距分布在 1000m 的水平段上(图 6-18)。

表 6-7　缝间距设计表

序号	缝间距/m	压裂段数/段	序号	缝间距/m	压裂段数/段
1	5	164	2	10	99
3	20	50	4	40	25
5	80	13	6	110	10
7	120	9	8	140	8
9	160	7	10	200	6

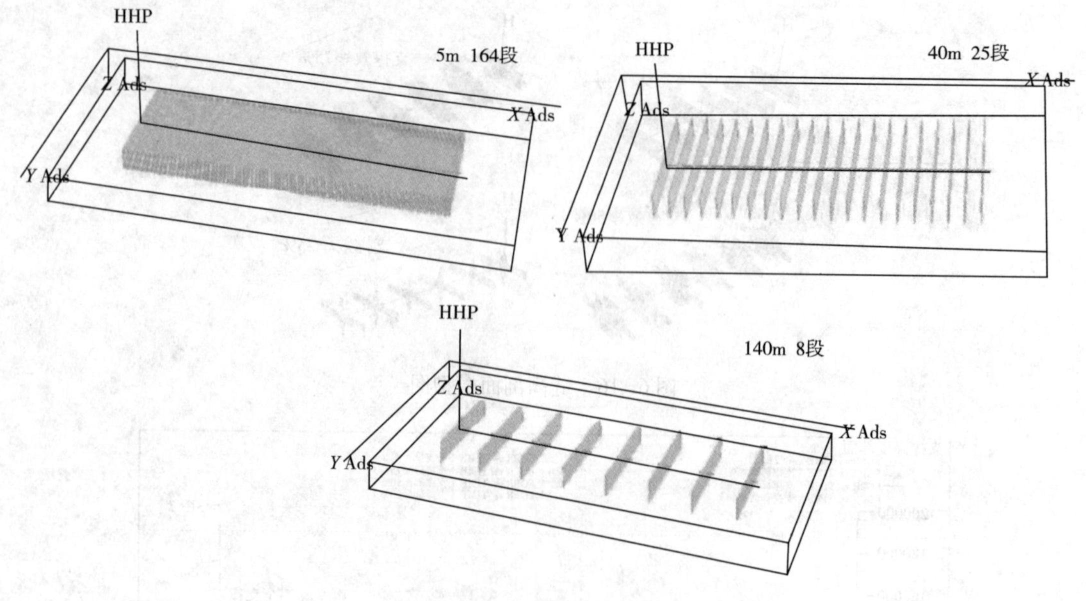

图 6-18 缝间距模型图

由图 6-19 可以看出压裂水平井的产量随着裂缝条数的增加而增加，缝间距越小，改造体积越大，但产量增加的幅度越来越小。此外，裂缝条数的影响在生产初期、稳定期后差别较小，最小缝间距产量是最大缝间距产量的 1.4 倍。

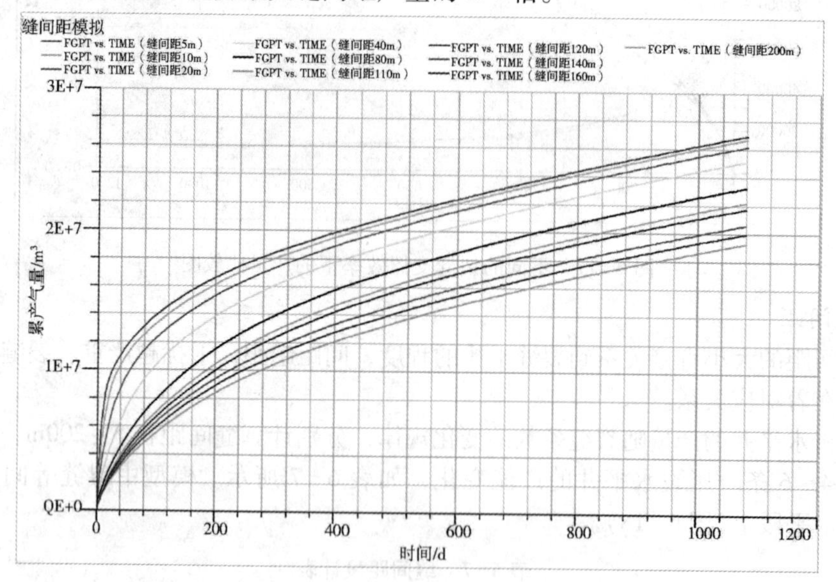

图 6-19 缝间距产量比较图

裂缝条数与产量并不是呈简单的正比关系，因为裂缝条数增加使得裂缝间距变小，且压后各条水力裂缝的流态为线性流和径向流并存的复杂流态，在生产一定时间后，水平井中多条裂缝间干扰加剧，从而影响到各条裂缝的产量。因此，裂缝条数较多虽然能加快气藏的开发速度，但盲目增大裂缝条数会导致成本大幅度增长。所以应从裂缝干扰和经济成本上综合分析，以获得最佳的裂缝条数。

3. 复杂裂缝

对于致密砂岩气藏，单一的裂缝形态下产量递减较快。如通过特殊的压裂工艺形成了复杂裂缝，则有利于沟通天然裂缝，形成体积更大的气体渗流通道。

模型中用与主缝平行及垂直的次生缝表征裂缝复杂形态，如图6-20所示，模拟复杂程度分别为单一裂缝、单主缝单次缝、2主缝2次缝、3主缝3次缝4种情况下产量的变化情况。

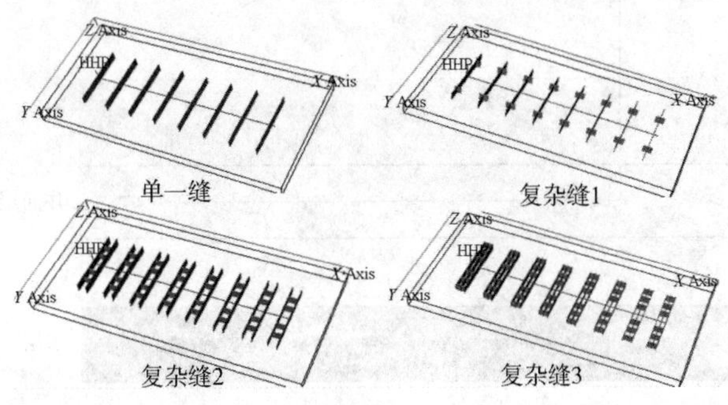

图6-20 复杂裂缝模型图

复杂裂缝形态尤其是多条次生缝对压力场影响较大，如图6-21的模拟结果可见，复杂缝分别使3年累产量增加了2.5%、17%、21.1%。由此可见，增加裂缝复杂程度(尤其是形成主次缝相互连通的复杂裂缝体系)可非常有效的提高产量。

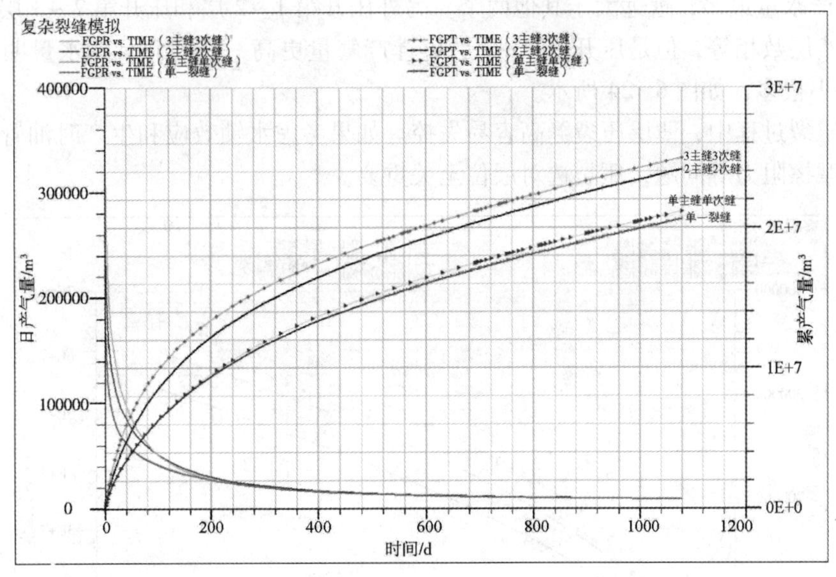

图6-21 复杂裂缝产量比较图

(四)多层的潜力评价

杭锦旗气田薄互层发育，部分区块气水关系复杂，储层薄，砂泥岩交互且下部含水。主力开发盒2段、盒3段砂体，其厚度较薄，靠近盒1段含水层。储层薄且底部含水问题制约着杭锦旗气田的增产，因此进行多层的潜力评价来达到高标准的压裂优化设计。

1. 压开多层

如图6-22模型中共有4个小层，其中第1层到第3层是含气层，设置这3个小层的储层物性和流体性质都相同，第4层是水层，水平井井筒在第2层。共模拟4种情况：压开第2层，压开第1~2层，压开第2~3层，第1~3层全部压开。

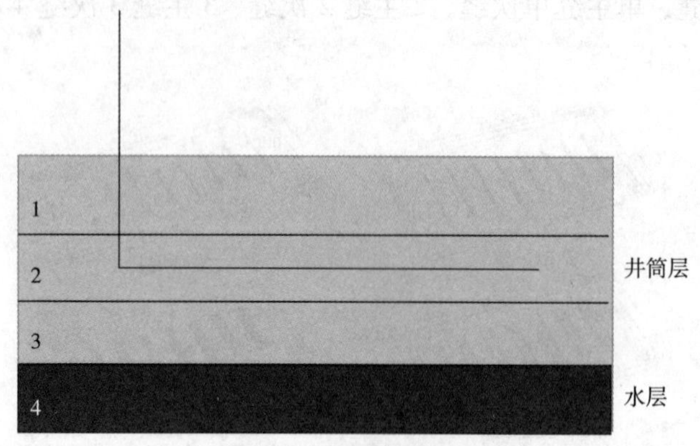

图6-22　压开多层示意图

由图6-23可以看出，压开的气层越多，动用的改造体积越大，产量也就越高，尤其是初始产气量相差很大。第1~3层全部压开的累计产量最高，其次是压开第1~2层，压开第2~3层，仅压开第2层的产量最低；就图6-24中累计产水量来说，全部压开和压开第2~3层产水量最多，远远大于其他两个。另外压开第1~2层和压开第2~3层这两种情况下，虽然层数相等，但是压开第1~2层累计产气量更高一些，而且产水量明显比压开第2~3层小很多，如图6-24所示。

实际压裂过程中，薄层压裂缝高容易失控。如果考虑水锁效应和生产时油管中的气液两相流的摩擦阻力等问题，压裂选对层位至关重要。

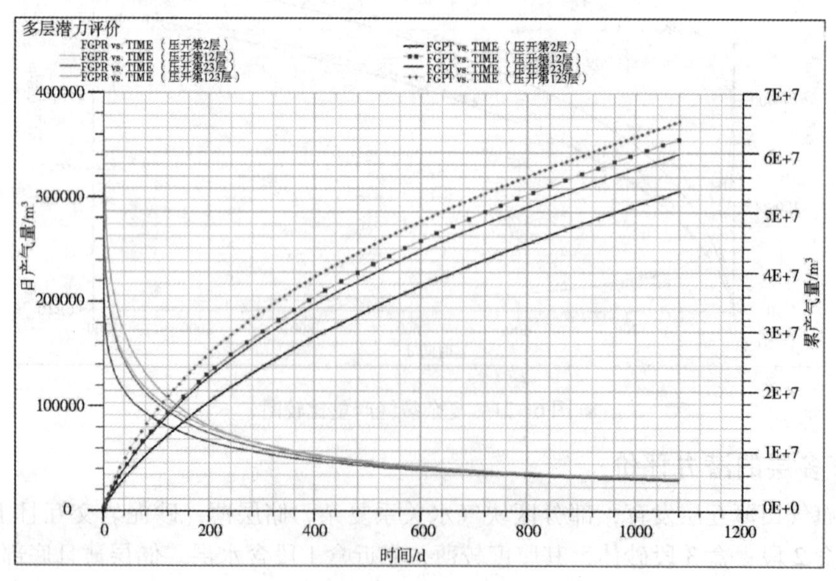

图6-23　压开多层产气量比较图

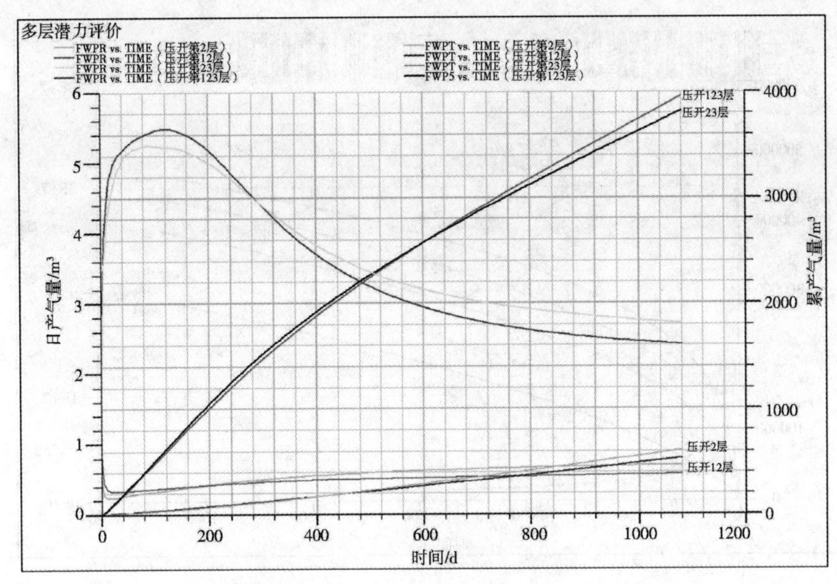

图 6-24　压开多层产水量比较图

2. 改变相对渗透率的压裂液

杭锦旗气田存在气水关系认识不清的问题，自然建产井和压裂井普遍出水，且部分井层产水量较大，最高产水量高达51.1m³/d，施工中控水难度大。

因此，采用压裂与相渗改善剂相结合的措施是有效选择，在提高可动用程度的同时，能降低作业后的产水量。在压裂液中添加相渗改善剂(RPM)是现今能够减少压后产水且基本不会伤害油气储层的有效方法之一。亲水的 RPM 与常规压裂液体系配伍性较好，RPM 也可以添加到前置液和缓冲液中。改变相渗特性压裂液可降低水相渗透率，增加油相渗透率，如图 6-25 所示。[5]

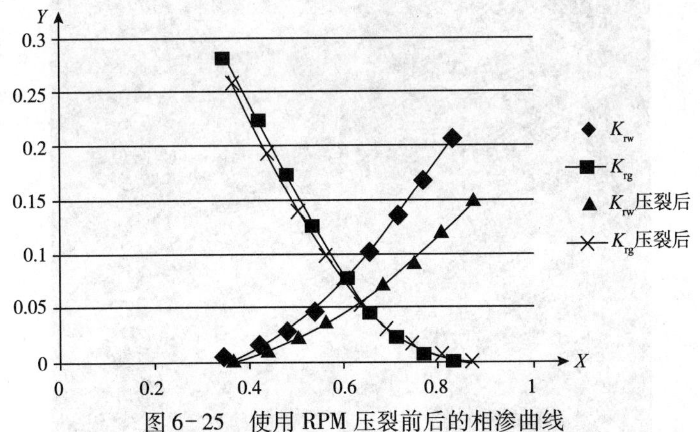

图 6-25　使用 RPM 压裂前后的相渗曲线

假设使用添加 RPM 的压裂液，压后裂缝中压裂液的滤失深度分别为 10m、20m、30m、40m，与不使用 RPM 的压裂井进行压后产量对比，如图 6-26 所示。

不使用改变相渗压裂液的产量最低，改变相渗压裂液控水效果好，并且滤失深度越大产量越大，改造的效果越显著。但上述假设的 RPM 滤失深度可能偏大了，可采用别的措施如形成复杂裂缝工艺，增加其滤失深度。

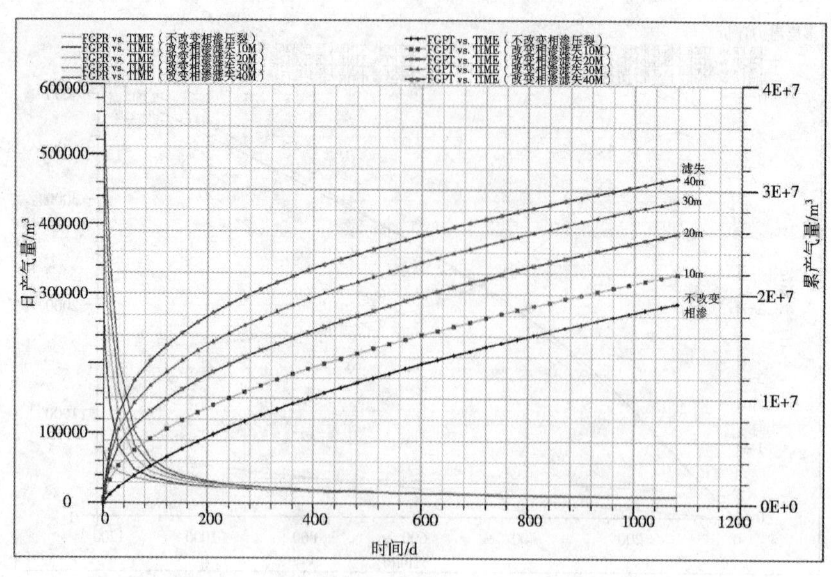

图 6-26　使用改变相渗的压裂液产气量比较图

（五）双缝高通道压裂

近年 Schlumberger 提出了高通道压裂技术，其核心在于通过对支撑剂进行表面改性使其束缚成团，配合脉冲加砂工艺，在压裂液注入过程中易于“抱团”，使裂缝由“面支撑”变为“点支撑”，在裂缝内部形成稳定的通道网络，使油气流动阻力大大降低，实现无限导流（图 6-27）。[6]

图 6-27　普通压裂与高通道压裂对比图

对低渗、特低渗油气藏而言，仅靠主裂缝的高通道压裂，压后产量的递减也相当快，必须利用复杂裂缝的概念，并将与主裂缝连通的支缝及微缝系统都实现类似的高导流通道，才能真正实现低渗、特低渗油气藏的稳产效果。为研究双缝高速通道压裂对压后产能的影响，设计了如表6-8的方案，在主裂缝条数相同的情况下，分别建立以下4种模型：分支缝间距5%（38条次缝）、分支缝间距20%（10条次缝）、分支缝间距35%（6条次缝）、分支缝间距50%（4条次缝），并对每一种模型分别模拟不同分支缝长度对产量的影响。

表6-8　双缝高通道压裂设计方案

分支缝间距（相对半缝长）	分支缝间距5%（38条次缝）	分支缝间距20%（10条次缝）	分支缝间距35%（6条次缝）	分支缝间距50%（4条次缝）
分支缝长度（段间距140m）	10m，40m，80m，140m	10m，40m，80m，140m	10m，40m，80m，140m	10m，40m，80m，140m

对双缝高通道压裂和常规压裂后的产量进行对比，从图6-28中可以看出双缝高通道压裂的累计产气量明显高于常规压裂产量。

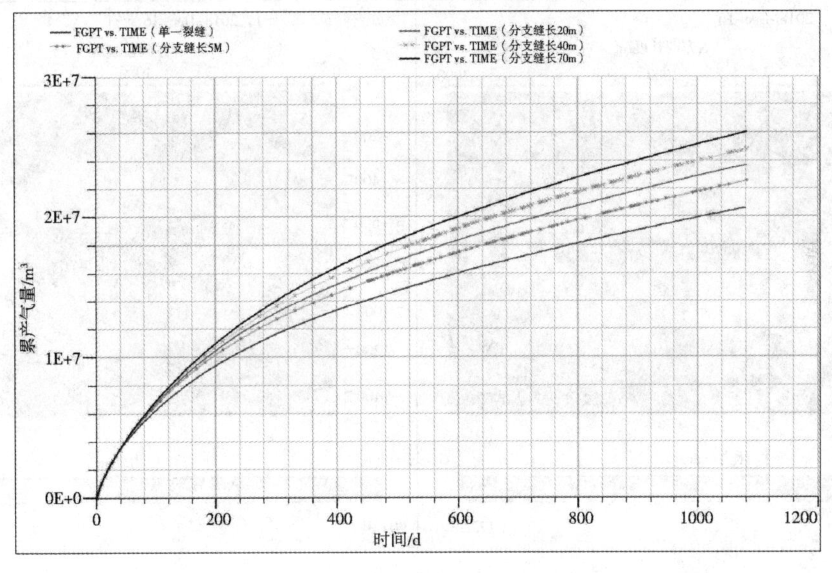

图6-28　双缝高通道压裂和常规压裂累计产量对比图

1. 分支缝间距50%（1主缝4条次缝）

模拟分支缝间距50%即两条裂缝之间的距离是半缝长的50%，因此一条主缝上共有4条次裂缝。由图6-29可见，高通道压裂技术可有效提高产量，次缝越长高通道增产效果尤其明显。累计产量相比常规压裂最高增产26.4%，最低增产9.3%。从图6-30中也可以看出，波及的面积明显大于常规压裂。

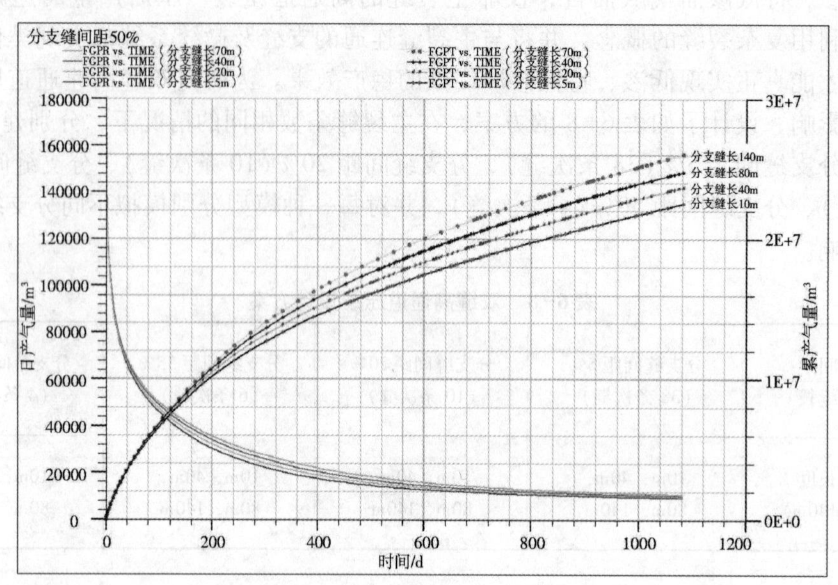

图6-29　分支缝间距50%产量对比图

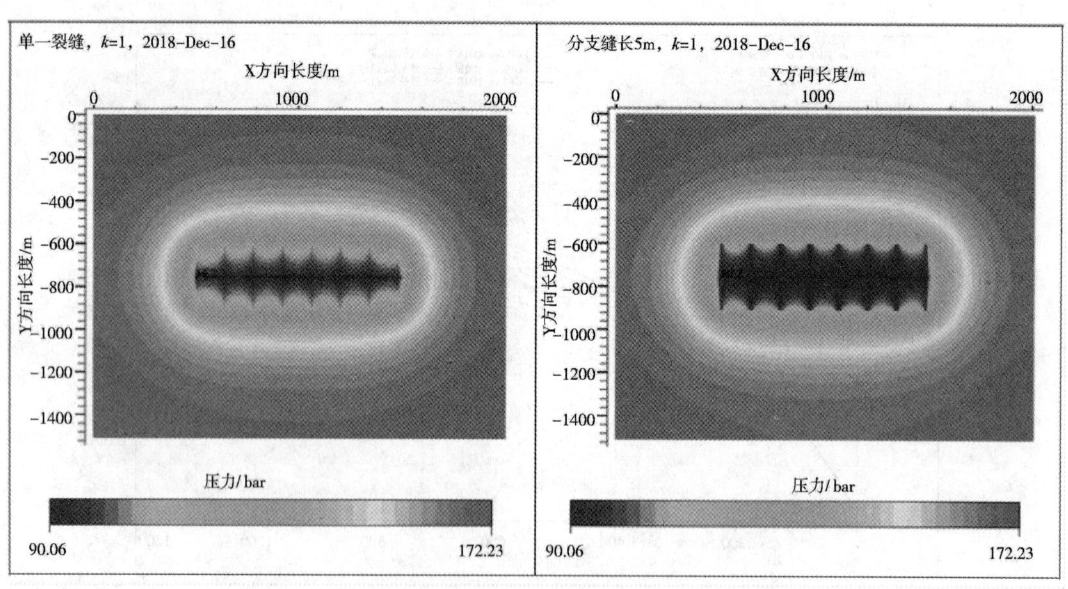

图6-30　常规压裂与分支缝间距50%的高通道压裂压力波传导比较图

2. 分支缝间距35%（1主缝6条次缝）

由图6-31可见，高通道压裂技术可有效提高产量，次缝越长高通道增产效果尤其明显。累计产量相比常规压裂最高增产27.9%，最低增产9.4%。从图6-32也可以看出，含气饱和度减小的面积随次缝长的增加而越来越大。

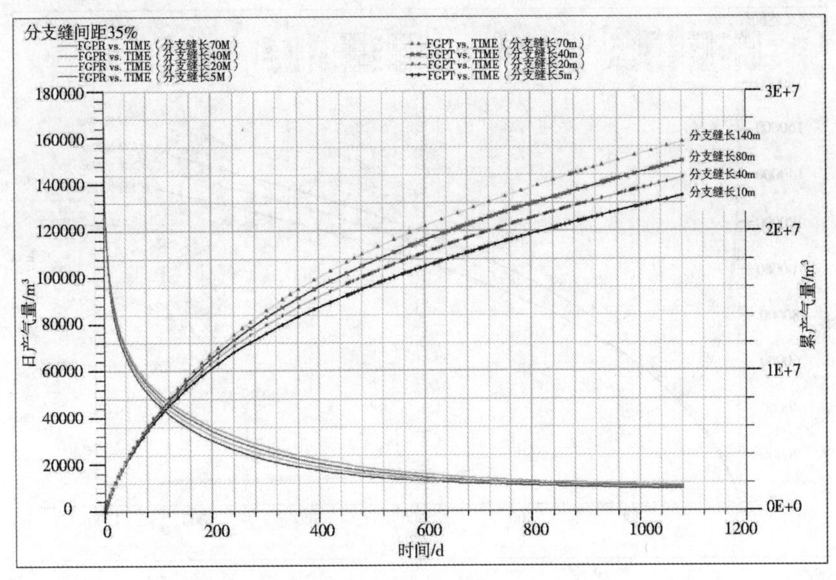

图 6-31　分支缝间距 35% 产量对比图

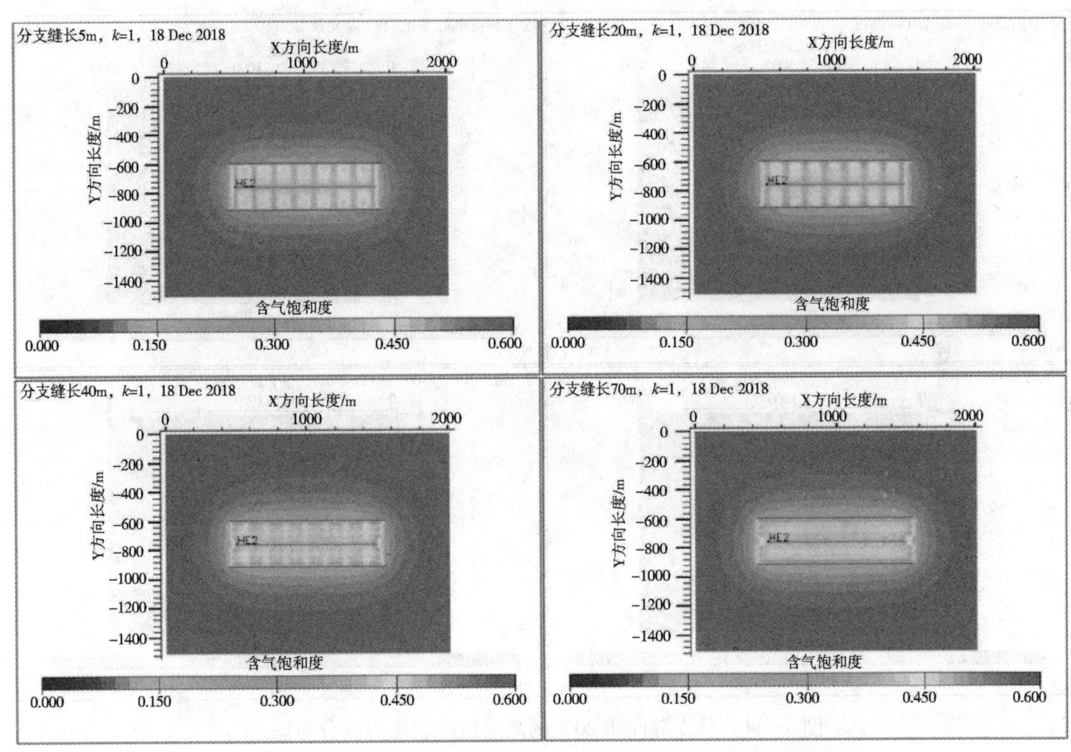

图 6-32　分支缝间距 35% 的高通道压裂饱和度分布图

3. 分支缝间距 20%（1 主缝 10 条次缝）

由图 6-33 可见，分支缝间距 20% 时，1 条主缝上共有 10 条次缝，高通道压裂技术能够在裂缝中形成无数的油气渗流通道，实现无限导流，所有的油气会顺利的到达井底。累计产气量相比常规压裂最高增产 31.7%，最低增产 9.5%。从图 6-34 中也可以看出，次缝越长，波及面积越大，产量也越高。

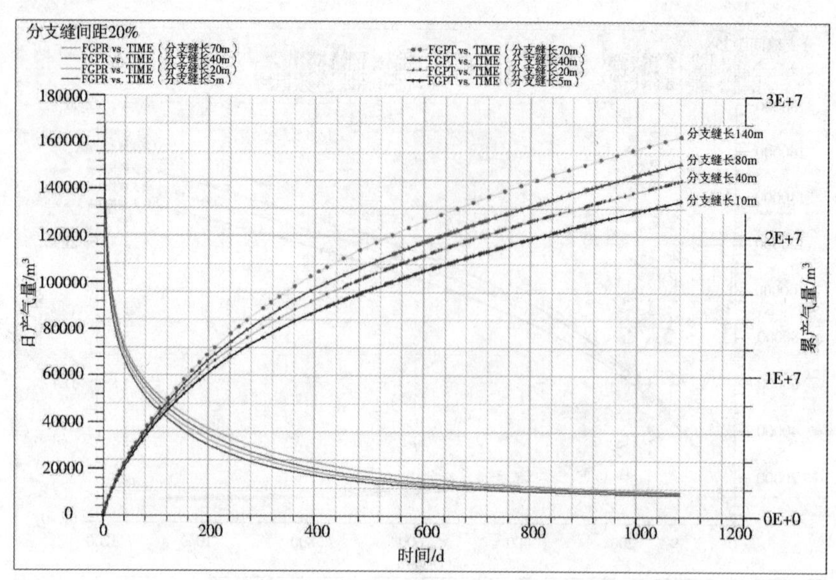

图 6-33　分支缝间距 20% 产量对比图

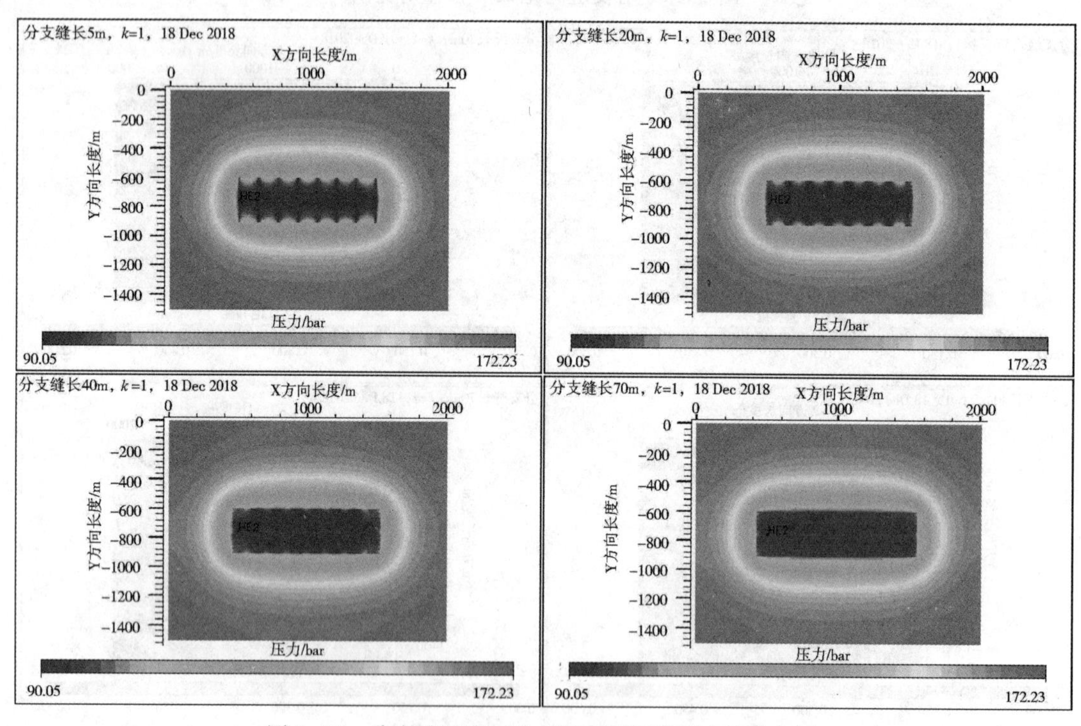

图 6-34　分支缝间距 20% 的高通道压裂压力波分布图

4. 分支缝间距 5%（1 主缝 38 条次缝）

由图 6-35 可见，分支缝间距 5% 时，1 条主缝上共有 38 条次缝，裂缝在地层中交错分布，次缝越多，越像四通八达的高速公路，所有的油气会顺利的到达井底。累计产气量相比常规压裂最高增产 33.8%，最低增产 10.3%。

把模型中的储层渗透率减小，作分支缝间距 5% 的累计产量图，产量相比常规压裂最高增产 39%，最低增产 9.6%（图 6-36）。

由此可见，新型高速通道压裂技术的主要目标是在人工裂缝内部造出稳定而敞开的油气流动网络通道，显著提高人工裂缝的导流能力，消除由于残渣堵塞、支撑剂嵌入等引起的导流能力损失，从而减小井筒附近的压降漏斗效应，提高压裂改造效果。对提高压裂效果、增加油气产量有着重要意义。

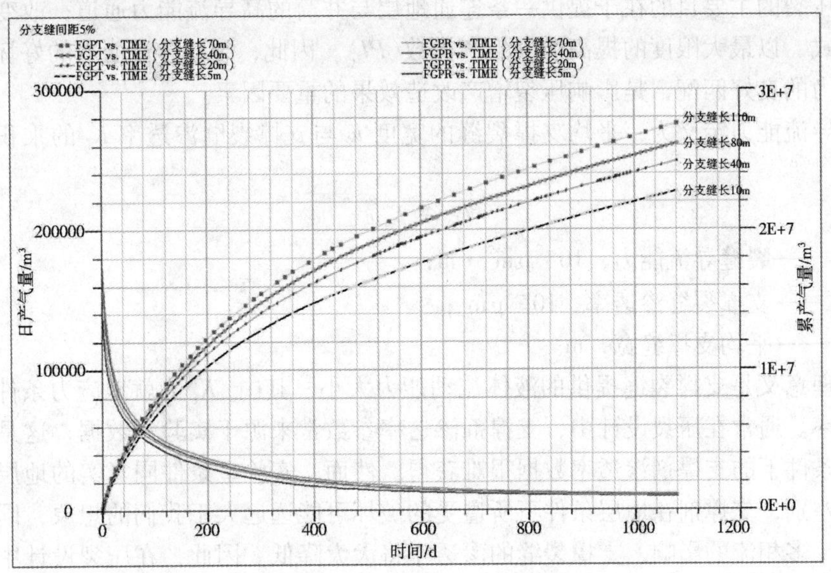

图 6-35　分支缝间距 5% 产量对比图

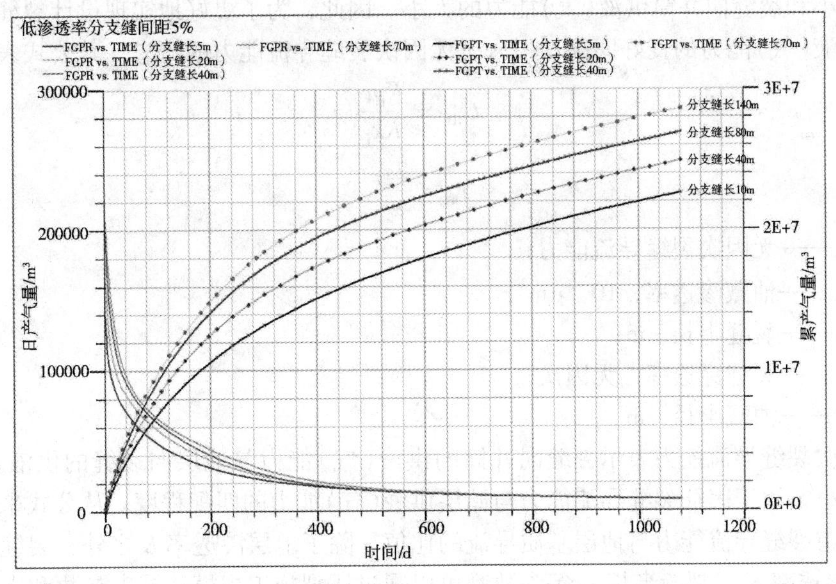

图 6-36　低渗透下分支缝间距 5% 产量对比图

第二节 支撑剂指数法优化设计方法

水力压裂的主要目的在于提供一条连通地层与井筒的高导流能力通道，改变地层流体的渗流方式，以最大限度的提高油气生产指数(PI)。因此，裂缝导流能力的好坏及其与地层渗流能力的良好匹配，是影响压裂增产改造效果的重要因素。

裂缝导流能力定义为：平均支撑裂缝的宽度 w 与支撑裂缝渗透率 K_f 的乘积。公式表示如下：

$$C_f = K_f w \tag{6-2}$$

式中 C_f——裂缝导流能力，$10^{-3}\mu m^2 \cdot m$；

K_f——支撑裂缝渗透率，$10^{-3}\mu m^2$；

w——平均支撑缝宽，m。

其物理意义是支撑裂缝提供的液体流动能力大小。其中，K_f 为就地应力条件下的支撑裂缝渗透率。通常在压裂设计中，支撑剂渗透率参数常来源于实验室数据，这是因为实际就地应力条件下的支撑剂渗透率数据很难获得。然而，实验室条件同真实的地层条件相比存在很大差别，支撑剂在地层条件下所遭受的破坏可能远远大于我们的想象，同时由于非达西流以及多相流的影响，支撑裂缝的渗透率将大大降低。因此，在压裂设计中，常将实验室获得的支撑剂渗透率数据乘以一个伤害系数进行修正。[7]

油气井经过压裂改造后，其增产效果取决于两个方面的因素，即地层向裂缝供液(气)能力的大小和裂缝向井筒供液(气)能力的大小。因此，为了更好地实现设计裂缝导流能力与地层供液(气)能力的良好匹配，引入了无因次裂缝导流能力的概念。其公式表示如下：

$$C_{fD} = \frac{K_f w}{K x_f} \tag{6-3}$$

$$I_x = \frac{2x_f}{x_e} \tag{6-4}$$

式中 C_{fD}——无因次裂缝导流能力；

K——油藏渗透率，$10^{-3}\mu m^2$；

x_f——裂缝半长，m；

I_x——裂缝穿透率，无因次；

x_e——油藏半径，m。

无因次裂缝导流能力表示裂缝向井筒的供液(气)能力与地层向裂缝的供液(气)能力的相对大小，用于表征裂缝导流能力与储层供液(气)能力的匹配程度。从公式来看，无因次导流是指裂缝导流能力与地层基质导流的比值，除了地层渗透率 K 之外，裂缝支撑缝宽 w、裂缝渗透率 K_f、裂缝半长 x_f 等参数都可以通过压裂施工规模、施工参数和支撑剂的选择来调控。因此，C_{fD} 是压裂设计参考的主要因素，对压后产能有着重要的影响。

无因次裂缝导流能力是我们进行压裂优化设计以达到最佳压后增产效果的一个重要设计参数，对于具有不同的储层系数(kh)和地层压力的油气藏，压裂设计时所要求的无因次裂缝导流能力是不同的。因此，如何针对具体的储层特点，正确地进行无因次裂缝导流能力评价与优化就显得十分重要。

通常，在油藏中的一口生产井，其泄流面积都是有限的。在其生命周期的大多数时间中，油气井都是以所谓拟稳态的流态在生产，或者更准确地说，是以有边界控制的流动状态在生产。在此期间，我们定义单位生产压降的产量为采油指数(*PI*)，即：

$$J = \frac{q}{\bar{p} - p_{\mathrm{wf}}} \tag{6-5}$$

假设一口在泄流面积中央的直井存在人工裂缝，那么，能够提供越大的采油指数(*PI*)的裂缝无疑越好。为了更好地进行比较，又引入了无因次采油指数的概念，其定义为：

$$J_{\mathrm{D}} = \frac{\alpha B\mu}{Kh}J \tag{6-6}$$

式中 J_{D}——无因次采油指数；

α——单位转换常数；

B——地层体积因子；

μ——地层流体黏度，mPa·s；

h——产层厚度，m。

对于压裂改造井来说，J_{D} 主要受到以下几方面因素的影响：产层中的铺砂浓度、支撑裂缝渗透率与地层渗透率之比，以及裂缝的几何形态。所有这些因素都可以归结为两个无因次变量 C_{fD} 和 I_{x}。

为确定最大无因次生产指数下的最佳无因次导流能力，McGuire 和 SiKora 等通过电模拟垂直裂缝有限导流能力与产能之间的关系，将 J_{D} 作为 C_{fD} 的函数，同时引入 I_{x} 作为参考变量，绘制了著名的 Mc Guire-SiKora 增产半对数曲线图(图 6-37)。

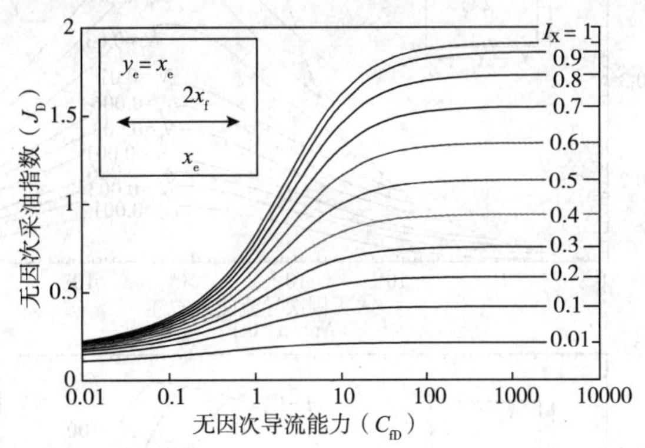

图 6-37 无因次导流能力和无因次采油指数关系图版

根据图 6-37，在任一确定的裂缝长度条件下，可得到与之对应的达到最大无因次采油指数所需的无因次导流能力。特低渗透油藏无因次导流能 C_{fD} 值一般较大，当 C_{fD} 大于 0.3 时，提高增产倍数应以提高裂缝长度为主。通过优化缝长和缝宽的匹配关系，得到可实现的最优的裂缝参数。当 C_{fD} 为 10 时，其所对应的不同裂缝长度 I_{x} 的曲线均达到或接近其对应的最大 J_{D} 值。这也是为什么在压裂设计时，常将 $C_{\mathrm{fD}}=10$ 作为优化裂缝导流能力的设计依据的原因。

然而，该图版并不能清楚地告诉我们，当 C_{fD} 为 10 时，选择哪一条 I_{x} 曲线最佳，或者在一条指定的曲线上，哪一点是最佳点。原因是该图版忽略了创造一条支撑裂缝的成本因素。同时，对低渗储层和中—高渗储层，该图版也没有指出在无因次导流能力优化时二者之间的差别。为此，Valko 与 Economides 首次提出了"无因次支撑剂指数"的概念，取代 I_x 以更恰当地描述某次压裂施工的相对施工规模。

$$N_{prop} = \frac{2K_f V_{prop}}{KV_r} = I_x^2 C_{fD} \tag{6-7}$$

式中 N_{prop}——无因次支撑剂数，无因次；

V_{prop}——支撑剂体积，m^3；

V_r——波及油藏体积，m^3。

支撑剂指数实际是两个比值的乘积关系：一是裂缝渗透率与油藏基质渗透率的比值；另一是裂缝支撑体积与单井控制油藏体积的比值。其物理意义实际上是裂缝渗流能力的改善及其影响的范围在整个油藏中能占到多大的比例。可以看出，对中、高渗透储层而言，在一定的支撑剂体积及支撑剂渗透率条件下，支撑剂指数相对较低；而同样条件下；对低渗透、特低渗透储层而言，支撑剂指数则相对较高。

油藏压裂设计在给定支撑剂用量及储层物性的条件下，可以通过假定一个无因次支撑剂指数，以最大采油指数为目标函数，采用迭代方式求解优化的支撑缝长与平均支撑缝宽。

通过数学运算，将无因次生产指数 J_D 作为 C_{fD}的函数，同时将 N_{prop} 作为参考变量，绘制了新的无因次导流能力 C_{fD}优化图版(图 6-38)。

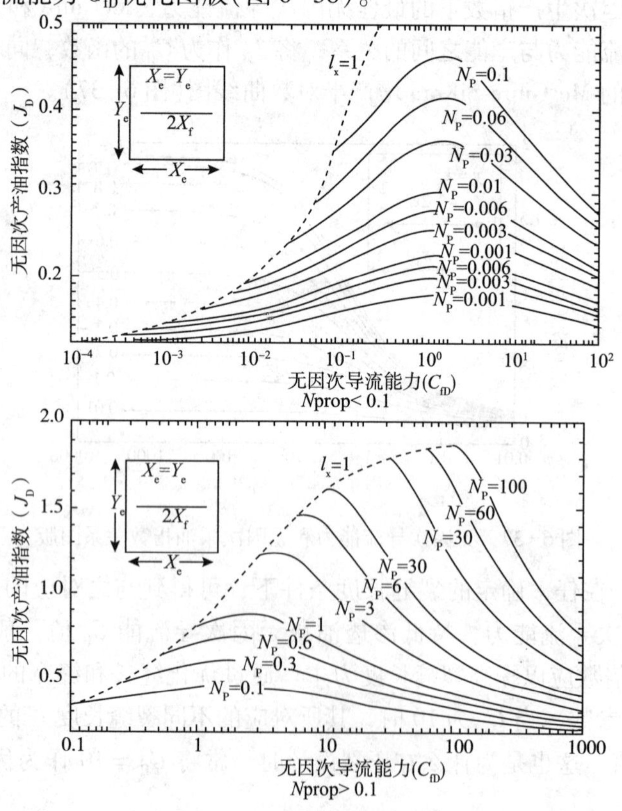

图 6-38 无因次产油指数和无因次导流能力优化图版

由图版可以清楚地看到，对于一定的施工规模(加砂量)，对应 N_{prop} 曲线上即可寻找可能达到的最大无因次生产指数 J_{Dmax}；每个 J_{Dmax} 都对应一个明确的 C_{fD}值，因为对一个给定的 N_{prop} 来说，它都代表了在产层中一定的铺砂量。因此，每条 N_{prop} 曲线的 J_{Dmax} 值对应的裂缝无因次导流能力都代表了最佳的裂缝长度与宽度组合以及与地层渗流能力的匹配，从而实现了对 C_{fD}的优化。

从图 6-38 中可以看出当无因次支撑剂指数较小时(<0.1，对应施工规模小或地层渗透率高)，最优无因次裂缝导流能力约为 1.6，而当无因次支撑剂指数增大时(>0.1，对应施工规模大或地层渗透率低)，最优无因次裂缝导流能力随着无因次支撑剂指数的增加而增加(1.6~100)。一旦确定了最佳的 C_{fD}，就可以通过下面的公式将优化的裂缝半长和缝宽计算出来。

$$x_f = \sqrt{\frac{V_{fp}K_f}{2C_{fD}hK}} \tag{6-8}$$

$$w_f = \sqrt{\frac{C_{fD}KV_{fp}}{2K_fh}} \tag{6-9}$$

式中 V_{fp}——支撑剂用量，m^3。

1. 已定支撑剂用量

采用迭代方式求解优化的裂缝支撑半长与平均支撑缝宽，即对一定支撑剂体积和特定储层而言，先假设 1 个支撑剂指数，由该指数可由上述图版确定最优的无量纲裂缝导流能力，进而可确定裂缝支撑半长。然后，由上式求出裂缝的支撑半长，如 2 个支撑半长非常接近，则说明假设的支撑剂指数正确，计算出的支撑半长及支撑缝宽也正确；反之，则重新假设新的支撑剂指数值，重复上述过程，直至最后获得正确的支撑剂指数为止。

2. 未定支撑剂用量

如果现场进行压裂方案优化时，可不限定支撑剂量，则优化的过程与上述已定支撑剂用量所述方法基本一致，但要先假设一系列支撑剂体积，每种支撑剂体积按上述同样的方法，获得对应各支撑剂体积下的优化支撑半长及支撑缝宽，然后主要就各支撑半长与支撑剂体积的关系作出优化图版，以曲线斜率变化点作为最佳支撑剂体积及最佳支撑半长，支撑缝宽可相应求出。

第三节 考虑渗流干扰与应力干扰的裂缝参数优化方法

考虑渗流干扰与应力干扰的裂缝参数优化方法综合了压后生产与裂缝扩展的优势，既考虑了压后产量最大化，又考虑了利用缝间诱导应力的裂缝复杂化，对裂缝参数优化设计具有较强的指导意义。

下面以页岩气压裂为例，阐述方法的应用过程。

一、页岩地下流体渗流数值模拟模型

页岩天然裂缝发育，具有双重介质的特点，裂缝是主要流动通道，基质为主要储集空

间，其中吸附气与游离气并存。实施大型水力压裂后的页岩气井具有复杂的裂缝网络系统，必须考虑多尺度裂缝对流体渗流模式的影响。数值模拟中主要考虑的模型如下。

(1)吸附模型：页岩中页岩气的含量超过了其自身孔隙的容积，用溶解机理和游离机理难以解释这一现象。因此，吸附机理就占据着主导优势地位。物理吸附作用一般认为是由范德华分子力引起的，化学吸附作用是物理吸附作用的继续，当达到某一条件时就可以发生化学作用(包括化学键的形成和断裂)。

(2)扩散模型：页岩气基质块中孔隙的孔径很小，渗透率极低，气体在其中的达西渗流非常微弱，可以忽略不计，一般认为页岩气在基质块孔隙中运移或质量传递方式主要是扩散作用。

(3)渗流模型：页岩气渗透率和孔隙度极低，气体在页岩基质孔隙流动时，主要由扩散作用控制；在一些储层的高渗区(裂缝或裂隙)，气体流动则遵从达西定律。

常规的气藏数值模型采用质量守恒方程、气体运动方程及等温吸附方程联立求解气、水两相流的压力分布和饱和度分布，然后模拟预测压后的产量动态及压力变化。页岩气井压裂后形成的裂缝体系及两相渗流机理均较为复杂，为了尽可能准确地模拟页岩气水平井多段压裂施工后的生产过程，进行不同天然裂缝及层(纹理)缝特征下的裂缝参数优化设计研究，充分挖掘 Eclipse 模拟器的功能进行精细建模。[8~11]

应用常用的带吸附气模块的 ECLIPSE 商业软件，对页岩气压裂产量进行预测[7~10]。裂缝的设置仍按“等效导流能力”的方法设置。所谓等效导流能力就是将裂缝的宽度放大一定比例后，将裂缝内的渗透率按相同的比例缩小，使它们的乘积即裂缝的导流能力保持不变。之所以要放大裂缝的宽度，是因为如按原始的裂缝宽度放进气藏模型中，因裂缝的宽度很小，一般仅为 2 ~ 3mm，所以划分的网格数会非常巨大，造成运算速度大为降低。另外，裂缝内支撑剂的渗透率通常达 $10\mu m^2$ 甚至 $100\mu m^2$ 以上，比基质的纳达西级渗透率要高 10 个数量级以上，会造成最终的代数方程组“病态”很严重，也同样会极大降低运算速度和效率。通过适当放大裂缝宽度和按同等比例降低裂缝的渗透率后，上述问题会同步解决。只要裂缝的宽度放大倍数控制在一定范围内，最终的计算结果稳定性仍然较好。此外，网络裂缝的设置，采用相互连通的天然裂缝及层(纹理)缝与主裂缝沟通，次生裂缝的导流能力与主裂缝相比，按(1∶5)~(1∶10)比例设置，缝高剖面在纵向上是逐渐变化的。

应用 Eclipse 建立页岩气多段压裂水平井地质模型如图 6-39 所示。

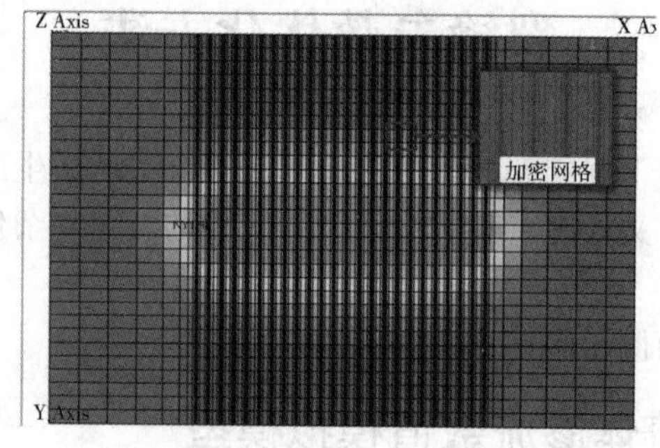

图6-39　页岩气多段压裂水平井地质及裂缝模型

二、水力裂缝诱导应力场模型

由于水力裂缝沿最大主应力方向延伸，在主应力方向上，水力裂缝面不受剪应力作用，只受张应力作用，对水力裂缝的诱导应力场推导如下。

假设裂缝面受均匀内压作用，在无穷远不受任何作用力，采用图6-40所示的物理模型，平板中央一直线状裂纹(可以当作短半轴→0的椭圆的极限情形)，长为$2a$，裂纹穿透板厚，作用于裂纹面上的张力为$-p$，可见，该求解问题具有对称性，所以仅研究$y>0$的半平面即可，在这种情况下，可以采用如下的边界条件：

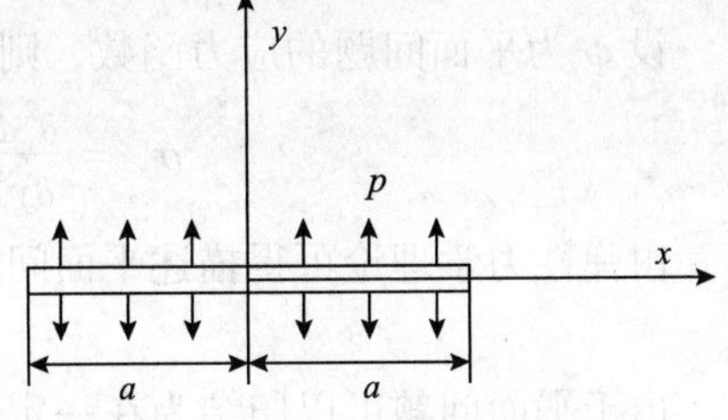

图6-40　裂缝受张应力作用情况下的物理模型

$$
\begin{cases}
\sqrt{x^2+y^2}\to\infty:\sigma_x=\sigma_y=\sigma_{xy}=0\\
y=0,0<x<\infty:\sigma_{xy}=0\\
y=0,|x|\leqslant a:\sigma_y=-p\\
y=0,x>a:u_y=0
\end{cases}
\tag{6-10}
$$

式中　σ_x——x方向受到的应力，MPa；

σ_y——y方向受到的应力，MPa；

σ_{xy}——x对y方向的剪切力，MPa；

u_y——y方向的位移，m。

显然，上述物理模型中的平板问题属于平面应变问题，根据弹性力学理论，则应力应变方程为：

$$
\begin{cases}
\varepsilon_x=\dfrac{1}{E}[(1-\nu^2)\sigma_x-\nu(1+\nu)\sigma_y]\\
\varepsilon_y=\dfrac{1}{E}[(1-\nu^2)\sigma_y-\nu(1+\nu)\sigma_x]\\
\gamma_{xy}=\dfrac{1+\nu}{E}\sigma_{xy}
\end{cases}
\tag{6-11}
$$

平面问题的几何方程：

$$
\begin{cases}
\varepsilon_x=\dfrac{\partial u}{\partial x}\\
\varepsilon_y=\dfrac{\partial u}{\partial y}\\
\gamma_{xy}=\dfrac{\partial v}{\partial x}+\dfrac{\partial u}{\partial y}
\end{cases}
\tag{6-12}
$$

式中　u——x方向的位移，m；

v——y方向的位移，m。

平衡方程取如下形式（不计体力）：

$$\begin{cases}\dfrac{\partial\sigma_x}{\partial x}+\dfrac{\partial\tau_{xy}}{\partial y}=0\\ \dfrac{\partial\sigma_y}{\partial y}+\dfrac{\partial\tau_{xy}}{\partial x}=0\end{cases} \tag{6-13}$$

设 ϕ 为平面问题的应力函数，则得到：

$$\sigma_x=\frac{\partial^2\phi}{\partial y^2},\sigma_y=\frac{\partial^2\phi}{\partial x^2},\tau_{xy}=-\frac{\partial^2\phi}{\partial x\partial y} \tag{6-14}$$

由弹性力学理论可得描述平面问题规律的二维双调和方程：

$$\nabla^2\nabla^2\phi=0 \tag{6-15}$$

由于平面问题可以归结为在一定的边界条件下解双调和方程式。对于该方程的求解，可采用 Fourier 变换求解平面二维裂缝的方法，也可采用复变函数的方法，结合保角映射技巧的使用，解决某些复杂裂纹问题。采用 Fourier 变换法求解上述数学模型，结合 Bessel 函数，可推导得到应力场和位移场的解为：

$$\sigma_x(x,y)=-ap\int_0^{\infty}(1-\xi y)J_1(a\xi)e^{-\xi y}\cos(\xi x)\mathrm{d}\xi \tag{6-16}$$

$$\sigma_y(x,y)=-ap\int_0^{\infty}(1+\xi y)J_1(a\xi)e^{-\xi y}\cos(\xi x)\mathrm{d}\xi \tag{6-17}$$

$$\tau_{xy}(x,y)=-apy\int_0^{\infty}\xi J_1(a\xi)e^{-\xi y}\sin(\xi x)\mathrm{d}\xi \tag{6-18}$$

$$u(x,y)=-\frac{1+v}{E}ap\int_0^{\infty}\xi^{-1}(1-2v-\xi y)J_1(a\xi)e^{-\xi y}\sin(\xi x)\mathrm{d}\xi \tag{6-19}$$

$$v(x,y)=\frac{1+v}{E}ap\int_0^{\infty}\xi^{-1}(2-2v+\xi y)J_1(a\xi)e^{-\xi y}\cos(\xi y)\mathrm{d}\xi \tag{6-20}$$

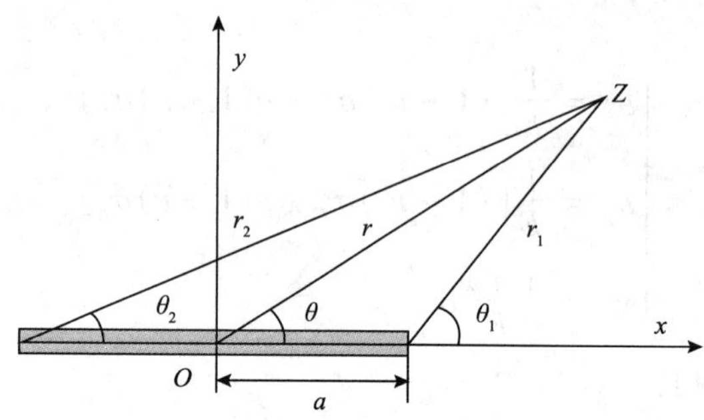

图 6-41　复数坐标系

根据图 6-41 的复数坐标系可得：

$$z=re^{i\theta},z-a=r_1e^{i\theta_1},z+a=r_2e^{i\theta_2} \tag{6-21}$$

因为：

$$e^{-\xi y}[\cos(\xi x)+i\sin(\xi x)]=e^{i\xi z} \tag{6-22}$$

$$z=x+iy \tag{6-23}$$

联立公式，得到以下表达式：

$$\frac{1}{2}(\sigma_x+\sigma_y)=-paRe\int_0^{\infty}J_1(a\xi)e^{i\xi z}\mathrm{d}\xi$$

$$\frac{1}{2}(\sigma_y - \sigma_x) + i\sigma_{xy} = -pa\gamma\int_0^\infty \xi J_1(a\xi)e^{i\xi z}\mathrm{d}\xi \tag{6-24}$$

按照 Bessel 函数的积分公式：

$$\int_0^\infty e^{-\gamma t}J_1(\alpha t)\mathrm{d}t = \frac{1}{\alpha}[1 - \gamma(\alpha^2 + \gamma^2)^{-\frac{1}{2}}] \tag{6-25}$$

$$\int_0^\infty te^{-\gamma t}J_1(\alpha t)\mathrm{d}t = \alpha(\alpha^2 + \gamma^2)^{-\frac{3}{2}} \tag{6-26}$$

可得：

$$\int_0^\infty J_1(a\xi)e^{i\xi z}\mathrm{d}\xi = \frac{1}{a}\{1 + iz[a^2 + (-iz)^2]^{-1/2}\} = \frac{1}{a}[1 - re^{i\theta}(r_1r_2)^{-\frac{1}{2}}e^{-i(\theta_1+\theta_2)/2}] \tag{6-27}$$

$$\int_0^\infty \xi J_1(a\xi)e^{i\xi z}d\xi = a[a^2 + (-iz)^2]^{-3/2} = -ia(r_1r_2)^{-3/2}e^{-3i(\theta_1+\theta_2)/2} \tag{6-28}$$

把式（6-27）和式（6-28）代入式（6-24）并分离出实部和虚部，得到应力计算结果为：

$$\sigma_x = p\left\{\frac{r}{\sqrt{r_1r_2}}\left(\cos\theta - \frac{\theta_1 + \theta_2}{2}\right) - \frac{a^2r}{\sqrt{(r_1r_2)^3}}\sin\theta\sin\left[\frac{3}{2}(\theta_1 + \theta_2)\right] - 1\right\} \tag{6-29}$$

$$\sigma_y = p\left\{\frac{r}{\sqrt{r_1r_2}}\left(\cos\theta - \frac{\theta_1 + \theta_2}{2}\right) + \frac{a^2r}{\sqrt{(r_1r_2)^3}}\sin\theta\sin\left[\frac{3}{2}(\theta_1 + \theta_2)\right] - 1\right\} \tag{6-30}$$

$$\sigma_{xy} = p\left\{\frac{a^2r}{\sqrt{(r_1r_2)^3}}\sin\theta\cos\left[\frac{3}{2}(\theta_1 + \theta_2)\right]\right\} \tag{6-31}$$

把图 6-42 所示裂纹的长度方向看作高度方向，即把 $x-y$ 平面换作 $x-z$ 平面，则可得二维垂直裂缝所诱导的应力场，上面所求出的 σ_y，σ_x 分别就是图 6-47 所示情形的 σ_x，σ_z。

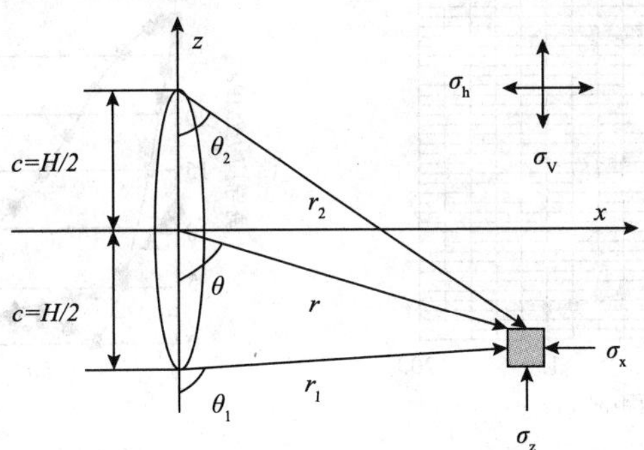

图 6-42　二维垂直裂缝的应力转化示意图

则二维垂直裂缝所诱导的应力场为：

$$\Delta\sigma_x = p\left\{\frac{r}{\sqrt{r_1r_2}}\left(\cos\theta - \frac{\theta_1 + \theta_2}{2}\right) + \frac{c^2r}{\sqrt{(r_1r_2)^3}}\sin\theta\sin\left[\frac{3}{2}(\theta_1 + \theta_2)\right] - 1\right\} \tag{6-32}$$

$$\Delta\sigma_z = p\left\{\frac{r}{\sqrt{r_1r_2}}\left(\cos\theta - \frac{\theta_1 + \theta_2}{2}\right) - \frac{c^2r}{\sqrt{(r_1r_2)^3}}\sin\theta\sin\left[\frac{3}{2}(\theta_1 + \theta_2)\right] - 1\right\} \tag{6-33}$$

$$\Delta\tau_{zx} = p\left\{\frac{c^2 r}{\sqrt{(r_1 r_2)^3}}\sin\theta\cos\left[\frac{3}{2}(\theta_1 + \theta_2)\right]\right\} \tag{6-34}$$

由虎克定律：

$$\Delta\sigma_y = v(\Delta\sigma_x + \Delta\sigma_z) \tag{6-35}$$

在式（6-32）~式（6-35）中，p 是裂缝面上受到的净压力，H 是裂缝高度，$c = H/2$，同时，各几何参数间存在以下关系：

$$\begin{cases} r = \sqrt{x^2 + z^2} \\ r_1 = \sqrt{x^2 + (z + c)^2} \\ r_2 = \sqrt{x^2 + (z - c)^2} \end{cases} \tag{6-36}$$

$$\begin{cases} \theta = \tan^{-1}[x/(-z)] \\ \theta_1 = \tan^{-1}[x/(-z - c)] \\ \theta_2 = \tan^{-1}[x/(-z + c)] \end{cases} \tag{6-37}$$

如果 θ，θ_1 和 θ_2 为负值，那么应分别用 $\theta + 180°$，$\theta_1 + 180°$ 和 $\theta_2 + 180°$ 来代替。利用式（6-32）~式（6-37）可以计算裂缝诱导应力大小。

三、耦合渗流及应力干扰的裂缝参数优化实例

以四川盆地丁山构造的A井为例，基于渗流场及应力场耦合理论优化其簇间距。根据地应力和岩石力学参数计算了A井一定裂缝间距下的诱导应力作用及对破裂压力的影响，基本上利用了裂缝之间干扰产生的诱导应力作用以及提高排量尽可能提升净压力实现网络压裂改造。结果见图6-43、图6-44。

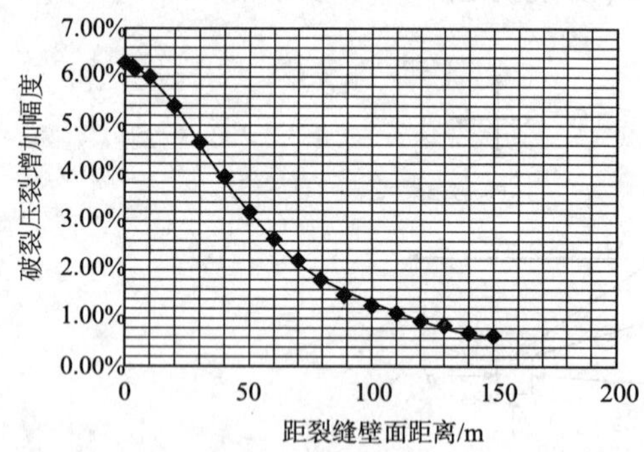

图6-43　不同裂缝间距诱导应力场作用下破裂压力增幅

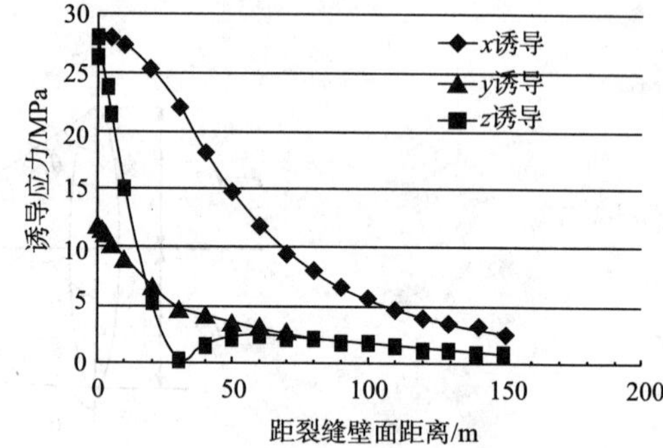

图6-44　不同裂缝间距附加诱导应力分布

从诱导应力场计算结果看：

（1）诱导应力在改变一定距离地应力大小分布的同时，相应地也会增加破裂压力。

（2）在满足破裂压力增加幅度<2%，同时兼顾 x、y 方向附加诱导应力，以使两向水平应力发生反转而改变裂缝延伸路径。

（3）A井水平应力差为25~35MPa，视每单簇为一条裂缝，则裂缝间距应不大于诱导应力作用距离的2倍，即裂缝间距范围20~25m。

综上所述，根据诱导应力计算结果确定单段段长60~75m。

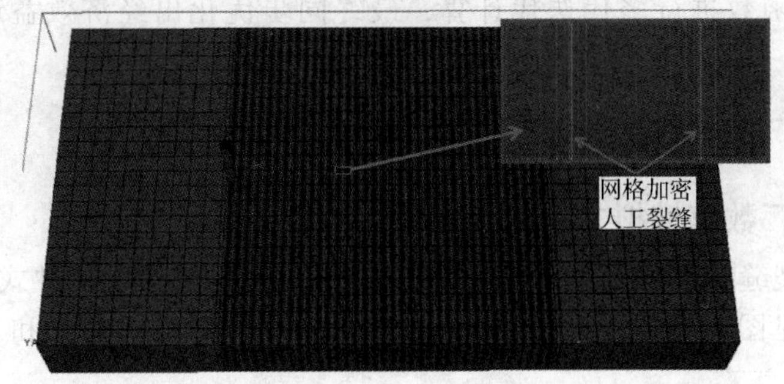

图6-45　A井气藏地质模型

另外，从油藏数值模拟计算结果看（图6-45、图6-46）：裂缝簇间距分别为15m、20m、25m和30m，过小的簇间距会产生较强的缝间干扰，影响压后产量。簇间距范围在25~30m之间较好，即单段压裂段长为75~90m。

结合诱导应力场和渗流场优化结果，确定A井压裂段长80m左右，每段2~3簇。同理，采用相同的方法可进一步优化裂缝半长、裂缝导流能力、布缝模式等参数。

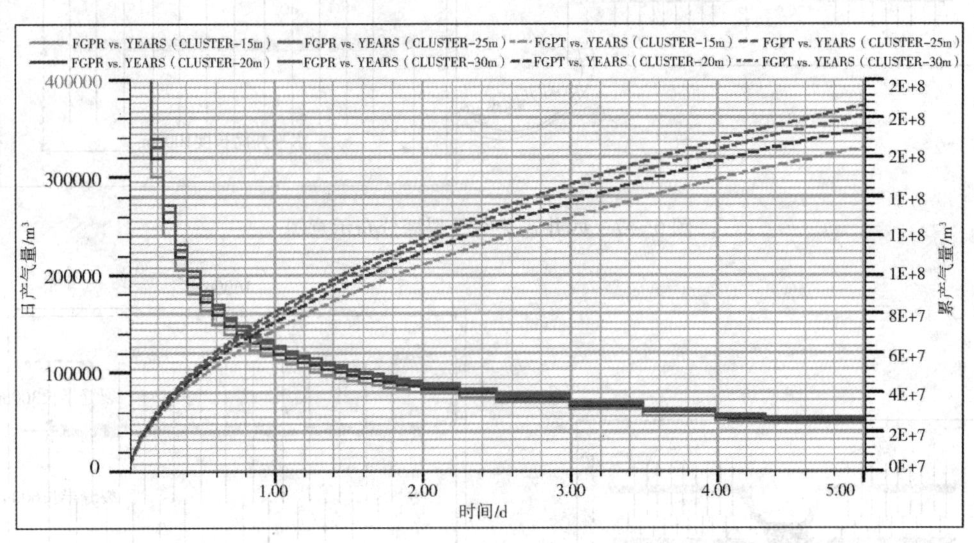

图6-46　A井不同簇间距对应的产量预测结果

第四节　“井工厂”压裂多参数协同优化设计方法

协同优化方法来源于机械行业复杂结构的优化设计，是多参数多目标优化的方法，追求质量、工期和成本三者的有机统一。借鉴此思路，形成了“单井”及“井工厂”压裂多参数协同优化设计方法。以经济净现值为目标函数，收入来源于压后产量预测结果，成本来源于钻井及压裂成本（没考虑前期勘探投入）。在模型的求解上，采取遗传变异的算法，先随机生成符合限定条件的多个井网参数、裂缝参数与施工参数，按照变异概率及适应性函数进行多代迭代计算，最终同步优化出经济效益最大化的多参数组合。

一、井工厂数值模拟模型的建立

（一）井工厂数值模拟方法的建立

考虑井网与裂缝参数匹配性的多因素组合，涪陵地区常用的四井式、六井式井网及裂缝分布示意图见图 6-47 和图 6-48。数值模拟时可采用 2 井式和 3 井式作为计算单元。

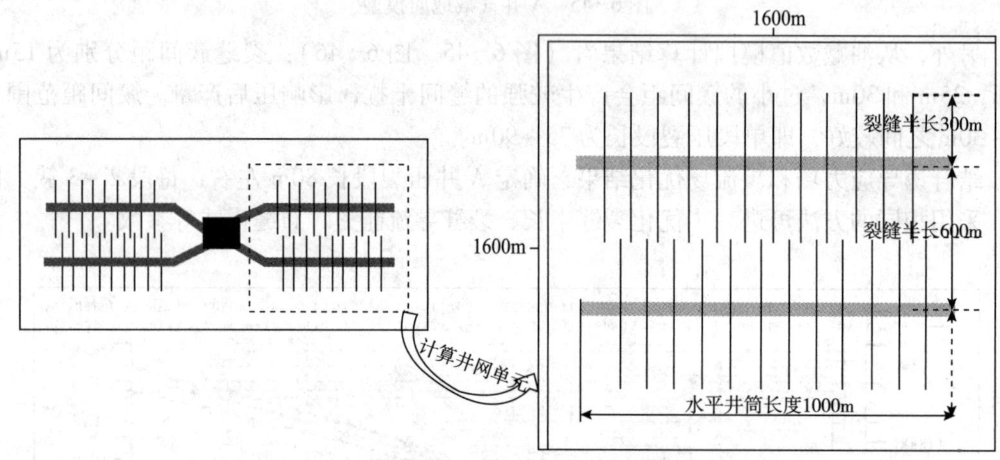

图 6-47　四井式井网及裂缝分布示意图

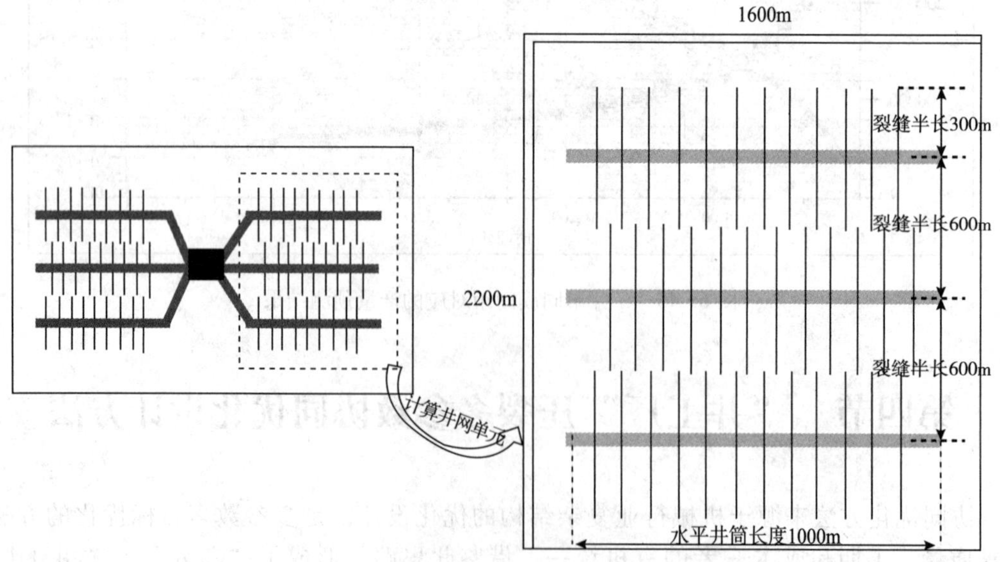

图 6-48　六井式井网及裂缝分布示意图

（二）井工厂产量影响主控因素分析

在历史拟合的基础上，选取了影响井工厂压后产量的主要因素，包括以下 10 个参数：水平井筒长度、井间距、缝间距、裂缝长度（缝长比）、导流能力、裂缝形态（复杂性程度）、裂缝布局、布缝模式、井位及生产压差。在单因素敏感性分析的基础上进行正交方案设计，获得影响井工厂压后产量的主控因素。其中单因素模拟结果以四井式的水平段长、井间距和裂缝布局分析为例。

1. 段长敏感性分析

模拟条件：水平段长分别为 500m、1000m、1500m、2000m、2500m，不同水平段长条件下单井累产气量随时间的变化曲线见图 6-49，井组累产 20 年产气量随裂缝半长的变化曲线见图 6-50。由图可知，产气量随着水平段长的增加而增加，定压生产条件下，产量在前 2 年增长较快，之后产气量趋于稳定，在 $1\times10^4m^3/d$ 左右长期稳产。

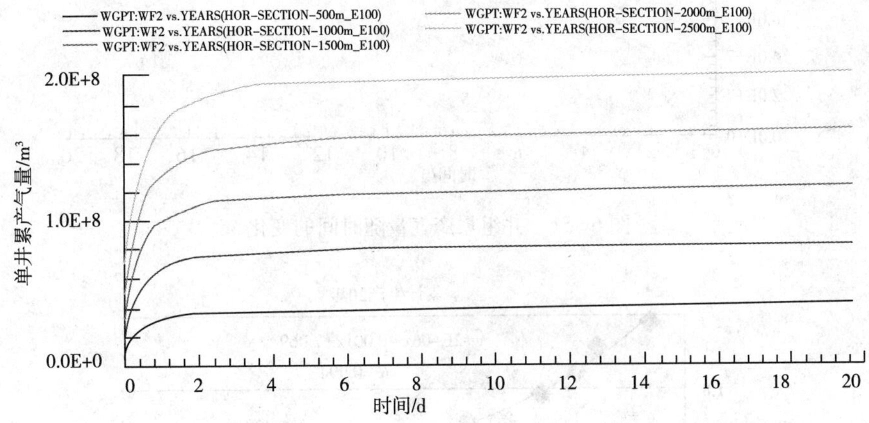

图 6-49　单井累产气量随时间的变化

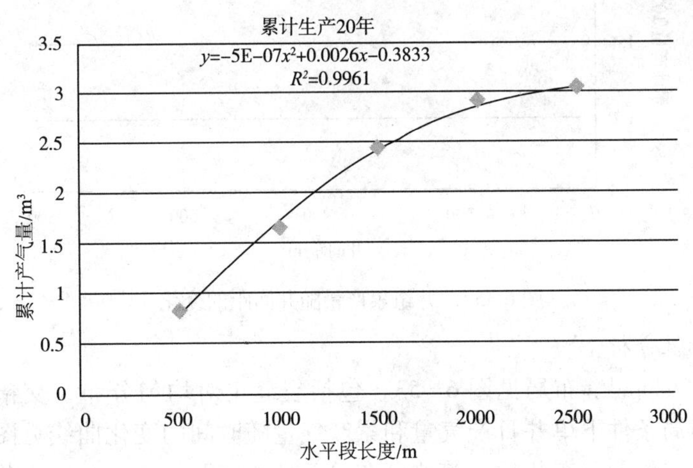

图 6-50　井组累产量随水平段长的变化

2. 井间距敏感性分析

模拟条件：井组控制面积相等。井间距分别为600m、300m、200m、150m、120m 和 50m，对应井数分别为2、4、6、8、10 和 24。不同井间距条件下井组累产气量随时间的变化曲线见图6-51，井组累产20 年产气量随井间距的变化曲线见图6-52。由图可知，井距越小改造强度越大，因此产气量越高。

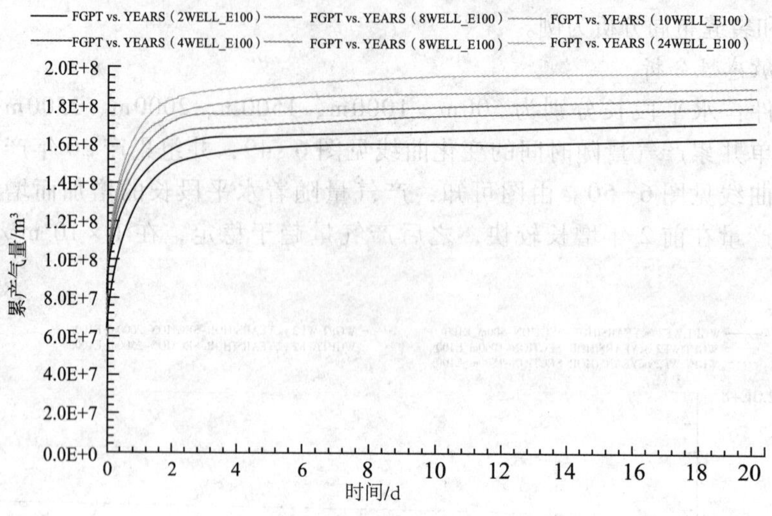

图6-51　井组累产气量随时间的变化

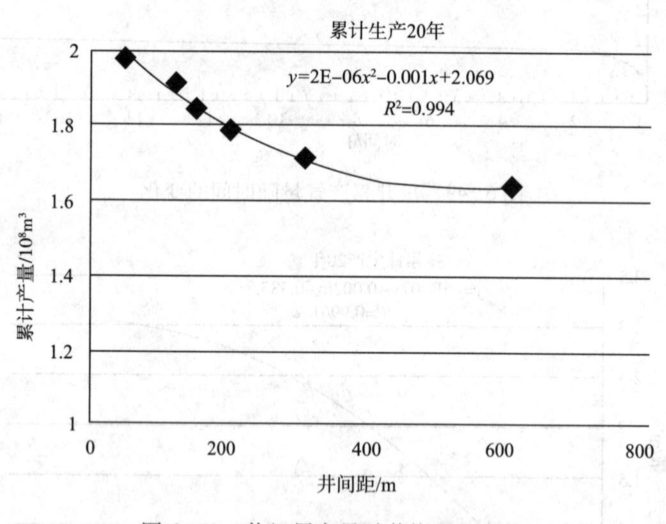

图6-52　井组累产量随井间距的变化

3. 布局敏感性分析

模拟条件：不同裂缝布局见图6-53，包括裂缝正对均匀分布、交错分布及簇式分布。不同裂缝布局条件下单井日产气量和累产气量随时间的变化曲线见图6-54 和图6-55，由图可知，与均匀分布相比，簇式分布单条裂缝间距较小，缝间干扰严重，产量相对较小。

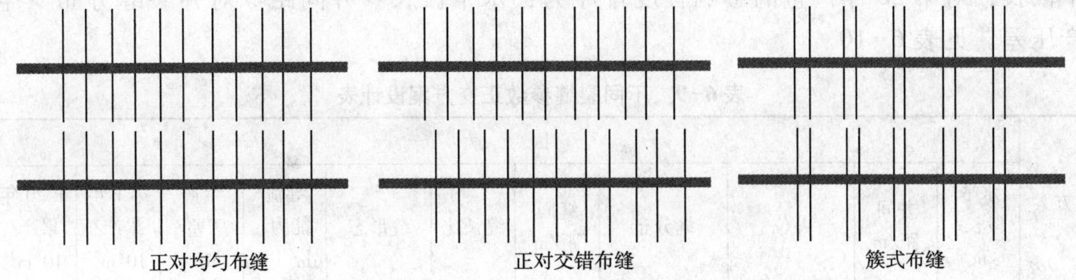

图 6-53　不同裂缝布局示意图

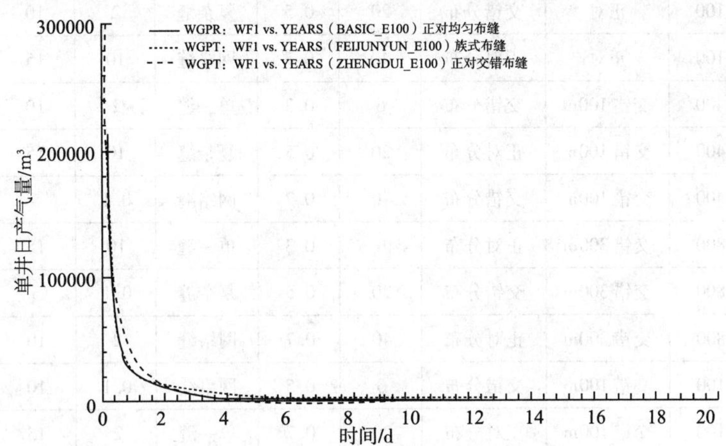

图 6-54　单井日产气量随时间的变化

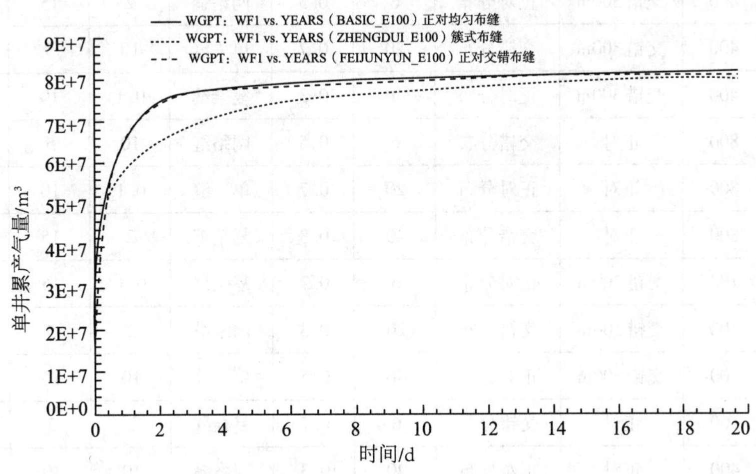

图 6-55　单井累产气量随时间的变化

4. 井工厂产量的主控因素分析

为了研究以上单因素对页岩气井工厂压后产量的影响程度，对以上参数分别选取 3 个值进行正交方案设计，如表 6-9 所示共 27 个正交方案。对 27 个正交方案进行数值模拟计算，所对应的井组 1 年及 20 年累产气量结果见图 6-56。正交设计方差分析结果表明，起显著影响的各参数中，对第 1 年累产量的影响程度排序为：缝间距 > 水平段长；对第20年产量的影响程度排序为：水平段长>井间距>对井裂缝分布>生产压差。见表6-10。

表6-9 不同裂缝参数正交方案设计表

方案	因素										
	水平段长/m	井间距/m	井位	缝分布	缝间距/m	缝长比	缝形态	导流能力/$\mu m^2 \cdot cm$	生产压差/MPa	第1年累产/$10^8 m^3$	第20年累产/$10^8 m^3$
1	500	100	正对	正对分布	6	0.3	单一缝	0.1	5	0.066	0.089
2	500	100	正对	交错分布	20	0.5	复杂缝	2	10	0.134	0.181
3	500	100	正对	正对分布	40	0.7	网络缝	10	15	0.205	0.320
4	500	400	交错100m	交错分布	6	0.3	单一缝	2	10	0.530	0.606
5	500	400	交错100m	正对分布	20	0.5	复杂缝	10	15	0.705	0.906
6	500	400	交错100m	交错分布	40	0.7	网络缝	0.1	5	0.059	0.309
7	500	800	交错300m	正对分布	6	0.3	单一缝	10	15	1.555	1.697
8	500	800	交错300m	交错分布	20	0.5	复杂缝	0.1	5	0.106	0.534
9	500	800	交错300m	正对分布	40	0.7	网络缝	2	10	0.548	1.246
10	1500	100	交错100m	交错分布	6	0.5	网络缝	0.1	10	0.750	0.872
11	1500	100	交错100m	正对分布	20	0.7	单一缝	2	15	0.608	0.825
12	1500	100	交错100m	交错分布	40	0.3	复杂缝	10	5	0.110	0.195
13	1500	400	交错300m	正对分布	6	0.5	网络缝	2	15	4.129	4.340
14	1500	400	交错300m	交错分布	20	0.7	单一缝	10	5	0.952	1.122
15	1500	400	交错300m	正对分布	40	0.3	复杂缝	0.1	10	0.326	0.992
16	1500	800	正对	交错分布	6	0.5	网络缝	10	5	0.006	0.083
17	1500	800	正对	正对分布	20	0.7	单一缝	0.1	10	0.004	0.069
18	1500	800	正对	交错分布	40	0.3	复杂缝	2	15	1.429	2.701
19	2500	100	交错300m	正对分布	6	0.7	复杂缝	0.1	15	1.998	2.352
20	2500	100	交错300m	交错分布	20	0.3	网络缝	2	5	0.329	0.450
21	2500	100	交错300m	正对分布	40	0.5	单一缝	10	10	0.316	0.636
22	2500	400	正对	交错分布	6	0.7	复杂缝	2	5	2.951	3.048
23	2500	400	正对	正对分布	20	0.3	网络缝	10	10	1.746	2.201
24	2500	400	正对	交错分布	40	0.5	单一缝	0.1	15	0.797	3.251
25	2500	800	交错100m	正对分布	6	0.7	复杂缝	10	10	10.216	10.449
26	2500	800	交错100m	交错分布	20	0.3	网络缝	0.1	15	1.524	5.450
27	2500	800	交错100m	正对分布	40	0.5	单一缝	2	5	1.148	2.292

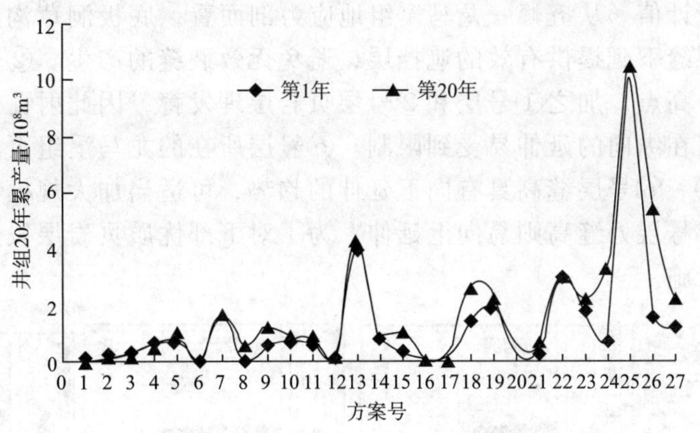

图 6-56　正交方案所对应的 1 年及 20 年井组累产气量

表 6-10　不同参数对累产气量影响程度表

因素	第 1 年产量影响因素排序			第 20 年产量影响因素排序		
	F 比	*F* 临界值	显著性	*F* 比	*F* 临界值	显著性
水平段长	12.001	9	*	31.326	9	*
井间距	5.63	9		16.843	9	*
井位	2.701	9		5.597	9	
对井裂缝分布	7.157	9		14.648	9	*
缝间距	14.13	9	*	8.796	9	
裂缝半长	4.761	9		2.396	9	
裂缝形态	5.831	9		5.627	9	
导流能力	3.996	9		0.658	9	
生产压差	3.368	9		9.411	9	*

二、不同小层水力裂缝动态扩展模型的建立

以涪陵地区页岩气为例，水平井的穿行轨迹主要集中在龙马溪组底部优质页岩层段，针对涪陵页岩气①～⑨号层，针对不同施工规模，单段液量 1400～2200m^3、单段砂量30～90m^3，及不同泵注及加砂模式，分别建立了龙马溪组不同页岩层系的压裂裂缝扩展模型，进行了大量的数值模拟，预测了不同施工规模下的三维裂缝扩展形态，如图 6-57 所示，模拟结果见表 6-11。模拟结果可作为样本数据为单井及井工厂协同优化模块提供数据基础。

为了使得优质页岩气储层得到充分改造，裂缝形态复杂化及改造体积最大化是压裂施工追求的目标。由于页岩层理发育的独特特征影响了缝高在纵向上的扩展，因此需采取有效的工艺技术使得缝高尽可能贯穿龙马溪组下部①～⑤号层，并且缝长和缝宽方向也达到设计值。从五峰—龙马溪组地应力剖面看，底板涧草沟灰岩为地应力高点，可为阻止裂缝下延提供有效的遮挡层，避免无效裂缝的产生。②号层所在的凝灰岩层处于地应力高点，加之①号层和②号层页岩层理发育，因此射孔位置位于这两个层位处，则缝高在纵向的延伸易受到限制。⑥号层所在的龙马溪组页岩为另一个地应力高点，因此③~⑥号层缝高具有向下延伸的趋势，可适当加大规模，促使裂缝延伸充分，而⑦~⑨号层处缝高则易向上延伸，为了对下部优质页岩层段进行改造，需适当采取控缝高措施。

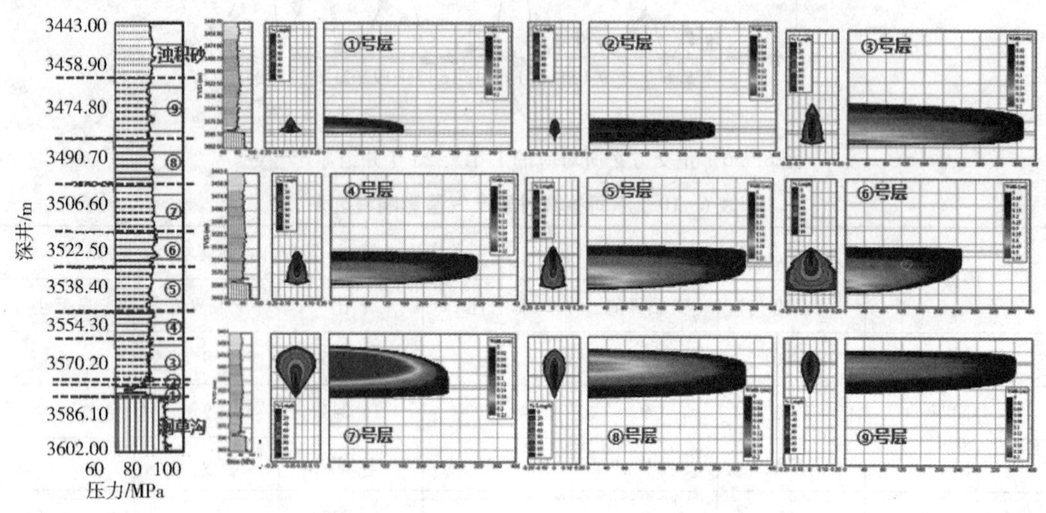

图 6-57 不同小层典型裂缝扩展形态

表 6-11 不同小层在不同施工规模下的裂缝形态及施工措施

<table>
<tr><th>小层</th><th>单段液量/m³</th><th>单段砂量/m³</th><th>排量/(m³/min)</th><th>平均模拟半缝长/m</th><th>平均模拟缝高/m</th><th>纵向连通小层</th><th>现状及措施</th></tr>
<tr><td>①</td><td rowspan="9">1400~2200</td><td rowspan="9">30~90</td><td rowspan="9">8~18</td><td>172~195</td><td>21</td><td rowspan="2">①~③</td><td rowspan="2">缝高向上部延伸：胶液和滑溜水交替前置</td></tr>
<tr><td>②</td><td>260~286</td><td>29</td></tr>
<tr><td>③</td><td>375~395</td><td>51</td><td rowspan="2">①~⑤</td><td rowspan="2">缝高充分延伸：加大规模</td></tr>
<tr><td>④</td><td>314~356</td><td>42</td></tr>
<tr><td>⑤</td><td>342~371</td><td>55</td><td rowspan="2">①~⑥</td><td rowspan="2">缝高向下延伸：采取前置胶液，结合变排量措施</td></tr>
<tr><td>⑥</td><td>251~302</td><td>57</td></tr>
<tr><td>⑦</td><td>257~298</td><td>64</td><td rowspan="2">⑥~⑨</td><td rowspan="3">缝高向上延伸：采取控缝高措施，如人工隔层等</td></tr>
<tr><td>⑧</td><td>343~380</td><td>61</td></tr>
<tr><td>⑨</td><td>363~392</td><td>54</td><td>⑦~⑨</td></tr>
</table>

三、井工厂经济净现值优化模型建立

（一）平台的经济净现值优化模型（含各参数限定条件约束）

钻井费用与 L_h 有关，压裂费用与 V_f、V_P、Q_P 有关，而 V_f、V_P、Q_P 又与 L_f、CON_f 有关。

$$NPV = \sum_{i=1}^{n} \frac{Q_i(L_h, D_h, L_f, CON_f, D_f)p_i}{1 + I_i} - C_d - C_f \tag{6-38}$$

$1000 \leqslant L_h \leqslant 2000, 50 \leqslant D_h \leqslant 600, 20 \leqslant L_f \leqslant 300, 0.5 \leqslant CON_f \leqslant 10, 5 \leqslant D_f \leqslant 40, 100 \leqslant V_f \leqslant 2500, 5 \leqslant V_p \leqslant 120, 5 \leqslant Q_p \leqslant 20$

式中 NPV——平台的经济净现值，元；

N——评价年限，一般 20 年；

Q_i——第 i 年的平台产量，m^3；

L_h——水平井筒长度，m；

D_h——相邻水平井筒间距离，m；

L_f——水力裂缝支撑半长，m；

CON_f——裂缝导流能力，$\mu m^2 \cdot cm$；

D_f——相邻裂缝间距离，m；

p_i——第 i 年油价，元/吨；

I_i——第 i 年贴现率，小数；

C_d、C_f——钻井及压裂的成本，元；

V_f、V_p——单井压裂液及支撑剂总量，m^3；

Q_p——注入排量，m^3/min。

（二）成本模型

在不考虑前期勘探投入的情况下，仅考虑钻井及压裂成本投入情况。

1. 成本模型

分为固定成本与可变成本两部分。

4 井式平台的钻井成本模型为：

$$C_{d4} = C_{d0} + 4(C_{dv}H_v + C_{dh}L_h + C_{df} + C_{dc}) \tag{6-39}$$

6 井式平台的钻井成本模型为：

$$C_{d6} = C_{d0} + 6(C_{dv}H_v + C_{dh}L_h + C_{df} + C_{dc}) \tag{6-40}$$

式中 C_{d4}——4 井式平台钻井费用，元；

C_{d6}——6 井式平台钻井费用，元；

C_{d0}——平台钻井固定费用，包括征地费、钻井设备搬迁费等，元；

C_{dv}——直井筒进尺单位费用，元/m；

C_{dh}——水平井筒进尺单位费用，元/m；

H_v——直井筒进尺，m；

L_h——水平井筒长度，m；

C_{df}——钻井液单井费用，元；

C_{dc}——固井单井费用，元。

2. 成本模型

同样分为固定成本与可变成本两部分。

4 井式平台的压裂成本模型为:

$$C_f = C_{f0} + 4(C_{ff} + C_{fp} + V_{fp}P_t) \tag{6-41}$$

6 井式平台的压裂成本模型为:

$$C_f = C_{f0} + 6(C_{ff} + C_{fp} + V_{fp}P_t) \tag{6-42}$$

式中 C_{f4}——4 井式平台压裂费用,元;

C_{f6}——6 井式平台压裂费用,元;

C_{f0}——平台压裂固定费用,包括压裂设备基本费用及搬迁费等,元;

C_{ff}——单井压裂液费用,元;

C_{fp}——单井支撑剂费用,元;

V_{fp}——单井混砂浆量,m^3;

P_t——泵注单位混砂浆量费用,元/m^3。

四、人工神经网络模型的建立

人工神经网络预测立足于两个数值模拟结果,一是产量预测结果,二是裂缝模拟结果。经过学习,可以预测任意井网参数与裂缝参数组合的压后产量,以及任意缝长及导流能力下的液量、支撑剂量及砂液比等施工参数。

为简便起见,采用成熟的 BP 模型(图 6-58)。

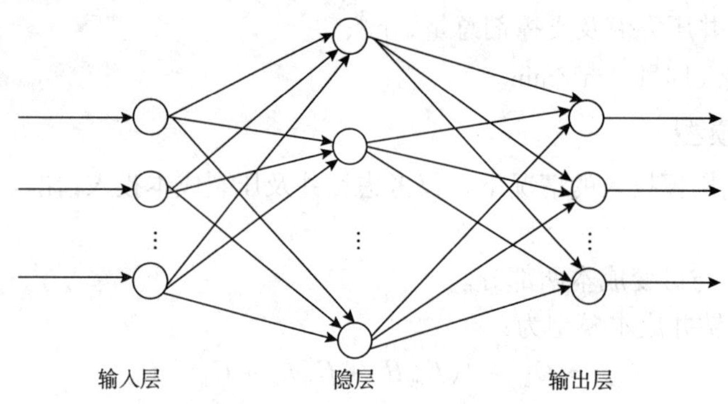

图 6-58 BP 神经网络结构图

五、遗传算法模型的建立

图 6-59 中模型的求解采用遗传算法(Genetic Algorithm),它是一类借鉴生物界的进化规律(适者生存,优胜劣汰遗传机制)演化而来的随机化搜索方法。

该方法是由美国的 J. Holland 教授 1975 年首先提出,其主要特点是直接对结构对象进行操作,不存在求导和函数连续性的限定;具有内在的隐并行性和更好的全局寻优能力;采用概率化的寻优方法,能自动获取和指导优化的搜索空间,自适应地调整搜索方向,不需要确定的规则。

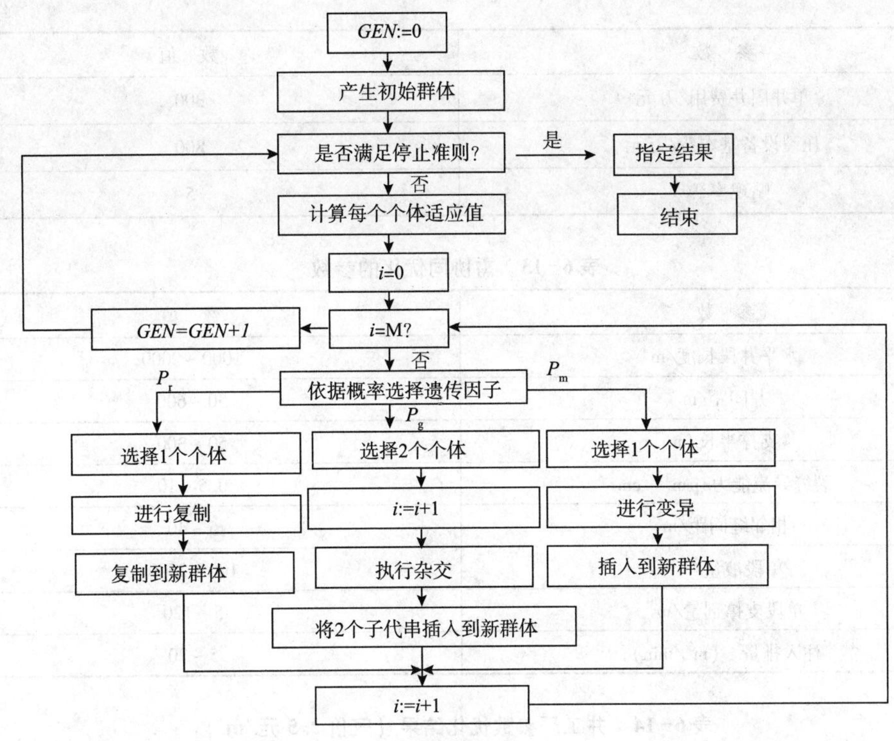

图6-59　遗传算法框图

六、涪陵页岩气井工厂应用算例

以涪陵典型的4井式和6井式井网为例，进行井工厂多参数协同优化研究，其中部分关键参数如表6-12所示，通过多参数协同优化模块对主要的井网参数（水平井段长度、井间距、支撑半长、裂缝导流能力、相邻缝间距）及施工参数（单段液量、单段支撑剂量、注入排量）进行优化（表6-13），模拟结果（表6-14、表6-15）表明：以焦石坝目前的地质条件及产量条件，适当加密井间距和缝间距，并配合适当小的缝长和施工规模，有利于进一步提高裂缝改造体积，从经济上也更为可行；当气价降低时，应适当加大井间距和缝间距。

表6-12　井工厂部分关键基础参数

参　数	数　值
压裂液平均单价/（元/m^3）	200
支撑剂单价（陶粒）/（元/t）	3000
直井单位进尺费用/（元/m）	6000
平台征地费/万元	600
设备搬迁费/万元	30
水平井筒单位进尺/（元/m）	8000
单井钻井液费用/万元	500

续表

参数	数值
单井固井费用/万元	300
压裂设备基本费/万元	800
贴现率/%	5

表 6-13 需协同优化的参数

参数	数值
水平井段长度/m	1000~2000
井间距/m	50~600
支撑半长/m	50~300
裂缝导流能力/$\mu m^2 \cdot cm$	0.5~10
相邻缝间距/m	5~40
单段液量/m^3	100~2500
单段支撑剂量/m^3	5~120
注入排量/(m^3/min)	5~20

表 6-14 井工厂参数优化结果（气价 2.5 元/m^3）

井式	4 井式	6 井式
水平井筒长度/m	1214	1123
井间距/m	434	95
导流能力/$\mu m^2 \cdot cm$	2.3	1.2
缝间距/m	21	16
单段液量/m^3	896	210
单段支撑剂量/m^3	69	24
注入排量/(m^3/min)	11.9	13.0
平台经济净现值/万元	54448	80499

表 6-15 井工厂参数优化结果（气价 1.5 元/m^3）

井式	4 井式	6 井式
水平井筒长度/m	1252	1015
井间距/m	496	287
导流能力/$\mu m^2 \cdot cm$	2.9	3.1
缝间距/m	26	29
单段液量/m^3	1280	2026
单段支撑剂量/m^3	58	85
注入排量/(m^3/min)	12.6	14.2
平台经济净现值/万元	23889	36660

第五节 压后返排优化设计方法

在页岩气水平井分段压裂优化设计中，压后排采设计一直较为薄弱。国外对页岩气压后排采机理研究不多，大部分基于统计分析。部分模型研究考虑因素单一，难以全面衡量返排的主控因素。国外的压后返排率一般10%~50%，且不同盆地、不同区块、不同井的压后返排率都不尽相同，规律性也不强。

国内页岩气水平井压后返排似乎更无规律可循。有的初期产气后来突然不出，如东峰2井；有的返排率高，但产气低，如彭页1HF井；有的返排率低，但高产，如焦页1HF井。压后排采包含两方面的问题，一是排采时机，二是排采制度。就排采时机而言，如排采时机过迟或排采速度过慢，会导致：①由于普遍存在过顶替现象，缝口处导流能力大幅降低，甚至出现“包饺子”现象；②由于基质滤失低，裂缝闭合慢，会导致支撑剂的沉降较多，远井裂缝在纵向上支撑效率降低；③滤失伤害也增大，水锁效应大，气流通道被大量水相占据，导致出气慢；④停泵后网络裂缝继续延伸可能性大，增加返排难度。反之，如排采时机过早或排采速度过快，会导致：①井筒出砂及支撑剂的二次运移，影响裂缝的有效支撑；②支撑剂承受的循环应力载荷变化剧烈，裂缝导流能力会因此而快速降低；③缝壁应力敏感性加剧，纳米级喉道水锁效应以及天然裂缝快速闭合[12,13]。

为从机理上回答上述纷繁复杂的问题，对已有的气藏数值模拟软件功能进行充分挖掘，并与井筒流动模型相结合，初步建立了能考虑多因素的页岩气水平井分段压裂排采模拟方法，并进行了大量的模拟方案研究，得出了一些规律性的认识，为页岩气压后排采设计，提供了坚实的技术基础。

一、压后返排模型的建立

常规的气藏数值模型采用质量守恒方程、气体运动方程及等温吸附方程联立求解气水两相流的压力分布和饱和度分布，然后模拟预测压后的产量动态及压力变化。但实际页岩气井压裂后的排采过程是一复杂的气液两相流过程，对此主要采用以下的模拟思路：①复杂裂缝的设置（图6-60）：总的思路按“等效导流能力”设置（图6-61），即放大裂缝宽度，裂缝内渗透率按比例缩小，使它们的乘积即裂缝的导流能力保持不变。此外，网络裂缝的设置，采用相互连通的次生裂缝与主裂缝沟通，次生裂缝的导流能力与主裂缝相比，按1∶5比例设置。②压力分布及饱和度分布（图6-62和图6-63）：预置不同类型的裂缝几何形态及尺寸，按实际井的压裂施工总液量及井口压力等，模拟压裂液的实际注入过程，以精细刻画压后返排开始时的压力分布及气水饱和度分布。③设置一定的生产制度，模拟返排及生产过程中的气水两相流动规律，即压后返排率和峰值产气量及其递减的规律[14,15]。

模型考虑了4类共13个因素：①地质参数：压力系数、束缚水饱和度、吸附气含量；②裂缝参数：裂缝形态（单一缝、复杂缝、网络缝）、段数（段间距）、裂缝半长、裂缝长期导流（随时间递减）、缝高剖面（沿缝长不等高分布）；③压裂施工参数：单段注入量、破胶液黏度；④返排参数：返排时机、日排液量、井底流压。

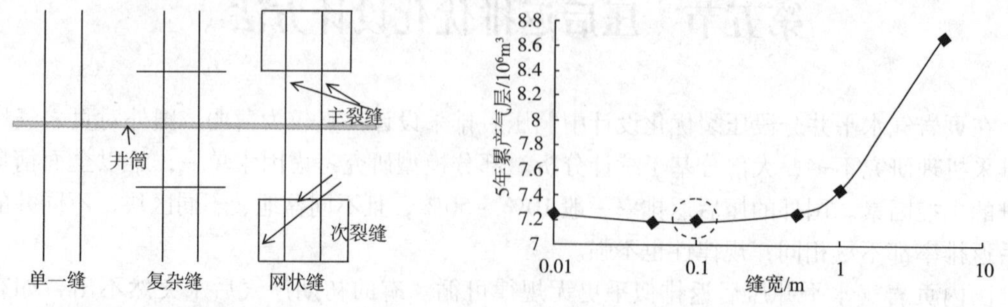

图 6-60 网络裂缝示意图　　图 6-61 变换不同缝宽的产量变化

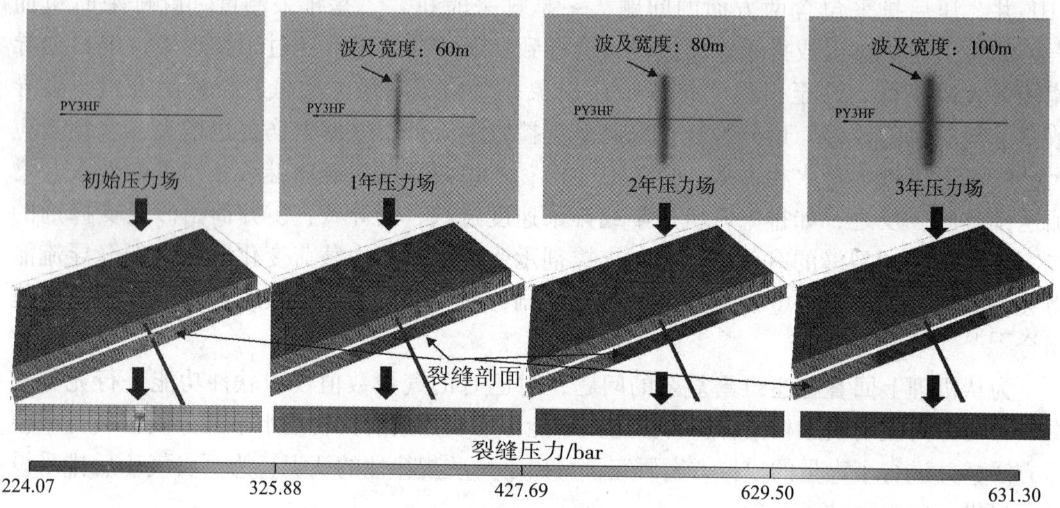

图 6-62 返排过程中的压力分布

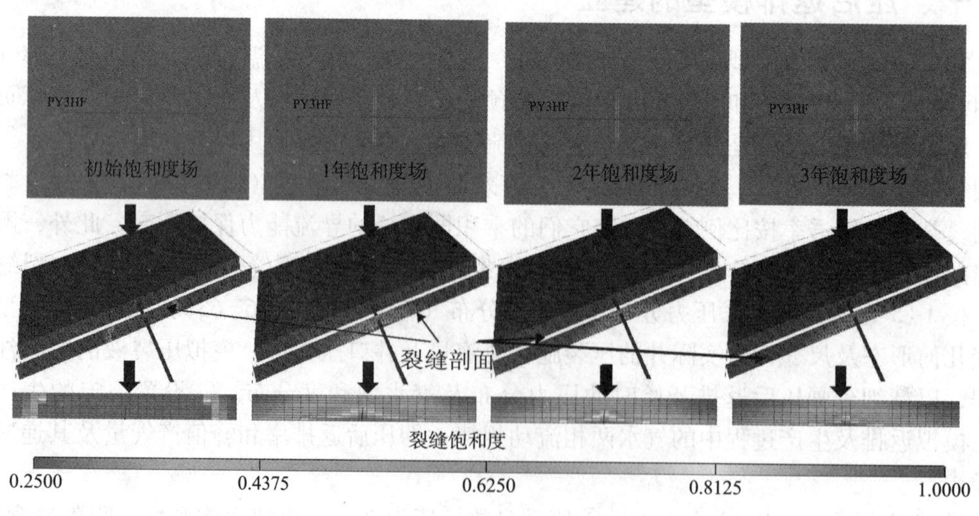

图 6-63 返排过程中的饱和度分布

二、压后返排主控因素分析

（一）影响排采的单因素分析

以上述模型为基础，对影响排采的4类主要参数分别进行单因素模拟，对应分析排水采气过程中的日产（累产）气、日产（累产）液、与返排率等曲线，以直观分析某单因素变化对产气量和排液量的影响。以4类参数中的压力系数、缝高剖面、破胶液黏度和返排时机为例，进行单因素敏感性分析[16,17]。

1. 系数对排采的影响

模拟压力系数分别为0.8、1、1.2和1.4时，日产（累产）气、日产（累产）液、与返排率等曲线见图6-64～图6-66。为明显起见，将不同压力系数下的累产气量作图，见图6-67。

由模拟结果可知：压力系数越大，峰值产气量越大，返排率越高。快速排液阶段集中在初期3个月，主要为单一主裂缝排液。

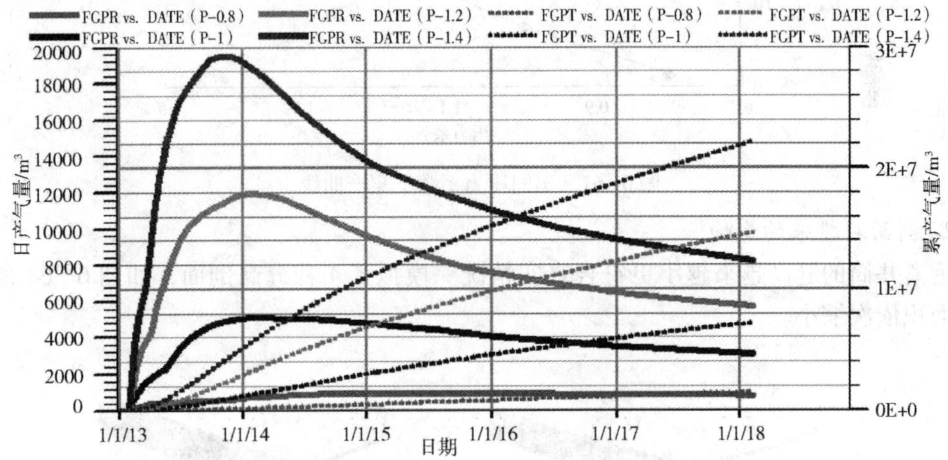

图6-64　不同压力系数下排采过程中日产气与累产气动态

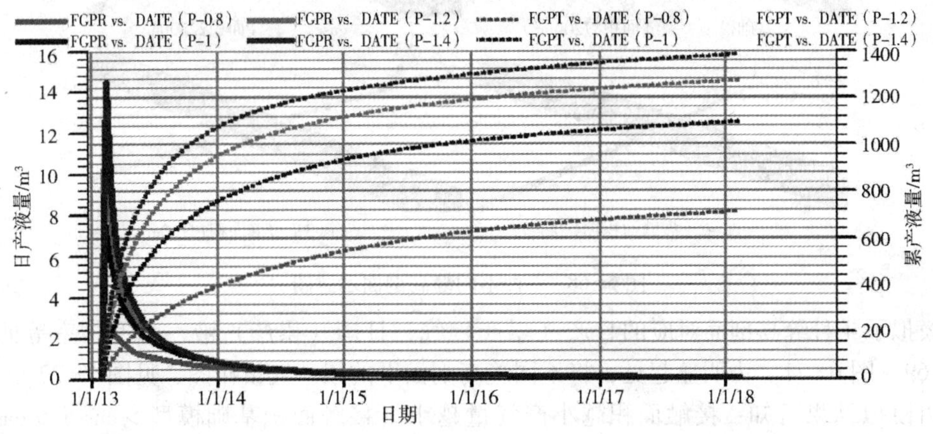

图6-65　不同压力系数下排采过程中日产液与累产液动态

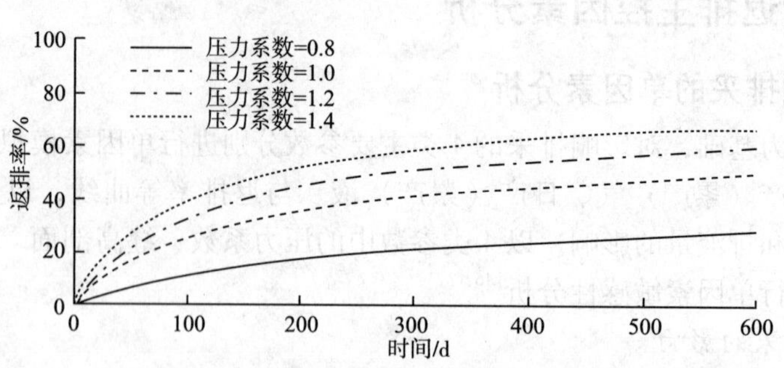

图 6-66　不同压力系数下返排率曲线

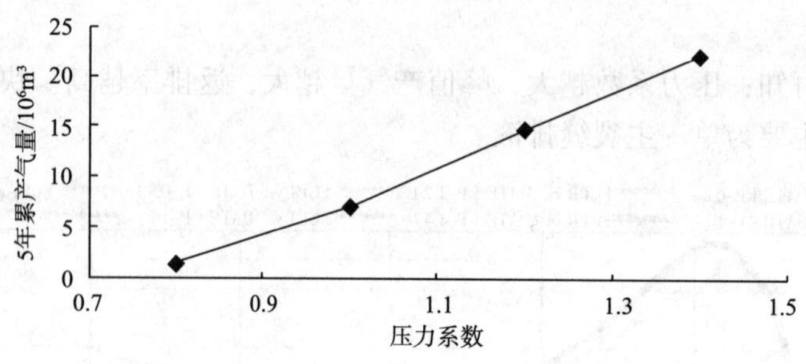

图 6-67　不同压力系数下累产曲线

2. 剖面对排采的影响

远离井筒的缝高越来越小更符合真实情况。模拟了 4 种缝高剖面，如图 6-68 所示，裂缝面积依次缩小。

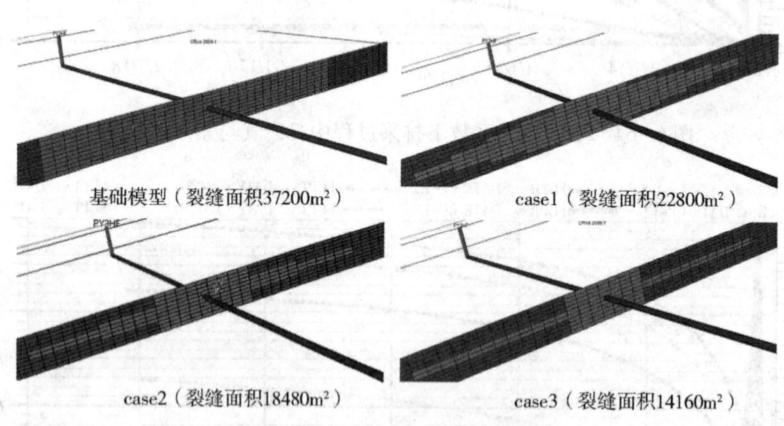

图 6-68　4 种不同缝高剖面示意图

模拟了 4 种缝高剖面对应的日产（累产）气、日产（累产）液、与返排率等曲线见图 6-69 ~ 图 6-71。为明显起见，将不同缝高剖面下的累产气量作图，见图 6-72。

由模拟结果可知：接触面积越小产气量越小（接触面积基础模型 > case1 > case2 > case3），峰值产气量越低，返排周期越长，但对返排率影响较小。

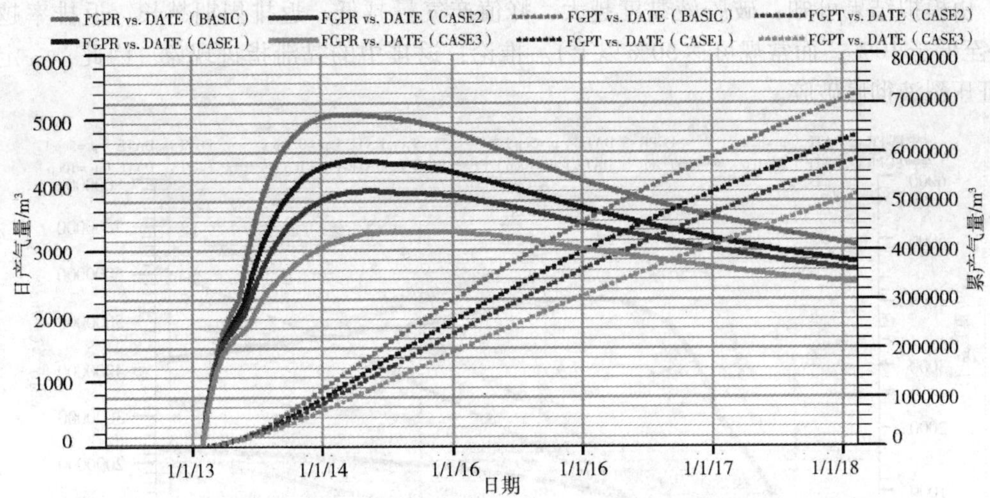

图6-69　不同缝高剖面下排采过程中日产气与累产气动态

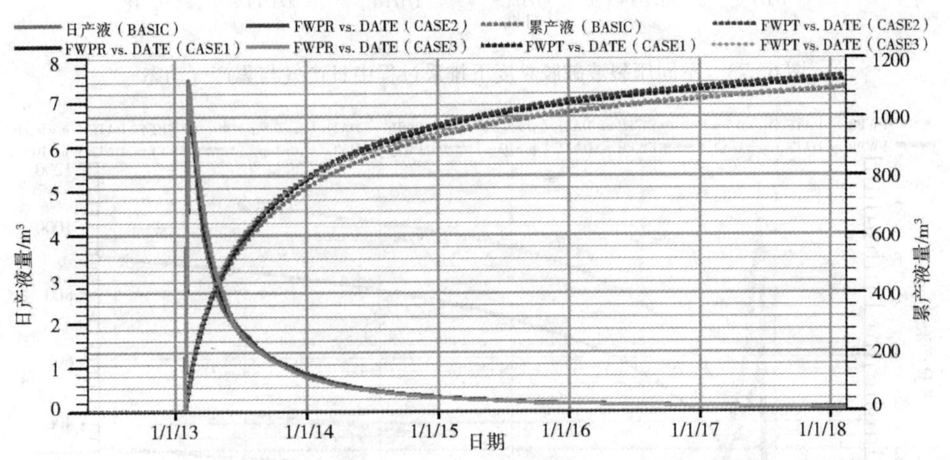

图6-70　不同缝高剖面下排采过程中日产液与累产液动态

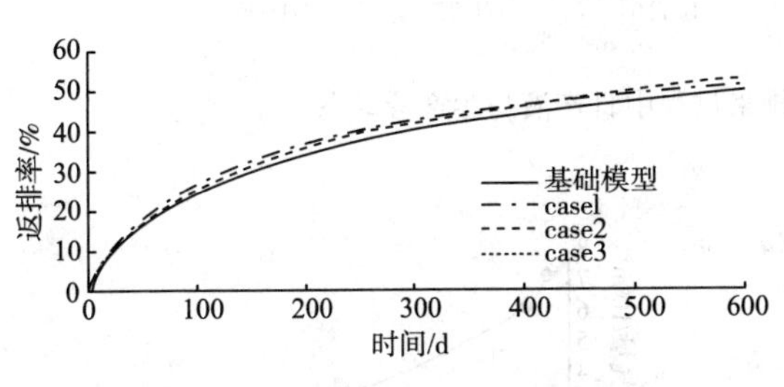

图6-71　不同缝高剖面下返排率曲线

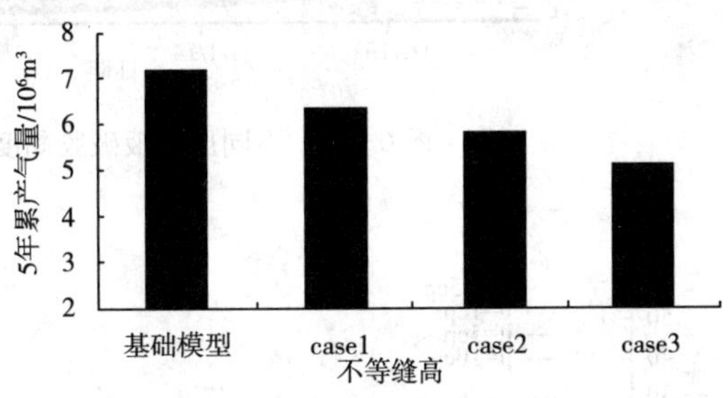

图6-72　不同缝高剖面下累产曲线

3. 液黏度对排采的影响

模拟压裂液破胶黏度分别为0.5mPa·s、1mPa·s、5mPa·s和10mPa·s时，日产（累产）气、日产（累产）液、与返排率等曲线见图6-73～图6-75。为明显起见，将不同压裂液破胶黏度下的累产气量作图，见图6-76。

由模拟结果可知：破胶液黏度越大，峰值产气量越低，返排周期越长，返排率越低（甚至低于10%，而常规可达50%以上）。推论：返排中的黏滞指进现象。因此，一定要保证压裂液彻底破胶。

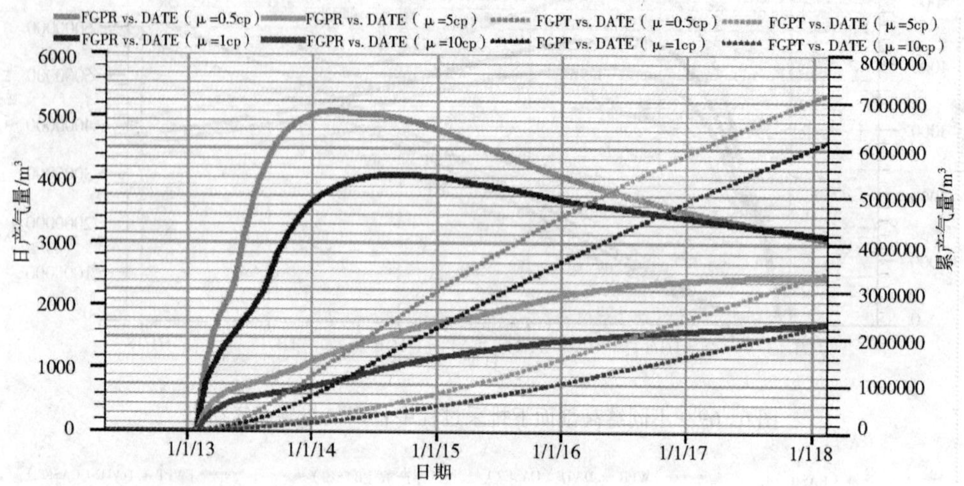

图6-73　不同压裂液破胶黏度下排采过程中日产气与累产气动态

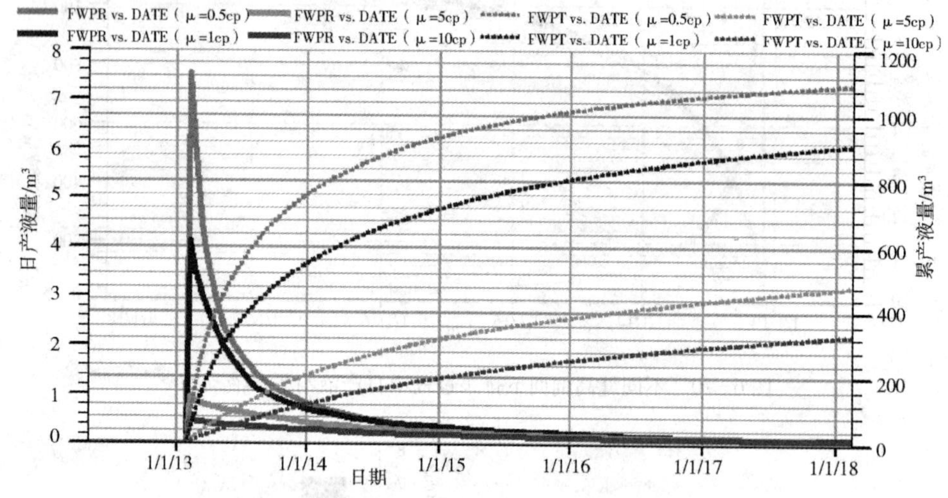

图6-74　不同压裂液破胶黏度下排采过程中日产液与累产液动态

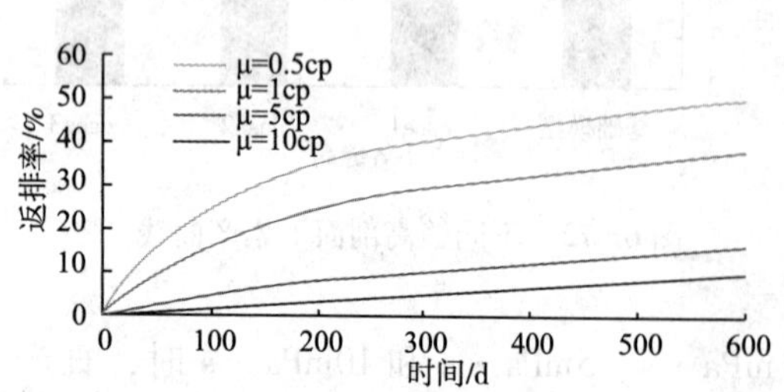

图6-75　不同压裂液破胶黏度下返排率曲线

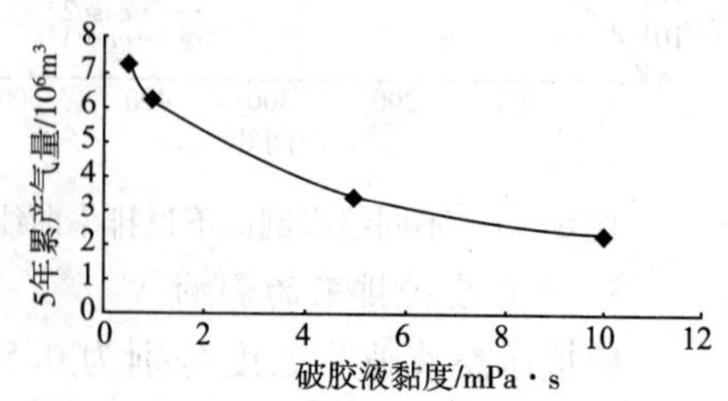

图6-76　不同压裂液破胶黏度下累产曲线

4. 时机对排采的影响

模拟压后立即返排、压后关井3个月、6个月、9个月和12个月后返排的情况时，日产（累产）气、日产（累产）液、与返排率等曲线见图6-77～图6-79。为明显起见，将不同返排时机下的累产气量作图，见图6-80。

由模拟结果可知：压后关井时间越长，压裂液滤失对地层伤害越大，峰值产气量越低，返排越困难。

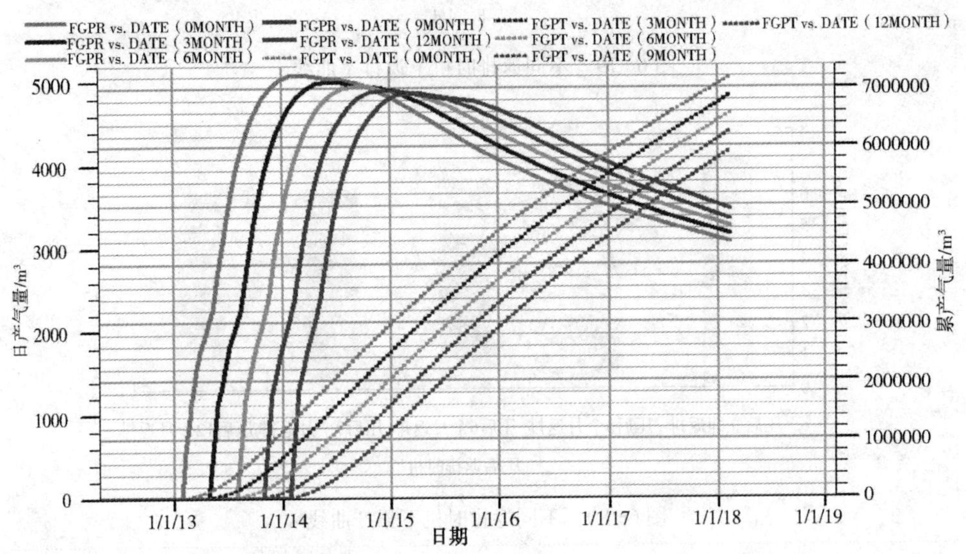

图6-77　不同返排时机下排采过程中日产气与累产气动态

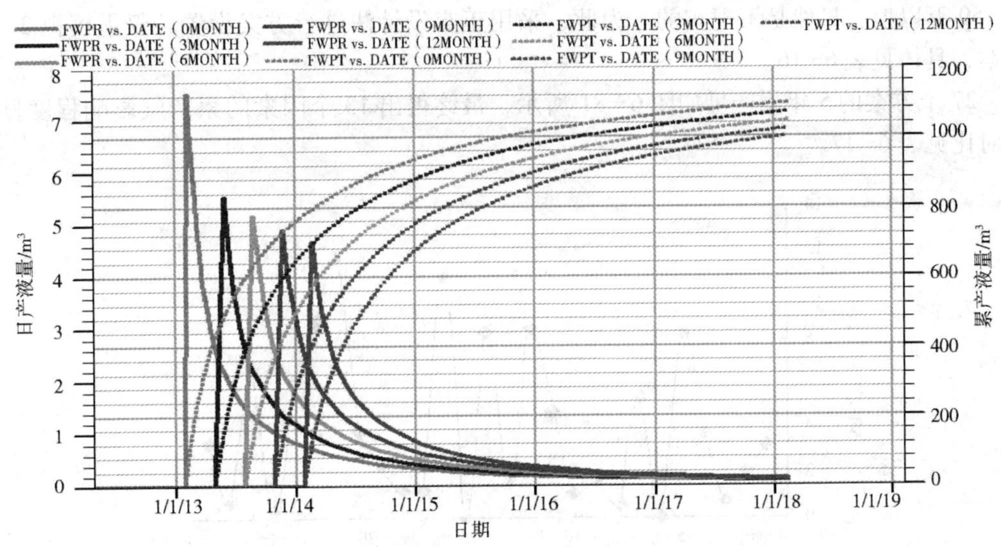

图6-78　不同返排时机下排采过程中日产液与累产液动态

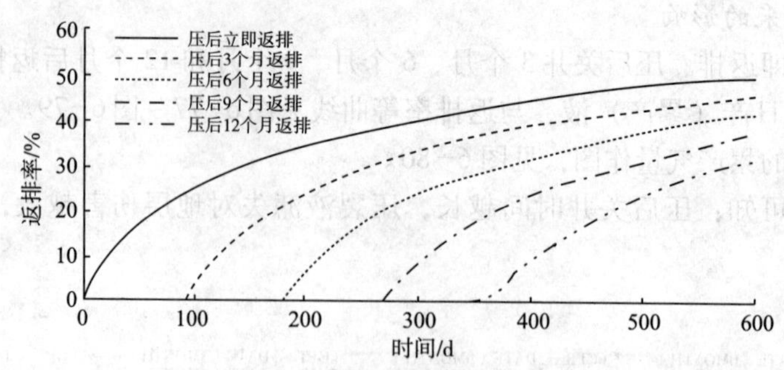

图 6-79　不同返排时机下返排率曲线

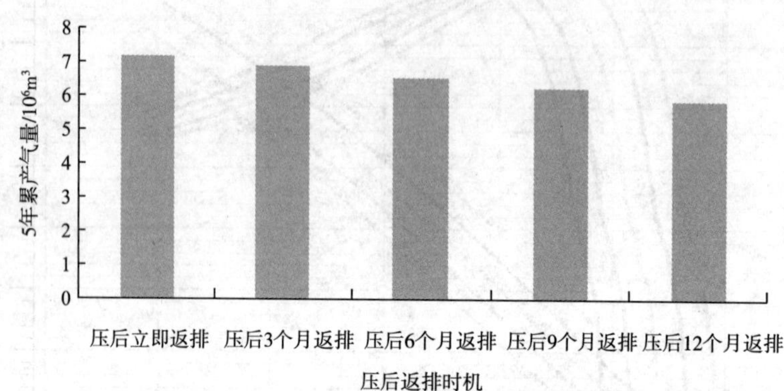

图 6-80　不同返排时机下累产曲线

（二）影响排采的主控因素分析

本研究考虑了 13 种影响因素，如每个因素取 3 个值，则正常模拟的方案数会高达 3^{13} 即 159 万以上，显然是不现实的。为此，采用正交设计法进行方案设置，仅需模拟 27 个方案，具体见表 6-16。

27 个方案的 5 年累产量如图 6-81 所示，最终得出 13 个因素的累产气影响程度显著性对比见表 6-17。

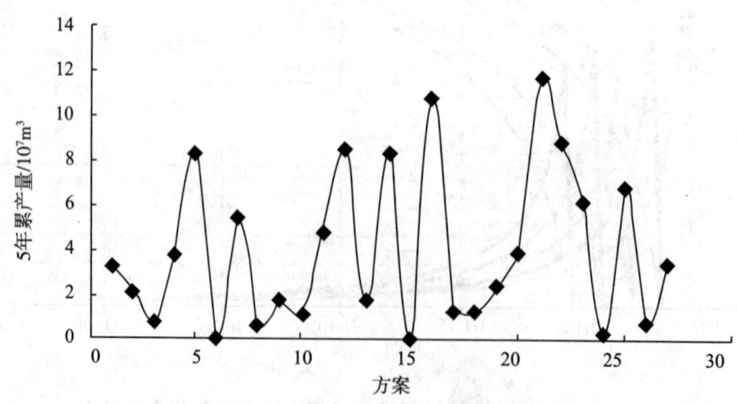

图 6-81　27 个方案的 5 年累产量曲线

表 6-16　压后排采模拟方案的正交设计表

方案	因素												
	段数	裂缝形态	裂缝半长/m	导流能力/$\mu m^2 \cdot cm$	井底流压/MPa	单段注入量/m^3	破胶液黏度/mPa·s	压力系数	吸附气含量/%	日排液量/m^3	含水饱和度/%	返排时机	缝高剖面
1	12	单一缝	200	1	19	1200	0.5	0.8	20	24	25	立即返排	等缝高
2	12	单一缝	200	1	22	1800	1	1	40	84	40	关井3个月	2/3缝面积
3	12	单一缝	200	1	25	2400	10	1.2	60	144	55	关井半年	1/2缝面积
4	12	复杂缝	300	2	19	1200	0.5	1	40	84	55	关井半年	1/2缝面积
5	12	复杂缝	300	2	22	1800	1	1.2	60	144	25	立即返排	等缝高
6	12	复杂缝	300	2	25	2400	10	0.8	20	24	40	关井3个月	2/3缝面积
7	12	网络缝	400	3	19	1200	0.5	1.2	60	144	40	关井3个月	2/3缝面积
8	12	网络缝	400	3	22	1800	1	0.8	20	24	55	关井半年	1/2缝面积
9	12	网络缝	400	3	25	2400	10	1	40	84	25	立即返排	等缝高
10	18	单一缝	300	3	19	1800	10	0.8	40	216	25	关井3个月	1/2缝面积
11	18	单一缝	300	3	22	2400	0.5	1	60	36	40	关井半年	等缝高
12	18	单一缝	300	3	25	1200	1	1.2	20	126	55	立即返排	2/3缝面积
13	18	复杂缝	400	1	19	1800	10	1	60	36	55	立即返排	2/3缝面积
14	18	复杂缝	400	1	22	2400	0.5	1.2	20	126	25	关井3个月	1/2缝面积
15	18	复杂缝	400	1	25	1200	1	0.8	40	216	40	关井半年	等缝高
16	18	网络缝	200	2	19	1800	10	1.2	20	126	40	关井半年	等缝高
17	18	网络缝	200	2	22	2400	0.5	0.8	40	216	55	立即返排	2/3缝面积
18	18	网络缝	200	2	25	1200	1	1	60	36	25	关井3个月	1/2缝面积
19	24	单一缝	400	2	19	2400	1	0.8	60	168	25	关井半年	2/3缝面积
20	24	单一缝	400	2	22	1200	10	1	20	288	40	立即返排	1/2缝面积
21	24	单一缝	400	2	25	1800	0.5	1.2	40	48	55	关井3个月	等缝高
22	24	复杂缝	200	3	19	2400	1	1	20	288	55	关井3个月	等缝高
23	24	复杂缝	200	3	22	1200	10	1.2	40	48	25	关井半年	2/3缝面积
24	24	复杂缝	200	3	25	1800	0.5	0.8	60	168	40	立即返排	1/2缝面积
25	24	网络缝	300	1	19	2400	1	1.2	40	48	40	立即返排	1/2缝面积
26	24	网络缝	300	1	22	1200	10	0.8	60	168	55	关井3个月	等缝高
27	24	网络缝	300	1	25	1800	0.5	1	20	288	25	关井半年	2/3缝面积

表 6-17　13 个参数的累产气影响程度显著性对比

影响参数	F 比	F 临界值	显著性
段数	18.347	5.14	*
裂缝形态	17.426	5.14	*
裂缝半长	2.427	5.14	
导流能力	14.488	5.14	*
井底流压	13.857	5.14	*

续表

影响参数	F 比	F 临界值	显著性
单段注入量	2.88	5.14	
破胶液黏度	13.736	5.14	*
压力系数	175.97	5.14	*
吸附气含量	25.204	5.14	*
日排液量	1.878	5.14	
束缚水饱和度	0.694	5.14	
返排时机	2.658	5.14	
缝高剖面	32.544	5.14	*

根据方差分析结果知，有 8 个因素对 5 年累产气量影响因素显著。各因素排序如下：压力系数 > 缝高剖面 > 吸附气含量 > 段数 > 裂缝形态 > 导流能力 > 井底流压 > 破胶液黏度 > 单段注入量 > 返排时机 > 裂缝半长 > 日排液量 > 束缚水饱和度。

27 个方案的 5 年返排率如图 6-82 所示，最终得出 13 个因素的返排率影响程度显著性对比见表 6-18。

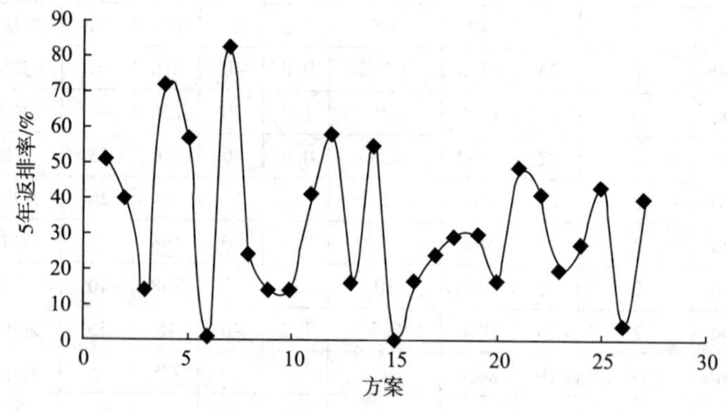

图 6-82　27 个方案的 5 年累产量曲线

表 6-18　13 个参数的返排率影响程度显著性对比

影响参数	F 比	F 临界值	显著性
段　数	9.475	5.14	*
裂缝形态	1.162	5.14	
裂缝半长	3.726	5.14	
导流能力	2.547	5.14	
井底流压	15.002	5.14	*
单段注入量	4.3	5.14	
破胶液黏度	86.029	5.14	*

续表

影响参数	F 比	F 临界值	显著性
压力系数	39.282	5.14	*
吸附气含量	0.744	5.14	
日排液量	3.36	5.14	
束缚水饱和度	1.482	5.14	
返排时机	3.127	5.14	
缝高剖面	1.135	5.14	

同样地，根据方差分析结果知，有4个因素对5年返排率影响因素显著。各因素排序如下：破胶液黏度 > 压力系数 > 井底流压 > 段数 > 单段注入量 > 裂缝半长 > 日排液量 > 返排时机 > 导流能力 > 束缚水饱和度 > 裂缝形态 > 缝高剖面 > 吸附气含量。

三、压后排采制度优化

将页岩气压后返排分成3个阶段：返排初期（油嘴放喷）、返排中期（敞喷）和返排后期（下泵助排）。借助井筒流动分析计算软件，针对不同的时期计算井筒中的流动特性，优化页岩气压后返排制度[22,23]。

根据实际生产数据，绘制水相的流入流出曲线。气藏流入大于油管流入的区域为稳定生产区域。对于不同生产时期内的水相 IPR 曲线，气水两相稳定生产区域在协调点附近。由图 6-83 可知，示例井的生产协调点为 26.8MPa 的井底流压和 116.5m^3/d 的产水量。

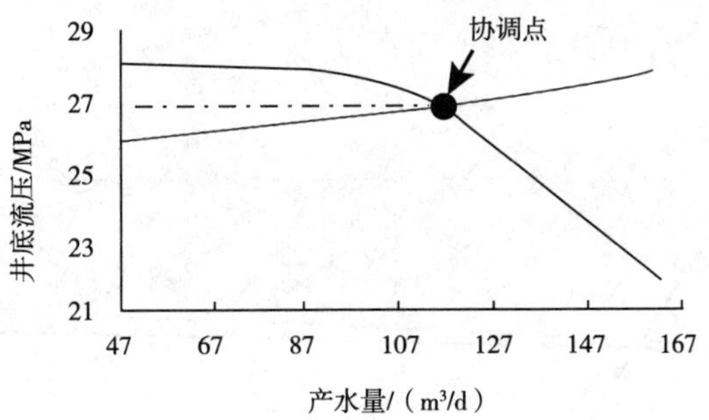

图 6-83　示例的气井水相流入流出曲线

实际生产点落在加粗曲线交点附近，模型符合性较好。当产气井实际产液量为 140～150m^3/d 时，油嘴尺寸推荐 10～18mm。示例的气井返排初期油嘴优化见图 6-84。

实际生产点落在加粗曲线交点附近，模型符合性较好。分析可发现敞喷阶段，油管尺寸对油管曲线影响较小，协调点变化量不大。示例的气井敞喷期油管优化见图 6-85。

依据水相生产曲线的协调点，确定下泵后的气井理想产量。借助井筒流动分析软件进行电泵设计。采用逐级计算方法，所需电泵级数 34 级。根据所选参数计算得到电泵生产动态曲线和电泵特性曲线（图 6-86、图 6-87），最终确定主要下泵参数见表6-19。

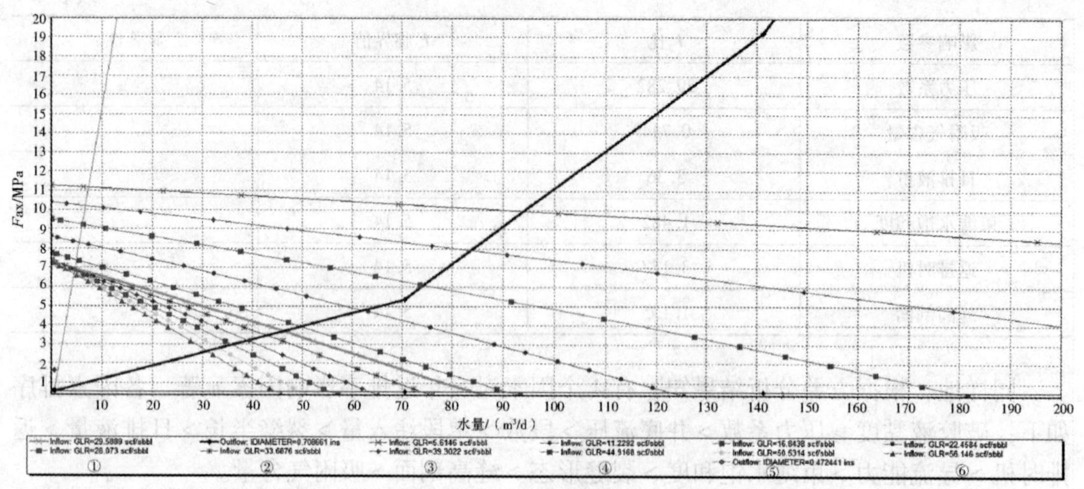

图 6-84 示例的气井返排初期油嘴优化

①流入：气液比 29.5889scf/sbbl；流入：气液比 28.073scf/sbbl；②流出：油嘴尺寸 0.7086in；流入：气液比 33.6867scf/sbbl；③流入：气液比 5.6146scf/sbbl；流入：气液比 39.3022scf/sbbl④流入：气液比 11.2292scf/sbbl；流入：气液比 44.9168scf/sbbl⑤流入：气液比 16.8438scf/sbbl；流入：气液比 50.5314scf/sbbl；流出：油嘴尺寸 0.4724in；⑥流入：气液比 22.4584scf/sbbl；流入：气液比 56.146scf/sbbl

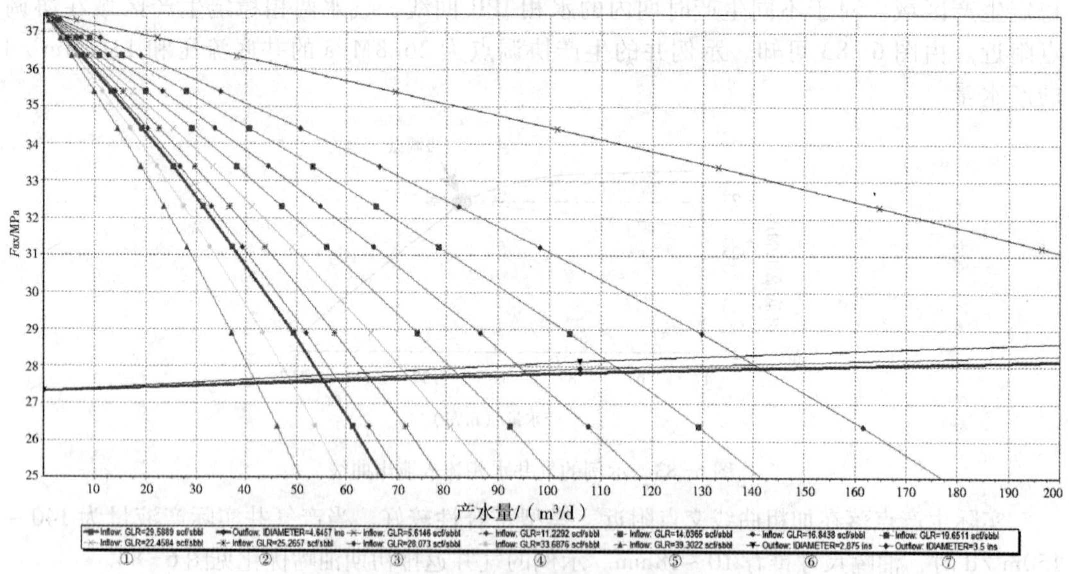

图 6-85 示例的气井敞喷期油管优化

①流入：气液比 29.5889scf/sbbl；流入：气液比 20.4584scf/sbbl；②流出：油管尺寸 4.6457in；流入：气液比 25.2657scf/sbbl；③流入：气液比 5.6146scf/sbbl；流入：气液比 28.073scf/sbbl；④流入：气液比 11.2292scf/sbbl；流入：气液比 33.6867scf/sbbl；⑤流入：气液比 14.0365scf/sbbl；流入：气液比 39.3002scf/sbbl；⑥流入：气液比 16.8438scf/sbbl；流出：油管尺寸 2.875in；⑦流入：气液比 19.6511scf/sbbl；流出：油管尺寸 3.5in

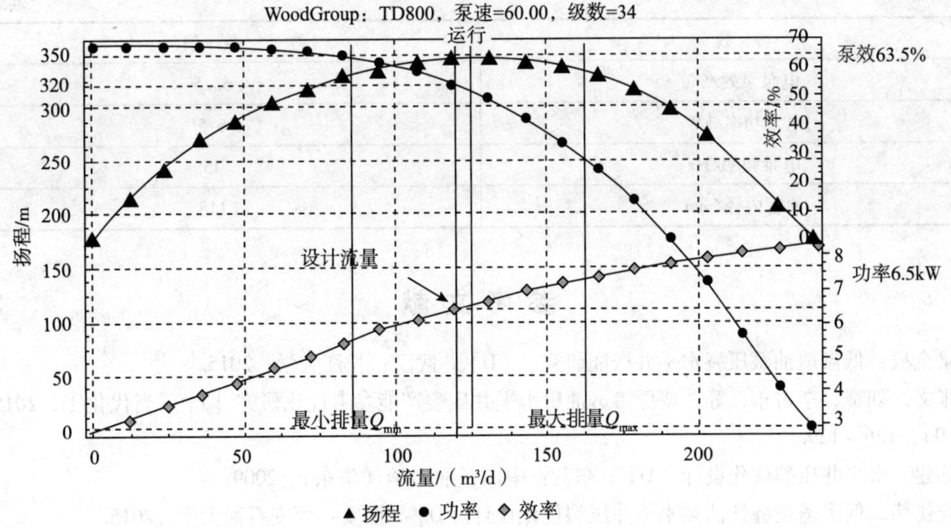

图 6-86　标准电泵特性曲线

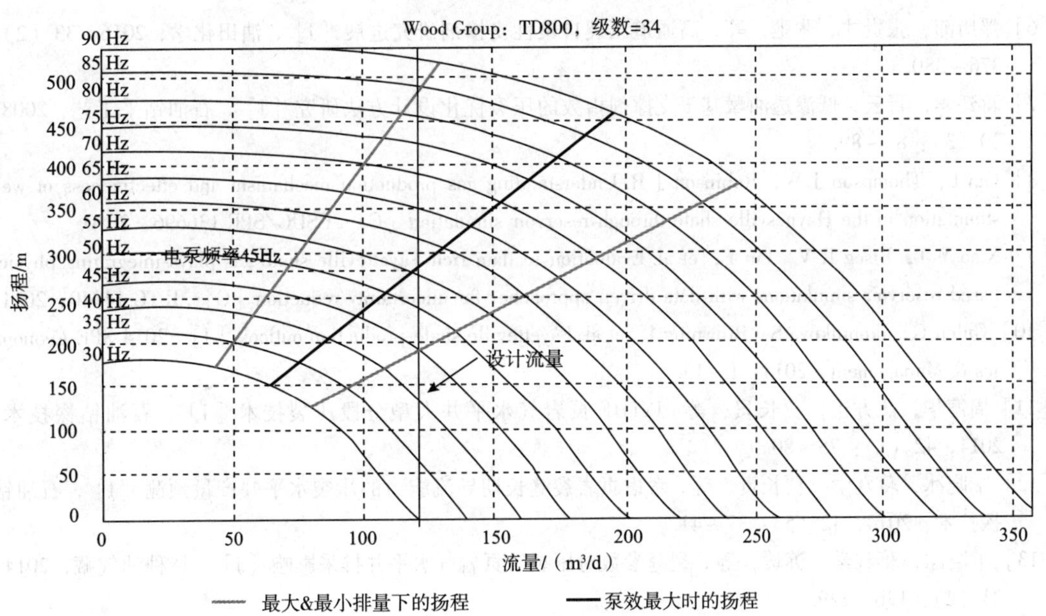

图 6-87　不同频率下的电泵特性曲线

表 6-19　电泵参数优选结果

参　数	数　值
电泵名称	WoodGroup：TD800
设计产量/（m³/d）	116.5
下泵深度/m	2700
电泵级数	34

续表

参　数	数　值
电泵泵效/%	63.5
电泵功率/kW	6.5
电泵频率/Hz	45
油管内径/mm	118

参考文献

[1] 梁全权．低渗透油藏压裂水平井产能研究．[D]．武汉：长江大学，2015.

[2] 张文，刘赛，李占东，等．特低渗透油田水平井压裂产能参考优化研究 [J]．当代化工，2015，44 (9)：126～129.

[3] 苏建．水平井压裂优化设计 [D]．东营：中国石油大学（华东），2009.

[4] 安伟伟．低渗透裂缝性油藏水平井压裂优化设计 [D]．西安：西安石油大学，2015.

[5] 翁定为，蒋廷学，焦亚军，等．安塞油田改变相渗压裂液重复压裂现场先导试验 [J]．油气地质与采收率，2009，16 (2)：103～106.

[6] 浮历沛，张贵才，张弛，等．高通道压裂自聚性支撑剂研究进展 [J]．油田化学，2016，33 (2)：376～380.

[7] 蒋廷学，胥云．低渗透油藏基于支撑剂指数的压裂优化设计方法研究 [J]．石油钻采工艺，2008，30 (3)：87～89.

[8] Fan L，Thompson J W，Robinson J R. Understanding gas production mechanism and effectiveness of well stimulation in the Haynesville shale through reservoir simulation [C]. CSUG/SPE 136696，2010.

[9] Xiao Y T，Biscg R V，Liu F，et al. Evaluation in data rich Fayetteville shale gas plays-integrating physics based reservoir simulations with data driven approaches for uncertainty reduction [C]. IPTC 14940，2011.

[10] Gulen G，Ikonnikova S，Browning J，et al. Fayetteville shale-production outlook [J]. 2014 SPE Economics & Management，2014：1～13.

[11] 周德华，焦方正，贾长贵，等．JY1HF 页岩气水平井大型分段压裂技术 [J]．石油钻探技术，2014，42 (1)：75～80.

[12] 卞晓冰，蒋廷学，贾长贵，等．考虑页岩裂缝长期导流能力的压裂水平井产量预测 [J]．石油钻探技术，2014，42 (5)：37～41.

[13] 卞晓冰，蒋廷学，苏瑗，等．裂缝参数对压裂后页岩气水平井排采影响 [J]．特种油气藏，2014，21 (4)：126～129.

[14] Cheng Y. IMPact of water dynamics in fractures on the performance of hydraulically fractured wells in gas-shale reservoirs [R]. SPE 127863，2012.

[15] William J D. Stochastic modeling of Two-Phase flowback of multi-fractured horizontal wells to estimate hydraulic fracture properties and forecast production [R]. SPE 164550，2013.

[16] 蒋廷学，胥云，张绍礼，等．水力压裂后返排期间放喷油嘴尺寸的动态优选方法 [J]．石油钻探技术，2008，36 (2)：54～59.

[17] 蒋廷学，卞晓冰，王海涛，等．页岩气水平井分段压裂排采规律研究 [J]．石油钻探技术，2013，41 (5)：21～25.

第七章　复杂难动用油气藏水力压裂新技术

第一节　缝网压裂技术

（一）“缝网”压裂技术的概念

所谓“缝网”压裂技术就是针对低渗致密砂岩油气藏而专门设计的压裂新技术，主要用于直井压裂，也可用于水平井的分段压裂[1~3]。其目标不再是单一裂缝的长缝和高导流能力，而是要结合储层特征参数和配套的压裂工艺及参数设计，最大限度地提高主裂缝一次或多次转向的可能性，最终形成主裂缝和多个分支缝相互交叉的类似网格状的裂缝系统[4]，如图7-1所示。

“缝网”压裂技术就是利用储层两个水平主应力差值与裂缝延伸净压力的关系，一旦实现裂缝延伸净压力大于两个水平主应力的差值与岩石抗张强度之和（即两次破裂压力之差）[5~7]，则容易产生分叉缝，形成初步的缝网系统；以主裂缝为缝网系统的主干，而分叉缝可能在距离主缝延伸一定长度后（即转向距离，目前已可计算，重复压裂转向距离尤其重要。一般而言，该转向距离越大越好），又恢复到原来的裂缝方位，则最终可形成以主裂缝为主干的纵横交错的网状缝系统。

图7-1　缝网示意图

（二）“缝网”压裂技术的优势

“缝网”压裂的技术优势主要有以下几点。

（1）增加压裂后的初始产量。因为压后初期的产量主要来自于与主裂缝连通的各级裂缝系统。“缝网”压裂的复杂裂缝系统较常规压裂的单一主裂缝系统，显然能沟通更多的油气藏基质体积，使参与流动的油气流体更多。

（2）增加低渗致密油气藏的压后稳产期。压后稳产期与垂直于主裂缝方向的有效渗透率关系极大。由于分支缝在一定范围内与主裂缝呈一定的夹角，正是由于不同分支缝的存在，增加了主裂缝侧翼方向的油气渗流能力，且分支缝的条数越多（以不相互渗流干扰为前提），分支缝的转向距离越大，压后的稳产期就越长。

此外，与主裂缝不同方位的多个分支缝的存在，有效释放了以主裂缝为中心的裂缝体所承受的地应力，使裂缝承受的闭合应力降低，从而有利于提高裂缝的长期导流能力，进而利于提高压后的稳产效果。

（3）利于降低未参与渗流的死油或死气区，进而有利于扩大裂缝波及体积及最终的采收率。由于主裂缝的方位是相对固定的，但不同的支裂缝的方位可能有变化，尤其是后形成的支缝，其应力条件不但取决于主裂缝的应力场及其诱导应力场效应，还取决于与其相邻的支裂缝的应力场及其诱导应力场。因此，“缝网”压裂可实现类似定向压裂的效果，但这种定向具有不确定性，方向也不一致，从而利于提高油气藏的动用率。

（4）有利于防止注入井的突进现象。在同等注水量的前提下，多个分支缝的存在，可以对主裂缝内的注入水起到分流的作用，从而抑制了注入水沿主裂缝通道的水窜效应。同时，分支缝内“截留”的部分注入水，其水驱的方向与主裂缝相比，也发生了不同程度的变化，从而也有利于提高水驱波及效果。

（三）“缝网”压裂的关键技术

1. 缝高控制技术

由于没有页岩那样发育的水平层理缝（纹理缝），特别是当高角度天然裂缝发育时，缝高的控制显得尤为重要，否则非但形成不了水平方向的裂缝转向效果，反而可能因缝高的失控，造成主裂缝净压力的快速降低，更难促成裂缝的一次和多次转向，这与设计要求的目标背道而驰。

缝高控制技术主要有酸预处理、变排量、变黏度、液量控制以及人工应力隔层（上浮剂、下沉剂）等。酸预处理技术可降低破裂压力从而有利于初始缝高的控制；变排量及变黏度的策略要在施工的前10%～20%时进行，否则裂缝尺寸一旦变得较大，再次提排量和提黏度对缝高的促进作用则不明显；液量控制在裂缝起裂与扩展的初期是非常明显的，在此阶段内裂缝扩展的速度最快（一般在施工的前30%时间内），一旦过了此黄金期，则无明显效果；上浮剂及下沉剂的注入参数设计要非常精细，否则效果会受一定程度的影响，尤其是上浮剂效果更为难控制。

2. 诱导应力模拟技术

在裂缝扩展过程中，缝内净压力的存在对两个裂缝壁势必产生挤压效应，此挤压效应就是通常所谓的诱导应力。显然，缝内净压力越大、岩石的脆性程度越高，则诱导应力越大，其传播的距离也越远。目前关于诱导应力的计算模型已相对成熟。

3. “缝网”压裂的实施技术

包括提升主裂缝净压力（提高压裂施工砂液比及排量等）技术、缝内暂堵技术（蜡球封堵技术及大粒径支撑剂转向技术）、端部脱砂压裂技术及缝内爆燃技术等。作为现场最常用的技术主要包括提升主裂缝净压力及缝内暂堵技术两种。端部脱砂压裂技术及缝内爆燃技术因风险太高，一般不予采用。

值得指出的是，提升缝内净压力技术不仅取决于砂液比及排量等参数，也取决于关键储层参数，如脆性矿物含量。如果脆性矿物含量越高，则储层岩石的断裂韧性也越小，换言之，裂缝长度方向的延伸速度远大于缝宽方向，裂缝净压力也难以获得较大幅度的提升。

（四）现场应用情况

“缝网”压裂技术在二连油田、长庆油田及浙江油田等获得成功应用，并获得预期的增产效果。现例举典型应用案例如下。

1. 二连油田提升裂缝净压力实现“缝网”效果

在赛汉塔拉凹陷赛79井采用提高施工砂液比及排量等措施后，裂缝的净压力明显提升。该井的裂缝净压力拟合结果（图7-2）表明，在压裂施工的前60min裂缝不转向，后期可能转向。原因是原始两个水平应力差值3.6MPa，通过压裂裂缝扩展，诱导应力增加，但在两个水平方向增加的幅度不同，最小水平主应力增加4.2MPa，最大水平主应力增加0.3MPa，诱导应力的差值达3.9MPa，已突破了原始水平应力差值大小。通过计算，第一次地层破裂压力39MPa，如要产生新缝，则新的地层破裂压力必须达到43.7MPa。排量及砂液比的提升，后期净压力达到6.3MPa，超过了两次破裂压力差值，说明裂缝出现了转向。也可解释0.0036mD和7m厚地层压后获得18.74m³/d高产原油的重要原因。

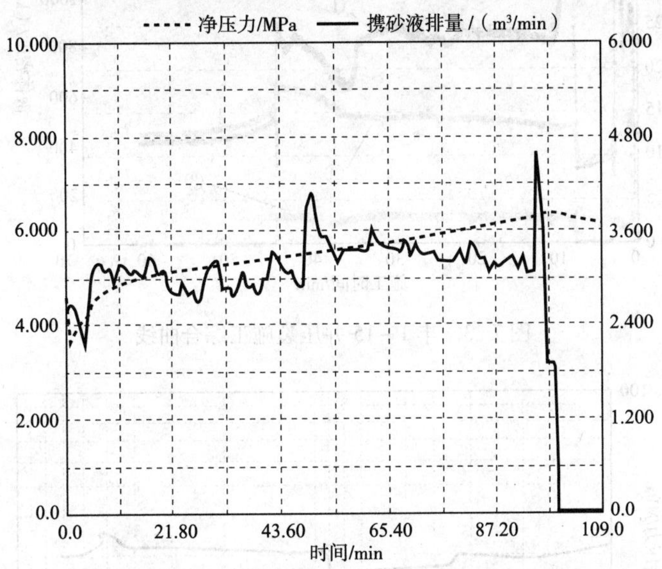

图7-2　二连油田赛汉塔拉凹陷赛79井裂缝净压力拟合曲线

2. 浙江油田丰1-15井蜡球暂堵实现“缝网”效果

该井的主要储层参数见表7-1。

表7-1　丰1-15井关键储层参数

地质层位	丰1-15井测井结果								
	层号	井段/m	厚度/m	电阻率/Ω·m	岩石密度/（g/cm³）	孔隙度/%	含水饱和度/%	渗透率/$10^{-3}\mu m^2$	解释结果
泰一段	5	1780.3～1782.8	2.5	6.98	2.46	11.33	73.95	4.21	油层
	6	1785.5～1786.2	0.7	6.08	2.28	7.28	77.82	40.83	干层
	10	1808.5～1809.9	1.4	3.41	2.32	15.05	73.32	13.66	油层

该井第一次压裂排量3.6m³/min，加入陶粒5.6m³，平均砂比12.9%。压裂后日产油量3～4t。

第二次压裂采用蜡球暂堵实现“缝网”效果，压裂施工综合曲线见图7-3。

由图7-4可见，丰1-15井施工曲线初期呈现负的小双对数斜率，说明裂缝主要在高度方向上扩展；后再次起泵后，施工压力基本不变，说明裂缝稳定增长到遮挡层，裂缝主要在长度方向上扩展；加入蜡球后，压力上升快，且停泵后压降快，滤失变大说明可能有多条裂缝形成。

该井压裂施工的裂缝净压力闭合曲线见图 7-4。

该井压后产油量达 10.4t/d，“缝网”压裂效果远远好于本井初次和邻井压裂效果。

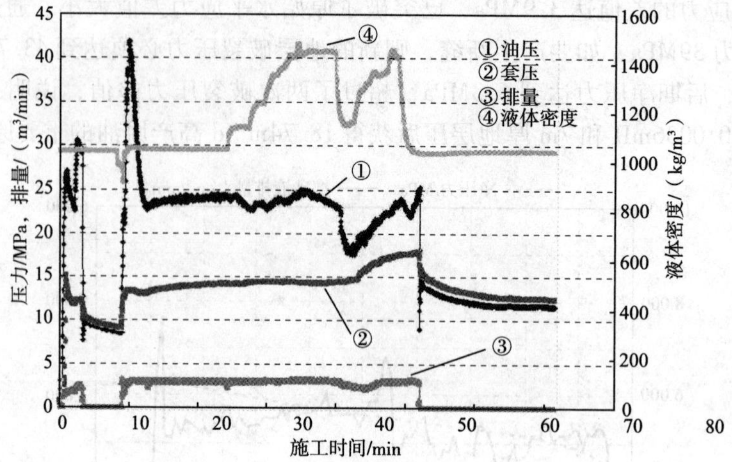

图 7-3 丰 1-15 井压裂施工综合曲线

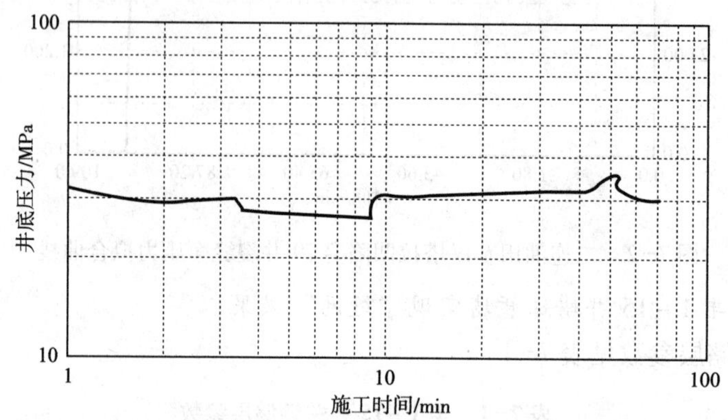

图 7-4 丰 1-15 井裂缝净压力拟合曲线

3. 长庆油田关 123-157 井大粒径支撑剂转向实现“缝网”效果

该井的储层参数见表 7-2。

表 7-2 关 123-157 井关键储层参数

层位	油层井段/m	厚度/m	电测资料						解释结果
			电阻率/Ω·m	孔隙度/%	渗透率/$10^{-3}\mu m^2$	含油饱和度/%	声波时差/（μs/m）	泥质含量/%	
长 6_3	20130.9~2134.4	3.5	37.33	11.00	0.27	30.35	225.82	12.93	干层
	2134.4~2147.4	13.0	48.71	11.61	0.56	58.68	229.78	15.31	油层
	2148.3~2152.5	4.2	39.99	11.82	0.61	57.03	229.78	11.03	油层
	2153.1~2159.5	6.4	39.83	11.50	0.53	57.83	227.60	9.88	油层
参数统计	跨距 24.5	27.1	43.79	11.54	0.52	54.56	228.75	13.06	

该井的小型测试压裂施工曲线见图 7-5。

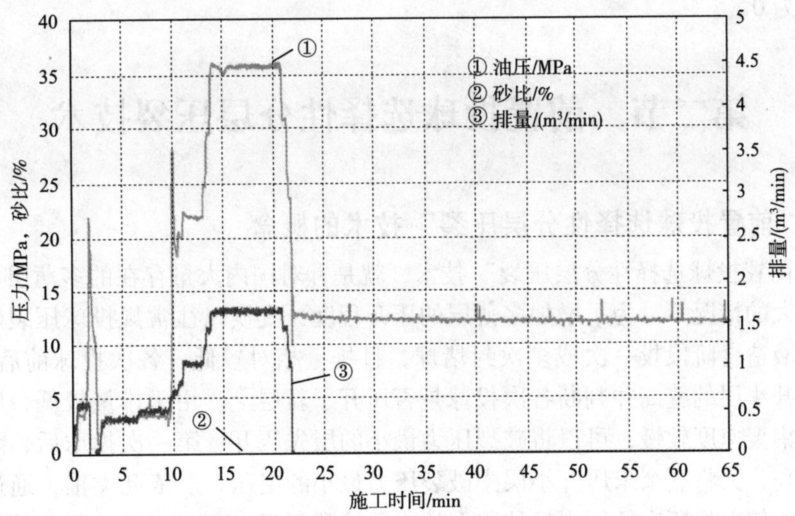

图 7-5　关 123-157 井小型测试压裂施工曲线

该井正式压裂的施工曲线见图 7-6。

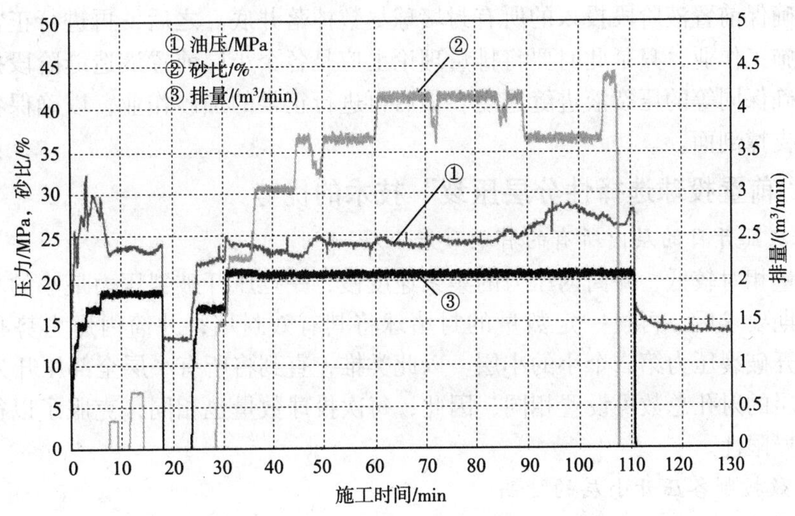

图 7-6　关 123-157 井正式压裂施工曲线

通过对比测试压裂与正式压裂数据，正式压裂的停泵压力比测试压裂高 3.4MPa，缝内净压力由于封堵提高 3.4MPa，正常施工阶段净压力一般 2～4MPa，封堵后 5.4～7.4MPa，已超过水平主应力差。此外，正式压裂停泵后的压力降幅也较测试压裂的高，说明正式压裂形成了"缝网"效果。

2009 年 7 月 3 日关 123-157 井长 6_3 缝网压裂取得成功，入地总液量 201.6m^3，加砂 58.2m^3（其中 8/16 目石英砂 4m^3，20/40 目石英砂 54.2m^3），平均砂比 36.1%，破裂压力 28.0MPa，施工压力 22.0～28.0MPa，停泵压力 15.8MPa。自喷排液 78.0m^3，抽吸排液 55.0m^3，返排率 66.2%。该井试油产量 12.5m^3/d，产水 0，米采油指数 0.53

（m^3/d）/m，目前已压裂的邻井关 122－156 井米采油指数 0.27（m^3/d）/m，关 121－156 井产油为 0。

第二节　前置投球选择性分层压裂技术

（一）“前置投球选择性分层压裂”技术的概念

所谓“前置投球选择性分层压裂”技术，就是针对国内大量存在的多薄层且储隔层应力差相对较大的情况下，为了增加多薄层的压开程度，变换以往常规投球压裂的时机，将其放在前置液造缝阶段投一次或多次封堵球，且排量相对较低，各次投球前后保持不变，以控制各压开小层的缝高并判断各次投球是否压开了新层[8]。由于排量较低，压裂施工时的井筒压力集聚速度较慢，可以将破裂压力最小的层先压开，第一次投球后，随着井筒压力的逐级升高，又将剩余未压开小层中破裂压力最小的层压开。依此类推，通过一次或多次投球后，能依次将所有的压裂目的层内的小层尽数压开。而且，通过裂缝扩展模拟软件计算，每个小层压开后都要注入相应的前置液，以确保所有小层的造缝长度相等或接近相等。然后，应用低黏度的压裂液顶替一个井筒，必要时要停泵、关井，并适当放喷1～2m^3压裂液，以确保前置液阶段投入的所有封堵球尽数掉落井底。之后，再进行正常的支撑剂注入阶段的施工作业，只是此时要将排量理论上应是各个小层前置液造缝阶段排量的总和提起来，以确保同等的压裂液进缝速度。最后再进行正常的加砂作业，以确保各小层获得优化的裂缝支撑剖面。

（二）“前置投球选择性分层压裂”技术的优势

1. 可依次压开目的层内所有的有效砂岩小层

由于排量相对较低，井筒内压力的集聚速度慢，一旦压开破裂压力最小的小层，等其缝长达到预期要求后，再投一定数量的封堵球将其有效封堵，井筒内压力势必进一步增加，直到压开破裂压力第二个小的小层。以此类推，直到将所有小层全部压开为止[9,10]。

各个小层的射孔总数可设置相同，因此，每次投球数量也相同，克服了以往投球数量较为盲目的局限性。

2. 可有效控制各压开小层的缝高

由于加砂前的排量都相对较小且维持恒定，因此，各小层缝高的控制较好。但如果个别层厚度较大，也可适当提高排量以增加缝高对纵向有效储层的覆盖范围。

3. 有利于优化与控制各小层的裂缝支撑剖面

由于加砂前各小层都已完全压开并达到了预期的设计缝长，因此，加砂时就如同在一个小层进行，避免了以往常规投球压裂中先压开层因温度部分恢复使压裂液黏度降低进而导致的支撑剂沉降的现象。

（三）“前置投球选择性分层压裂”的关键技术

1. 选井选层技术

选井选层的核心技术是分层地应力的精细评价，可依据相关的测井数据解释获得各储隔层的纵向地应力剖面，并结合实际压裂施工数据进行必要的校核。

一般而言，各储层地应力差在1～2MPa以内的，可以采用常规的限流压裂来实现对各层的均匀改造（所谓限流压裂，就是利用各层孔眼摩阻的差别来抵消各层地应力的差异，即各层的地应力与孔眼摩阻之和相等）。如各储层地应力差异在3MPa以上，或者孔眼摩阻已难以抵消各层地应力的差异时，就有必要采用选择性投球技术了。

至于井筒条件，应当是压裂目的层及其上下50m范围内的固井质量良好，防止各层裂缝间的串通。

2. 各层封堵球坐封力及脱落力的计算模型

封堵球在未达孔眼时的受力分析示意图见图7-7。

根据力学平衡原则：

$$F_v = F_{携带力} + F_{重力} - F_{浮力} - F_{阻力} \tag{7-1}$$

代入牛顿第二力学定律可得：

$$m\frac{\mathrm{d}u_{\mathrm{bv}}}{\mathrm{d}t} = m\frac{\mathrm{d}u_{\mathrm{lv}}}{\mathrm{d}t} + mg - mg\frac{\rho_1}{\rho_{\mathrm{b}}} - c_{\mathrm{dv}}\left(\frac{A\rho_1 u_{\mathrm{bv}}{}^2}{2}\right) \tag{7-2}$$

$$u_{\mathrm{bv}} = \frac{2m}{c_{\mathrm{dv}}A\rho_1 t} + \frac{g\left(1-\dfrac{\rho_1}{\rho_{\mathrm{b}}}\right)t}{2} \tag{7-3}$$

按同样的分析方法，当封堵球达到孔眼时的力学平衡关系，速度为：

$$u_{\mathrm{bh}} = \frac{2m}{c_{\mathrm{dh}}A\rho_1 t} + \frac{4qt}{\pi D_{\mathrm{p}}^2 N_{\mathrm{p}} D_{\mathrm{cin}}} \tag{7-4}$$

封堵球在孔眼坐封后的受力示意图见图7-8。

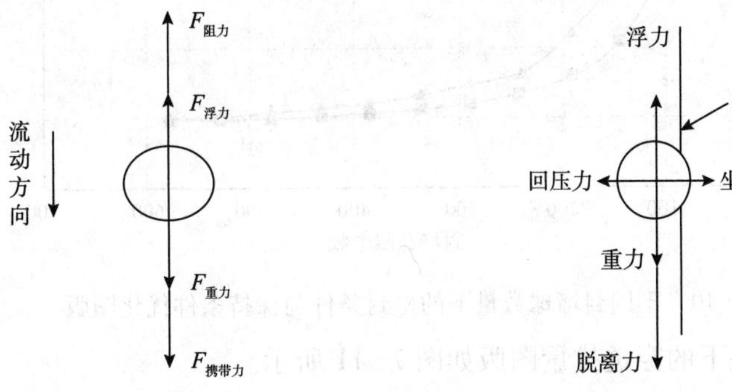

图7-7　封堵球未达孔眼时的受力分析示意图

图7-8　封堵球坐封在孔眼处的受力分析示意图

此时的受力平衡关系式为：

$$F_{\mathrm{vz}} = F_{脱离力} + F_{重力} - F_{浮力} \tag{7-5}$$

代入牛顿第二力学定律可得：

$$F_{\mathrm{vz}} = c_{\mathrm{dvz}}\left(\frac{A'\rho_1 \mathrm{u}_{\mathrm{lv}}{}^2}{2}\right) + \frac{1}{6}\pi D_{\mathrm{b}}^3\rho_{\mathrm{b}}g - \rho_1 g\left[\frac{1}{6}\pi D_{\mathrm{b}}^3 - \frac{\pi D_{\mathrm{bp}}}{3}\cdot\left(\frac{3}{4}D_{\mathrm{p}}^2 + D_{\mathrm{bp}}\right)\right] \tag{7-6}$$

$$F_{\mathrm{hz}} = F_{坐封力} - F_{回压力} = (p_{\mathrm{s}} - p_{\mathrm{f}})\frac{1}{4}\pi D_{\mathrm{p}}^2 \tag{7-7}$$

3. 封堵球施工参数设计图版及是否压开新层的典型图版特征

根据上述计算模型，可得以下几种相应的参数优化图版。

各种封堵球密度在不同施工排量下的封堵效率图版如图7-9 所示。

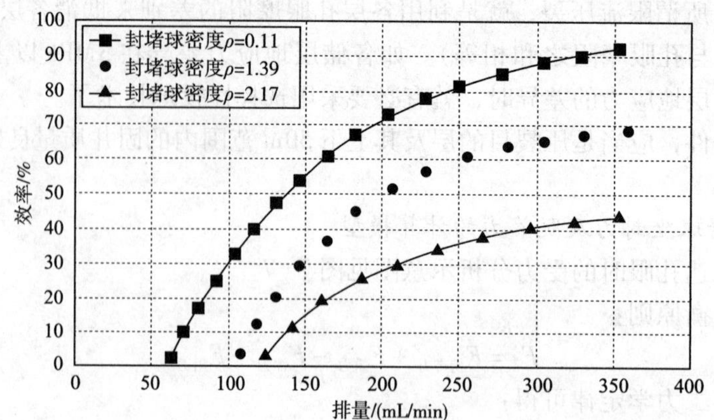

图 7-9　不同压裂施工排量下的封堵球封堵效率优化图版

由图 7-9 可见，封堵球密度越小、施工排量越高时，封堵效率越高。

不同封堵球数量下坐封条件与保持条件如图 7-10 所示。

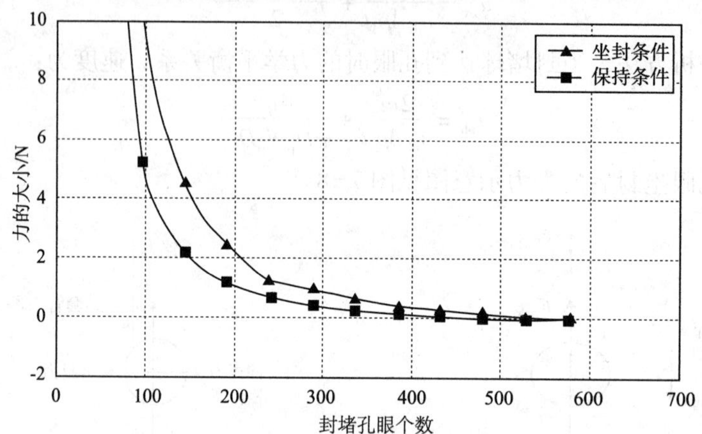

图 7-10　不同封堵球数量下的坐封条件与保持条件优化图版

不同储隔层应力差下的穿透排量图版如图 7-11 所示。

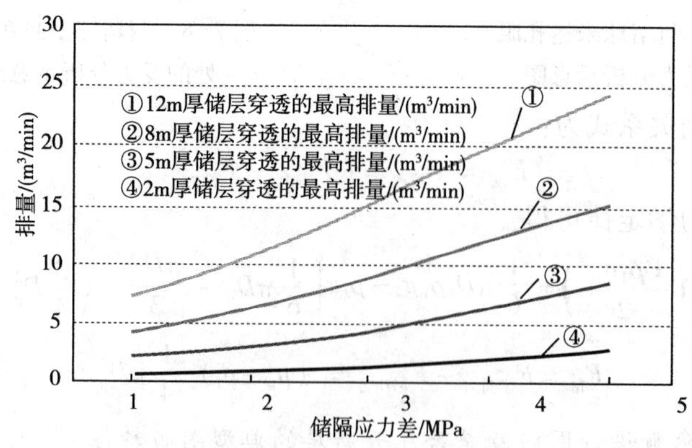

图 7-11　不同储隔层应力差下的穿透排量优化图版

不同排量下的坐封条件与保持条件图版如图 7-12 所示。

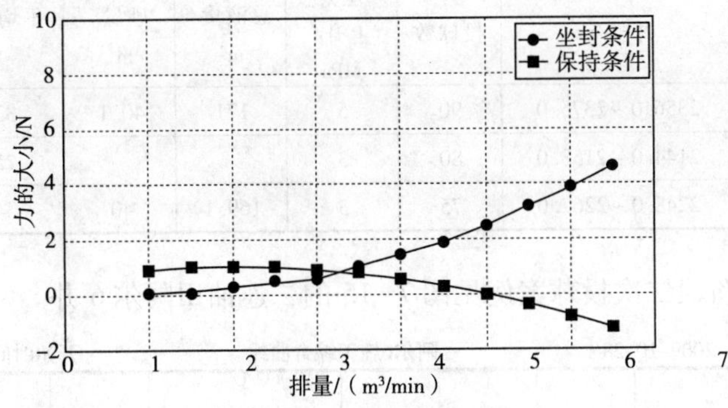

图 7-12　不同排量下的坐封条件与保持条件优化图版

图 7-13 是压开新层的迹象，投球进入井底后压力直线上升，而图 7-14 投球到达井底后压力上升很小或者不明显，没有新层压开的迹象。分析提出投球前后同样的排量和液性对是否判断压开具有重要作用。

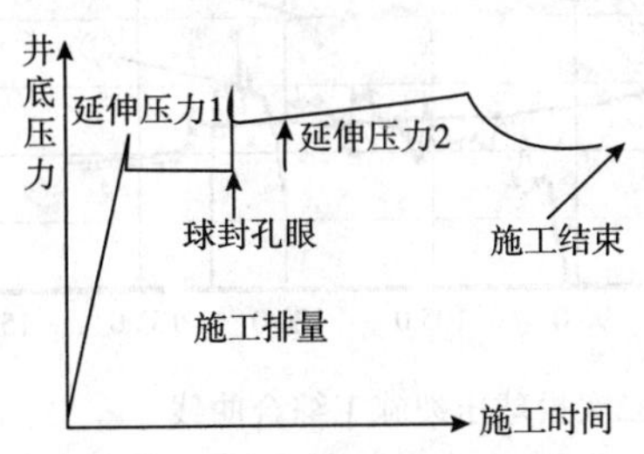

图 7-13　投球后压开新层的标志性施工压力曲线特征

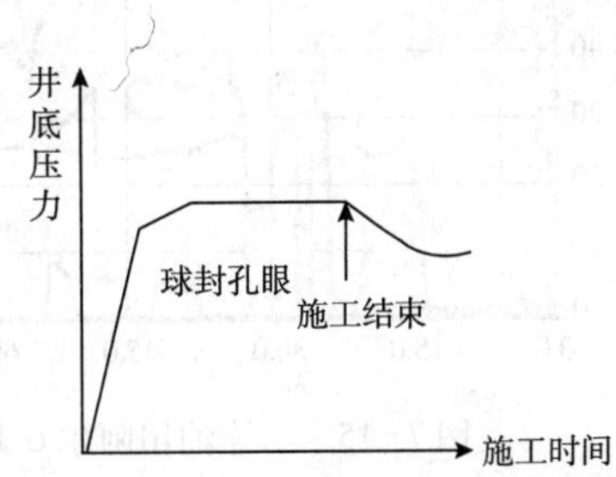

图 7-14　投球后没有压开新层的标志性压力曲线特征

（四）现场应用情况

在 3 个油田首次现场应用 9 口井，效果显著，施工成功率达 100%。投球后压力明显上升，反应都有新层压开迹象。另外，辽河油田按照此技术在杜家台区块试验 10 井，施工成功率 95%。具体参数见表 7-3。

表 7-3　前置投球选择性分层压裂技术在部分油田的应用情况

油田	井号	井段/m	投球数	压力上升/MPa	总液量/m^3	砂量/m^3	平均砂比/%	压后产量/(m^3/d)
华北油田	赛 91 井	2369.0～2399.4	120	5	408	48.69	25.31	水 1.8
	赛 27 井	1853.0～1897.8	37	2.5	310	33.82	28.44	油 3.68 水 4.4
	阿尔 6（二次投球）	2454.0～2521.0	240	9 和 22	458	54.43	26.08	油 35.91 水 23.85
	曲 1 井	4360.4～4387.6	78	5	265	16.68	11.4	水 6.81
	吉 35-26	1239.6～1289.0	210	5	352	45.6	31.5	油 11
	文安 11	3692.0～3757.0	40	4	245	25.2	23.81	油 12.78 水 7.6

续表

油田	井号	井段/m	投球数	压力上升/MPa	总液量/m^3	砂量/m^3	平均砂比/%	压后产量/(m^3/d)
长庆油田	刘68-9	2356.0~2375.0	90	5	171	40.1	33.4	油33
	关136-146	2144.0~2158.0	80	3			25.3	油22.5
	刘65-11	2248.0~2267.0	75	3	169.1	40	34.1	油33.5

典型的前置液阶段二次投球案例见图7-15的二连油田阿尔6井。

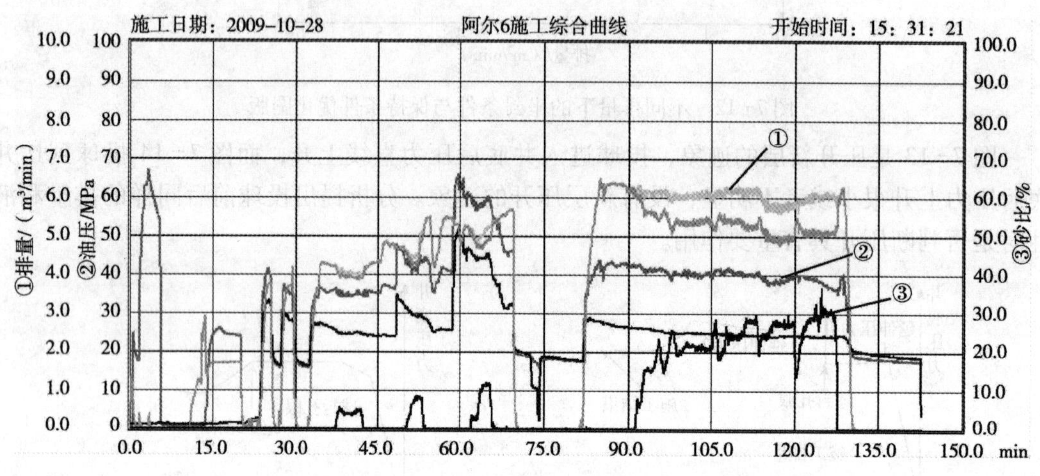

图7-15　二连油田阿尔6井前置液阶段二次投球压裂施工综合曲线

由图7-15可见，第一次投球后压力上升了9MPa，第二次投球后压力上升了22MPa，证明新压开了另外两个新层。该井压裂效果较邻井采用常规压裂技术的效果提高6倍以上。

部分案例的压后井温测井资料证明，缝高控制较好，与设计值基本吻合（表7-4）。

表7-4　部分前置投球选择性压裂技术应用案例的压后井温测井数据

井号	井段/m	设计预测缝高/m	压后井温测井缝高/m
赛91井	2369.0~2399.4	15	16
赛27井	1853.0~1897.8	13	11
文安11井	3692.0~3757.0	19	15
阿尔6井	2454.0~2521.0	64	60~70
平均		27.8	25~27.5

第三节　低伤害复合压裂技术

（一）低伤害复合压裂技术的概念

所谓“低伤害复合压裂技术”就是指以低伤害为前提条件的复合压裂技术[11~13]。此处的“复合”是指低黏活性水或线性胶与高黏度冻胶压裂液的混合注入模式。一般低黏压裂液造缝，高黏压裂液携砂，且在压裂的不同阶段，基于裂缝温度场的变化逐渐调整压裂液的稠化剂浓度及黏度。因此，可兼顾造缝效率、控缝高、低伤害及提高支撑剂远井支撑效率等多方面的因素。

该技术应是目前页岩气常用的“滑溜水 + 胶液”混合压裂技术的前身，只不过在低黏压裂液造缝期间，至多加些小粒径支撑剂段塞技术打磨消除近井筒弯曲摩阻，而没有加小粒径支撑剂。在高黏压裂液阶段才正式加砂，且主要为一种大粒径的支撑剂。该技术的主体思路还是追求单一裂缝的低伤害和高导流。

（二）低伤害复合压裂技术的优势

（1）低伤害。由于前置液采用低黏度压裂液，如活性水或线性胶，稠化剂浓度相对较低，因此，水不溶物含量及残渣等相对较低，对裂缝导流能力的伤害相对较低。

此外，高黏度携砂液的稠化剂浓度也随裂缝内温度的逐步降低而逐步降低，既满足了携砂性能要求，又满足了全程低伤害的要求。

（2）缝高控制程度好。由于前置液阶段的压裂液黏度相对较低，因此，在同等排量下的缝高控制程度好，可使造缝尽最大限度地覆盖有效的储层厚度范围。

（3）支撑剖面较为理想。由于携砂液阶段为高黏度的压裂液，支撑剂运移距离相对较远，且支撑剂沉降比例相对较低，利于提高支撑效率。裂缝整体而言，支撑剖面相对理想。

（三）低伤害复合压裂的关键技术

1. 低黏度压裂液造缝技术

为考察滤失对造缝几何尺寸的影响，选用了3种前置液类型，即冻胶、线性胶和清水。滤失系数分别假设为 $4.0\times10^{-4}\ m/min^{0.5}$、$8.0\times10^{-4}\ m/min^{0.5}$、和 $12.0\times10^{-4}\ m/min^{0.5}$。以华北油田某井基础数据为例，模拟的造缝长和造缝高结果见图7-16。

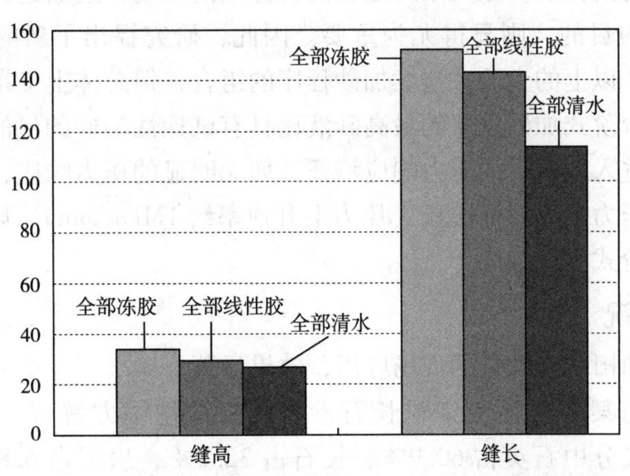

图7-16　前置液类型对造缝几何尺寸的影响

由上述模拟结果可见，与常规冻胶相比，前置液采用线性胶或清水后，在降低缝高的同时，造缝长度降低不多，按体积平衡原理，造缝宽度也变化不大，因此，对携砂阶段的支撑剂输送和铺置影响不大。但因缝高降低，在相同加砂规模的条件下可获得更长的支撑裂缝，同时，伤害比冻胶大为降低，因此，从低渗透油藏提高缝长和降低伤害角度出发，线性胶或清水前置液技术在降低压裂液成本的同时，也可在一定程度上提高压裂的增产效果。

2. 压裂携砂液多级优化技术

携砂液的多级优化技术主要指的是变稠化剂浓度压裂技术，其主要思路是基于裂缝温度场的模拟结果。由于在施工后期，裂缝温度已大大低于储层的原始温度（图7-17）储层原始温度优选的稠化剂在施工后期将由于浓度太高而严重影响近井筒处的裂缝导流能力，这也是压裂分段优化的重要体现之一。

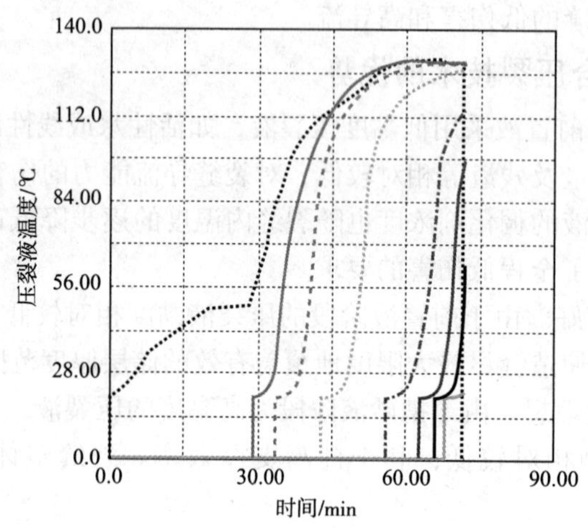

图7-17　示例的某井压裂裂缝温度场模拟结果

3. 螺旋式加砂程序设计

常规的台阶式连续加砂程序设计具有一定的盲目性，如支撑剂浓度偏低，则压裂造缝的裂缝充满度不够，反之，如支撑剂浓度偏高，则易引发砂堵现象的出现。因此，如何在保证压裂施工安全的前提下，最大限度地提高支撑剂的浓度，进而达到降低携砂液用量和裂缝导流能力伤害的目的，则显得尤为重要。因此，研究提出了新的螺旋式加砂程序技术。它实际上是两个以上的台阶式连续加砂程序的组合，但总体上支撑剂浓度是螺旋式上升的。其中，每个台阶式加砂程序的最高砂液比具有试探性加砂的目的，即观察半个井筒容积左右的支撑剂进入地层后的压力响应特征，如无明显的压力响应，则可进一步提高后续的砂液比。但如压力响应特征明显（压力上升速率约1MPa/min），则应适时进行后一个低砂液比起步的台阶式加砂程序。

（四）应用情况

该技术在华北油田获得大量的现场应用，效果显著。

例：冀中凹陷的某井岩性为细粒长石砂岩，胶结物中方解石、白云石含量高，占12%～17%，碎屑成分中石英占60.9%，长石占32.3%，岩屑占6.8%。井段3436.0～3448.0m，7.4m/3层，厚度加权孔隙度11.7%，有效渗透率$0.048\times10^{-3}\mu m^2$，表皮系数-0.9，原始地层压力38.26MPa，折压力系数1.14，井底温度126℃。因平均含油饱和度仅为8.5%，故综合测井解释为油水同层。

总液量236.2m^3，排量4.0～4.3m^3/min，累计加砂29.7m^3，平均砂液比28.5%，携

砂阶段的施工泵压为62~67MPa。具体压裂施工曲线见图7-18。

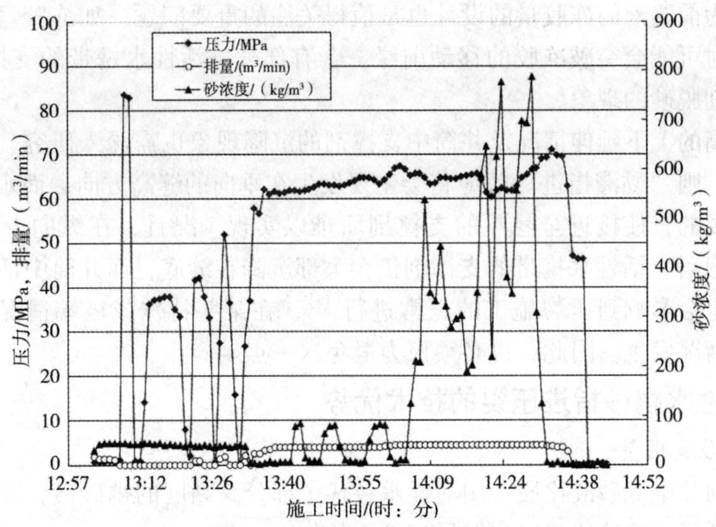

图7-18　华北油田某井压裂施工曲线

该井压裂后获得了理想的效果。压后抽汲定产，日产油6.7m^3/d，日产水6.0m^3/d。与邻井相比（常规压裂），在电性、厚度及含油性等方面都相差甚远，但效果却几乎相当，说明该井采用的低伤害复合压裂设计水平及施工水平较以往的大幅度提升。

第四节　活性水携砂指进压裂技术

（一）活性水携砂指进压裂技术的概念

“活性水携砂指进压裂”是指在加砂时，采用常规压裂的注入排量，用活性水替代常规的交联冻胶，利用活性水与作为前置液的交联冻胶的黏度差异（100:1以上），活性水携带的支撑剂会呈指状分布在冻胶中，而不会象常规活性水加砂压裂那样沉降在缝底，最终形成了类似全悬浮的输砂剖面[14]，由于少用了本来应该用的冻胶，导流能力可得到进一步提高，而成本可进一步降低。

其核心原理是活性水和交联冻胶黏度差形成的“黏滞指进”效应，室内实验研究证明，只要这种黏度差达到10:1以上，“黏滞指进”效应会非常显著。常规活性水的黏度就在1mPa·s左右，而交联冻胶的黏度经常在100mPa·s以上甚至更高。因此，压裂现场条件具备充足的实现“黏滞指进”的可能性。正是由于这种“黏滞指进”效应，虽然活性水在常规压裂排量下的携砂性能相对较低，但最终仍可形成接近全悬浮的输砂剖面。

其次，活性水携砂时的滤失性是需考虑的另一关键因素。由于前置液造缝及滤饼的形成，当加砂改注活性水时，由于指进效应，活性水很难有机会直接接触裂缝壁，即使部分活性水能接触到裂缝壁，由于滤饼的遮挡及滤失与时间平方根间的反比关系，裂缝壁附近活性水的滤失仍是非常小的，况且特低渗油气藏本身的滤失性就非常小，除非出现天然裂缝发育的情况。但即使出现天然裂缝发育的情况，活性水的滤失仍不占主导，因为大部分活性水已呈指状分布在交联冻胶中。

此外，作为前置液的冻胶量的设计也是值得关注的重要问题。如冻胶量偏少，则活性水携带支撑剂时可能会突破冻胶的移动前缘，会有部分被活性水携带的支撑剂沉降缝底，有可能造成早期脱砂的现象。

最后，缝高的上下延伸情况及井筒中支撑剂的沉降现象也需深入研究。因为，如缝高过度上下延伸，则“黏滞指进”效应将会主要发生在垂向的缝高方向，而水平向的缝长方向则可能是次要的，使接近全悬浮的支撑剖面难以实现。况且，在纵向上即使“黏滞指进”效应非常显著，活性水携带的支撑剂仍会大部沉降在缝底；而井筒中活性水携带支撑剂的沉降情况也会影响到压裂施工的正常进行[15]，在某些特殊或极端情况下，可能造成砂埋射孔段的情况发生。因此，也必须极力避免这一点。

（二）活性水携砂指进压裂的技术优势

1. 降低携砂液用量

在加砂的前几个低砂液比段，用活性水替代了部分高黏度的携砂液，既降低了压裂液的成本，又降低了压裂液残渣对裂缝导流能力的伤害。

2. 增加支撑缝长

由于黏滞指进效应，活性水携带的支撑剂能快速推进到高黏压裂液造缝前缘，尤其当黏度比大时更是如此。

3. 支撑剖面较理想

低黏度活性水虽然黏度低、携砂能力差，但由于“指进效应”，其携带的支撑剂在高黏前置液中可以悬浮，远井裂缝支撑剖面没有受到任何不利影响。

4. 裂缝导流能力更高

由于活性水对裂缝导流能力的保持率接近 100%，而常规的携砂液只能达到 10% ~ 50%，因此，部分替代了高黏度携砂液后，裂缝的总体导流能力是提高的。

（三）活性水携砂指进压裂的关键技术

1. 活性水造缝技术

图 7-16 是不同液体体系下的裂缝造缝尺寸对比。由图可见，即使用全程活性水，在滤失系数增加 3 倍的条件下，裂缝几何尺寸也基本满足要求。

2. 井筒沉砂的控制技术

由于采用极低黏度的活性水携砂，而排量又不如常规活性水压裂那么高，因此，有必要对活性水加砂条件下的井筒沉砂情况进行分析。

不管泵注的排量有多高，在一定的井深条件下，支撑剂的自由沉降匀速是不变的，所谓自由沉降匀速即当泵注排量为 $0m^3/min$ 时，支撑剂从井口开始下沉，由于下沉速度越来越快，阻力也随之增加，总有支撑剂颗粒受力平衡的时候，此时的速度达到恒定，即为自由沉降匀速。

先求单个支撑剂的沉降雷诺数，其表达式为：

$$N_{Re} = \frac{10^3 \rho_s u_p D_p}{\mu} \tag{7-8}$$

根据诺沃特尼的建议，考虑支撑剂颗粒干扰时，不同沉降雷诺数下的支撑剂沉降匀速为：

当 $N_{Re} \leqslant 2$ 时，

$$u_p = p_l^{5.5} \cdot \frac{10^3 D_p^2(\rho_s - \rho)g}{18\mu} \tag{7-9}$$

当 $2 < N_{Re} < 500$ 时，

$$u_p = p_l^{3.5} \frac{2.034 \times 10^4 D_p^{1.44} \cdot (\rho_s - \rho)^{0.71}}{\rho^{0.29} \cdot \mu^{0.43}} \tag{7-10}$$

当 $N_{Re} \geqslant 500$ 时，

$$u_p = 1.74 p_l^2 \sqrt{\frac{g(\rho_s - \rho) \cdot D_p}{\rho}} \tag{7-11}$$

式中，N_{Re} 为沉降雷诺数；ρ_s 及 ρ 分别为支撑剂和活性水的密度；D_p 为支撑剂直径；μ 为活性水的黏度；g 为重力加速度；p_l 为砂液混合物中液体占的比例，小数。

由于式（7-8）中沉降雷诺数的表达式中也含有沉降匀速，因此，需简单的迭代计算进行沉降匀速的求解。

当支撑剂遇到顶部第一个射孔眼时，由于孔眼进液对支撑剂有个水平方向的拖拽力，使支撑剂有可能进入射孔眼中。由于射孔眼的水平向分流作用，井筒中处于射孔段内的流速从上往下是逐渐减弱的，而孔眼方向的水平流速可认为在整个射孔段内基本一致。换言之，只要顶部第一个射孔眼处的支撑剂可进入射孔眼，则其他支撑剂基本都可进入射孔眼。

在顶部第一个射孔眼时，支撑剂能进入孔眼必须满足以下条件：

$$\frac{u_h}{u_p + u_w} \geqslant \frac{r_{wi}}{l_p} \tag{7-12}$$

式中　u_w——井筒内压裂液的垂向流速；

u_h——孔眼处的水平流速；

r_{wi}——井眼的内半径；

l_p——垂向上射孔段长度。

值得指出的是，即使口袋被沉砂填满了，由于只有向孔眼处的水平拖拽力存在，支撑剂仍将进入孔眼，除非孔眼附近的裂缝内已发生了砂堵造成进液不畅。这样就很容易发生支撑剂埋掉射孔段的现象，从而导致压力的快速上升而使压裂施工最终失败。

3. 活性水指进的设计技术

假设前置液造缝后，垂向的裂缝高度方向已停止延伸，从而只考虑水平缝长方向的活性水指进。实验室的指进研究规律如图 7-19 和图 7-20 所示。

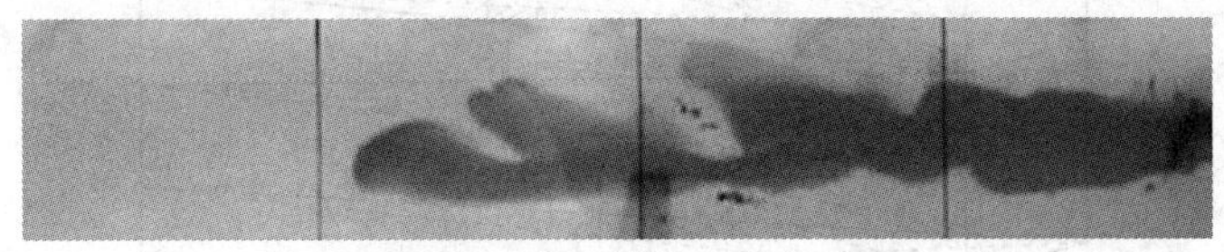

图 7-19　黏度比为 90∶1 时指进的不稳态发展过程

根据上述实验规律，由于缝宽相对较窄，假设在缝宽方向只有一个指进发生，而在长度方向有一个主指进方向，然后有若干个次指进方向。但当射孔井段较长时，主指进方向可能不止一个。为简化起见，设缝高方向不留空隙地等高度分布于若干个完全一样的指进，至冻胶在缝长方向等比例缩小到 0，如图 7-21 所示。

图 7-20　黏度比为 90∶1 时指进的拟稳态发展过程

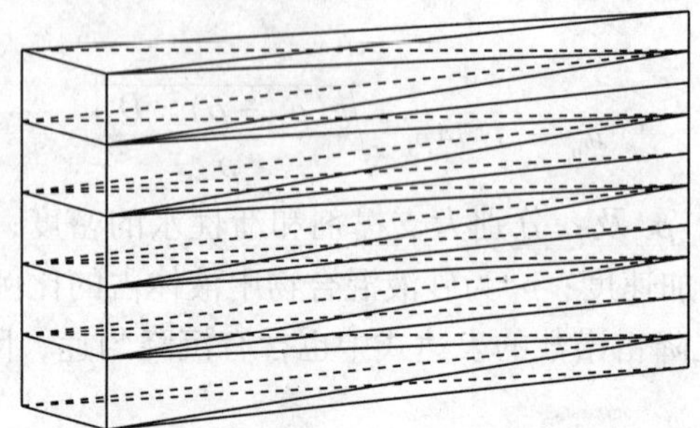

图 7-21　缝长方向黏滞指进到缝端时的理想化模型

由于上述假设，可以对其中的某个单元单独进行研究。

设冻胶的最大造缝宽度为 w_c，单元的缝高为 h，指进的最大长度为 l_f，则指进的活性水体积与冻胶的体积比 v_r 为：

$$v_r = \frac{\frac{1}{3}w_c h l_f}{\frac{1}{2}w_c h l_f} = \frac{2}{3} \tag{7-13}$$

考虑到地层滤失，为简便起见，设压裂液的效率为 η（百分数），上述比例关系还须修正为：

$$v_r = \frac{2}{3} \cdot \frac{100}{\eta} \tag{7-14}$$

另外，考虑到前置液有时不是 100% 的冻胶，此时，用于黏性指进的活性水前缘最大只能到达冻胶的前缘位置（图 7-22），否则，黏性指进的机理将不复存在（假设活性水携带的支撑剂会穿透冻胶体）。

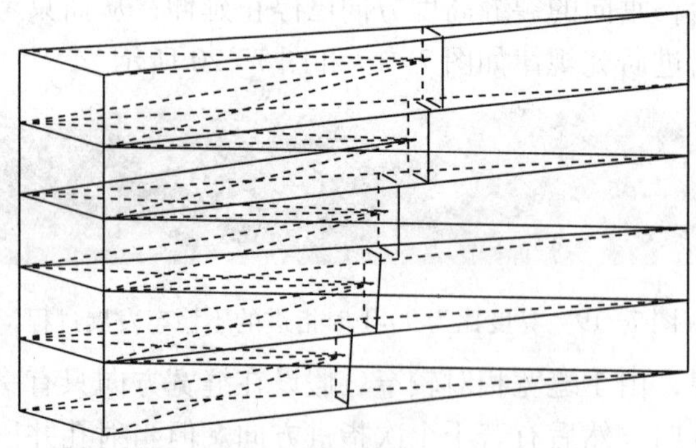

图 7-22　缝长方向黏滞指进到冻胶前缘（非缝端）的理想化模型

同样地，设冻胶的最大造缝宽度为 w_c，冻胶前缘的造缝宽度为 w_c'，单元的缝高为 h，指进的最大长度为 l_f，造缝半长为 l_c，则指进的活性水体积与冻胶的体积比 v_r 为：

$$v_r = \frac{\frac{1}{3}w_c h l_f}{\frac{1}{2}(w_c + w'_c)\cdot h l_f + \frac{1}{2}w'_c\cdot(l_c - l_f)\cdot h} = \frac{2}{3}\cdot\frac{w_c l_f}{(w_c + w'_c)\cdot l_f + w'_c\cdot(l_c - l_f)} \tag{7-15}$$

考虑到地层滤失，则式（7-15）修正为：

$$v_r = \frac{2}{3}\cdot\frac{100}{\eta}\cdot\frac{w_c l_f}{(w_c + w'_c)\cdot l_f + w'_c\cdot(l_c - l_f)} \tag{7-16}$$

（四）现场应用

以长庆油田某两口井为例，井的主要储层参数及压裂效果对比见表 7-5。

表 7-5　长庆 2 口井储层基础参数及压裂效果对比

井　号	孔隙度/%	渗透率/$10^{-3}\mu m^2$	含油饱和度/%	厚度/m	日产油/(m^3/d)	米采油指数/[(m^3/d)/m]
试验井 A	10.81	0.21	49.07	15.3	15	0.98
A 井邻井 1	11.79	0.74	53.56	14.3	9.3	0.65
A 井邻井 2	10.43	0.40	47.04	10.1	9	0.89
试验井 B	10.83	0.39	45.78	8.7	16.8	1.93
B 井邻井 1	9.53	0.13	55.59	25.8	31.5	1.22
B 井邻井 2	11.13	0.54	49.01	8.3	16.8	2.02

两口试验井的压裂施工曲线如图 7-23 和图 7-24 所示。

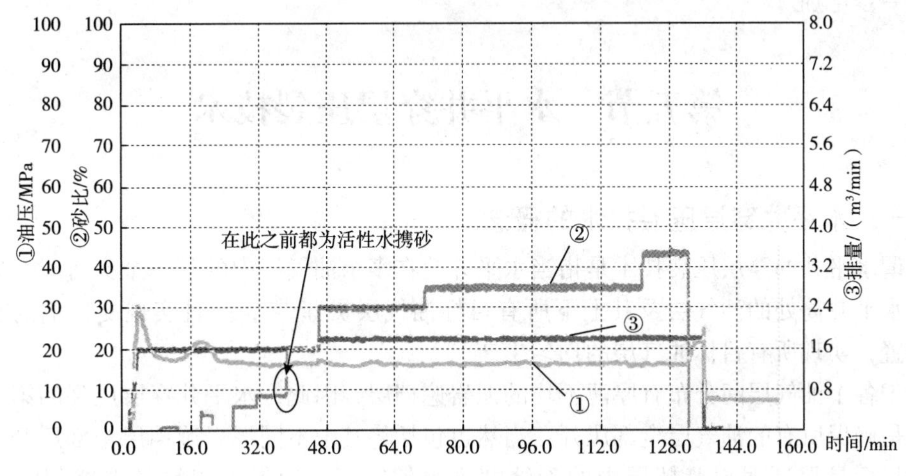

图 7-23　长庆试验井 A 活性水携砂指进压裂施工曲线

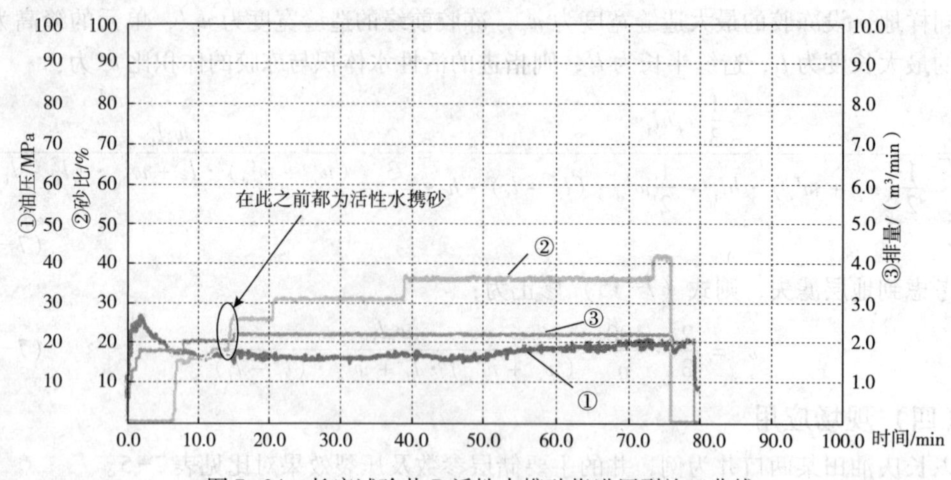

图 7-24 长庆试验井 B 活性水携砂指进压裂施工曲线

由图 7-23、图 7-24 及表 7-5 可见，采用活性水指进压裂技术后，加砂前期用 20m^3 左右的活性水替代常规冻胶，为实现黏滞指进效应，前置液后期的冻胶量一般也设计为 20m^3 左右，考虑这两个井层特低渗及无天然裂缝等实际情况，压裂液效率为 60%，满足前边活性水与冻胶的体积比匹配关系。从施工曲线看，对施工压力无任何影响，而压后效果在物性比邻井变差的前提下更好或基本持平。

从降低施工成本而言，长庆压裂施工一口井的材料费、设备费及施工费用大约 7 万 ~ 8 万元，20m^3 活性水的成本仅为 1000 元左右，而 20m^3 冻胶则成本高达 6000 元以上，即应用活性水携砂指进压裂后，用活性水替代了等量的冻胶后，每口井成本可节约 5000 元左右，占整个井压裂费用的 6% ~7%。换言之，常规压裂 15 口井的费用，活性水指进压裂可实施 16 口井。如全年常规压裂按 3000 口井计算，则实施活性水指进压裂后可实施 3200 口井，全年节约的费用在 1400 万 ~1600 万元左右。此外，如果随着技术的进步，活性水的比例可试验逐渐增加，则成本降低的空间还可进一步增加，对导流能力的提升效果也将进一步增加。

第五节 水平井穿层压裂技术

（一）水平井穿层压裂技术的概念

所谓水平井的穿层压裂技术是指当水平井筒在多个油气层中的某一个穿行时，靠水力裂缝将水平井筒处的油气层及其上下所有目标油气层贯穿[16]，并且实现支撑剂的有效运移和铺置，实现所有目标油气层的均匀生产。

由于各个油气层间分布有厚薄不均的泥岩遮挡层，因此，水平井穿层压裂的第一个技术目标是确保所有的油气层全部压开，当然也包括将其中不同泥岩遮挡层全部压开。第二个技术目标是保证泥岩遮挡层中的裂缝宽度足够宽，以确保不同粒径支撑剂的顺畅运移[17]。由于重力作用，水平井筒以上的油气层中的支撑剂运移和有效铺置的难度远大于水平井筒之下的油气层。

（二）水平井穿层压裂技术的优势

1. 可增加油气层的立体动用程度

水平井更适合薄油气层以最大限度地提高裂缝面积及波及体积，通过水平井的穿层压裂技术，可增加生产的油气层数。否则，如每个油气层都单独钻一口水平井再进行分段压裂作业，则成本太高，在目前的低油价条件下更是不具现实可操作性。

2. 水平井筒处油气层中的裂缝充填更为饱满

由于大量的支撑剂都先经过水平井筒处油气层中的裂缝，再分别向其上下油气层的裂缝中运移和铺置，因此，支撑剂在水平井筒处的油气层中运移的时间也相对最长，特别有利于小粒径支撑剂向小微尺度裂缝中的运移和铺置。由于水平井筒处的生产流压最小，因此，该处裂缝支撑剂充填得饱满后，可防止井筒出砂现象。

（三）水平井穿层压裂的关键技术

1. 纵向地应力特性的评估技术

由于涉及到多个砂泥岩薄互层的地应力评估，因此，在常规测井资料解释的基础上，可用分层地应力测试结果进行校正。

具体方法是采用填砂法进行分层测试，每个小层射孔总数相同，且都在小层的中心位置射孔。先从最底部小层开始，每个小层射孔 4 ~ 6 个，注入排量 0.5 ~ 1.0m^3/min。破裂后立即停泵，由井口瞬时停泵压力推算的井底压力即可近似地认为是该小层的最小水平主应力（通常所谓的地应力）。原因是地层刚破裂，缝内净压力还未建立，可近似认为是零。测试完成后填砂，砂面位置在已测试层的顶部位置附近。重复刚才的步骤，直到将所有的小层地应力测试完毕。

最后，对照测井曲线特征及解释的地应力结果进行修正。修正后，该区块其他井就可由测井解释的地应力结果，按上述修正系数获得真实的纵向地应力剖面[18]。

2. 裂缝宽度剖面模拟技术

在上述各小层纵向地应力剖面的基础上，应用成熟的裂缝扩展模拟软件，如 GOFHER、STIMPLAN 等，模拟不同的压裂液性能及工艺注入参数条件下的缝高延伸及对应的裂缝宽度剖面情况。缝高能贯穿所有的小层且又没有过度延伸是第一步，在此基础上，再进一步改变上述参数，模拟缝宽与各参数的敏感性。最终的目标函数为最窄处的缝宽应是支撑剂平均粒径的 6 ~ 10 倍，以保证支撑剂的纵向运移及铺置效果，尤其是水平井筒以上各砂岩层的支撑剂运移和铺置更为重要，因为支撑剂在运移过程中还要克服重力的影响。

3. 支撑剂运移及控制技术

主要采用两种密度的支撑剂：一是低密度或超低密度支撑剂，主要用于水平井筒以上储层支撑剂的有效输送和铺置；二是常规密度支撑剂，主要用于水平井筒处的储层及其下储层支撑剂的有效输送和铺置。

为了保证加砂前期的支撑剂更多地进入水平井筒上下的储层中去，前期的砂液比要适当低些，而在加砂的后期砂液比可适当高些。此时输送的支撑剂绝大部分将在水平井筒处的储层中运移和铺置，只有水平井筒处的储层被支撑剂充填得更为饱满了，才能有效连通其上下储层中的支撑剂，否则，前期的支撑剂则为无效充填。

（四）现场应用

该技术在东北十屋油田首次应用于4口井，在砂岩段压裂基本取得了穿层压裂效果。十屋油田水平井钻遇储层为沙一段3号小层，与2号小层距离较短，为提高水平井压裂开发效果，从工程角度通过增大施工排量，使裂缝在纵向上沟通2号小层，从而最大限度发挥水平井的效能，提高单井产量。

SW10P1井从测录井显示来看，前两个压裂段处于泥岩中，GR值高，压裂施工风险大。确定了泥岩层段探索试验压裂思路及后3段砂岩的压裂优化设计思路，通过小型测试压裂分析，为主压裂施工提供重要依据。实践证明，第一段压裂施工压力比后续层段压裂施工压力高约12MPa，停泵压力梯度为0.0224MPa/m，判断第一段裂缝在泥岩中延伸。

其中3口井的施工参数见表7-6。

表7-6　东北十屋油田示例井穿层压裂施工参数表

井号	项目	排量/(m^3/min)	泵注压力/MPa	停泵压力/MPa	停泵压力梯度/(MPa/m)	平均砂比/%	设计加砂量/m^3	实际加砂量/m^3
SW10P1	第1段	4.0	39.4~41.8	24.2	0.0224	16.7	18.0	18.0
	第2段	4.5	28.0~29.3	15.4	0.0179	17.6	20.0	20.0
	第3段	4.1~4.2	28.0~30.0	16.4	0.0184	23.3	22.0	22.0
	第4段	4.0~4.1	28.9~30.5	17.8	0.0191	23.0	20.0	20.0
	第5段	4.0~4.1	29.3~31.6	22.1	0.0214	21.6	25.0	25.0
SW8P2	第1段	2.5~2.1	51.8~61.7	27.5	0.0236	21.4	22.0	22.85
	第2段	2.5~2.3	53.7~61.8	27.7	0.0237	20.0	20.0	20.36
	第3段	2.9~2.4	50.8~59.3	26.4	0.0231	20.6	20.0	20.3
	第4段	2.6~2.4	51.5~60.6	27.5	0.0236	20.8	20.0	20.75
	第5段	2.4	49.2~56.1	22.4	0.0211	23.5	25.0	25.65
SW10P2	第1段	2.5	48.2~53.8	22.4	0.0218	21.4	22.0	22.5
	第2段	2.4~2.5	45.6~52.2	18.6	0.0197	24.7	25.0	25.8
	第3段	2.7~2.4	54.3~63.1	20.8	0.0209	20.5	16.0	16.5

第六节　页岩气体积压裂技术

（一）页岩气体积压裂技术的概念

所谓页岩气的体积压裂技术，主要有两个层面的涵义。一是针对直井压裂而言，主要通过大幅度提升主裂缝内的净压力，促使诱导应力的大幅度增加。这种诱导应力在最小水平主应力方向上增加得更多，因此，一旦发生应力转向（原始最小水平主应力变为最大水平主应力），则容易发生分支裂缝的破裂延伸，如这种分支裂缝的分布还较为密集，即相互间没有流动死区，则称这种能形成复杂裂缝的压裂技术为体积压裂技术[19]。显然，体积压裂是个三维的概念，压裂形成的复杂裂缝在长、宽、高3个方向上，都能得到最大限度地扩展（也可称之为体积裂缝），且相应地都能获得支撑剂的有效铺置，能提供相对长时间的裂缝导流能力。如裂缝导流能力低，或递减快，则上述复杂裂缝或体积裂缝的体积也快速萎缩，难以称之为体积压裂技术。

二是水平井的体积压裂技术除了直井的体积压裂技术的涵义外，还通过多段多簇设计，使上述复杂裂缝或体积裂缝能大面积分布于水平井筒范围内，段间裂缝无流动死区，且每个裂缝的长度都足够长。特别是段内多簇射孔压裂，每簇裂缝同步延伸，相互间的应力干扰效应远大于同等压裂规模下的直井压裂。因此，水平井体积压裂的裂缝复杂性程度及改造体积较直井要大得多。

（二）页岩气体积压裂技术的优势

1. 增加产量及有效期

从应力及方向渗透率的关系而言，垂直于裂缝方向的渗透率为最小主渗透率，因此，由于单一裂缝的存在，即使缝长很长，导流能力接近无限大，但页岩气纳达西级的极低渗透率会造成压后基质向裂缝供气能力大幅度降低，压后产量递减快，无经济开采价值。

而页岩气体积压裂形成的复杂裂缝，不但有主裂缝的存在，也存在与主裂缝连通的分支裂缝及与分支裂缝连通的微裂缝，极大提高了裂缝的波及面积及体积。因此，压后产量高，产量递减幅度也低。

2. 提高采收率

一般认为水力压裂仅能提高采气速度，而不能提高采收率。这对常规的单一裂缝压裂而言，可能是正确的，因为据相关研究证实，页岩气基质内没有裂缝存在，如光靠基质渗透率的作用，运移1m的距离要100万年之久，而一般气田的开发周期至多30~50年。因此，常规压裂的采收率之低可想而知。

但对页岩气体积压裂而言，可能是错误或有失偏颇的。原因在于，高导流体积裂缝的存在基本将页岩气藏打碎，几乎不存在流动死区，因而在一定的时间周期内，可采出的气量会大幅度增加。

3. 降低开发成本

由于形成的是复杂裂缝，致使采气速度及采收率得以大幅度提高，可以减少重复压裂的次数及其他采气成本，特别是当采用了井工厂的作业模式后，作业效率大幅度提升，钻井液及压裂液等的循环利用，都使单井开采成本大幅度降低。

（三）页岩气体积压裂的关键技术

1. 可压性评价技术

可压性评价包括两个方面，一是地质甜点评价，二是工程甜点评价。好的可压性包括地质甜点及工程甜点都相对较好的组合。换言之，可压性好的段簇，不但压后出气的概率较高，而且复杂裂缝或体积裂缝形成的概率也相对较高。二者的有机结合，既可实现地质目标，也可实现工艺目标。

2. 裂缝参数及压裂施工参数的正交设计方法

应用成熟的页岩气压裂产量动态预测软件ECLIPSE及裂缝扩展模拟软件MEYER等，

先设置不同的缝间距、缝长及缝长分布模式（等长模式、两头长中间短的U型模式、两头及中间长其余短的W型模式等）及裂缝导流能力等。按“等效导流能力”的方法进行裂缝的设置。按正交设计方法，设计四参数三水平下的压后产量动态，从中优选压后产量相对最高（再增加缝长或导流能力，产量增幅趋于平缓）的裂缝参数组合，作为最佳的裂缝参数系统。

有了最佳的裂缝参数系统，应用MEYER软件，模拟不同的压裂施工参数及压裂材料性质参数下的裂缝形态及几何尺寸等，从中优选能实现上述最佳裂缝参数系统的压裂施工参数及压裂材料性质参数的组合。

3. 裂缝复杂性指数优化设计技术

裂缝复杂性指数是裂缝复杂性程度的一个度量指标，指的是各个分支缝及与其连通的微裂缝的波及总面积（压裂有效周期内）除以裂缝总长度得到的等效裂缝宽度，此宽度再与裂缝总长度的比值。显然，如各分支裂缝及微裂缝的波及面积有重叠区，要把重叠区剔除掉。

通过建立上述裂缝复杂性指数与压裂施工参数间的定量关系，就可由预期的裂缝复杂性指数，确定相应的压裂施工参数。

4. 混合压裂施工技术

在压裂施工中，一般采用低黏滑溜水+高黏胶液的混合施工模式，低黏滑溜水的作用是沟通延伸复杂裂缝系统。如全程用低黏滑溜水系统，则势必主裂缝的延伸长度不够，而全程用胶液势必只能产生单一的主裂缝，裂缝的复杂性程度大大降低。因此，混合压裂实际上是充分利用了滑溜水与胶液的优势，最终形成的裂缝形态既有主裂缝，又有复杂裂缝（分支缝及与其连通的微裂缝）。

实际上，单级的混合压裂技术，得到的裂缝是近井复杂裂缝+远井主裂缝，如能采用多级混合压裂，即滑溜水+胶液的多级循环交替注入，则可实现主裂缝+近井、中井及远井的复杂裂缝，形成的裂缝复杂性指数会大大提高。

5. 裂缝监测技术

压后形成的裂缝形态及复杂性指数到底有多大，要用裂缝监测技术来验证。目前常用的方法有主裂缝净压力拟合分析、测斜仪及微地震监测等方法，可对裂缝的延伸方位、长度及高度等进行诊断。但无论哪种方法，裂缝宽度是无法较为准确地诊断的，因为其尺度太小，通常只有几个毫米。

（四）现场应用情况

上述页岩气体积压裂技术在涪陵的焦石坝、丁山、南川等区块先后应用于38口井，施工成功率100%。其中焦石坝24口井，为页岩气重大勘探突破以及涪陵Ⅰ期50亿立方米产建提供了全面的技术支持；丁山、南川等区块14口井，取得深层（TVD4417m）地质突破和超深层（TVD4627m）工艺突破。

自主化技术得到全面应用，创出了一批高指标。

1. 涪陵地区

水平段最长2130m（焦页12－4HF井），最大段数26段（焦页12－4HF），最大液量43126m^3（焦页12－4HF），最大砂量1344m^3（焦页12－4HF），压后最高无阻流量156×

10^4m^3（焦页 8－2HF）。

2. 丁山区块

最大垂深 4416m，最大斜深 5667m，最高施工压力 94.9MPa，单井注入液量 29515.5m^3，单井注入砂量 319.13m^3，单段最高压裂液量 2780m^3。

3. 南川区块

最大垂深 4627m，最大斜深 5820m，最高施工压力 115MPa，单段液量最大 4150.8m^3。

4. 彭水区块

水平段最长 1260m，段数最大 22 段，最大液量 46542.26m^3，最大液量 2108.1m^3，单段最大砂量 126m^3。

第七节 水平井重复压裂技术

水平井压裂技术作为油气井增产的主要措施广泛应用于低渗透油气田的开发。但随着开发时间的推移和生产过程中压力、温度等环境条件的改变，导致水平井压后裂缝导流能力降低或失效，或原有裂缝控制的油气已接近全部采出，必须实施改向重复压裂，在油气层中打开新的油气流通道，更大范围地沟通老裂缝未动用的油气层，大幅度增加油气产量，进一步提高油气藏开发效果。从目前水平井重复压裂取得的初步效果来看，该方法有着巨大的潜力，为此开展了专业技术研究。

20 世纪 50 年代，重复压裂技术最早出现在美国，我国 60 年代起也开始进行重复压裂，在美国将近 30% 的压裂属于重复压裂，我国则更普遍一些。由于受当时技术与认识水平的限制，一般认为重复压裂是原有水力裂缝的进一步延伸或者重新张开已经闭合的水力裂缝，且施工规模必须是第一次压裂作业的 2～4 倍，才能获得与前次持平的产量，否则重复压裂是无效的。在 20 世纪 80 年代中后期，美国在重复压裂机理方面开展了大量的研究，建立了相应的水平井重复压裂计算模型，可研究页岩气的重复压裂时机，进行已压裂位置的重复压裂和重新射孔重复压裂，Shayan Tavassoll 等针对 Barnett 页岩，开展双重孔隙模型研究，采用 CMG 软件模拟了 188 口井的生产动态，分析得到 11 口井适合重复压裂，最佳的重复压裂时机为初次压裂 3.5～5.5 年后[20]。

Bruno 和 Nakagawa 用实验证明，孔隙压力的改变也会影响新裂缝的重新定向。在原地应力没有起到控制作用的情况下，裂缝会转向局部孔隙压力更高的方向。他们认为靠近裂缝末端的局部孔隙压力梯度控制了裂缝的发育方向。Siebrits 等人研究了 Barnett 页岩气水平井中的重复压裂裂缝的方位，通过测斜仪的测量数据证明了重复压裂裂缝方位变化规律：重复压裂新裂缝方向从垂直初始裂缝缝长方向变为与初始裂缝缝长方向平行是一个渐进的过程，而不是突然转向，并且为时间的函数（图 7－25）。Sierits，Wright 和 Berchenko 分析了重复压裂裂缝方位及其影响因素，说明了重复压裂可以形成新裂缝，复压新缝与前次裂缝存在一定角度，但并不是相互垂直。Minner 等研究认为孔隙压力变化导致新裂缝近似垂直于前次裂缝或与前次裂缝成一锐角。如 Chevron 石油技术公司在美国 Lost Hill 油田的重复压裂现场测试表明，重复压裂裂缝方位与初次裂缝方向偏离 30°；Unocal 公司在

Van 油田的重复压裂测试更证实了重复压裂裂缝可能与前次缝方位偏离 60°。这些实验与研究有力的推动了重复压裂技术的发展，取得了极其显著的经济效益。例如，美国最早开发的油田之一——Rangely 油田，许多井重复压裂达 4 次，成功率达 70% ~80%；以美国阿拉斯加 Kuparuk River 油田的 385 口生产井中重复压裂 185 口井后，采油指数平均提高了两倍。

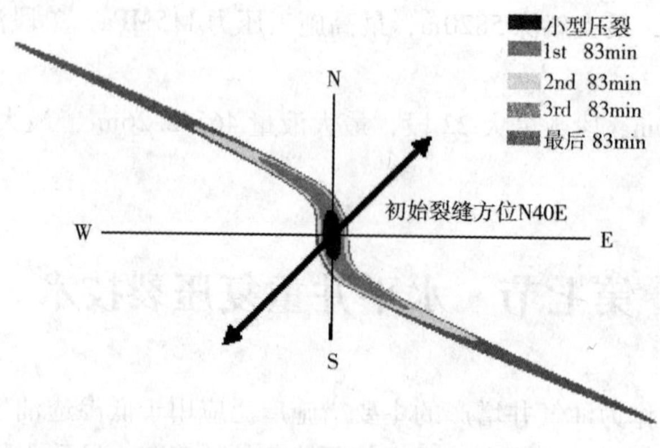

图 7-25 重复裂缝方位随时间变化

（一）水平井重复压裂技术的概念

1. 重复压裂机理

经过初次压裂的油气田，在初次压裂后的一段时期内，初次支撑压裂裂缝、自然裂缝和储层区域流体的变化可能会导致油孔和压裂裂缝所形成的椭圆区域的压力分布产生相应的变化[21]。在最小诱导应力与裂缝平行时，由于石油的不断开采和重复压裂等原因，裂缝旁边的诱导应力区域将被拉长，从而导致最大和最小水平应力反向。由于诱导应力的影响，重复压裂裂缝方向将垂直于主裂缝直到边界的椭圆区域。在区域的边界上，两个水平应力是相同的，在椭圆形区域的外部，重复压裂裂缝的方向将扭转并且最终将与第一次产生的裂缝平行。

重复压裂新裂缝延伸过程中，由于诱发应力随着远离井眼而逐渐变化，逐渐进入沿着预计的重复压裂裂缝延伸方向的区域边界上的各向同性点（等水平应力点：最大水平应力等于最小水平应力）。重复压裂新裂缝在超过各向同性点后，由于应力状态可能恢复到初次压裂状态，随着重复压裂继续进行，裂缝逐渐重新定向，最终将可能沿着平行于初次裂缝的方向延伸（图 7-26）。

2. 重复压裂方式

目前国内外的重复压裂方法主要有 3 种：原有裂缝延伸、层内压出新裂缝和转向重复压裂。

1）原有裂缝延伸

对原有的裂缝进行延伸，这也是目前最常用的重复压裂方式。有效地延伸原有裂缝系统，使裂缝面与更大面积地含油层相接触，扩大泄油面积，增加原有裂缝系统油流通道。这就要求在老井重复压裂中，应用高砂比、大砂量压裂工艺技术，在原有裂缝系统作业，有效的延伸原裂缝系统。

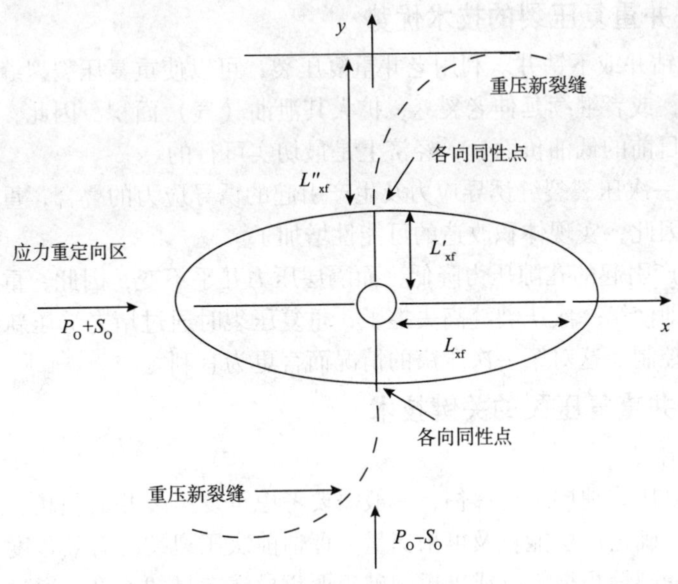

图 7-26　重复压裂新裂缝延伸

2）层内压出新裂缝

由于厚油层在纵向上的非均质性或者长水平段分段压裂间距较长，油层内见效程度不同，会导致层内矛盾突出而影响开发效果，因此可以通过采取补射非主力油层、对非均质厚油层重复压裂或压裂同井新层等措施改善出油剖面，从而取得很好的效果，国内目前主要基于这种认识展开理论和实践探索。

3）转向重复压裂

转向重复压裂技术是在压裂施工过程中适时地向地层中加入适量暂堵剂，由于压裂液流动遵循向阻力最小方向流动的原则，暂堵剂会优先进入地层天然裂缝或已有人工裂缝，在缝端聚集后产生封堵作用，形成高于裂缝破裂压力的压力差值，使后续压裂液不能向天然裂缝或已有人工裂缝流动。这必然会在一定程度上升高井底压力，在一定的水平两向应力差条件下，产生二次破裂进而改变裂缝起裂方位以产生新裂缝，从而增加储层的改造体积，更大范围地沟通已有裂缝未动用的油气层，从而使产量大幅度增加。暂堵转向压裂技术如图 7-27 所示。

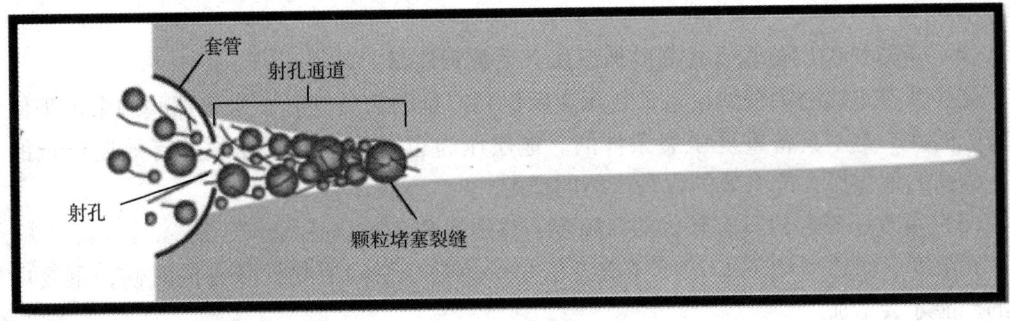

图 7-27　暂堵转向压裂技术

（二）水平井重复压裂的技术优势

（1）可以少钻井或不钻井。利用老井重复压裂，可以使重复压裂裂缝沟通第一次压裂裂缝未沟通区域，或者继续延伸老裂缝，扩大其泄油（气）面积。因此，可以不打新井或少打新井。这对目前的低油价而言，经济上是最切实可行的。

（2）由于第一次压裂裂缝诱导应力及生产引起的诱导应力的叠合，重复压裂裂缝转向的可能性较大，因此，实现体积改造的可能性增加了。

（3）由于生产引起的孔隙压力降低，而隔层压力几乎不变，因此，重复压裂时的缝高控制程度更好。即使第一次压裂缝高失控了，重复压裂时通过堵老缝压新缝的工艺，可以进行缝高的有效控制。这对第一次压窜的情况而言更为有利。

（三）水平井重复压裂的关键技术

1. 压前储层评估

对水平井重复压裂地层进行评估，一般需要考虑重复压裂井的现状。通过分析初次压裂后的生产历史，确定产层能量及可采储量。评估前次压裂裂缝有效程度及失效原因，是否由于初次压裂的裂缝规模不够或支撑剂破碎严重导致产量的下降。通过评估，获取重复压裂施工所需的信息和参数，诸如地层是否具备期望的生产能力、累积产量及期望的采收率，裂缝导流能力大小，确定支撑剂在缝内的状况，裂缝支撑缝高是否适当以及压裂液与地层的配伍性等。此外，重复压裂井层应具有较高的压力系数，同时采出程度较低，具备重复压裂的能量和物质基础。

针对页岩气水平井重复压裂，BP 公司给出了以下选择标准。

（1）初次压裂分段的间距要大于 500ft。

由于初次压裂的分段间距较大，旧的射孔簇之间将存在未有效改造的区域。对这些区域进行射孔压裂，然后注入暂堵剂封堵已有裂缝，可以有效的提高重复压裂的改造范围。

（2）大于 30% 的初次压裂裂缝没有得到有效的支撑。

虽然初次压裂裂缝达到了改造的范围，但是由于支撑剂铺置不充分或破碎等原因导致裂缝的导流能力下降，在重复压裂压开新缝的同时也可以考虑重新压开原有裂缝，增加支撑剂的规模，提高裂缝的有效导流能力。

（3）水平井跟端尚未射孔压裂。

一些水平井的跟端具有较好的储量和厚度，可以考虑在此处射孔压裂提高水平段的动用范围。

（4）重复压裂层位具有较高的地层压力系数和储量。

储层具有足够的剩余储量是重复压裂后提高产量的物质基础，对于那些剩余可采储量不充分的井，是不具备重复压裂条件的。地层压力也是影响重复压裂井有效期长短的关键，较高的地层压力能有效的保持产能的稳定。

（5）重复压裂层位具有较好的孔隙度、渗透率和 TOC。

孔隙度、渗透率和 TOC 决定了单井的生产指数，当储层物性较好的时候，重复压裂井的产能才会增加。

（6）初次压裂后水平井的产气量低于 700Mscf/d。

选择产气量较低的井有利于降低重复压裂的风险，如果选择产量较高的井，在重复压裂后有可能会出现产量下降的情况。

图 7-28 是 Woodford D-1 井根据生产测井反演出的初次压裂裂缝模型，从图中更可以看出，有许多射孔簇并没有裂缝扩展，并且大量裂缝的有效支撑效果较差。通过模拟水平井生产 5 年后的地层压力可以看出，在原有裂缝之间的区域还保持着较高的压力系数，应考虑采取重复压裂措施提高产量。

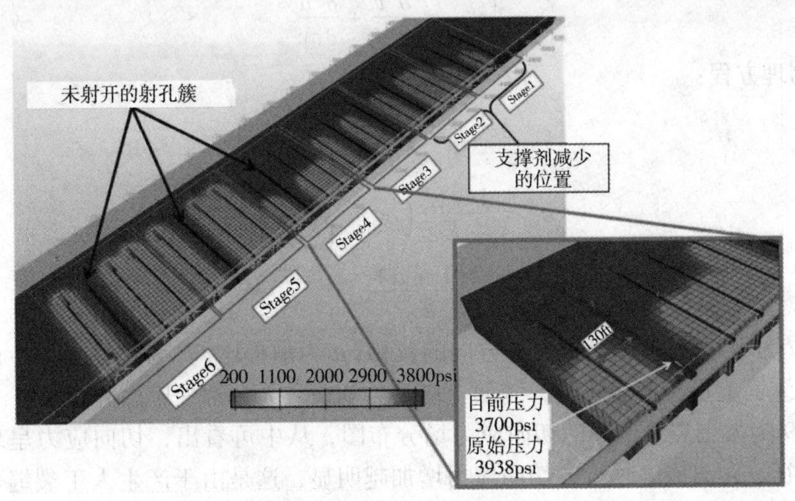

图 7-28　水平井初次压裂后地层压力模拟

2. 水平井重复压裂压前应力场模拟

油气井压裂后，由于存在人工裂缝，以及生产/注入后由于孔隙压力变化、温度变化等因素引起油气井的应力变化，从而影响重复压裂新缝的启裂和裂缝延伸方向。因此，研究重压候选井的应力分布能够有效设计施工参数，使重压裂缝重新定向，在油层中打开新的油流通道，更大范围地沟通老裂缝未动用的油层，从而使产量大幅度增加。

裂缝总是垂直于最小主应力，从力学的观点上看，裂缝总是产生于强度最弱、抗力最小的地方，在地层中裂缝的出现也是如此。水力压裂的裂缝方向取决于地层应力状态，其几何形态还受地层岩石力学性质及施工参数控制。重复压裂产生的裂缝方向依然取决于地应力状态，因此研究前次压裂后地应力场的变化是非常重要的。

1）初次人工裂缝诱导的应力场

假设地层均质各向同性，且岩石为线弹性介质，裂缝为垂直裂缝。为了方便，把储层简化为一个无限大平板，平板中央有一直线状裂纹，长为 $2a$，裂纹穿透板厚，作用于裂纹面上的张力为 $-p$ 。

根据弹性力学理论，可以建立如下方程。

（1）平面应变问题的平衡微分方程：

$$\begin{cases}\dfrac{\partial \sigma_x}{\partial x}+\dfrac{\partial \tau_{xy}}{\partial y}=0\\[2ex]\dfrac{\partial \sigma_y}{\partial y}+\dfrac{\partial \tau_{xy}}{\partial x}=0\end{cases}\tag{7-17}$$

（2）几何方程：

$$\begin{cases}\varepsilon_x = \dfrac{\partial u}{\partial x} \\ \varepsilon_y = \dfrac{\partial v}{\partial y} \\ \gamma_{xy} = \dfrac{\partial v}{\partial x} + \dfrac{\partial u}{\partial y}\end{cases} \tag{7-18}$$

（3）物理方程：

$$\begin{cases}\varepsilon_x = \dfrac{1-\mu^2}{E}\left(\sigma_x - \dfrac{\mu}{1-\mu}\sigma_y\right) \\ \varepsilon_y = \dfrac{1-\mu^2}{E}\left(\sigma_y - \dfrac{\mu}{1-\mu}\sigma_x\right) \\ \gamma_{xy} = \dfrac{2(1+\mu)}{E}\tau_{xy}\end{cases} \tag{7-19}$$

式中，u 为 x 方向的位移；v 为 y 方向的位移；μ 为泊松比；E 为弹性模量。此模型的边界条件是裂缝面上没有剪切应力，缝面上应力为 p，且无穷远处应力为零。

图 7-29 为人工裂缝诱导的切向应力场分布图，从中可看出，切向应力呈现类似椭圆形的分布特征，距离裂缝越近，切向应力增加越明显，这是由于产生人工裂缝后，裂缝周围受净压力作用大，超过一定距离后，诱导的切向应力场变化为零，即人工裂缝诱导的切向应力值随着距离井筒的距离增加而减小。

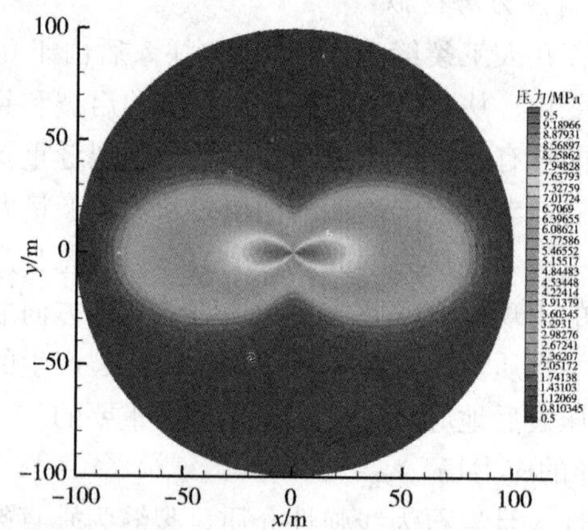

图 7-29　人工裂缝诱导的切向应力分布平面图

2）孔隙压力变化诱导的应力场

由于生产或注水等活动，使地层孔隙压力发生变化，进而导致岩石骨架应力改变，使岩石发生变形，最终在地层中产生了诱导应力场。

根据 Wright 的多孔弹性模型，可以建立如下模型：

$$\sigma_h = \frac{\nu}{1-\nu}\cdot\sigma_v + \alpha\cdot\frac{1-2\nu}{1-\nu}\cdot p_p \tag{7-20}$$

对式（7-20）进行求导得到。

$$d\sigma_h = \alpha\cdot\frac{1-2\nu}{1-\nu}dp_p \tag{7-21}$$

从图7-30中可以看出，井周切向应力在井筒附近呈现椭圆形分布特征，距离裂缝越近，切向应力增加越明显，这是由于井周附近孔隙压力增高诱导切向应力场的增加；超过一定距离后，诱导的应力场变化为零，即孔隙弹性切向应力值随着距离井筒的距离增加而减小。

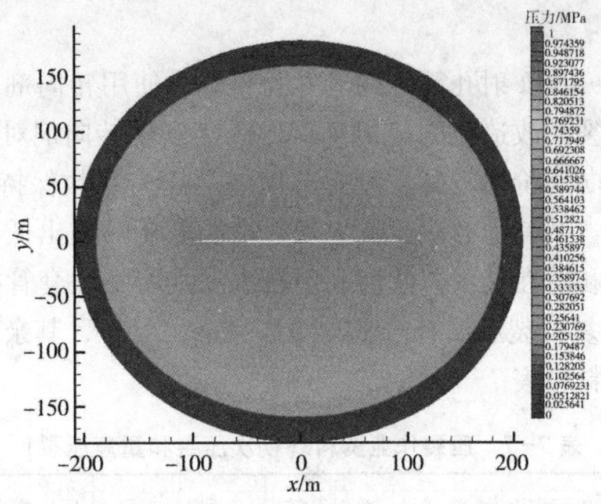

图7-30 垂直压裂缝井筒周围切向应力场分布平面图

3）温度场变化诱导的应力场

假定温度在裂缝周围呈现椭圆形和均匀分布的特征，冷却区以外为油藏温度，由于温度变化引起的热弹性应力场分布仅在冷却区域受到影响，冷却区以外不受其影响。对于裂缝周围温度均匀变化的区域，Perkinz 和 Gonzales 等在1985年给出了垂直和平行于椭圆主轴的热弹性应力场数学表达式如下：

$$\frac{(1-\nu)\Delta\sigma_{xx}}{E\beta\Delta T}=\frac{e_0}{1+e_0}+\frac{1}{1+e_0}\{1/[1+\frac{1}{2}(1.45h_b^{0.9}+0.35h_b^2)(1+e_0^{0.774})]\} \tag{7-22}$$

$$\frac{(1-\nu)\Delta\sigma_{yy}}{E\beta\Delta T}=\frac{e_0}{1+e_0}+\frac{1}{1+e_0}\left\{\begin{array}{l}1/[1+\frac{1}{2}(1.45h_b^{0.9}+0.35h_b^2)+\\ \frac{1}{2}(1.45h_b^{0.9}+0.35h_b^2)(1-e_0)^{1.36}]\end{array}\right\} \tag{7-23}$$

边界条件是裂缝内压力一定，且以恒定排量注入，远处孔隙压力等于原始孔隙压力。

图7-31是温度变化诱导的热弹性切向应力场分布图，从中可看出，切向应力呈现类似椭圆形的分布特征，距离裂缝越近，切向应力减少越明显，这是由于压裂液在近井滤失冷却地层后温度变化引起地层骨架收缩所致，超过一定距离后，温度变化诱导的切向应力场变化为零。

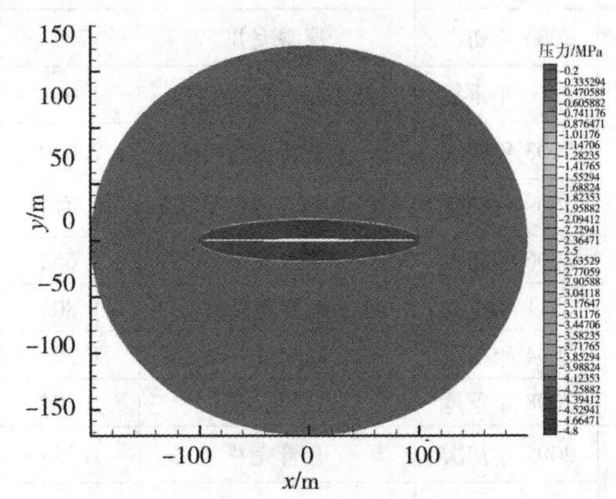

图7-31 温度变化诱导的热弹性切向应力场分布平面图

（四）水平井重复压裂现场应用

德文能源公司自2008年以来对巴内特页岩层13口水平井进行了重复压裂改造。经过重复压裂井选择标准的优化、考虑成本控制、改进压裂设计，水平井重复压裂的经济效益逐渐提高。

最初开始以长400～450ft射孔簇距的老井为目标，使用转向剂，应用微震技术，改变转向剂，增加了重复压裂的改造范围。2007～2008年利用转向剂对射孔簇间距长的井进行重复压裂，但是存在转向剂价格较高，没有选出储层压力系数保持较好的区域。2010年，除了暂堵转向外，开始尝试其他方法。首先通过产能分析筛选出低补偿井密度的地区，以确保有足够的储层压力和潜在储量，然后利用挤水泥和可膨胀套管技术进行重复压裂。除了一口井（井13H）重复压裂后没有产量，明显完全失效外，其余水平井的重复压裂的效果都较好。压裂作业资料见表7-7。

表7-7　压裂作业资料（初次压裂和重复压裂）

井号	年份	初始完井方式/重复压裂方法	总射孔簇间距/ft	压裂段数	射孔簇数	压裂液用量/千桶	砂量/千磅	泵速/(bbl/min)
1H	2003年初次	注水泥+部分裸眼	2.862	3	4	124	647	100～120
	2011年重复	挤水泥并重新射孔	3.262	2	10	85	734	80～100
2H	2003年初次	裸眼完井	3.505	1	8	113	1000	200
	2008年重复	转向剂	3.505	9＊	8	97	1810	120
3H	2003年初次	裸眼完井	1.604	1	5	84	242	115
	2010年重复	转向剂	2.079	2	5	60	1044	80
4H	2006年初次	套管完井	2.374	3	7	54	856	75.95
	2011年重复	挤水泥并重新射孔	2.846	2	9	76	655	80
5H	2003年初次	裸眼完井	2.206	1	5	100	855	135
	2007年重复	转向剂	2.206	8＊	9	61	1606	100
6H	2004年初次	裸眼完井	1.603	1	5	77	400	125
	2008年重复	转向剂	1.603	4＊	6	95	1286	120
7H	2006年初次	裸眼完井	702	1	3	33	520	100
	2010年重复	挤水泥并重新射孔	1.003	3	7	41	351	80
8H	2003年初次	套管完井	2.019	2	3	101	693	90.12
	2008年重复	转向剂并增加射孔	2.413	3＊	7	73	1260	105
9H	2006年初次	裸眼完井	1.652	2	4	55	916	80
	2011年重复	挤水泥并重新射孔	1.802	3	8	46	361	65～80
10H	2004年初次	裸眼完井	1.204	1	4	24	330	100
	2008年重复	只用泵加压	1.204	1	4	48	1000	120
11H	2005年初次	套管完井	1.754	2	6	58	624	90～110
	2008年重复	转向剂	1.754	3＊	7	73	1260	105
12H	2004年初次	裸眼完井	1.204	1	4	32	280	110
	2008年重复	转向剂	1.204	2＊	6	53	1113	95

续表

井号	年份	初始完井方式/重复压裂方法	总射孔簇间距/ft	压裂段数	射孔簇数	压裂液用量/千桶	砂量/千磅	泵速/(bbl/min)
13H	2004 年初次	裸眼完井	2.707	2	7	121	1217	120~135
	2010 年重复	可膨胀套管	2.797	3	8	81	1316	80
平均	2004 年初次	裸眼完井	1.954	2	5	75	660*	115
	2009 重复压裂	转向剂	2.129	3	7	68	1061*	96

注：*表示以泵送转向段为基础的段。

第八节 高通道压裂技术

（一）高通道压裂的概念

1. 常规压裂裂缝支撑方式

水力压裂的目的是建立从地层到井筒的流动路径，提高油气井产能。常规压裂技术通常采用支撑剂填充裂缝，保持裂缝开启，从而建立有效生产通道。

传统压裂裂缝中支撑剂铺置后的导流能力受支撑剂性能、液体性能以及闭合应力特征影响较大。传统压裂裂缝中支撑剂的铺置采用的是支撑剂连续的堆积铺置方式，这种支撑剂铺置方式导流能力来自于支撑剂颗粒之间形成的细小渗流空间，而这些渗流空间的大小以及连通性影响到裂缝最终的导流能力。因此这种铺置方式下的裂缝导流能力受支撑剂破碎、压裂液水不溶物、破胶残渣、支撑剂嵌入的影响较大，当储层的闭合应力较高，随着生产时间延长，裂缝的导流能力的损失逐渐增大，最终影响到压后初期效果和稳产效果。与此同时，支撑剂的选择必须要满足地层闭合应力的需要，地层闭合应力越高，所选择的支撑剂强度越大，而其成本也就越高。在浅层使用的支撑剂（石英砂）价格是深层压裂使用支撑剂（陶粒）价格的1/10左右。以往室内研究表明，不同支撑剂铺置方式下的导流能力不同，理想的单颗粒不连续铺置获得的裂缝导流能力最大，连续多层堆积铺置导流能力次之，单颗粒（单层）连续铺置获得的导流能力最小。但是单颗粒不连续铺置工艺技术在实际裂缝中的应用时不可行的。一方面是铺置工艺上无法实现，另一方面，由于受到支撑剂嵌入、破碎、以及裂缝壁面凹凸不平的影响，如果在实际的裂缝中进行单颗粒铺置将会导致裂缝完全闭合。

2. 高通道压裂裂缝支撑方式

高速通道压裂指的是在水力压裂储层的过程中，通过特殊的泵注方式和液体体系的设计，进入水力压裂裂缝中的支撑剂局部聚集成团块状，并使得这种团块支撑剂在裂缝内部形成不连续铺置，最终实现靠该类支撑剂团块支撑裂缝不闭合[22-28]。在这种工艺下，油气的渗流通道不再是支撑剂颗粒形成的孔隙，而是团块之间无支撑剂支撑的孔道，该类油气渗流孔道由于无支撑剂的阻碍，理论上导流能力无限大。实验及现场应用发现，该导流能力能够比常规压裂裂缝的导流能力高出1~3个数量级。

（二）技术优势

高通道压裂技术是近两年出现的新工艺，该工艺核心是将支撑剂以支撑骨架（支撑剂团，类似单颗粒不连续支撑）的形式不连续的铺置在压裂裂缝内部形成桥墩形式的支撑方式。这种类似单颗粒不连续的铺置方式下支撑剂团块内部之间的空隙（类似传统铺置方式）不作为油气渗流的主要通道，因此支撑剂性能对裂缝导流能力几乎没有影响，而支撑剂团块之间形成的高速无障碍通道网络才是流体通过的主要路径，从而较传统铺置方式能够成倍地增加裂缝导流能力，大大提高压裂效果。与常规压裂裂缝支撑剂铺置方式相比，高通道压裂工艺具有以下优势。

1. 减少支撑剂量

由于使用段塞式支撑，因此铺满同样大小的裂缝所需要的支撑剂量要小于连续铺置所需的支撑剂，具体根据储层特征的不同，可以减少支撑剂 20% ~40%。

2. 降低施工用液量

由于支撑剂的总体规模降低，因此携带支撑剂所需的压裂液量相应的减少。

3. 提高施工成功率

由于泵注过程中采用脉冲式段塞泵注，因此施工风险大大降低。

4. 降低支撑剂承压级别

由于高通道压裂工艺中，形成的水力裂缝导流能力中起关键作用的是支撑剂团块之间的大孔道（无支撑剂部分），而支撑剂团块内部本身的导流特性可以忽略不计，因此支撑剂本身的性能，包括强度、破碎率、支撑剂嵌入等对导流能力的影响可以忽略，因此在支撑剂的选择上可以采用较低规格的支撑剂，从而最终降低成本。

（三）高通道压裂的关键技术

该工艺核心在于如何形成支撑剂的不连续柱状支撑和如何形成符合现场施工条件的施工工艺设计方法，利用支撑剂段塞注入和拌注纤维等技术，实现支撑剂在裂缝内部的非连续铺置，并能保证在生产过程中支撑剂团块长期稳定。从而在裂缝内部造出稳定而敞开的油气流动网络通道，提高压裂改造效果。因此在施工工艺遵循的关键技术要点如下。

1. 独特的泵送设备

该设备能将设计好的压裂液及纤维以设定的泵注排量将纤维、支撑剂、压裂液的混合液/压裂液进行循环交替泵注，交替频率为 20 ~30s。

2. 独特的分簇射孔方案

常规射孔一般为连续射孔，而高通道压裂射孔则需要不连续分簇射孔，分簇射孔提高了进入裂缝的支撑剂段塞间的分离效果，从而确保从裂缝到井筒之间的流通路径具有最佳导流能力。

3. 独特的纤维混注

该技术必须混注纤维，才能使得脉冲式泵注的支撑剂段塞能够聚集在一起并在泵注过程和生产过程中保持稳定。

4. 选层条件分析技术

1）温度适应性

实现高通道压裂的关键是支撑剂能够形成团块状并在裂缝内部铺置，同时还要保证支撑剂团块在泵注过程以及生产过程中能够保持稳定，而支撑剂团块保持稳定的关键则是与之匹配的纤维的加入。因此纤维的使用条件就成为了高通道压裂工艺能否实现的关键。目前的纤维的耐温范围在 40～150℃，过高的温度会导致纤维的分解，从而无法实现支撑剂的聚集和团块的稳定性。

2）地层岩性特征（渗透率）适应性

影响压裂裂缝支撑剂铺置浓度的储层特性主要包括储层的岩性特征和岩石力学特征。在裂缝延伸及支撑剂铺置过程中，储层的岩性特征主要体现在储层岩石的渗透率上。一般砂岩的渗透率要高于页岩的渗透率。另一方面由于岩性不同导致岩石力学特性不同，这包括杨氏模量、泊松比、闭合应力梯度等几种因素。

根据研究发现，针对不同的岩性，在页岩中支撑剂不连续铺置效果要好于砂岩储层[29]。针对不同的储层渗透率，渗透率低的储层比渗透率高的地层更容易实现高通道。其原因在于：在砂岩地层，储层的渗透性较好，液体滤失较大，使得液体的效率较低，压裂液携砂效果较差，其造缝能力受到影响，支撑剂进入裂缝内部后，段塞与段塞之间容易相互干扰，而在低渗地层中，其渗透率较低，液体滤失小，造缝效率高，同时进入地层后，液体的携砂效果也较好，因此能够获得较好的不连续铺置效果。压裂裂缝壁面积大小表明了液体造缝效率的好坏，如图 7-32 所示是不同岩性地层中的裂缝面积，砂岩裂缝面积小于页岩的裂缝面积，低渗地层的裂缝壁面积大于高渗地层。

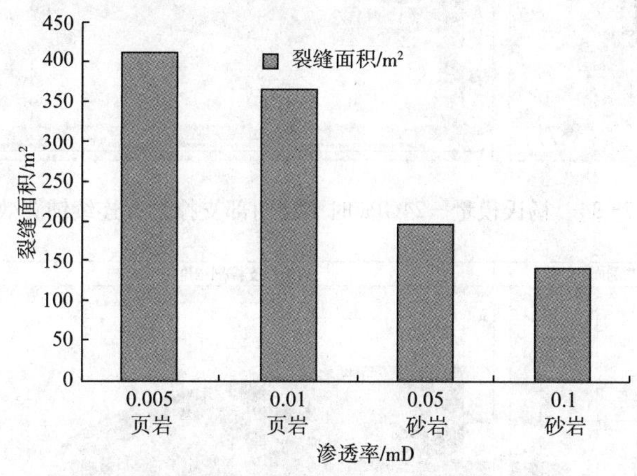

图 7-32　不同岩性（渗透率）下的裂缝壁面积和平均导流能力

由于裂缝壁面积大，因此支撑剂段塞之间相互干扰的几率变小，因而更容易形成不连续支撑，而高渗地层由于裂缝壁面积较小，支撑剂在裂缝中运移的距离相对较短，相互之间容易受到干扰，因此仅仅是裂缝铺置层数的增加。

3）岩石力学参数及地应力

（1）杨氏模量。

杨氏模量从低到高一定程度上能够反映储层岩石由软到硬。模拟结果见图 7-33～图 7-36 所示。从图中看出，杨氏模量与支撑剂的不连续铺置效果成争正相关关系，杨氏模量越大，所得到的支撑剂不连续铺置效果越好。

（2）泊松比。

根据泊松比模拟结果，泊松比对裂缝内部支撑剂的不连续铺置影响较小，不同的泊松

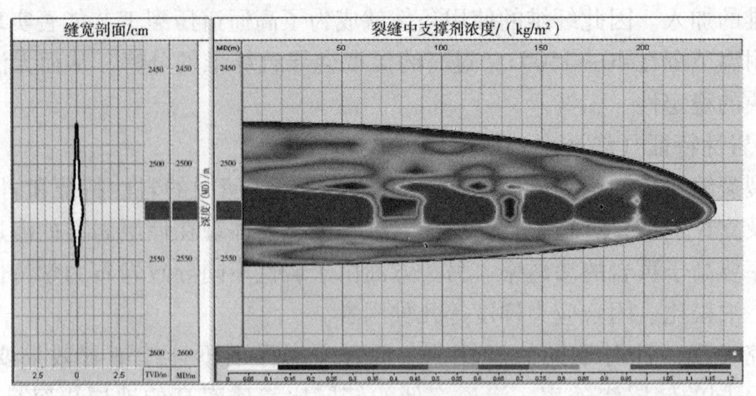

图 7-33　杨氏模量 = 12GPa 时裂缝内部支撑剂不连续铺置效果

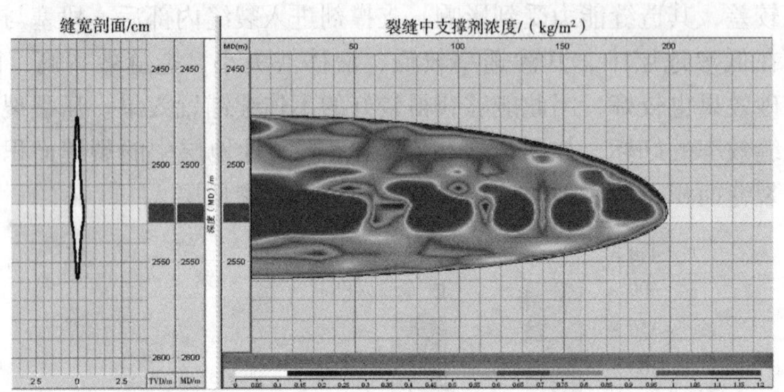

图 7-34　杨氏模量 = 24GPa 时裂缝内部支撑剂不连续铺置效果

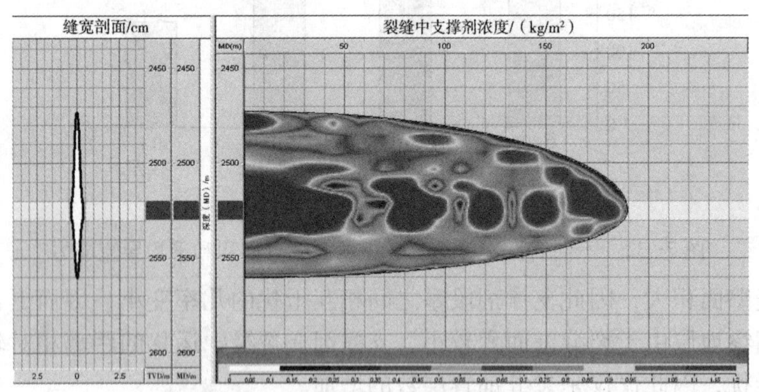

图 7-35　杨氏模量 = 36GPa（P_c = 0.0155MPa/m）时裂缝内部支撑剂不连续铺置效果

比得到的支撑剂铺置剖面无太大差别，裂几何参数也没有受到太大影响。

（3）闭合应力梯度。

闭合应力即最小主应力大小是指储层的最小主应力，该影响主要体现在两个方面，一方面影响到裂缝的闭合强度，进而决定支撑剂的强度的选择以及支撑剂嵌入程度。同一种支撑剂，闭合应力越高，支撑剂的破碎情况越严重，同时支撑剂的嵌入比较严重。另一方面是，储层的闭合应力与隔层应力差影响到裂缝高度的延伸，两者之差越大，控制缝高越

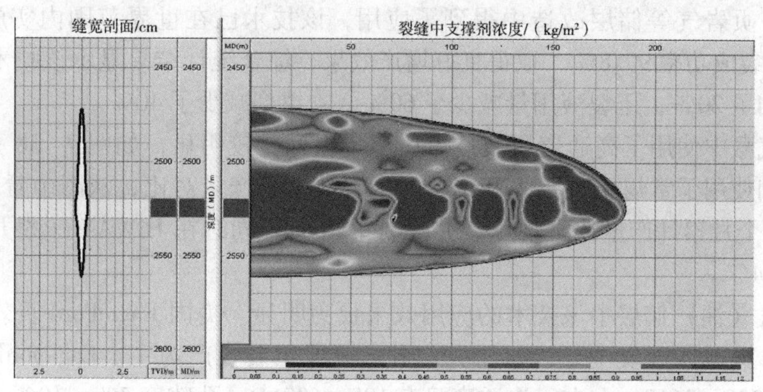

图 7-36　杨氏模量 =48GPa 时裂缝内部支撑剂不连续铺置效果

有利，两者之差越小，缝高越难以控制。

此次模拟的隔层应力梯度 0.0194MPa/m，储层的闭合应力梯度分 3 种情况，分别为 0.0135MPa/m（低闭合应力）、0.0155MPa/m（中等闭合应力）、0.0175MPa/m（高闭合应力）。储层的杨氏模量选择 36GPa，泊松比选择 0.23，储层渗透率为 $0.01\times10^{-3}\mu m^2$。

当储层的闭合应力梯度在 0.0135MPa/m，此时储层/隔层应力梯度差达到了 0.006MPa/m，其应力差达到了 15MPa，模拟结果见图 7-37。此时裂缝高度得到了控制，但是裂缝内部支撑剂连续铺置的特增比较明显，压裂裂缝内没有形成较为明显的高通道。

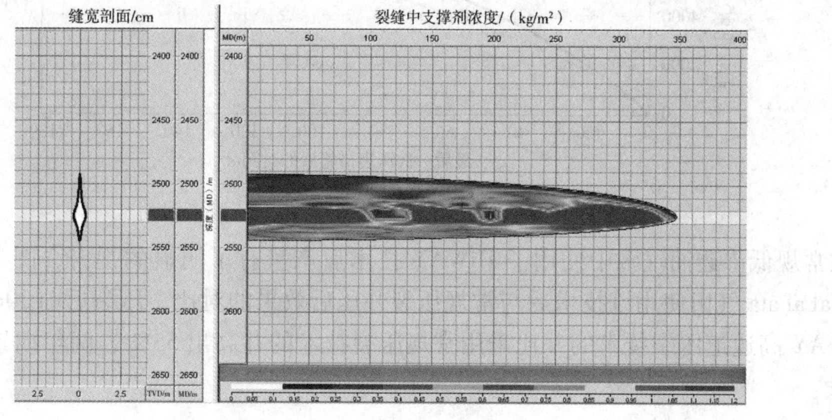

图 7-37　闭合应力梯度为 0.0135MPa/m 时裂缝内部支撑剂不连续铺置效果

当储层闭合应力梯度逐渐增加至 0.0155MPa/m 的时候。储层/隔层应力差梯度差达到了 0.004MPa，实际的应力差为 10MPa，此时裂缝缝高延伸较大，缝长较短，裂缝内部的支撑剂不连续铺置效果得到大大提升。

当储层闭合应力梯度持续增加至 0.0175MPa 的时候，储层/隔层梯度差达到了 0.002MPa/m，实际的应力差为 5MPa，此时裂缝高度超过了裂缝的长度，裂缝完全失控，但是裂缝内部的支撑剂不连续铺置效果最好。综合各研究结果，该种工艺适应于地层的杨氏模量与裂缝闭合应力比高于 1000 的储层。

（四）高通道压裂技术的现场应用

高通道压裂技术在美国、俄罗斯、南美和北非、中东等超过 15 个国家和地区的低渗透、致密气、页岩气等储层改造中得到了应用，该技术已在世界范围内实施超过10000（段）次，压裂成功率99.8%，取得良好增产效果。综合统计结果显示该技术的应用使得产量平均增加了20%，压裂液用量减少了60%，支撑剂减少了40%。

在致密气藏中使用了高通道压裂技术后产量提升比较明显，如图7-38是在Jonah气田两口井分别使用了常规压裂技术和Hiway压裂技术的产量对比，从图中看出，使用Hiway技术后6个月累计产量比常规压裂井提高了26%，同时在HiWAY压裂井中使用的支撑剂量减少44%。

在页岩气（油）储层中该技术的应用效果更为明显。美国EagleFord页岩储层主要以页岩油为主，该地区开发主要以水平井完井、分段压裂投产为主。Eagleford页岩储层致密，埋深在1220~3660m左右，渗透率只有100~600nD，孔隙度7%~10%。井底温度和压力也很高，储层温度大约在132~166℃，地层压力大约在48.3~69.0MPa。杨氏模量在13800~31050MPa之间。在Eagleford中应用高通道压裂技术后，产量增加了43%，压裂液用量减少了58%，支撑剂减少了35%。

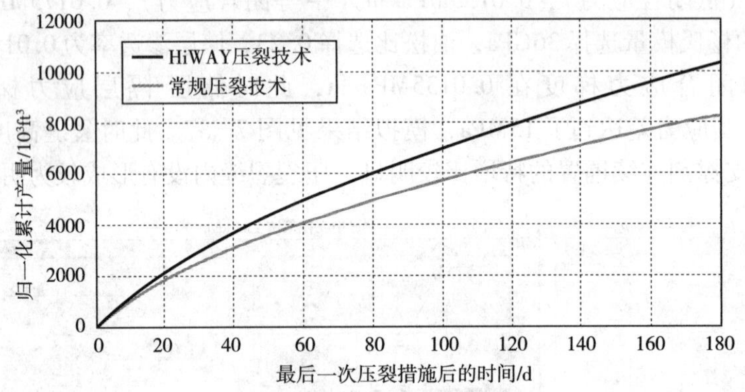

图7-38　Jonah气田高通道压裂与常规压裂产量对比

在常规低渗透油气藏中使用了HiWAY技术后产量有了明显的提升，图7-39是阿根廷LomaLaLata气田使用该技术后与常规压裂井压后效果的对比。压裂后前30d的产量，采用HiWAY高通道压裂技术的井比采用常规压裂技术的井高出53%，两年期累积产量提高了29%。

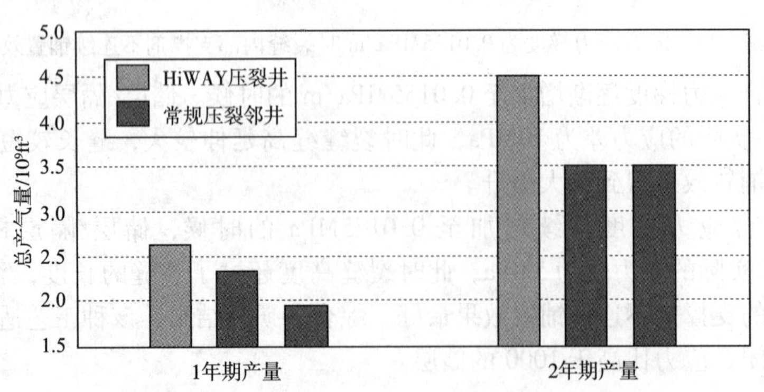

图7-39　LomaLaLata气田高通道压裂与常规压裂产量对比

第九节　宽带压裂技术

（一）宽带压裂技术的概念

快钻式桥塞分段射孔加砂压裂技术是页岩气水平井分段压裂的主流技术，该技术可在水平段形成多条裂缝，进而形成更加复杂的缝网，有效提高压裂改造体积（SRV），从而获得更好的增产效果。但是这种粗放的分段和压裂方式无法保证整个水平井段都得到有效改造。根据 Barnett 某口页岩气井生产测井结果显示，该井大约 50% 的射孔簇无效，21% 的射孔簇贡献了 70% 的产量，29% 射孔簇低效，进而通过 100 多口页岩气水平井生产测井分析出有效射孔簇占总射孔簇的比例仅为 20% ~40%。其主要原因是由于水平段长度方向不同射孔段之间的应力不同导致地层的破裂压裂出现差异，具有较低应力和破裂压裂的射孔段优先进液并形成优势裂缝孔道，而高应力射孔段少进液甚至不进液，进而形成较短的裂缝或者没有裂缝使得高应力射孔段没有得到充分改造。宽带压裂技术就是针对上述改造方式改造不充分开发出来的。

所谓宽带压裂增产技术，就是能通过液体转向，把未改造到或者改造不充分的那部分射孔簇充分改造，从而实现井筒最大覆盖和油气藏接触的最大化、增加产量和提高采收率。快钻式桥塞分段射孔加砂压裂在两个桥塞之间一般有 4 ~6 个射孔簇甚至更多，分流暂堵宽带压裂时，压裂液首先进入应力较低的簇进行改造，当达到优化设计的液量和砂量后，泵入可降解纤维和不同目数的可降解暂堵球，在缝口和炮眼处进行暂堵，迫使工作液转向，转向高应力区射孔簇。如此保证了整个压裂段内的高、低应力区的所有簇均得到比较充分的改造，扩大了井筒覆盖与接触面积，形成了一条高速的人工裂缝宽带，进而提高油气的产量。由于分流暂堵宽带压裂新技术与传统的分段压裂相比，储层的改造动用率更充分，所以累计产量及最终采收率得到提高。

（二）宽带压裂的技术优势

1. 能大幅度提高多簇裂缝的同时起裂和延伸

由于页岩的强非均质性，多簇压裂时很难保证所有簇都能获得起裂和延伸的机会，总有 1 簇或少数簇获得优先起裂和延伸，一旦这些簇的裂缝先延伸了，则其他簇再没有机会起裂和延伸，即使有也延伸很不充分。而宽带压裂通过在水平井筒的射孔炮眼处注入暂堵纤维和封堵球等混合物，可以在已起裂的炮眼处起到封堵作用，可以迫使后续的压裂液向先前未有起裂裂缝的位置重新起裂和延伸裂缝，从而提高了多簇裂缝均匀起裂延伸的概率。

2. 施工操作简单，便于现场执行

由于仅在施工的中后期注入暂堵材料，注入工艺相对简单，成本投入也不高。

3. 可以减少套变的概率

由于多簇接近均匀的起裂和延伸，套管承受的应力破坏作用相对均匀，利于分散套管的应力集中效应。

（三）宽度压裂的关键技术

1. 暂堵材料的优选

储层特征、地层应力、用液规模、施工参数等的不同，形成的水力压裂裂缝宽度和高度也不同，因此对封堵所需要的暂堵球的尺寸和承压强度的要求也不同。具体的封堵球设计需要压裂前进行综合模拟优化。

1）暂堵球大小比例分布的优化

为优化暂堵球大小比例分布，设计一套连接注射器及模拟裂缝腔体（缝宽 8 ~ 16mm）的实验装置。裂缝腔体内装有筛网，筛网的直径小于最大暂堵球的直径但大于剩余的其他暂堵球的直径，腔体内金属丝线充当滤网，以此阻挡最大的暂堵球，从而模拟最大暂堵球暂堵裂缝入口处的情况。实验所使用的液体为 0.5% 的瓜尔胶溶液和暂堵球的复合压裂液，注射器把复合压裂液驱入模拟裂缝腔体内，从而形成暂堵段塞。详细记录模拟裂缝腔体内暂堵段塞形成所需要的复合压裂液体积与各种类型暂堵球的大小并可作图分析。

2）不同温度下暂堵段塞承压能力研究

当暂堵材料被输送到井底后，在整个压裂施工过程中保持其暂堵能力，这非常重要。

复合压裂液被泵送至模拟人工裂缝内，泵送排量为 100 ~ 999mL/min；暂堵颗粒被管路内的压力加压铺置在人工裂缝处，并对整个管路和人工裂缝加热；加载的压力及加热温度在几小时内保持恒定。测试结果：复合压裂液在 8.3MPa 的压差下保持 4h 有效，这一时间超过了正常情况桥塞分段压裂时分流暂堵压裂所需要保持的有效时间，测试的温度为 45 ~ 95℃，所有的实验均未观察到暂堵材料从模拟人工裂缝内被推挤出。这一实验结果是段塞暂堵能力的有效证明，而且也没有观察到液体从暂堵段塞中渗流或者从两旁绕流出来。复合压裂液在应用井中的实际测试表明：暂堵材料能够承受至少 25.5MPa 的压差，这一暂堵新增的压力足够压裂液分流转向。

3）暂堵材料的降解实验研究

设计实验研究复合压裂液中的固体暂堵颗粒降解动力学，用一定数量的固体暂堵颗粒与水混合后放入 100mL 的密闭瓶中，放入烘箱内加热，对样品中不能降解的物质烘干后称重。降解固体暂堵颗粒在缺水的状态下进行降解研究，因为在实际工况下，暂堵段塞有可能因致密压缩而接触水不多。此实验来证明缺水的状态不会影响固体暂堵颗粒的降解。固体暂堵颗粒完全降解所需要的时间由井底的温度决定。研究结果表明，在实验的温度范围内，暂堵颗粒的大小对降解速度没有太大的影响，其溶解过程由体积降解控制而非表面积降解控制。以上实验模拟的是在水充足情况下的降解情况。同样，也模拟了在井底缺水环境下的降解实验。当水的质量与暂堵颗粒的质量比低至 0.25∶1 时，实验测试的结果表明，暂堵颗粒的降解速率并没有因为水的减少而变慢。

2. 现场实施控制技术

分流暂堵宽带压裂工艺流程分为 3 个步骤：第一步，根据压裂工艺设计和施工泵注程序开开始正常的加砂压裂，直至最后一个加砂阶段技术并顶替完毕后进入第二个步骤，即开始泵注混有暂堵剂和纤维的混合压裂液，此时由于摩阻增加根据井口压力适当降低施工排量，精确计量泵入井内的混合压裂液体积，当混合压裂液到达预定射孔段后降低排量至2m^3/min以下并保持稳定，观察井口压力变化，当井口压力开始上升，说明混合压裂液进入炮眼起到封堵作用，继续泵注混合液观察井口压力上升情况，当井口压力上升至一定值后不再上升并保持动态稳定，说明炮眼已经封堵成功压裂液已经转向。此时转入第三步，开始提升排量至加砂压裂设计排量值，按照压裂工艺设计及泵注方案进行加砂压裂直至结束该步骤，此后重复上述第二步和第三步完成所有射孔段的转向压裂。根据实际经验，一般每个射孔段转向1~2次就能实现整个射孔段的完全改造。

(四) 宽带压裂的现场应用

1. 现场实施方案

为研究分流暂堵宽带压裂新技术的效果，选用两口水平井进行压裂，一口井实施分流暂堵宽带压裂新技术，另外一口井采用传统的压裂工艺，为了更好的对比两口井的压裂效果，两口井都采用施工压力监测和微地震监测进行后期评估。分流暂堵宽带压裂中压裂第一段时脱砂风险较高，因此采用传统的压裂工艺，后续井段都采用分流暂堵宽带压裂技术，每一段暂堵复合压裂液用量相同。

根据微地震监测结果，应用传统工艺的井中，绝大多数微地震事件发生在射孔簇的根部（即射孔簇靠近A靶点的方向）；大约施工进行到一半、缝内净压力上涨以后，先前的射孔簇微地震事件停止，然后最靠近根部的位置射孔簇开始进液压裂。在应用新技术井中，在施工作业的前期，微地震事件发生在与参照井相比趾端的位置，在第一大步骤作业进行到一半左右，微地震事件向根端附近发展；暂堵材料泵入后，微地震事件发生在先前两个部分的中间，由此可以说明，第二大步骤压裂施工主要对中间的射孔簇进行了改造。

2. 试验效果

两口井改造后应用相同大小的油嘴并控制相同的生产压差进行测试。由于两井的水平段长不同，考虑到压裂的段数及施工作业情况，依据水平段长对综合产量进行了标准化。经过160d的生产，新工艺实施井比对照井的标准化累计产油当量提升15%。新工艺实施井产量的增加，再加上暂堵后停泵压力的增加及微地震监测数据综合说明：新工艺对水平段的更多射孔簇进行了改造，从而导致综合产量的增加。分流暂堵宽带压裂技术对于桥塞分段时增加改造到的射孔簇数、增加段长（从而减少桥塞的数量及节省提放电缆的作业时间）、补救作业及重复压裂作业都具有很大的潜力。

第十节 井工厂压裂技术

一、井工厂压裂的概念

“井工厂”最早从美国页岩气开发过程中提出，包括“井工厂钻完井”[30,31]和“井工厂压裂”[32]，更有的区块，水平井钻完井周期和压裂周期几乎一致，实现了井工厂钻完井和压裂一体化的技术。在国内，近几年华北大牛地、涪陵页岩气田也开展了若干次井工厂压裂[33-35]。

“井工厂压裂”是指以单平台多口井为基础，集中各种大型压裂设备压裂工具下井与压裂施工流水线交叉作业和在线配液模式，可实现各工序无缝连接。

拉链式压裂是一种“井工厂压裂”技术，能够较大的提高施工效率，指的是有两口或更多的井在一个井场依次压裂和射孔。一套压裂车组连接各个井口，以两口井为例，即当第二口井第一段压裂时，第一口井处于泵送桥塞阶段，第二口第一段压裂完，第一口井泵送结束后开始压裂第二段，如此反复，直至两口井压裂完成。拉链式压裂其有着较大的好处，能在两口水平井间实现更大的网络裂缝，同时在地面上大幅度降低作业时间，其作业流程如图 7-40 所示。

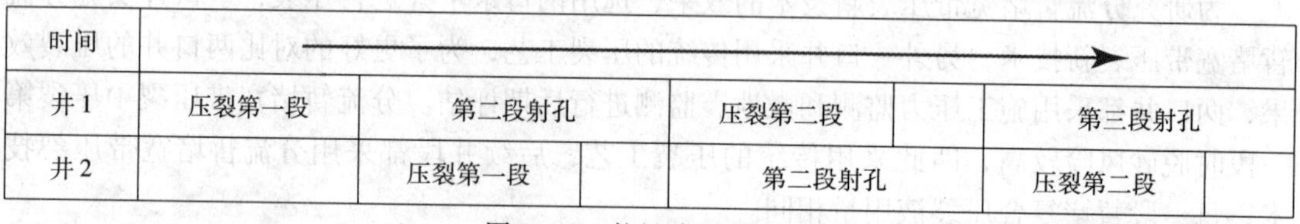

时间	→				
井 1	压裂第一段	第二段射孔	压裂第二段	第三段射孔	
井 2		压裂第一段	第二段射孔	压裂第二段	

图 7-40　拉链式压裂流程

同步压裂也是一种“井工厂压裂”方式，指的是有两口井或者更多的井在一个井场同时压裂和射孔。各井需要配备一套压裂车组，以两口井同时压裂，同时泵送桥塞射孔，直至两口井压裂完成。同步压裂在两口水平井间实现更大的网络裂缝有着较大的好处，但在地面上需要两套车组，而且压裂和射孔时间没有得到优化，且常常受组织和协调的问题影响，降低了压裂效率，因此其在美国应用较少，其作业流程如图 7-41 所示。其压裂机理与拉链式压裂有着较大的相同之处，主要受诱导应力场作用形成远井复杂裂缝。

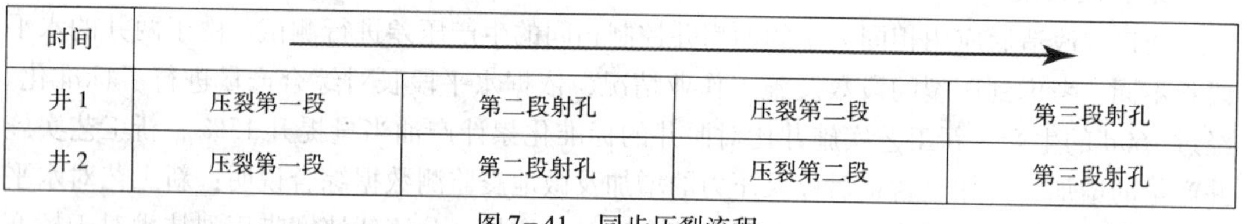

时间	→			
井 1	压裂第一段	第二段射孔	压裂第二段	第三段射孔
井 2	压裂第一段	第二段射孔	压裂第二段	第三段射孔

图 7-41　同步压裂流程

二、井工厂压裂的技术优势

（1）节约化作业，可以大幅度提高压裂作业的时效。

由于是多井同时压裂，可以降低施工中间的等待时间，大幅度提高压裂作业的时效，由原先的一天压裂 1 ~ 2 段，提高到目前的一天压裂 4 ~ 8 段。

（2）节约征地面积和压裂设备动迁费用，大幅度节约成本。

由于多口井集中于一个平台上，与单井相比，可大幅度降低征地面积和设备动迁费，以前是压裂一井次就动迁一次，现在是压裂 4 ~ 8 口井次才动迁一次，因此，平摊到每口井上的有关费用就大幅度降低。

（3）压裂液可循环利用，有利于降低压裂液的成本和压裂返排液的处理费用。

由于井距离较近，省去了返排液的拉运和处理等费用。有时压裂返排液可直接循环利用或进行少量的处理工作就可循环利用，大大降低了压裂液的成本。

（4）多井同时压裂时，井底多井压裂的诱导应力相互叠加，大大增加了裂缝的复杂性。国外资料证明，在同等条件下，井工厂压裂的裂缝复杂性程度可增加18%以上，压后产量甚至可以增加20%以上。

三、井工厂压裂的关键技术

1. 多井压裂诱导应力的模拟技术

井工厂压裂技术，在压裂效率方面提高较快，通常开展单井压裂时，一天压裂2～3段，而实行两口井的井工厂压裂，一天可压裂4～6段，井数越多，井工厂压裂管理组织合理，则越能提高压裂效率。美国曾在一个丛式井平台上压裂22口井，用时20d，共压裂129段，泵入400000桶水，129000包砂，白天作业，轮换压裂和测井人员以提高安全性和效率。

井工厂压裂技术另外的一个优点是促使水力裂缝扩展过程中相互作用，产生更为复杂的缝网，增加改造体积（SRV），提高初始产量和最终采收率，Parker的29个区块和Johnson的104个区块分析表明，平均产量比单独压裂可类比井提高21%～55%。

井工厂压裂技术实现更大的网络裂缝的原理主要归因于诱导应力。由于水力裂缝沿最大主应力方向延伸，在3个主应力方向上裂缝面受均匀内压作用，会产生诱导应力，但影响大小有较大的区别。

根据上述计算模型，计算单一主裂缝产生的诱导应力如图7-42所示。

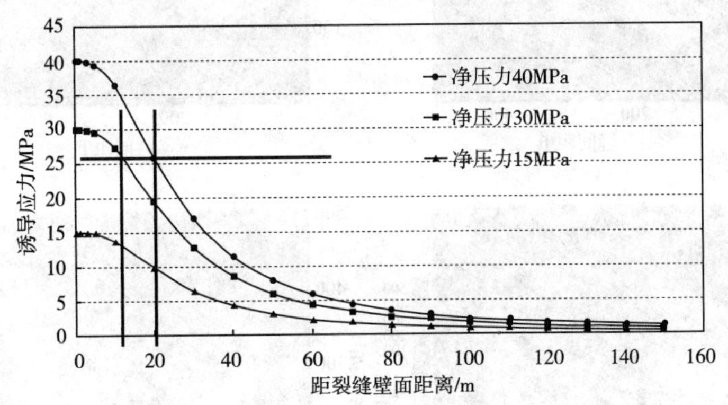

图7-42　焦页1HF井单一缝不同净压力产生的诱导应力作用距离

国外在两条裂缝间的诱导应力场开展了研究，如图7-43所示，两条裂缝距离500ft，在两条裂缝间设置一条裂缝来研究诱导引力场，研究发现，中间这条裂缝对整个诱导应力作用非常大，缝长越大，引起的裂缝诱导应力场范围越大，图7-44指裂缝尖端的剪切应力受缝长的影响程度，缝长达到250ft以上，剪切应力场发生叠加，这将易在这片叠加区域产生远井复杂裂缝。

对于拉链式压裂，主要有两种布缝方式，产生的效果有较大的不同，两种布缝模式如图7-45所示。

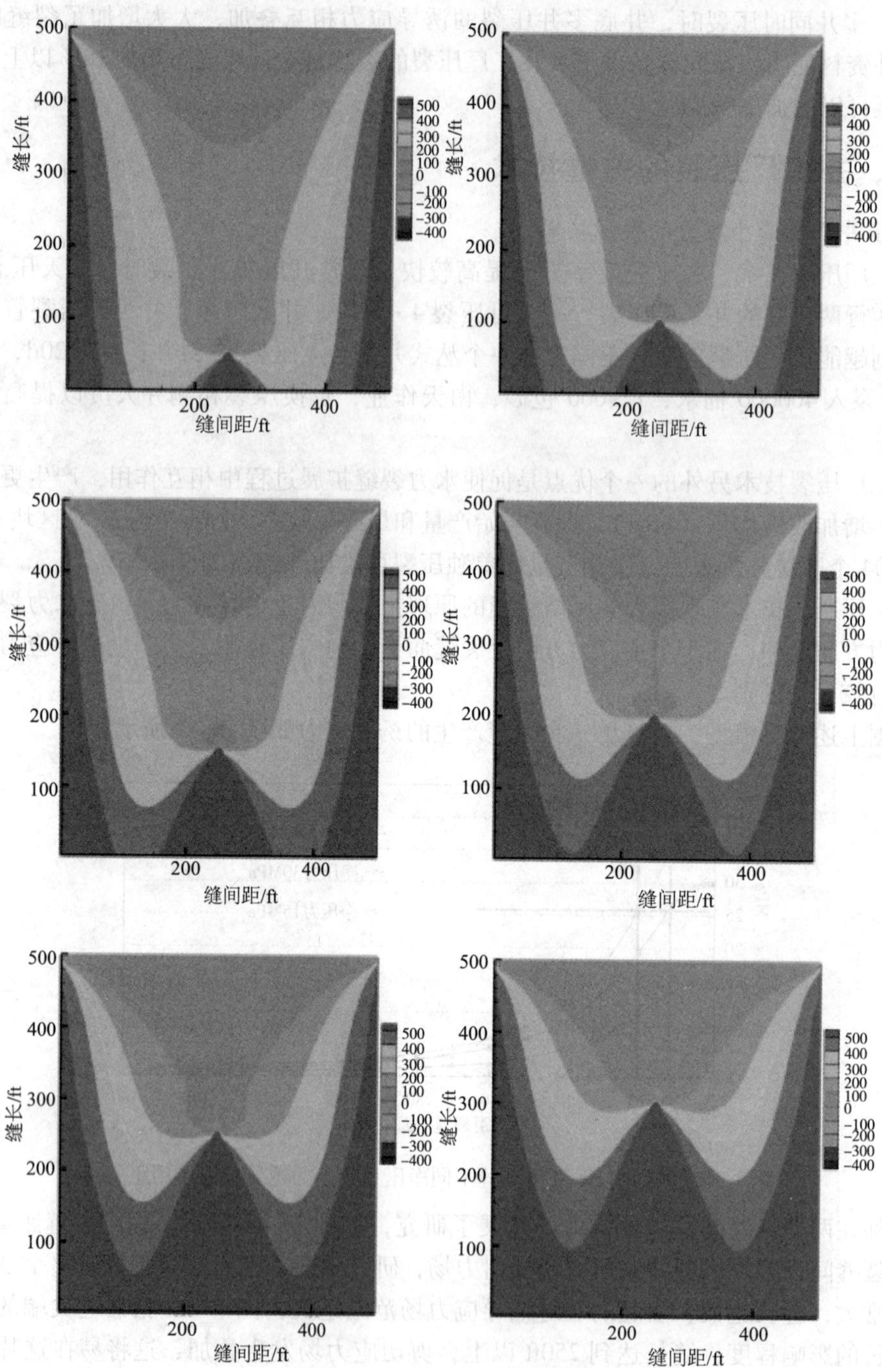

图 7-43　不同缝长（50ft、100ft、150ft、200ft、250ft 和 300ft）在最小水平主应力方向产生的诱导应力场

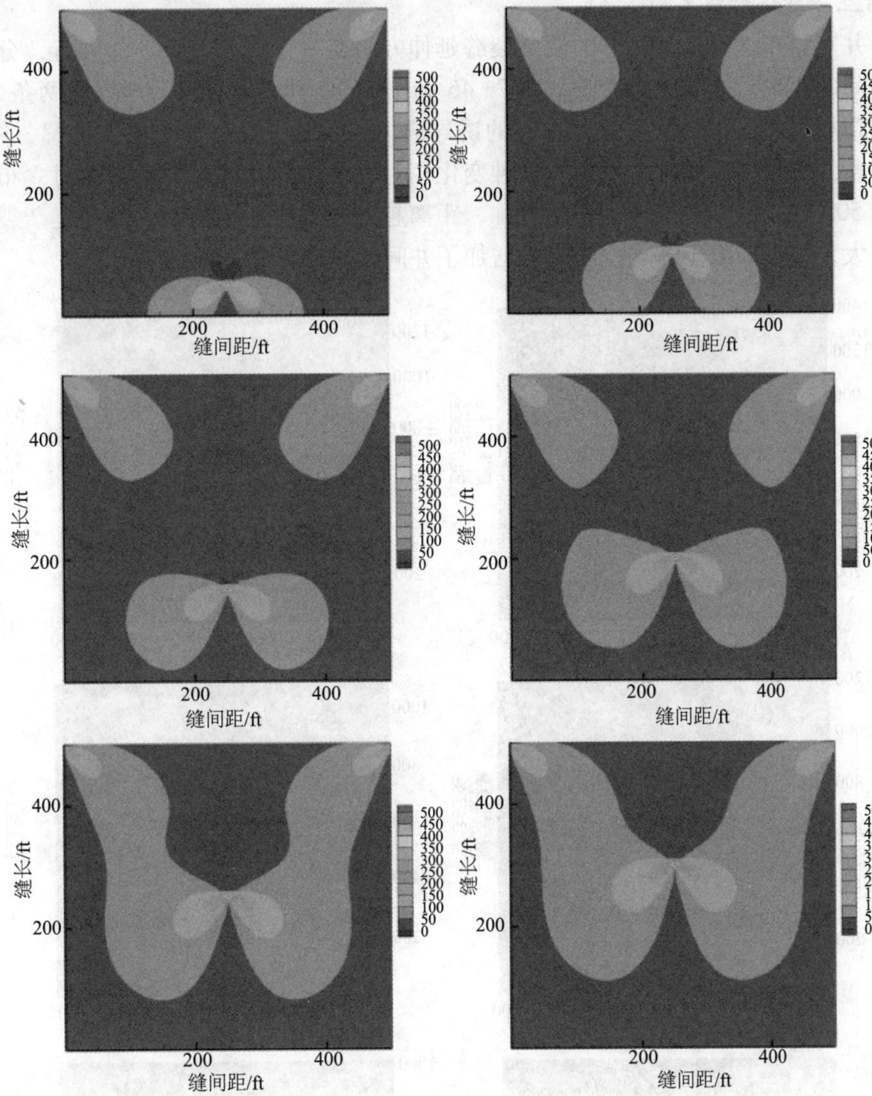

图 7-44　不同缝长（50ft、100ft、150ft、200ft、250ft 和 300ft）引起裂缝尖端剪应力的变化

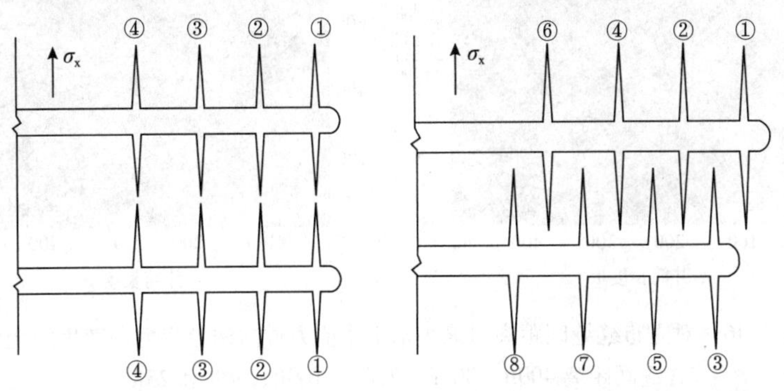

图 7-45　拉链式压裂裂缝布缝设计（左图为对立布缝，右图为错开布缝）

2. 对立布缝设计技术

两口井对立布缝设计，对立的两条裂缝延伸方向在一直线上或者离的较近，分析这种模式裂缝间的距离对诱导应力影响如图 7-46 和图 7-47 所示，图 7-46 描述两条 500ft 缝长之间的距离引起最小水平主应力方向的诱导应力场变化，这种变化不太明显，图 7-47 描述同种条件下缝端剪切应力变化，这种变化相对较大，研究可以看出，在对立布缝缝间距离小于 50ft 时，缝端剪切应力产生叠加，距离越小，叠加区域越大，远井复杂裂缝形成的几率增大，但仅局限于缝端，同时也增加了井间压窜的可能，不利于生产。

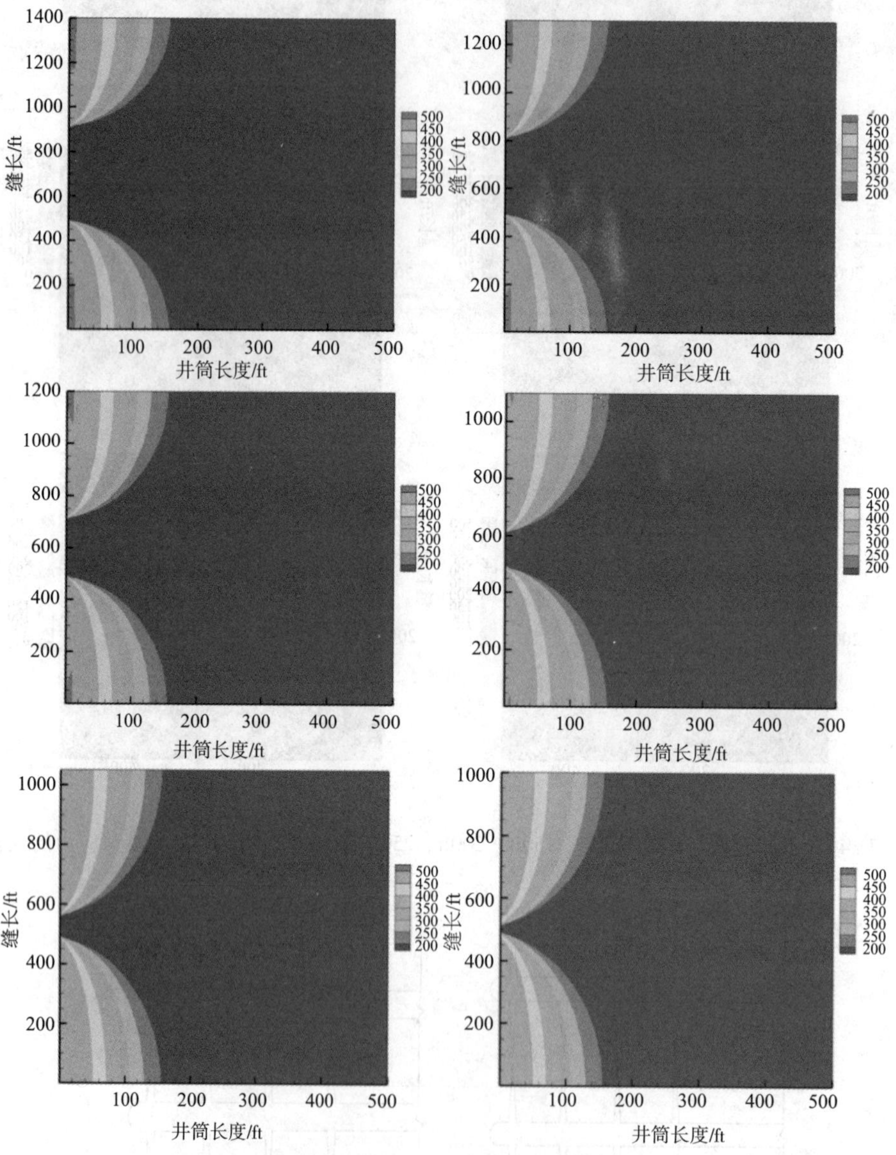

图 7-46　对立布缝缝间距离对最小水平主应力方向诱导应力场产生的变化

（缝间距离 400ft、300ft、200ft、100ft、50ft 和 25ft）

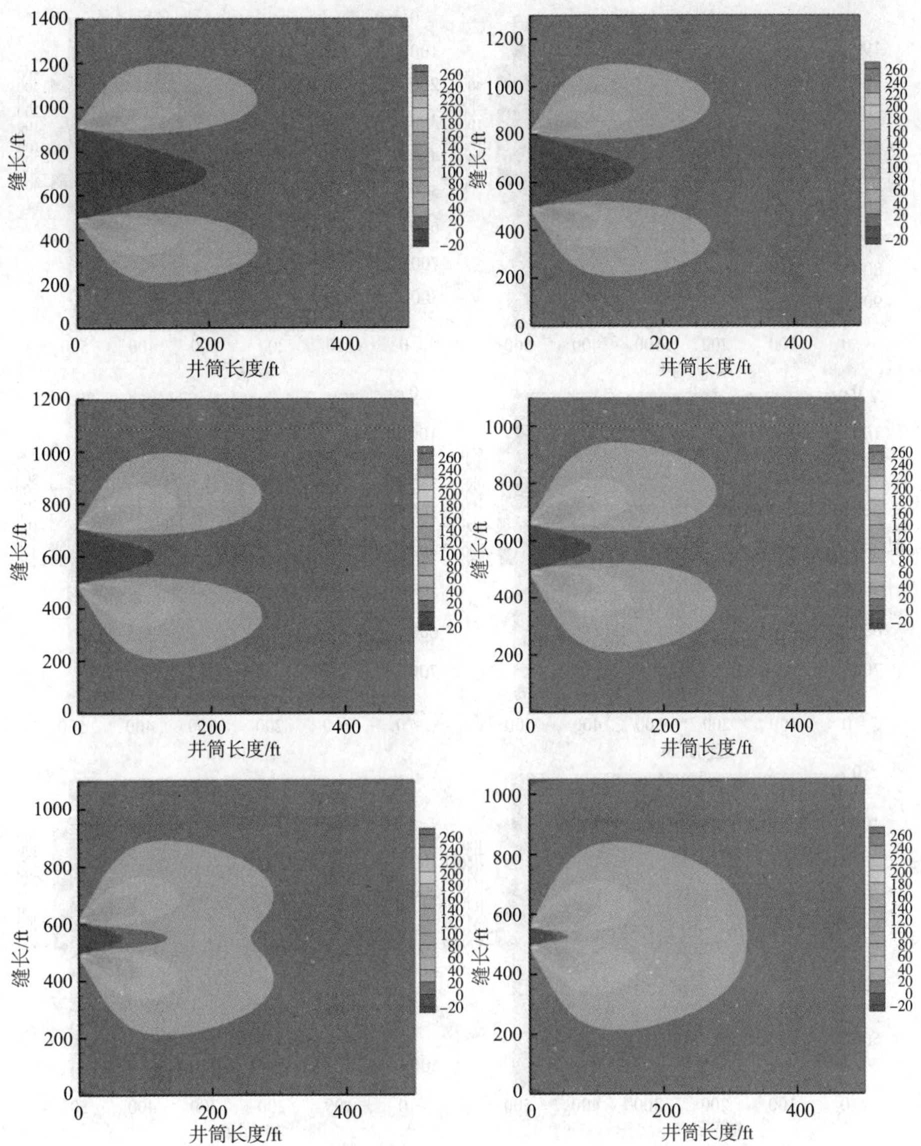

图 7-47　对立布缝缝间距离对缝端剪切诱导应力场产生的变化
（缝间距离 400ft、300ft、200ft、100ft、50ft 和 25ft）

3. 交错布缝设计技术

交错布缝设计主要是两井间的射孔尽量避开，有一定的距离，使压裂的主裂缝平行，但相互间保持一定距离，如图 7-45 所示。针对这种情况，研究了不同井间距离，半缝长 500ft 的裂缝产生的诱导应力变化，如图 7-48 所示，井间距离在 550～1000ft 变化时，井间内的区域诱导应力均产生叠加，叠加面积较大，随着井间距离在减小，叠加增强，这部分区域在远井更易形成复杂裂缝甚至网络裂缝，而且干扰面积较大，两井间压窜的几率降低，这种布缝模式相对对立布缝较优。

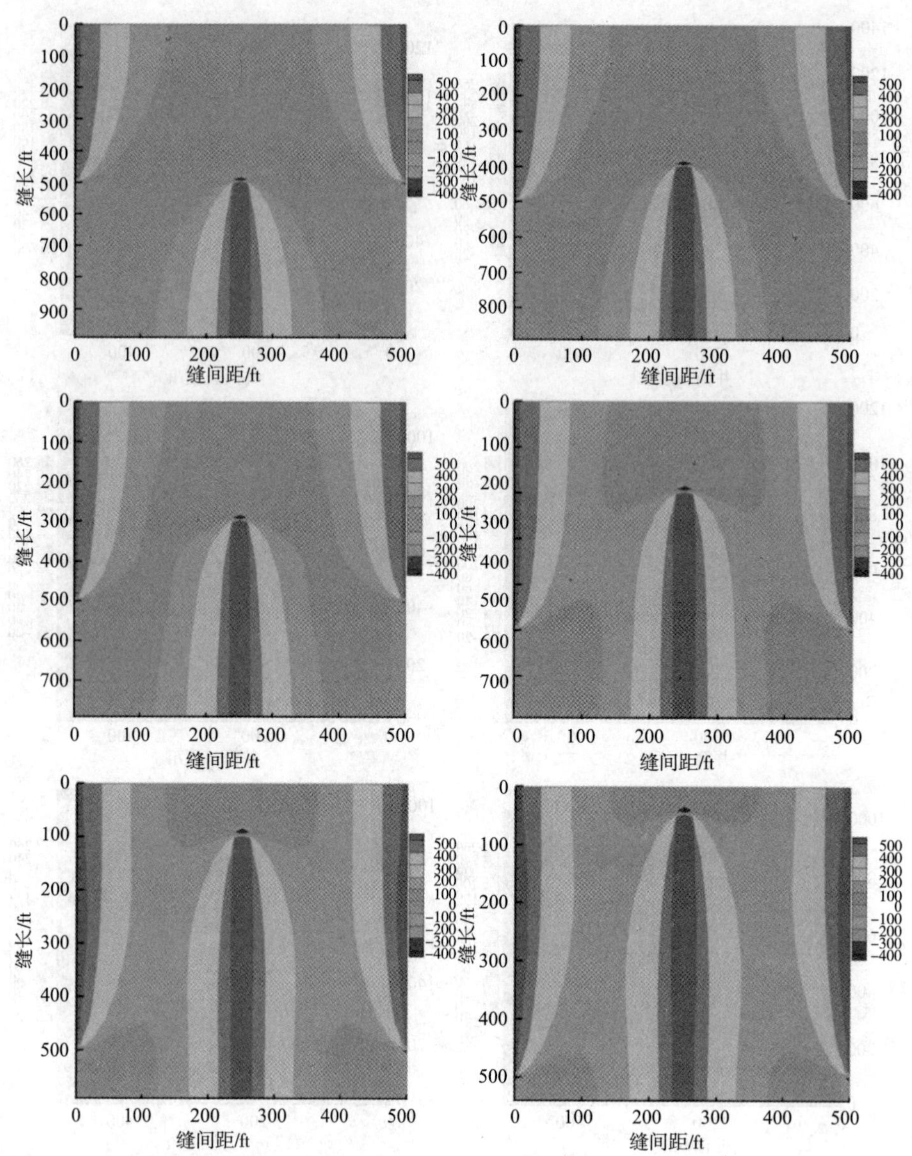

图 7-48　交错布缝井间距离对最小水平主应力方向诱导应力场产生的变化
（井间距离 1000ft、900ft、800ft、700ft、600ft 和 550ft）

四、现场应用情况

目前国内页岩气开发主要分布在地理条件复杂的山区，因地理环境、地质条件的不同，可选择不同的作业模式。我国首个大型页岩气田——焦石坝页岩气田，位于四川盆地边缘，深藏于武陵山系西端的崇山峻岭中，受地理地貌、施工井场、道路等条件限制，难以实现国外超大规模工厂化压裂施工模式，所以选择规模相对较小的丛式水平井组井工厂压裂模式，即在同一井场采用集中丛式布井、压裂机组在多井间交替或同时压裂施工。

2014 年 8 月 14 日，中国石化重庆涪陵页岩气勘探开发有限公司正式启动涪陵页岩气田最大规模的“井工厂”压裂施工，将焦页42号平台的焦页42－1HF、焦页42－2HF、焦页42－3HF、焦页42－4HF等4口水平井75段压裂[4]，开展两套机组同步交叉压裂，四口井水平段方位基本按照南北向走向控制，如表7－8所示，JY42－1HF井、JY42－2HF井水平段方位为正北向。井口东西方向上距离为48m，JY42－1HF井、JY42－2HF井与JY42－3HF井、JY42－4HF井井口在南北向上的距离为10m，四口井在钻井过程中按照工厂化的模式进行钻井，井口集中，便于实施“同步压裂”。方案实施过程中，主压裂施工与泵送桥塞需要同步进行，其中JY42－1HF井与JY42－2HF井具有相近的方位角，JY42－cHF井与JY42－dHF井具有相近的方位角，因此按照a井、b井为一组，c井、d井为一组开展同步压裂试验。全井场面积为（88×94）m^2，两套独立的压裂机组在液罐区两侧独立布置，泵送桥塞作业也是按照“工厂化”作业模式进行，按照1套泵送设备兼顾两口井的施工模式进行。

表7－8　四口井基本数据

目的层/m	水平段长/m	A靶点		B靶点		方位角
		斜深/m	垂深/m	斜深/m	垂深/m	
2960～4446	1486	3047	2370.06	4446	2391.34	345°
2926～4427.64	1501.64	2926	2340.76	4426	2339.72	6°
2643～4165	1522	2643	2380.03	4165	2492.38	167°
2798～4562	1764	2798	2417.13	4562	2511.32	202°

经过各方通力配合、紧张有序施工，8月30日，焦页42号平台4口井“井工厂”同步交叉压裂施工取得圆满成功，创造了国内页岩气单平台压裂连续压裂施工段数最多（75段）、总加砂量最多（4321m^3）、总加液量最多（133283m^3）、平均单井压裂周期最短（4.25d）以及单日压裂施工段数最多（8段）、单日加液量最多（12965m^3）、单日加砂量最多（339m^3）等7项施工纪录，提高施工效率50%以上，减少压裂车辆动用35%。

第十一节　分支井压裂技术

（一）分支井技术的概念

分支井又叫多底井，是从一个主井眼（又称母井眼）中钻出两口或多口进入油气藏的分支井眼或二级井眼分支井，并回接到主井眼上，如图7－49所示。主井眼可以是直井、定向井或水平井。分支井类型繁多，如叠加式、反向式、Y型、鱼刺型、辐射状等，可以根据油藏的具体情况进行优选合适的分支井类型。

1997年春天，在苏格兰举行的“技术进步——多底井TAML”的论坛会上，专家和学者根据多分支井的复杂性和功能性，从完井角度将分支井分成六大类，即TAML分级[36]，如图7－50所示。

图 7-49　分支井示意图

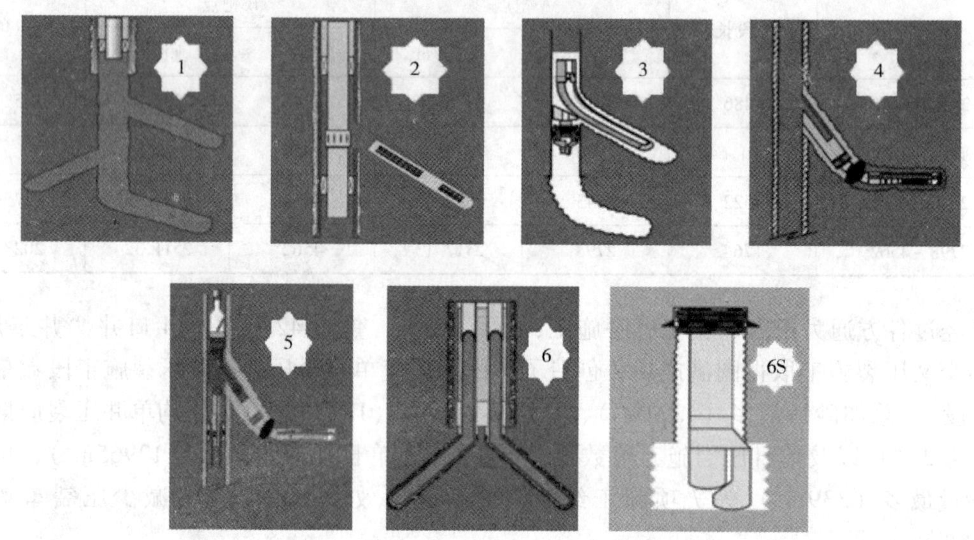

图 7-50　TAML 分级结构图

TAML1 是主井和分支井都是裸眼。侧向穿越长度和产量控制是受限的，完井作业不对各产层分隔，也不能对层间压差进行任何处理，管柱重入主井眼和分支井眼能力受限。其成本低、风险低、泄油能力强、适应于稳定地层。

TAML2 主井眼下套管并注水泥，分支井眼为裸眼或放筛管而不注水泥。主井筒和分支井筒连接处保持裸眼或可能的话在分支井段使用脱离式筛管（drop-off liner），即只把筛管放入分支井段中而不与主井筒套管进行机械连接也不注水泥。与一级完井相比可提高主井筒的畅通性并改善分支井段的重入潜力，具备主井眼作业功能，而进入分支井只具备可能性，要求地层对分支井眼具有支持能力，二级完井通常要用磨铣工具在套管开窗，也可使用预磨铣窗口的套管短节。

TAML3 主井眼和分支井眼都下套管，主井眼注水泥，分支井不注水泥。三级多分支井技术提供了连通性和可及性。分支井衬管通过衬管悬挂器或者其他锁定系统固定在主井眼上，但不注水泥。主井眼和分支井眼联接处没有水力完整性或压力密封，但有主井眼和分支井眼的可重入性（可及性）。三级完井可用快速连接系统（Rapid connect）能为分支井眼和主井眼提供机械连接，为不稳定地层提供高强度连接。三级完井还可以用预制的衬管或割缝衬管。

TAML4 主井眼和分支井眼都在连接处下套管并注水泥，这就提供了机械支撑连接，但没有水力的整体性，意思是液体水力是隔离的。事实上分支井的衬管是由水泥固结在主套管上的。这一最普通的侧钻作业尽管使用了套管预铣窗口装置，但仍然取决于造斜器辅助的套管窗口磨铣作业。分支井衬管与主套管的接口界面没有压力密封，但是主井眼和分支井都可以全井起下进入。这种级别的分支井技术复杂和高风险且仍处于发展阶段，但在全世界范围内的多分支井完井中已获成功。

TAML5 具有三级和四级分支井连接技术的特点，还增加了可在分支井衬管和主套管连接处提供压力密封的完井装置。主井眼全部下套管连接处的水力隔离。从主井眼和分支井眼都可以进行侧钻。可以通过在主套管井眼中使用辅助封隔器、套筒和其他完井装置来对分支井和生产油管进行跨式连接（Straddle）以实现水力隔离。五级完井的分支井具有水力隔离、连通性和可及性特点。多分支井技术的最难点是高压下的水力隔离和水力整体性。

TAML6 连接处压力整体性可通过下套管取得，而不依靠井下完井工具。六级完井系统在分支井和主井眼套管的连接处具有一个整体式压力密封。一个耐压密封的连接部，是为了获得一个整体密封特征或整体成形或可成形金属设计，这在海洋深水和海底安装中将有价值。

TAML6S 使用了一个井下分流器或地下井口装置，基本上是一个地下双套管头井口，把一个大直径主井眼分成两个等径小尺寸的分支井筒。

与目前比较成熟的水平井技术相比，分支井具有更大的优越性：发挥水平井高效、高产的优势，增加泄油面积，挖掘剩余油潜力，提高采收率，改善油田开发效果；改善油流动态流动剖面，减缓锥进速度，提供重力泄油途径；可共用一个直井段同时开采两个或两个以上的油层或不同方向的同一个油层，在更好地动用储量的同时节约油田开发资金，降低油井管理、环保等费用，提高经济效益[37]。

（二）分支井压裂的技术优势

（1）可以充分动用储层，减少打常规直井或水平井的数量。

实际上，每个分支都代表了一个水平井筒，在平面上或高度上的多个分支井，并进行分段压裂后，可最大限度地提高储层的有效改造体积，可因此达到少打井的目的。

（2）可从不同角度实现对油气藏的定向改造。

由于分支井的角度可以调节，因此，油气藏中的任何角落都可通过分支井筒和水力压裂裂缝实现有效的沟通，从而大幅度降低了泄油（气）的死区，易于提高油气采收率。

（三）分支井压裂的关键技术

经过近几十年的发展，目前已经形成较为完善的不同完井条件下的水平井分段压裂改造技术。水平井分段压裂主体技术有裸眼封隔器滑套分段压裂技术、泵送易钻桥塞分段压裂技术、管内封隔器分段压裂技术、封隔器双封单卡分段压裂技术、水力喷射分段压裂技术等。以及在这几种技术基础上进行改进优化的技术，例如，固井滑套分段压裂技术，开关滑套分段压裂技术，大通径免钻桥塞分段压裂技术，可溶桥塞分段压裂技术等。

分支井分段压裂技术与单水平井分段压裂技术从基本的压裂工艺上划分，无较大差异。TAML1 是主井和分支井都是裸眼，管柱重入主井眼和分支井眼能力受限，无法进行精细分段压裂作业。TAML2 主井眼下套管并注水泥，分支井眼为裸眼或放筛管而不注水泥，TAML3 主井眼和分支井眼都下套管，主井眼注水泥，分支井不注水泥，主井眼和分支井眼联接处没有水力完整性或压力密封，TAML2 和 TAML3 两级完井分段压裂只能在主井眼进行，分支井眼无法实现。TAML4 级以上由于主井眼和分支井的可重入性和可分段密封性，因此可以实现各井眼的精细分段压裂作业。

分支井就相当于多个水平井眼，压裂施工作业是先后对每个分支井眼单独进行压裂。常用的压裂技术有桥塞射孔联作分段压裂技术，该技术应用最多且最为成熟[38]。多分支井压裂技术与单水平井分段压裂技术的差异与关键是射孔组合、压裂作业等管柱重入各分支井眼技术、多井眼的密封封隔技术、各井眼联接处的密封连接技术等。

（四）分支井压裂典型应用实例

Granite Wash 是位于北德克萨斯狭长地带和西俄克拉荷马的非常规储藏，为砂岩、页岩和沙泥岩混合的复杂岩性，深度为 2743～3810m。实例是本区域第一口双分支井，两分支分别位于两个层位如图 7-51 所示。下层主井眼采用尾管悬挂固井，上层分支井采用脱离式尾管固井。两分支井均采用桥塞射孔联作压裂技术进行增产作业[39,40]。

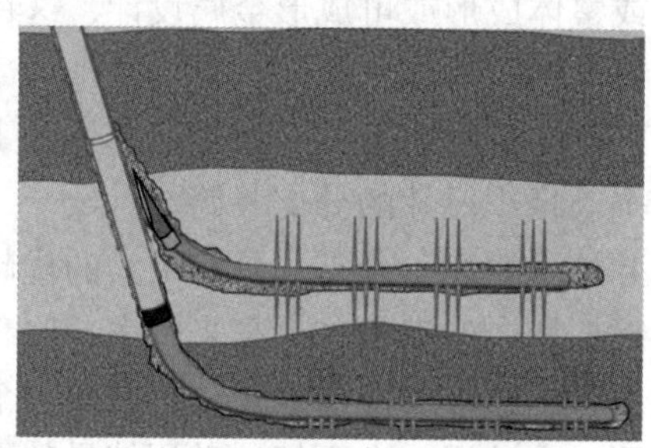

图 7-51　双分支井结构图

该井主井眼钻 8¾in 裸眼，下入 7in P110 套管（29lb/ft、通径 6⅛in）固井，套管下深 3895m（12780ft）。套管上安装有定位接箍，为钻分支井开窗定位。继续钻 6⅛in 水平主井眼，下入 4½in P110 尾管（13.5lb/ft）固井。尾管悬挂器和回接筒位于 3796.9m（12457ft）位置。在深度 3792.9m（12444in）处坐封桥塞封隔器。下入造斜器到定位接箍位置，进行 6⅛in 分支井眼钻井，下入下入 4½in P110 尾管（13.5lb/ft）固井。

压裂改造需要较高的压力封隔能力，使用了连接隔离系统（JI 系统），主井眼和分支井独立进行压裂作业。

下层连接隔离系统安装如图 7-52 所示，密封总成插入到主井眼的尾管回接筒内，液压封隔器坐封于套管连接处上部 12m（40ft）处。

进行下层主井眼压裂，采用桥塞射孔联作压裂技术，4½in 回接压裂管柱进行压裂，压裂分 11 段，总计泵入 2.2MMlb 的支撑剂和 155000bbl 的液体，作业平均流量 72bpm，压力 7200psi，最大流量和压力为 76bpm 和 9200psi，整个作业过程没有采用胶液，11 段作业用时5m完成，压后桥塞全部钻除，然后进行了为期3个月的排液。

回收下层连接隔离系统（JI系统）。先用2%的KCl进行压井，在膨胀式悬挂封隔器下方坐封一个桥塞，提出压裂管柱，用2⅞in油管下入回收工具回收封隔器。

上层连接隔离系统安装如图7-53所示。首先下入造斜器到定位接箍位置，便于分支井眼的重入。用2⅞in油管下入上层连接隔离系统，由于上分支井固井质量较差，密封总成永久固定在顶部回接筒内，并且一个膨胀式封隔器增强密封性能。液压封隔器坐封于套管连接处上部12m（40ft）处，丢手坐封工具，提出下入管柱。

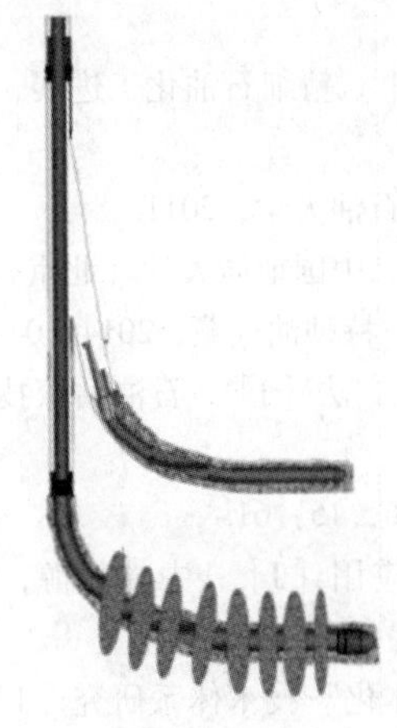

图7-52　底部分支井完井压裂

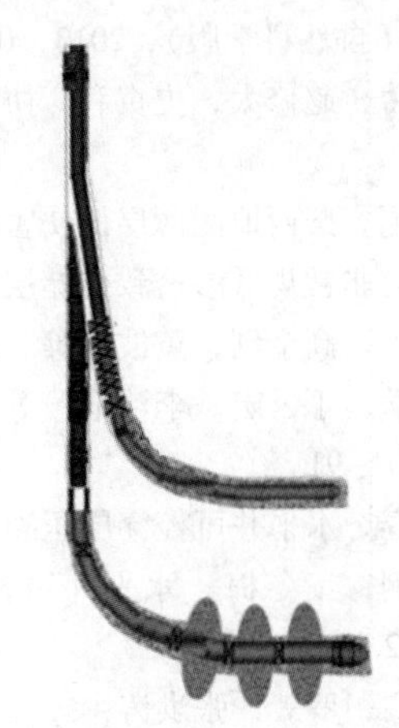

图7-53　上部分支井密封隔离系统

进行上层分支井压裂，采用桥塞射孔联作压裂技术，4½in回接压裂管柱进行压裂，计划压裂10段，实际成功压裂9段。总计泵入2.15MMlb的支撑剂和132000bbl的液体，作业平均流量71.5bpm，压力8500psi，最大流量和压力为86bpm和9500psi，作业过程采用线性胶液携砂，其中试过多次未成功，花费了较长时间，总计用时7d。压后桥塞全部钻除，然后进行了为期3个月的排液。

回收上层连接隔离系统（JI系统）。先用2%的KCL进行压井，提出4½in压裂管柱，用2⅞in油管下入水力切刀从套管开窗位置切断管柱。下入回收工具回收封隔器。

下入西瓜磨鞋打磨套管开窗位置。钻除主井眼尾管下面的桥塞。最后下入2⅞in生产油管对两分支井进行合采。

参考文献

[1] 翁定为，雷群，胥云，等．缝网压裂技术及其现场应用［J］．石油学报，2011，02：280～284.

[2] 翁定为，雷群，李东旭，等．缝网压裂施工工艺的现场探索［J］．石油钻采工艺，2013，01：59～62.

[3] 高武彬，陈宝春，王成旺，等．缝网压裂技术在超低渗透油藏裂缝储层中的应用［J］．油气井测试，2014，01：52～54.

[4] 邵尚奇，田守嶒，李根生，等．水平井缝网压裂裂缝间距的优化［J］．石油钻探技术，2014，01：86～90.

[5] 胡永全，贾锁刚，赵金洲，等．缝网压裂控制条件研究［J］．西南石油大学学报（自然科学版），2013，04：126～132.

[6] 程远方，李友志，时贤，等．页岩气体积压裂缝网模型分析及应用［J］．天然气工业，2013，09：53～59.
[7] 雷群，胥云，蒋廷学，等．用于提高低－特低渗透油气藏改造效果的缝网压裂技术［J］．石油学报，2009，02：237～241.
[8] 蒋廷学，胥云，李治平，等．新型前置投球选择性分压方法及其应用［J］．天然气工业，2009，09：88～90.
[9] 倪小明，贾炳，王延斌．合层水力压裂煤层投球数的确定［J］．天然气工业，2012，07：33～37.
[10] 才博，蒋廷学，丁云宏，等．提高油气藏纵向动用效果的投球分压技术［J］．辽宁工程技术大学学报（自然科学版），2013，04：535～538.
[11] 李海涛，赵修太，史贞利．协同增效低伤害复合压裂液研究［J］．精细石油化工进展，2013，01：9～11.
[12] 唐雅娟．柴西地区薄层低伤害压裂技术研究与应用［D］．中国石油大学，2011.
[13] 才博．非常规低渗透致密储层低伤害、高效改造技术研究［D］．中国地质大学（北京），2012.
[14] 温庆志，高金剑，黄波，等．通道压裂砂堤分布规律研究［J］．特种油气藏，2014，04：89～92.
[15] 蒋廷学，丁云宏，李治平，等．活性水携砂指进压裂的优化设计方法［J］．石油钻探技术，2010，03：87～91.
[16] 曲永春．水平井可控穿层压裂实践与认识［J］．化工管理，2016，15：61.
[17] 樊文钢，王冬梅．水平井可控穿层压裂技术在低渗透油田的应用［J］．中外能源，2015，02：49～52.
[18] 张玉广，罗毅，张洪涛，等．水平井增产改造“工程－地质一体化”技术体系研究［J］．重庆科技学院学报（自然科学版），2015，06：44～49.
[19] 杨硕，李培超，宋付权，等．页岩气藏体积压裂技术概述［J］．上海工程技术大学学报，2015，01：69～72.
[20] 颜磊，刘立宏，李永明，等．水平井重复压裂技术在美国巴肯油田的成功应用［J］．国外油田工程，2010，12：21～25.
[21] 苏良银，庞鹏，白晓虎，等．低渗透油田水平井重复压裂技术研究与应用［J］．石油化工应用，2015，12：32～35.
[22] 钟森，任山，黄禹忠，等．高速通道压裂技术在国外的研究与应用［J］．中外能源，2012，06：39～42.
[23] 张涛，王晓惠，毛新军，等．高速通道压裂技术在新疆油田致密油储层应用效果分析［J］．钻采工艺，2014，06：55～57.
[24] 刘向军．高速通道压裂工艺在低渗透油藏的应用［J］．油气地质与采收率，2015，02：122～126.
[25] Rhein T，Loayza M，Kirkham B. Channel Fracturing in Horizontal Wellbores：TheNew Edge of Stimulation Techniques in the EagleFord Formation［C］，SPE 145403.
[26] M. tumer，C. Weinstock，M. Laggan，etc. Raising the Bar in completion Practices in Jonah Field：Channel Fractruing increasing gas production and improves operational efficiencey［C］. SPE 147587.
[27] Bobatunde Ajayi，Kirby Walker Kevin Wutherich，etc. Channel hydraulic fracturing and its applicatbility in the Marcellus shale，SPE 149426.
[28] 钟森，任山，黄禹忠，等．高速通道压裂技术在国外的研究与应用［J］．中外能源，2012，17（6），39～42.
[29] 许国庆，张士诚，王雷，等．通道压裂支撑裂缝影响因素分析［J］．断块油气田，2015，04：534～537.
[30] 王林，马金良，苏凤瑞，等．北美页岩气工厂化压裂技术［J］．钻采工艺，2012，06：48～50.

[31] 何明舫，马旭，张燕明，等．苏里格气田“工厂化”压裂作业方法［J］．石油勘探与开发，2014，03：349～353.
[32] 李克智，何青，秦玉英，等．“井工厂”压裂模式在大牛地气田的应用［J］．石油钻采工艺，2013，01：68～71.
[33] 许冬进，廖锐全，石善志，等．致密油水平井体积压裂工厂化作业模式研究［J］．特种油气藏，2014，03：1～6.
[34] 凌云，李宪文，慕立俊，等．苏里格气田致密砂岩气藏压裂技术新进展［J］．天然气工业，2014，11：66～72.
[35] 张怀力．涪陵页岩气田“井工厂”压裂工艺实践及认识［J］．江汉石油科技，2016，02：60～65.
[36] 蒋祖军．国内第一口 TAML 五级双分支井完井技术［J］．石油钻采工艺，2004，01：5～9.
[37] Doug G. Durst，Mario Vento. Unconventional Shale Play Selective Fracturing Using Multilateral Technology［C］. SPE151989，2012.
[38] 任振兴．国内外分支井技术现状［J］。内蒙古石油化工，2015，（5）：105～107.
[39] HUMMES O，BOND P R. SYMONS W. et al. Using advanced drilling technology to enable well factory concept in the Marcellus shale［R］. SPE 151466，2012.
[40] BROWN K M，BEATTIE K，KOHUT C. High-angle gyrowhile-drilling technology delivers an economical solution to accurate wellbore placement and collision avoidance in high-density multilateral pad drilling in the Canadian oil sands［R］. SPE 151431，2012.

第八章 复杂难动用油气藏分层/分段压裂方法及工具

第一节 限流法分层/分段压裂

（一）基本原理

限流量法分层压裂，是一种一次压开多层段的分压方法，这种方法的实施，是选定有出油把握的各层段，以最低的密度射孔，然后用套管所允许的最大排量进行压裂，一次把所有的射开层段都压开裂缝。

为达到一次压开多层的目的，井底压力必须大于每一层段的破裂压力，为此必须限制所射孔眼的孔数和直径，用有限的孔数和孔径提高孔眼摩阻，使井底压力迅速超过所有层段的破裂压力，几乎同时地压开每一层段。

从最小主应力角度而言，限流量法适用于破裂压力相近的多油层施工，最为简便，国内已在吉林、二连、鄯善等油田，井深 1800 ~ 3200m 的垂直裂缝井中取得成功，说明这一分层压裂方法处理多油层最为有效，压裂效果也最好。限流量法遇到的主要问题是：如果各层的破裂压力相差很大，则难以保证压开所有层段；其次是在压裂时，由于所有孔眼都与油层连通，射开孔眼数不一，哪怕只有少数孔眼不吸液，都会影响最终的压开程度。

可见，限流量法压裂主要依据孔眼摩阻来调节各目的层间由于最小主应力不同而导致启裂的不同时性，使之达到同时启裂并进一步延伸，而孔眼摩阻的调节是有限的，这主要是由于孔数过小使得施工泵压过高，会对套管构成一定的威胁，因此一般而言，应按照孔眼摩阻为 4.8 ~6.9MPa 来确定总孔数。

由于依靠孔眼摩阻的调节来达到一次压开多层的目的，这就要求各目的层之间的最小主应力剖面较为接近，否则难以达到设计目的。

对于孔眼分布的设计，首先要准确了解各目的层的地应力剖面，对于地应力较低的层段，相应的孔数要少一些，这样孔数少的层段，由于孔眼摩阻加大，进入地层中的流体压力就相应小些，而净压力则要相同，只有这样才能达到分压设计的目的，具体孔数的多少，主要依靠最小主应力剖面通过上述孔眼摩阻的计算来加以确定。当然在以前人们就地应力剖面对水力裂缝的影响不是十分清楚的时候，也有根据有效厚度，产能系数等方法进行补孔的。但在目前，由于控制裂缝启裂及延伸的主要机理基本明确，就需要依据油层最小主应力剖面进行补孔。

（二）设计及施工要点

1. 设计要点

（1）通过地应力剖面测试及小型压裂试验直接确定各小层的地应力值。如各小层地应力值较为接近可按各小层的产能系数比例布孔，如差异很大，对地应力高的小层应多布孔，低的则做相反的处理。

（2）在油层套管抗内压强度、井口限压与设备能力允许的条件下，各小层的布孔总数应同时满足以下条件：①单孔流量达到 200～300L/min；②总的孔眼摩阻达到 4.9～6.8MPa。这一条件可由式（8-1）用试算法解出：

$$P_{\mathrm{M}} = \frac{22.45Q^2\rho}{N^2 d_{\mathrm{p}}^4 C_{\mathrm{d}}^2} \tag{8-1}$$

式中 P_{M}——孔眼摩阻，MPa；

Q——泵注排量，m^3/min；

ρ——流体密度，g/cm^3；

N——总孔数，孔；

d_{p}——孔眼直径，cm；

C_{d}——孔眼流量系数（0.8～0.9）。

（3）上述布孔是否合理，需经考察使之优化。考察标准是在这一布孔方案下，各小层的裂缝支撑半长是否符合预期的长度，过长应在总孔数不变的条件下，减少该层的孔数，过短则增加该层孔数。

（4）在确定总孔数及各小层的布孔数后，按下式检查每一小层的井底破裂压力是否大于该层的破裂压力，以保证一次压开各个小层。

$$P_{\mathrm{B}} = P_{\mathrm{w}} + P_{\mathrm{H}} - P_{\mathrm{F}} - P_{\mathrm{M}} \tag{8-2}$$

式中 P_{B}——井底破裂压力，MPa；

P_{w}——井口泵压，MPa；

P_{H}——液柱压力，MPa；

P_{F}——沿程摩阻，MPa；

P_{M}——孔眼摩阻，MPa。

2. 施工要点

（1）限流量法压裂遇到的主要问题是，难以保证压前每个孔眼都畅通无阻。据国内油田统计，孔眼的穿透率为 70%～80%。由于射开孔眼有限，施工前必须疏通孔眼，以保证施工中每个孔眼都吸收压裂液。

（2）施工一开始就要用套管、井口及泵车所允许的最大排量进行施工，迅速在井底建立起一个超过各层破裂压力的井底压力，以保证一次压开所有层段。

（3）加砂前各泵车同时停泵，用准确的排量、准确的泵压与准确的瞬时停泵压力，检查此时井下实际吸收压裂液的孔眼数，决定是应继续施工还是应再补孔。

（三）限流压裂的应用[1]

1. 直井

织 8 井为多煤层压裂，煤层跨度 41.3m，具有一定的应力差值，因此，采用限流压裂，控制射孔数 25 个，以大排量施工。该井的主要储层参数见表 8-1。

表 8-1 织 8 井关键储层参数

煤层	深度/m	厚度/m	渗透率/$10^{-3}\mu m^2$	主应力/MPa	孔数/个
3-1	1017.1~1019.3	2.2	0.007	14.9	6
3-2	1028.0~1028.7	0.7	0.016	15.1	1
	1029.4~1031.9	2.5	0.069	15.2	6
6-1	1054.8~1056.1	1.3	0.091	15.5	5
6-2	1059.5~1061.4	1.9	0.034	15.6	7

该井采用常规等密度射孔及限流射孔后的裂缝几何尺寸对比，见图 8-1。

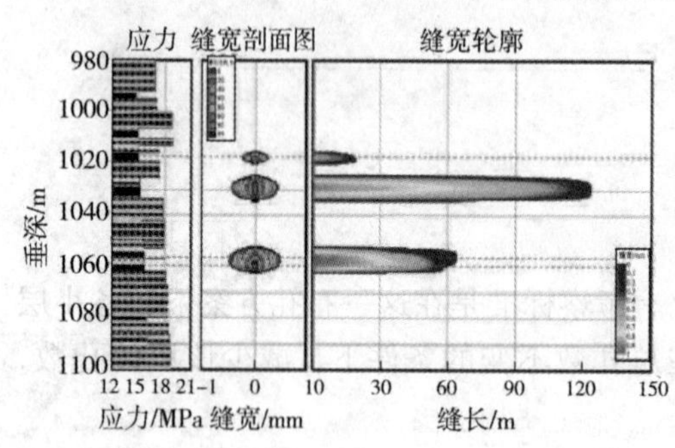

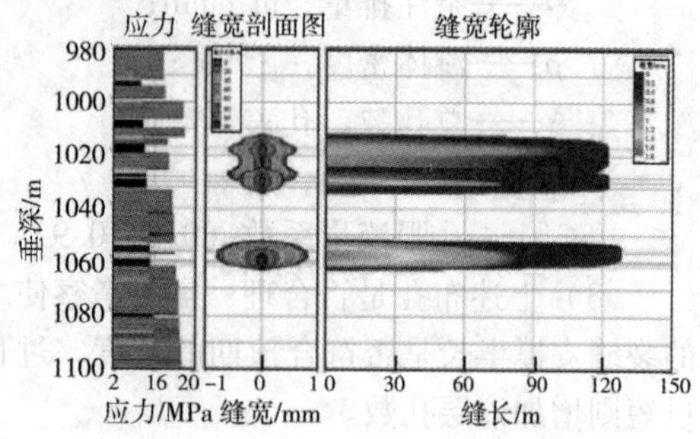

图 8-1 常规等密度射孔及限流射孔后的裂缝几何尺寸对比

2012 年 8 月 18 日，在织 8 井实施限流压裂。前置液用量 $360m^3$，携砂液用量 $394m^3$，施工排量 8.0m^3/min，施工压力 36MPa 左右，停泵压力 25.5MPa，该井共用液 767.9m^3，加砂 $50m^3$，平均砂比 11.4%。

2. 水平井[2]

水平井一般在一个层位穿行，地应力的差异不大，更适合限流法分段压裂。示例的江汉油田黄 18 井区黄 18 平 1 井水平段长 323.4m，拟分 3 段进行均匀改造，结合物性条件和地应力条件，选择了 3 个地应力差异小的点进行限流射孔，每段射孔段集中在 0.5~1.0m，第一段射 8 孔，第 2 段及第 3 段分别射 6 孔。并根据裂缝模拟，优化的各段排量依次为 2.25m^3/min、1.86m^3/min 和 1.89m^3/min。

本井压裂施工顺利，排量 6.1~6.2m^3/min，加入支撑剂 $35m^3$。从压裂施工曲线看，存在多个破裂显示，说明压开了多个层，限流压裂实现了预期的目的。压裂施工综合曲线见图 8-2。

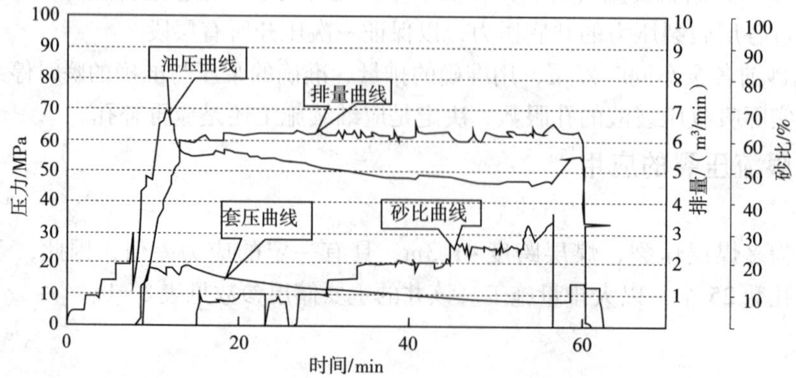

图 8-2 江汉黄 18 井区黄 18 平 1 井压裂施工曲线

该井压后能自喷生产，生产10个月内产量仍维持在8t/d，累计增油2725.4t，措施效果明显好于邻井。

第二节　投球法分层压裂

（一）投球法分压工艺原理

与限流法分压相反，对层间应力差或层内应力差相对较大（>2MPa）的多层分层压裂或水平井分段压裂而言，投一次或多次封堵球是合适的选择。

其基本原理是，当进行压裂时，随着井底压力的集聚，首先是应力低的层段先被压开，等其延伸预定的缝长后，第一次投球，将先压开段的孔眼都封堵上，此时，井底压力势必进一步提高，直至将应力较高的层段压开位置，重复上述过程，通过多次投球，依次将地应力不同的层段全部压开。

显然地，投球压裂应当应用于仅靠限流作用难以奏效的多层分层压裂或水平井分段压裂。

（二）投球法分压设计及施工要点

1. 设计要点

（1）纵向地应力剖面或层内水平段长范围内地应力剖面评价技术。

可应用测井、邻井压后井温反演等方法进行多方法的校核。

（2）分层/分段破裂压力剖面计算。

在（1）的基础上，计算分层/分段破裂压力剖面，由此由现场投球前后的施工压力变化，判断是否压开新层/段。

（3）封堵球坐封力、保持力及脱落力等的计算[3]。

（4）压裂规模的优化。

多薄层分层压裂改造的目的为确保每个层有较充分的改造，获得足够长的裂缝及足够大导流能力以满足生产需要，同时确保缝高不能窜入别的层段，因此规模的优化至关重要。

（5）压裂施工参数优化，尤其是排量的优化，关系到缝高的延伸及相互间能否窜通等问题。

2. 施工要点

（1）投球时机把握，以各层/段支撑缝长基本相等为原则。要依赖于准确的裂缝扩展模拟结果。

（2）投球方式控制。是一起投球还是逐个投球，关系到井底压力的上升幅度，太快及太慢都不合适，可能影响到压开程度。

（3）投球前后的排量及压裂液性质等应基本恒定。以判断压力的上升幅度及是否压开了新层。

（4）压窜与否的实时判断。如压裂过程中突然压力大幅度降低，说明缝高失控或与以前压裂的层沟通，此时要采取相应的对策，如停止施工等。

（三）投球分层压裂应用

1. 直井[4]

川西 DS17 井，压裂目的层的产层与产层间应力差值大于 1.5MPa。图 8-3 为 DS17 井投球压裂施工曲线，该井在地应力分析的基础上，通过优化射孔技术和投球优化技术，在 2h 内完成了 $50m^3$ 陶粒的加砂作业，成功利用一次管柱同时对三层进行了改造，从测试情况来看，该井 24h 内压裂液返排率达 80%，压裂效果显著，获得了 $3.8\times10^4m^3/d$ 的测试产能。

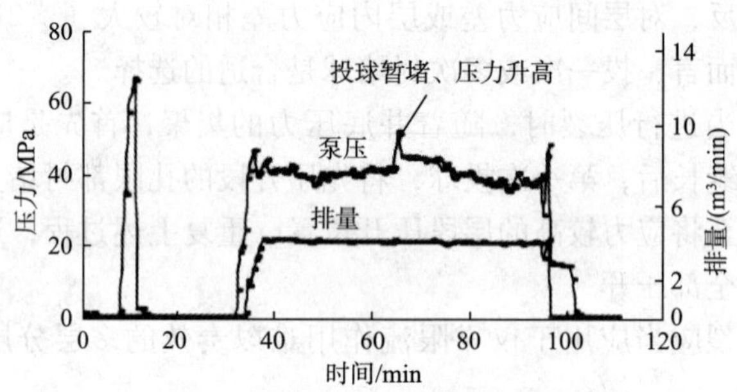

图 8-3　川西 DS17 井投球分层压裂施工综合曲线

2. 水平井[5]

示例的西柳 10 断块岩性为岩屑长石细砂岩，胶结物为方解石、泥质，孔隙式胶结，孔径 0.01～0.05mm。储层孔隙度 10.4%～20.4%，渗透率 2.9～6.0mD，为中孔低渗储层。原始地层压力 30.52MPa，地层温度 121℃，原油黏度 24.37mPa·s，油层厚度 7.3m。油藏最大主应力方位为北偏东 225°～250°。

根据确定的裂缝起裂位置和起裂顺序，优化了投球批次和投球数量。10 平 3 井分 3 批投球压开 4 条裂缝，10 平 1 井分 2 批投球压开 3 条裂缝，球的种类分为相对密度小于 1、等于 1、大于 1 等 3 种（直径 15mm），分别堵住上部、中部和下部的孔眼，见表 8-2。

表 8-2　西柳 10 平 3 及 10 平 1 投球优化

井号	相对密度	暂堵球数量/个		
		第 1 批	第 2 批	第 3 批
10 平 3 井	小于 1	40	35	70
	等于 1	44	42	90
	大于 1	40	35	80
10 平 1 井	小于 1	1100	475	
	等于 1	0	95	
	大于 1	0	195	

2008 年 9 月 15 日对西柳 10 平 3 井进行了施工（图 8-4）。通过分 3 批次投球，成功地压开了 4 条裂缝。施工排量 4.2～$7.0m^3/min$，施工压力 42～65MPa，共注入前置液

$241m^3$，携砂液 $225m^3$，30～50 目陶粒 $16m^3$、20～40 目陶粒 $29m^3$，40～70 目粉陶 $4.6m^3$，施工参数与设计参数吻合。

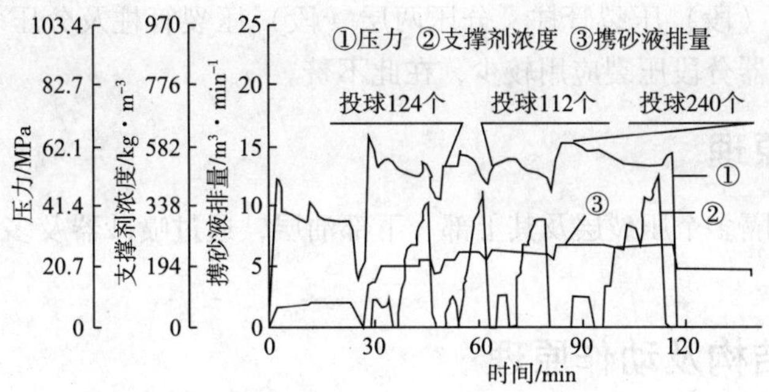

图 8-4　西柳 10 平 3 井压裂施工曲线

由图 8-4 可见，在压开第 1 条裂缝后，投入优化数目的球，打入支撑剂段塞。从压力曲线上可以看出，投球后施工压力均有 2MPa 左右的上升，说明成功地堵住了前次的射孔炮眼，压开了新的裂缝。施工曲线显示成功地压开了 4 批次裂缝。

2008 年 12 月 27 日对西柳 10 平 1 井进行了施工（图 8-5）。通过分 2 批次投球，成功地压开了 3 条裂缝。施工排量 3.5～$4.2m^3/min$，施工压力 60～73MPa，总共注入前置液 $210m^3$，携砂液 $195m^3$，30～50 目陶粒 $18m^3$，20～40 目陶粒 $22m^3$，施工参数与设计参数吻合。

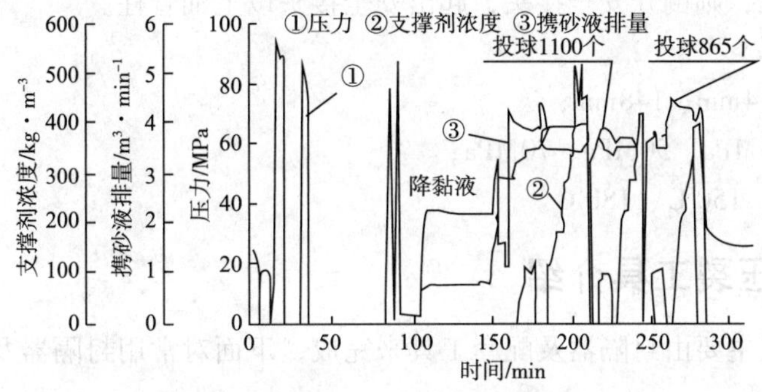

图 8-5　西柳 10 平 1 井压裂施工曲线

由图（8-5）可见，在压开第 1 条裂缝后第 1 次投球 1100 只，当球坐住炮眼后，压力上升约 2.5～3.5MPa，第 2 次投球 865 只，当球坐住炮眼后，压力上升约 2.5MPa，说明成功地堵住了前次的射孔炮眼，起到了预期的分段效果。从施工曲线可以看出，成功地压开了 3 批次裂缝。

西柳 10 平 3 井压后 2d 见油，初期平均日产油 18t，目前平均日产油 9t；西柳 10 平 1 井压后 3d 见油，初期平均日产油 24t，目前平均日产油 10t，均取得了较好的增产效果。

第三节　封隔器分层压裂工具

封隔器分层压裂工具包括封隔器、喷砂器、水力锚及球座等类型的井下工具。根据压裂层段在油层中的位置关系采取相应的分层压裂管柱来完成压裂施工作业。分层压裂管柱一般由封隔器及配套工具组成。

分层压裂管柱根据井型一般分为直井压裂管柱和水平井压裂管柱。根据压裂层（段）数分为：任意一层（段）压裂管柱、分压两层（段）压裂管柱及分压多层（段）压裂管柱[6]。水平井封隔器分段压裂应用较少，在此不赘。

一、方法原理

采用封隔器封隔多个压裂层及其上部、下部油层，通过喷砂器及多级滑套喷砂器分别对压裂层进行压裂。

二、管柱结构及动作原理

（1）分压多层典型压裂管柱结构：由下至上为：丝堵 + K344 封隔器 + 喷砂器 + K344 封隔器 + 滑套喷砂器 + K344 封隔器 + 滑套喷砂器 + K344 封隔器 + 水力锚 + 安全接头 + 滑套 + 油管组成。

（2）管柱动作原理：按照设计要求下入管柱，装井口，坐封封隔器，进行压裂层（一）加砂压裂，压裂完成后投球打开滑套喷砂器，进行压裂层（二）加砂压裂，压裂完成后投球打开滑套喷砂器，进行压裂层（三）加砂压裂，压裂完成后起出压裂管柱。压裂施工过程中若出现问题影响压裂施工继续进行时，则立即进行反洗井。将油管内沉砂洗出地面。若管柱卡死，则倒开安全接头，起出安全接头以上油管柱。

（3）性能参数。

管柱直径：114mm、148mm；

管柱耐压：35MPa、50MPa、70MPa；

耐温：120℃、150℃、180℃。

三、主要压裂工具介绍

由于管柱分层主要由封隔器及配套工具来完成，下面对常用封隔器及配套工具作简要介绍[7]。

（一）K344 封隔器

1. K344 封隔器工作原理

K344 封隔器结构如图 8-6 所示。施工时，当入井液排量达到一定大小时，在封隔器内外产生足够的节流压差，使封隔器胶筒膨胀，封隔油、套环空，停泵后胶筒回收，封隔器自动解封。

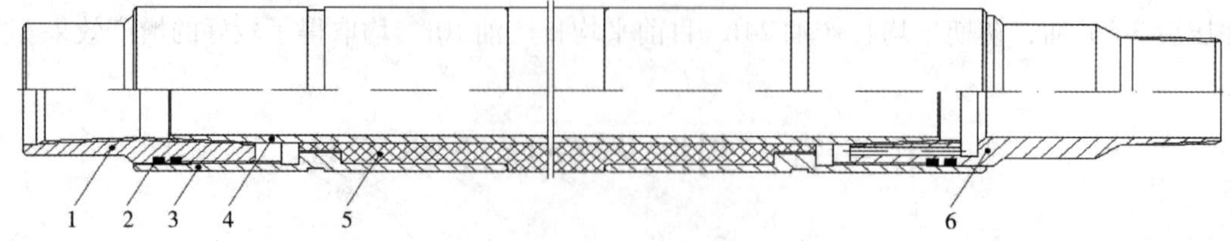

图 8-6　K344 封隔器结构示意图

1—上接头；2—密封圈；3—胶筒钢碗；4—中心管；5—胶筒；6—下接头

2. 主要技术参数（表 8-3）

表 8-3　K344 封隔器技术参数

型　　号	K344－112	K344－114	K344－148
最大外径/mm	ϕ112	ϕ114	ϕ148
内通径/mm	ϕ50	ϕ50	ϕ60
总长/mm	1350	1360	1470
工作压力/MPa	80	80	80
工作温度/℃	150	150	150
坐封压力/MPa	2～3	2～3	2～3
两端连接螺纹	$2\frac{7}{8}$UPTBG		

3. 用途及应用范围

K344 系列压裂封隔器与各类喷砂器配套组成施工管柱可实现任意一层或分层酸化、压裂等施工。

4. 使用方法

（1）施工准备。

①下压裂管柱前用通井管柱通井至于封隔器卡点以下 20m（射孔井段、封隔器坐封井段反复通井 3 次），起出通井管柱；

②下井油管用蒸汽刺净，并用油管规逐根通过；

③按设计要求配好管柱，下至设计深度并用磁定位校深管柱，达到设计要求；

④连接管线，装好井口，循环泵，试压。

（2）酸化或压裂。

①油管打压坐封封隔器；

②然后提高压力替前置液，按照酸化压裂设计要求进行酸化压裂施工；

③压裂施工完成以后，由套管泵入洗井液进行反洗井冲砂；

④然后直接上提管柱起出封隔器及压裂管柱。

5. 注意事项及 HSE 要求

（1）下井封隔器及各项工具必须在地面认真检查，合格后方可下井；入井液体、材料、管柱、工具等应清洁干净，符合质量标准；

（2）下井管柱须涂密封脂；

（3）下管柱时，操作应平稳，严禁顿、溜钻（下油管限速 <25 根/h）；

（4）安装的指重表或拉力计须灵敏可靠；

（5）认真检查油管，逐根用通径规通管，不合格油管不准下井；

（6）下井管柱要丈量准确，确保封隔器卡点准确，并避开套管接箍；

（7）严禁违章作业、违章指挥；

（8）严格按施工设计、HSE 及各项操作规程施工；

（9）施工人员按要求穿戴好劳保用品，注意安全；

（10）做好防止意外事故的应急准备工作；

(11) 取全取准资料。

(二) Y344 封隔器

1. Y344 封隔器工作原理

Y344 封隔器结构如图 8-7 所示。该封隔器是一种水力压差式封隔器，施工时，当入井液排量达到一定时，依靠节流器在封隔器的内、外产生足够的压差，推动活塞上行，压缩封隔器胶筒，封隔油、套环空；停泵后胶筒回收，封隔器自动解封。

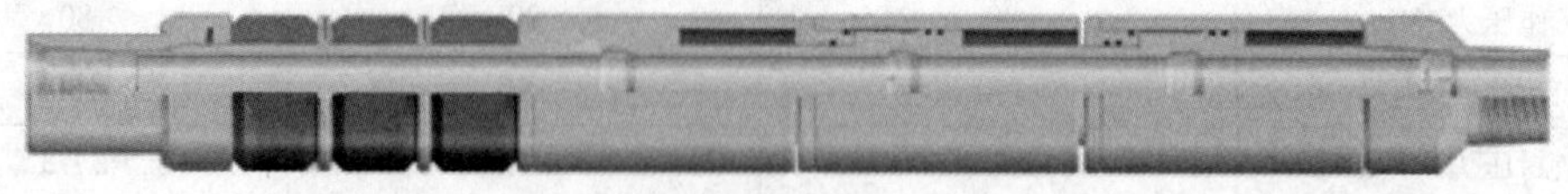

图 8-7　Y344 封隔器结构示意图

2. 主要技术参数（表 8-4）

表 8-4　Y344 封隔器技术参数

指标＼规格	Y344 - 114	Y344 - 138	Y344 - 150
钢体最大外径/mm	114	138	150
通径/mm	57	68	73
工作压差/MPa	70	70	70
工作温度/℃	150	150	150
适用套管内径/mm	118.6 ~ 127.3	144.2 ~ 150.4	154.8 ~ 161.7

3. 用途及应用范围

Y344 系列封隔器与水力锚配套使用，可用于油、水井压裂、酸化等作业。

4. 使用方法

(1) 施工准备。

①下压裂管柱前用通井管柱通井至于封隔器卡点以下 20m（射孔井段、封隔器坐封井段反复通井 3 次），起出通井管柱；

②下井油管用蒸汽刺净，并用油管规逐根通过；

③按设计要求配好管柱，下至设计深度并用磁定位校深管柱，达到设计要求；

④连接管线，装好井口，循环泵，试压。

(2) 酸化或压裂。

①油管打压坐封封隔器；

②然后提高压力顶替前置液，按照酸化压裂设计要求进行酸化压裂施工；

③压裂施工完成以后，由套管泵入洗井液进行反洗井冲砂；

④然后直接上提管柱起出封隔器及压裂管柱。

(三) Y341 封隔器

1. Y341 封隔器工作原理

Y341 封隔器结构如图 8-8 所示。

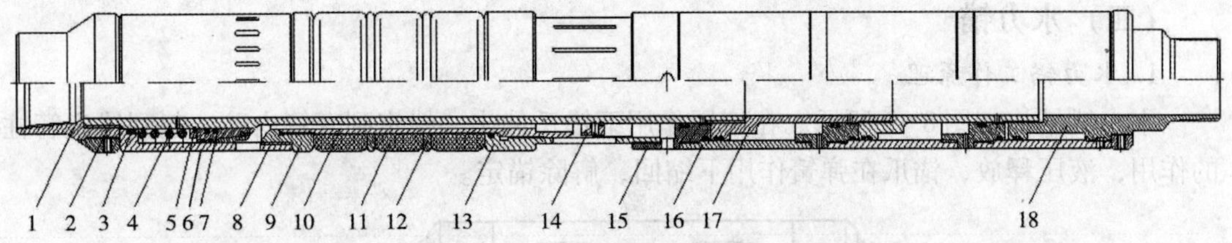

图 8-8　Y341 封隔器结构示意图

1—上接头；2—中心管；3—O 形密封圈；4—弹簧；5—垫环；6—固定环；7—洗井阀塞；8—洗井阀套；9—带阀面胶筒接头；10—外中心管；11—胶筒；12—隔环；13—压帽；14—解封环；15—活塞Ⅰ；16—液缸套Ⅰ；17—固定活塞Ⅰ；18—下接头

坐封：油管升压，压力经内中心管推动活塞，当推力达到一定值，坐封剪钉被剪断，活塞继续上行推动压缩胶筒封隔油套管环行空间，与此同时上行的锁套由卡瓦座、卡瓦牙组成的锁紧机构锁定，使胶筒保持压缩状态，密封油套管空间。

解封：上提油管柱，当拉力达到一定值，剪断解封剪钉，中心管上移，锁紧机构失去支撑，卡爪与锁套脱开，胶筒靠自身弹性推动锁套下移，从而胶筒恢复原位，封隔器解封。

2. 主要技术参数（表 8-5）

表 8-5　Y341 封隔器技术参数

规格 指标	Y341－115/112	Y341－135	Y341－145
钢体最大外径/mm	115/112	135	148
通径/mm	50	50	62
工作压差/MPa	50	50	50
工作温度/℃	150	150	150
适用套管内径/mm	118.6～127.3	144.2～150.4	154.8～161.7

3. 用途及应用范围

Y341 压裂封隔器与水力锚配套使用，可用于油、水井压裂、酸化等作业。

4. 使用方法

（1）施工准备。

①下压裂管柱前用通井管柱通井至于封隔器卡点以下 20m（射孔井段、封隔器坐封井段反复通井 3 次），起出通井管柱；

②下井油管用蒸汽刺净，并用油管规逐根通过；

③按设计要求配好管柱，下至设计深度并用磁定位校深管柱，达到设计要求；

④连接管线，装好井口，循环泵，试压。

（2）酸化或压裂。

①油管打压坐封封隔器；

②然后提高压力顶替前置液，按照酸化压裂设计要求进行酸化压裂施工；

③压裂施工完成以后，由套管泵入洗井液进行反洗井冲砂；

④然后直接上提管柱起出封隔器及压裂管柱。

（四）水力锚

1. 水力锚工作原理

水力锚结构如图 8-9 所示。在液压作用下锚爪伸出，锚定到套管内壁，起到锚定管柱的作用，液压释放，锚爪在弹簧作用下缩回，解除锚定。

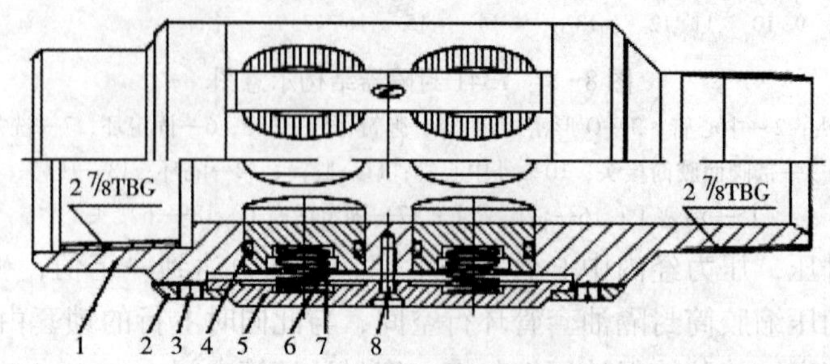

图 8-9　水力锚结构示意图

1—锚体；2—压环；3—稳钉；4—密封圈；5—压簧板；6—内弹簧；7—外弹簧；8—螺钉

2. 主要技术参数（表 8-6）

表 8-6　水力锚技术参数

指标＼规格	SLM104×40	SLM114×50	SLM118×50	SLM145×60
最大钢体外径/mm	104	114	118	145
通径/mm	40	50	50	60
工作压差/MPa	35	35	35	35
工作温度/℃	≤200	≤200	≤200	≤200
适用套管内径/mm	112～116	121～124	121～124	157～162

3. 用途及应用范围

水力锚主要用于注水、压裂、酸化等工艺施工管柱中，防止油管与套管产生相对位移，多配合无支撑封隔器使用。

（五）导压喷砂器

导压喷砂器结构如图 8-10 所示。

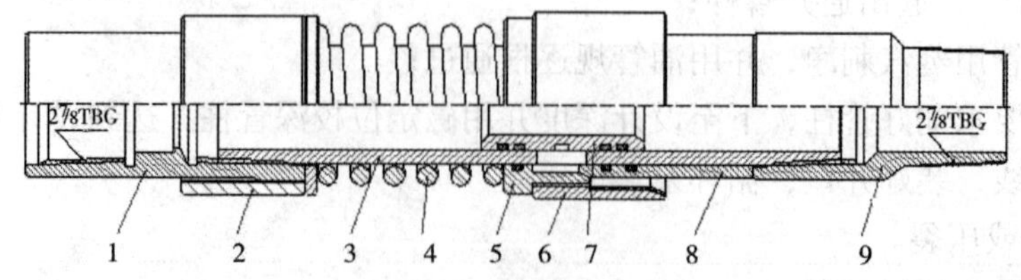

图 8-10　导压喷砂器结构示意图

1—上接头；2—调节环；3—中心管；4—弹簧；5—凡尔；6—护罩；7—滑套；8—凡尔座；9—下接头

1. 导压喷砂器工作原理

非工作状态时，导压喷砂器凡尔在弹簧的弹力作用下关闭，工作时，从油管内投球，泵入高压液体，液压经中心管的孔眼作用于凡尔上，推动凡尔和护罩一起压缩弹簧上行，凡尔被打开，液体经凡尔和油、套管环空进到地层。多级使用时，在中心管内需加滑套芯子。

2. 主要技术参数（表 8-7）

表 8-7　导压喷砂器技术参数

规格	总长/mm	最大外径/mm	最小内通径/mm	开启压力/（kg/cm^2）	连接扣型	适用套管
745-8	740	φ104	φ45	15~16	2⅞NU	5in
745-6	740	φ110	φ55	19~20	2⅞NU	5in
745-6	740	φ114	φ55	19~20	2⅞NU	5½in
747	790	φ135	φ70.9	9~10	3½NU	7in

3. 用途及应用范围

导压喷砂器主要用于油（气）井的压裂喷砂及酸化挤酸作业等工艺施工管柱中，产生节流压差，保证封隔器所需的坐封压力，多配合液压封隔器使用。

（六）洗井滑套

洗井滑套结构如图 8-11 所示。

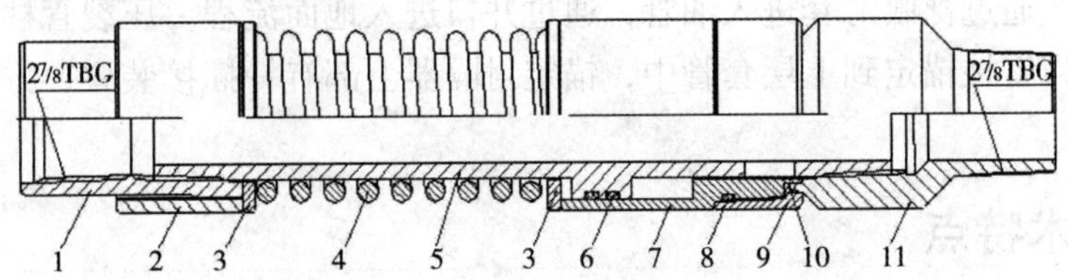

图 8-11　洗井滑套结构示意图

1—上接头；2—调节环；3—垫环；4—弹簧；5—中心管；6—盘根；7—凡尔；8—盘根；9—压套；10—密封垫；11—下接头

1. 洗井滑套工作原理

当管柱的环空压力大于洗井滑套的开启压力时，凡尔上行，使环空与管串间的通道打开，即可实现反洗井作业。

2. 主要技术参数（表 8-8）

表 8-8　洗井滑套技术参数

指标 \ 规格	XJHT-110
最大钢体外径/mm	110
通径/mm	55
开启压力/MPa	0.4
工作压力/MPa	30

续表

指标 \ 规格	XJHT－110
工具长度/mm	620
连接扣型	2⅞NU
适用套管内径/mm	5½in 以上套管

3. 用途及应用范围

洗井滑套用于压裂、酸化等工艺施工管柱，可实现施工过程中或施工后的反洗井作业。

第四节　裸眼滑套分段压裂工具

一、方法原理

裸眼水平井分段压裂是在水平井裸眼段通过裸眼封隔器将水平段分隔成地质要求的段数，封隔器之间配置多个裸眼滑套，通过打开滑套建立过流通道、控制压裂液进入地层压裂，压裂后油气通过裸眼滑套进入油管，通过井口进入地面流程。压裂管柱顶部的锚定封隔器将整个压裂管柱锚定到上层套管中，锚定封隔器上部有一插接装置，方便上部油管柱连接或脱开[8,9]。

二、技术特点

（一）优点

（1）能够充分发挥裸眼井优势，裸眼暴露更多泄油井段；

（2）压裂层位布置固定；

（3）压裂设备进行压裂作业，连续施工，工艺简单，压裂作业时间短；

（4）可关闭型压裂滑套提供了二次压裂的可能。

（二）缺点

（1）对于狗腿度较大或水平段过长的水平井，压裂管柱下入可能存在施工风险；

（2）压裂级数受滑套球座尺寸限制，内径缩径影响应急方案的选择；

（3）不钻磨球座，管柱内通径小；

（4）裂缝起裂位置无法精确控制，可能影响压裂效果。

三、管柱结构图及动作原理

裸眼水平井分段压裂管柱包括带插接装置的锚定封隔器、裸眼封隔器、投球滑套、压差滑套及底部球座等工具。依据压裂段数要求匹配多级投球滑套，施工时依次投球打开各级滑套，完成所有压裂段的施工作业，施工结束统一进行返排。

裸眼水平井分段压裂完井管柱组成见图8-12。

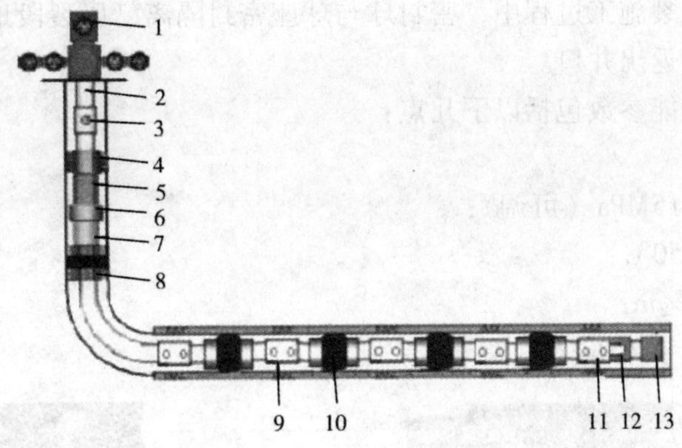

图8-12 裸眼水平井分段压裂完井管柱结构示意图

1—105/78型井口；2—ϕ88.9mm外加厚油管；3—大通径循环阀；
4—水力锚；5—插入密封节；6—丢手接头；7—回接筒；8—悬挂封隔器；
9—投球滑套；10—裸眼封隔器；11—压差滑套；12—球座；13—浮鞋

（一）压裂滑套

裸眼水平井分段压裂完井管柱中，压裂滑套是建立压裂通道和实现多级压裂的关键工具。压裂滑套一般分为压差式滑套和投球式滑套。

1. 压差式滑套

压差式滑套[9]（图8-13）连接在管柱下端，其底部连接球座和浮鞋，与管柱中的裸眼封隔器、锚定封隔器的压力等级相匹配。待球座（或称为隔离阀）封堵后，管柱内密闭压力小于或等于35MPa（或设定数值）条件下裸眼封隔器和锚定封隔器完成坐封，此时压差式滑套处于关闭状态，待将悬挂封隔器上部的投送管柱更换成压裂管柱、完成井口安装压裂时，再次将管柱内压力升高至压差式滑套打开的数值，压差滑套才打开，这样就可以进行第一段压裂作业。

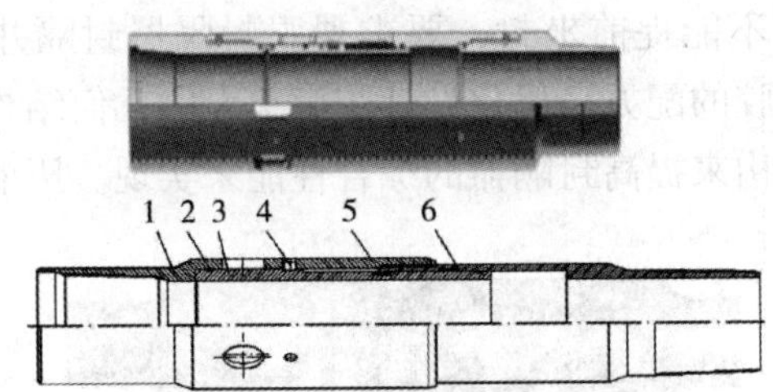

图8-13 压差式滑套结构示意图

1—上接头；2—密封圈；3—内滑套；4—剪钉；5—止动环；6—下接头

压差式滑套的性能参数包括以下几点：

压差滑套打开压差：一般为35MPa（可调）；

耐温：150℃；

规格：4½in、5½in。

2. 投球式滑套

投球式滑套（图8-14）内部设有球座，球座内通径成等差数列，有成等差数列的密封球（图 8-15）与球座匹配形成密封；通过压差剪短滑套剪钉，球座下行，打开滑套，露出过流通道。在压裂施工过程中，密封球与球座密封隔离已压裂段地层，压裂施工结束后，密封球随返排液返出井口。

投球式滑套的性能参数包括以下几点：

耐压：70MPa；

打开压差：10～15MPa（可调）；

耐温：120℃、150℃；

规格：4½in、5½in；

密封球密度：小于 2.0g/cm³。

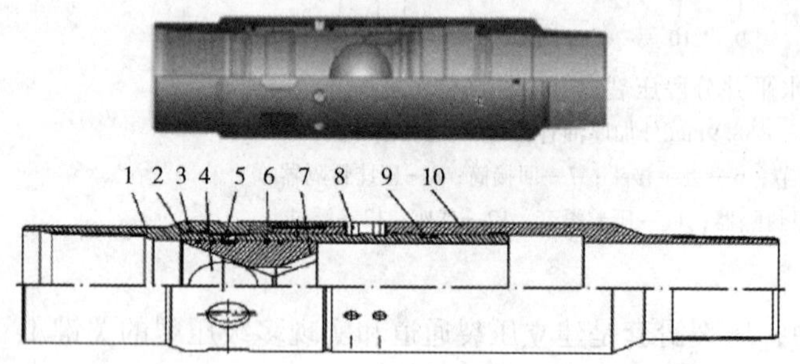

图 8-14　投球式滑套结构示意图

1—上接头；2—内筒；3，6—密封圈；4—球；5—固定螺钉；7—球座；8—剪切螺钉；9—止动环；10—下接头

图 8-15　投球式滑套用密封球

（二）裸眼封隔器

裸眼水平井分段压裂完井管柱中的裸眼封隔器将水平段分隔成若干段，从而完成裸眼水平井的分段压裂作业。完井管柱到达设计位置后，油管内加压裸眼封隔器坐封，隔离水平井段。在管柱入井过程中及压裂过程中对裸眼封隔器性能有较高的要求，管柱入井过程中封隔器胶筒不能损坏且不能提前坐封，要求裸眼封隔器封隔井径适应性强、封隔压力高。这些主要通过优化橡胶的配方、优化设计胶筒单元的几何结构形状、优化封隔器的防退锁紧机构及胶筒防突机构来提高封隔器的综合性能来实现。压缩封隔器胶筒单元结构示意图如图 8-16 所示。

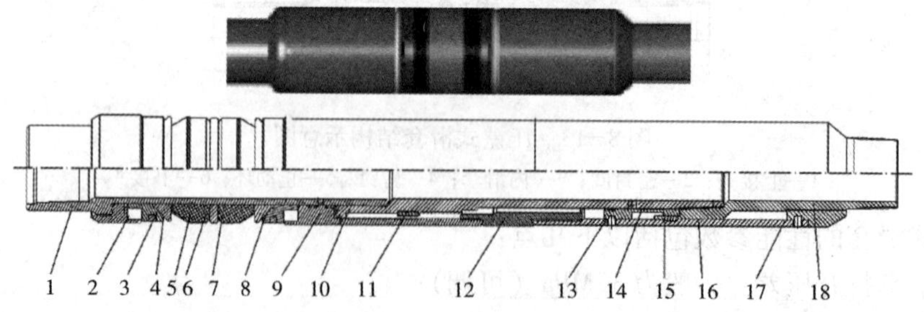

图 8-16　压缩式裸眼封隔器结构示意图

1—中心管；2—调节环；3—保护块；4—卡簧；5—护盘；6—胶筒；7—隔环；8—锥环；9—上液缸；10—下中心管；11—锁环；12—锁套；13—剪钉 1；14—活塞；15—锁块；16—下缸套；17—剪钉 2；18—下接头

裸眼封隔器[10-14]一般为压缩式封隔器、遇油遇水自膨胀封隔器及扩张式封隔器 3 种，如图 8-17～图 8-20 所示。

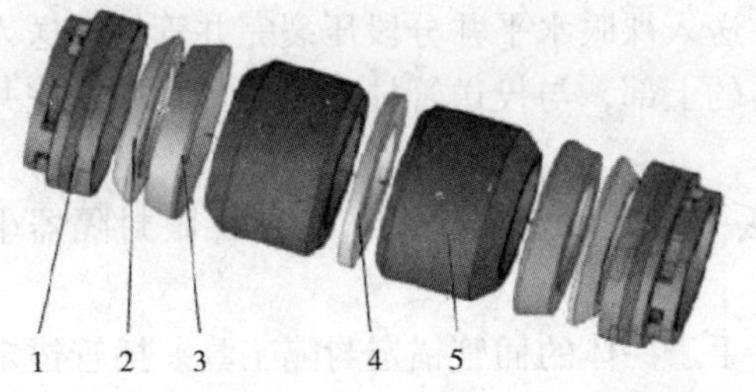

图 8-17 压缩封隔器胶筒单元结构示意图

1—保护块；2—锥环；3—护盘；4—隔环；5—胶筒

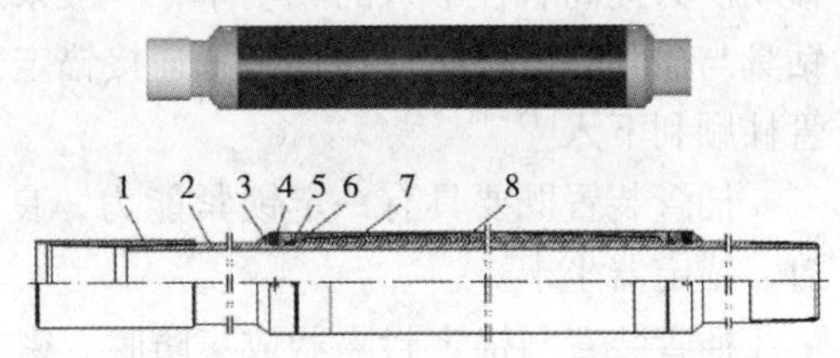

图 8-18 膨胀式封隔器结构示意图

1—接箍；2—基管；3—挡环；4—紧定螺钉；5—挡圈；6—承托环；7—叠片；8—胶筒

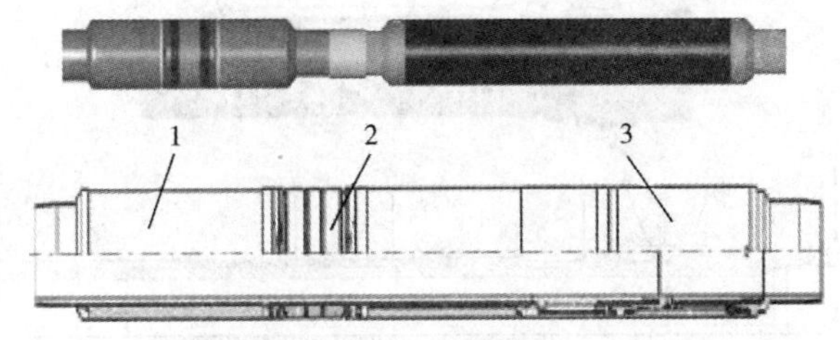

图 8-19 膨胀式封隔器 + 压缩式封隔器结构示意图

1—自膨胀胶筒；2—压缩式胶筒；3—液压坐封油缸

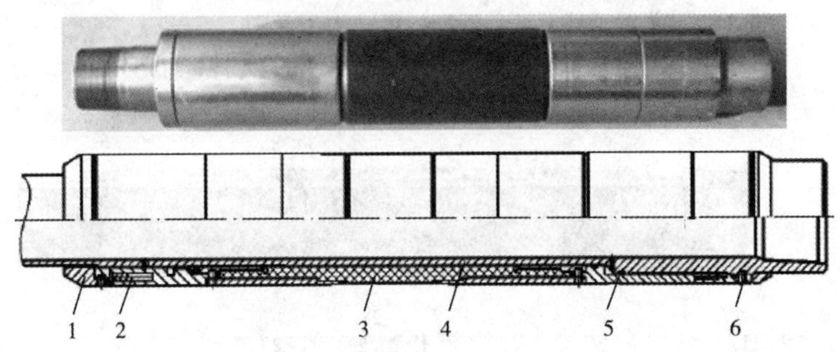

图 8-20 扩张式封隔器结构示意图

1—定位套；2—阀环体总成；3—胶筒总成；4—中心管；5—滑套；6—剪销

裸眼封隔器的性能参数包括以下几点：

压缩式封隔器耐压：70MPa；

耐温：120℃、150℃；

膨胀式封隔器耐压：70MPa；

膨胀时间：5～30d（可调）；

耐温：120℃、150℃；

扩张式封隔器耐压：70MPa、80MPa；

耐温：120℃、150℃、180℃。

（三）锚定封隔器

裸眼水平井分段压裂完井管柱中锚定封隔器将管柱锚定到上层套管上，防止管柱发生移动。为提高管柱下入的成功率，一般采用钻柱送入裸眼水平井分段压裂完井管柱，送入钻具与插管装置连接。插管装置连接锚定封隔器的上部，与投送管柱连接锁紧，保证完井管柱顺利下入[15-18]。

插管装置既要具有一定锁紧能力，良好的丢手能力和密封能力，确保裸眼封隔器坐封、锚定器坐卡。

插管装置与锚定封隔器成集防脱、密封及丢手于一体的插管锚定封隔工具。插管锚定封隔工具由插管装置（图8-21）与锚定封隔器（图8-22）组成。

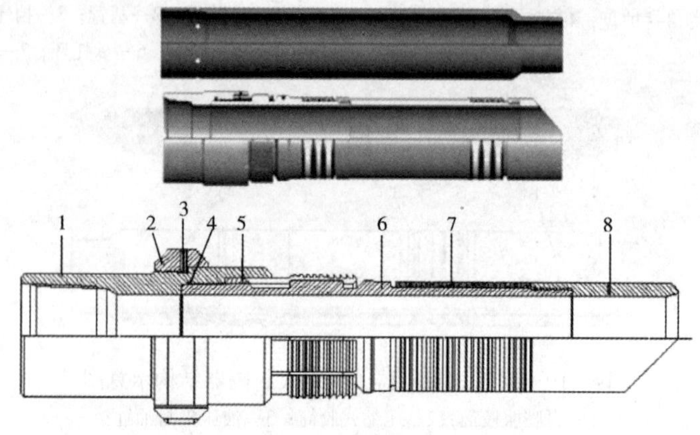

图8-21　插管装置结构示意图

1—上接头；2—盖帽；3—紧定销钉；4—O形圈密封；
5—卡瓦套；6—锚短节；7—密封盘根；8—下接头

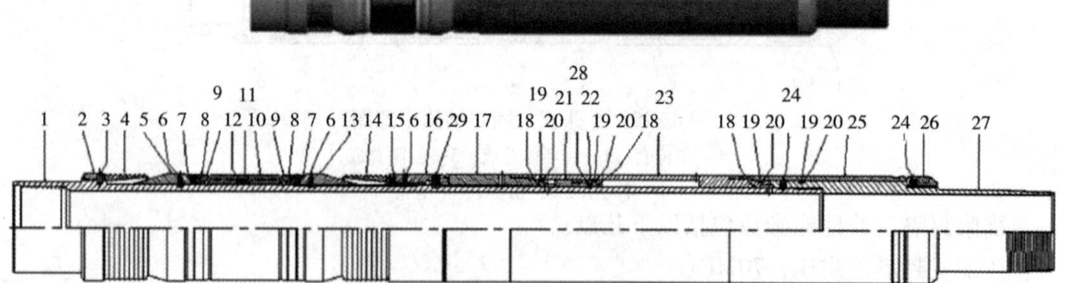

图8-22　锚定封隔器结构示意图

1—中心管；2—调整环；3，24—紧定螺钉；4—上卡瓦；5—锥体；
6—剪切销；7—外背圈；8—内背圈；9—橡胶套挡圈；10—胶套；11，18，19—O形圈；
12—承留环；13—锥体；14—下卡瓦；15—锁环；16—销环套；17，22—活塞；
20—O形圈背圈；21—劈环套；23—上坐封套；
25—下坐封套；26—导环；27—下接头；28—劈环；29—剪切销

插管装置由密封插头和插管组成。

锚定封隔器的上下两个整体式卡瓦在液缸的推动下沿锥体上行实现坐挂，从而使整个完井管柱锚定在上层套管的预定位置，防止完井管柱在压裂过程中因承受高压而发生轴向移动。卡瓦间的胶筒在液缸向上移动的同时压缩胀封，实现尾管重叠段环空的封隔。内部锁紧机构及卡瓦的锚定机构可防止胶筒坐封后的回弹，确保环空封隔的有效性。

插管装置的原理是将密封插管插入插管或悬挂封隔器中使得密封插管的特殊锯齿螺纹与插管或悬挂封隔器上端锯齿螺纹配合，密封插管的盘根密封在插管或悬挂封隔器的中心管内孔上。密封插管上端接钻杆或油管。当对悬挂封隔器验挂时，因特殊锯齿螺纹连接可承受一定的拉力，当需要与悬挂封隔器脱手时，保持过提负荷1~2t，正转油管大于10圈，上提即可丢手。

1. 性能参数

锚定封隔器外径：149.23mm；

锚定封隔器内通径：101.6mm；

启动压力：20MPa；

坐封压力：30MPa；

胶筒外径：146mm；

耐温：177℃；

耐压：80MPa；

插管螺纹承受拉力：100t。

2. 主要性能特点

具有较大的内通径，为后续生产留有较大的通道。

插管与封隔器通过特殊锯齿螺纹连接，便于插管的回收，下井时，插管直接插入封隔器，不需要单独的坐封工具坐封，通过地面打压方式坐封封隔器，一趟管柱完成坐封及插管锚定。

棘轮锁环保持坐封负荷，保证压力变化下仍可以安全坐封。

封隔器可通过套铣掉卡瓦后打捞。

（四）简单应用情况

裸眼水平井分段压裂技术是水平井分段压裂三大主要技术之一。国内在2012年国产工具研制取得突破，目前在国内主要油田都进行了大规模应用[13]。中国石油、中国石化、中国海油及延长石油都在油田进行了应用。中国石化在华北、胜利、东北、西北及西南都进行了规模化应用。

樊154-平1井是胜利油田樊154区块的一口油藏评价井，控制面积0.35km^2，水平井控制储量26.8×10^{4}t，平均孔隙度14.9%，平均渗透率1.1×10^{-3}μm^2，地层原油黏度0.86mPa·s，油层厚度13m左右，油藏埋深2550~2800m，为低孔特低渗储层。

2011年5月21日实施裸眼长水平井12级分段压裂，开始加砂压裂，累计加砂量243.7m^3、注入液量2976.9m^3，创国内水平井油井裸眼分段压裂施工井段最长，分段数最多，加砂、加液量最大等多项纪录，部分施工曲线见图8-23，生产曲线如图8-24所示，为今后胜利油田低渗透油藏水平井裸眼分段压裂开发奠定了基础。

至2013年3月10日，在胜利油区致密砂岩油藏已实施了30口水平井[20]，设计压裂321段，成功实施303段，成功率为94.4%；正常生产28口井，单井平均产油量为11.6t/d，累积产油量为58602.8t。由部分水平井生产动态统计（表8-9）可见，生产效果明显。

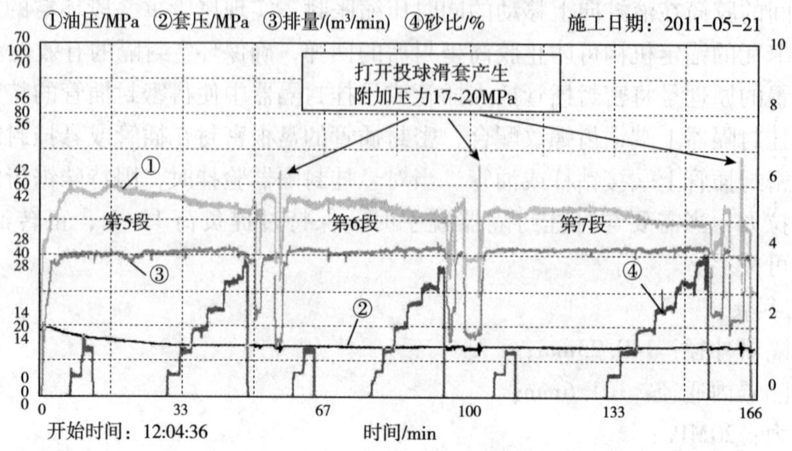

图8-23 樊154-平1井5~7段压裂施工曲线

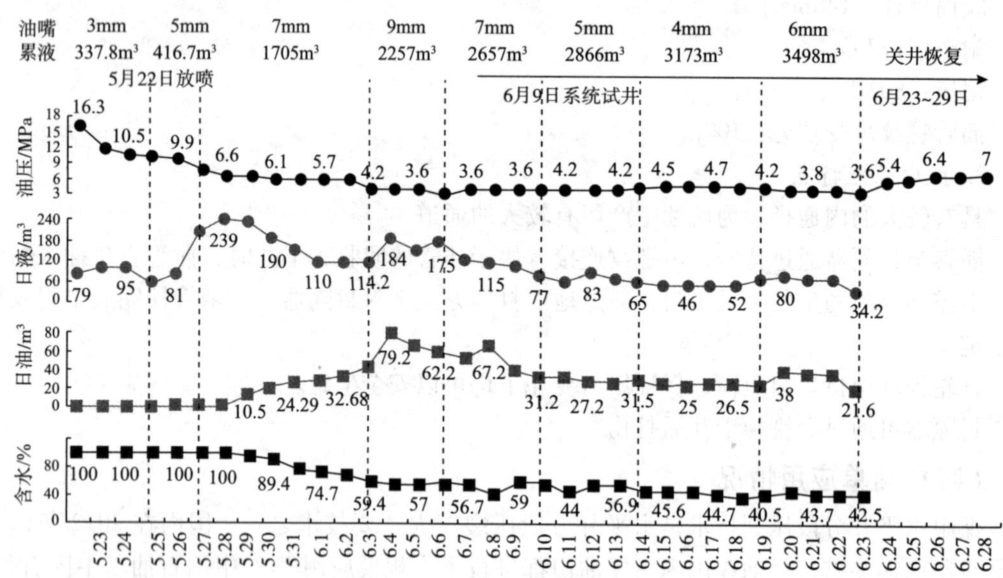

图8-24 樊154-平1井压裂施工后生产曲线

表8-9 部分水平井生产动态表

井号	实钻井深/m	水平段长度/m	压裂段数	投产日期	产油量/L·d^{-1}	累积产油量/L	自喷时间/d	泵抽时间/d
樊154-平1	4066	1221	12	2011-06-02	9.9	7958.8	143	482
樊154-平2	4916	2015	20	2012-03-09	12.8	3859.6	333	16
樊154-平3	3828	816	10	2012-02-24	9.8	3122.8	202	170
樊154-6HF	4617	1598	17	2012-06-30	10.6	1240.3	91	102

续表

井号	实钻井深/m	水平段长度/m	压裂段数	投产日期	产油量/L·d⁻¹	累积产油量/L	自喷时间/d	泵抽时间/d
樊154－平7	4260	1241	13	2012－05－01	5.7	1189.6	65	200
樊154－8HF	4158	1138	11	2012－07－16	8.6	2068.0	60	169
樊154－10HF	4046	1052	11	2013－01－20	12.7	683.8	50	
樊116－2HF	3912	914	6	2012－11－13	12.4	991.7	60	44
义123－平1	5236	1188	14	2012－04－01	9.0	3783.0	343	
义123－11HF	4688	1051	11	2012－08－28	17.2	3584.3	189	
义123－9HF	5340	1450	15	2012－10－15	17.6	3207.7	137	
义173－平1	4955	1014	11	2012－08－02	16.9	1253.8	145	
樊162－5HF	3806	920	9	2012－10－20	16.5	1652.6	130	
滨173－1HF	3900	536	7	2012－08－17	3.4	707.4	20	151
辛14－8HF	4069	624	4	2012－11－03	12.8	1752.4	7	116
营691－1HF	4060	945		2012－12－15	18.3	1699.1		83
夏103－1HF	4157	444	5	2012－11－28	12.4	836.0	31	67
义104－1HF	4402	682	8	2012－09－26	25.4	5513.9	165	
盐227－1HF	4595	1078	11	2012－12－03	14.5	620.9	10	51

四、滑套新技术

投球式滑套是依靠投入直径大小不同的系列密封球来打开的，由于管柱内径一定，投入的最大密封球直径受到限制，因而压裂级数受到限制，不能满足无限级压裂要求。为满足现场需求，各油服公司研制出各种满足无限级压裂要求的新型滑套。依据无限级滑套打开方式可分为投球（飞镖）压裂滑套，连续油管带工具机械打开压裂滑套及连续油管带工具液压打开压裂滑套[20－28]。

（一）Schlumberger 公司的 TAP 压裂滑套系统

Schlumberger 公司的 TAP 压裂滑套技术与 2006 年投入市场。该套系统结构如图 8－25 所示，主要包括启动阀、TAP 阀、中继阀、飞镖以及后期进行滑套关闭的连续管工具。

TAP 阀主要由阀体、内滑套、活塞和 C 形环等组成。当上一级阀体的压力传导至活塞腔时，活塞下行挤压 C 形环，形成球座，以用于坐入井口投入的飞镖，隔离下部储层。启动阀和中继阀内无活塞和 C 形环，分别用于底层第 1 级滑套和压裂较厚储层。在油气井生产时，如遇产层出水等特殊情况，则可下入连续管开关工具将滑套关闭，以封堵底水。

当需要对多个薄油层进行增产改造时，需用金属导压管串接各压裂阀。因此，Schlumberger 公司研制出一种特殊的管线卡紧装置［图 8－26（a）］。将导压管线固定于接箍上，与套管一并入井，可防止导压管磕碰损坏。同时，为降低固井顶替作业时水泥浆在工具内壁残留，避免影响滑套内套滑动性能，研制了大、小胶碗组合的特殊固井胶塞

[图8-26（b）]，该胶塞可提高系统可靠性。

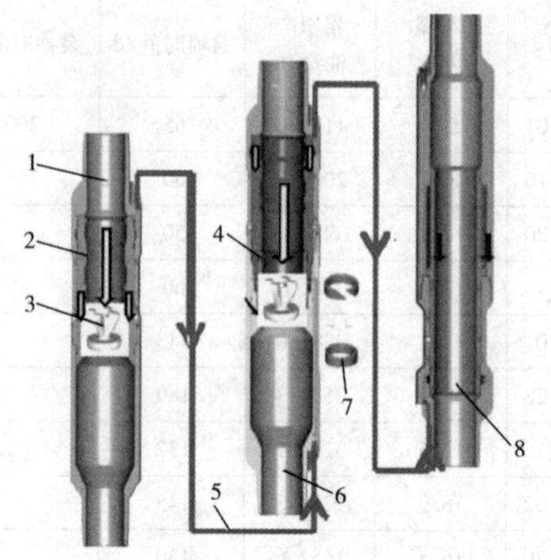

图8-25　Schlumberger公司的TAP压裂滑套系统

1—启动阀；2—内滑套；3—飞镖；4—活塞；5—导压管；6—TAP阀；7—C形环；8—中继阀

（a）管线卡紧装置

（b）固井胶塞

图8-26　特殊固井胶塞和管线卡紧装置

目前TAP压裂完井系统仅适用于ϕ200mm以上井眼和ϕ114.3mm套管。受尺寸限制，TAP阀现场应用时最大井斜不超过68°，最大狗腿度每30m为25°，滑套入井后间距大于3m，因此，对油气藏厚度有一定要求。滑套整体耐压达到70MPa，耐温160℃。飞镖直径为ϕ88.9mm，压裂结束后，飞镖返排至上层滑套球座下部，并形成过流通道，过流面积相当于ϕ73mm油管，因此可有效确保后期排液、生产不会形成阻塞。或飞镖采用可溶解材料制作，后期可降解形成大的通道。

（二）连续油管打开滑套

连续油管打开压裂滑套有威德福公司（Weatherford）的Zone Select Monobore系统，液压打开压裂滑套有Backer Hughes公司的OptiPort系统。

1. Zone Select Monobore滑套系统

主要由压裂滑套和井下组合工具BHA两部分组成，属于机械开启式压裂滑套。Monobore滑套有上接头、下接头、内滑套和密封圈等组成，如图8-27所示。压裂滑套随套管一起下放到井下需要压裂的层位，然后坐封悬挂封隔器，坐封尾管。井下组合开关工具由连续油管或其他工具带入井下，启或关闭滑套，实现各产层的压裂。

连续油管上的井下组合工具可以选择性地打开或关闭任何一个滑套。当需要压裂某一地层时，首先将井下组合工具与相应地层的压裂滑套通过锁块相配合，下放连续油管，带动井下组合工具和内滑套下移，打开滑套，连通油管和地层环空。然后，上提连续油管将井下组合工具停在工具腔内，如图8-27所示，最后加压压裂地层。当压裂完成后，将井下组合工具移动到其他滑套处，实现其他地层的压裂。直到所有的地层压裂完成，关闭不需要的地层，取出连续油管及开关工具。

Zone SelectMonobore滑套优点有：①利用连续油管打开或关闭；②可以减少井口泵入液体；③实现所有层均可单独压裂（理论上可实现无级差压裂），压裂时连续油管不用取出，大幅减少了作业时间。

Zone SelectMonobore 套管滑套广泛用于水平井、大斜度井和直井，其与 ϕ88.9mm、ϕ114.3mm 和 ϕ139.7mm 套管配套使用，耐压强度达到 134MPa，适用井下温度达到 163℃。连续管开关工具最大可配套使用的连续管为 ϕ60.3mm，确保油套环空过流面积和储层压裂效果。

2. Backer Hughes 公司的 OptiPort 系统

Backer Hughes 公司的 OptiPort 压裂系统主要包括套管滑套和井下组合工具（BHA）（图 8-28）。一趟下入 BHA 管串后，不需重复上提下放管柱，实现隔离产层、打开滑套和压裂作业等功能。滑套采用液压开启方式，外壳与本体之间形成液缸，内滑套在液压力驱动下滑动，开启滑套。BHA 主要包括接箍定位器、节流阀、锚定装置和封隔器，可实现压裂管串定位、锚定以及管串与套管环空封隔。

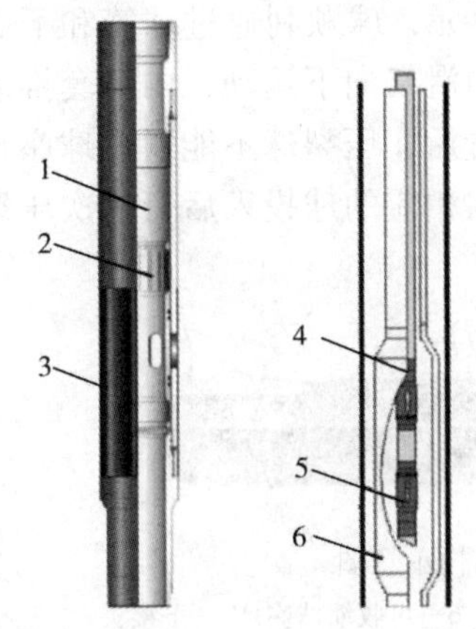

图 8-27 Monobore 系统结构示意图

1—Monobore 套管滑套；2—内滑套；3—保护层；4—HWB 开关工具；5—锁块；6—工具腔

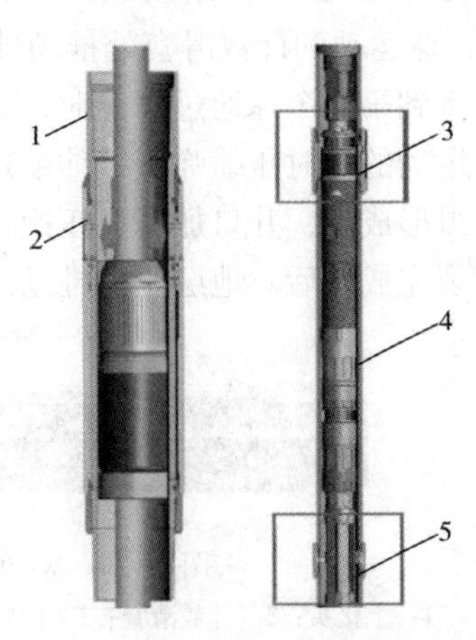

图 8-28 Backer Hughes 公司的 OptiPort 压裂系统

1—套管；2—套管滑套；3—封隔器；4—锚定装置；5—接箍定位器

当 OptiPort 套管滑套随套管入井进行常规固井后，使用连续管将 BHA 工具送入井内，接箍定位器确定滑套所在位置，然后向连续管内加压，坐封封隔器，锚定装置坐挂，锚定 BHA 工具管串，再往连续管与套管环空内加压，开启滑套，并进行储层压裂改造。压裂结束后，停泵泄压，封隔器解封，锚定装置解挂，上提管柱，进行下一层压裂作业。

OptiPort 套管滑套有 ϕ114.3mm 和 ϕ139.7mm 两种规格，适用的井眼为 ϕ155.6mm 和 ϕ200mm，滑套最大外径为 ϕ148.6mm，最小内径为 ϕ101.6mm，液压打开压力为 20MPa。井下组合工具长度约为 4m，采用 ϕ50.8mm 和 ϕ60.3mm 连续管送入井内，其封隔器在内径 ϕ99.6 ~ ϕ127.3mm 管柱内封隔能力最佳。

（三）投球滑套升级新技术

投球滑套由于密封球存在级差，因而分段压裂的段数受到油管内径大小和球座级差限制，一趟管柱分段压裂总数受到了限制，不能满足长水平井分段数量的要求。因而新的一球打开多级滑套的新技术被研发出来，主要有威德福（Weatherford）公司的 I-ball 系统和哈里伯顿（Halliburton）公司的 Rapid Frac 系统。

1. Ⅰ-ball 滑套压裂系统

I-ball 滑套压裂系统是 Weatherford 公司 2013 年推出的一个压裂技术，是投球压裂套的一种升级版。与常规的逐级投球式滑套一次投只打开一级滑套不同，在该滑套内，同尺寸球可打开的每一级滑套内径相同，同时对应的憋压球尺寸相同、无级差，而且该技术不同于一球打开多级滑套（簇式压裂）技术，在施工过程中可实现打开一级、压裂一级。

滑套分为 7 个部分：上接头、计数滑套、球笼、内滑套、弹簧、可收缩性球座、下接头。其中计数滑套是滑套结构的关键部件，其双弹性爪移位结构设计加上同尺寸球逐级打开滑套流程，实现了压裂后捕球座的复位，进而实现了管柱内的全通径。通过增减滑套外壳凹槽的数量，理论上可实现同尺寸球打开无限级数滑套，且压裂结束后可实现滑套内全通径，无需钻除作业，缩短了施工周期，节约了成本。

为了更好地说明其工作原理，以计数为 5 的滑套为例，如图 8-29 所示，井口投入第 1 个球后，球运动到计数滑套处推动球笼向下运动一个单元，球顺利通过球笼和下面的收缩球座，直到第 5 个球通过球笼时，笼向下运动，带动内滑套向下运动，内滑套推动伸缩球座向下运动的同时压缩弹簧，伸缩球座运动到收缩位置后，压裂球不能通过球座，形成坐封。坐封形成后，井口加压，压裂该产层。其他产层在相应的球投入后可依次压裂，全部产层压裂完成之后。地层压力推动球流向井口。

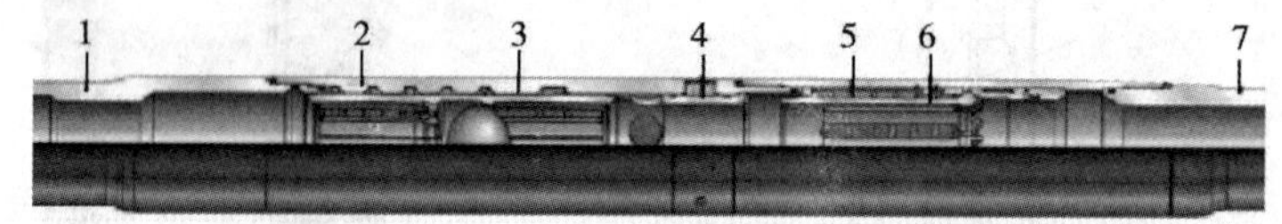

图 8-29 Weatherford 的 I-ball 滑套结构示意图

1—上接头；2—计数滑套；3—球笼；4—内滑套；5—弹簧；6—可收缩球座；7—下接头

I-ball 滑套在传统投球压裂基础上做了很大改进。传统投球滑套没有计数滑套，球的坐封由投入球的尺寸来控制，每一个球对应一个压裂滑套。而新型滑套的计数滑套与收缩球座共同完成了压裂层的识别，不需要改变球的直径。虽然理论上可实现同尺寸球打开无限级数滑套，实际应用中，同一尺寸的密封球设置可以打开 1～5 级滑套。这样原来需要投入十个投球的十段压裂采用 I-ball 滑套系统只需投入 2 个球即可完成大大增大了滑套球座的内通径，满足了全井所有层段施工的大排量，球座亦无需钻除作业，节约成本。

2. Halliburton Rapid Frac 系统

Rapid Frac 系统是 Halliburton 2011 年引进的技术。Rapid Frac 系统主要 Rapid Frac 滑套、Rapida Stage 滑套、Rapid Start 滑套和裸眼封隔器等部分组成，如图 8-30 所示。

Rapid Frac 滑套和 Rapid Stage 滑套配合使用，5 个 Rapid Frac 滑套和 1 个 Rapid Stage 滑套组合，同一尺寸压裂球可一次性压裂 6 层。完井管串坐封完成，泵入高压液体进行压裂。Rapid Start 在高压下，打开滑套实现最下层的压裂。然后投入最小尺寸的球，球坐落在 Rapid Stage 上之前，先通过 5 个 Rapid Frac 滑套，推动滑套上的球座和下滑套下行。在扩径处球座张开，球继续下行，球座和下滑套锁紧。最后球坐落在 Rapid Stage 滑套的球座上，实现坐封。坐封完成，开始加压，Rapid Frac 滑套在压差下打开，泵入压裂液开始压裂。5 个 Rapid Frac 滑套和 Rapid Stage 滑套处同时压裂，实现一次性压裂 6 层的高效作业。

Rapid Frac 系统最多可压裂 15 段，每段 6 个滑套，可实现 90 级压裂。封隔器耐压

70MPa，耐温 177℃。

图 8－30　Rapid Frac 系统结构示意图

1，6—销钉；2—下滑套；3，8—球座；4，7—内滑套；5—上滑套；9—低密度球

3. 等通径键槽式压裂滑套系统

中国石化工程院于 2014 年研制出具有完全自主知识产权的水平井全通径分段压裂工具——等通径键槽式滑套系统，该设备主要包括键槽式滑套和专用胶塞。滑套主要由上接头、外壳、内套、键槽结构、卡簧和下接头组成（图 8－31）。

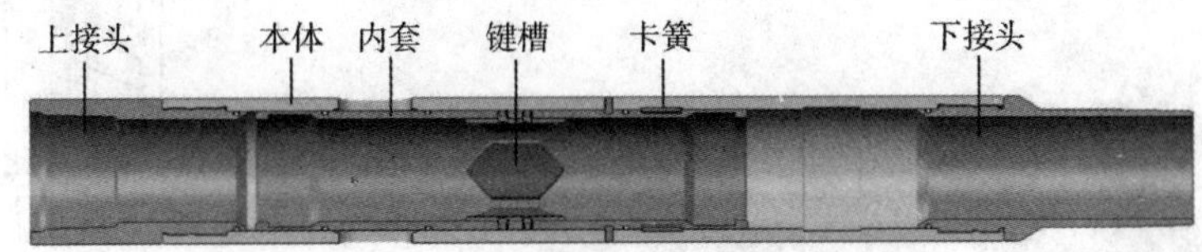

图 8－31　等通径键槽式滑套

内套内部设有均匀分布的键槽结构，且键槽结构的上下方均为斜面，以便起到导向作用。内套上、下两端设有滑套开关定位槽，用于下入滑套开关工具时进行开关操作。

滑套专用胶塞主要由导向头、胶碗和导向块组成，导向头和胶碗主要用于专用胶塞的扶正，并且利于专用胶塞的泵送到位及返排。导向块上设有均布的键，键两端均设有倒角，利于导入滑套键槽内。

滑套专用胶塞周向上均布的键与对应滑套内部的键槽配合，实现滑套的打开操作。每一级滑套的内径相同，但滑套的键槽宽度不同，相应的每级滑套配套的专用胶塞的键宽也不同，一个专用胶塞只能对应着打开一个分段压裂滑套，且能穿过上一级滑套。

现场施工时，根据油气藏产层情况，确定滑套安放位置，然后，将多个滑套与套管管柱一趟下入井内。在井口投入滑套专用胶塞，通过泵送使其到达对应的压裂滑套位置。该专用胶塞在到达对应滑套位置以前，均能通过上一级滑套。被泵送到位后，专用胶塞的键与滑套上的键槽结构配合，实现憋压。当压力达到一定值时，滑套打开，内套下移，压裂孔开启，开始进行压裂施工。按照同样的方式可以完成其余地层的压裂。压裂施工结束后，在地层压力下，所有滑套专用胶塞均返排出井口。

等通径键槽式滑套通过泵送对应的专用胶塞憋压打开，压裂结束后可实现管柱内全通径，无需进行钻除作业，具有结构简单、快速压裂、施工周期短等优点，可广泛应用于各种油气井的分段压裂改造作业。

4. 可捞球座压裂滑套系统

可捞球座压裂滑套分段压裂完井管柱系统，是在可钻式滑套压裂工具系统基础上开发的，可以按照普通投球压裂滑套进行分段压裂施工，在压裂施工完成后下入打捞工具将球座捞出地面或推送至井底口袋，保留内井筒通径一致。

可捞球座压裂滑套设计为双层结构，如图 8-32～图 8-34 所示。投球后，在压力作用下，剪短销钉，球推动内层滑套和外层滑套一起下行，打开滑套，进行压裂施工。全部球座内滑套可由打捞工具一次性取出，实现全通径；外层滑套可单独下入工具进行自由开关。压裂施工后，可下入内球座打捞工具一次性打捞出全部内球座。内球座打捞工具和每个内球座底部均设计有特殊卡槽，可受压逐层卡紧连接成一体，上提打捞工具即可打捞出全部内球座至地面。

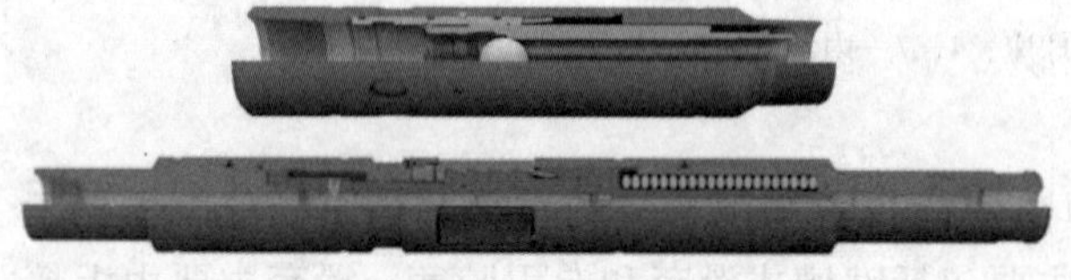

图 8-32　可捞式滑套及打捞工具结构示意图

图 8-33　可捞式滑套及打捞工具实物照片

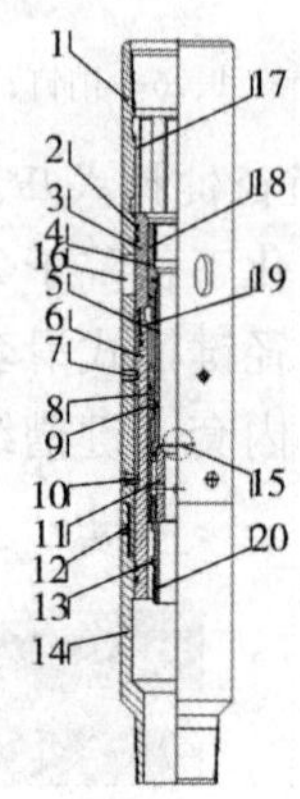

图 8-34　一种可打捞球座的多级投球压裂滑套结构示意图

1—上接头；2—密封圈；3—开关套；4—弹爪止锁套；5—连接内套；6—承力套；7—滑套剪钉；8—弹爪管；9—打捞剪钉；10—防转螺钉；11—球座；12—固定螺钉；13—打捞弹爪头；14—下接头；15—开启球；16—侧孔；17—第一弹爪；18—第二弹爪；19—第三弹爪；20—第四弹爪

第五节　泵送桥塞分段压裂工具

一、工作原理

泵送桥塞分段压裂技术采用泵送桥塞，通过电缆将射孔枪和桥塞同时传输到指定位置，实现射孔和分级压裂一体化。泵送桥塞分段压裂技术施工过程[29]如下：第一段采用油管或连续油管传输射孔，提出射孔枪；只对套管进行第一段压裂，然后用胶液冲洗井筒，用液体泵送电缆 + 射孔枪 + 桥塞工具入井，电引爆坐封桥塞，射孔枪与桥塞分离，试压；拖动电缆带射孔枪至射孔段，射孔；射孔时，可进行多级点火射多簇孔，起出电缆，压裂第二层；压后再进行下一级的桥塞和射孔枪泵送，重复以上步骤，实现多级分段压裂。压裂结束后，统一下入钻塞管柱钻掉所有桥塞进行放喷生产，如图 8-35 所示。

泵送桥塞分段压裂技术适用于套管固井完井的水平井分段压裂。

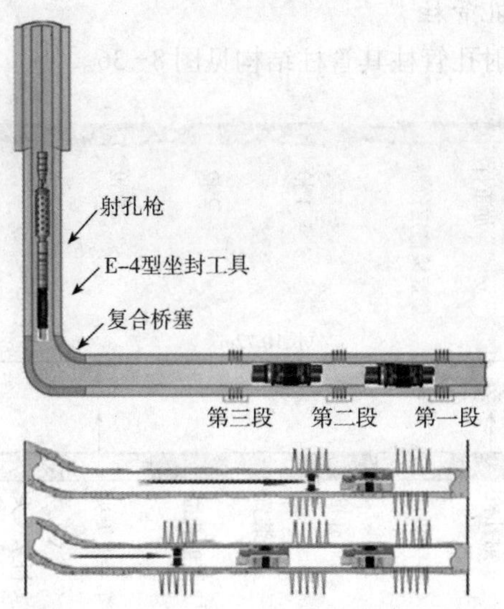

图 8-35　泵送桥塞电缆射孔联作压裂示意图

二、技术特点

（一）泵送桥塞分段压裂技术特点

（1）与常规套管井压裂相比，减少一趟下入射孔管柱作业；

（2）通过电缆连接泵送传输方式，克服了水平井大狗腿度管柱下入困难问题；

（3）套管压裂、满足大排量施工需要，多簇射孔容易形成复杂的体积缝网，增大泄油面积；

（4）可不占用钻机批量作业等；

（5）桥塞钻除后，井筒不留杂物；

（6）存在作业工期较长；

（7）成本相对较高。

（二）泵送桥塞射孔分段压裂技术优势和考虑因素

（1）理论上无级数限制；

（2）层位级数布置的灵活性；

（3）全通径提供了可选择的应急方案；

（4）压裂作业需要更好的物流保障；

（5）较低压裂作业效率；

（6）需要钻磨桥塞获得全生产通径，限制了二次压裂的方案选择。

三、管串结构及动作原理

（一）桥塞射孔分段压裂管串结构

管串结构分为电缆投送桥塞、射孔管柱和连续油管投送桥塞、射孔管柱两种。

1. 电缆投送桥塞、射孔管柱[30-32]

(1) 电缆投送桥塞、射孔管柱其管柱结构见图 8-36。

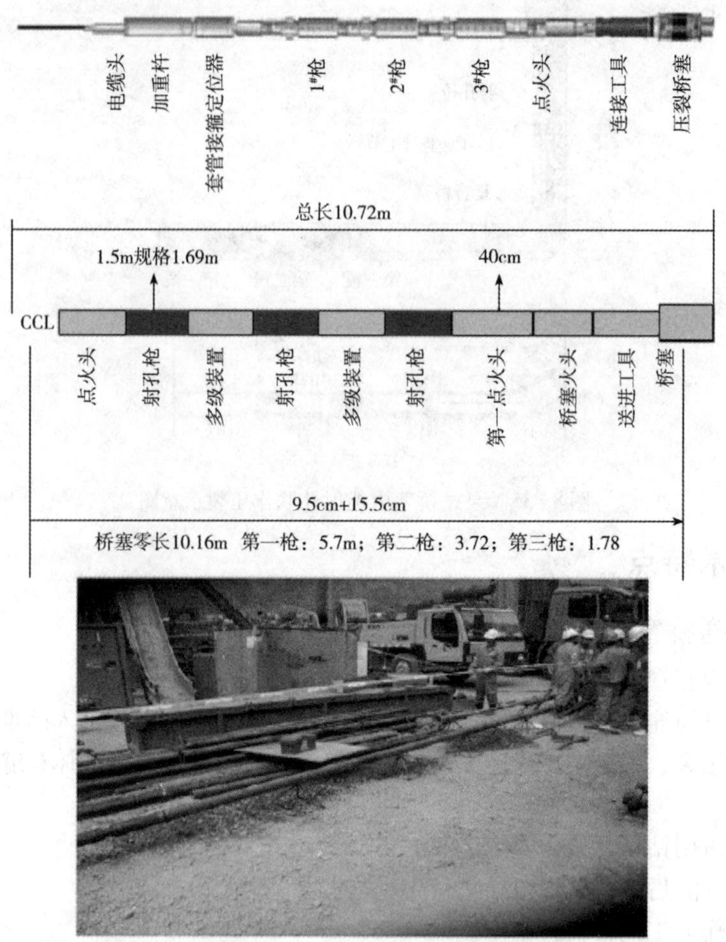

图 8-36 泵送式桥塞电缆射孔联作管柱结构及现场连接示意图

泵送式桥塞电缆射孔联作管柱包括：压裂桥塞 + 桥塞投送工具 + 点火头 + 射孔枪 3 + 射孔枪 2 + 射孔枪 1 + 套管接箍定位器 + 加重杆 + 电缆头 + 电缆。

(2) 泵送式桥塞电缆射孔联作管柱动作原理。

电缆带工具串入井后，直井段通过自重下入，到达斜井段后即通过井口泵送液体，将管串泵送到位，电缆点火，引燃桥塞坐封工具火药，坐封桥塞并丢手，然后上提射孔枪至设计位置，再次通过电缆点火，射孔枪射孔，将射孔枪及桥塞投送工具起出井口，然后通过光套管进行压裂。压裂后再次下入泵送式桥塞电缆射孔联作管柱进行下一段的压裂。

泵送排量为：2.1 ~4.0m^3/min，下入速度：60.9m/min。

2. 连续油管投送桥塞、射孔联作管柱[34]（图 8-37）

(1) 连续油管投送桥塞、射孔管柱包括：压裂桥塞、桥塞连接套、桥塞投送工具、滑套座、水力喷射器、扶正器、套管接箍定位器、扶正器、安全接头、连续油管接头、连续油管。

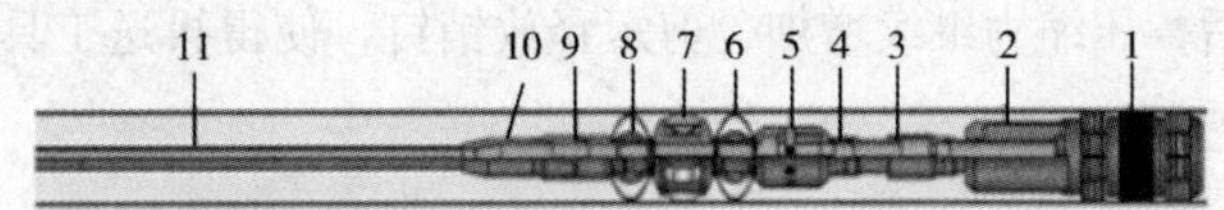

图 8-37　连续油管投送桥塞、射孔管柱结构示意图

1—桥塞；2—桥塞连接套；3—投送工具；4—单向阀；5—喷射器；
6—下扶正器；7—定位器；8—上扶正器；9—安全接头；10—连接器；11—连续油管

（2）连续油管投送桥塞、射孔管柱动作原理。

连续油管带工具串入井后，连续油管直接将管串送到位，连续油管打压，桥塞投送工具动作，坐封桥塞并丢手，然后上提喷射器至射孔位置，进行水力喷砂射孔，射孔完毕后起出管柱，然后通过光套管进行压裂。压裂后再次下入连续油管投送桥塞射孔联作管柱进行下一段的压裂。

（二）复合桥塞

根据复合桥塞结构特点不同，复合桥塞可以分为以下类型。

使用的普通复合桥塞一般为带有通道的桥塞，分为投球式和单流阀式，如图 8-38 所示。

投球式桥塞的球是在射孔枪起出后，压裂前投球。

单流阀式桥塞密封球随桥塞下入，无需投球。

复合桥塞性能参数如下：

（1）适应套管系列：4in、4½in、5in、5½in、7in；

（2）耐压：70MPa；

（3）耐温：177℃；

（4）外径：4.375in；

（5）内径：0.75in；

（6）密封球外径：2.5in；

（7）密封球密度：1.80g/cm^3；

（8）下入速度：200ft/min（61m/min）；

（9）入座前泵排量；12bbl/min（2m^3/min）；

（10）下入过顶液量：1.5 井筒体积。

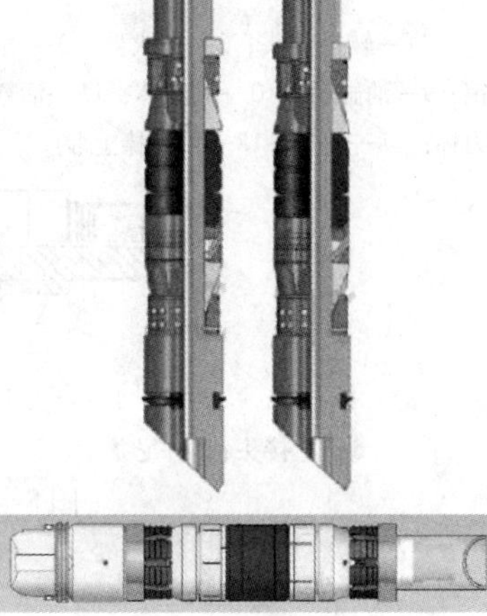

图 8-38　复合桥塞结构示意图

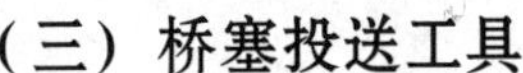

（三）桥塞投送工具

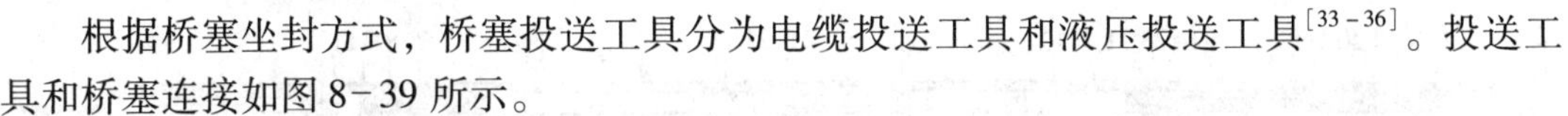

根据桥塞坐封方式，桥塞投送工具分为电缆投送工具和液压投送工具[33-36]。投送工具和桥塞连接如图 8-39 所示。

1. 桥塞电缆投送工具

（1）桥塞电缆投送工具有威德福的 HST 或 AH 坐封工具。贝壳休斯的 E-4、NO.1、NO.2 坐封工具，如图 8-40 所示。

（2）电缆投送工具动作原理：电缆通电点火，引燃火药，燃烧室产生高压气体，上活塞下行压缩液压油；液压油通过延时缓冲嘴流出，推动下活塞，使下活塞连杆推动推筒下行；外推筒下行，推动挤压伤卡瓦，与此同时，由于反作用力使得外推筒与芯轴之间发生相对运动；芯轴通过中心拉杆带动桥塞中心管向上挤压下卡瓦；在上下卡瓦的夹击下，上下椎体各自剪短与中心管的固定销钉，压缩胶筒，使得胶筒胀开，封隔套管；当胶筒、卡瓦与套管配合压紧后，压缩力继续增加，剪短释放销钉，使得投送工具与桥塞脱开，完成丢手动作。

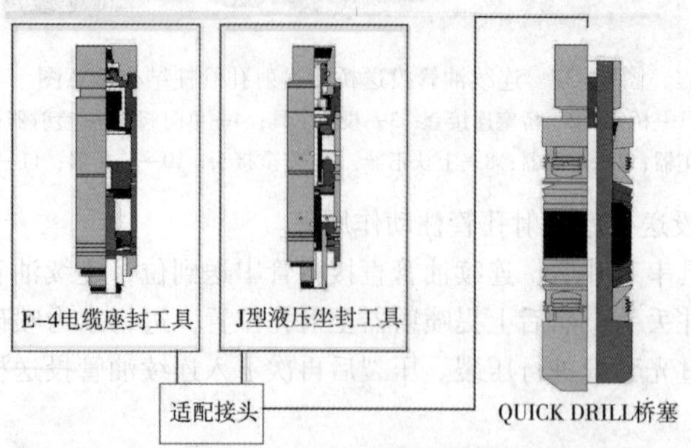

图 8-39　投送工具和桥塞连接示意图

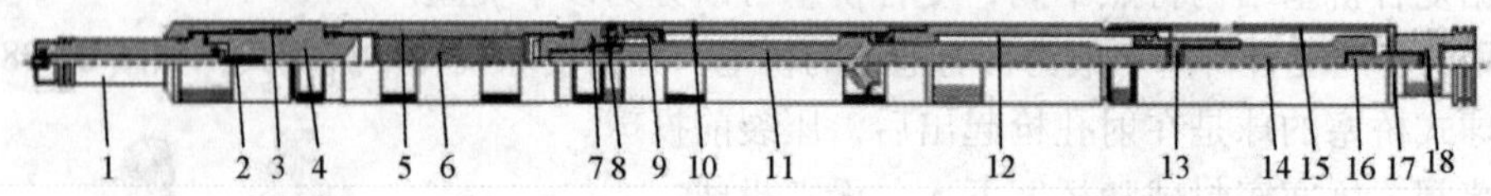

1—转换接头；2—点火器；3—滑套；4—引火接头；5—火药筒；6—药柱；7—动力转换接头；8—剪切销；9—油缸盖；10—上缸体；11—活塞杆；12—下缸体；13—下活塞；14—连接附件；15—挤压套筒；16—拉力棒；17—并帽；18—拉力棒上装

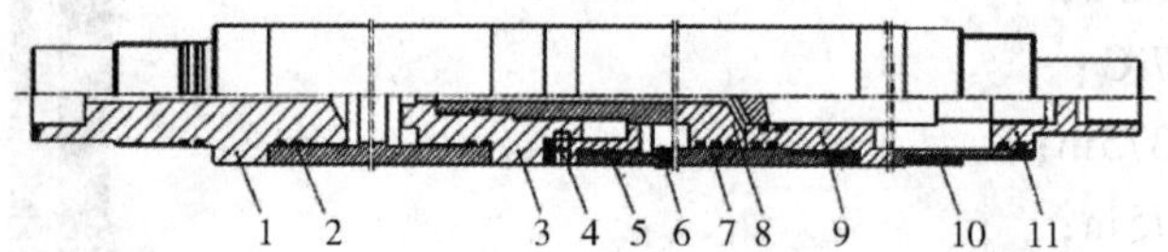

1—点火头；2—火药燃烧室；3—剪切接头；4—剪切螺钉；
5—上接头；6—尼龙塞；7—上缸体；8—上活塞；9—下缸体；10—锁紧螺母；11—下活塞

图 8-40　桥塞电缆投送工具结构示意图

2. 液压坐封工具

（1）液压坐封工具有四机赛瓦的 MHSB、MHSG 型工具，贝壳休斯的 J 型坐封工具，如图 8-41 所示。

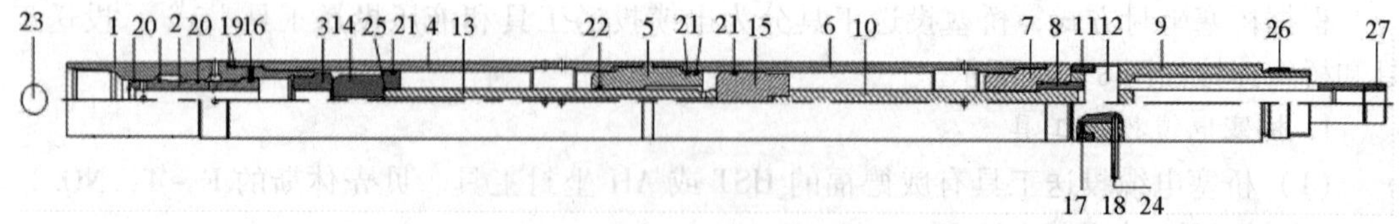

图 8-41　液压坐封桥塞投送工具结构示意图

1—上接头；2—T 型阀；3—活塞堵套；4—上套筒；5—中间接头；
6—下套筒；7—下接头；8—拉伸套；9—十字头连杆接头；10—十字头连杆推杆；
11—十字头连杆护套；12—十字头连杆；13—上压缩杆；14—上活塞；15—下活塞；
16—剪切销钉；17—内六角螺钉；18—剪切销钉；19，20，21，22，25—O 形密封圈；
23—钢球；24—六角螺栓；26—锁环；27—锁紧螺母

（2）液压坐封工具动作原理：连续油管打压，在活塞腔内产生高压，活塞在压力作用下下行，使下活塞连杆推动推筒下行；外推筒下行，推动挤压伤卡瓦，与此同时，由于反作用力使得外推筒与芯轴之间发生相对运动；芯轴通过中心拉杆带动桥塞中心管向上挤压下卡瓦；在上下卡瓦的夹击下，上下椎体各自剪短与中心管的固定销钉，压缩胶筒，使得胶筒胀开，封隔套管；当胶筒、卡瓦与套管配合压紧后，压缩力继续增加，剪短释放销钉，使得投送工具与桥塞脱开，完成丢手动作。

（3）液压坐封工具（四机赛瓦）的结构如图 8-42 所示。

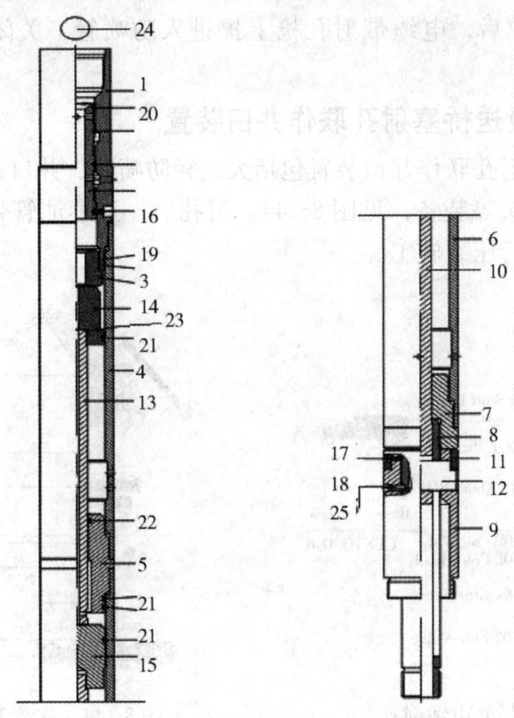

图 8-42　四机赛瓦液压坐封工具结构示意图

1—上接头；2—T 型阀；3—活塞堵套；4—上套筒；5—中间接头；6—下套筒；7—下接头；8—拉伸套；9—十字头连杆接头；10—十字头连杆推杆；11—十字头连杆护套；12—十字头连杆；13—上压缩杆；14—上活塞；15—下活塞；16—剪切销钉；17—内六角螺钉；18—剪切销钉；19～23—O 形密封圈；24—钢球；25—六角螺栓

技术参数如下：

①工具承受液体最大压力：6000psi（42MPa）；

②最高工作温度：275℉（135℃）；

③最大液体牵引力：75000lb（34020kg）；

④最大机械拉力：78000lb（35380kg）；

⑤最大工具外径：3.875in（98.43mm）；

⑥工具上端接 2⅞EU. 油管扣；

⑦MHSB 液压坐封工具下端接 BACKER#20 配套接头，MHSG 液压坐封工具下端接 GO 或 GEARHART 类型配套接头。

四、井口装置

泵送桥塞分段压裂技术还需要配套井口装置。井口装置满足电缆带工具串下入、电缆密封及泵送、压裂管线的接入，满足排量、压力等级要求。压力等级一般为 70MPa、105MPa、140MPa。井口满足多路注入，注入排量要求达到 10 ~ 15m^3/min。

（一）泵送送桥塞电缆射孔联作井口装置

泵送送桥塞电缆射孔联作井口装置包括大通径防喷管、井口电缆 BOP 及 BOP 控制装置等，见图 8-43。射孔后，电缆带射孔枪上提进入防喷管，关闭阀门，即可进行压裂施工。

（二）连续油管投送桥塞射孔联作井口装置

连续油管投送桥塞射孔联作井口装置包括大通径防喷管、井口连续油管 BOP、BOP 控制装置及连续油管注入头等装备，见图 8-44。射孔后，连续油管带射孔枪上提进入防喷管，关闭阀门，即可进行压裂施工。

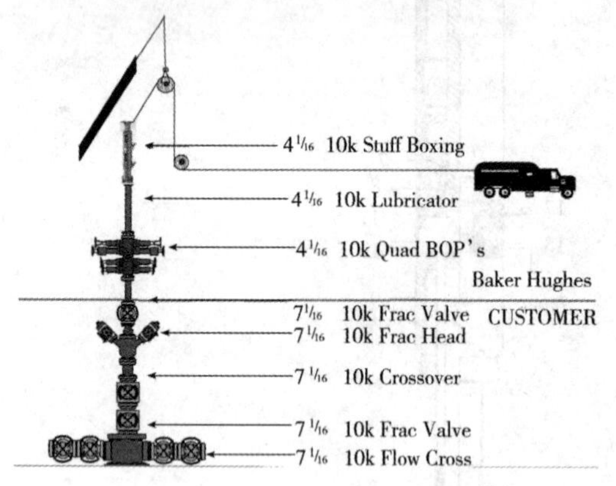

图 8-43 泵送桥塞电缆射孔联作井口装置示意图

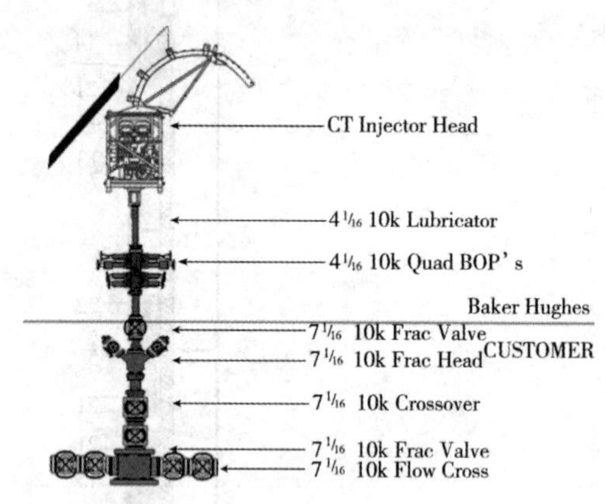

图 8-44 连续油管投送桥塞射孔联作井口装置示意图

五、多级点火装置

由于泵送桥塞射孔、压裂联作进行多簇压裂，因而需要进行多次射孔。电缆射孔多级点火装置用于电射孔中分级引爆射孔枪，实现多簇射孔。只需要一个缆芯，装置装在射孔枪接头内，与下层射孔枪电路连通。下层射孔枪射孔后，在井下液压力推动下开关杆向上运动，微动开关断开下层射孔枪线路，接通上层射孔枪线路，见图 8-45。

（一）无起爆药的爆炸桥丝起爆系统（EBWs）

普通电火工品固有安全性低，含有敏感的起爆药或点火药，在较小的电流作用下就会发火，在非工作时间易被意外引爆。其安全措施繁琐，给生产管理带来很大不便。如海上平台作业，在电起爆作业时，关闭平台通讯以及其他带电作业，可能引起其他不便或安全隐患，降低了整体作业效率，增加了整体作业成本。EBw 雷管是无起爆药的高精密微秒电雷管。

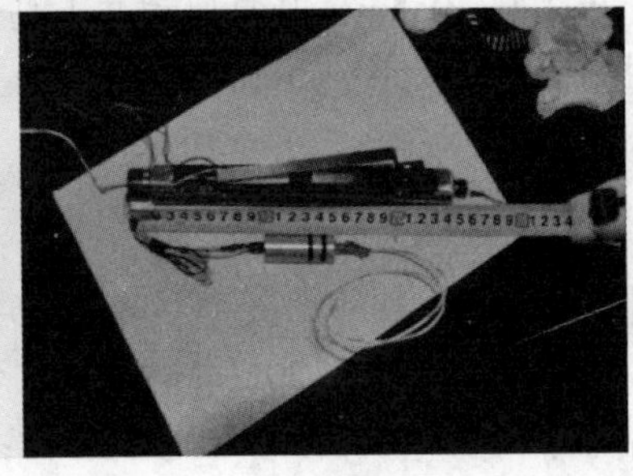

图 8-45　多级点火装置

（二）无起爆药的爆炸桥丝起爆系统（图 8-46）的特点

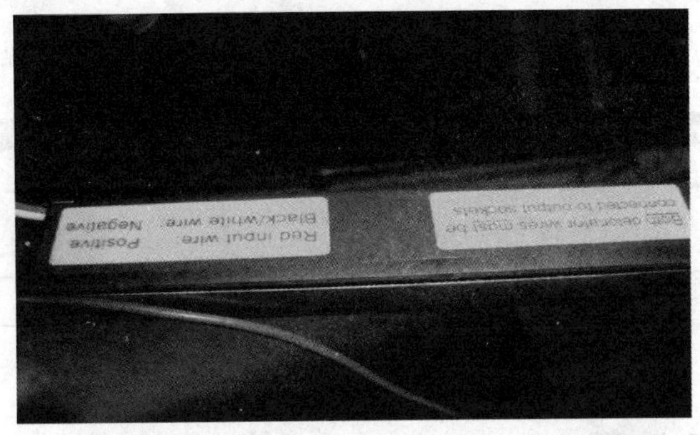

图 8-46　EBw 雷管实物图

（1）不含起爆药：大大提高火工品的固有安全性；

（2）特殊的电路设计：将射频、杂散电流、静电、雷击等危害拒之门外；

（3）能有效抵抗恶劣电磁环境的危害；

（4）防误通电：只有在特殊的高压电能的快速作用下才能起爆。

六、钻塞管串

一般采用连续油管钻塞[37]，但也有部分使用普通油管钻塞，其钻塞管柱见图 8-47、图 8-48。

（一）管串结构图及动作原理

1. 管柱组成

管柱组成：磨鞋 + 马达 + 高强度应急丢手工具 + 双向震击器 + 双启动循环阀 + 刚性扶正器 + 液压丢手接头 + 双回压阀 + 连续油管接头。

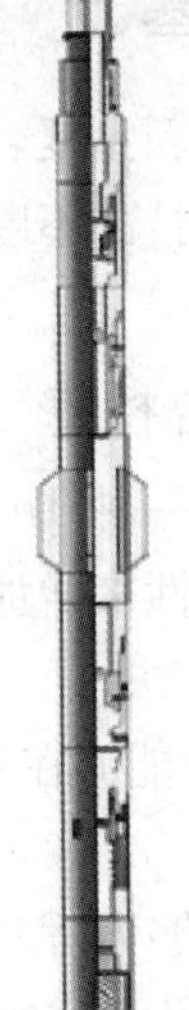

图 8-47　连续油钻塞管柱结构示意图

2. 动作原理

动作原理：连续油管带磨鞋下到井底，探到第一个桥塞，然后上提1.0～0.5m，开泵启动井下马达，缓慢下放管柱，探到桥塞，缓慢加钻压至设计值，进行钻除桥塞作业，桥塞钻除后，进行充分循环，然后继续进行下个桥塞的钻除作业。

（二）钻塞参数

（1）泵排量：3～4bbl/min（0.48～0.64m^3/min）；

（2）马达转速：100～120r/min；

（3）钻压：4000～8000lb（18～36kN）；

（4）管串下入速度40～60feet/min（12～18m/min）；

（5）钻头（磨鞋尺寸）4.5in。

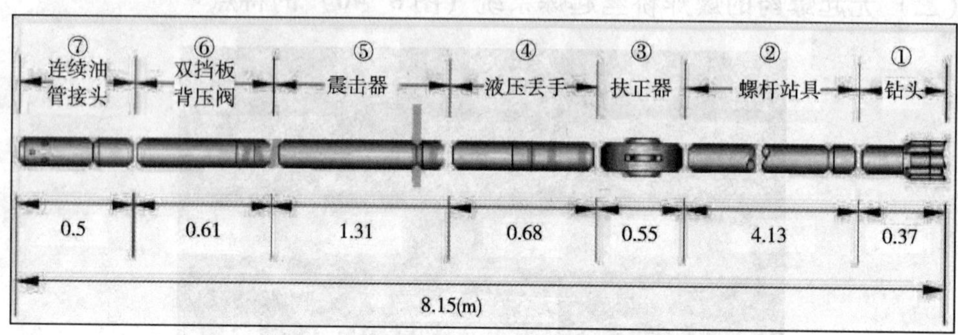

图8-48　钻塞管柱结构示意图

七、新型桥塞

新型桥塞主要有新型复合桥塞、大通径桥塞、可溶桥塞等[38-42]。

新型桥塞随着科技的不断创新，不断有新的产品问世，以提高现场的施工效率，降低施工成本为目标。

（一）新型复合桥塞

威德福最新推出一种TruFrac复合桥塞（图8-49），可通过减少起下钻和磨铣时间、提高锚定能力和密封性来增加桥塞射孔联作完井技术的效率，并显著提高油气田开发的总体经济效益。

TruFrac复合桥塞能够在4½in和5½in的套管中使用，且该桥塞有两种结构，即顶部投球和内部置球两种。

顶部投球设计能够为桥塞下部提供大片的流动区域，但是在压裂作业中，需要从地面投球至桥塞与的连通孔道进行密封。内部置球则省去了投球这一步骤，并且其能够在压裂完成后，与桥塞的下部区域恢复连通。

1. TruFrac复合桥塞的优点

（1）这种桥塞可以通过加快下入速度和缩短磨铣时间来减少桥塞射孔联作完井作业的时间，这减少了钻完井的总时间和总成本；

（2）桥塞的主要复合材料在磨铣时极易被破坏，并且产生少量的轻质碎屑，这些碎屑可以很容易地循环出来，并且不会堵塞设备；

（3）桥塞非常耐用，并且能够在各种各样的环境中使用；

（4）高效性：桥塞的下入速度最快可达500ft/min，最高可减少50%的磨铣时间；

（5）可靠性：可在10000psi，300°F（149℃）的条件下使用；

（6）可钻性：由含97%高级复合材料的特殊材料制成，具备快速下入、高效磨铣以及产生的碎屑更小等优点。

TruFrac复合桥塞的平均磨铣时间为10.5min（图8-50），加快了桥塞射孔联作作业的速度。

图8-49　TruFrac复合桥塞示意图

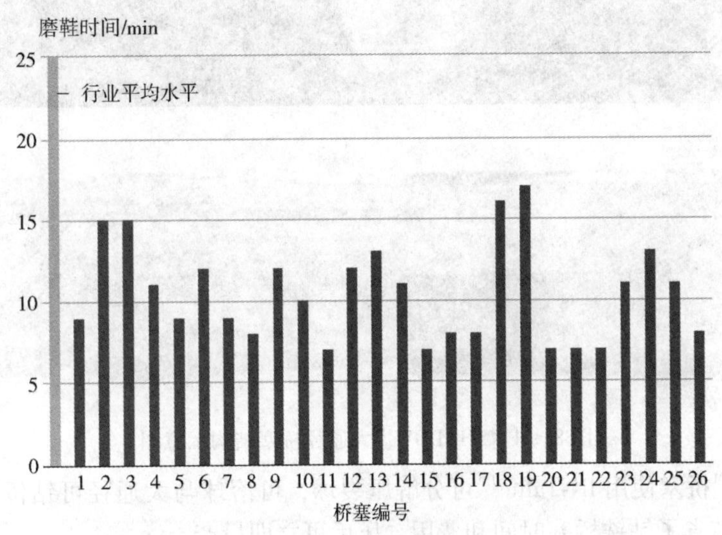

图8-50　TruFrac复合桥塞磨鞋时间统计

2. TruFrac复合桥塞应用实例

（1）应用地点：Eagle Ford页岩区；

（2）应用井型：陆上油井；

（3）生产套管型号：5½in，23lb/ft（139.7mm，34.2kg/m）；

（4）井下温度：285℉（140.5℃）；

（5）总测深：18325ft（5585m）；

（6）水平段长度：5667ft（1727m）；

（7）循环压力：6500psi（44.8MPa）；

（8）井口压力：4000psi（27.5MPa）；

（9）应用目的：减少桥塞射孔作业的磨铣时间。

（二）大通径桥塞

针对普通复合桥塞存在压后桥塞需钻除后才能投产，存在钻塞时间长且在钻塞过程中需要压井等问题。贝壳休斯设计了大通径桥塞，该种桥塞内通径大，压后不需钻塞即可放喷求产，减少了桥塞钻除作业，保证了压裂求产的真实性，同时提高了施工效率。

2014 年 2 月 4 日，贝克休斯发布商用 SHADOW™ 系列压裂桥塞（图 8-51）。该系列桥塞为永久式、大通径、可过流的压裂后留在井内的桥塞。SHADOW™ 桥塞无需连续油管作业，比传统复合桥塞的更高效，可降低作业成本和 HSE 风险。

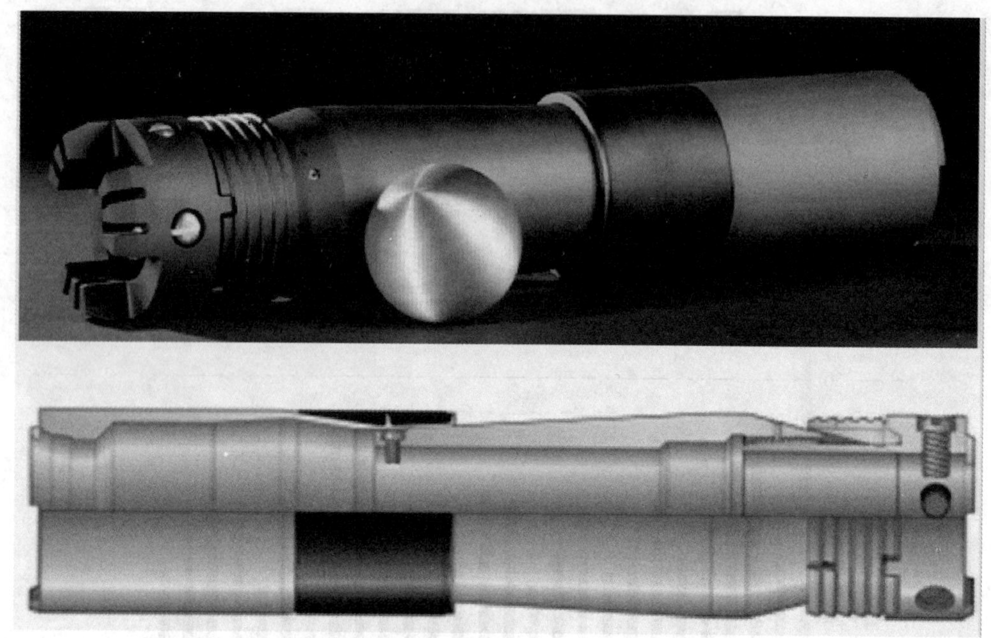

图 8-51　SHADOW™ 大通径桥塞结构示意图

SHADOW™ 桥塞使用 IN-Tallic™ 可分解压裂球，可溶球与大通径可钻桥塞配合实现多级分段压裂，节省了钻铣桥塞时间和费用，压后可立即投产。

1. IN-Tallic™ 压裂球

IN-Tallic™ 压裂球由受控电解金属（CEM）纳米结构材料制成，可在压裂作业时抗压而在生产流体环境下分解。这种压裂球由镁、铝、镍等合金材料制成，相对密度小（$1.8g/cm^3$）、强度高，可以在井中随流体运移，打开滑套时能够承受多重因素的影响，当压裂作业完成后可在一般完井液（含一定浓度的 KCl）中溶解，无需钻掉。试验测得 3.5in 的球在 250h 后便溶解至完全消失（图 8-52）。

2. 大通径桥塞的优点

由于桥塞最终留在井内，所以坐封桥塞的井深可大于连续油管传输的磨铣工具的作业井深，进而可使得作业公司延长压裂段长度，增加油藏接触面积。该系列桥塞也是采购井筒干预设备较困难的偏远地区开发的理想工具。

3. SHADOW™ 桥塞应用实例

在 HornRiver 盆地的 7 口井中进行了现场对比测试，其中 2 口井用 SHADOW™ 桥塞，5

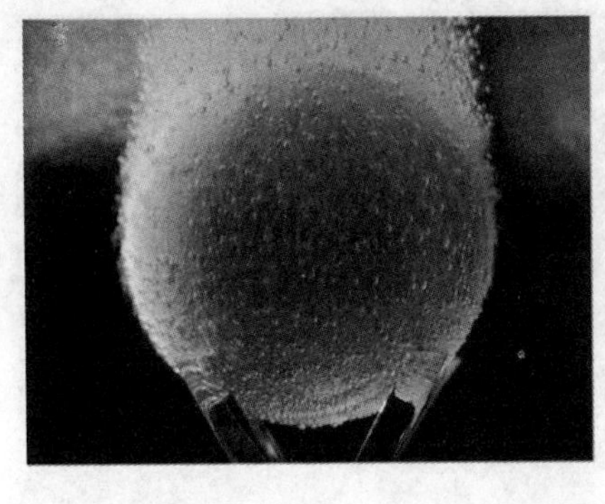

图 8-52 In-Tallic™（纳米）可溶球

口井用常规复合桥塞。使用 SHADOW™桥塞的 2 口井的产量与另外 5 口井的产量相同，但由于 SHADOW™桥塞无需钻除，继而每口井节省了大约 2d 时间和 15 万美元。

4. SHADOW™桥塞性能参数

（1）适应套管系列：4½in、5½in；

（2）耐压：70MPa；

（3）耐温：177℃；

（4）外径：3.53in、3.68in；内径 2.0in；

外径：4.38in；内径 2.75in；

（5）密封球外径：2.75in、3.25in；

（6）密封球相对密度：2.60。

5. 国内大通径桥塞

目前国内的可溶压裂球技术发展也是非常迅速的，形成了金属可溶压裂球与非金属可溶压裂球，其指标可与国外相当：①球的密度最小为 1.5g/cm^3；②耐温：200℃；③耐压：70MPa；④对溶解液无特殊要求，可在含电解质的溶液中完全溶解，并且压裂后随着井温的升高溶解速度加快。

（三）可溶解桥塞

1. 贝克休斯 SPECTRE 可溶解桥塞

贝克休斯 SPECTRE 压裂桥塞由高强度、纳米结构的电解金属制成，具有常规复合桥塞的全部功能，其最大的特点是整体具有可溶性，在地层产出流体的作用下，包括压裂投球、桥塞本体、封隔器、卡瓦可以完全溶解，是业内第一个能够全部溶解的桥塞。

贝克休斯 SPECTRE 全溶解压裂桥塞，在接触井筒流体后将完全溶解，使投产管柱内为全通径条件，省去了后续的连续油管钻塞作业，从而降低作业风险，减少完井时间，降低完井作业成本。这样就达到了流动面积的最大化，方便了储层流体进入井筒。

SPECTRE 桥塞仅与地层产出流体反应而溶解，在下入和压裂过程中可以保持原有形态，可承受压裂的苛刻工况。

（1）SPECTRE 桥塞性能参数。

SPECTRE 桥塞性能参数见图 8-53。

SPECTRE Frac Plug									
Casing		Tool		Differential Pressure		Frac Ball Size	Setting Tool Size	Shear Force	
OD	Weight	OD	ID						
in.	lb/ft	in.	in.	psi	bar	in.		lb	kg
5.5	20.0 to 23.0	4.375	2.155	10,000	690	2.625	#20	50,000 to 55,000	22 680 to 24 948
4.50	11.6 to 13.5	3.675	1.500	10,000	690	1.750	#10	30,000 to 35,000	13 608 to 15 876
5.50	26.0 to 26.8	In development. Contact your local Baker Hughes representative for more information.							
4.50	15.1 to 16.6								

图 8-53　SPECTRE 桥塞性能参数

（2）SPECTRE 桥塞性能指标。

①适应套管系列：4½in、5½in；

②耐压：70MPa；耐温：177℃；

③外径：3.675in；内径 1.5in；

外径：4.375in；内径 2.155in；

④密封球外径：1.750in；2.625in。

（3）SPECTRE 桥塞适用范围。

非常规油气井、多级桥塞射孔联作完井、大位移井、边远开发井和枯竭井。

（4）SPECTRE 桥塞功能与优势。

可溶解式压裂桥塞和 IN-Tallic™压裂球，与产出流体接触后完全溶解，无残余；消除全部或部分元件滞留井下的风险；提供全通径井眼、最大化流动面积及便捷的流动通道；仅对地层流体产生响应，避免过早溶解。

无压裂后干扰，消除钻桥塞产生的时间、成本及 HSE 风险；在水平段，允许更大的桥塞下深，以增大产层接触程度；无法使用连续油管时，确保远距离井段能够压裂；扩大桥塞流动通道，压裂后提高产量，加快投资回收速度。

（5）SPECTRE 桥塞案例应用。

某作业者在伍德福德页岩区钻一口大位移井，以便穿越更多产层，提高产量潜力。该井完钻井深大于6772m，其中水平段2167m。但是连续油管有限的作业能力不能达到井的最远端。

在传统的桥塞射孔联作完井中，投产前需要使用连续油管，下入磨铣工具钻掉桥塞。由于水平段延伸很长，导致井下的磨铣钻具组合无法得到足够的钻压。而复合桥塞部件残留井内，将对下一级的生产造成障碍，降低采收率。

最终完井设计有 45 级压裂，并组合使用 SPECTRE 压裂桥塞和复合桥塞。10 个压裂桥塞首先入井，并成功坐封于下部井段，桥塞最深坐封于 6773m，最浅坐封于 6123m，跨越井段超过 640m。随后上部井段下入 34 个复合桥塞进行完井。当 SPECTRE 压裂桥塞溶解后，发现返出无任何残留。使用 SPECTRE 压裂桥塞，确保成功完成水平段远端 11 级压裂，产能波及程度提高 30%，避免了压裂后的修井干预，并节省 8h 的完井时间。

2. 斯伦贝谢可溶解桥塞

2014 年 2 月 26 日斯伦贝谢发布了 ELEMENTAL 可降解合金球，可用于多级压裂作业。此类合金球可以在数小时至数天内在井下完全降解，确保井达到最大生产率。可降解合金球设计用于各种井下条件、井深、温度、压力和井内流体环境。降解无需化学添加剂、低 pH 环境、回收作业或进行磨铣。性能见图 8-54。

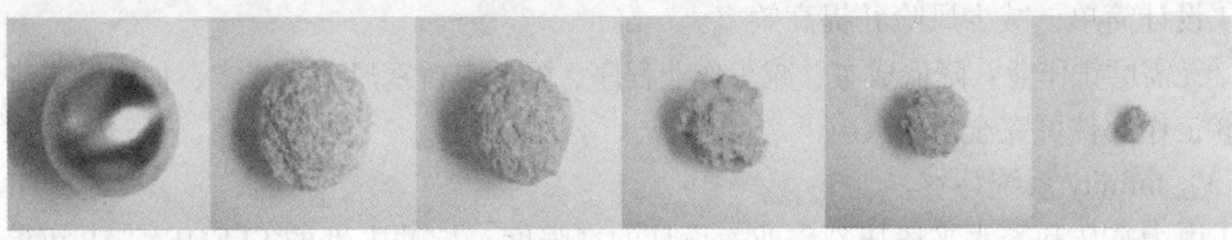

Microgalvanic electrochemical cells in the alloy made with ELEMENTAL technology derive their electrical energy from a spontaneous chemical reaction taking place in the cells. This oxidation-reduction reaction accelerates the dissolution process, allowing the balls to fully degrade within hours or days, depending on variables such as ball size and downhole conditions.

ELEMENTAL Degradable Technology Ball Specifications
工作温度：75-300°F(23.9-148.9℃)
最大工作压差：10,000psi(68.948MPa)
流体性质　水基　瓜胶　粉液
可降解铝基合金球
密度：2.6
油层温度可以很高但要考虑作业会导致温度下降

图 8-54　ELEMENTAL 可降解合金球性能

2015 年 2 月 16 日，斯伦贝谢公司宣布推出 Infinity 可溶解桥塞射孔连作系统（Infinity dissolvable plug-and-perf system）。该系统使用可完全降解的压裂球和球座代替桥塞进行层位封隔。Infinity 系统在接触常规完井液时，球体和球座组件都可充分溶解。因此，作业完后会形成全尺寸井眼，投产更快，更有效且更经济（图 8-55）。

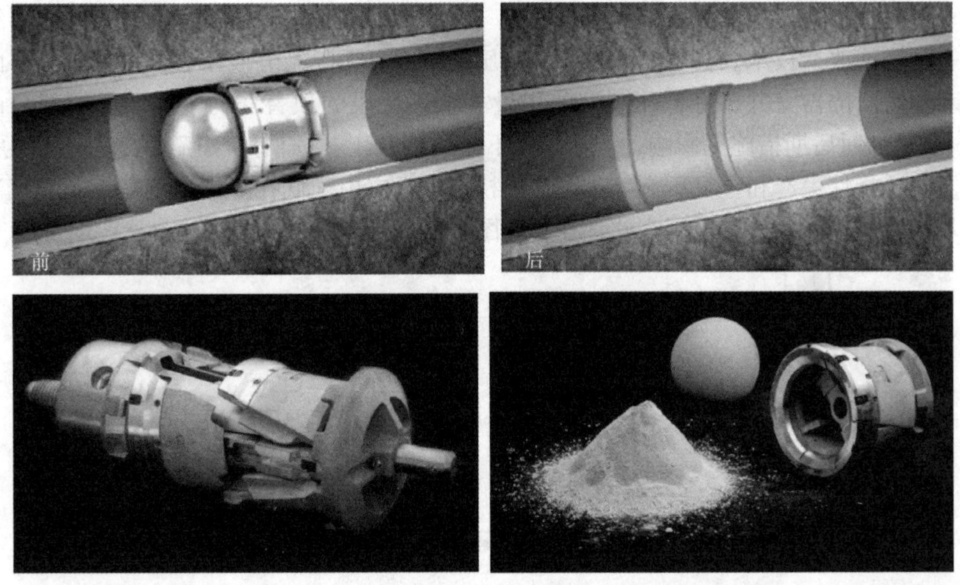

图 8-55　Infinity 可溶解桥塞系统示意图

（1）Infinity 系统应用范围。

①页岩、砂岩、等岩性地层的多级增产改造作业；

②所有类型的井：裸眼井、套管井、直井、斜井、水平井；

③大位移井和压力衰竭油藏。

（2）Infinity 系统优势。

①设计简单，减少风险并提高效率。

②无需磨铣作业：降低成本、减少作业程序、降低卡桥塞风险和成本、加快投产进程。

③工作部件可完全溶解。

（3）Infinity 系统特点。

①由为高压和长水平段压裂作业而设计的高强度、抗冲击性的 ELEMENTAL 可溶性技术制成；

②较常规桥塞简单；

③压力级别达 8000psi（55MPa），温度级别达 350 ℉（177℃）；

④作为标准电缆射孔作业的一部分进行部署，增产作业初始阶段用泵泵送压裂球。

（4）Infinity 系统案例应用。

南德克萨斯州的一家作业公司在一个拥有 7 口井作业的项目中使用了 Infinity 系统。作业过程中 Infinity 系统适宜的井筒耐温最高可达 370 ℉，水平段长达 8000ft，这些井的全部压裂段超过 135 级所有压裂段都顺利完成作业且无需任何类型的机械干预。

第六节　固井滑套分段压裂工具

水平井套管固井滑套分段压裂技术是指将预置滑套多级压裂完井管柱入井，实施常规固井，然后下入滑套开关工具或投入憋压球（或飞镖），逐级将各滑套打开，进行逐级改造的一种增产改造技术。套管固井滑套分段压裂技术可无限制分段压裂，可用于固井的尾管或者裸眼封隔器完井，降低压裂液的用量（上一层段的顶替作为下一层段的部分前置液），全通径对后期措施无影响，常规固井不需要特殊工艺。同时又解决了现有压裂完井管柱不能选择性生产和重复压裂等难题，该技术广泛应用于低孔低渗、致密、非常规油气藏的增产改造。固井滑套压裂完井管柱，如图 8-56 所示。

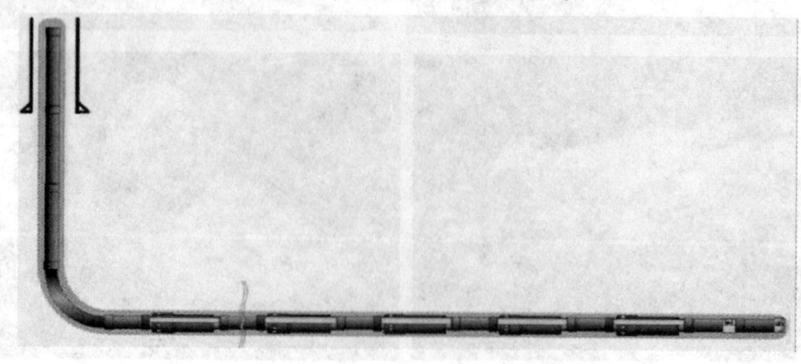

图 8-56　固井滑套压裂完井管柱

套管固井滑套是本压裂工具管柱的关键部件，要求滑套满足易开启、能关闭、能密封，即滑套容易打开连通套管内外，压裂施工过程中不变形，开采后期根据需要能顺利关闭，堵截流体通道。目前各大油服公司，如哈里伯顿、威德福、贝克休斯、威德福等，已经在套管固井滑套分段压裂技术的研究上取得了较大进展，并已形成了一系列各具优势的滑套及配套工具。

一、固井滑套类别及特点

固井滑套能否顺利完全开启直接影响压裂施工及后期的增产效果，如何可靠、稳定地开启滑套是固井滑套的关键技术。按照滑套打开方式不同，固井滑套可分为投球开启式固井滑套、飞镖开启式固井滑套、机械开关工具实现开关的固井滑套和液压开启式固井滑套。

（一）投球开启式固井滑套（图 8-57）

普通投球打开式固井滑套的工艺原理是：在常规固井后投球进行逐级压裂。从井口依次投入尺寸由小到大的憋压球，当憋压球与球座配合时形成密封腔，实现憋压，压力达到销钉剪断压力值时，剪断销钉，球座下行，过流孔打开，为压裂液提供通道，球座继续下滑到限位位置，在压裂作业过程中，憋压球与球座一起形成单向阀，隔离下层，压裂液只能进入本压裂段。

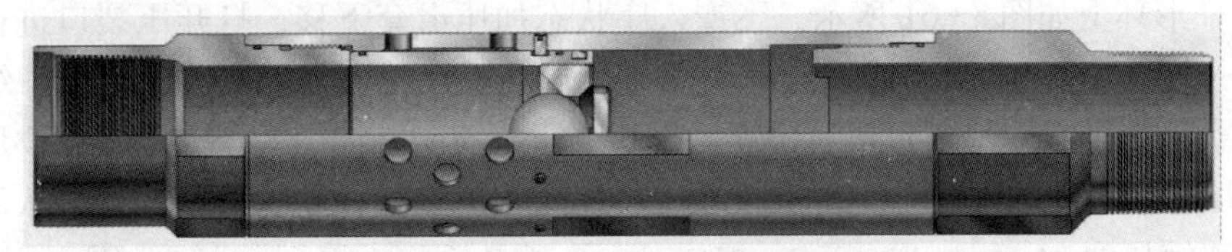

图 8-57　投球开启式固井滑套

一球开启多固井滑套（多个丛式滑套加一个球座滑套丛式固井滑套管串，如图 8-58 所示，丛式固井滑套开启过程如图 8-59 所示）压裂工艺原理是：与投球打开式固井滑套类似，在常规固井后投球打开逐簇滑套进行压裂。当对应尺寸憋压球到丛式滑套座钉位置时，形成节流压差，带动滑套下移，打开滑套过流孔，当滑套座钉到外套环槽时，进入环槽，封堵球继续下移，如此打开所有的丛式滑套，最终憋压球到达球座滑套，在压差作用下球座下移，打开滑套，球座达到限位位置，憋压球与球座一起形成单向阀，隔离下层，压裂液只能进入本压裂簇。

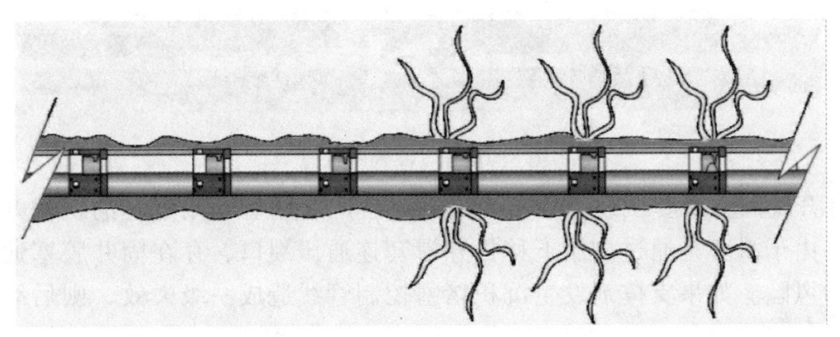

图 8-58　丛式固井滑套管串（丛式滑套、球座滑套）

图 8-59　丛式固井滑套开启过程

投球式固井滑套具有无需多次起下管柱、可连续压裂施工、施工周期短、施工难度较低等优点。憋压球、球座存在极差尺寸限制，所以压裂级数受限；滑套球座为下移打开方式，固井胶塞通过时存在提前开启滑套的风险；球座内径小于套管内径，在水泥浆顶替过程中，固井胶塞通过球座时变形较大，容易造成胶塞损伤，影响顶替效果，而且球座下方易残留水泥浆，影响滑套开启。

（二）飞镖打开式固井滑套

飞镖打开式固井滑套工艺原理是：压裂施工时在井口投入固定尺寸的飞镖，坐入滑套压缩后的 C 形环上如图 8-61 所示，飞镖入座状态加压滑套下移，打开压裂口进行压裂施工如图 8-62 所示滑套打开状态。与此同时，通过导压控制线将压力传导至下一级滑套活塞上，活塞下移压缩 C 形环形成飞镖座，以接受下级飞镖，如图 8-60 所示的 C 形环压缩闭合过程图。压裂完成本段后，再次投入一个同尺寸的飞镖，重复上述过程，从而实现水平井分段连续压裂。

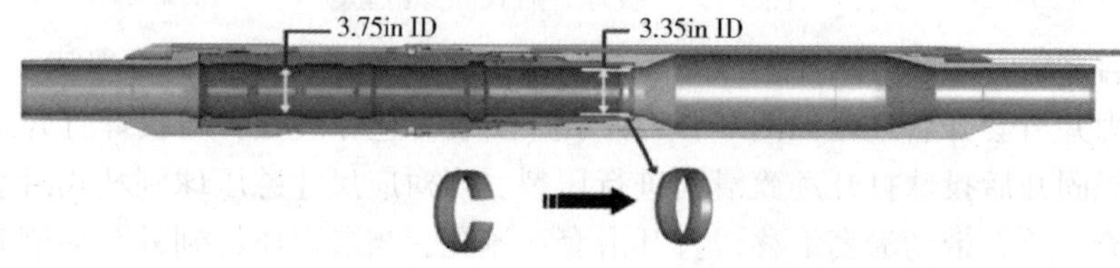

图 8-60　C 形环压缩闭合过程图

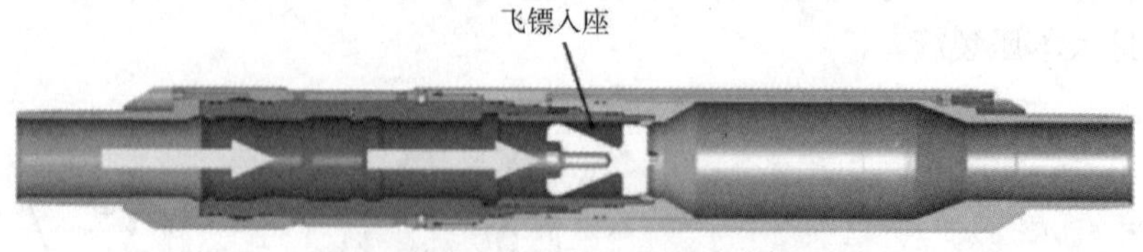

图 8-61　飞镖入座状态

飞镖打开式固井滑套压裂级数不受限制，生产后期可利用配套的机械开关工具将滑套关闭。由于滑套是通过加压下移打开滑套连通压裂口，存在固井胶塞通过时滑套提前打开的风险。如果支撑剂发生沉积堵塞控制管线造成一级失效，则后续滑套全部失效。

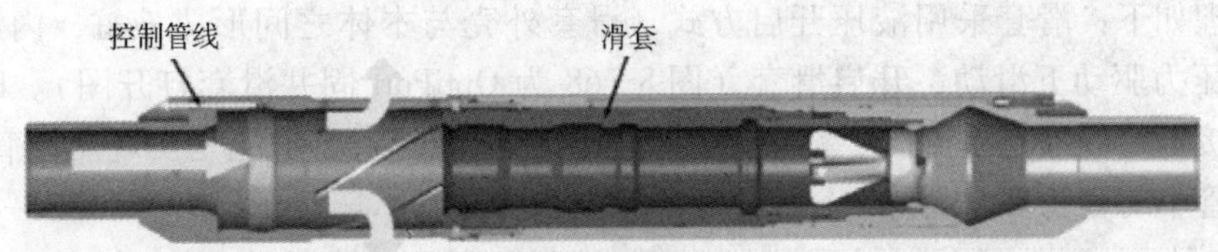

图 8-62　滑套打开状态

（三）机械开关工具开关式固井滑套

机械开关式固井滑套系统主要包括滑套和开关工具，其工艺原理是：预置可开关滑套配接的套管串一趟下入井内，实施常规固井。油管或连续管配接液控开关工具作为开关滑套的钥匙下入套管串内，当开关滑套的钥匙到达第1个预置可开关滑套内，则往油管或连续油管内加压，启动液控开关工具，开关工具锁块外突，与滑套台肩配合，移动管柱，将滑套过流孔打开（图 8-63），停泵上提开关工具至直井段工作筒内（图 8-64），然后进行本段压裂作业，压裂作业完成后，再次下入开关工具关闭滑套（图 8-65），并开启下一级滑套，如此反复对每一级进行开启、关闭，逐级完成全部压裂工作，然后用开关工具打开滑套进行生产。

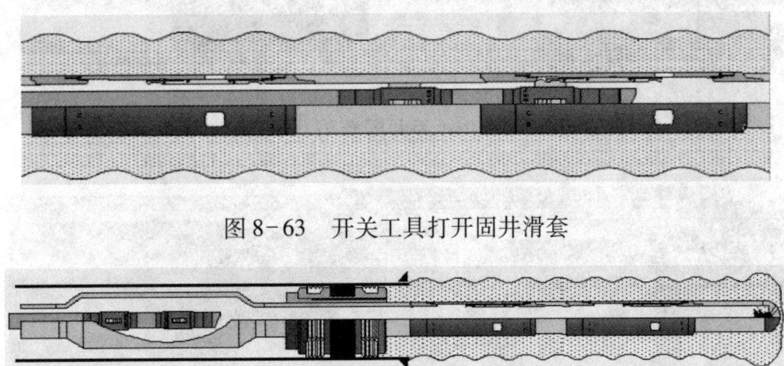

图 8-63　开关工具打开固井滑套

图 8-64　开关工具上提至直井段工作筒

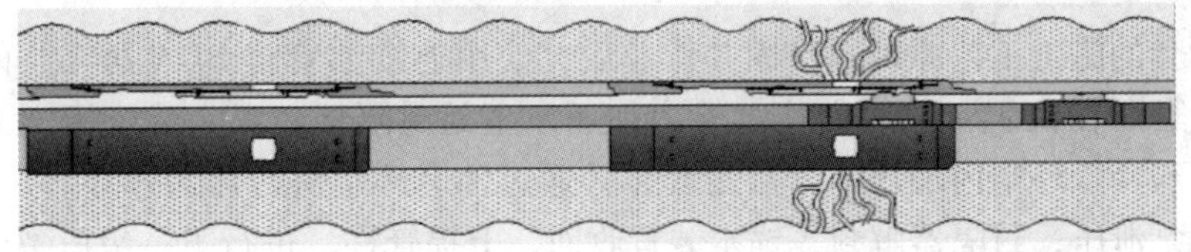

图 8-65　开关工具关闭固井滑套

机械开关式固井滑套采用上移方式打开，确保固井作业胶塞下行时不会提前打开滑套，具有压裂级数不受限制、管柱内全通径、无需钻除作业等优点，若在后续生产中遇某一层段出水等情况，可下入开关工具将相应滑套关闭，以封堵地层水。该滑套在施工过程中需多次起下管柱，施工周期长，作业费用高。

（四）液压打开式固井滑套

液压打开式固井滑套主要包括液压开启式压裂滑套和井下组合工具（BHA）图 8-66 为贝克休斯 OptiPort 液压打开固井滑套，图 8-67 为 OptiPort 固井滑套与井下组合工具。滑套开启原理如下：滑套采用液压开启方式，滑套外壳与本体之间形成液缸，内滑套（阀门）在液压力驱动下滑动，开启滑套（图 8-68 为 OptiPort 固井滑套打开图）。BHA 工具主要包括接箍定位器、单流阀、锚定装置和管内封隔器，主要功能是实现压裂管串定位、锚定以及管串与套管环空封隔。

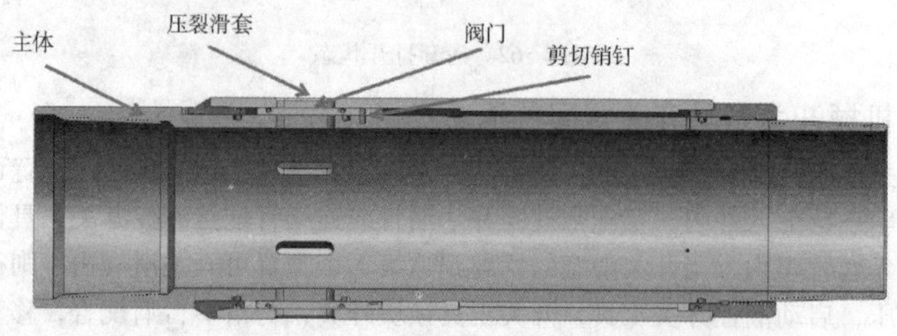

图 8-66　贝克休斯 OptiPort 液压打开式固井滑套

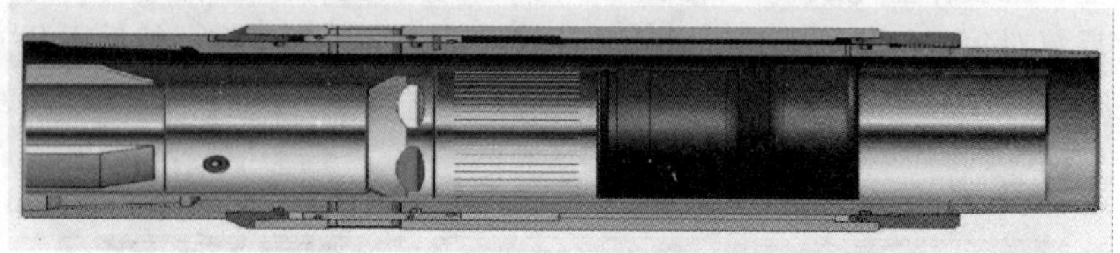

图 8-67　OptiPort 固井滑套与井下组合工具

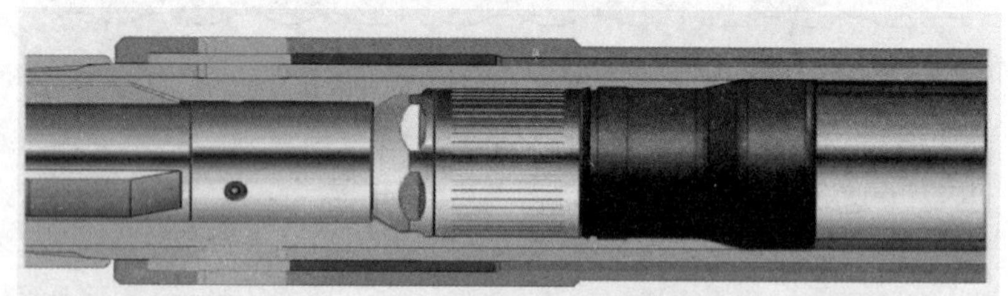

图 8-68　OptiPort 固井滑套打开

这种滑套的施工工艺原理是：固井作业后，使用连续油管将 BHA 送入井内；接箍定位器确定滑套所在位置，然后向连续管内加压，坐封封隔器，锚定装置固定 BHA 管串；再往连续管与套管环空内加压，开启滑套，并通过油套环空进行压裂作业。压裂结束后，连续油管停泵泄压，封隔器解封，锚定装置收回，上提管柱，进行下一级压裂。如此反复完成所有施工作业。

该工艺压裂级数不受限制；管串连接工具较多，工序复杂，且滑套不能关闭；滑套要对封隔器的坐封位置精确定位，误差需小于 1m。

二、固井滑套关键技术

（一）滑套包覆层技术

在完井管柱入井及固井过程中，井内岩屑杂质及水泥浆会通过固井滑套压裂口进入滑套内，从而影响滑套的开关性能。通常方法是滑套上涂抹油脂，以防止水泥浆进入滑套间隙。然而，在滑套入井注水泥时，油脂有可能在压力作用下被挤出。解决问题的主要方法是在临时封堵本体压裂孔，防止井内岩屑杂质及水泥浆进入滑套间隙。临时封堵本体压裂孔的方法有两种：本体外包覆可降解高分子材料层和本体压裂孔填充水泥暂堵。

可降解高分子材料包覆层性能要求包括：①不密封，但能防止井内岩屑或固井杂质进入滑套过流孔内；②具备一定的强度和耐磨性，在入井和固井过程中不能断裂和损坏；③可在较低压差下破碎，不影响地层起裂；④固井泥浆凝固之前不降解。一旦压裂滑套打开，压力通过压裂口后进入复合材料包覆层，使其分层降解纤维化，消除包覆层对地层压裂的影响。该包覆层对材料性能要求较高，研制成本较高。图 8-69 为威德福公司可降解高分子材料包覆层。

图 8-69　可降解高分子材料包覆层

本体压裂孔填充水泥暂堵的固井滑套，采用在滑套孔眼内部填充水泥的方式防止井内岩屑和固井泥浆进入滑套内。水泥固化后具备一定的强度和脆性，在入井和固井过程中，暂堵水泥不能脱落或者破碎，当滑套打开时，管内外压差可将其压碎，并与水泥环和地层进行有效沟通，后期产层压裂施工和油气井生产均不受影响。暂堵水泥式材料研制成本低，较容易实现。

（二）投球开启式滑套固井胶塞关键技术

固井胶塞的主要作用是刮削套管内壁和滑套内壁固井水泥浆、防止混浆和碰压显示。投球开启式滑套固井较普通套管固井难度更大：①固井滑套管柱内径变化大，滑套处内径大于套管内径，球座处尺寸逐级变化，对胶塞密封能力和抗磨损能力要求高。胶塞需要同时满足滑套大内径处、套管段水泥刮削密封及球座小径位置通过要求，对胶塞压缩能力及抗磨损能力要求极其严格。②常规固井胶塞不能有效刮拭滑套处残留的水泥浆，内部残留的水泥凝结后会增大滑套的打开载荷，影响开关工具与滑套的配合，进而影响滑套的开关性能及施工可靠性，需要固井胶塞具有较好刮拭效果。

投球开启式滑套固井作业用胶塞多为复合一体式多胶碗结构。常规固井滑套通常采用大—小—大—小—大—小的方式排列，投球开启式滑套固井作业用胶塞通常采用大—小—小—小—小—小—大的方式排列。如图 8-70 所示，当胶塞运行在套管内时，小胶腕起主要刮削作用，大胶碗收缩；当胶塞运行至滑套大腔部分时，大胶腕伸展开，刮削大径部分的水泥，以达到对全管柱内壁进行刮拭和清洗的目的。胶塞上卡钉，提供自锁功能，避免胶塞后期浮于套管内而影响固井作业。该技术的关键点是，如何优化胶塞尺寸及结构、胶料配方，保证大胶碗及小胶腕能够有效通过套管滑套小径部分而不磨损。调整胶料配方[43]，小胶碗硬度控制在75~80HA，大胶碗硬度控制在65HA左右，拉伸强度、柔韧性等性能指标满足要求。控制胶碗之间距离，保证胶碗通过小径部分不重叠；大胶碗倾角要大，增强压缩能力。新型固井胶塞如图8-71所示。

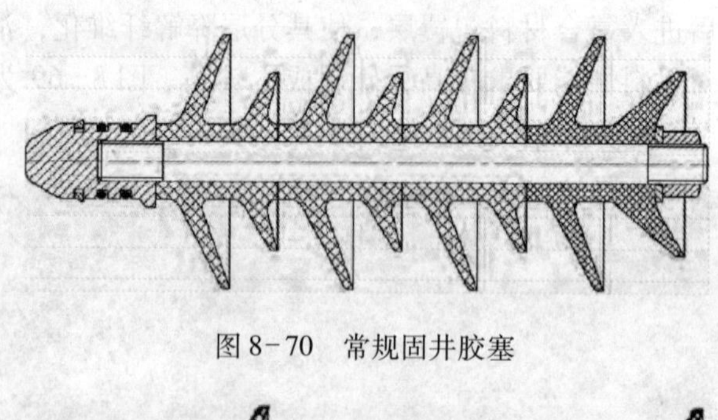

图8-70　常规固井胶塞

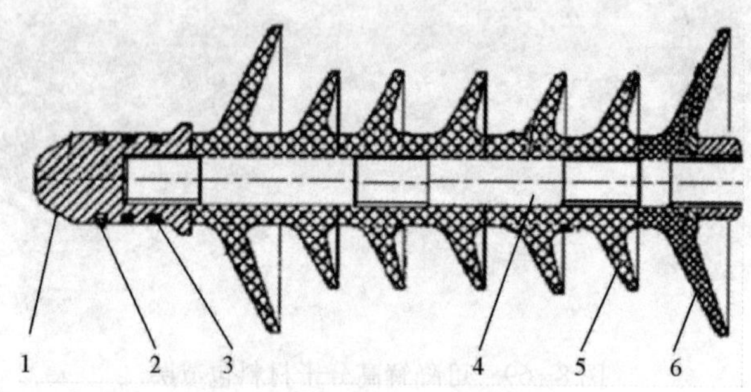

图8-71　新型固井胶塞

1—卡头；2—卡钉；3—密封圈；4—本体；5—小胶腕；6—大胶腕

通过改善固井胶塞的结构并不能完全解决水泥浆残留的问题，可采取改善固井施工工艺的方法作为补充措施，即在施工过程中于滑套位置注入酸溶性水泥浆，然后在胶塞顶替过程中注入一定量的酸性顶替液，该酸性顶替液可有效溶解滑套内残留的水泥浆，减小水泥浆对滑套打开性能的影响，提高施工可靠性。但该方法要求滑套具有较高的抗腐蚀能力，对滑套内部组件的材料性能要求较高。

三、套管固井滑套应用

水平井套管固井滑套分段压裂技术在各个油气田得到广泛应用。长庆气田ϕ114.3mm套管滑套分层压裂工艺试验24口井，平均分压4~6层，最高分压7层，最高绝对无阻流量118.58×10^4m^3/d。鄂尔多斯盆地大牛地气田DPH-137井完井方式为ϕ139.7mm套管+滑套固井完井，采用液压打开式固井滑套方式施工，该井顺利完10段压裂施工。苏里格气田苏76-X-X井分10段压裂，这是第一次在国内使用连续油管无限级滑套压裂，整体施工比较顺利，证明该项技术在本地区的使用是具有可行性的，且具有一定的可推广性。

2014年10月，NCS公司应用连续管无限级压裂技术（液压开启式固井滑套）于Bakken地区完成了94级的单井压裂技术的世界纪录，投产后效果良好，达到990t/d的日产量。紧随其后 Bakken 地区的一口探井中再次完成了单井 104 级压裂的世界记录，其中以连续管无限级压裂完成 97 级压裂，投球压裂完成 7 级压裂，投产后日产量达到 1090t/d。截至 2015 年 11 月，该压裂系统已经应用于 6325 口井的增产作业中，完成了 121361 级压裂，单趟管柱最高压裂级数为 94 级，单井最高压裂级数纪录为 116 级，作业最大垂深为 4681m，最大井深为 6256m。

第七节　连续油管喷射带底封分段压裂工具

连续油管带底封分段压裂技术是一种高效的分段压裂工艺，一套工具即完成所有任务，工具串起出井筒后即具备生产条件，且便于后期修井作业，不需要其他的桥塞、滑套、沙塞、钻塞等工序，有效节约成本，理论可实现水平井无线级数压裂，压后井内全通径，具有很大的优势。遇到沙堵时可以非常方便的进行反循环，两级压裂作业之间距离无限制（推荐两级压裂区域的距离间隔在 5m 以上）。某层位压裂不成功时，可以提升工具在储层上继续尝试压裂。

一、管柱组成及入井工艺

采用不同类型封隔器，扩张式封隔器（K344）或者压缩式封隔器（Y211），可组配两种常用的管柱。

（一）扩张式封隔器管柱（图 8-72）

1. 工艺原理

该工艺在主压裂之前首先通过喷射器喷砂射开套管，喷砂射孔是利用伯努利原理，通过喷嘴的节流，将高压射孔液转为高速射孔液对套管进行喷射冲蚀，射开套管后，套管环空进行主压裂，压裂液通过套管射孔的孔道进入地层。

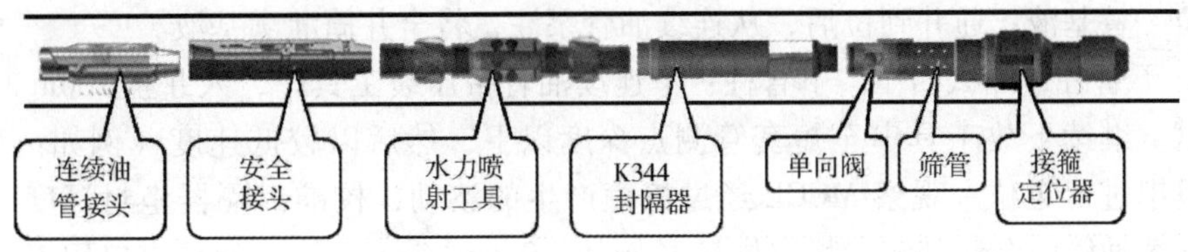

图 8-72　连续油管扩张式封隔器管柱图

2. 施工工序

（1）试油队刮管通井。刮管：对水平段采用与套管尺寸对应刮管器对全井筒刮管。通井：采用普通油管连接相应尺寸的通井规通井，记录遇卡位置及吨位。

（2）连续油管通井，替压裂基液。通井：采用连续油管连接通井规通井，记录遇卡位置及吨位。替基液：通井到位后，从连续油管泵注，将全井筒灌满基液。

（3）下管柱，较深。下连续油管带压裂工具串，至短套管测点深度以下，然后以较低速度（例如：7m/min）回拖工具串，观察 MCCL 经过接箍产生的波动，校准封隔器坐封深度。

（4）泵注、坐封、射孔。将连续油管下放至第一段坐封位置，先进行低排量循环，同时打开环空闸门，逐渐建立稳定排量，封隔器扩张坐封。然后从连续油管内泵注射孔液进行喷砂射孔，随后继续从连续油管内泵注顶替液，顶替结束后，关闭环空闸门，打开压裂注入口旋塞阀。

（5）环空加砂压裂。从环空泵注压裂基液，先小排量试挤，建立排量，再逐步提高排量开始第一层段的正式压裂施工。压裂期间连续油管继续注入，且保持井底油管压力高于环空压力。

（6）解封上提管柱。压裂完毕，停止连续油管注入，喷嘴节流压差为零，封隔器解封，上提管柱，定位到下一级压裂位置。

（7）射孔压裂后续段数。重复步骤（4）~（6），如此反复完成所有级数压裂。

（8）施工结束起出连续油管压裂管柱。

（二）压缩式封隔器管柱（图8-73）

1. 工艺原理

该工艺在主压裂之前通过喷射器喷砂射开套管，射开套管后，套管环空进行主压裂，压裂液通过套管射孔的孔道进入地层。

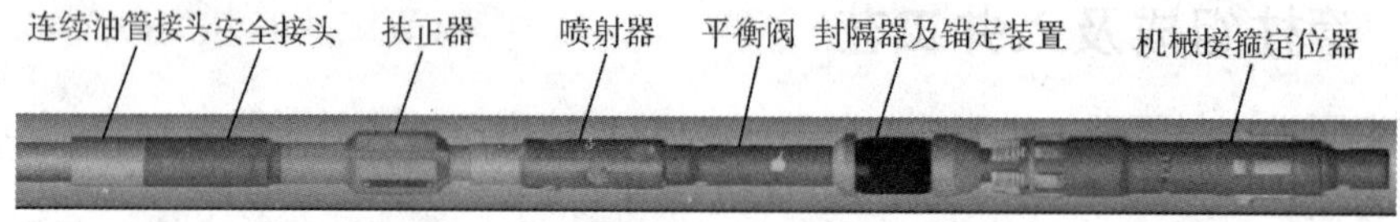

图8-73　连续油管压缩式封隔器管柱图

2. 施工工序

（1）试油队刮管通井。刮管：对水平段采用与套管尺寸对应刮管器对全井筒刮管。通井：采用普通油管连接相应尺寸的通井规通井，记录遇卡位置及吨位。

（2）连续油管通井，替压裂基液。通井：采用连续油管连接通井规通井，记录遇卡位置及吨位。替基液：通井到位后，从连续油管泵注，将全井筒灌满基液。

（3）下管柱，测试回压。下管柱：下连续油管带压裂工具串，入井至100m时做工具坐封测试。继续下放工具串至短套管测点深度以下，然后以较低速度（例如：7m/min）回拖工具串进行定位。观察MCCL经过接箍产生的波动，校准封隔器坐封深度。测试回压：从连续油管内泵注基液，稳定排量（例如：0.6m^3/min）下，记录出口用不同尺寸油嘴控制下对应的回压值，以便压裂施工期间参考。

（4）坐封封隔器。将连续油管下放至第一段坐封位置，上提工具串后立即下放完成换轨操作，工具串进入坐封状态，下放连续油管加压坐封，坐封加压30~50kN（根据公司工具性能确定）。坐封前务必定位喷射点在套管位置，封隔器坐封位置要避开套管接箍。

（5）泵注、坐封、射孔。先进行低排量循环，同时打开环空闸门，逐渐建立稳定排量，封隔器扩张坐封。然后从连续油管内泵注射孔液进行喷砂射孔，随后继续从连续油管内泵注顶替液，顶替结束后，关闭环空闸门，打开压裂注入口旋塞阀。

（6）环空加砂压裂。从环空泵注压裂基液，先小排量试挤，建立排量，再逐步提高排量开始第一层段的正式压裂施工，期间连续油管实时监测井底压力变化值。

(7) 解封上提管柱。压裂完毕，匀速上提连续油管解封封隔器，定位到下一级压裂位置。解封过程中要注意观察判断工具状态：上提力超过140kN时，通过下放、上提活动连管，上提力控制在150~180kN，下放管柱控制加压20~30kN。上述具体压力值可根据公司工具性能确定。

(8) 射孔压裂后续段数。重复步骤(4)~(7)，如此反复完成所有级数压裂。

(9) 施工结束起出连续油管压裂管柱。

二、工具入井技术要求及应急预案

(一) 工具技术要求

(1) 在工具入井前，仔细检查工具外观，如有磕碰伤、裂缝、变形等则不能入井；检查确认所有工具的基本性能参数及密封圈、销钉压力等级。

(2) 严格按照设计的管柱连接图，依照工具顺序进行入井，一旦发现顺序有误则立即起出工具串重新调节工具顺序再进行下入。

(3) 下放过程中连续油管补液泵车持续泵液，排量0.1~0.3m^3/min。

(二) 应急预案

1. 接箍定位器故障处理

(1) 当接箍定位器到达预定接箍位置，显示力不明显时：应反复上提连管，分别测定定位器在套管和接箍的拉力负荷，仔细观察判断拉力的大小，从而确定接箍力。

(2) 当接箍定位器到达预定接箍位置，无显示力时：下放连管，在接箍位置附近反复冲洗，排量0.6~0.8m^3/min，冲洗后，再测定接箍力。

2. 喷砂射孔故障处理

(1) 喷砂射孔后，压裂泵压过高时，应采用盐酸3m^3处理。

(2) 喷砂射孔后，压裂泵压过高，显示射孔无射穿套管时，用注酸处理无效后，应重新射孔(射孔时间15~20min)，再进行压裂。

3. 底封坐封故障处理

喷砂射孔后底封出现坐封不住时，应提高泵注排量0.65~0.8m^3/min，冲洗循环，并上提连管，试坐封有效后上提解封，再将底封工具放入坐封段坐封。试压达不到要求时，应将底封工具起出井筒检查。

4. 底封解封故障处理

单层压裂后，上提力超过140kN时，活动解卡，上提力控制在150~180kN，下放管柱控制加压20~30kN。

5. 压裂过程砂堵故障处理

如果压裂过程发生砂堵，应立即停止加砂压裂，采用连管大排量反循环冲砂，排量为0.65~1.0m^3/min，冲砂至解堵，将底封解封后，再进行压裂。

三、关键工具分析

(一) 封隔器

K344扩张式封隔器是一种水力扩张式封隔器(图8-74)，悬挂式固定，液压坐封，液压解封。靠胶筒向外扩张来封隔油套环空。因此，工作时油管压力必须大于套管压力。必须与节流器或者节流喷嘴配合使用。工作过程中无需机械运动，可用于斜井和水平井。

图 8-74　扩张式胶筒的封隔器

封隔器胶筒可分为钢骨架扩张式胶筒结构和硫化芯子扩张式胶筒结构。

钢骨架扩张式胶筒是以高弹性高强度不锈钢带作为骨架层（可取式），或以软钢带作骨架层（永久式，主要用于固井和永久性封隔）的 3 层结构胶筒，具有如下特点：①扩张系数大，用小直径胶筒可封隔大直径井眼；②容易扩张和收缩；③耐温等级高：125 ~ 150℃，特殊要求的可达 180℃；④承压差大，60 ~ 80MPa；⑤对井眼适用性强，可用于套管变形井和裸眼井的工艺措施中；⑥坐封可靠，可重复适用；⑦骨架金属必须具有抗腐蚀性和较长的使用寿命；⑧骨架金属的形变在必须弹性变形范围内，故胶筒的长度较大，使用该胶筒的封隔器总长度一般都大于 1.5m。

硫化芯子扩张式胶筒具有如下特点：①坐封压力较低，一般为 0.5 ~ 1.5MPa，因此，下井过程中要求较慢的速度，否则容易中途坐封，起出过程中要求连续灌浆，保持油套管压力一致，否则在压差下膨胀容易涨开，造成抽吸；②使用该胶筒的封隔器建议跟水力锚等配合使用，以免管柱蠕动，破坏胶筒；③耐温可达 120℃，承压差可达 60MPa；④遇到无法解封和解封不彻底造成卡管时，因为该封隔器膨胀部位仅为胶筒部位，强行起下钻处理起来相对简单；⑤使用该胶筒的封隔器总长度一般都较小，一般长度小于 1m。

采用这两种类型胶筒的封隔器都可用于压裂施工，由于连续油管用工具收到尺寸限制，一般采用硫化芯子扩张式胶筒的封隔器。

Y211 压缩式封隔器是一种机械式卡瓦封隔器（图 8-75），采用上提再下放管柱的方式坐封，上提管柱的方式解封。该型系列封隔器具有坐封、解封操作简单，密封可靠，承压高，通径大，摩阻小等优点。同时在使用上具有很大的灵活性，当单独使用该型系列封隔器时，可用于试油、验串、找水等井下作业；当与之配套平衡阀组合使用时可用于分层压裂、分层酸化等井下作业施工之中。

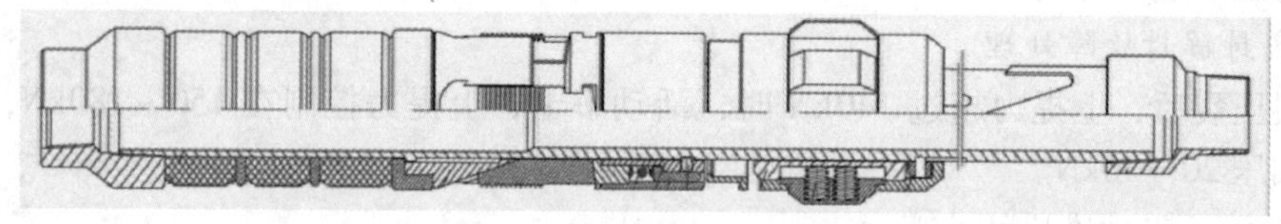

图 8-75　压缩式封隔器

1. 工作原理

下入：将工具直接连在管柱上，滑环销钉处于短轨道位置，封隔器即可顺利入井。

坐封：下到预定位置，通过上提、下放管柱将滑环销钉由短轨道换入长轨道，继续下放，锥体撑开卡瓦，卡住套管壁，在下方压缩胶筒，密封油套环空。一般坐封力为 80 ~ 100kN。

解封：上提管柱直接解封。

2. 技术要求

（1）下井前，上提封隔器，用手把滑环销钉向上活动到长槽内下滑，下井后，扶正块与套管摩擦，即可自动倒入短槽。

（2）入井速度均匀，发现遇阻，立即上提，倒轨后再慢慢下入。

（3）封隔器密封试压，采用正反试压，泵压6MPa以上，观察油套压力或出口流量变化，如压力不降或出口流量比试压前不增加，则说明封隔器密封。

（二）机械接箍定位器——MCCL

精准可靠的定位是机械接箍定位器（图8-76）主要功能，同时要有优越的接箍位置显示能力，通过定位出喷射点最近的接箍位置，能准确避开接箍位置，把封隔器定位在套管位置。定位步骤如下。

首先下放工具串至测点深度以下30~40m位置。

以8~10m/min的匀速上提连续油管，观察MCCL经过接箍产生的悬重波动，一般为1~2t，用短套管深度来标定标准深度校核

在每达到喷射位置之前，通过接箍的显示，确定其位置，可以进行精确定位置。

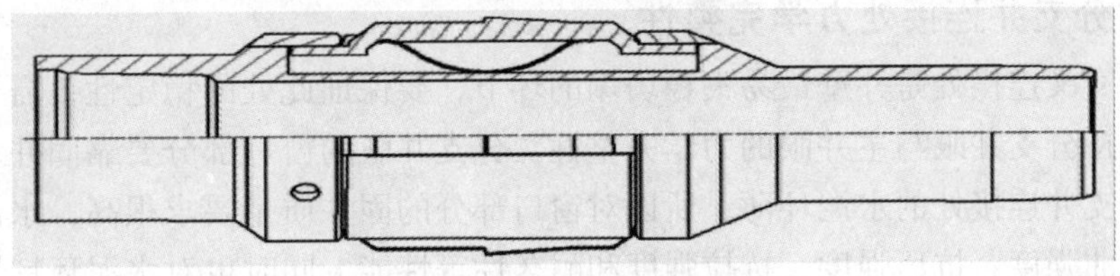

图8-76　接箍定位器结构图

四、应用实例

连续油管喷射带底封分段压裂技术在渭北油田、泾河油田、塔里木油田等各大油气田有推广应用。

JH2P20井泾河油田JH2井区的一口评价水平井，完钻井深2243.22m，垂深1487.26m，水平段587.22m。压裂管柱结构为：ϕ50.8mm连续油管+连续油管接头+丢手工具+扶正器+水力喷射工具+平衡阀+反循环接头+封隔器和锚定装置+机械式套管接箍定位器+引导头。整个施工过程顺利，未出现封隔器失封现象，封隔器坐封稳定可靠，6段施工过程中，仅第6段封隔器坐封未一次性成功，其他层段均一次性完成坐封。从JH2P20井各段施工作业时间看，平均每层施工时间158min，其中射孔、洗井以及转层作业平均每段用时69.6min，相比裸眼封隔器分段压裂工艺，连续油管带底封分段压裂工艺平均每段仅多用时70min，说明该工艺具有快速施工作业能力。

2014年9月23日，在新疆的吐哈油田三塘湖牛东平28号井成功试验了连续油管环空加砂压裂技术，并且取得了非常不错的成绩，压裂进度大大加快。在压裂工作完成之后，这口井自喷完井，每天生产的原油量在12.4t，含水率在13.3%左右，效率可谓非常高。吐哈油田曾经在2013年三塘湖牛东平2号井进行了10段压裂实验，并且也取得成功，这为连续油管环空加砂压裂技术的实施打下了坚实的基础。到目前为止，已经有

21 口水平井得到开发，并且效果都非常显著，一举打破了火山岩储量难以动用的难题，但是，成本和技术适应性还是比较难以克服的问题，只有使用适应性强的分段压裂工艺才能解决这一难题。

第八节　分支井完井工具系统

多分支井可以从一个主井眼分支几个支井眼以开采多个油气层，以达到低成本更高效开发的目的。多分支井的 TAML 分级主要是根据多分支井的连接性、连通性和隔离性进行划分。分支井完井设计时必须考虑油井整个生产期分支点处的力学完整性与液压密封性，分支井眼还必须具有能够使射孔组合、压裂管柱重复进入作业的能力。分支井的连接技术是分支井所特有的，支井眼与主井眼的密封连接可靠性、后期作业管柱的再进入性是目前分支井完井技术研究的重点与难点。

一、分支井连接的关键技术

（一）分支井连接处力学完整性

分支井交叉连接处是井壁最易失稳坍塌的环节，要保证此处的稳定性，需要一定的机械支撑来保持分支井眼与主井眼的力学完整性。分支井眼的窗口部分要靠固井水泥进行密封，由于分支井连接处的水泥环薄，所以对窗口部分的固井质量要求很高，水泥环必须具有高的抗弯曲强度、抗压强度、抗拉强度和耐久性等性能，同时也对水泥环韧性提出了更高要求。

（二）分支井连接处液压密封性

分支井作为一个多压力系统的统一体，应采用先进的井下分隔装置，将不同压力系统的油气流分隔开，其固井技术需保证其液压密封性，以保证井眼正常生产和各项增产及测试工作的顺利实施。由于环空带间隙小，施工泵压高，对管外封隔器、双级箍、尾管悬挂器等固井工具性能要求高。

（三）各井眼的重入能力

分支井一般都要通过压裂措施方能获得产能，因此分支井眼都必须具有能够使射孔组合、压裂管柱重复进入作业的能力。分支井“选择性重入”难，这是由于支井定位技术基本上采用胶筒、卡瓦定位或用套管自下而上长距离回接定位，由于胶筒或卡瓦定位抗轴向载荷、抗大扭矩和高压密封性能比较差，锚定卡瓦对套管有硬伤损害；而长距离套管回接无法承受较大的载荷和扭矩。这些原因均可能导致定向不准、下分支井工具找正位置与方位困难等问题。

二、分支井完井系统

作为一项重要的增产技术，分支井技术在全球得到重点应用，占据着世界主要分支井作业市场的系统目前有以下几种。

（一）Sperry 公司

（1）可回收系统 RMLS 可实现 2～5 级多分支连接系统，利用预铣窗钻取新的多分支井，可对分支通道进行注水泥及套铣以使它们全尺寸地进入侧主井眼或位置低的主井眼，注水泥实现水力密封。

（2）分支井回接系统 LTBS 可实现 2～5 级多分支连接系统，利用预铣窗钻取新的多分支井，分支通道机械地悬挂于主井眼窗口处，主要包括套管开窗接头、可回收式导斜器、分支井衬管悬挂器及下送工具 4 个部分，利用 LTBS 可采用常规定向井工艺钻出分支井段，实现分支井衬管与主井眼油层套管的回接，并可对分支井衬管进行注水泥固井，保证以后可以重新进入分支井筒内作业。

（3）隔离回接体系 ITBS 是 5 级多分支连接系统，在主分支连接处达到水力密封和机械完整性，利用挠性管或钢缆有选择性地再次进入位置低的主井眼或分支井眼。

（二）Baker 公司

（1）HOOK Hanger™系统广泛应用于 3～5 级多分支连接系统，下套管固井后可满足连接处的机械支撑和水力密封，系统安装方便，一次性下入集成的造斜器系统，并通过一种壁挂式悬挂器将分支井完井管柱悬挂与主井筒上，分支井固井工具连同完井管柱一起下入，通过分支井眼重入工具实现支井眼密封，固井结束后，上提管柱冲洗多余水泥，起出固井工具，然后打捞分支井眼重入工具，连通主井眼。

（2）Formation Junction 6 级分支系统在分支井和主井筒套管的连接处具有一个整体式压力密封和机械支撑。系统采用了一个具有整体密封特征的可成型金属设计。为了使 Formation Junction 系统更容易下井，其中一个分支腿通过预成型被加工成椭圆形，椭圆形的分支腿需要在井下的预定位置采用整形工具整形，形成分支套管。

（三）斯伦贝谢

RapidSeal 分支井技术采用了新的金属成型技术，分支腿与主套管加工成一个整体。2 个分支腿都是椭圆形，需要在井下膨胀成为圆柱形管材，系统的 2 个分支腿之间有 1 个筋板，因此 RapidSeal 系统的机械强度较高。RapidSeal 系统能够达到 6 级分支井完井水平，系统采用的膨胀整形工具是一个电动工具，它由 2 排活塞组成。通过电缆将动力传送至井下整形工具，驱动活塞缓慢伸出，将 2 个预成型的分支腿逐渐恢复到设计套管尺寸。

（四）威德福

（1）Starburst™系统：系统广泛应用于 4 级多分支连接系统，主井眼和分支井眼合采，机械整体性。一趟钻系统，空心斜向器，分支井眼可再进，主井眼压力联通。下部井眼尾管提供斜向器/封隔器组合支撑，中空斜向器为分支井眼磨铣窗口、完井提供导向，主井眼水力封隔。

（2）MillThru™4 级分支井系统：可以再进入主井眼与分支井眼，采用常规的开窗工具与尾管系统，无特殊的窗口连接处硬件，注水泥后不用进行斜向器与尾管，永久封隔器进行提供磨铣及重入定向，全尺寸再进入，再进入导向器自动定位，分支井眼重入自定向。

（五）长城钻探工程院

嵌入悬挂式 DF-1 分支井系统，具有更高的强度和可靠性；采用相贯技术实现预开孔套管与空心导斜器紧密搭接，形成完整的井下三通结构、完井通径大；形成预制导向机构和弯接头导入两种选择性重入技术，保证任意分支井眼的选择性重入；独特的导向定位系统，确保窗口机构在井下几千米处自动定位精确安装；深井硬地层厚壁套管开窗工具，解决了深井硬地层（井深 3500m、钢级 TP125TT）大斜度井段（井斜 26.8°）开窗难题；具有多种完井管柱组合方式，能保证内管柱注水泥，空心胶塞注水泥，定位局部注水泥等各种固井方式的顺利实施；具有功能齐全的完井管柱丢手装置，能保证完井管柱的顺利下井，并按先定向悬挂，再丢手脱离，后挤水泥固井、循环洗出多余水泥的顺序安全施工；DF-1 系统达到了国际标准的分级 5 级水平，形成了完井修井采油等完整的配套方案。

三、典型分支井钻完井技术方案

（一）钻主井眼

钻主井眼，然后下入水平井裸眼分段压裂管柱系统，管柱下入作业过程与目前水平井裸眼分段压裂相同。

（二）下密封井筒封隔器（图 8-77）

钻杆输送工具串，投球液压坐封，封隔器底部带有陶瓷破裂盘，可验封，封隔器上部打高黏度稠浆，避免岩屑、水泥块掉落下分支井眼。

（三）下入导斜器/开窗工具组合系统

其结构如图 8-78 所示。

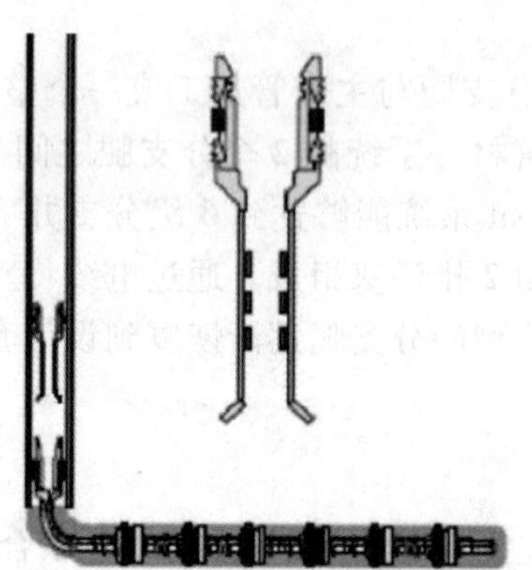

图 8-77　下入密封井筒封隔器示意图

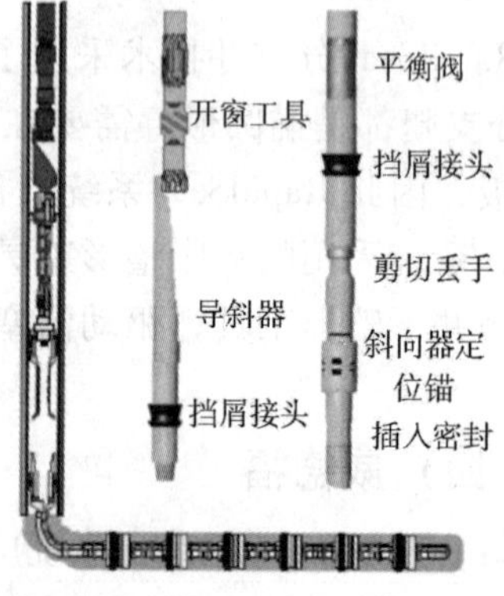

图 8-78　下入导斜/开窗工具组合系统

（四）定向钻分支井

钻 6in 分支井眼，过窗口时钻井要缓慢通过窗口（图 8-79）。

（五）下入打捞工具，回收造斜器

该过程如图 8-80 所示。

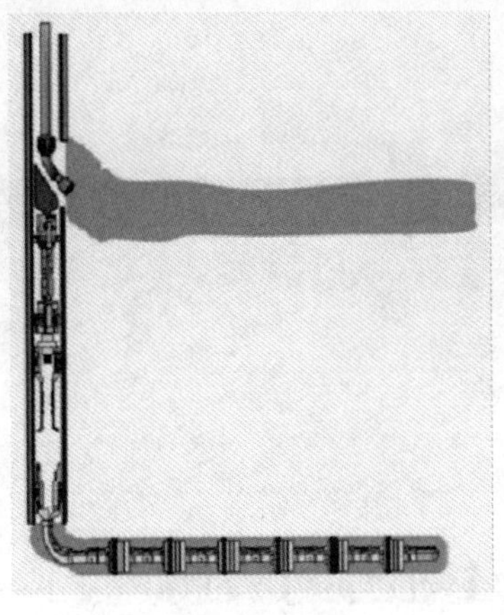

图 8-79　钻分支井眼

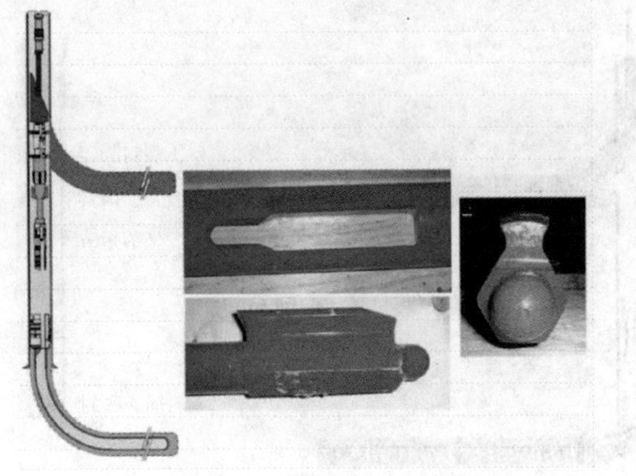

图 8-80　回收造斜器

(六) 在分支井眼下入水平井裸眼分段压裂系统（图 8-81）

HR 液压式下入工具和封隔器坐封工具 + 壁挂式悬挂器系统 + 导向密封筒。

(七) 上分支压裂（图 8-82）

下入插入密封 + 压裂封隔器压裂管柱，压裂过程与常规水平井压裂工艺相同。

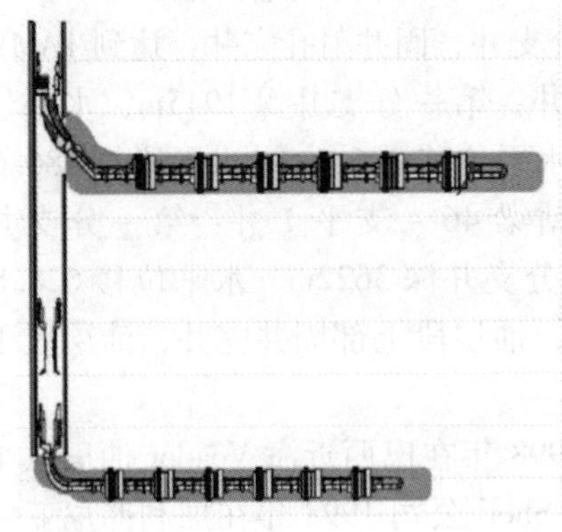

图 8-81　下分支井裸眼分段压裂系统

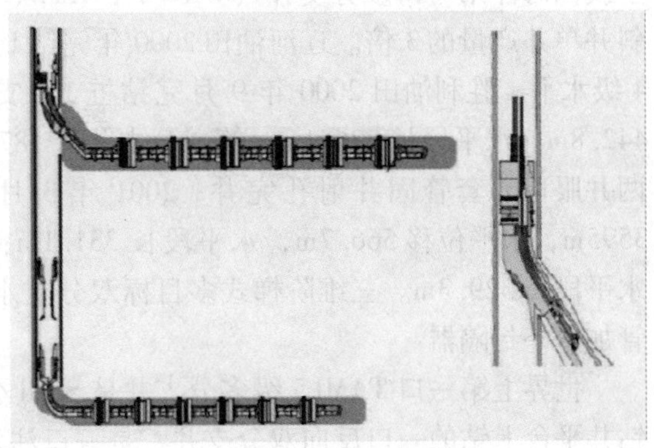

图 8-82　分支井压裂

(八) 回收分支井眼导向密封工具

该过程如图 8-83 所示。

(九) 下入主井筒导向工具后下入主井筒压裂管柱进行压裂（图 8-84）

插入密封前将隔离封隔器上部的稠浆替出，插入压裂管柱打碎陶瓷隔离盘。滑套打开使钢丝绳或液控坐落短节可通过钢丝绳作业打捞堵塞器，从而实现单独开采或者合采的目的。

四、分支井应用

前苏联 1953 年打 66/45 井，9 个分支井眼，产量 17 倍。至 20 世纪 90 年代，共有 126 口多分支井（33 勘探井、77 采油井、3 口注入井、9 口其他井）。

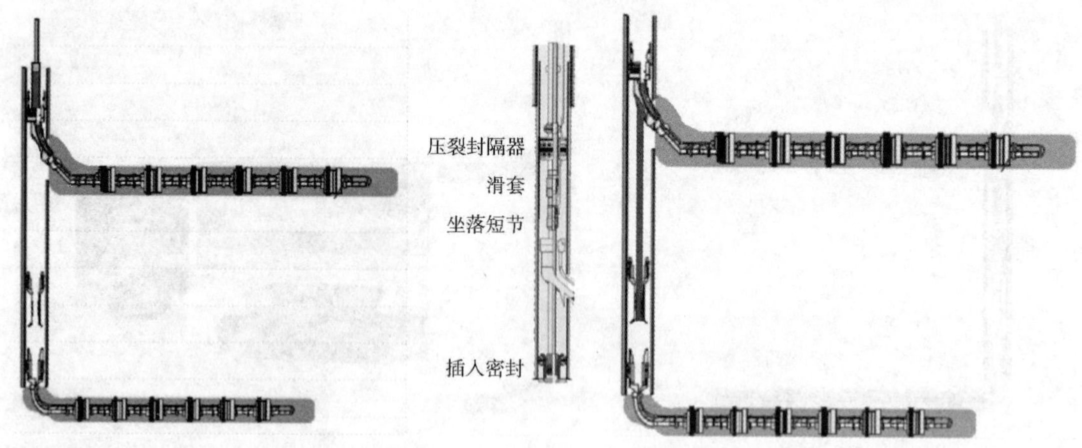

图 8-83　回收分支井眼导向密封工具　　　　图 8-84　主井筒压裂

美国、加拿大从 20 世纪 80 年代后期开始发展多分支井技术，发展推广速度很快。根据美国 HIS 能源集团统计，到 1999 年 5 月全世界共打分支井 5779 口，其中美国打分支井 3884 口，加拿大打分支井 1891 口，世界其他地区共打分支井 4 口。

中国南海西部 1998 年打 2 口井失败 1 口（贝克休斯），用修井机和原井重钻技术钻成了我国海洋第一口多分支井（Wll－4－A11B、11C 井），两个井筒用电潜泵合采，产量是斜井单井产量的 3 倍。辽河油田 2000 年完钻 1 口 3 分支井，固井射孔完井，达到 TAML 第 4 级水平。胜利油田 2000 年 9 月完钻桩 1－支平 1 井：第一分支井深 1945m，水平位移 442. 8m，水平段长 236. 1m；第二分支井深 1872m，水平位移 386. 1m，水平段长 186. 6m。两井眼均下套管固井射孔完井。2001 年 3 月，完钻梁 46－支平 1 井：第一分支井深 3595m，水平位移 566. 7m，水平段长 331. 1m；第二分支井深 3622m，水平位移 628. 8m，水平段长 329. 3m。三维阶梯式多目标双分支水平井，油层段上部固井完井，油层段下筛管加管外封隔器。

世界上第一口 TAML5 级多分支井是 Shell 公司 1998 年在巴西近海 Voador 油田从半潜钻井平台上钻的一口反向双分支井，是一口注水井。Shell 公司 1998 年在加利弗尼亚一口在岸陆上井成功地安装了一个 6 级完井的主分井筒连接部件，该井是在 9⅝主井筒套管上连有 2 个 7 分支井的连接部件，它具有 2500psi 额定压力。

目前世界上用得最多的是 4 级完井。截至 2005 年全世界已经有 15000 多口分支井，其中一半是 Shell 公司钻的，主要在中东、北美和欧洲北海应用较多。

参 考 文 献

[1] 曾毅. 限流压裂工艺在织金煤层气开发中的应用［J］，油气藏评价与开发，4（3），2014 年 6 月：73～77.

[2] 程忱，牟莎莎. 水平井限流压裂技术在江汉油田的应用［J］，能源与节能，112（1），2015 年，154～155.

[3] 卢修峰，刘凤琴. 投球分压的理论验证及实例分析［J］，石油钻采工艺，16（3），1994 年：57～62.

[4] 任山，王兴文，林永茂，等. 三层及以上多层压裂技术在川西气田的应用［J］，钻采工艺，30

（5），2007 年：44 ~ 47.
［5］郭建春，赵志红，赵金洲，等．水平井投球分段压裂技术及现场应用［J］，石油钻采工艺，31（6），2009 年：86 ~ 88，95.
［6］《油田常用封隔器及井下工具手册》编写组．油田常用封隔器及井下工具手册［M］．北京：石油工业出版社，1981.
［7］赵磊．简明井下工具使用手册［M］．北京：石油工业出版社，2004.
［8］李洪春，蒲晓莉，贾长贵，等．水平井裸眼分段压裂工具设计要点分析［J］．石油机械，2012，（5）．
［9］张海燕，魏新芳，余金陵，等．水平井裸眼分段压裂完井关键工具研制［J］．石油钻采工艺，2013，（2）．
［10］梁凌云，赖海涛，吴付洋，等．裸眼封隔器分段压裂技术在低渗砂岩气藏的应用［J］．石油化工应用，2014，（6）．
［11］薛建军，童征，魏松波，等．封隔器滑套分段压裂关键工具研制及应用［J］．石油矿场机械，2015，（11）．
［12］张丽娟，赵广民，赵粉霞，等．压缩式裸眼封隔器的研制与应用［J］．石油机械，2012，（12）．
［13］米强波，伊向艺，罗攀登，等．塔中超深致密砂岩油藏水平井分段压裂技术［J］．西南石油大学学报（自然科学版），2015，（2）．
［14］李斌，朱兆亮，刘佳良．水平井压缩式封隔器密封结构优化研究．润滑与密封．2013，38（6）；77 ~ 80.
［15］汤朝红，熊和贵，郭锐锋，等．插管式尾管悬挂器新型丢手技术的开发及应用［J］．江汉石油职工大学学报，2015，（5）．
［16］吕芳蕾．高压大通径送入悬挂系统的研制［J］．石油矿场机械，2015，（3）．
［17］邹刚，荣佳佳．一种新型悬挂封隔器的研究与应用［J］．长江大学学报（自科版），2016，（4）．
［18］薛建军，童征，魏松波，等．封隔器滑套分段压裂关键工具研制及应用［J］．石油矿场机械，2015，（11）．
［19］王聪．胜利油区致密砂岩油藏水平井开采技术［J］．油气地质与采收率，2013，（3）．
［20］郭朝辉，魏辽，马兰荣．新型无级差套管滑套及其应用［J］．石油机械，2012，（10）．
［21］杨永青，王治华，王磊，等．无限级滑套压裂新工艺在苏里格气田的应用［J］．钻采工艺，2015，（1）．
［22］魏辽，秦金立，朱玉杰，等．套管水平井全通径分段压裂工具新进展［J］．断块油气田，2016，（2）．
［23］王耀稼，王再兴，李云峰．连续管无限级压裂新技术［J］．中外能源，2016，（3）．
［24］戴文潮，秦金立，薛占峰，等．一球多簇分段压裂滑套工具技术研究［J］．石油机械，2014，（8）．
［25］姚昌宇，王迁伟，高志军，等．连续油管带底封分段压裂技术在泾河油田的应用［J］．石油钻采工艺，2014，（1）．
［26］安伦，何东升，张丽萍，等．国内外水平井压裂滑套技术研究进展［J］．石油矿场机械，2016，（2）．
［27］吕玮，张建，董建国，等．水平井固井预置滑套多级分段压裂完井技术［J］．石油机械，2013，（11）．
［28］ZL201320762154.5．一种可打捞球座的多级投球压裂滑套．
［29］席仲琛，徐迎新，曹欣．水平井油管钻磨复合桥塞技术及应用［J］．石油钻采工艺，2016，（1）．
［30］杨东．大庆油田深层气井连续油管输送桥塞技术应用［J］．油气井测试，2016，（3）．

[31] 王伟佳，熊江勇，张国锋，等．页岩气井连续油管辅助压裂试气技术［J］．石油钻探技术，2015，（5）．
[32] 严向阳，王腾飞，徐永辉，等．连续管坐塞与分簇射孔联作技术［J］．石油机械，2015，（5）．
[33] 刘腾，慕光华，成随牛，等．编码式多级点火分簇射孔技术［J］．国外测井技术，2015，（5）．
[34] 常昕，周曌．页岩气开采用分簇射孔与桥塞联作技术研究［J］．火工品，2015，（1）．
[35] SY/T 5352—2007 丢手可钻封隔器、桥塞及其坐封工具．
[36] 四机赛瓦液压坐封工具说明书．编号：A08010240C；修改号：B；编制日期：2000/08/03.
[37] 尚琼，王伟佳，王汤，等．连续油管钻复合桥塞工艺研究［J］．钻采工艺，2016，（1）．
[38] 王海东，唐凯，欧跃强，等．大通径桥塞与可溶球技术在页岩气 X 井的应用［J］．石油矿场机械，2016，（4）．
[39] 曾旭洋．磨铣只需 10 分钟——TruFrac 复合桥塞［J］．石油知识，2016，（3）．
[40] 吕芳蕾．国内外压裂用新型可溶复合材料井下工具［J］．石化技术，2015，（6）．
[41] 张炜，李总南．完全可降解桥塞射孔联作系统［J］．测井技术，2015，（2）．
[42] 侯光东，陈飞，刘达．水力泵送桥塞压裂技术在长庆油田的应用［J］．钻采工艺，2015，（2）．
[43] 黄占盈，周文军，陈存慧，等．水平井有限级次套管滑套固井工具研制与应用[J]．石油矿场机械，2014，43（7）：55～58.

第九章　现场质量控制技术

第一节　压裂液质量控制技术

水基压裂液仍是目前油气田增产改造压裂液的主体。国外水基压裂液技术占使用量的80%以上，中国在90%以上。由于现场施工环境的改变、配液条件的不同以及搅拌程度不同等诸多因素的影响，压裂液性能与室内研究结果存在较大差异，如果解决不善，将直接影响压裂的成功与否，甚至严重影响油气的产量。通过室内研究及现场实施，对现场水基压裂液配制过程中存在的问题提出了解决方法，并在总结的基础上形成了水基压裂液现场质量控制程序，以便有效地保证油气田增产改造的顺利实施。

一、压裂液添加剂的抽查检测

在现场进行压裂改造前，分别对所使用的产品进行抽样检测。在室内检测过程中，实验方法及技术指标按产品的企业标准执行，在一定情况下，可参照行业标准。在检测中，如发现有不合格产品，应向甲方通报并及时更换产品，以确保产品质量。

二、压裂液现场质量控制程序

在压裂液配制和施工过程中，要严格遵循质量控制原则，确保压裂液的性能和施工的成功。压裂液现场质量控制程序评价技术包括如下内容：①空压裂液罐到位时，检测其清洁度；②从到位压裂液罐内取水样进行分析；③在基液配制前应对各罐进行计量，确保各罐按顺序加入适量的压裂液添加剂，溶胀稳定后，测量各罐压裂液从顶部到底部的溶液黏度和 pH 值，观察鱼眼的多少和配液效果；④配制交联液，确定交联比和交联时间；⑤压裂施工前对压裂液罐进行计量，确保配制的压裂液数量符合设计要求；⑥施工过程中，测交联比和破胶剂的加入量，并随时从低压管汇口取样进行延迟交联时间观察；⑦施工结束后，计量各压裂液罐和交联剂罐内的剩液量，计算出实际用液量并与施工参数进行比较；⑧观察压裂后排液情况，是否破胶，计量压裂液的返排量，测定返排液的黏度及 pH 值。

（一）压裂液储罐的质量要求

压裂液储罐应有内涂层，防止铁锈生成，在装水之前，要先检查是否干净，无污物和杂质。若不干净，用清水清洗干净，加入水前应投放少许杀菌剂，防止细菌的滋生。

（二）配液水质的要求

配液水质的质量检查为：①肉眼检查压裂液罐内水中是否有油污、悬浮颗粒或浮动碎屑、杂物等明显的污染物；②从罐中取水样，根据肉眼检查的结果或对同样水源的经验，用试纸测试法或比色分析法检查水样的 pH 值、铁含量、还原剂和磷酸盐含量，用密度计测定水的密度。测定分析结果应同服务公司人员一起磋商，以保证配液水质符合配制压裂液体系的规格要求。如果水质有问题，应进行必要的分散溶胀和交联性能的先导性试验，以确定是否增黏或能否交联，并发现其他可能出现的问题，根据测定结果采取必要措施。

（三）稠化剂

稠化剂是压裂液最基本的一种添加剂，其作用是提高水的黏度，降低液体滤失、悬浮和携带支撑剂。国内油田使用的稠化剂以天然植物胶及其改性产品为主，检验主要依据石油行业标准 SY/T 5764—2007《压裂用植物胶通用技术要求》，现场可以对外观、含水率、筛余量、表观黏度、交联性能、pH 值、流动性 7 项指标进行检测，重点是对表观黏度和交联性能的检测。稠化剂溶液的表观黏度符合标准要求，能与交联剂形成高黏弹性的冻胶，是压裂液冻胶达到悬浮、携带支撑剂的基本保证。选择水化性能好、增稠能力强且易于与多种交联剂交联成冻胶的稠化剂是保证压裂增产效果的先决条件。

（四）交联剂

交联剂是决定压裂液冻胶黏度的主要因素之一，通过交联基团与稠化剂产生交联反应，使体系形成三维网状冻胶。对应于常用的压裂液稠化剂，较常用且形成工业化的交联剂有硼砂、有机钛、有机锆、有机硼等。交联剂的选择由交联基团和溶液的 pH 值决定。压裂用交联剂检验参见石油行业标准 SY/T 6216—1996《压裂用交联剂性能试验方法》，现场可以进行外观、密度、pH 值、交联时间、耐温能力、破胶能力 6 项指标的检测，重点是交联时间、耐温能力及破胶能力。根据压裂地层选择适当成胶速度、造缝过程中保持较好的热稳定性和剪切稳定性、造缝后能在破胶剂作用下降解的交联剂。

（五）破胶剂

压裂用破胶剂的主要作用是压裂施工完成后，使压裂液中的冻胶发生化学降解，由大分子变成小分子，有利于压后返排，减少对储层的伤害。目前常用的破胶剂是过硫酸盐，如过硫酸钾、过硫酸铵等。压裂用破胶剂检验方法参见石油行业标准 SY/T 6380—2008《压裂用破胶剂性能试验方法》。选择在储层温度下、特定时间范围内能使冻胶自动降解、黏度≤5mPa·s 的破胶剂。

（六）助排剂

助排剂可以减小破胶液的表界面张力，降低压裂液返排阻力，尤其在低渗透地层压裂时，对减小储层伤害、改善增产作业效果起到至关重要的作用。压裂用助排剂检验方法参见石油行业标准 SY/T 5755—1995《压裂酸化用助排剂性能评价方法》。现场主要检测助排剂表面张力、界面张力、配伍性。选择表面张力≤28mN/m、界面张力≤2mN/m、与压裂液其他添加剂配伍的助排剂。

（七）黏土稳定剂

在压裂施工中，由于水基压裂液以碱性交联为主，滤液存在较强的碱性，进入孔隙后，对储集层黏土矿物的伤害通常是水敏性与碱敏性叠加作用的结果。如果不采取稳定黏土的措施，将会破坏储集层结构，使孔隙度、渗透率发生不可逆转的下降。常用的黏土稳定剂有无机盐类黏土稳定剂、阳离子活性剂类黏土稳定剂、有机聚合物类黏土稳定剂等。依据石油天然气行业标准 SY/T 5762—1995《压裂酸化用黏土稳定剂性能测定方法》，现场主要检测配伍性、泥岩损失率、防膨率。

（八）基液配制技术

在现场配制压裂液基液时，应按如下程序进行检查：①配液水质符合要求之后，应对水量进行计量，使之符合设计要求用量，还应考虑罐底会留有余量不能被混砂车抽干，同时也不能使水面冒罐顶，防止配制时溢出；计算压裂液各种添加剂的备料情况是否符合设计要求，确保配液量及配液用材料满足施工要求。②在配制基液过程中要保证配液车运行正常，并有足够的排量（大于800L/min），进行循环配制；在配制时注意添加剂的加入顺序和加入速度。③基液具体配制程序为：首先加入杀菌剂和黏土稳定剂，之后缓慢吸入植物胶稠化剂，吸完后继续循环30min，并取样用六速旋转黏度计测定溶液黏度，一旦黏度达到室内配制黏度的80%时，即可加入pH值调节剂（调至压裂液所要求的pH值范围）和其他添加剂如助排剂等，再继续循环5～10min使溶液混合均匀即可。如果在配制期间发现鱼眼或非水化聚合物胶块，说明稠化剂的吸入速度太快，或排量不够大、溶液pH值控制不当。为此，应及时调整配制程序为：先加入杀菌剂、黏土稳定剂和定量的碱性pH值调节剂，使溶液的pH值为8～9，之后再吸入植物胶稠化剂，吸完后迅速加入酸性pH值调节剂，将溶液的pH值调节为5～6，继续循环30min，并取样用六速旋转黏度计测定溶液黏度，一旦黏度达到室内配制黏度的80%时，即可加入pH值调节剂及其他添加剂如助排剂等，将压裂液pH值调至要求的范围，再继续循环5～10min使溶液混合均匀。

（九）交联液配制技术

由于现场施工设备的差异对交联比的要求有所不同，为此存在一个交联剂的稀释问题，即交联液的配制。现场交联液配制一般用大罐、罐车和小方池，不管用什么容器，都一定要无铁锈、无杂质和油污等。所用水质同配制基液要求一样，根据施工设计计量必须准确。若计量不准，造成交联剂浓度不准，浓度偏高会使压裂液冻胶变脆或脱水，甚至造成交联液不够用，偏低则造成压裂液携砂性能差，这都将影响施工的成功。

硼砂交联液的配制程序为：先在大罐或罐车中加入硼砂，再加水冲刷，或用配液车在循环时慢慢加入，使之完全溶解均匀即可。通常在交联液中加入少量的破胶剂作为破胶基础或根据情况也可以不加，施工过程中破胶剂主要在混砂车上根据设计要求进行追加。硼砂交联液的交联比一般在100:（2～20）之间，尽量使用较小的交联比，这样对基液的稀释即黏度影响较小。

有机硼和有机金属交联剂一般要求在施工前配制，其配制程序为：交联剂加入小方池中，根据具体情况决定是否加入少量破胶剂。有机硼或有机锆硼复合交联剂的交联比一般在100:（0.2～5）之间，稀释对交联性能特别是有机硼交联剂的交联速度影响较大。若施工设备能够满足试验时的交联比，就不用稀释；若不能满足就加入定量的水，搅拌使之混合均匀即可。稀释倍数要尽量地小，以满足延迟交联作用时间的需要。

（十）压裂液现场实施检测技术

（1）压裂液基液配制完毕，放置溶胀4h后黏度基本趋于稳定，可达到或接近实验室配制基液黏度的水平。施工前每天检测基液的黏度和溶液pH值，并进行交联性能和延迟交联时间测定。

（2）施工前计量压裂液罐中基液、活性水和交联液的数量，确认破胶剂的数量，并在各罐上下取样，测定混合样的黏度和pH值，取配制好的交联液进行交联性能测定，确定延迟交联时间。

(3) 施工过程中注意观察交联比是否按要求泵入，以便及时调整，在变组分压裂液配方中，交联比在每一阶段是不同的，并逐渐减小，顶替时一般关闭交联液，只泵入基液和活性水的混合液进行顶替；在加入破胶剂时必须严格按破胶剂追加程序进行，尽管在配方中考虑了不同浓度破胶剂的破胶能力，但破胶剂追加过快或过慢均会给施工带来不利影响。

(4) 施工结束后，检查压裂液基液、交联液和破胶剂的剩余量，确定实际用量。

(5) 按照工艺方案开井放喷，当进入地层的压裂液返排出来后，及时取样，检测其黏度和 pH 值，记录返排液量、速度和时间等参数。

三、压裂液现场监测项目

科学的监测项目需要科学论证监测项目的适用性、可行性、准确性。油田压裂施工中的压裂液的黏度、pH 值、氯离子浓度是压裂液性能的重要参数，对压裂施工设计、指挥有着很重要的指导意义。

(一) 表观黏度

压裂液黏度的大小会影响压裂液携砂能力的强弱。压裂液黏度常用旋转黏度计测量，研究压裂液黏度的流变性通常用流变仪，而它对于现场不适用，现场主要了解到井场压裂液在常温下的黏度，因而选择搬迁方便、测量准确的旋转黏度计可满足压裂液现场监测的使用。

(二) pH 值

表征液体的酸碱性，通常用氢离子浓度表征。压裂液 pH 值的大小表征压裂液酸碱的强弱。使用 pH 试纸测试，既方便又比较准确地了解压裂液 pH 值，对压裂施工设计很有意义。

(三) 氯离子浓度

表征压裂液的氯离子含量，知道压裂液的氯离子含量就可以确定压裂液配制中的氯化钾的用量，以及计算返排液的数量。通常测定氯离子浓度是在室内实验室进行的，在实验室测定氯离子浓度是硝酸银滴定的方法，在现场使用该方法，对硝酸银标准溶液以及该测试方法需要的玻璃器皿进行科学的质量管理，例如清洗、校对。

四、压裂现场质量控制的常见问题

(一) 未有黏度形成

未形成黏度的原因是未加稠化剂，胶粉水化的 pH 值不合适，水的 pH 值过高或水温过低。解决方法是加入适当浓度的稠化剂，用适当的缓冲溶液调整，用 HCl 调整其 pH 值，长时间老化或加热液体。

(二) 形成黏度偏低

形成黏度偏低的原因是稠化剂加量不足，配液用水超量，形成鱼眼或团块，pH 值太高。解决方法是补加足量的稠化剂，减少用水量，降低 pH 值，增加搅拌时间。

（三）放置后黏度明显降低

放置后黏度明显降低的原因是压裂液中存在氧化剂，pH 值小于4，有细菌。解决方法是加入还原剂和氧化剂，提高 pH 值至 10 以上，并保持 4h，再将 pH 值降至正常值。

（四）交联太快

交联太快的原因是体系 pH 值不合适，交联剂浓度太高，体系的延迟剂浓度太低而促进剂浓度太高，温度较高，添加剂相互干扰。解决方法是调整压裂液 pH 值，降低交联剂用量，不用或更换添加剂。

（五）交联太慢

交联太慢的原因是体系 pH 值不合适，体系中交联剂浓度太低，体系的延迟剂浓度太高，体系的促进剂浓度太低，添加剂相互干扰，溶液黏度较低，碳酸氢盐含量太高或含有磷酸盐和铁离子。解决方法是调整压裂液的 pH 值，增加交联剂的用量，降低延迟剂的用量，增加促进剂的用量，不用或更换添加剂，使胶粉完全水化或补加稠化剂以增大黏度，锆交联剂需要碳酸氢盐，但其含量大于 1000mg/L 时可显著降低延迟交联速度，增加交联剂用量，提高 pH 值。

（六）破胶过早

破胶过早的原因是破胶剂浓度高，交联剂浓度低，冻胶稳定剂用量低，体系的 pH 值不合适，溶液黏度低，有细菌，添加剂不配伍。解决方法有调整浓度和 pH 值，使胶粉完全水化或补加稠化剂，增加黏度，加入杀菌剂，不用或更换添加剂。

（七）破胶过慢

破胶过慢的原因是破胶剂浓度较低，交联剂浓度较高，冻胶稳定剂用量大，体系的 pH 值不合适，添加剂不配伍。解决方法是调整破胶剂和交联剂的浓度和 pH 值，不用或更换添加剂。

第二节 支撑剂质量控制技术

一、支撑剂评价方法的建立

为了对产品质量进行控制必须建立统一的评价方法。另外，选择工程应用中各种类型的支撑剂，则需要先对其进行性能评价。为此美国石油学会（API）于 1983 年及 1989 年分别颁布了 API RP56 < Recommended Practices for Testing Sand Used in Hydraulic Fracturing Operations >，即水力压裂用砂测试推荐方法；RP60 < Recommended Practices for Testing High-Strength Proppants Used in Hydraulic Fracturing Operations >，即水力压裂用高强度支撑剂测试推荐方法；以及 RP61 <Evaluating Short Term Proppant Pack Conductivity >，即支撑剂短期导流能力评价，共 3 项压裂支撑剂评价标准，统一了全美国的压裂支撑剂评价方法。并于 1995 年和 2000 年分别对 RP56 和 RP60 进行修订并沿用至今。为了更好控制油、气田现场砾石充填作业用砂质量，API 于 1995 年修订了 API RP58 <

Recommended practices for testing sand used in gravel packing operations >，即砾石充填作业用砂推荐方法。

随着改革开放和国际交流的发展以及支撑剂质量控制的需要，原中国石油天然气总公司采油采气专业标准化委员会于1986年和1997年组织有关单位完成了《压裂支撑剂性能测试推荐方法》（SY/T 5108）与《压裂支撑剂充填层短期导流能力评价推荐方法》（SY/T 6302）的编写工作，并于2006年和2009年对其进行修订。其中，SY/T 5108—2006标准根据API RP56：1995和API RP60：1995重新起草，对支撑剂的取样次数、样品合成、筛析试验及抗破碎能力试验与支撑剂质量的关系进行了详细论述（具体论述见第五章第一节）。SY/T 6302—2009标准等同于API RP61：1989。2007年中国石油化工集团公司参照SY/T 5108—2006标准，制定了《压裂用陶粒支撑剂技术要求》（Q/SH 0051—2007）。同年，国际标准化组织（ISO）再次审查了API标准RP56、RP58和RP60，并颁布了ISO 13503—2：2006（API RP 19C—2008） <Measurement of Properties of Proppants Used in Hydraulic Fracturing and Gravel-Packing Fracturing Operations >，即压裂和砾石充填作业使用支撑剂的性能测试。由于短期导流能力并不能表明压裂支撑剂在地下的真实导流能力，ISO于2006年颁布了ISO 13503—5：2006（API RP 19D—2008） <Measuring the Long-term Conductivity of Proppants >，即支撑剂长期导流能力的测试，规定了支撑剂长期导流能力的测试方法。

20世纪90年代，市场上涌现出天然砂和人工合成支撑剂涂敷树脂技术，这种支撑剂可在具体应用中实现特殊效果，如通过树脂涂层的黏着力在支撑剂颗粒的接触处使颗粒胶结在一起，在裂缝中形成可固结的支撑剂充填层，便于提高其稳定性和减少嵌入等问题，同时减轻颗粒接触引起的高应力，由此提高支撑剂充填层负载能力。1991年，中国石油天然气总公司发布了树脂涂层砂标准（SY/T 5274），并于2000年对该标准进行了修改。该标准规定了涂层砂的适用范围，并对树脂涂敷砂的标记方法、技术要求及实验方法做了明确规定。表9-1描述了支撑剂检测标准的发展历史。

表9-1　支撑剂标准检测标准发展

标准号	标准名称	发布日期	修订日期
API RP 56	Recommended Practices for Testing Sand Used in Hydraulic Fracturing Operations	1983年	1995年
API RP 60	Recommended Practices for Testing High-Strength Proppants Used in Hydraulic Fracturing Operations	1989年	2000年
API RP 61	Evaluating Short Term Proppant Pack Conductivity	1989年	
API RP58	Recommended Practices for Testing Sand Used in Gravel Packing Operations	1983年	1995年
API RP 19C（ISO 13503—2）	Measurement of Properties of Proppants Used in Hydraulic Fracturing and Gravel-Packing Operations	ISO于2006发布，API于2008年发布	

续表

标准号	标准名称	发布日期	修订日期
API RP 19D (ISO 13503—5)	Measuring the Long-term Conductivity of Proppants	同上	
SY/T 5108	压裂支撑剂性能指标及测试推荐作法	1986 年	2006 年
SY/T 6302	压裂支撑剂充填层短期导流能力评价推荐方法	1997 年	2009 年
SY/T 5184	砾石充填作业用砂检测推荐作法	1987 年	2006 年
Q/SH 0051	压裂用陶粒支撑剂技术要求	2007 年	
SY/T 5274	树脂涂敷砂	1991 年	2000 年

二、支撑剂评价标准及其异同

2000 年至今，国内外常用的压裂支撑剂评价标准包括：API RP 56《天然石英砂支撑剂评价方法》、API RP 60《高强度压裂支撑剂评价方法》、API RP 61《压裂支撑剂短期导流能力测试方法》、SY/T 5108—2006《压裂支撑剂性能评价方法》、SY/T 6302—2008《支撑剂短期导流能力测试方法》Q/SY 5108—2007《压裂支撑剂性能指标及评价测试方法》、ISO 13503—2《水力压裂和砾石充填作业使用的支撑剂测试和评价方法》、ISO 13503—5《支撑剂长期导流能力测试方法》、SY/T 5274—2000《树脂涂敷砂》、SY/T 5184—2006《砾石充填作业用砂检测推荐做法》。

表 9-2 描述了国内外常用的支撑剂标准对照。表 9-3 描述了 SY/T 5108 与 API RP56 和 RP60 间的差异及原因。表 9-4 描述了 SY/T 5184 与 API RP 58 间的差异及原因。

表 9-2　常用支撑剂技术标准对照

常用支撑剂技术标准		
国　内	国　外	
SY/T 5108—2006 压裂支撑剂性能指标及测试推荐作法 Q/SH 0051—2007 压裂用陶粒支撑剂技术要求	API RP 56—1995	Recommended Practices for Testing Sand Used in Hydraulic Fracturing Operations
	API RP 60—2000	Recommended Practices for Testing High-Strength Proppants Used in Hydraulic Fracturing Operations
	API RP 19C—2008 (ISO 13503—2：2006)	Measurement of Properties of Proppants Used in Hydraulic Fracturing and Gravel-Packing Operations
SY/T 5274—2000 树脂涂敷砂	空　缺	
SY/T 6302—2009 压裂支撑剂充填层短期导流能力评价推荐方法	API RP 61—1989	Evaluating Short Term Proppant Pack Conductivity
SY/T 5184—2006 砾石充填作业用砂检测推荐作法	API RP58—1995	Recommended Practices for Testing Sand Used in Gravel Packing Operations
空　缺	API RP 19D—2008 (ISO 13503—5：2006，Identical)	Measuring the Long-term Conductivity of Proppants

表 9-3　SY/T 5108 与 API RP56 和 RP60 间的差异及原因

SY/T5108 章条编号	差　异	原　因
4.1	增加了 6/12 目，8/16 目，12/1 目，16/30 目，30/50 目，40/60 目，40/70 目，70/140 目支撑剂的粒径规格	满足我国油气田压裂施工对各种粒径支撑剂的需要
4.2	本标准规定陶粒的球度、圆度不低于 0.8；API RP 60 规定：高强度支撑剂的平均圆度和球度不低于 0.7	我国陶粒生产工艺与国外有较大不同，对陶粒的球度、圆度要求更高
4.3	本标准规定“支撑剂浊度不高于 100FTU”	我国油气田的储层大部分为低渗透率或特低渗透率，因此对陶粒和石英砂支撑剂浊度要求更高
4.4	本标准规定的支撑剂酸溶解度指标性能比 API RP56 有所降低，40/60 目，40/70 目，70/140 目酸溶解度 ≤7%，其他目数支撑剂酸溶解度 ≤5%。	我国陶粒生产原料为蜂窝状 Al_2O_3 结构，产品酸溶解度普遍偏高，而石英砂的砂源杂质含量较高，造成酸溶解度偏高。因此，对支撑剂酸溶解度性能指标要求有所降低
4.5.2	本标准表中总体对陶粒支撑剂的破碎率指标比 API RP 60 规定的要求有较大提高（16/20 目，破碎率 ≤20%；20/40 目，体密度/视密度为 1.65/≤3.00 时，破碎率 ≤9%，其他密度时，破碎率≤5%）	我国生产的陶粒支撑剂产品质量提升较快，因此在破碎率指标方面也应有更高的要求
	本标准增加了对部分粒径规格的陶粒支撑剂的破碎率指标按体密度和视密度进行分类的要求	对部分规格的陶粒支撑剂的破碎率指标按体积密度和视密度进行分类，更具科学性
5b	本标准删除了 API RP 56 和 RP 60 中的图 2	图中分样器复杂，且没有给出具体尺寸，无法加工
5l	本标准增加了散射式光电浊度仪测量范围、分辨率及准确度范围	使用我国通用的散射式光电浊度仪对支撑剂的浊度进行测量
6.3b	本标准增加了“袋装支撑剂立方体堆积，每 100t 的取样点应不少于 15 个。从各取样袋的上、中、下取相同数量的样品，总样品质量不少于 25kg，使用分样器逐次分离，最终得到 3kg 样品”	我国生产的支撑剂样品大部分为 25kg/袋包装，因此，应针对支撑剂这种包装制定取样方法和数量
8.3	增加了“支撑剂粒径均值计算”	确定了支撑剂粒径均值计算方法
10.1.1	增加了质量分数为 40% 的纯氢氟酸	我国化工行业生产的氢氟酸大部分产品质量分数为 40%
12	增加了密度测试对测试稳定的要求，并增加了推荐使用颗粒固体密度测试仪	要求测试温度范围，使得实验室的测试数据更具有可比性。
附录 C	增加了“支撑剂粒径均值计算实例”	对支撑剂粒径均值计算补充说明
附录 D	增加了“单位换算”	适应我国法律要求

表 9-4　SY/T 5184 与 API RP58 间的差异及原因

SY/T 5184 章条编号	差　异	原　因
1	规定了砾石充填用砂的取样、保存方法，以及对充填用砂的粒径、球度、圆度、酸溶解度、强度、粉细沙和黏土含量的检测方法	适合我国国情
2.2	将英制单位修改为我国的法定计量单位	英制单位在我国是非法定计量单位
6.1	增加了："a：质量分数为 36%～38% 分析纯盐酸，b：质量分数为 40% 分析纯氢氟酸"	我国化工行业生产的氢氟酸大部分产品质量分数为 40%
6.2	增加了"步骤二：在容量为 1000mL 的聚四氟乙烯量筒内加入 500mL 蒸馏水，再加入 291mL 质量分数为 37% 的分析纯盐酸，然后加入 70.9mL 质量分数为 40% 的分析纯氢氟酸。" 增加了"步骤三：用蒸馏水将上述溶液稀释至 1000mL，并搅拌均匀。"	用我国化工行业生产的氢氟酸质量分数为 40% 的氢氟酸试剂与 36%～38% 的盐酸试剂配制 12∶3（质量比）的盐酸氢氟酸混合溶液
6.4	RP58 规定：酸溶解度不大于 1.0%，本标准规定为：不大于 3.0%	以适合我国砾石充填用砂的酸溶解度指标
7.2.4	规定检测过程中所用的试剂硫酸肼和六亚甲基四胺纯度为分析纯	实验操作更加严谨
7.2.7	RP58 规定：砾石充填用砂最大浊度为 250FTU，本标准规定：砾石充填用砂最大浊度不大于 150FTU	采用适合我国的标准值
8.4	规定破碎压力 14MPa	明确了砾石充填用砂破碎率测试压力大小

从上述各表中可以看出，大部分国外支撑剂检测标准先于国内标准确立，国内标准制定过程中参照了国外相应标准，为了适应国情对标准中的有些条目进行了增减和指标改动，如对支撑剂圆球度等要求更高，而由于加工工艺技术局限和原材料等问题对酸溶解度指标作了相应降低，但标准的大部分内容都是一致的；国内目前还没有制定支撑剂长期导流能力标准，而国外还没有相应的树脂涂层砂的测试推荐方法。随着新技术新工艺的应用以及支撑及应用领域的不断扩展，新型支撑剂和特殊技术要求的支撑剂会开发出来，支撑剂评价标准也会作相应的增加和更改。

第三节　压裂施工质量控制技术

过去在相当长的时间内，水力压裂过程中，忽视了现场压裂监测和质量控制的重要性，结果有部分指标未能达到设计要求，而这些信息有时又不能及时正确地反馈到设计人员那里去，因此就无法有针对性地对下次压裂设计加以完善和改进，也不能从压裂施工中加深对油藏地质参数的认识，更不能判断压裂设计参数与油藏间的适应性，压裂效果很难保证。

从本质上讲，一个真正优化的压裂设计始于压前的资料分析，终于压裂后投产的开始，在这之间做的任何工作，都是压裂设计的有机组成部分，而不能狭隘地理解为压前提交的设计书。特别是在实施阶段，现场情况千变万化，在保证压裂材料性能指标和各项工艺参数都真正满足或大致满足设计要求后，就应根据施工压力变化情况，并结合井况和地质特点，实时地修正和完善以前的设计，而不能被压前提交的设计书束住手脚。换言之，压裂的优化设计应是实时的、动态的，即要随时根据现场情况对先前的设计进行及时的调整，以使压裂设计参数与油藏地质参数间达到最佳的匹配关系。所以，对现场质量控制人员来说，必须有丰富的现场经验，并要有敏锐的观察力和果断作风。因为，技术创新需要承担风险，若不冒风险，只能使技术在原地踏步。

一、质量控制的目的和主要内容

质量控制的目的包括以下几点。

（1）达到预期的增产效果的需要。一个优化的压裂设计，必须经过严格的质量控制，方能转化为优化的压裂施工，才有可能达到预期的增产效果。

（2）最大限度地发挥水力压裂的应有潜力。

（3）为分析评价压裂效果提供第一手资料。

（4）为压裂设计的进一步改进和完善提供借鉴。

（一）施工前准备

井场要求平整、坚实，入口处宽敞，设备摆放距井口有一定距离（15m 左右），足够容积的废液池和计量液罐。井口装置要求套管四通、油管挂和总闸门等限压大于设计泵压；与地面管线连接后，必须再次对其加固；对各部件的磨损情况仔细检查，必要时须更换。

对压裂车组要求检查泵车型号及数量是否满足设计压力、水马力和排量的要求（要考虑到压裂车的上水效率）；检查各压裂车的凡尔胶皮，磨损严重的应及时更换；压力、排量及密度等仪表应经常校正；应经常对混砂车的搅笼转速与下砂量关系进行校正，以便准确控制各阶段砂比；检查压裂仪表车的各施工记录是否齐全，如排量曲线、压力曲线、砂浆密度曲线等；检查仪表车上的压力传感器是否正常工作及与井口连接闸门是否连通。

压井及下压裂管柱要求压井液不伤害油层，静液柱压力应小于油层压力；压井前做一些必要的测试，如地层压力、液面、砂面和井温等；下井前，油管需一一丈量准确，保证深度准确；入井油管下井前应逐一试压，大于预计泵压的 1.1～1.2 倍，30min 无压降为合格。接箍螺纹应用生胶带缠绕，保证高压下不渗不漏；下管柱要慢（单根下入时间大于 3min）、稳、不动、净（内无落物，外无脏物）；封隔器坐落位置：胶皮筒高于射孔眼顶界 15～20m，胶皮筒、卡瓦或水力锚应避开套管接箍和上次坐落位置。

要求入井处的地面管线的抗压能力应超过预计的井口限压；尽量减少弯头的数量；必要时准备两套放喷管线，一套用于排出残存的压裂液，一套用于裂缝强制闭合等情况下需立即排液时。

压裂液罐的数量、清洁度和各压裂液添加剂的用量、加入顺序及性能检测、延迟交联时间以及基液和冻胶的性能测定等；支撑剂的数量及各项性能的检测，包括体积密度、颗粒密度、粒径、圆球度、破碎率及导流能力等。

（二）施工中的要求

1. 替液

用前置液充满井内油管和封隔器以下套管；原充满液体从油套环空排出，封隔器不能启动。为此，需严格控制替液排量。

2. 坐封封隔器（从油管注入时用于保护套管）

当采用水力扩张式或水力压缩式封隔器时，可增加排量，通过井下节流装置产生压差坐封；整个施工期间，使油压和套管平衡压力之差大于15MPa，小于50MPa。

3. 排量要求

减少排量达到设计要求的时间越快越好，以便在井眼瞬时产生高压，压开更多的油层；检查排量是否稳定，否则，应采取措施，以保证液性稳定和交联比易于控制。

4. 前置液阶段

判断有无明显的破裂压力显示；观察破裂后的压力特性；检查冻胶的黏度、pH 值及可挑挂性；检查入井前置液的体积与设计的吻合程度。

5. 携砂液阶段

估算第一批支撑剂到达裂缝的时间及其后续的压力特性，如果压力上升快，应减缓砂比的上提速度，其他砂比段也同样如此；检查每个砂比段混砂浆的黏度、pH 值及可挑挂性，如有异常情况，可随时调整现场设计，如砂比、交联比和破胶剂的加入量等；如果混砂浆的黏度、加砂时的压力及可挑挂性都正常，则应严格按设计加砂程序执行，包括每个砂比段的施工时间、砂比符合程度及携砂液量的吻合程度等；如有可能，尤其是重点井层压裂，对每个砂比段施工时，应在各液罐派专人测量液面的变化情况；应严格掌握各液罐的液面下降情况，并随时调整各液罐闸门的大小（在压前应检查并保证各闸门开关的灵活性），以使各液罐能一直同时向混砂车供液（气），防止因个别罐吸空而造成砂比异常增高的情况发生；在高砂比阶段，应根据压力情况和冻胶特性，调整破胶剂用量和交联比大小；为保证加砂的连续性，最好有两个砂罐车并排放置，以便当一罐砂加完后，可由另一罐砂及时补充。

6. 替置液阶段

如果压力未上升到井口限压之上，应严格按设计排量和替置液体积施工，如有可能，尽量多用活性水顶替，便于压后快速返排；如压力上升较快，并已接近进口限压，可适当降低排量，以减少井眼摩阻，并保证施工安全；如有较深口袋，也可实施欠顶替技术，此时的顶替液体积可按油层顶部以上的井眼容积加上地面管线及混砂车水箱的体积计算。

（三）施工后的要求

1. 压降测试

如用压力监测仪，应一直测试到有明显拐点为止，监测时间一般为压裂施工时间的2.5 倍；如用井口压力表人工读数，应至少5min 读1 点，且压力变化快时应多读几个点；即使达到闭合压力后，也需再多测一段时间。

2. 压后井温测试

应采用线测法，而不宜用点测法；到油层部位，仪器下入速度应稍慢些；测试井段应同压前，且往油层上下各多测一定的距离（可由综合测井曲线初步确定）。

3. 放喷时间及油嘴控制

以裂缝闭合时间为依据，达到后就可立即放喷；如油层渗透性很差，闭合时间很长，或者缝高更易于向下延伸时，宜采取裂缝强制闭合技术，即压后立即放喷（根据压力变化由油嘴控制）；应准备一系列规格的油嘴，如 3mm、5mm、7mm，如压力降得很慢，宜用相对较大的油嘴，反之，则用较小的油嘴。

4. 压裂液返排率

放喷时，应用已知体积的放喷液罐进行计量，最好有 2 个放喷液罐，以不影响放喷的连续进行；放喷到一定时间后，应每隔几分钟对返排样进行一次化验，以确定最终的压裂液返排量。

5. 返排液黏度

随放喷的进行，应根据目测的黏度来确定检测的时间间隔，变化大时，间隔小，反之应大些。

6. 油样分析化验

当放喷出油后，应根据目测油样的变化，随时检测油样的成分，目的在于分析。如油样含水，是压裂液还是地层水，可借此判断裂缝的垂向延伸状况，进而可对压裂的规模和/或排量等施工参数进行评价。

7. 探砂面及捞砂

在投产前，应探砂面。目的是判断压裂时的沉砂情况，进而可对一些设计参数如排量、基液黏度、交联比和支撑剂等进行必要的调整。捞砂的目的在于恢复原先被砂子掩埋的层段的生产能力，从而最大限度地发挥裂缝的应有增产潜力。

8. 试生产

对气井，试生产期不小于 3 个月；生产制度须稳定；记录好合格的采油（气）曲线；试生产结束后，可再测 1 次压力恢复试井数据。

9. 油井管理

油井的合理工作制度。若条件允许，可对压裂层位单独求产，也可借此合理评价压裂的增产效果；当压裂层含水率与主力高含水层接近时，可合层求产；只要井底流压不低于饱和压力，且不破坏油层结构，也不产生速敏和压力敏时，在含水初期，可通过增大生产压差的方法，达到提液增油的目的；但在含水后期，该方法效果不大；合理生产压差尚需结合油藏模拟来确定，如方位不利，生产压差过大可能会缩短无水采油期。

对应注水井。对注水水质应进行严格控制，防止把地层伤害带到油层深处；找出主要的水线方向，如对油井的方位有利，应对水井采取相应的措施，如果达不到配注要求，对其进行小规模压裂或酸化等措施，以保证油井的长期稳产。

二、压裂设计资料的录取工作

压裂施工资料包括：

（1）井眼资料，如施工层位、井段、钻头及套管等资料；

（2）施工层位的岩心试验资料，包括渗透率、孔隙度、饱和度、岩石力学资料、岩石化学成分、测井曲线及解释结果；

（3）施工前后的生产或测试资料，即压力恢复曲线及其解释结果；

（4）与设计有关的试验室数据，包括工作液性能评定和试验数据、各种施工方案的设计计算结果等；

（5）现场配液资料，包括压裂液总量、各种添加剂数量、配成液体的质量检测报告及现场取样的测试数据等；

（6）支撑剂检测数据，包括粒径、抗压强度、破碎百分率和导流能力等；

（7）入井管柱资料，包括油管尺寸、钢级、下入数量及单根记录、入井的井下工具型号、尺寸、封隔器胶皮筒位置及油管鞋位置等；

（8）施工泵注资料，包括施工曲线和综合数据表、瞬时停泵压力和压力降落曲线等；

（9）排液资料，包括开井时间、定时测得的排出液量对对应点的黏度和表面张力等；

（10）生产测井资料，施工前后的采油（气）曲线；

（11）注意收集邻井的压裂施工及效果资料。

第十章 复杂难动用油气藏压裂施工曲线分析技术

第一节 破裂压力特性分析

一、破裂压力的计算

破裂压力反映了地层岩石的起裂张开难度，在压裂施工中，通常需要对破裂压力进行预测，便于选择完井方式或者压裂工艺，尤其是深层压裂井，在井口限压的选择上对破裂压力参考意义较大，因此压裂前，通常会根据最大主应力和最小主应力来预测破裂压力值。

$$P_f = 3\sigma_{hmin} - \sigma_{hmax} + T_0 - P \tag{10-1}$$

式中 P_f——破裂压力，MPa；

σ_{hmin}——最小水平主应力，MPa；

σ_{hmax}——最大水平主应力，MPa；

T_0——岩石的抗张强度，一般为 3～8MPa；

P——地层的地层压力。

根据式（10-1）可以对破裂压力进行预测，计算的井底破裂压力与实际地层可能有较大误差，该公式未考虑套管和地层污染等情况，因此很多专家学者都致力于理论分析方面建立破裂压力预测模型，了解地层破裂压力。根据抗拉强度准则，Hossain 等推导了垂直井和水平井裸眼完井和套管完井下地层破裂所需要的地面压力并给出了裂缝起裂方向与孔眼轴线间的夹角；Hainey 等推导了地层破裂所需要压力的数学表达式；Morales 等利用水力压裂模拟软件、给出了加大射孔密度、孔眼直径及沿着最大主应力方向 180°射孔可以降低压耗的结论；胡永全等将岩石作为线弹性体，利用有限元分析软件得到了射孔孔眼周围的应力分布，根据岩石破裂准则可以得到水力起裂压力及裂缝起裂方位；刘翔运用解析方法分析了射孔后孔眼围岩地应力分布，并结合抗拉强度准则给出破裂压力随射孔参数的变化规律；彪仿俊等利用有限分析软件研究了螺旋射孔条件下，射孔参数（射孔方位角、相位角、射孔密度）对地层破裂压力的影响，并给出了地层破裂压力的变化规律；王素玲等利用有限元分析方法研究了低渗透储层射孔参数对地层破裂压力的影响，并根据计算结果给出了最优射孔参数。金衍等[1]对套管完井，分析了引起地层岩石破裂的力主要分为两部分：一是直接作用在射孔内岩石壁面的流体压力，二是井筒内液柱的压力作用在套管上，并经由水泥环传至地层岩石上的力，采用有限元构建了破裂压力预测模型，并进行了破裂压力预测，提高了预测精度，如图 10-1 所示。

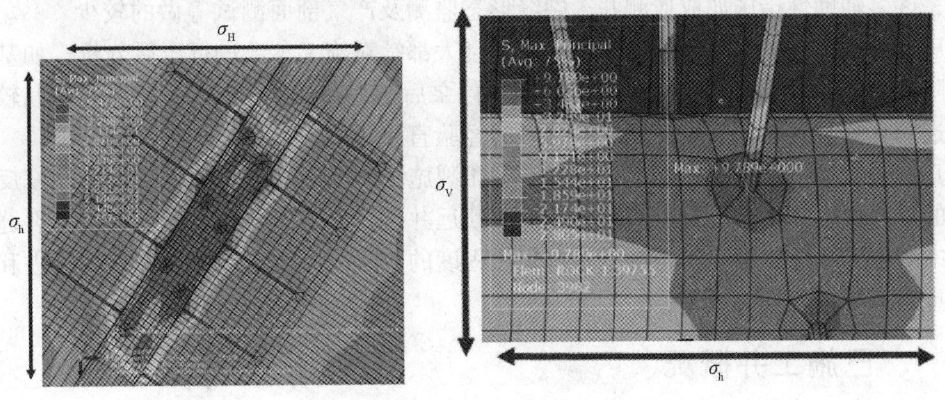

图 10-1 破裂压力预测模型

二、破裂压力的施工反应

页岩裂缝的起裂与扩展是压裂的核心问题，与钻井中岩石的可钻性相类似，页岩压裂也存在岩石的可压性问题。目前，国外研究页岩的可压性主要集中在页岩脆性指数的研究上[1-3]：Evans 在 1990 年就给出了页岩脆性的定义，Ingram 在 1999 年用过度胶结和正常胶结岩石的单轴抗压强度比值来表征脆性指数，Jarvie 在 2007 年用脆性矿物占总矿物组分的比例来表征脆性指数。此后，不同的学者开始从岩石力学的角度来表征脆性指数[4-7]。但上述研究都仅从室内岩心分析或测井的方法出发，反应的仅是近井筒的情况，且岩心的获取不一定具有代表性；测井信息反应的又是动态值，难以反应压裂的准静态过程。蒋廷学等[8]提出了基于压裂施工压力曲线求取页岩脆性指数的新方法，并建立了综合性的可压性指数评价新模型。同时，考虑到页岩水平井分段压裂的特殊性，即每段裂缝起裂处的岩石可压性指数也不尽相同，建立了利用每段压裂施工数据（压裂液总量及支撑剂总量）表征页岩可压性指数的评价模型。计算实例显示，利用压裂施工资料求取的页岩可压性指数更能反映裂缝延伸范围内的总体情况，也更具现实指导性。特别是开发中后期，岩心及水平段的测井资料都很少，唯一可供借鉴的就是大量的压裂施工资料。

李庆辉等[9]总结了 20 种国外脆性指数计算方法[10-14]，这些方法分别从岩石的强度、硬度及应力应变特征等方面进行了表征方法的应用，虽有一定的指导性，但毕竟局限性也非常明显，因为不同的方法都仅从某个角度进行分析，且同样的地层条件计算的结果也差别很大。以彭水地区为例，按现有方法计算的页岩脆性指数范围为 40.1% ~87.7%，无论取哪个值都缺乏说服力。为了充分考虑上述各因素的综合影响，研究了利用压裂施工的破裂压力资料来求取脆性指数的新方法。

第二节 裂缝延伸过程中压力特性分析

目前国内页岩气单井钻完井及压裂开发成本高达 7000 万 ~9000 万元，为了提高经济效益，许多辅助性措施如成像测井、裂缝形态监测及产气剖面测试等做的较少[5-7]。页岩气井压裂施工中裂缝实时评估的手段有限，且大都针对施工参数进行压后分析，如基于停泵压降曲线的 G 函数分析方法需要长时间的停泵后压力测试数据，若现场测压时间较短则无法进行解释，此时评估可信度与评估者的经验直接相关[8-10]。

真三轴大型物理模拟试验结果显示，主压裂施工阶段曲线压力波动频率和幅度反映了裂缝的复杂程度，结合地层脆塑性可综合诊断远井裂缝形态。因此，提出了基于裂缝压裂施工中的压力特性实时诊断裂缝形态及复杂程度的方法，对于现场压裂方案的改进和调整具有重要意义。

一、已施工井概况

示例井位于渝东南某页岩气区块，完钻斜深 4190m，水平段长 1260m，目的层为龙马溪组。该井总共压裂 22 段，2 ~ 3 簇/段，最高施工排量保持在 13 ~ 14.5m^3/min，平均施工压力 60 ~ 70MPa，施工总液量 46542m^3，总砂量 2108m^3。

按照地层瞬时停泵压力梯度（ISIP）及地层是否渗漏（前 6 段钻遇漏失层），将施工压力曲线分为 4 种类型：

（1）类型 1：第 1 ~ 2 段，渗漏地层，ISIP = 0.021 ~ 0.023MPa/m；

（2）类型 2：第 3 ~ 7 段，渗漏地层，ISIP = 0.016 ~ 0.017MPa/m；

（3）类型 3：第 8 ~ 13 段，非渗漏地层，ISIP = 0.018 ~ 0.022MPa/m；

（4）类型 4：第 14 ~ 22 段，非渗漏地层，ISIP = 0.023 ~ 0.026MPa/m。

如图 10-2 所示，示例井在趾端前 100m 附近地应力较高，之后到跟端地应力逐渐增加。

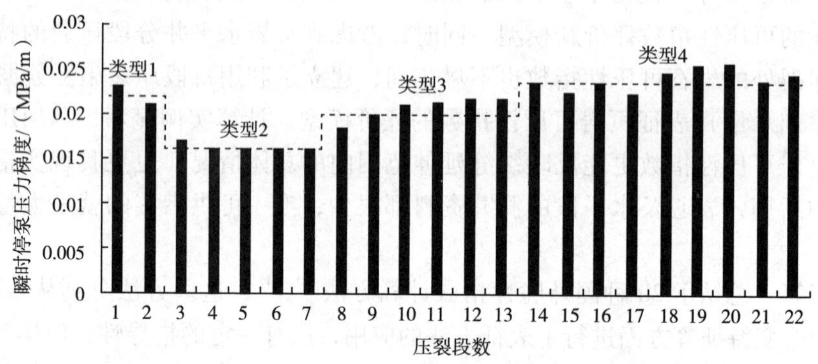

图 10-2　示例井压裂施工曲线分类

二、大型物理模拟试验

针对该区块进行了大量真三轴压缩条件下的 300mm × 300mm × 300mm 页岩露头水力压裂物理模拟试验，压后监测显示复杂缝和单一缝均有形成。以复杂缝典型岩样为例（图 10-3），预制模拟井眼的露头试样完整性良好，仅有少量沿天然层理面方向的未贯穿天然裂缝。三向应力分别设定为 σ_v = 20.4MPa，σ_H = 18.4MPa，σ_h = 14.7MPa，泵压排量为 0.5mL/s，在压裂液中加入红色示踪剂以记录裂缝延伸状态。压裂后试样剖切显示，压裂后形成垂直层理面的裂缝，与开裂的天然层理面相互交汇形成缝网，图 10-4 的声发射实时监测结果亦验证了该区块页岩具备形成复杂裂缝的基础。

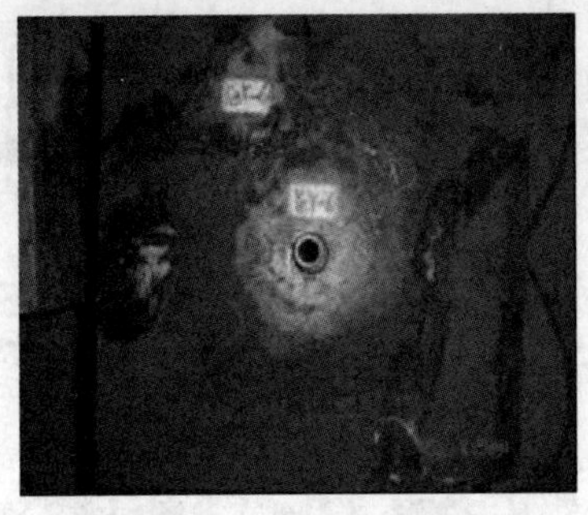

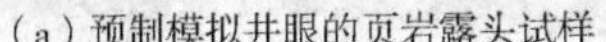

（a）预制模拟井眼的页岩露头试样

（b）压裂后试样剖切图

图 10-3　页岩露头物理模拟试验

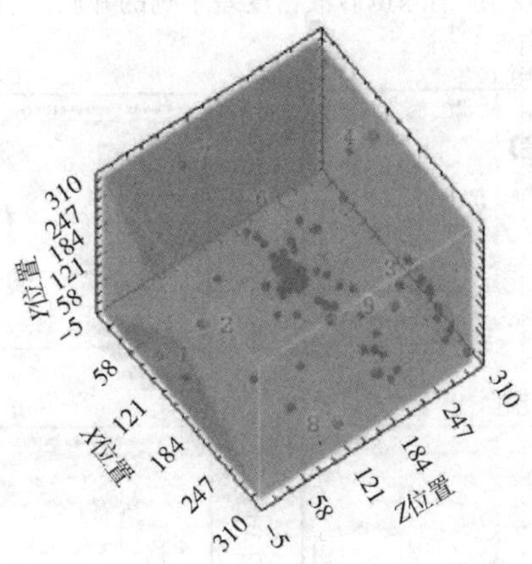

图 10-4　页岩露头声发射实时监测结果

三、净压力曲线拟合

压裂施工压力反映了裂缝在储层中的延伸状态，井口压力由于受液体摩阻、孔眼摩阻等多种因素影响并不能真实表征裂缝内的压力，因此将其换算成井底压力（或净压力）尤为重要。统计了示例井滑溜水压裂施工阶段消除携砂液密度差影响的井底压力波动频率和平均压力波幅，井底压力计算公式见式（10-2）[12]。

$$p_b = p_w + p_H - p_f \quad E = Q\int_{T_o}^{T_c} (P(t) + P_h - P_f)\,dt \tag{10-2}$$

式中　p_b——井底压力，MPa；

p_w——井口压力，MPa；

p_H——静液柱压力，MPa；

p_f——井筒沿程摩阻压力，MPa。

针对 4 种压力曲线类型，以典型井段第 2 段、第 5 段、第 8 段和第 18 段为例，进行压裂施工曲线的井口压力换算，分别计算了消除携砂液密度差影响的井底压力曲线，见图 10-5。在此基础上，可进一步计算出裂缝内净压力数据，见图 10-6。

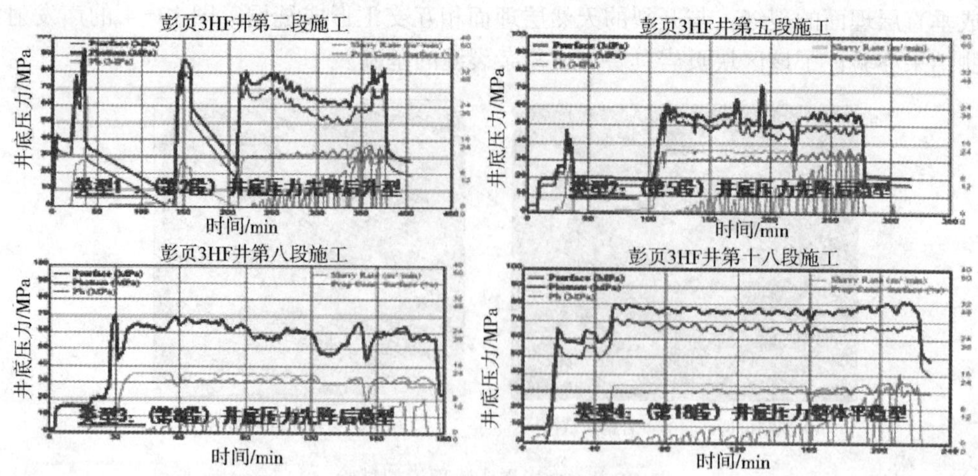

图 10-5　消除携砂液密度差影响的井底压力曲线

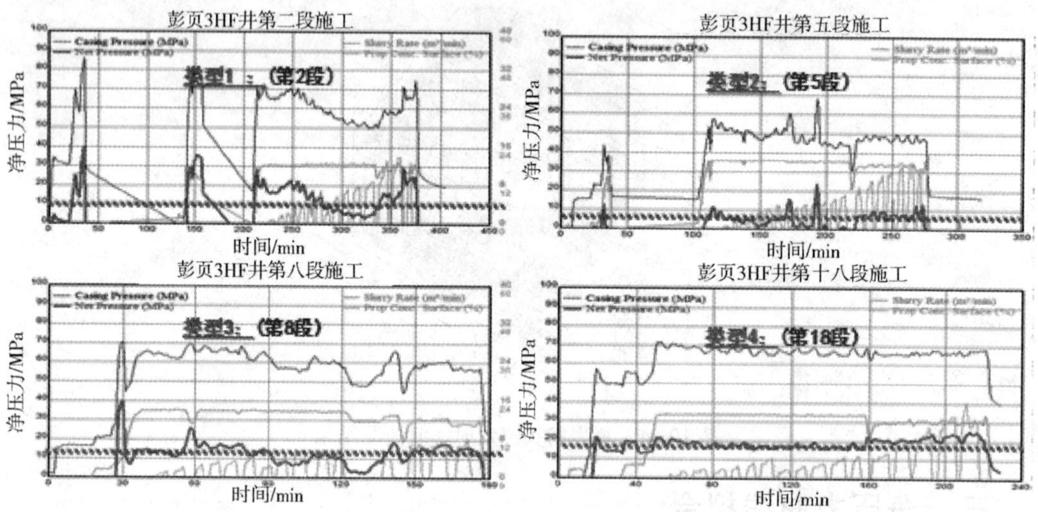

图 10-6　4 中施工类型曲线净压力分析图

页岩弱面缝临界张开压力计算公式见式（10-3），计算典型代表段的弱面缝开启压力见表 10-1。

$$临界开启压力 = 2\sigma_h - P_p - P_f + S_f \quad E = Q\int_{T_o}^{T_c}(P(t) + P_h - P_f)\,dt \qquad (10-3)$$

表 10-1　示例井代表段的弱面缝开启压力和净压力

类型	代表段	弱面缝开启压力/MPa	缝内最大净压力/MPa
1	2	10.25	15～20
2	5	7.7	10
3	8	12.02	15～20
4	18	18.16	20

结合 4 中施工类型曲线的净压力及弱面缝开启压力数据，可综合判断裂缝复杂性如

下：类型 1 和类型 2 最易形成复杂裂缝，缝内净压力也较高；类型 3 塑性强，缝内也易憋起净压力；类型 4 缝内净压力在弱面缝临界开启压力附近，具备形成复杂缝的条件。

四、压力曲线形态诊断裂缝复杂性

示例井仅有 4 段曲线进行了停泵后压力降测试，因此无法通过 G 函数分析诊断各段裂缝形态。大型物理模拟试验表明，施工过程中压力曲线波动频率越大、压力降幅越高，则声发射监测到的信号分布范围越广，裂缝形态越复杂。

在井底压力计算的基础上进行压力波频率和幅度统计，以 4 种压力类型施工曲线为例，分别选取第 2 段、第 5 段、第 8 段、第 18 段进行压力波动频率和幅度统计，结果见表 10-2。示例井 22 段施工曲线的压力波动频率和幅度统计结果见图 10-7。综合而言，第 5 段、第 6 段、第 18 段、第 20 段远井裂缝发育程度较好、分布范围均较大，压裂后易形成复杂裂缝。

表 10-2 示例井代表段压力波动频率和幅度

类型	代表段	压力波动频率	压力波动幅度	裂缝发育程度
1	2	10	5 个波幅 6～8MPa，其余 3～5MPa	远井裂缝相对较发育，天然裂缝分布范围大
2	5	18	9 个在 4MPa 以上（有两个达 9MPa 和 22MPa），其余为 1.5MPa 左右的小波幅	远井裂缝相对较发育，天然裂缝分布范围大
3	8	7	仅有 5 个 4MPa 以上波幅，其余波幅在 2MPa 以下	裂缝相对不发育，天然裂缝分布有限
4	18	12	6 个波幅在 4～5MPa，其余波幅 3MPa 左右	地层均质，裂缝发育，分布范围有限

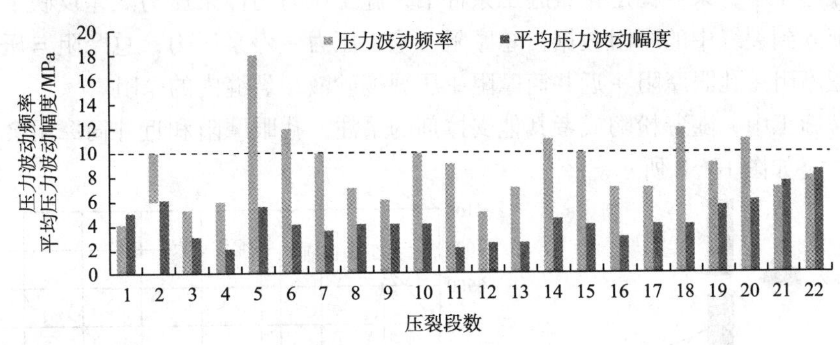

图 10-7 示例井 22 段施工曲线的压力波动频率和幅度统计图

结合页岩脆塑性、典型页岩压裂试验，以及压力曲线形态分析结果，进行示例井裂缝形态综合诊断，见表 10-3，示例井单一裂缝比例高达 50%。总体而言，对于施工分段的 4 种类型，类型 1 和类型 2 裂缝发育程度较好、分布范围均较大，压裂后易形成天然层理缝与水力裂缝相交的复杂裂缝。类型 3 塑性强、天然裂缝不发育，易形成单一缝。类型 4 整体压力波动情况稍差于类型 1 和类型 2，有形成复杂缝的可能。

表 10-3　示例井裂缝形态诊断结果

裂缝形态	单一裂缝	复杂裂缝	网络裂缝
压裂段	7~11、13~16、21、22 段	1、3、4、12、17~20 段	2、5、6 段
比例/%	50	36.4	13.6

五、提高裂缝复杂性的工艺措施优化

页岩气井压后产量高低取决于两个要素[13-15]：①压裂段簇是否处于优质甜点区。②压裂施工是否形成复杂裂缝。针对页岩地层非均质性强、压裂改造复杂缝形成比例低的问题，为了改善区块开发效果，应进一步采取如下工艺措施：①精细分段：根据新井的伽马测井数据初步判断沿水平井筒方向的地层脆塑性，进而优选含气性高及天然裂缝发育的脆性地层为地质甜点区，针对性设置段簇分布。②提高裂缝复杂程度：适当提高施工排量及滑溜水黏度，配合加砂浓度、时机、段塞量及压裂液交替注入等工艺措施，增加施工过程中的净压力；还可借鉴美国的转向压裂技术，进行缝内及缝口暂堵以增加页岩改造体积。

第三节　停泵压力特性分析

一、停泵压力的意义

压裂施工过程中停泵压力是一个重要的参数，既可以用该参数粗略计算压裂施工中的摩阻特性，也可以反映地层的特征和裂缝延展的特征。

（一）摩阻计算

在压裂施工中，某一稳定排量施工条件下，施工压力与停泵压力之差反映了压裂携砂液从地面流入到裂缝中的摩阻数据：总摩阻＝施工压力－停泵压力；总摩阻＝压裂携砂液的管路沿程摩阻＋孔眼摩阻＋近井筒摩阻＋压裂携砂液在裂缝内的摩阻。

在压裂施工中，随着粉陶或者其他支撑剂的泵注，孔眼摩阻和近井筒摩阻会随着打磨逐渐降低[1]，如图 10-8 所示。

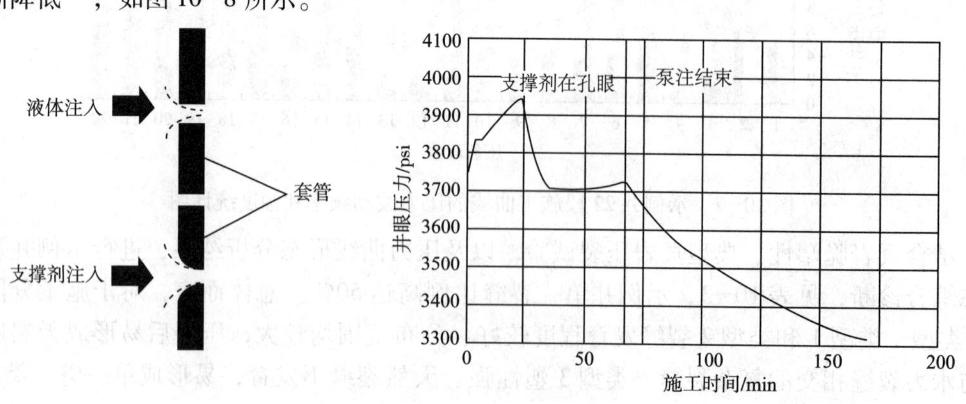

图 10-8　孔眼摩阻的压力动态

测试压裂中，降排量测试可以区分和量化近井筒的裂缝扭曲，也可以量化射孔有效性和对吸液孔眼数给出粗略估算。使用降排量测试，近井筒裂缝的扭曲和射孔会造成就地评估中出现潜在的问题。

孔眼摩阻与泵注排量 Q 的平方乘以比例常数成正比。

$$\Delta P_{\mathrm{pf}} = k_{\mathrm{pf}} Q^2 \tag{10-4}$$

近井筒摩阻与泵注排量 A 小于 1 的指数成正比，由于在近井筒压裂敏感的区域层流通过窄的通道。

$$\Delta P_{\mathrm{nearwell}} = k_{\mathrm{nearwell}} Q^{\beta} \tag{10-5}$$

式中，β 为比例常数，其值介于 0.25 ~ 1 之间，在大多数工程应用中取值 0.5 是合适的。

通过测试压裂均可计算管路摩阻、孔眼摩阻和近井筒摩阻，通过主压裂，可以用施工压力与停泵压力之差求取携砂液的各种摩阻与测试压裂比较。

（二）地层特征反映

针对不同的区域或者不同的层位压裂施工，停泵压力反映了地层有较大的差异，同是龙马溪页岩，同样深度条件，在涪陵礁石页岩气压裂施工后的停泵压力要远低于丁山龙马溪组页岩，龙马溪组页岩与五峰组页岩压裂后的停泵压力也有较大的不同。通过测试压裂解释闭合压力，停泵压力与闭合压力之差即为裂缝延展净压力，净压力的高低可以反映出裂缝的延伸受阻情况。

停泵压力在水平井压裂中还有一个功能，可以判断层段之间的应力干扰情况，如果在连续几段压裂施工中，层位一致，停泵压力一直在升高，排除地层深度等因素外，反映出层段之间出现了应力干扰现象，伴随着压裂施工难度的加大，压裂设计的段长、簇间距、段间距和压裂规模等参数可能需要调整，以降低施工难度。

二、停泵压力的解释

（一）摩阻计算案例

丁山地区一口井，测试压裂曲线如图 10－9 所示，15m^3/min 排量，最高施工压力 72.2MPa，本井停泵压力 49.5MPa，因此总摩阻 22.7MPa。由 3 部分摩阻构成，滑溜水沿程摩阻、孔眼摩阻和近井筒摩阻。通过软件分析，三部分摩阻分别为 17.8MPa、1.8MPa 和 3.1MPa。

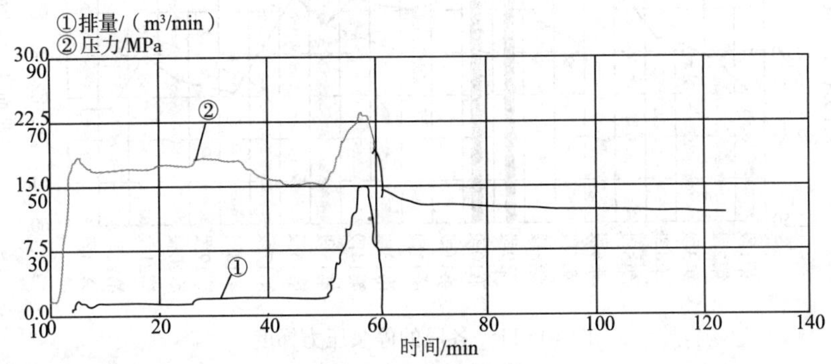

图 10－9　测试压裂施工曲线

该井在测试压裂后，在原有射孔位置开展主压裂施工，施工曲线如图 10-10 所示。前期滑溜水阶段，$15m^3$/min 排量，施工压力与测试压裂时几乎一致，均为 72～73MPa，最后两个砂比阶段采用的是胶液携砂方式，胶液进入地层前，施工压力仅涨 2MPa，反映了胶液相比滑溜水沿程摩阻要高，当胶液进入地层后，施工压力涨幅较为明显，胶液在裂缝内携砂时的摩阻较高，最后停泵压力为 57MPa，相比测试压裂高出 8MPa，反映了压裂规模增大较多，胶液扩缝后，相比测试压裂，缝高有了较大的提高。

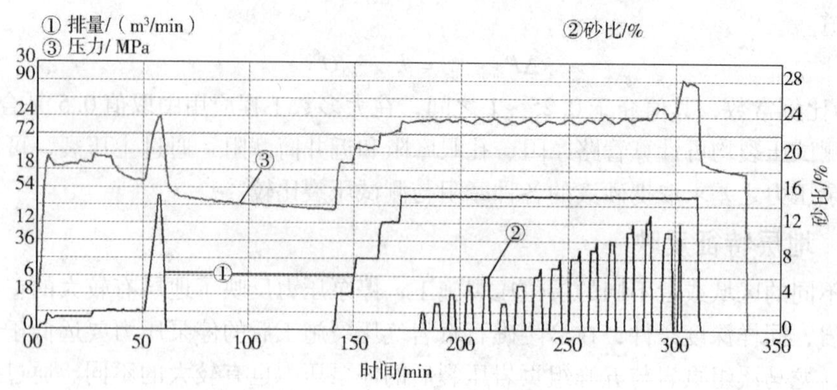

图 10-10　主压裂施工曲线

（二）应力干扰解释

重庆地区某口页岩气井开展 23 段压裂施工，停泵压力 62.8～67.5MPa，停泵压力梯度 2.58～2.68MPa/100m，前 10 段停泵压力逐渐增加，第 12～17 段和第 18～21 段也存在相应的规律，显示出现了压裂液进入地层引起的应力干扰现象，说明单段压裂在沿着水平井筒方向存在着一定的横向扩展。如图 10-11 所示，从图中能看出前 11 段互相干扰严重，后 11 段也存在一定程度干扰。

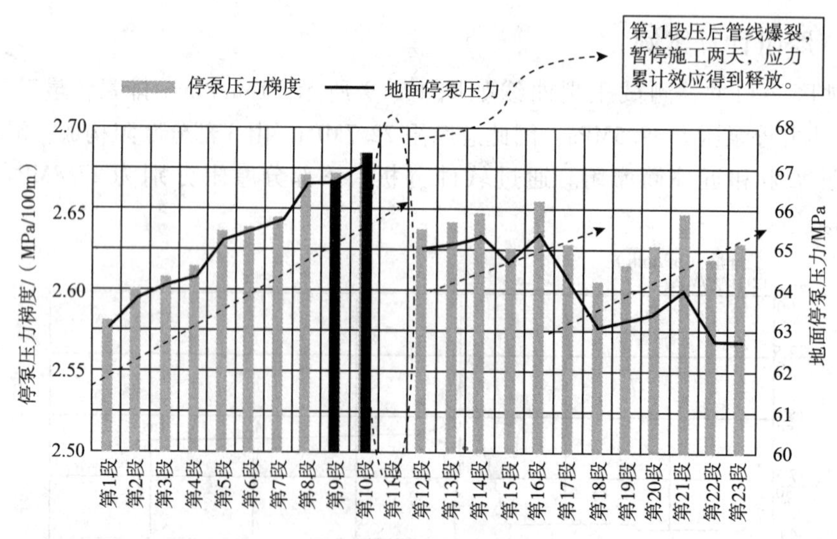

图 10-11　各段的停泵压力梯度

23 段压裂施工曲线如图 10-12 所示。

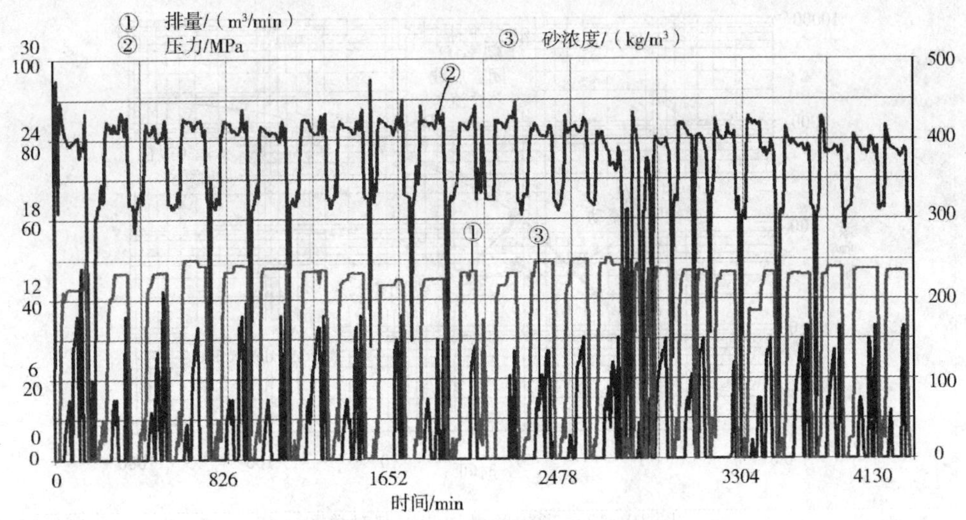

图 10-12　各段的施工曲线

23 段均处在一套层位，出现了停泵压力逐段提高的情况，究其原因，可能是段长设置偏小（3 簇 71m），裂缝横向扩展较大，出现了应力干扰，因此，根据本井的停泵压力特征，可调整下口井压裂段间距和簇间距的设置。

第四节　*G* 函数分析

为了解地层参数，为主压裂设计方案选择及调整提供依据，需要进行测试压裂设计。射孔测试后，进行低排量小体积泵注，长时间关井测压降，利用数据反演地层及裂缝参数，获取参数主要包括渗透率、破裂压力、闭合压力、滤失系数等。这种方式即为常用的微注测试，可在压裂前 20～30d 进行，读取解释井口（井下）存储式电子压力计数据，并调整后续压裂方案。

一、*G* 函数分析理论基础

图 10-13 显示了一个理想的微注测试过程，呈现在双对数诊断图中。压降导数呈现了一定趋势，主要包括：

（1）弹性闭合流动过程（压差导数曲线斜率为 3/2）；

（2）主裂缝闭合时期（偏离压差导数曲线斜率为 3/2 处的点）；

（3）闭合后地层线性流（压差导数曲线斜率为 1/2）；

（4）后期拟径向流动（曲线斜率为 0）。

1. 闭合前理论

分析和模拟闭合前压降阶段，是以 Cater 滤失模型、Nolte 针对裂缝增长的理论及地层地应力之下闭合裂缝壁面符合弹性理论为基础的，在此假定关井后裂缝立即停止扩展。压降主要由缝宽控制：

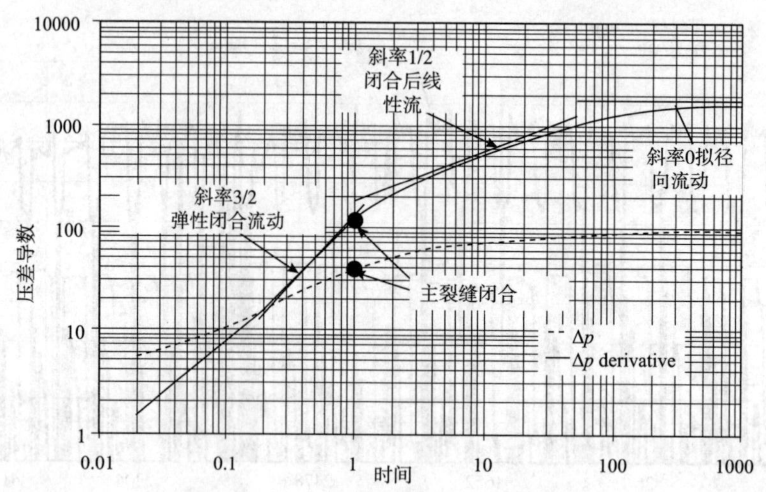

图 10-13 理想的微注测试双对数图

$$p_{w} = p_{c} + S_{f}\,\overline{w} \tag{10-6}$$

其中，p_c 为闭合应力，S_f 为裂缝刚度，依据线弹性理论，裂缝净压力和裂缝宽度为线性关系。对于 S_f 有不同的分析表达式，但都基于一个假设，即裂缝中没有横向流动，裂缝中的压力在任意给定的关井时间处均是常数。表 10-4 给出了几种模型下的 S_f 值，包括 PKN 模型、KGD 模型和径向模型。表 10-5 给出了注入压降测试模型。

表 10-4 几种模型下的裂缝刚度 S_f 和 α 值

模 型	PKN	KGD	Radial
α	4/5	2/3	8/9
S_f	$\dfrac{2E'}{\pi h_f}$	$\dfrac{E'}{\pi x_f}$	$\dfrac{3\pi E'}{16R_f}$

表 10-5 注入压降测试模型

模 型	PKN $\alpha=4/5$	KGD $\alpha=2/3$	Radial $\alpha=8/9$
Leakoff coefficient，C_L	$\dfrac{\pi h_f}{4\sqrt{t_e}E'}(-m_N)$	$\dfrac{\pi x_f}{2\sqrt{t_e}E'}(-m_N)$	$\dfrac{8R_f}{3\pi\sqrt{t_e}E'}(-m_N)$
Fracture Extent	$x_f=\dfrac{2E'V_i}{\pi h_f^2(b_N-p_C)}$	$x_f=\sqrt{\dfrac{E'V_i}{\pi h_f(b_N-p_C)}}$	$R_f=\sqrt[3]{\dfrac{3E'V_i}{8(b_N-p_C)}}$
Fracture Width	$\overline{w}_e=\dfrac{V_i}{x_f h_f}-2.830C_L\sqrt{t_e}$	$\overline{w}_e=\dfrac{V_i}{x_f h_f}-2.956C_L\sqrt{t_e}$	$\overline{w}_e=\dfrac{V_i}{R_f^2\frac{\pi}{2}}-2.754C_L\sqrt{t_e}$
Fluid Efficiency	$\eta_e=\dfrac{\overline{w}_e x_f h_f}{V_i}$	$\eta_e=\dfrac{\overline{w}_e x_f h_f}{V_i}$	$\eta_e=\dfrac{\overline{w}_e R_f^2\frac{\pi}{2}}{V_i}$

给出注入时间 t_e，可以由式（10-7）得到无因次关井时间：

$$\Delta t_D = \frac{\Delta t}{t_e} \tag{10-7}$$

任意关井时间 Δt 时裂缝宽度表达式，式中考虑了地层和裂缝扩展时注入流体的滤失，结果如下：

$$\overline{w_{t_e+\Delta t}} = \frac{V_i}{A_e} - 2S_p - 2C_L\sqrt{t_e}g(\Delta t_D,\alpha) \tag{10-8}$$

结合方程（10-7）和方程（10-8），可以得到闭合前压力压降模型表达式：

$$p_w = \left(p_c + \frac{S_f V_i}{A_e} - 2S_f S_p\right) - (2S_f C_L\sqrt{t_e})g(\Delta t_D,\alpha) \tag{10-9}$$

其中，V_i 表示单翼裂缝的注入流体体积，A_e 表示单翼裂缝壁面的表面积，S_p 表示初滤失量，C_L 表示滤失系数。

方程（10-9）表明直到裂缝闭合结束前，井底压力会随着 G 函数线性降低，闭合后压降会偏离原先的线性趋势。该模型的线性特性按照下列方程显示更直观。

$$p_w = b_N + m_N g(\Delta t_D,\alpha) \tag{10-10}$$

其中，

$$b_N = P_c + S_f V_i / A_e \tag{10-11}$$

$$m_N = -2S_f C_L\sqrt{t_e} \tag{10-12}$$

假设初滤失忽略不计，由这些方程可以计算滤失系数、裂缝尺寸、裂缝平均宽度和压裂液效率等，其中 b_N 和 m_N 是必要的输入参数。

实际上，如果考虑 G 函数上限为压裂液效率 100% 的情形，即：

$$g(\Delta t_D,\alpha = 1) = \frac{4}{3}\left[(1+\Delta t_D)^{\frac{3}{2}} - \Delta t_D^{\frac{3}{2}}\right] \tag{10-13}$$

指数 3/2 表示计算的压力导数会随着叠加时间的对数呈现 3/2 的斜率。当压差不再由这种行为控制时，可以认为裂缝闭合。根据该方法可从诊断图中挑出斜率偏离 3/2 线时的闭合时间和闭合应力点。

式（10-14）重新排列，得到：

$$g(\Delta t_D,\ \alpha=1) = \frac{4}{3}\Delta t_D^{\frac{3}{2}}[\tau^{\frac{3}{2}} - 1] \tag{10-14}$$

其中 t_p 使用注入时间 t_e 替代，将方程（10-14）代入方程（10-10），取导数可得：

$$\Delta p' = \frac{dp}{d\ln\tau} = \frac{dp}{d\tau}\cdot\tau \tag{10-15}$$

$$\Delta p' = 2m_N \Delta t_D^{\frac{5}{2}}\tau(1-\tau^{1/2}) \tag{10-16}$$

重新排列式（10-16），可得两个必要参数的值

$$m_N = \frac{\Delta p'}{2\Delta t_D^{\frac{5}{2}}(1-\tau^{\frac{1}{2}})} \tag{10-17}$$

$$b_N = p_w - m_N\frac{4}{3}\Delta t_D^{\frac{3}{2}}(\tau^{\frac{3}{2}} - 1) \tag{10-18}$$

其中 $p_w = ISIP - \Delta p$ 。

这就可使用 Δt_c，Δp_c 和闭合时间处的 $\Delta p'_c$ 值计算 b_N 和 m_N 值。

2. 闭合后理论

尽管在扩展过程中裂缝半长会增加，但闭合后响应主要由闭合时间处呈现的裂缝几何形状控制。近似将滤失速度考虑成两个注入速度，第一个是裂缝扩展过程中假定滤失速度为平均滤失速度，第二个是闭合中的平均滤失速度。假定平均滤失速度为常数，其值为闭合时间滤失的总体积与注入时间和闭合时间和的比值。基于该假设获得无因次井底压力的值：

$$\Delta \bar{p}_{wD} = [1 - e^{-(t_{eD}+t_{cD})s}]\frac{\overline{q_D}}{s}K_0\left[\frac{1}{2}\sqrt{s}\right] \tag{10-19}$$

K_0 为修正的第二类零阶贝塞尔函数。对于无因次压力、时间、速率需借助 Stehfest 反演进行处理。

其无因次压力的 Laplace 变换式为：

$$\bar{p}_{wD} = \frac{K_0}{s^{3/2}K_1}\frac{r_{wD}\sqrt{s}}{r_{wD}\sqrt{s}} \tag{10-20}$$

K_1 为修正的第二类一阶贝塞尔函数。为了定义无因次压力、时间、速率，认为裂缝为无因次导流能力裂缝，等效井眼半径表示为：$r_w' = xf/2$　（Prats，1961）。

该式仍需借助 Stehfest 反演进行处理。最终，类似于 Horner time function。

3. 数据分析方法

分析现场数据，最好可以直接测量出地层厚度、裂缝高度、平面应变弹性模量、孔隙度、地层流体黏度和压缩性、气层温度和气体密度。为了创建双对数诊断图，有必要确定瞬时停泵压力和计算压差。在双对数图中，可以发现压降测试中呈现 4 种特征：3/2 斜率、3/2 斜率趋势末端显示闭合时间、1/2 斜率趋势可以得到裂缝大小，最后导数不变阶段可以得到地层渗透率。对于这些输入参数，接下来的解释如下。

（1）初始假设裂缝几何形态，有两种合适的选择，如 PKN 模型和径向模型。当注入的体积很小或者当产层与周围地层的应力差很小时，产生的裂缝可能是径向的。当岩性表明存在一个较强的裂缝高度限制时，需要注入足量的液体保证裂缝半长超过其高度，就应用 PKN 模型。

（2）导数 3/2 斜率趋势末端上定义闭合时间点（$\Delta p'_c$，t_c），闭合应力在该时间处给出。根据式（10-11）和式（10-12）可以确定 m_N 和 b_N 的值。确定 m_N 和 b_N 后，接下来的步骤取决于假定的裂缝几何形态。

假定裂缝为 PKN 几何形态，则（3）～（5）如下。

（3）储层渗透率可由最后拟径向流阶段不变的导数值确定，$\Delta p'_c$ 针对油，$\Delta m(p)'$ 针对气，使用方程如下所示：

$$k = \frac{70.6qB_o\mu_o}{m'h} \quad \text{——油}$$

$$k = \frac{711qT}{m'h} \quad \text{——气} \tag{10-21}$$

（4）初始储层压力也可由拟径向流阶段导数估计出，使用式（10－22）即可：

$$p^* \sim pi = -m'\ln\left(\frac{t_e + \Delta t_{slope=0}}{\Delta t_{slope=0}}\right) - \Delta p(\Delta t_{slope=0}) + ISIP \tag{10-22}$$

裂缝半长可选择闭合后$\frac{1}{2}$斜率线上一个点（$\Delta t, \Delta p'$）确定：

$$xf = \left(\frac{4.064qB}{m_{\mathrm{lf}}h}\right)\left(\frac{\mu}{k\Phi c_{\mathrm{t}}}\right)^{0.5} \quad \text{——油}$$

$$xf = \left(\frac{40.592qT}{m_{\mathrm{lf}}h}\right)\left(\frac{1}{k\Phi \overline{\mu_{\mathrm{g}}c_{\mathrm{t}}}}\right)^{0.5} \quad \text{——气} \tag{10-23}$$

其中，$m_{\mathrm{lf}} = 2\frac{\Delta p'}{\sqrt{\Delta t}}$。

（5）裂缝长度可用来估算缝高，随后使用表10-5中方程可估算出滤失系数、注入末期的平均缝宽和计算压裂液效率。

假定裂缝为径向裂缝几何形态，则（3）~（5）如下。

（3）该情形只有裂缝半径得到后才可估算出渗透率。使用表10-5中方程计算出裂缝半径、滤失系数、注入末期的平均缝宽和压裂液效率。

（4）如果裂缝半径$2R_{\mathrm{f}}$<缝高h，渗透率可在$h = 2R_{\mathrm{f}}$的条件下估算出。而当$2R_{\mathrm{f}} > h$，使用真实的储层厚度可估算出渗透率。

（5）初始储层压力可由方程（10-23）得到。

最后，我们产生分段Global模型匹配这些数据。

二、*G*函数现场应用

1. Haynesville页岩气井

Haynesville页岩气地层位于Louisiana西北部，Texas东部，并延伸至Arkansas。Haynesville页岩具备异常高压和较大的厚度，地层埋藏深度在3048~4267m范围内。

对其中一口套管完井垂深为3749m水平井端部位置进行了微注测试。通过TCP枪打开了3个射孔簇，间距为27m；射孔密度为39孔/m，3个射孔簇的长度分别为1.2m、1.2m和0.6m，结果产生了120个射孔。

注入测试共计3.18m³清水，排量为0.477m³/min，共计6.6min。井底压力监测时长为67h。表10-6显示了分析中使用的储层和流体数据，表10-7为Haynesville页岩典型微注测试泵注程序。

表10-6　Haynesville页岩压裂微注测试输入参数

参数	数值
SG_{q}	0.7
μ_{q}/cp	0.038
c_{t}/psi^{-1}	2.98E-05
E'/psi	6.00E+06
ISIP/psi	14668
ϕ/%	7
S_{w}/%	30
h/ft	150
地层温度/℉	320

表 10-7 Haynesville 页岩典型微注测试泵注程序

注入排量/（m^3/min）	注入时间/min	注入体积/m^3	累计注入体积/bbl
0.25	0.25	0.063	10.335
0.56	0.6	0.336	
0.89	0.4	0.356	
1.1	1.43913	1.583	
1.6	5	8	

图 10-14 显示了压力压降数据呈现真实气体 $m(p)$ 函数形式的双对数图。闭合前3/2斜率和闭合应力很容易确定，但闭合后特征不符合 1/2 斜率趋势。然而，闭合后导数很快趋平。这种情形因为缺乏 1/2 斜率趋势，意味着不能指示裂缝半长和半径。结合闭合前和闭合后分析，仅能估算出渗透率和裂缝几何形态。

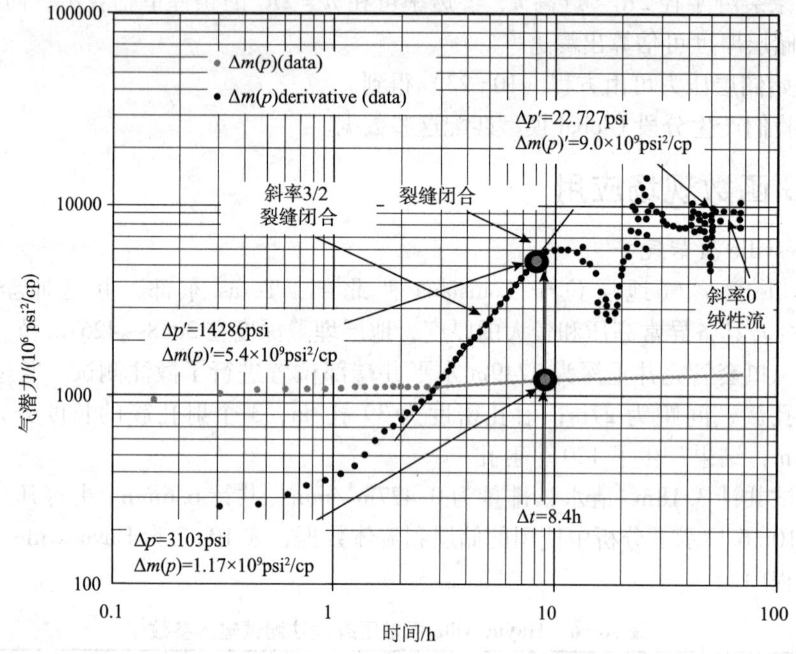

图 10-14 Haynesville 页岩微注测试双对数图

图 10-15 显示了微注测试得到渗透率结果和生产解释结果，通过微注测试计算出渗透率的结果与生产解释结果较为接近。

2. 中国石化黄页 1 井微注测试应用

黄页 1 井于 2011 年 4 月 27 号 18∶46 进行微注测试，排量 0.5m^3/min，破裂泵压 29.5MPa，施工压力 27.6~30.7MPa，停泵压力 26.7MPa，用 2% 氯化钾水 15m^3。压后使用井口存储式压力计记录时间压力数据共 48h。该井微注测试泵注程序如表 10-8 所示，压力监测曲线见图 10-16。

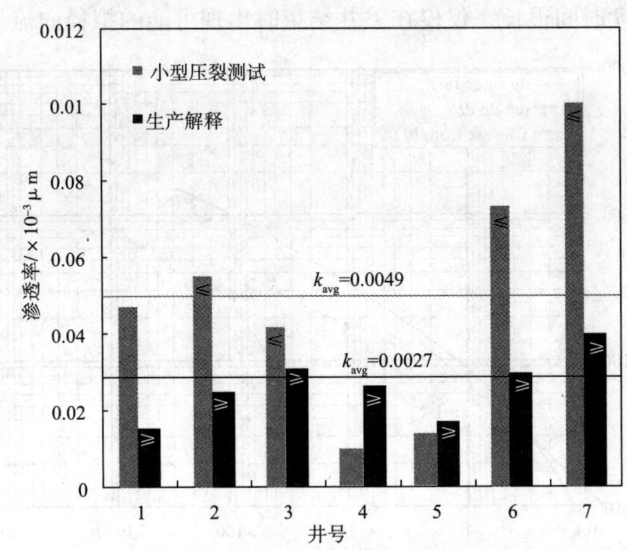

图 10-15　Haynesville 页岩微注测试和生产速度分析渗透率的比较结果

表 10-8　黄页 1 井微注测试泵注程序

步骤	排量/（m^3/min）	液体	泵注体积/m^3	备注
破裂地层	0.5	2% KCl	15	持续泵注直到起裂
关井测压降	0	/	/	2～3d

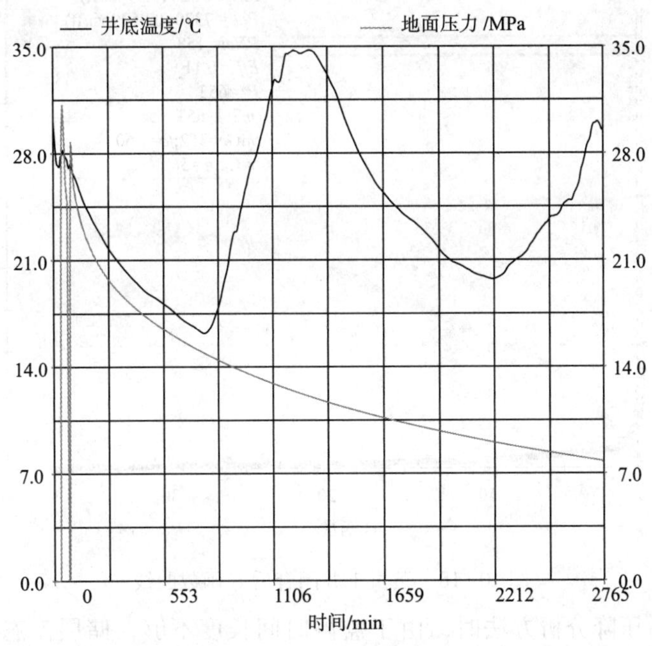

图 10-16　黄页 1 井微注测试压力监测曲线

对小型注入测试部分数据进行处理与分析如图 10-17。

由以上基本分析可见，注入测试结束后的压力反应在短时间内吻合线性流，但是线性流到拟径向流的过度时间很长，仅仅在关井结束时出现可能的拟径向流反应。

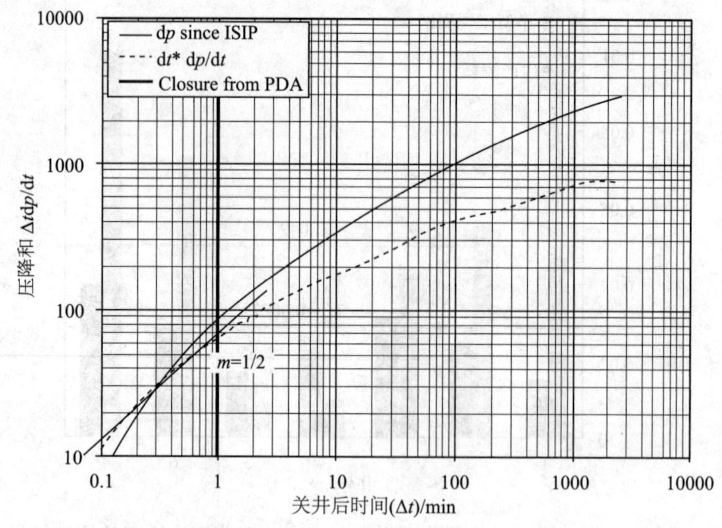

图 10-17　黄页 1 井关井压降导数曲线

（1）闭合后分析。

对压降数据用闭合后分析方法分析如图 10-18 和图 10-19。

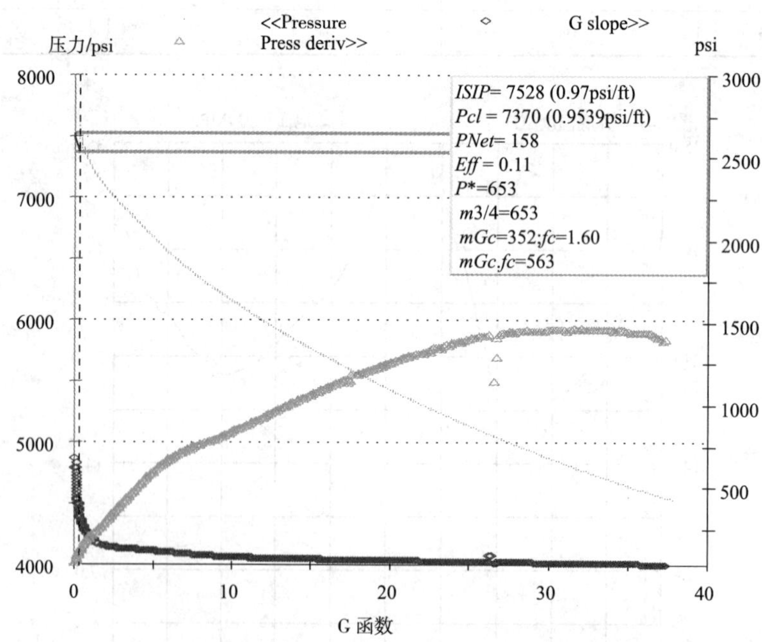

图 10-18　黄页 1 井闭合后 G 函数曲线

在使用闭合后压降分析方法时，由于监测时间长度不够，储层流态并未进入拟径向流，因此结果分析的精度将受到一定影响，该方法所得结果如下：闭合压力为 0.8MPa，储层导流系数 kh/μ 为 0.3566mD · m/cp 左右。

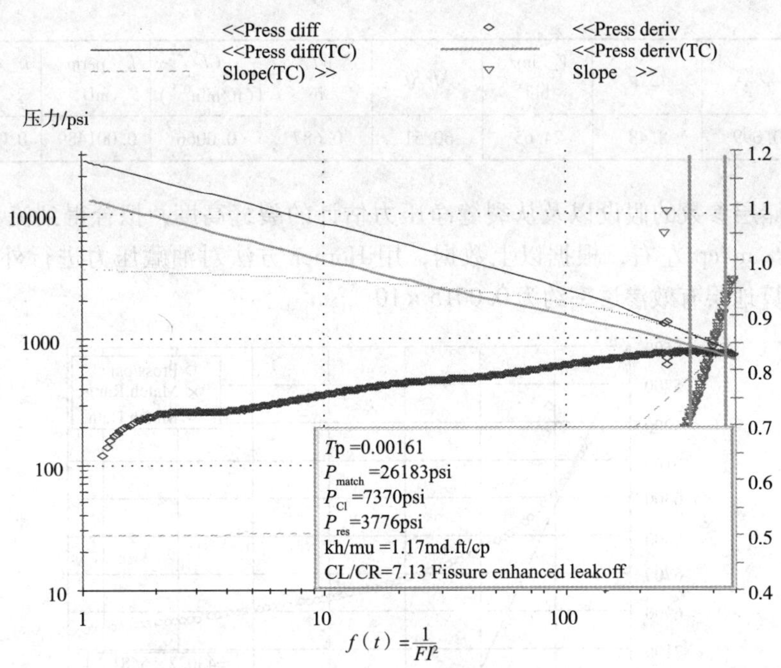

图 10-19　黄页 1 井闭合后 F 函数曲线

(2) 闭合前分析。

对该数据用闭合前压力分析方法进行分析，如图 10-20。相关参数解释结果见表10-9。

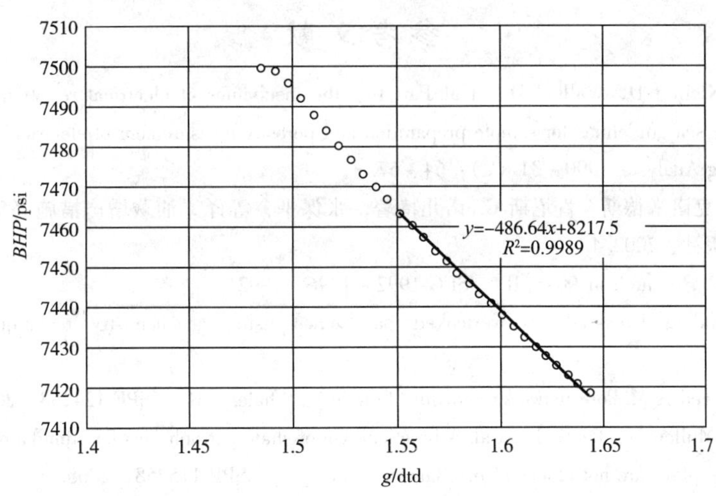

图 10-20　黄页 1 井闭合前 G 函数曲线

表 10-9　黄页 1 井闭合前分析解释参数结果

孔隙度	黏度/cp	ct	压力/psi	h_ pem	h_ f/ft	E/10^6psi	γ	rp
0.01	0.02	1.91E-04	3400	36	36	2.26	0.23	1.00

续表

关闭时间	效率	t_p	V_inj/bbl	Xf/Rf	WL/in	CL/($ft/min^{0.5}$)	k_perm/mD	k_entire/mD	kh/u
12.120	0.099	8.48	24.65	60.51	0.687	0.0066	0.001489	0.001484	2.3

基于对储层参数的假设以及从裂缝净压力估计的裂缝高度，拟合得到流动系数 kh/μ 在0.816mD · m/cp 左右，根据以上数据，用 Horner 方法对油藏压力进行外推（图 10-21）可以计算地层有效渗透率约为 $0.0015\times10^{-3}\mu m^2$。

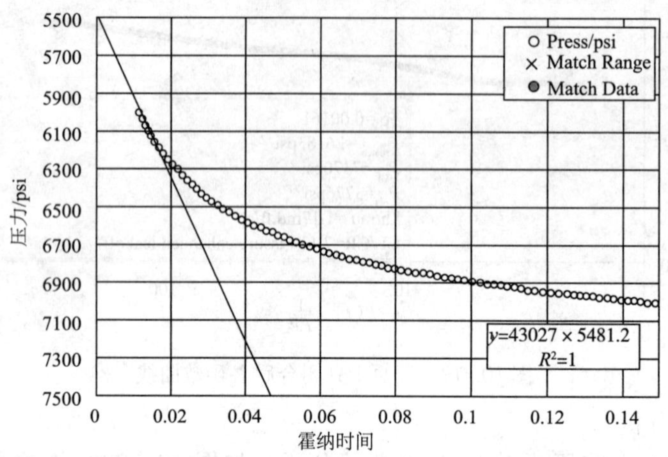

图 10-21 Horner 方法对油藏压力进行外推解释曲线

参 考 文 献

[1] Evans R J, Klein J D, Walls J D, et al. Part Iii: the mechanics of electrical resistivity measurement on rock samples; sca guidelines for sample preparation and porosity measurement of electrical resistivity samples [J]. The Log Analyst, 1990, 31 (2): 64 ~ 67.

[2] 米卡尔 J. 埃克诺米德斯，肯尼斯 G. 诺儿特著，张保平，等译. 油藏增产措施（第三版）. 北京：石油工业出版社，2002. 4.

[3] Ingram John D. Research in 90s [R]. SEG 1992 - 1396, 1992.

[4] Jarvie D. Finding bypassed or overlooked pay zones using geochemistry techniques [R]. IPTC 12918, 2008.

[5] Wang F P, Reed R M. Pore networks and fluid flow in gas shales [R]. SPE 124253, 2009.

[6] Rickman R, Mullen M, Petre E, et al. A practical use of shale petrophysics for stimulation design optimization: all shale plays are not clones of the Barnett Shale [R]. SPE 115258, 2008.

[7] 杨建，付永强，陈鸿飞，等. 页岩储层的岩石力学特征 [J]. 天然气工业，2012，32（7）：12 ~ 14.

[8] 张艺耀，王世彬，郭建春. 页岩地层压裂工艺新进展 [J]. 断块油气田，2013，20（3）：278 ~ 281.

[9] 李庆辉，陈勉，金衍，等. 页岩脆性的室内评价方法及改进 [J]. 岩石力学与工程学报，2012，31（8）：1680 - 1685.

[10] Heteny M. Handbook of experimental stress analysis [M]. New York: John Wiley, 1966: 23 ~ 25.

[11] Lawn B R, Marshall D B. Hardness, toughness and brittleness: an indentation analysis [J]. Journal of American Ceramic Society, 1979, 62 (7): 347 ~ 350.

[12] Jesse V H. Glossary of geology and related sciences [M]. Washington: American Geological Institute, 1960: 99 ~ 102.

[13] Quinn J B, Quinn G D. Indentation brittleness of ceramics: a fresh approach [J]. Journal of Materials Science, 1997, 32 (16): 4331 ~ 4346.

[14] Griggs David, Handin John. Rock deformation: a symposium [M]. New York: Waverly Press, 1960: 66 ~ 67.

[15] Bishop A W. Progressive failure with special reference to the mechanism causing it [M]. Oslo: Proceedings of the Geotechnical Conference, 1967: 142 ~ 150.

第十一章 复杂难动用油气藏压后效果分析方法

第一节 压裂液适应性评价

压裂液适应性评价包括两个方面：一是对储层的适应性，包括压裂液与储层岩石矿物及流体的配伍性、压裂液黏度与储层滤失的匹配性、压裂液黏度与储隔层应力差的适应性等；二是对压裂工艺的适应性，如压裂液与排量的适应性，因不同排量下的孔眼剪切速率及裂缝剪切速率不同，要求压裂液在流动过程中具有黏弹恢复性（从高剪切变为低剪切时，黏度应逐渐恢复），以及压裂液能否满足变黏度压裂工艺的需要等。

一、压裂液与储层岩石及流体的配伍性评价

在压裂设计前要进行室内压裂液配方优化，其中重要的内容是压裂液与储层岩石及流体的配伍性。而现场施工时，由于室内小样与现场大样可能有差别，因此，在压裂现场对配置好的压裂液取样是必须的，取样时必须考虑样品的代表性问题，特别是大型压裂时压裂液罐较多，可每个罐各从罐口及罐底取样，最后将所有罐的两个样混合后，再从中取一定量的混合液。如是现场连续混配，则应在不同的施工时间内连续取样，最终同样采取混合的方式，选取样品进行有关的评价实验。

现场评价可能较为简单，如 pH 值测定、黏度测定、交联时间测定、静态悬砂实验及交联样的挑挂性能测试等。

至于现场压裂液与储层岩石及流体的配伍性、防膨性及返排性等的实验，只有取样回到实验室内再按压裂设计时的流程进行评价。

二、压裂液滤失与造缝效率的适应性评价

一般地，压裂液的滤失越小，造缝效率（压裂停泵时的裂缝体积与注入的总压裂液量比值的百分数）越高。压裂液综合滤失系数可由前置液阶段两次瞬时停泵压力测试获取，两次停泵压力的差值越大，滤失越大。具体评价方法有成熟的公式可以计算；压裂液造缝效率的评价，一般的裂缝模拟软件都可提供有关的计算结果。

显然地，如压裂液综合滤失系数太大，难以满足支撑剂的顺利注入施工，如发生早期砂堵的情况，在排除了工艺参数不合理之后，基本上可以认为是压裂液与储层适应性差导致的。

三、压液黏度与裂缝高度的适应性评价

压裂液黏度高，滤失小，是有利的。但如黏度过高，导致裂缝高度的失控（工艺参数原因除外），也是压裂液设计力求避免的。一般而言，裂缝高度失控在井口施工压力曲线

上是有反应的，一般是压力逐渐降低或突然降低，在排除了其他可能的原因后，基本可判断是裂缝高度发生了逐渐失控或突然失控。裂缝高度失控后，必然导致裂缝宽度的降低及后续的砂堵征兆，甚至发生完全的砂堵。也可通过压后井温测井或微地震监测等手段，对裂缝高度进行事后检测。

四、压液流变性与注入排量及施工砂液比等的适应性评价

压裂液的流变参数主要包括黏弹性及剪切恢复性。在压裂施工过程中，压裂液经历的剪切速率是不同的，既有井筒处中等剪切速率，又有孔眼处的高剪切速率，还有裂缝中的低剪切速率。一般要求压裂液在从高剪切速率到低剪切速率的转变过程中，具有黏度或流变参数等的恢复性，以满足裂缝内对支撑剂的携砂性能要求。

显然地，排量不同，剪切速率也不同，对压裂液的性能要求也不同。尤其是排量高时，压裂液的摩阻也要低些；施工砂液比高低主要与压裂液的黏度及黏弹性参数的稳定性有关。一般要求压裂液的储能模量越大于耗能模量，对施工砂液比的适应性才越好。

第二节　支撑剂适应性评价

支撑剂的适应性评价主要包括抗压强度是否满足储层有效闭合应力的要求、支撑剂粒径是否满足造缝宽度的要求、支撑剂密度是否满足悬浮性要求等。

一、支撑剂抗压强度与储层有效闭合应力的适应性

支撑剂抗压强度与储层有效闭合应力的适应性主要包括破碎率及导流能力等方面。显然，支撑剂破碎率越高，导流能力则越低，与储层有效闭合应力的适应性越差，反之，则越好。在相同条件下，支撑剂的密度越高、圆球度越好，则抗压强度越大。但也不是抗压强度越大越好，而是有一个最佳值。如果支撑剂密度太高导致的高抗压强度远超过储层有效闭合应力的实际需要，也是得不偿失的，况且如支撑剂密度太高，也不容易携带，易发生早期砂堵，或者裂缝远部纵向上的支撑效率降低，也会严重影响最终的压裂效果。

具体评价方法按标准做法对支撑剂的物理性质及导流能力等进行室内评价分析。

二、支撑剂粒径与造缝宽度的适应性分析

支撑剂粒径的选择及其与造缝宽度的适应性非常关键。如果选择的粒径偏大，造缝宽度不足以满足其有效携带输送，会发生早期砂堵。此外，在压裂形成主裂缝的同时，也会形成裂缝尺度相对较小的次级裂缝，在这些次级裂缝内一般难以有支撑剂的有效充填和铺置，而压后这些小微尺度裂缝因无支撑剂支撑而快速闭合，会严重影响压裂有效周期；但如选择的粒径偏小，在相同施工砂液比条件下，裂缝内支撑剂的充满度会相对较低，因此最终形成的裂缝导流能力可能偏小。

一般以压后裂缝宽度是支撑剂平均粒径的 6 ~ 10 倍的标准来评价二者的适应性。对多层压裂而言，也按同样的标准，只不过此时的裂缝宽度应选择纵向宽度剖面上最窄的值，否则难以保证支撑剂在多层裂缝内的均匀分布，尤其是水平井穿层压裂时更是如此。

评价方法是在精细评价纵向地应力剖面的基础上，应用适合于多层裂缝模拟的 GOFHER 软件进行精细模拟分析纵向上的裂缝宽度剖面，由此选择最小的裂缝宽度及相应的支撑剂粒径。

三、支撑剂密度与悬浮性的适应性分析

显然，支撑剂的密度越大，悬浮性越差，反之，悬浮性越好。理想的情况是超低密度支撑剂，视密度仅为 $1.05g/cm^3$，其悬浮性最好。但支撑剂密度越低其抗压强度也越低，相应的导流能力也越低。因此，应兼顾密度及悬浮性的要求。

具体评价方法包括室内不同密度支撑剂的静态沉砂实验，沉降速度低于相关的标准即可。

第三节　压裂施工参数适应性评价

压裂施工参数主要包括排量、液量、支撑剂量、砂液比等。压裂施工参数与储层的适应性包括其与造缝的适应性及与支撑裂缝的适应性。

一、储层的适应性

排量越高，携砂性越好，但可能造成缝高的失控；反之，携砂性能差，可能造成早期砂堵，也可能对储层的压开程度不够。因此，应有合适的排量，既能保证支撑剂的顺利注入，又不至于缝高失控或压开程度不够。有时可采用变排量的方法，既能有效控制缝高，又能在施工中后期提高携砂性能及远部裂缝纵向的支撑效率。

排量的优选一般与压裂液黏度优选结合起来，一般推荐高排量与低黏度的组合模式，低黏度压裂液具有低伤害特征，缝高控制作用也好，但携砂性能差，可通过排量的提高来弥补。

二、压裂液量与储层的适应性

液量越大，尤其是当前置液量越大时，会造成压裂液的滤失伤害。另外，压裂停泵后，裂缝继续延伸的距离也相对越大，易发生支撑剂的再次运移，使缝口处导流能力丧失殆尽。此外，液量的优化也要考虑压裂液的综合滤失及支撑剂对裂缝的充满度的要求，在综合滤失系数一定的前提下，要求尽可能用较少的压裂液充填较多的支撑剂，以大幅度提高裂缝的充满度，也利于压裂停泵后对裂缝支撑剖面的保护。因为裂缝充满度越高，裂缝摩阻越大，压裂停泵后裂缝继续延伸的距离会大幅度受限。

综上所述，前置液量的优化至关重要，理想的前置液量是当携砂液顶替完毕后，前置液刚好滤失完毕，停泵后裂缝也无法继续延伸。因此，裂缝的支撑剖面最为饱满。前置液量的优化方法很多，但最好的方法是在现场压裂施工时，在同一区块，可逐步试验减少前置液量的可行性。尤其是特低渗透油气田，有的前置液百分比只有10%左右，甚至不用前置液，仅用井筒中滞留的洗井液充当前置液。而在低砂液比的注入前期，低浓度携砂液也可部分替代前置液的作用。

为了降低前置液伤害，也可采用变黏度前置液，如前置液的前期采用低黏度线性胶压

裂液或活性水压裂液。

三、支撑剂量及砂液比对储层的适应性

支撑剂量及砂液比是相辅相成的，它们与储层的适应性主要表现为能否按设计要求完成施工任务。当然，即使完成了设计要求，也有是否保守的问题，如是否还有潜力进一步增加支撑剂量和提高砂液比？如果还有进一步挖掘的空间，说明上述参数与储层的适应性还有待加强。

具体判断方法可由现场压裂施工的井口压力曲线的变化趋势进行实时分析，如压力曲线整体比较平稳或略微有下降的趋势，则说明施工的砂液比还有进一步提升的空间；反之，如井口压力曲线一直抬升，甚至压力上升速率接近 1.0MPa/min，则说明砂液比及支撑剂量在目前的施工条件下已接近极限，此时与储层的适应性最佳。

第四节　裂缝诊断技术（测斜仪、微地震）

利用水力压裂方法改造油气储层性质，已经逐步成为非常规、甚至常规油气田开发过程中的重要工艺手段。压后效果评价研究中一个重要工作就是获取压裂后裂缝的几何参数，即裂缝的位置、方位角、倾角、长、宽、高等。准确获取压裂过程中地下人工裂缝的参数信息，对于优化压裂施工、指导开发井网部署、油藏动态管理、提高油田采收率等方面等都具有重大意义[1]。经过近 60 年的发展，目前国内外已经形成近 10 余种裂缝监测技术（表 11-1），根据所采集数据特征，大致可将这些裂缝监测技术分为 3 类，即以微地震和测斜仪技术为代表的远场直接监测方法、以生产测井及井筒映像测井为代表的近井直接方法、以净压力分析和试井分析为代表的间接诊断方法。国内外公司对以上 3 类技术的可靠性进行对比研究后发现：在获取裂缝参数时，以测斜仪和微地震为代表的远场测量技术的可靠性明显高于近井筒和间接测量技术[2]。

表 11-1　各种监测方法比较

√可以测量		○有测量的可能	可得到的参数					
方法	诊断技术	局限性	缝长	缝高	缝宽	方位	倾角	体积
近井筒方法	示踪剂	只能观察到近井筒		○	○	○	○	
	温度测井	不同岩层的热传导性质可能影响解释结果		○				
	生产测井	只能了解产层		○				
	井筒成像	适用于裸眼井				○	○	
	井下电视	适用于裸眼井，与井筒质量有关		○				
	井径测井	大多数在下套管井，了解孔眼情况				○		
远场方法	地面测斜仪	随地层深度精度下降	○	○		√	√	√
	井下测斜仪	随着观测井与施工井距离增加精度下降	√	√	○	○	○	○
	井下微地震波	不一定适合所有地层	√	√	√	√	○	

一、微地震监测技术

微地震监测技术是近20年才出现的地球物理新技术，它通过观测、分析生产活动中所产生的微小地震事件来监测生产活动效果及地下状态，其基础是声发射学和地震学[3,4]。现代微地震监测主要分为临时性监测和永久性监测两类[5]。其中临时性监测是为配合某一临时性生产活动（比如水力压裂）所做的监测，其周期短至几个小时，长至几周。这是微地震监测发展最快、应用最多的领域，也是技术上比较成熟的领域。永久性监测对监测设备的要求较高，目前应用得不多。这两者的主要监测方式分为地面监测和井中监测两种[6]（图11－1）。地面监测就是在监测目标区域（比如压裂井）周围的地面上，布置若干接收点进行微地震监测。井中监测就是在监测目标区域周围临近的一口或几口井中布置接收点，进行微地震监测。地面监测具有施工简单、不影响生产并且成本比井中监测低等许多优点，但由于地层吸收、传播路径复杂化等原因，与井中监测相比，地面监测所得到的资料存在微地震事件少、信噪比低、反演可靠性差等缺点。因此，井中监测一直被认为是一种较可靠的监测方式，但井中监测要求压裂井附近必须有监测井，空间横向定位分辨能力强，并且它占用井资源、生产成本高、施工复杂，其发展在一定程度上受到限制。随着地面检波器性能的提高和信号处理技术的发展，地面微地震监测技术将是一种发展趋势。

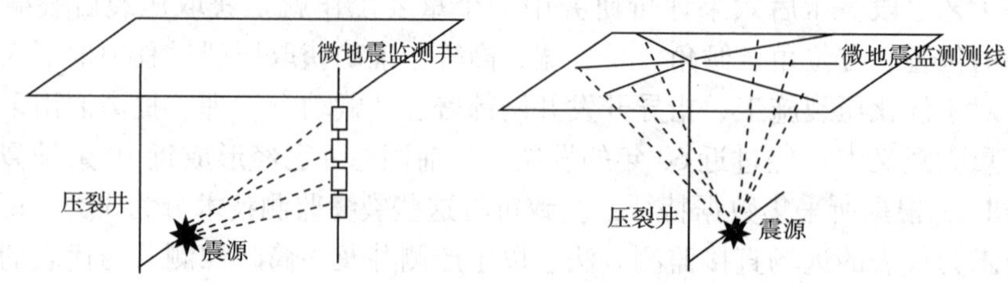

图11－1　水力压裂微地震井中监测和地面监测示意图

（一）微地震形成机理

岩石是含有裂隙或微裂隙的脆性材料。通常情况下这些断裂面是稳定的。然而，当原来的应力受到生产活动干扰时，岩石中原来存在的或新产生的裂缝周围地区就会出现应力集中、应变能增高；当外力增加到一定程度时，原有裂缝的缺陷地区就会发生微观屈服或变形、裂缝扩展，从而使应力松弛，储藏能量的一部分以弹性波（声波）的形式释放出来产生小的地震，即微地震，频段从几十赫兹到几百赫兹。人们普遍认为，水力压裂诱发的大部分微地震事件中，特别是微震能量比较大的，是岩石剪切破裂所引发的，而并非岩石张性破裂所引发的[7]。

水力压裂过程中，地层压力将随着持续不断地高压注水而逐渐增加，当该压力达到摩尔－库仑准则所定义的破裂压力时，引发能量较弱的微地震事件。

（二）微地震监测原理

水力压裂微地震监测工作包括两个方面：①现场微地震信号采集：利用地震检波器和数据采集器获取原始地震波波形数据。②微地震信号数据处理：对获取的原始地震波数据进行处理以确定微地震事件震源位置，描述裂缝的长度、宽度、高度等参数。

由上节可知，微地震是水力压裂导致岩石破裂产生的。一般情况，岩石破裂程度有限，释放能量也较小，因此压裂诱发的微地震强度是很微弱的，一般震级在 -3 ~ +1 级。微地震事件虽然强度微弱，但频率很高，例如井中监测事件频带从 200 ~ 1500Hz，主频在 700Hz 左右，持续时长小于 1s。微震事件在地震记录上表现为较清晰的脉冲，一般事件强度越弱，频率越高，持续时长越短。

水力压裂诱发微地震信号强度微弱，并且其高频部分极易被地层吸收衰减，故在地层中传播距离不长。能否监测到压裂诱发的微地震信号，需要考虑的因素除了微地震本身的强度大小以外，主要来自 3 方面：检波器灵敏度、地层岩性特征和压裂能量大小。实验表明，检波器灵敏度是最直接的因素，为提高微地震监测效率，首先应采用高精度高灵敏度检波器。随着检波器制造技术的发展，检波器监测性能已有了明显提高，但可探测到的微地震事件范围仍然有限，因此进行参数设计时须充分考虑检波器的探测边界来选择监测井。监测到微地震事件的最远距离与地层岩性关系不大，却与压裂注入液体能量关系密切。

水力压裂微地震监测技术最主要的任务之一就是确定微地震震源位置及其发震时间，从而对储层压裂裂缝的范围和发育情况进行追踪和定位，客观的评鉴压裂效果，及时调整压裂方案。

（三）微地震监测方法

微地震监测利用体积小、高频、高灵敏度的地震波传感器（检波器）和配套的采集系统对地震信号进行检测、采集、处理和解释，从中获取裂缝信息进而完成压裂作业的实时监测。

1. 井中微地震监测

井中监测即将拾振器（检波器）按照设计方案置于压裂井（单井作业的情况下）或与压裂井相邻的监测井（双井或多井作业的情况下）中，利用地震波传感器（检波器）检测压裂井中的微地震波经采集装置记录并存储，通过记录的地震数据进行反演定位微震源点，进而获得微震监测区域中储层裂缝的几何形状以及发育程度[8,9]。由于单井作业时微震记录的信噪比通常较低，经常不能用在后续的数据处理和解释之中。因此，现在微震监测通常都选择双井或多井作业，一般在距离压裂井 600m 范围内寻找监测井并在其井下布置检波器。由于井中微震监测方法的监测环境较为恶劣，因此对仪器的要求也相对较高。除了要求接收和记录仪器具有高采样率、高灵敏度、宽频带及连续记录的时间长等特点外，还要求井下拾振器以及信号的传输系统必须能够耐高温和高压。此外，为了尽量减少噪声干扰，监测过程中，附近井区的生产作业停止，这无疑大幅度增加了监测的成本。然而，由于井中监测的背景噪声较低，检测到的信号质量较高，因此微震监测的精度较高，适合重点井监测。

2. 地面微地震监测

地面监测方法即在地面部署检波器监测压裂井产生的地震波。其具体过程为：环绕监测井圆形排列监测系统各个分站（一般为 6 个），各分站的检波器插入地表或埋入深度为 1m 左右的浅坑中。监测过程中，为了提高采集信号的质量，尽量避开震动干扰（如人走动、车辆行驶以及风吹草动等），以及环境中电磁信号等引起的电磁干扰，并尽量降低不必要的微地震波衰减（主要由地表疏松地层所致）。地下岩层在发生破裂错断时，会逐渐生成向周围辐射微地震波，按照一定阵列布置在监测井四周的采集站便会接收到这些微地震波。根据各个采集站接收到微地震波的响应时间差，得出一系列方程组，求解方程组便能够定位出微地震事件所发生的位置[10]。图 11-2 为美 MSI 公司的两种常见的地面采集方式。

（a）放射状布置

（b）方形测线布置

图 11-2　美国 MSI 公司地面微地震观测排列图

地面监测方法施工简单，不需要监测井并且监测过程中周围井区的生产活动可以正常进行。因此，尽管地面监测存在着环境干扰、地震数据衰减严重、数据可靠性差等特点，但在油田中仍然比较受欢迎。

3. 井中－地面联合监测

井中－地面联合监测是基于充分利用井中和地面两种监测方式的优势而提出的一种新的监测方式。其工作过程为：在压裂井方圆 600m 内的合适位置选择一口监测井，在其中布置若干级联的检波器检测微地震波，同时在压裂井附近按一定的阵列布置一些检波器在地面上，通过分析处理地面检波器和井中检波器检测到的微震数据，得出微地震震源的位置。相比于井中监测的施工操作，井中－地面联合监测方法简单，无需多个监测油井同时关闭，对其余油井的正常作业影响较小。在数据处理时，将井中检波器的采集数据作为参考数据，既提高了地震数据的可靠性，又减少了井中检波器的放置数量。

（四）微地震监测流程

（1）根据监测目的，确定监测方式；

（2）根据地震、声测井、VSP 等资料建立工区 2D 或 3D 速度模型；

（3）设计观测系统，确定相关参数，实现数据采集；

（4）检测微地震事件，根据各测点纵横波时差计算震源到测点的距离；

（5）通过 P 波偏振分析或三角测量方法确定微地震源的具体方位；

（6）用基于 2D 或 3D 射线追踪的高精度震源反演技术，确定震源的准确位置，提供相关层位的高精度速度参数；

（7）通过微地震事件数、震源参数（震级、静应力降、震源分布等）、压裂参数（泵压、泵率、泵量等）等随时间的变化规律分析，向用户提供所需要的有用信息，指导下一步的生产开发活动。

（五）实例分析

塔河油田 TH12378 井位于塔里木盆地北缘新疆库车县境内，观测井为 TH12343 井，两井平距 693m，2014 年 10 月开展了 TH12378 井酸压监测工作。图 11－3 为两口井的位置图。

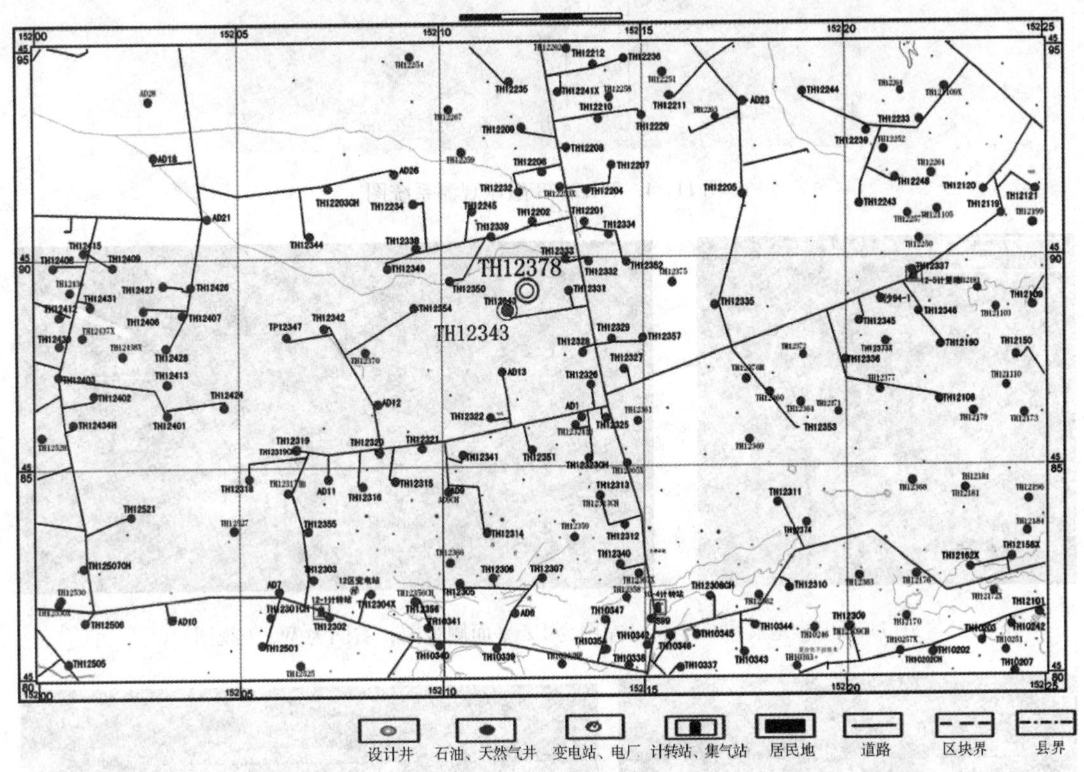

图 11－3　TH12378 酸压井、TH12343 观测井位置图

根据施工要求，酸压措施段为 TH12378 底部裸眼段，深度范围为 6212～6298m，段长为 86m；观测段为 TH12343 井深度 4800～4910m 处，酸压监测两井平距 693m，观测段顶端到酸压段顶端高差 1412m，空间距离 1573m（图 11－4）。

依据压裂井和监测井的测井资料，建立初始速度模型，根据校正炮 P 波信号，调整速度模型，使破裂事件定位在校正炮点；现场采集微震监测数据，判断微震事件与噪音的门槛值，快速精确拾取 P 波、S 波初至；利用 P 波的极化信息，P 波和 S 波的时差联合确定微地震事件的位置和其他参数，实时判断压裂期间裂缝的空间展布与走向以及裂缝方位等信息。

图 11－5 为微地震事件全貌图，图 11－6 为裂缝空间产状图。裂缝监测结果为：裂缝带长度 359m，相对于 TH12378 裸眼段呈不对称分布（其中北翼翼展 191m，南翼翼展 168m）；裂缝高度和宽度均在空间中有小幅度变化（在北翼顶端产状发生变化较大），平均高度 65m，平均宽度 66m，走向北偏西 12°。

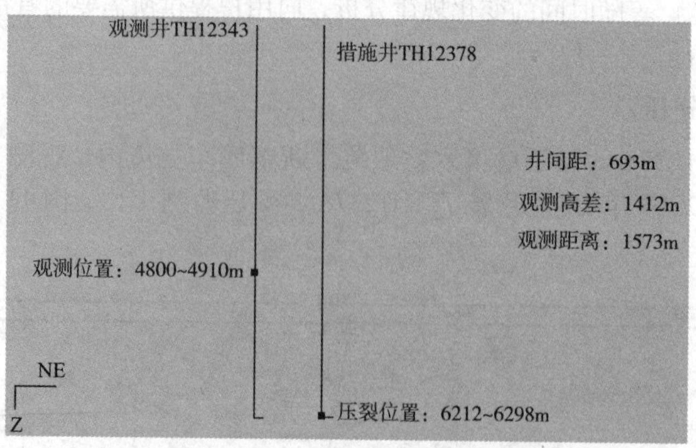

图 11-4　TH12378 酸压观测系统图

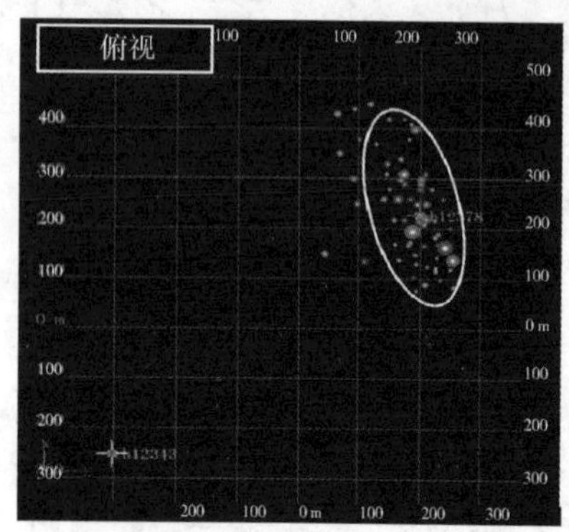

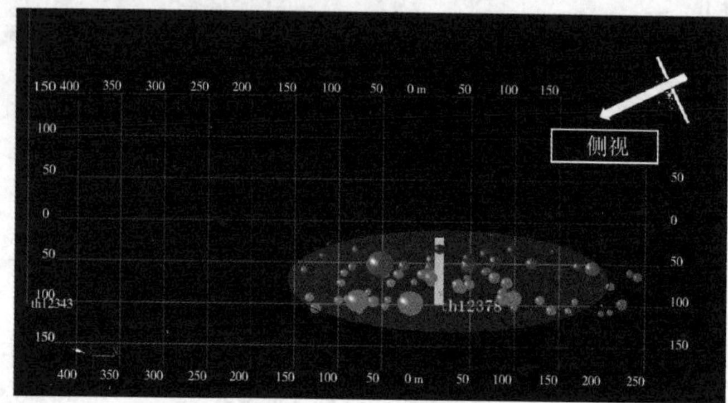

图 11-5　微地震事件全貌（左图为 EZ 平面侧视图，右图为 WS 侧视图）

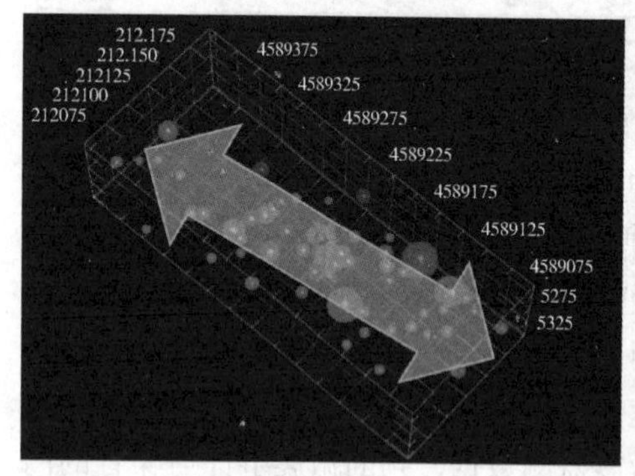

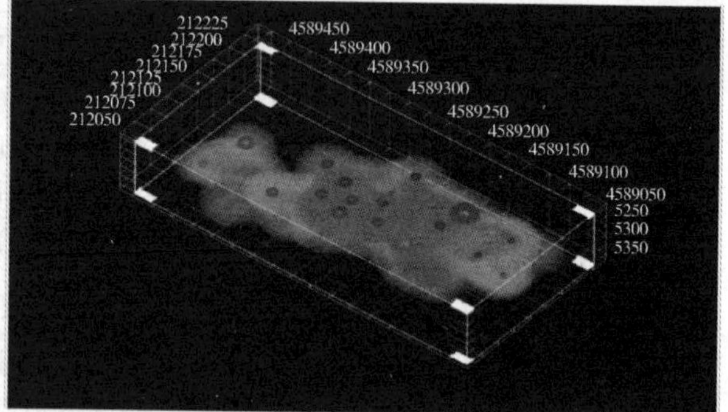

图 11-6　裂缝空间产状图

二、测斜仪监测技术

（一）测斜仪监测机理

水力压裂将地层压开形成一条裂缝，伴随着岩石裂缝延伸，最终形成一定宽度的裂缝，压裂裂缝引起的岩石变形场向各个方向辐射，引起地面及地下地层的变形，因此，可以通过井下或地面压裂井周围布设一组测斜仪来测量地面由于压裂引起岩石变形而导致的地层倾斜。图 11-7 是测斜仪监测垂直裂缝的示意原理图，显示了从地面测斜仪和邻井井下测斜仪观察到的水力裂缝造成的地层变形。由地面测斜仪监测的垂直裂缝引起的地面变形是沿着裂缝方向的凹槽，而且凹槽两侧地面发生突起，通过凹槽两侧的突起可以推算出裂缝的倾角和方位。井下测斜仪布置在与压裂层相同深度的邻井中，垂直裂缝会在邻井处产生突起变形，从而可以推算出裂缝的几何形态。

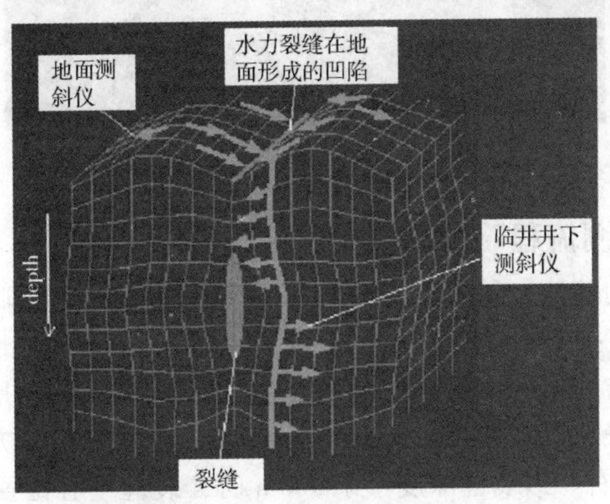

图 11-7　测斜仪监测垂直裂缝的示意图

在地表，裂缝引起变形的量级通常为万分之一英寸，几乎是不可测量的，但是测量变形场的变形梯度即倾斜场相比较而言是比较容易的。裂缝引起的地层变形场在地面是裂缝方位角、裂缝中心深度和裂缝体积的函数。而且变形场几乎不受储层岩石力学特性和当地应力场的影响，比如一条给定尺寸的南北向扩展的垂直水力裂缝，不管裂缝位于低模量的硅藻岩、非常硬的碳酸岩或者疏松的砂岩地层，在地面产生的变形模式将是一样的，即具有南北向趋势的由对称隆起环绕的槽，隆起的大小决定于裂缝的体积和裂缝中心的深度。如果裂缝的倾角不是绝对的垂直，则地表隆起就会变的不对称。

（二）测斜仪监测方法

地表测斜仪监测通过在压裂区域上的地表处若干点测量倾斜场，可以进行反演得到裂缝参数。尽管原理很简单，但是裂缝导致的地表形变的量级相当小，这就需要十分灵敏的测量仪器——一个在 2100m 深度的典型水力裂缝在地表产生的倾斜只有 10 纳弧度左右。测量所使用的高精度测斜仪与木匠水平仪的原理相同，它能测量两个正交方向的倾斜。当仪器发生倾斜时，充满导电流体玻璃管中的气泡发生移动，精确的电子仪器测量这导致的电阻率的变化从而推算出倾斜角的变化，最新一代的高灵敏度测斜仪可以监测小于 1 纳弧度的倾角改变。

以中国石化工程技术研究院储层改造所引进的 Pinnacle 公司的 5500 系列测斜仪为例，该测斜仪金属外筒长 76. 2 cm，直径为 6. 35 cm，在两个正交的轴方向上测量倾角。当仪器倾斜时，为了与重力矢量保持一致，充满导电液体的玻璃腔室内的气泡产生移动。气泡的位置变化导致安装在探测器上的两个电极之间的电阻变化，这种变化可由精确的、高灵敏度测斜仪探测到（图 11-8）。

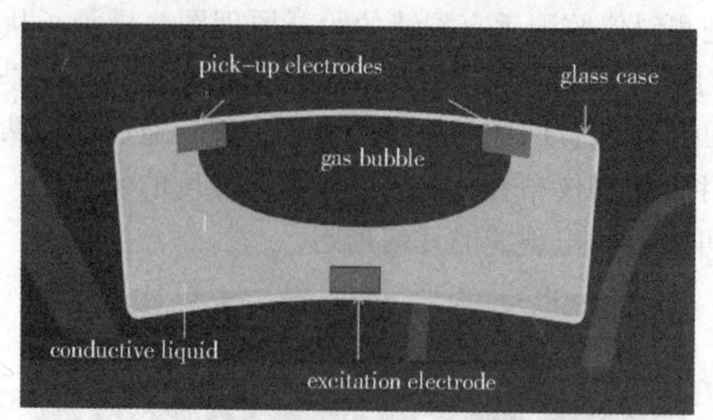

图 11-8　高灵敏度测斜仪示意图

（三）测斜仪监测流程

为保证裂缝测量的精度，需要在压裂施工前将 12 ~ 24 个测斜仪按照压裂地层深度15% ~75% 的径向距离排布在压裂井的周围（图 11-9），即裂缝在地面造成最大倾斜的区域。当然压裂测量的结果并不取决于测斜仪在地面的排布方式，而是主要取决于测斜仪应用的数量和仪器的信噪比。在裂缝中心深度为 1500m 时测得裂缝方位的精度在 5°以内，3000m 时精度在 10°左右。当裂缝深度小于 900m 时，裂缝中心位置精度误差可控制在为 6. 0 ~ 60. 0m，当裂缝深度达到 3000m 时其中心位置精度误差可能达到上百米。

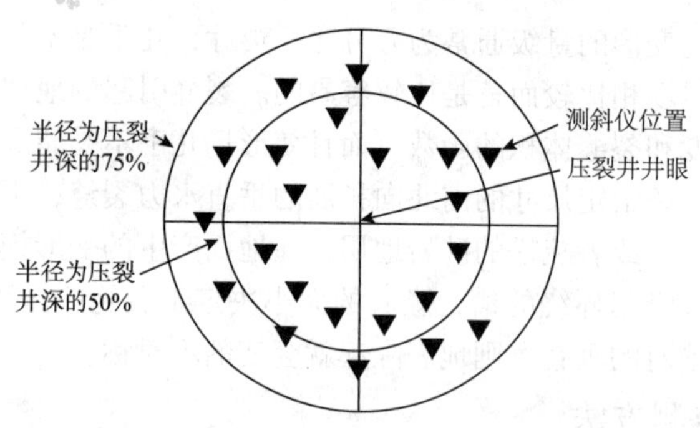

图 11-9　典型的测斜仪阵列布置

5500 系列测斜仪组成如图 11-10 所示，地面监测时，一般将测斜仪放在浅井中（10 ~40ft）进行监测，这主要是为了避免地面环境噪声的干扰，如 David A. Castillo 等用斜测仪对地表噪声进行过调查，如图 11-11 所示，可见地表噪声在距地表 18 ~ 20ft 处有明显的降低，而 18ft 深度以上的噪声水平甚至可能比地下压裂裂缝产生的信号强度大（地面接收到的深度为 5000ft 的压裂裂缝产生的信号幅度大约为 10nR）。

井下测斜仪监测则需要在临井下布设一条测井电缆的测斜仪排列。这个临井既可以是一个新井也可以是一个老井，而排列由分布在电缆上的 6 ~ 10 个测斜仪组成。井下测斜仪在裂缝中心深度连续的记录倾斜场变化，根据不同应用的需要，井间的范围从 100 ~ 300m。

压裂导致的地下地层变形模式很直观：最大的变形位于裂缝中心深度处，而且当观测井距离裂缝很近时，变形量就等于裂缝位错量的一半。同样倾斜场的模式也很简单，在远离裂缝的上部和下部，倾斜场几乎为 0，而在裂缝的顶端和底端深度处倾斜场达到最大值，在裂缝的中心深度处倾斜减为0。倾斜场的两个极值点的间距与裂缝的宽度有关（当监测距离较近时近似相等），倾斜场极值的大小由裂缝的位错量和长度决定（图11-12）。

图 11-10　测斜仪组成

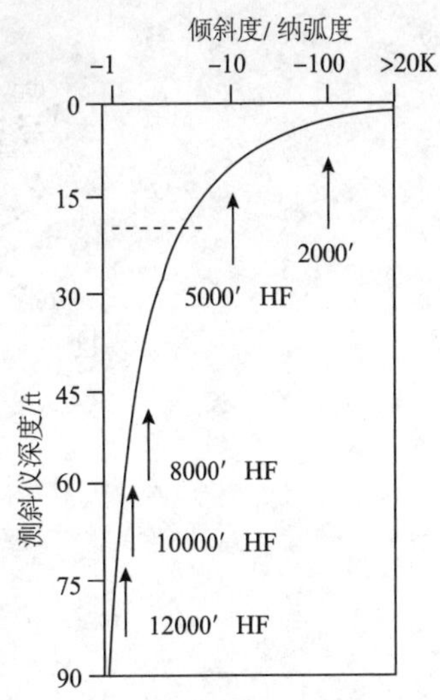

图 11-11　噪声分布图

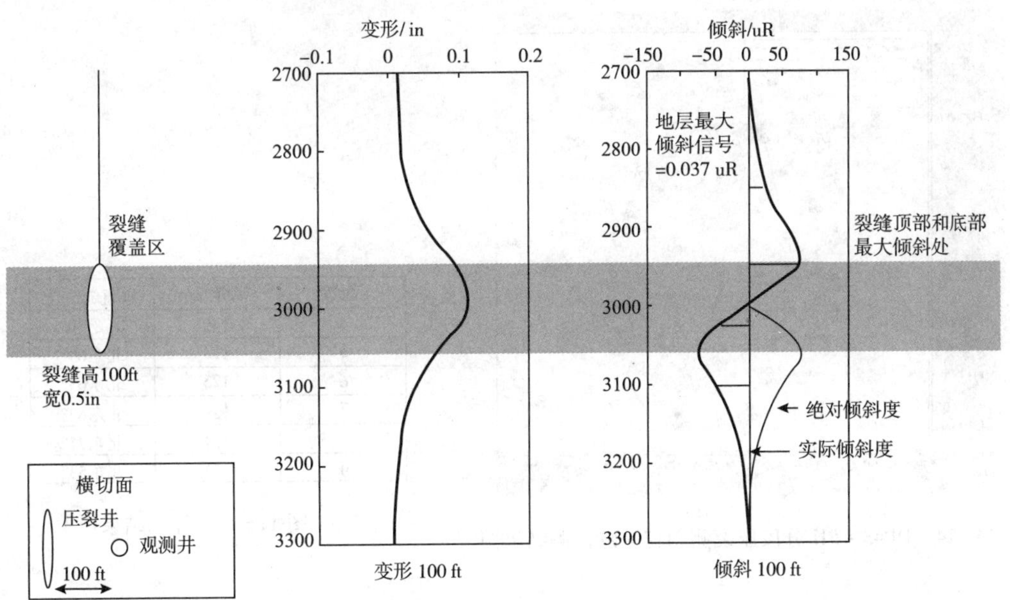

图 11-12　垂直裂缝产生的地层变形和倾斜[18]

（四）实例分析

DP43H 为华北油气分公司大牛地气田的一个 6 井式水平井组，水平井井段长度 946 ~ 1000m，井距 223 ~ 745m，水平段垂深为平均为 2545m 左右；平均每口水平井分段压裂7 ~ 9 段，平均单井压裂总液量为 2400m^3。现场采用地面测斜仪监测 DP43 - 1H、DP43 - 3H、

DP43－5H 3 口井。

图 11－13 为地面测斜仪测点位置布置图。图 11－14 和图 11－15 为 DP43－3H 分段压裂测斜仪裂缝监测结果图。

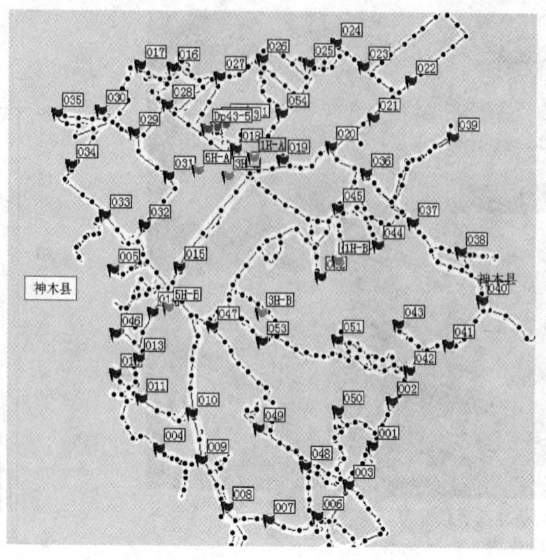

图 11－13　地面测斜仪测点位置布置图

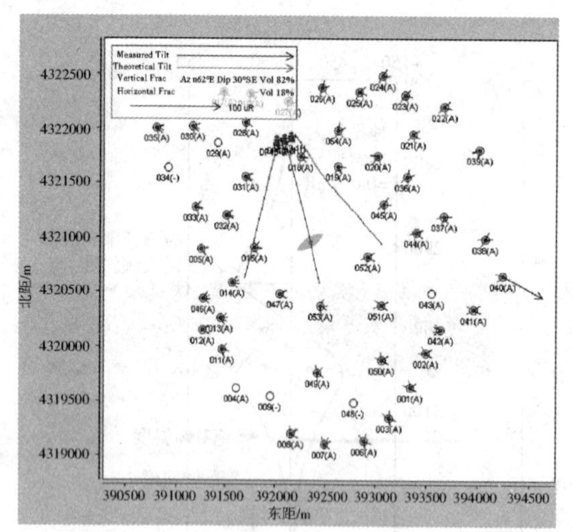

图 11－14　DP43－5H 分段压裂测斜仪裂缝监测结果图

级数	半缝长/m	垂直缝方位
4	149	北东60°
5	113	北东69°
6	123	北东63°
7	129	北东62°
8	121	北东71°
9	112	北东53°

图 11－15　监测结果

第五节　压后效果综合分析

压后效果综合分析包括利用压裂施工资料对储层的再认识、水力裂缝形态及参数的诊断、压后效果评价及下步压裂工艺及参数的改进潜力分析等内容。

压后效果综合分析是压裂设计及施工不可分割的重要组成部分，通过设计、施工、后评估，循环往复多次，每次都在更高的储层认识水平上，进一步优化完善压裂设计及施工水平，最终完成储层改造潜力的最大挖掘和降本增效目标的最终实现。

一、压裂施工资料对储层参数的再认识

压前评价中对储层参数的认识都是近井筒的资料，而压裂施工过程中及施工结束后的压力降落曲线特征等资料对远井储层的特征反演具有重要的参考依据。

目前，关于储层远井地带的渗透率、综合滤失、闭合应力、岩石力学及天然裂缝特征等，都可通过破裂压力曲线形态、压后压力降落曲线特征及压裂施工中的压力变化特征等，加以精确的分析模拟。

值得指出的是，有时压裂施工结束后的压力降落速度，不一定代表储层滤失大小或物性的高低，有时要从压裂工艺进行辅助分析。如储层岩石的石英等脆性矿物的含量相对较高，压裂施工的规模及排量等也相对较高时，压裂停泵后，由于裂缝内的净压力没有立即消失，在此净压力的作用下，裂缝会继续延伸一定的距离，因此，即使储层物性不好，滤失不大，在停泵后的压力降落曲线特征上，也会表现为压力的快速降低，往往容易误判。目前的压后压力降落分析模型基本可考虑上述因素。

二、缝形态及参数的针对分析

缝形态及参数的针对分析包括垂直缝、水平缝、T 型缝、单一缝、复杂缝及体积裂缝等的分析及对应的裂缝参数诊断。具体分析方法包括储层闭合应力梯度分析、压力曲线的波动分析及压力 G 函数叠加导数分析等方法。

一般而言，垂直裂缝的应力梯度低于 0.020MPa/m，水平裂缝的应力梯度超过 0.023MPa/m，介于两者之间的应力梯度可能既有垂直裂缝又有水平裂缝，即通常所说的 T 型缝。复杂裂缝的判别方法可将井口压力转变为井底压力，如在其他参数一定的前提下，井底压力有锯齿状波动，则说明出现了复杂裂缝形态。如压力波动的频率大，在近井、中井及远井都有压力剧烈波动，且波动的幅度还相对较大，则说明出现了体积裂缝。当然，也可结合压力 G 函数的叠加导数曲线进行复杂裂缝和体积裂缝的判断。

三、效果的综合评价

在上述储层远井参数再认识及裂缝形态及参数诊断的基础上，可依据目前常用的压裂井产量预测软件 ECLIPSE 进行模拟分析，如压后产量与预期分析的基本一致，说明储层的认识基本正确。另外，还要基于目前新的储层参数，模拟不同的裂缝几何形态及参数下的产量变化，尤其是改变裂缝的复杂性指数大小及水平井的缝间距等参数，由此判断储层的最大挖潜空间还有多少。当然，裂缝的复杂性指数大小是否能够实现，也要基于现实的可行性分析，不能好高骛远，否则只能是纸上谈兵。

参考文献

[1] 张景和，孙宗颀. 地应力、裂缝测试技术在石油勘探开发中的应用［J］，石油工业出版社，2001，154～190.

[2] 贾利春，陈勉励，金衍. 国外页岩气井水力压裂裂缝监测技术进展［J］，石油与天然气，2012，30

(1)：44～47.

［3］刘百红，秦绪英，郑四连，等．微地震检测技术及其在油田中的应用现状［J］．勘探地球物理进展，2005，28（5）：325～329.

［4］Sylvette Bonnefoy-Claudet，Fabrice Cotton，Pierre-Yves Bard. The nature of noise wavefield and its applications for site effects studies［J］. Earth-Science Reviews，2006，79：205～227.

［5］Hazzard J F，Yong R P. Seismic validation of micromechanical models［J］. DC Rocks，In：38th U. S. Rock Mechanics Symposium，2001：1327～1334.

［6］宋元合，张少标，丁振红，等．微震监测技术在濮城油田沙三上油藏的应用［J］．石油仪器，2003，11（4）：11～13.

［7］宋维棋，陈泽东，毛中华．水力压裂裂缝微地震监测技术［M］．中国石油大学出版社，2008.

［8］Baird Alan F，Kendall J. Michael，Verdon James P etc. Monitoring Increases in Fracture Connectivity During Hydraulic Stimulations From Temporal Variations in Shear Wave Splitting Polarization［J］. Geophysical Journal International，2013，195（2）：1120～1131.

［9］Zhebel Oksana，Eisner Leo. Simultaneous microseismic event localization and source mechanism determination［J］. Geophysics，2015，22（4）：1427～1436.

［10］吕昊．基于油田压裂微地震监测的震相识别与震源定位方法研究［D］．吉林大学，2012，110～115.

第十二章 复杂难动用油气藏水力压裂典型案例分析

第一节 砂砾岩储层压裂实例分析

一、储层特征及对策

太39井位于二连盆地乌里雅斯太凹陷，该凹陷为一典型的山间凹陷。在中生带沉积时期，凹陷具有多物源、近物源、短水流、窄相带的沉积特点。因此，区域内两大主要产层的储集性能在纵横向上变化很大，物性总体上较差，但差中有好。

储集岩性有砾岩、砂砾岩、中粗砂岩及粉细砂岩等，但主要以砾岩和砂砾岩为特征。碎屑颗粒多为次棱角状、次圆状，分选多为中—差，少量分选好。颗粒接触关系多为点—线接触。填隙物以黏土为主，占5% ~17%，碳酸岩含量次之，一般小于5%。胶结类型多为孔隙-接触式胶结，砾岩主要为基底式胶结。碎屑成分中以石英、长石和岩屑为主。

（一）47 ~49号层储层特征

（1）岩性与物性：本井岩性主要为砂砾岩、含砂砾岩及砾状砂岩，分选性差，储层物性差（孔隙度6.5% ~12.1%，有效渗透率$0.2\times10^{-3}\mu m^2$），综合评价为中孔、特低渗透性储层；

（2）含油性：含油饱和度29% ~33%，气测全烃0.746 ~9.56，油气显示级别低；

（3）DST测试卡片反映，储层虽低渗，但压力恢复速度较快，反映导压能力较好，有利于提高压裂效果；

（4）油层埋深2000.2 ~2020.0m，储层温度80℃左右，地层压力20.1MPa左右（压力系数1.0），应力梯度0.018MPa/m左右；

（5）小层分布：综合各种资料分析，47 ~49号储层厚度相对较大（3层12.8m），纵向上分布也相对集中（跨距19.8m，厚跨比64.6%），但储层的横向分布范围小，至邻井太25井约2000m处砂体已尖灭，不利于大规模压裂；

（6）砂体加厚方向与预计的裂缝延伸方向（47 ~49号层约为NE23°）一致，有利于提高压裂的增产效果；

（7）由综合测井曲线分析，隔层的垂向遮挡性相对较差。因此，压裂的难点集中在如何有效控制缝高，从而造出相对较长的支撑裂缝。

（二）压裂难点及主体技术

1. 压裂难点

（1）储层的岩性、物性在纵横向的变化都比较大，且岩性大多为砾岩、含砂砾岩和砾状砂岩，其分选性和连通性都比较差，不同粒径砾石颗粒的存在在裂缝延伸过程中可能使裂缝弯曲摩阻较大，易发生高砂液比时的砂堵迹象；

（2）隔层的遮挡性能较差，如何有效地控制水力裂缝的高度；

（3）储层温度相对较低，如何保证压裂液的配伍性与携砂性能，并在压后能快速破胶返排。

2. 主体技术

（1）评价与优选适合该井储层特点的低滤失、低伤害压裂液体系，并采用楔形追加破胶剂技术，保证既能保证压裂施工安全，又能压后快速、彻底破胶；

（2）前置液阶段进行两次瞬时停泵压力测试，判断滤失及地应力变化情况，实时调整施工参数；

（3）采用螺旋式加砂程序设计技术，以防止砾岩颗粒引发的裂缝弯曲摩阻及多裂缝特征导致的砂堵现象；

（4）在可能情况下适当增加加砂规模和平均砂液比，以增加有效缝长和裂缝导流能力；

（5）采用台阶式增排量压裂技术，在一定程度上有效地控制缝高的过度增长，从而提高有效支撑缝长，并将近井沉降的支撑剂中的一部分推向远井地带，进而提高远井地带裂缝纵向支撑效率；

（6）压后实施新型的裂缝强制闭合技术，即压后适当关井 1h 后再立即放喷排液，在减少压裂液的伤害和提高储层内的支撑效率的同时，利用 3 个目的层渗透率的不同，和破胶后支撑剂的自由流动，获得更理想的裂缝支撑剖面。换言之，渗透率高的层，滤失大，引起支撑剂运移的动力也大，反之则小。因此，利用渗透率的差异对滤失影响不同，导致高渗透率层裂缝位置获得更高的支撑剂铺置浓度，低渗透率储层裂缝位置由于支撑剂向高渗透率处运移，支撑剂铺置浓度也相应降低了。最终，通过自然选择作用，在一个裂缝内，不同渗透率储层位置处获得与其渗透率相匹配的裂缝导流能力，从而有力于多油层的渗流作用和压后产量的充分挖掘。

二、压裂施工及效果

太 39 井压裂施工前置液用量 98.2m^3，破裂压力 53.0MPa，破裂后压力 39～38MPa，排量为 2.8m^3/min；纯携砂液用量 90m^3，混砂浆量 108m^3，压力 36～42MPa，排量为 2.8～3.2m^3/min；顶替液量 7.8m^3，压力 40MPa 左右，排量为 3.2m^3/min；总液量 196m^3。加砂量 30m^3，平均砂液比 33.3%。

该井施工曲线如图 12-1 所示。

由图 12-1 可见，该井破裂压力明显，说明天然裂缝不发育；前置液阶段第二次停泵压力较第一次停泵压力升高 2MPa 以上，说明因不同粒径砾岩颗粒的存在，引起裂缝延伸过程中的多次弯曲，不同的砾岩颗粒也会诱发多裂缝；整个施工压力波动较大，且压力上升速度较快，有多次砂堵征兆，也充分说明砾岩储层压裂的裂缝弯曲导致支撑剂在拐弯处的运移阻力增加。幸亏采用主动的螺旋式加砂程序设计技术，在临界砂堵的情况下，顺利完成设计的支撑剂加入量。

具体设计及施工参数对比见表 12-1。

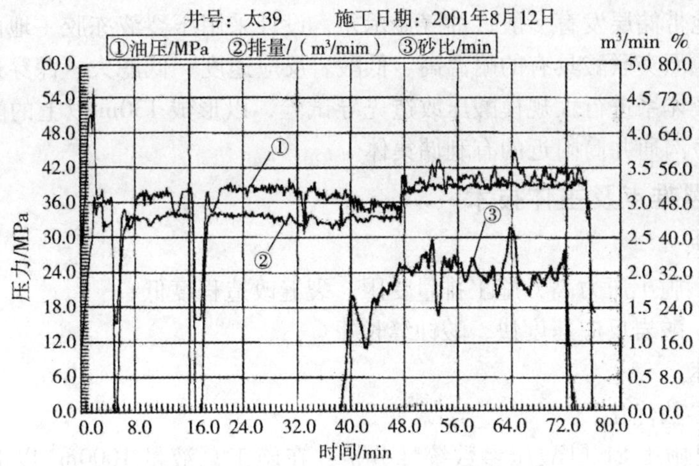

图 12-1　太 39 井 47～49 号层压裂施工综合曲线

表 12-1　太 39 井设计及施工参数对比

项目	施工与设计参数对比				裂缝尺寸对比		压后产量对比	有效渗透率对比
	总液量/m^3	前置液百分数/%	加砂量/m^3	平均砂比/%	支撑缝长/m	支撑缝宽/mm	日产油/(t/d)	K_o/$10^{-3}\mu m^2$
设计	178.2	49.5	30.0	38.0	126.0	2.359	6.8	0.20
施工	188.2	52.2	30.0	33.3	133.0	2.113	7.7	0.23

该井压后试油获得日产油 7.7t 的理想效果，而以往 15 年间压裂井日产量一般低于 1t，因此，该井所属的乌里雅斯太凹陷一直处于勘探徘徊不前的局面。该井压裂技术及效果的突破，为该凹陷后续勘探突破及开发产能建设做出了重要的贡献。

第二节　碳酸盐岩储层酸压实例分析

一、储层特征及对策

（一）P 井储层特征

P 井位于塔河油田，酸压目的层段为奥陶系中统一间房组裸眼井段。储层岩性为黄灰色泥晶灰岩，区域压力系数为 1.10，属于常压油藏；地层温度梯度为 2.26℃/100m，预计储层中深温度为 140.5℃。测井解释 1 层Ⅱ类储层（斜厚 10.0m），1 层Ⅲ类储层（斜厚 8.0m）。录井无油气显示。

P 井 *B* 点位于斜坡部位，周围断裂较发育，是储层发育的有利部位。T_7^4 地震反射波下具有串珠状反射特征，平均振幅变化率表明，T_7^4 地震反射波以下 0～20ms、20～40ms 范围内平均振幅变化率较大，处于地球物理参数预测缝洞发育的有利部位。北东南西方位距井筒最近和最远储集体距离分别为 127m、200m。酸压改造的目标是形成有效的酸蚀缝长和较高的裂缝导流能力，沟通井筒周围的储集体，达到建产的目的。

由于近井地带储层发育一般、油气显示差，设计采用压裂液冻胶+地面交联酸酸压施工工艺，利用地面交联酸具有的耐温高、低酸岩反应速度、低滤失、深穿透等优点，对该井选用新型酸液体系进行大规模酸压改造先导试验，以形成130m以上的酸蚀高导流能力人工裂缝，力争沟通井筒附近的有利储集体。

（二）压裂难点及主体技术

1. 压裂难点

（1）深井，施工压力高，施工排量受限，裂缝改造程度低；

（2）高温，酸岩反应速度快，酸蚀缝长短。

2. 主体技术

（1）裂缝参数优化。

根据区块已施工81口酸压参数统计分析，在施工总液量1000m³以上、压裂液用量550m³以上、酸液用量420m³以上的施工规模（图12-2～图12-4），形成的酸蚀缝长可以达到130m以上。

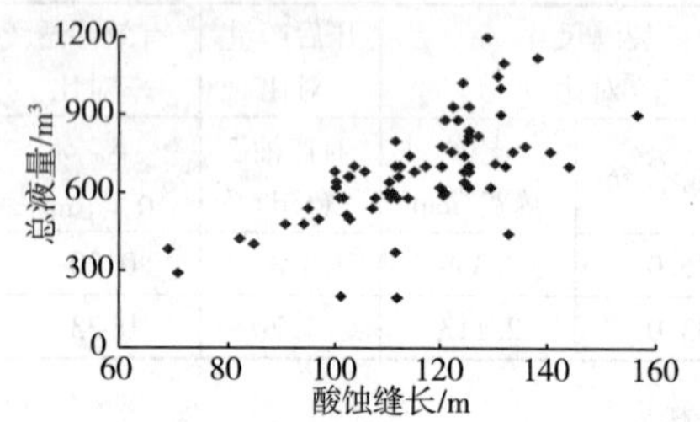

图12-2　酸蚀缝长与总液量关系

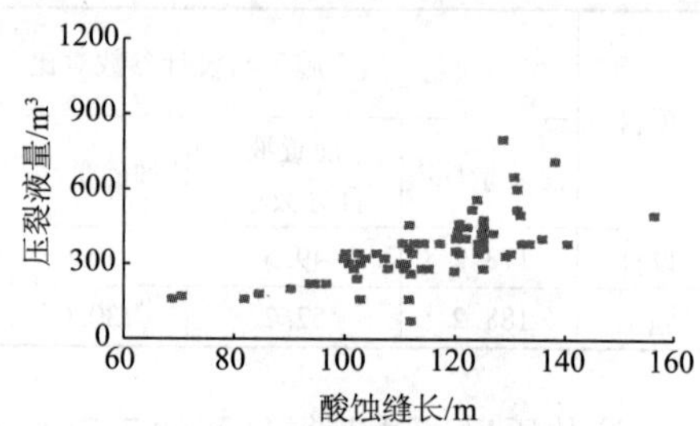

图12-3　酸蚀缝长与压裂液量关系

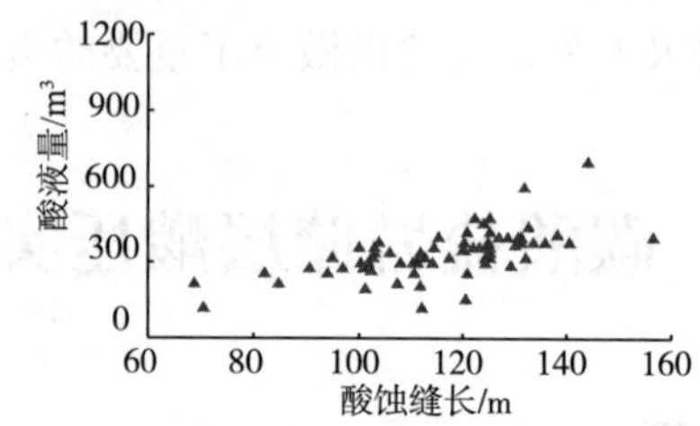

图12-4　酸蚀缝长与酸液量关系

（2）施工参数模拟优化。

P井模拟计算主要输入参数见表12-2。

表12-2　P井酸压模拟主要输入参数

施工井段/m	6160.00～6270.00m	施工井段长度/m	110.00
前置液稠度系数（80℃）	1.424	前置液流态指数（80℃）	0.74
交联酸稠度系数	0.63	交联酸流态指数	0.78
交联酸反应级数	0.7	交联酸反应速度常数/（mol/s·cm²）	0.7042×10^{-6}
反应活化能/（J/mol）	17584	H^+有效传质系数/（cm²/s）	8.4658×10^{-7}

模拟施工工艺为：前置液 30m^3 + 压裂液冻胶 Xm^3 + 地面交联酸 Ym^3 + 顶替液 100m^3。模拟计算压裂液冻胶排量 5.0m^3/min，酸液排量 5.5m^3/min，顶替液排量 5.0m^3/min。

根据模拟结果（表 12-3），为了达到目标缝长，推荐方案为：

（1）前置液：30m^3，施工排量：1.0～3.0m^3/min；

（2）冻胶：460m^3，施工排量≥5.0m^3/min；

（3）交联酸：420m^3，施工排量≥5.5m^3/min；

（4）顶替液：100m^3，施工排量≥5.0m^3/min。

表 12-3　P 井酸压模拟结果表

冻胶 + 交联酸/m^3	动态缝长/m	动态缝高/m	酸蚀缝长/m	导流能力/（$10^{-3}\mu m^2 \cdot m$）
400 + 400	135.1	62.0	120.1	404.5
420 + 400	137.3	62.1	123.0	405.6
440 + 420	142.2	62.3	126.3	450.3
460 + 420	146.6	62.9	130.2	452.9
480 + 420	149.2	63.2	135.1	468.3
500 + 440	152.0	63.5	139.0	481.2
520 + 440	156.2	64.0	143.4	487.7

二、压裂实施与效果

该井现场施工按设计进行，施工全过程安全、连续、顺利，各项施工指标达到设计要求（表 12-4）。

表 12-4　设计参数与施工参数对比表

参数 / 项目	设计			实际		
	泵压/MPa	套压/MPa	排量/（m^3/min）	泵压/MPa	套压/MPa	排量/（m^3/min）
最高	85	34.5	5.5	93.0	38.3	6.5

液体名称	设计 注入井筒量/m^3	设计 挤入地层液量/m^3	实际 注入井筒量/m^3	实际 挤入地层液量/m^3
线性胶	30	30	30	30
冻胶	460	460	460	460
地面交联酸	420	420	420	420
滑溜水	100	70	100	70

从酸压施工曲线（图 12-5）分析，泵注交联酸阶段，排量稳定在 6.5m^3/min，泵压由 87.81MPa 降为 64.96MPa，表明酸压裂缝可能沟通了远井地层较大溶洞型储集体。停泵记压降 30min，泵压从 18.1MPa 下降至 16.8MPa，下降 1.3MPa，套压从 19.9MPa 下降至 18.5MPa。

利用 G 函数曲线、双对数曲线、平方根对该井酸压停泵后压力降落进行了分析，3 种分析结果较为接近，基本可以反映实际情况（表12-5）。

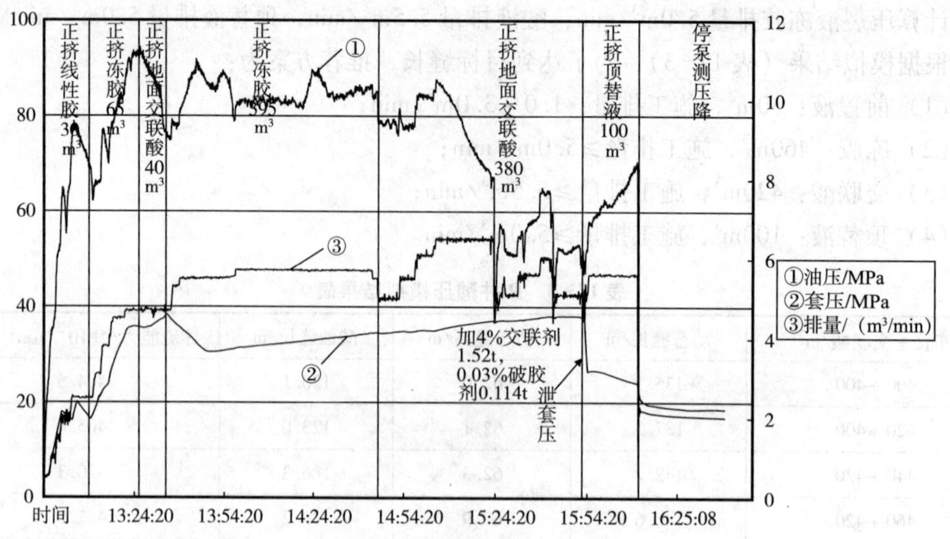

图12-5　P井酸压施工曲线

表12-5　拟合分析结果

分析曲线	闭合应力/MPa	闭合应力梯度/（MPa/m）	闭合时间/min	估算净压力/MPa	平均缝宽/cm	估算液体效率/%
G 函数	78.93	0.0127	4.8	3.05	0.707	29.2
双对数	78.57	0.0127	8.5	3.41		
平方根	81.23	0.0131	0.2	0.75		

该井正挤交联酸阶段出现了明显的压力降落，酸液沟通了较大的溶洞型储集体。根据实际泵注情况，对沟通距离进行了模拟分析，沟通储集体距离（即压力开始大幅下降时模拟裂缝长度）约为120m，与地质预测距离井筒最近储集体距离127m较为接近（图12-6）。

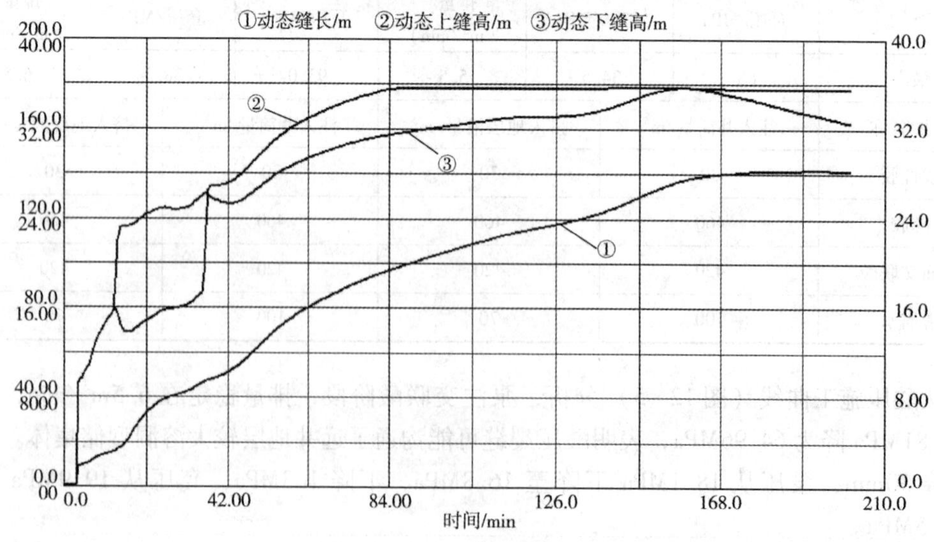

图12-6　裂缝延伸变化曲线

通过拟合分析（表 12-6），人工裂缝长度 141.0m，缝高达到了 67.9m，酸蚀缝长 136.9m，与设计结果符合程度高，现场施工达到了设计要求。

表 12-6　裂缝形态对比表

裂缝参数	设 计	拟 合
动态缝长/m	146.6	141.0
动态缝高/m	62.9	67.9
酸蚀缝长/m	130.2	136.9
导流能力/$10^{-3}\mu m^2 \cdot m$	452.9	374.6

P 井酸压后已经自喷 440 余天，累计产油 30500 余吨，目前 5mm 油嘴自喷产量稳定在 80t/d。

第三节　火山岩储层压裂实例分析

一、储层特征及对策

（一）火山岩的储层特点

火山岩作为油气储层，近年来越来越受到石油地质学界的关注。在美国、日本等地均有火山岩油气藏，我国在 20 世纪 70 年代末也相继在下辽河、二连、冀中、黄骅、济阳、临清、苏北、大庆外围等地发现含油气火山岩储层。

火山岩成分成熟度和结构成熟度低，岩性一般有玄武岩、安山岩、火山角砾岩和凝灰岩等；储集空间多为次生孔及天然裂缝，应力、滤失及敏感性复杂。

大庆外围徐家围子断陷深层火山岩主要发育火石岭组和营城组，火山岩类型复杂，具有埋藏深（4480m）、温度高（167℃）、致密（渗透率 $0.02 \times 10^{-3}\mu m^2$、孔隙度 4.0%、岩石密度 $2.53g/cm^3$）、储层厚（部分层超过 100m）、储集空间复杂等特点。部分储层自然产能低，需通过增产改造才具有工业开采价值。

徐深 1 井（234 号、235 号层）4435.2～4480.0m 段属于沙河子组。本段地层上部为砂泥岩薄互层沉积，下部地层发育巨厚砂砾岩，沉积物为黑色泥岩、深灰色砂砾岩，为湖泊－沼泽相沉积，由于埋藏深度很深，压实作用很强，沙河子组地层的岩性非常致密。徐深 1 井（234 号、235 号层）平均渗透率仅为 $0.3 \times 10^{-3}\mu m^2$、平均孔隙度为 3%、储层温度高达 170℃，属于低孔、低渗和超高温储层。

（二）火山岩压裂难点

（1）岩性特殊，裂缝起裂与扩展规律复杂；

（2）高温、高压，对压裂液性能要求高；

（3）天然裂缝一般较为发育，裂缝形态控制难度大。

（三）火山岩压裂主体技术

针对火山岩储层的复杂性，形成了如下4项技术。

1. 压裂施工风险预测技术

在建立火山岩破裂与延伸预测模型的基础上，分析风险因素，优化调整施工参数，避免风险。

2. 压后产能预测及改造规模优选技术

依据火山岩储层双重介质的渗流特性，建立了火山岩压后产能评价模型，来优化压裂改造规模。

3. 压裂现场快速解释技术

根据深层火山岩压裂时裂缝启裂与延伸特点，将火山岩裂缝储层测试压裂曲线按特征细分为9级，分别建立快速解释图版，满足现场需要。

4. 裂缝延伸控制技术

研究应用了胶塞封堵控制井筒附近多裂缝、粉砂封堵近井地带多裂缝、远端排量补偿等一系列保证主裂缝技术。

二、压裂实施及效果

2002年9月26日对徐深1井成功实施了小型测试压裂与加砂压裂。从小型压裂测试曲线上看该层表现为塑性特征：施工曲线看不出明显的破裂点；在施工排量一定情况下，施工压力缓慢上升；用目前广泛使用的压裂软件进行压力拟合，净压力拟合不上。

小型测试压裂（图12-7）解释结果：储层闭合压力高，达到105.9MPa；滤失系数不大，为0.0003$m/min^{0.5}$，不需要加降滤失剂；施工压力高，在3m^3/min排量下，施工压力高达82MPa，决定了正式施工时排量不能太高，给正式压裂时加砂带来了一定的困难，根据小型测试压裂结果调整了正式压裂的施工排量：由3~4m^3/min降为2m^3/min；施工砂比由30%~35%降到20%以下。

正式加砂压裂时（图12-8）排量为2m^3/min，施工破裂压力84.5MPa，施工压力在81.8~93.7MPa之间，闭合压力119.9MPa，共加陶粒36m^3，压裂液275.5m^3，平均砂液比18.6%，压裂液返排102m^3，返排率37.02%。压后初期产气量为$4.5\times10^4m^3/d$，后经压裂149、150号层以及采取一些其他措施，目前产气量达$59\times10^4m^3/d$。在如此深的地层、如此高的施工压力下加砂36m^3，这在大庆压裂史上尚属第一次开创了大庆深井压裂的新局面。

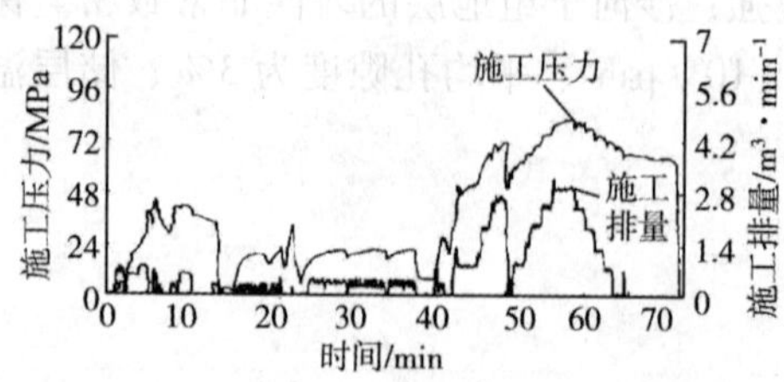

图12-7 徐深1井小型测试压裂施工综合曲线

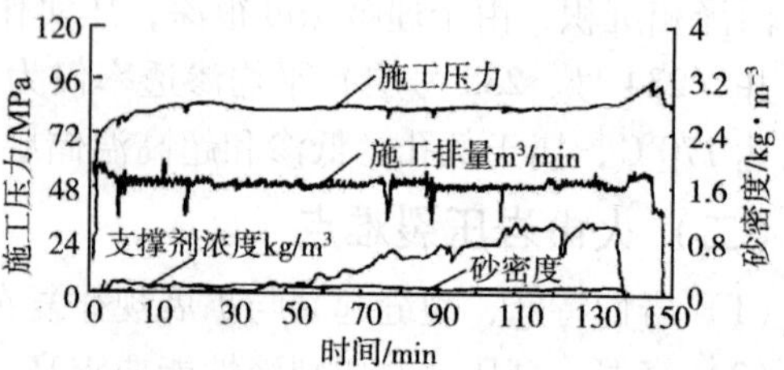

图12-8 徐深1井主压裂施工综合曲线

第四节　煤层气U型井压裂实例分析

一、储层特征及对策

煤层气是一种赋存在煤层中以甲烷为主要成分的清洁、高效的非常规天然气。中国拥有丰富的煤层气资源，但煤储层具有低渗、低压和低饱和度的“三低”特点，给煤层气开发带来很大困难。近年来为增加煤层的采气面积，提高煤层气井采收率，U型井在煤层气开采中得到应用，该复杂结构井由一口水平井和直井组成。通常对水平井实施压裂改造，直井进行排水采气，提高煤层气体的解吸、扩散和运移速度，这种新型煤层气开采模式可为我国煤层气开发生产提供参考和借鉴。

（一）YP1井组U型煤层气特征

YP1井组是鄂尔多斯盆地东缘延川南区块东部的一口U型井，该井组由一口水平井YP1和一口直井YP1V组成（图12-9）。YP1井深1732m，水平段长588m，采用ϕ114.3mm套管+ϕ114.3mm筛管完井，该井水平段穿越煤层气区块的2号煤层。直井YP1V在2号煤层采用洞穴完井以实现YP1井在该处对接。

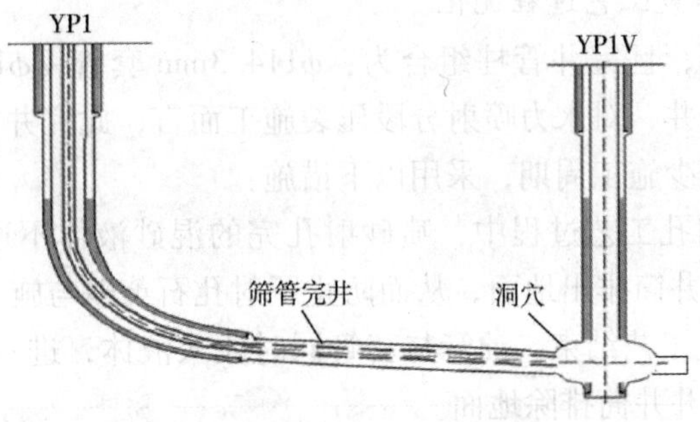

图12-9　U型井组示意图

水平井YP1穿越的2号煤层孔隙度平均值为3.3%，临井注入/压降测试获取渗透率为（0.032～0.1735）$\times10^{-3}\mu m^2$，煤层压力系数0.4～0.45。该井具有低孔、低渗和低压力的特点，为此YP1井储层段采用筛管完井用于提高煤层采气面积，并对水平段实施4段压裂改造，压裂后期依靠直井排水降压，实现U型井组开采煤层气目的。

（二）压裂难点

U型井分段压裂及排采工作，国内几乎没有先例。

（三）主体工艺及参数

1. 水力喷射压裂工艺管柱

该U型井完井井筒尺寸ϕ114.3mm，井筒内径ϕ101.6mm，针对该井筒尺寸，尽量增加油管与套管环形空间尺寸，同时考虑油管空间对摩阻的响应，施工管柱采用ϕ73.0mm油管+ϕ60.3mm油管。综合考虑井筒尺寸，喷射距离及磨损程度，采用外径为ϕ88mm的水力喷射压裂工具（图12-10）。

图 12-10　小直径水力喷射压裂工具

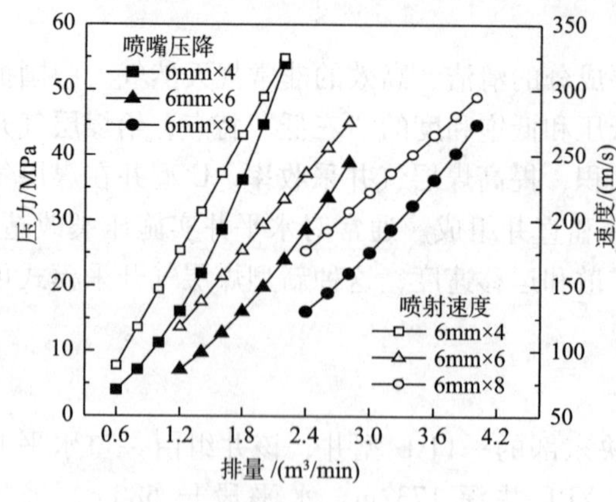

图 12-11　喷嘴压降-喷射速度曲线

2. 喷嘴组合优化

图 12-11 为 ϕ6mm 喷嘴，3 种 ϕ6mm ×4、ϕ6mm × 6 和 ϕ6mm × 8 喷嘴组合方式，在不同排量下喷嘴压降及喷射速度关系曲线。结果表明，相同排量下，随着喷嘴数量增加，施工压力及喷射速度响应减小；喷嘴数量不变，施工压力及速度与施工排量成正比关系。压裂油管施工排量 2m^3/min，此时 ϕ6mm × 6 喷嘴压降为 25MPa，喷射速度 240m/s，该喷射速度能够将套管射穿，同时井口施工压力不会超压。

3. 水力喷射分段压裂工艺过程优化

YP1 井水平井段长，且完井管柱组合为：ϕ114.3mm 套管 + ϕ114.3mm 筛管，压裂目的层段为小直径筛管完井，对水力喷射分段压裂施工而言，此完井方式具有较高的砂卡风险。为降低该风险并减少施工周期，采用以下措施：

（1）在水力喷砂射孔工艺过程中，喷砂射孔完的混砂液体不通过 YP1 井的环空上返至地面，而经 YP1V 井井筒排出地面，从而防止了射孔石英砂与施工管柱环空的接触。

（2）水力喷射射孔工艺结束，油管与套管同时注入液体，进一步冲洗水平井段沉砂，冲洗后液体通过 YP1V 井井筒排除地面。

（3）采用水力喷射分段压裂工艺为：拖动管柱 + 投球打滑套工艺。将第一级不带滑套喷枪与 3 个带滑套喷枪依次安装在相邻位置，第一段压裂完成后上提管柱，使第二级喷枪对准第二段压裂位置，投球打滑套，喷射压裂施工，依次上提管柱压裂后续层段。

二、压裂实施及效果

（一）压裂施工

依据录井显示和测井解释结果，同时综合考虑裂缝间的干扰和避开筛管接箍位置，对 YP1 井实施 4 段压裂，喷射点位置为：1680.0m、1480.0m、1285.0m 和 1175.0m，施工曲线如图 12-12 所示。

水力喷砂射孔过程中，油管排量 1.8 ~ 2.0m^3/min，油管压力 55 ~ 63MPa，采用 20/40 目石英砂作为磨料，砂浓度保持在 100kg/m^3，每段用量 2m^3。射孔结束后，油管排量降低至 1.0m^3/min，套管排量提高至 0.8m^3/min，共同进行冲砂洗井 18 ~ 25min 防止井筒沉砂造成砂卡管柱。

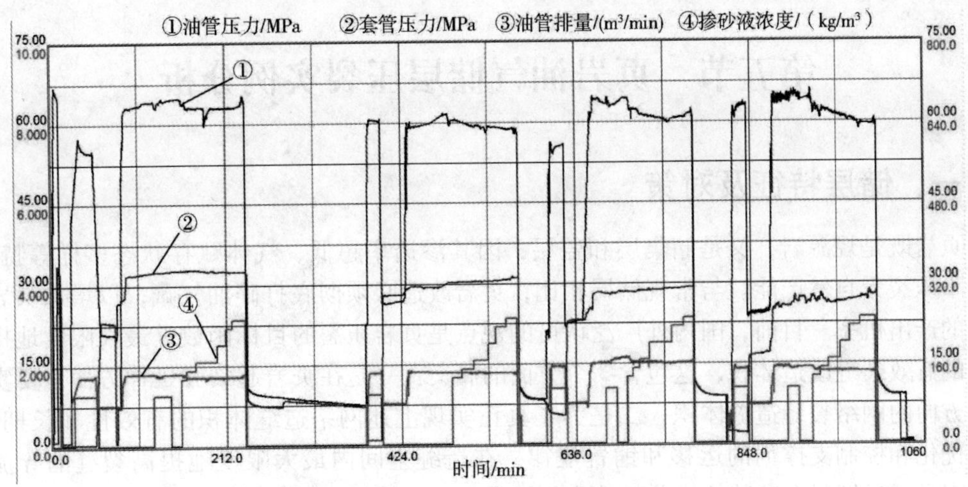

图 12-12　YP1 井水力喷射分段压裂施工曲线

水力喷射压裂阶段，油管排量 1.8～2.0m^3/min，油管压力 60～65MPa，套管排量 0.5～1.0m^3/min，套管压力 27～33MPa。压裂初期采用 40/70 目粉陶降低储层滤失，砂浓度 100kg/m^3，用量 1m^3。支撑剂采用 20/40 目石英砂，施工砂浓度依次为 133kg/m^3、150kg/m^3、167kg/m^3、200kg/m^3、233kg/m^3、250kg/m^3。采用拖动式水力喷射分段压裂工艺，压完一层，顺利上提管柱，投球打开第二级喷枪滑套，依次压裂并上提管柱，顺利实施 4 个层段压裂改造，共计加入支撑剂 83m^3，完成 U 井的压裂施工。

（二）压后排采效果

YP1 井组对接后采用直井排采（图 12-13），井组动液面逐渐降至 688m，井底流压降至 3.45MPa，未见气产生。采取 4 层段压裂改造，动液面降至 672m，井底流压降至 3.46MPa，YP1V 井开始见气，当井底流压降至 0.72MPa，日产气量逐渐增加至 636m^3/d。井底流压保持在 0.71～0.82MPa 之间，采用定产排采工作制度，稳定直井产液量，产气量维持在 450～500m^3/d。

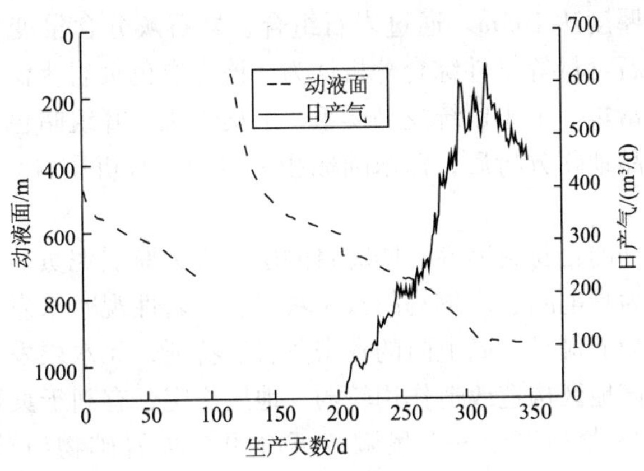

图 12-13　YP1 井组排采曲线

第五节 页岩油气储层压裂实例分析

一、储层特征及对策

页岩既是烃源岩，又是储集层和盖层，因其渗透率超低、气体赋存状态多样等特点，通常不压裂无自然产能。与常规储层相比，页岩改造必须彻底打碎油气藏，以增加页岩吸附气的产出机率。目前，国内外广泛认可的观点是页岩压裂的目标函数是最大限度地提高页岩的有效裂缝改造体积，这包含3个方面的涵义：一是在页岩起裂和延伸方面，要实现三维方向的网络裂缝造缝体积；二是为了真正实现上述网络造缝体积的有效性和长期性，必须优化和控制支撑剂的运移和铺置规律，在造缝空间内最大限度地提高裂缝的导流能力；三是通过簇射孔参数的优化，使多裂缝在空间上的展布更为科学合理，既避免相邻裂缝相互间干扰过大，又避免相互间距离太大而存在流动的死区。实际上，为了实现最好的效果，还应当在井工厂多井条件下，利用多井多缝间的诱导应力相互干扰现象，最大限度地提高裂缝的复杂性。

（一）储层参数

彭水区块井区位于重庆市彭水苗族土家族自治县桑柘镇白泥村，彭水区块位于武陵褶皱带的彭水—德江褶皱带，处在槽－档过渡区，构造形态以NE向复向斜和复背斜相间分布为主。3组相对紧闭的背斜带中夹3组核部宽缓而翼部相对陡立的向斜带，呈NNE向展布。同时在背斜构造发育一系列NNE向或近NW向断裂构造，是受NWW向、SEE向压应力条件下的产物。区内向斜构造相对宽缓，有利于页岩气成藏。

区内地层层系发育较全，基底为前震旦系板溪群浅变质岩，上覆盖层除局部缺失泥盆系、全区缺失石炭系、白垩系、第三系外，从震旦系至侏罗系其他沉积地层总厚度近万米。区内页岩主要发育在下寒武统水井沱组和上奥陶统五峰组—下志留统龙马溪组。

彭水导眼井钻探证实，川东南地区桑柘坪向斜内发育下志留统龙马溪组—上奥陶统五峰组厚层黑色页岩，厚度达103m。通过岩石组合、岩石灰分含量变化关系、化石种属与生态环境的关系、化石含量等条件综合分析认为，该套黑色页岩为深水陆棚相沉积，富有机质，有利于页岩气富集。下志留统龙马溪组—上奥陶统五峰组暗色富有机质含气页岩厚度大。导眼井岩心样品地化分析后，深水陆棚相页岩中，有机质含量大于1.0%的厚度约为94m。

岩性致密具有良好的自身封闭性，同时目的层顶板为厚层泥页岩，地层稳定，封盖条件较好，目的层底板为高电阻、高伽马的致密灰岩层，岩性观察未发现风化壳，裂缝为充填缝，测井曲线显示为低伽马、高电阻的致密灰岩层特征，无水层发育。二维地震解释波组连续、稳定，显示该地区构造改造作用较弱，地层稳定，有利于页岩气保存。

彭水地区下志留统龙马溪组—上奥陶统五峰组泥页岩矿物组分分析结果表明，在2140～2150m段，岩石黏土矿物含量28.5%，石英含量为44.5%，方解石含量5.18%。黏土、脆性矿物含量适中，有利于压裂改造。2135～2140m井段，岩石黏土矿物组分相对较多，约为31%，石英含量相对减少，平均约为41%。

根据岩性、物性、地化、含气性等特征，将彭水导眼井纵向上龙马溪组和五峰组优质页岩34m，划为优质页岩气层段，分5个小层（表12-7）。

表12-7　五个小层的基本参数

小层	深度/m	TOC/%	孔隙度/%	石英/%	黏土/%	气测全烃/%	含气量/（m^3/t）
⑤	21212～2136	1.48	1.84	36.31	33.08	2.86	1.3
④	21312～2142	2.69	3.1	40.03	25.96	5.82	2.24
③	2142～2154	3.44	2.99	46.61	25.74	10.9	2.3
②	2154～2156	3.98	2.73	63.8	20.3	4.18	2.14
①	21512～2160	3.22	2.81	51.33	33.68	4.55	1.7

彭水区块主要地质参数及压裂参数对比见表12-8。

表12-8　彭水页岩基本参数

区块		彭水
层位		下志留龙马溪
岩性		灰黑色—黑色碳质页岩
有机地化参数	TOC/%	1.48～3.98
	类型	I
	R_o/%	2.3～2.6
岩石矿物组成	硅质/%	36.31～63.8/44.5
	钙质/%	2.3～14.6
	黏土矿物/%	20.3～33.68/28.5
物性	孔隙度/%	1.84～3.1
	渗透率/$\times 10^{-3}\mu m^2$	9.15×10^{-5}
含气性	吸附气/（m^3/t）	1.26
	游离气/（m^3/t）	2.65
岩石力学参数	杨氏模量/GPa	32
	泊松比	0.26
	水平应力差异	0.12
	脆性指数	0.35～0.55
气藏参数	页岩厚度/m	103
	深度/m	1000～2500
	压力系数	常压

彭水地区一口H井，水平段在龙马溪组③④⑤号层穿行，B靶点斜深4140m，垂深3019m，A靶点斜深3040m，垂深2866m，水平段长1100m，完钻地层龙马溪组，轨迹主要位于优质页岩段③④⑤小层。完钻后下入P110套管（139.7mm×10.54mm），套管下深4185m。H井处于向斜核部，埋深较大，裂缝不发育，钻进过程中仅发生一次漏失，漏失

段为3892~3905m，共计漏失油基泥浆85.35m^3。此外，在3905~4190m井段发生过轻微渗漏，共计漏失油基泥浆14.4m^3，完井后进行承压堵漏和通井循环时也发生过渗漏，共计漏失油基泥浆63.8m^3。全井累计漏失油基泥浆163.55m^3。以该井为例，说明彭水地区页岩气压裂设计、施工和评价的过程。

总结该井龙马溪组压裂层段压裂地质参数如下。

（1）参考导眼井龙马溪组页岩气岩石力学参数解释成果，静态泊松比为0.234~0.264；静态杨氏模量为21.052~46.54GPa；

（2）垂向地应力连续剖面结果显示，目的层底部具备较好的隔层条件，应力差值大于6MPa，目的层顶部隔层条件一般，应力差值相对较小；

（3）整体地应力差异性不大，各向应力差异系数为12%（实验值）；

（4）低孔隙度4.4%~4.9%，低渗透率91.5~139.8nD（测井）；

（5）水平段测井解释泥质含量变化极大，平均伽马API值为190~383；

（6）脆性指数多数为44.5%，与远景页岩气选择标准对比，脆性不强；

（7）综合预测地层压力为常压地层。

（二）压裂难点

从地质条件来看，龙马溪组泊松比较高，射孔簇位置泥质含量差异性极大，地层偏塑性，压裂后易形成单一缝。但地应力差异系数较小，石英含量适中，具备形成复杂缝的条件。彭水区块与其他典型页岩气藏模糊隶属度分析结果认为，彭水地区与美国的Haynesville页岩气藏性质较为相似（压裂后以双翼平面缝为主）；同时，彭水地区与焦石坝同属一套地层，页岩储层特性也较为相似（但从焦石坝前期压裂情况看，裂缝较发育。压裂后单一缝和复杂缝均有）。

彭水地区页岩压裂物理模拟实验结果显示，真三轴压缩条件下水力压裂裂缝沿天然层理面开裂为主，水力压裂可产生与层理面垂直的裂缝，与天然层理面开裂后形成的裂缝交汇，形成网状裂缝。以上分析认为该井改造层段是否易于形成体积缝网不确定性较高。

从彭水地区第一口井12段压裂施工情况分析，形成单一长缝的可能性较大。彭水第一口井水平段长1020m，穿行于④~⑤号层，压裂12段35簇，平均簇间距为29m，该井累计总液量16211.6m^3，平均每段1351m^3，累计加砂量822.6m^3，平均每段68.6m^3，平均砂比范围10%~18%，综合砂液比5.1%；施工排量8~10m^3/min。12段压裂液，滑溜水约占2/3，线性胶约占1/3。第一口井井压裂施工后，常压储层排液能力低，自喷返排率仅7%，后期通过电潜泵抽吸，降低井底压力，获得20000m^3/d的页岩气产量，较好的证明了该地区页岩气的开发潜力。该井进行了微地震监测，各段处理解释的压裂裂缝空间分布特性如下。

（1）形状：均为两翼缝，半数为一翼较长和（或）破裂能量释放较强；

（2）长度：由约200~360m，平均270m；

（3）走向：NE40%~95%，多有共轭向，平均NE67°；

（4）高度：大致限制在储层内及附近；

（5）裂缝分布常常到达上下段，甚至更远；但应力阴影效应明显（即在原缝基础上继续扩展或填充空隙）。

至2014年年底，第一口井抽吸返排，返排率达到100%，日产量10000m^3/d，通过多个结果证明，形成双翼缝的可能性比较大。

通过第一口井压后分析，认识彭水④～⑤号小层，压裂12段没有形成较好的复杂裂缝系统。该区H井需要调整思路，计划通过缩短簇间距、增加段数、加大施工规模、提高排量，实施有效的压裂工艺技术，有可能形成复杂裂缝，增大有效改造体积。主体继续采用滑溜水+胶液混合压裂液的方式，既要考虑中低黏滑溜水形成体积缝网的优势，也要考虑采用胶液压裂形成单一长缝的方式。

经过对比分析，与焦石坝地区相比，彭水地区除了压力系数低和*TOC*含量低外，其他的各项地质参数基本相同。考虑到常压页岩气藏的生产压差更小，对裂缝复杂性及有效裂缝改造体积的要求更高，具体技术对策如下：增加段数，采用簇式射孔方式，每段簇数设置为2簇，提高排量，则每簇的排量有所提高，所形成的净压力相对要高，采用黏度更低的减阻水，使形成的裂缝面更粗糙，增加单段规模，增加段间干扰，尽可能沟通更多地层体积和层理弱面缝，产生更多裂缝。为此，在H井上加密了段间距，增加了液量和砂量、排量等施工参数，寻找漏失层进行射孔，以利用天然裂缝充分提高裂缝的复杂性，并优化了滑溜水和胶液配方。

（三）主体工艺及参数

1. 段簇优化设计

目的层为页岩储藏，由于储层的渗透率很低，压裂时需获得更多的裂缝数量，以沟通更大的地层体积，所以页岩水平井射孔常采用簇式射孔方式，即在每一级压裂井段中采用多点射孔的方式，这样有利于产生更多的裂缝，以获得更高的产量。

由式（12-1）知，当天然裂缝内净压力超过13.18MPa时可张开天然裂缝，根据诱导应力场计算结果，根据诱导应力场可张开13m之内的弱面缝，因此确定簇间距为26m。初步确定H井（压裂段长度1260m）为24段（图12-14）。

$$\text{开启弱面缝所需净压力} = \frac{\sigma_{\mathrm{Hmax}} - \sigma_{\mathrm{Hmin}}}{1 - 2\nu} = \frac{48.77 - 42.44}{1 - 2 \times 0.26} = 13.18\mathrm{MPa} \quad (12-1)$$

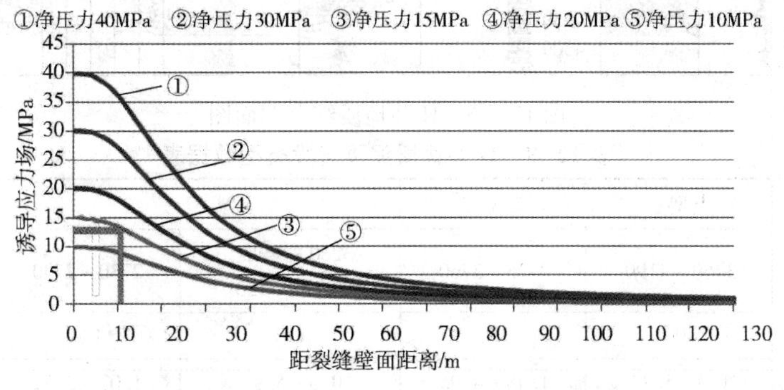

图12-14 诱导应力距裂缝壁面的距离

根据水平井钻探情况，依据*GR*、*R*、气测显示、漏失以及固井质量综合评价等情况，确定相同岩性、尽量保证压裂起缝一致性的原则，综合考虑H井水平段岩性、电测特征、气测显示等情况（图12-15），根据以上认识，将本井水平井段进行了优选和分类，由好到差初步分为4类（表12-9）。

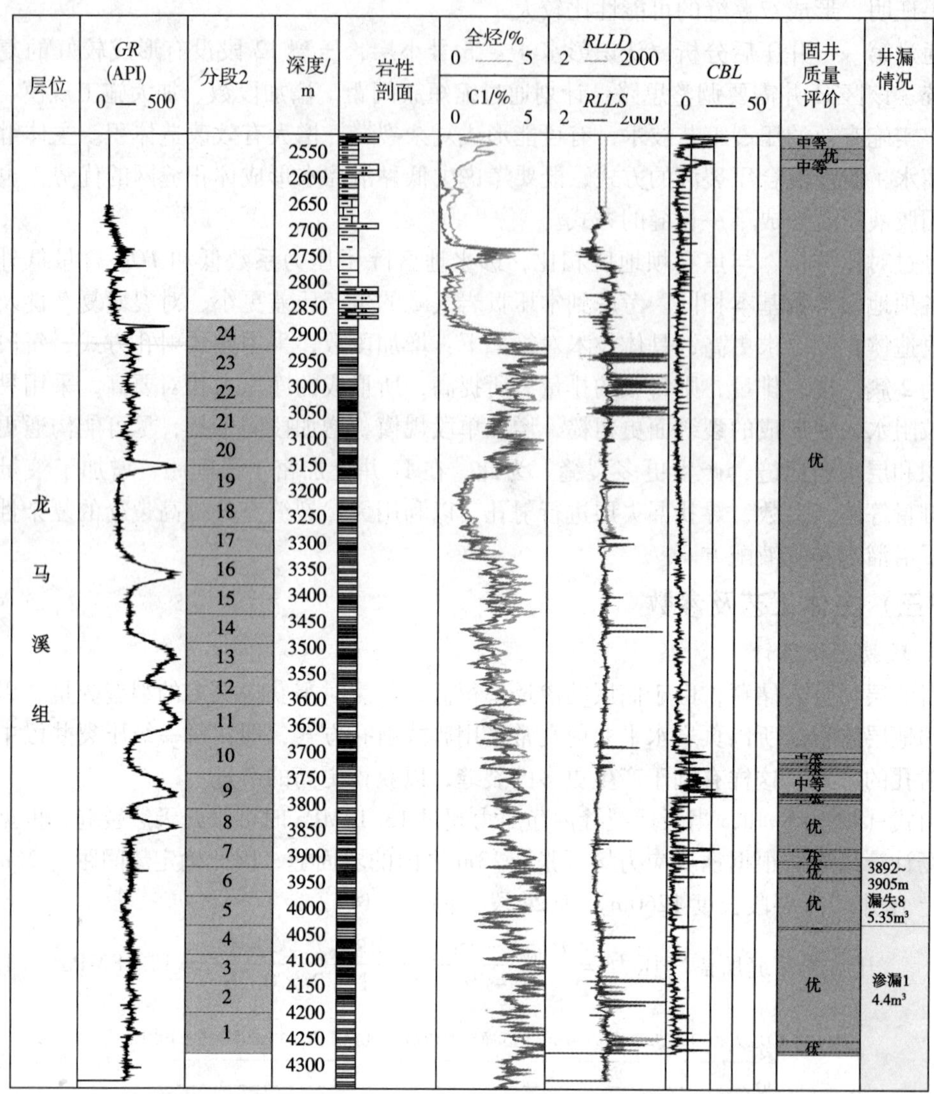

图12-15　H井地质综合剖面图

表12-9　H井优质泥页岩段类型数据表

类　型	类型一	类型二	类型三		类型四
深度/m	3760～4190	3425～3760	3280～3425、2870～3120	2730～2790	2790～2870、3120～3280
厚度/m	400	350	170	130	150
C_1/%	1.9～5.32	1.48～4.95	0.6～5.97	1.03～3.52	0.7～2.97
GR（API）	179～317	215～460	157～449	191～449	170～273
RLLD/Ω·m	23～50	34～72	0.3～1998	44～84	36～190
漏失/m^3	32.43	未漏	未漏	未漏	未漏
总厚度/m	400	350	300		150

在上述储层分类的基础上，在同一类型的泥页岩段内部根据等厚法将本井压裂井段分为24段进行施工，压裂段总长度为1260m，单个段长基本为50m，少部分段为55m和65m。

射孔位置主要为找准甜点位置，避开套管接箍和扶正短节位置，射孔位置的确定应遵循以下原则。

（1）应选择在*TOC*较高的位置射孔。

（2）选择在天然裂缝发育的部位射孔，天然裂缝不仅储藏气体，同时是优良的产出通道。

（3）选择在孔隙度、渗透率高的部位射孔。

（4）选择在地应力差异较小的部位射孔。

（5）选择气测显示较高的部位射孔。

（6）选择固井质量好的部分。

射孔方案初步设计如下：为减少孔眼摩阻，推荐采用较大孔径射孔，孔径≥12mm，每段2簇射孔，孔密为16孔/m，1.3m/簇，相位60度，每段共40孔。

2. 压裂液体系优选

（1）滑溜水体系。

SRFR－1低分子滑溜水体系：0.1%高效减阻剂（乳剂）+0.1%复合增效剂+0.01%杀菌剂。该配方体系黏度为4～6mPa·s，与焦石坝地区相比，降低了黏度，更容易增加裂缝形成的粗糙度。

（2）胶液体系。

SRLG－2胶液体系：0.35%低分子稠化剂+0.3%流变助剂+0.1%复合增效剂+0.05%黏度调节剂+0.02%消泡剂。

（3）预处理酸液体系。

预处理酸配方：15% HCl+2.0%缓蚀剂+1.5%助排剂+2.0%黏土稳定剂+1.5%铁离子稳定剂。

3. 支撑剂的优选

页岩储层压裂通常选择100目支撑剂在前置液阶段做段塞，封堵天然裂缝，减低滤失，为了增加裂缝导流能力，降低砂堵风险，中后期携砂液选择40/70目支撑剂（更大粒径如30/50目，在加砂条件允许时，也可采用），阶梯加砂。

参考彭水第一口井的压裂，H井有效闭合应力为31～54MPa，开采初期，有效闭合应力较低，到开采后期时，有效闭合应力较高，考虑到第一口井施工实践，及支撑剂耐压性、价格等因素，对H采用陶粒/覆膜砂。

4. 施工参数优化

（1）排量优化设计。

根据H井龙马溪组加砂压裂施工压力与排量预测（表12－10），设计施工排量为$12m^3$/min，限压92MPa，液体减阻率至少大于65%。

（2）规模优化设计。

考虑到压裂裂缝对页岩气藏泄气面积的有效控制，优选压裂液用量为$1800m^3$（图12－16），此时裂缝半长为500m左右。

表 12-10　H 井龙马溪组加砂压裂施工压力与排量预测

延伸压力梯度/（MPa/m）	裂缝延伸压力/MPa	（清水/压裂液）不同排量/（m^3/min）下的井口施工压力/MPa								
		8	9	10	11	12	13	14	15	16
0.018	54.36	41.89	44.95	48.29	51.92	55.84	60.04	64.51	69.26	74.28
0.019	57.38	44.91	47.97	51.31	54.94	58.86	63.06	67.53	72.28	77.30
0.02	60.40	47.93	50.99	54.33	57.96	61.88	66.08	70.55	75.30	80.32
0.021	63.42	50.95	54.01	57.35	60.98	64.90	69.10	73.57	78.32	83.34
0.022	66.44	53.97	57.03	60.37	64.00	67.92	72.12	76.59	81.34	86.36
0.023	69.46	56.99	60.05	63.39	67.02	70.94	75.14	79.61	84.36	89.38

计算基础：储层中部垂深 3020m，采用 139.7mm×4327m 套管压裂；
滑溜水、胶液均按降阻率 65% 计算，三簇孔眼摩阻按 4～7MPa 计算

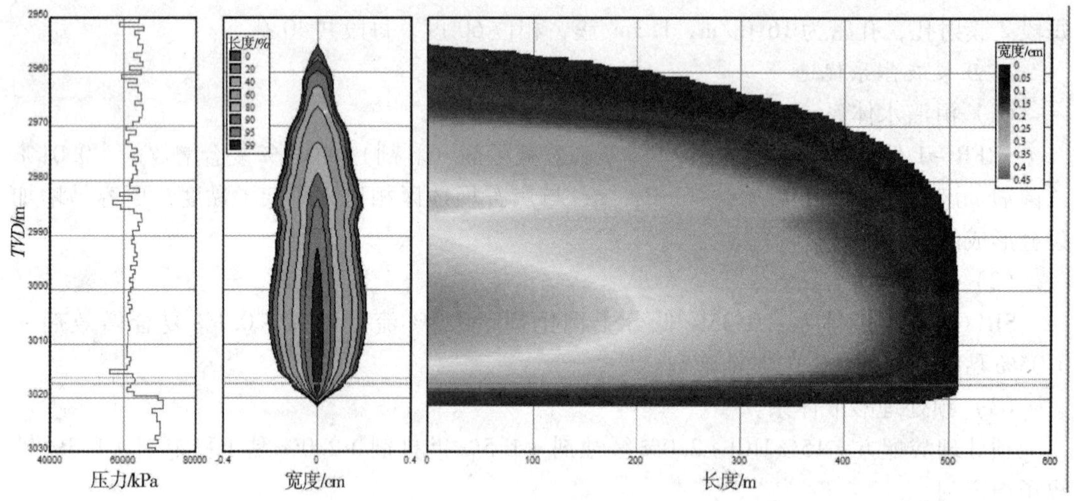

图 12-16　1800m^3 压裂液规模模拟结果（裂缝半长 508m）

二、压裂实施与效果

（一）实施概况

H 井实际施工中下桥塞遇阻共舍弃 3 段半，最后在斜井段处增加一段，因此实际共压裂 22 段 46 簇，平均簇间距为 24.7m。总压裂液量为 46542m^3，平均单段液量 2115m^3，总砂量为 2108m^3，单段砂量为 52～126m^3，平均单段砂量为 95.8m^3，其中 12 段加砂量超过 100m^3，第 16 段加砂达到 126m^3，本井平均砂比为 10.54%，综合砂液比为 4.54%。施工排量为 10～14m^3/min，施工压力 50～88MPa。

（二）压裂施工曲线分析

22 段压裂中，第 1～7 段具有高气测值（C11.9%～5.32%）、相对低伽马值（179～317API）。普遍天然裂缝发育，早期破裂明显，初期施工压力均较高，达到 80MPa，通过粉陶打磨和封堵，降低滤失，降低近井筒摩阻，施工压力降低至 50MPa，后期胶液施工加大砂比，顺利完成了施工（图 12-17）。

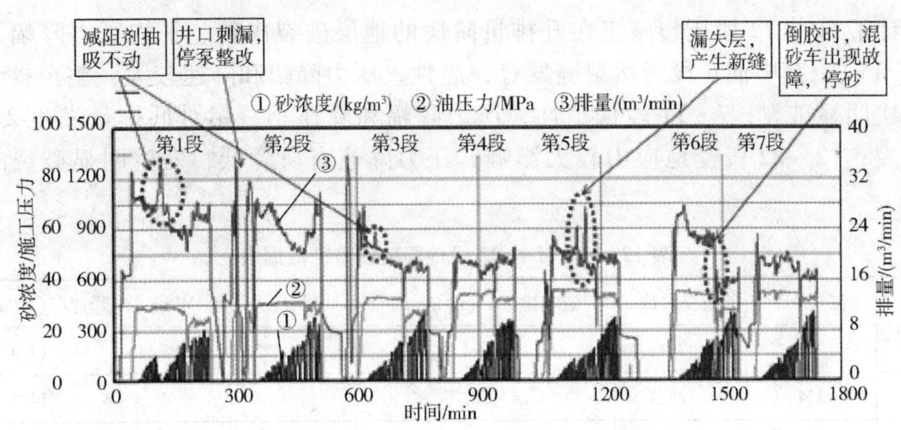

图 12-17　第 1～7 段压裂施工曲线

第 8～13 段地层中—高气测值（C11.48%～4.95%）、高伽马值（215～480API），地层偏塑性，初期施工压力基本 60～70MPa，且整体加砂施工比较平稳，后期砂比均可达到 20%以上（图 12-18）。

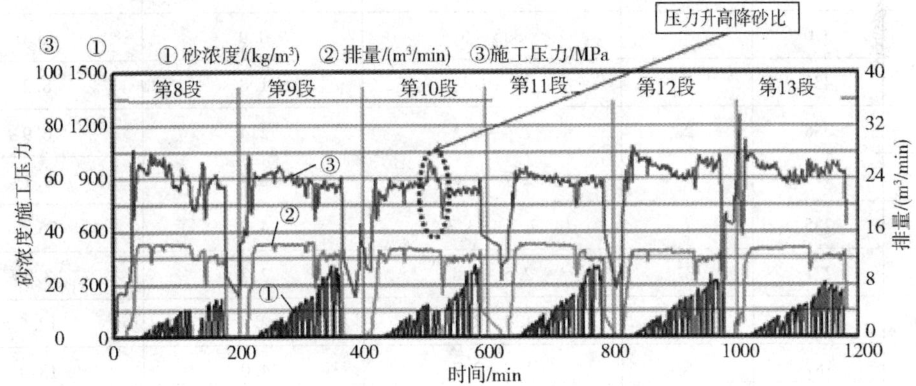

图 12-18　第 8～13 段压裂施工曲线

第 14～22 段地层中-高气测值（C10.6%～5.97%、1.03%～3.52%）、相对低伽马值（157～449API），弹塑性地层，施工压力 60～80MPa，加砂相对顺利，但停泵压力普遍较高。这可能是段间距较密，裂缝诱导应力干扰大的缘故（图 12-19）。

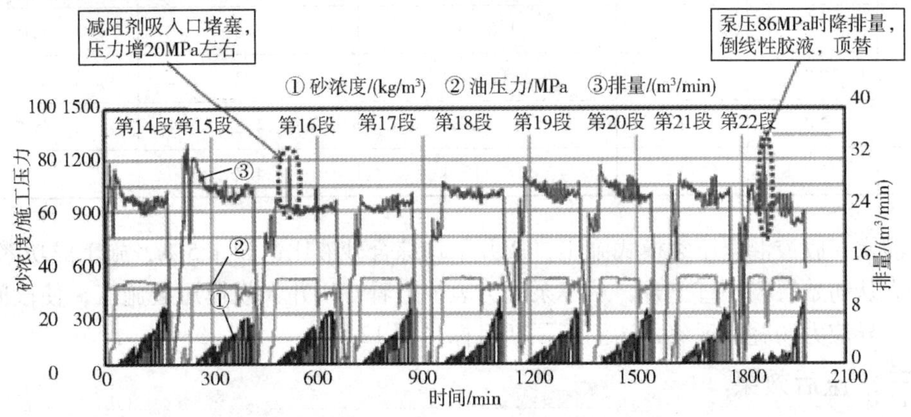

图 12-19　第 14～22 段压裂施工曲线

统计了 H 井 22 段压裂施工在升排量阶段的地层破裂次数、平均压力降幅及降速（表 12-11）。其中前 6 段天然裂缝发育，脆性，压力降幅和降速较大，整个排量过程发生多次明显破裂；7～11 段偏塑性，压力降幅和降速小，相对低排量发生 2～3 次微小破裂；12～22 段受地应力较大影响，压力降速有所降低，发生明显破裂的次数减少。

表 12-11 H 井 22 段地层破裂特征数据表

射孔段	伽马 API	破裂次数	施工排量/（m^3/min）	平均压力降幅/MPa	降速/（MPa/min）
1	243	7	5.5～11	3.7	17.4
2	244	2	4～12.2	4.7	34.5
3	259	12	0.9～13.2	4.0	29.5
4	245	7	5.7～13	1.9	8.4
5	210	3	10～14.4	3.3	4.7
6	248	5	4～14.1	3.6	17.4
7	370	3	3.5～6	0.9	15.0
8	431	2	5～9.3	1.8	8.2
9	388	2	7.4～9.5	2.4	6.9
10	413	3	2.7～6.6	2.4	9.1
11	235	7	2.7～13.3	4.3	25.8
12	231	3	2.5～4.8	2.2	8.2
13	389	2	1.4～2.3	2.7	12.5
14	187	4	1.8～2.7	4.0	18.4
15	180	3	0.7～2.8	4.2	6.8
16	200	1	2.7	1.5	10.0
17	240	1	2.3	8.8	7.3
18	228	2	5.7～13.4	3.8	2.4
19	242	2	1.8～3	2.6	8.0
20	242	2	2.8～13.4	4.3	1.2
21	248	4	1～13.6	4.2	15.7
22	156	3	5.8～13.4	4.2	7.4

滑溜水＋胶液混合压裂模式施工，H 井平均综合砂液比达到 4.5%，施工成功率较高。停泵压力从初始层段一直上升，从停泵压力表征上看，H 井大规模压裂施工，使段间压裂发生了诱导应力场叠加现象，达到了预期目标（图 12-20）。

（三）压后效果

H 井于 2013 年 1 月压完，初产最高 $3.2\times10^4 m^3/d$，一点法无阻流量为 $12.1\times10^4 m^3/d$。

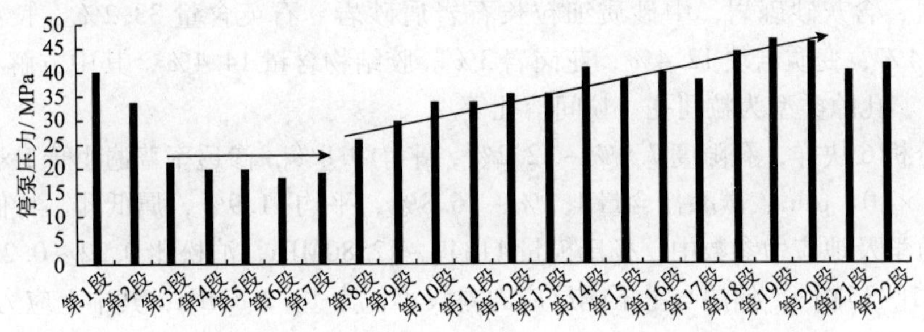

图 12-20　H 井 22 段施工停泵压力数据图

至 2014 年 8 月累产气量 $498\times10^4m^3$，当前产量（1.7～2）$\times10^4m^3/d$，控制返排率 52.26%（图 12-21）。

该井相比该区第一口井，不需要电潜泵排液，能实现自喷返排，但压后的产量未获得较大改善，主要原因是形成的裂缝复杂程度依旧不高，单一缝占比 45%，返排率达到 52%，远高于焦石坝地区，整体复杂程度相对较低。主要原因是彭水地区两口井水平段均在④～⑤号层内穿行，整体脆性中等，层理发育一般，较难形成复杂裂缝。

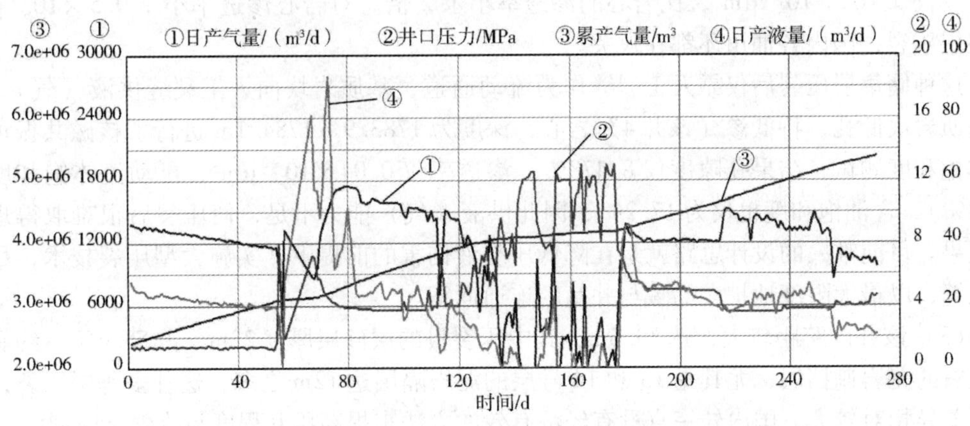

图 12-21　H 井压后排采数据

第六节　复杂岩性压裂实例分析

一、压裂井特征及对策

（一）赛 69 井储层特征

赛 69 井地理位置处于内蒙古自治区锡盟苏尼特右旗都呼木乡 120°方位 19.3km，构造位置属于二连盆地赛汉塔拉凹陷赛中洼槽赛西东构造赛 69 井复合圈闭。压裂目的层有 11～15 共 4 个小层，井段分别为 1764.4～1770.0m、1773.0～1780.6m、1783.6～1786.4m、1802.0～1804.0m。

岩矿特征为对 1766.0～1786.17m 进行了 5 个薄片分析，岩石为含灰质细粒—中粒长石岩屑砂岩，含灰砂砾岩，中砂质细粒长石岩屑砂岩。石英含量33.2%，长石27.2%，凝灰岩24.4%，变质岩块12.4%，花岗岩3%。胶结物含量14.4%，其中方解石11.4%，泥杂基3%。孔隙类型为粒间孔、粒间溶孔等。

物性分析6块样，孔隙度7.9%~12.2%，平均9.8%，渗透率普遍小于$1\times10^{-3}\mu m^2$，平均$0.314\times10^{-3}\mu m^2$，碳酸盐含量1.2%~16.8%，平均11.9%，属低孔、特低渗储层。

岩石力学及地应力参数中，杨氏模量11840~12580MPa，泊松比0.22~0.23，最小水平主应力31~35MPa，储层与上下隔层应力差较小，为1~2.5MPa，其中上应力差更小。

（二）压裂难点

（1）岩性复杂。长石或碳酸盐岩细砂岩、粉砂岩。含凝灰岩10%~15%，碳酸盐岩11.9%，变质岩1%~3%。这对压裂液的选择造成了一定的难度，必须从配伍、防膨、降伤害、提高携砂性与破胶返排性等方面强化工作。同时，每种岩性的破裂压力及裂缝延伸规律有差异，几种岩性混合后的裂缝破裂延伸规律可能更为复杂。

（2）储集空间为低孔特低渗的基质岩块。岩心孔隙度9.8%，渗透率$0.314\times10^{-3}\mu m^2$，主要靠粒间孔和粒间溶孔作储集空间。无天然裂缝作渗流通道，因地层测试的有效渗透率仅$0.102\times10^{-3}\mu m^2$，比岩心的渗透率小了2倍。对岩心渗透率小于$0.5\times10^{-3}\mu m^2$的储层压裂，国内各油田还都在攻关。

这种储集层压裂后仅靠人工裂缝作为流动通道，基质岩块向人工裂缝供液（气）。由于基质岩块低孔、特低渗（该井4⅔₃岩心，深度为1783.9~1784.1m进行了核磁共振可动流体饱和度测试，结果孔隙度仅8.478%，渗透率仅$0.04\times10^{-3}\mu m^2$，可动流体饱和度仅4.04%），含油饱和度也仅为17.2%，因此供液（气）能力不足，使压裂后很难取得理想的效果。目前唯一的设计思路就是在降低压裂液伤害的前提下，实施大型压裂技术，尽量造长缝，以最大限度地扩大储藏与井筒的连通面积。

（3）该井的跨距较大，达39.6m，其中压裂目的层砂层厚度22m，占55.6%，约有一半左右的泥岩遮挡层，尤其是13和14号层的泥岩隔层达12m之多，这种多薄层压裂，且物性差异相对较大，国内外一直没有经济有效的方法来提高压开程度与改善支撑剖面。

（4）岩石的杨氏模量相对较低，仅为11840~12580MPa，这对二连1800m的深井而言，是比较低的，要考虑支撑剂的嵌入问题。

（5）解释的应力差值相对较小。大型压裂控缝高问题也是难以有效解决的一个问题。

（三）主体技术

（1）多次停泵以实时判断滤失及应力变化情况，为复杂岩性成功加砂提供实时判断依据。

（2）在压裂目的层取多个岩心，以代表不同的岩性特征，由此优化压裂液的配伍性及流变参数。

（3）变排量、变黏度等技术，在控制缝高的前提下，提高各小层的压开程度。前期采用较高黏度压裂液冻胶，且排量尽量大，前置液后期用常规黏度冻胶；加砂前期，尽量低砂比，后期砂比可适当提高，在11~14物性差的层砂堵后，判断15号层不会砂堵。

（4）采取改进的裂缝强制闭合技术，优化改进不同渗透率储层对导流能力的不同需求。即适当关井一段时间后再强制排液。

二、压裂施工及效果

该井压裂施工综合曲线见图 12－22。

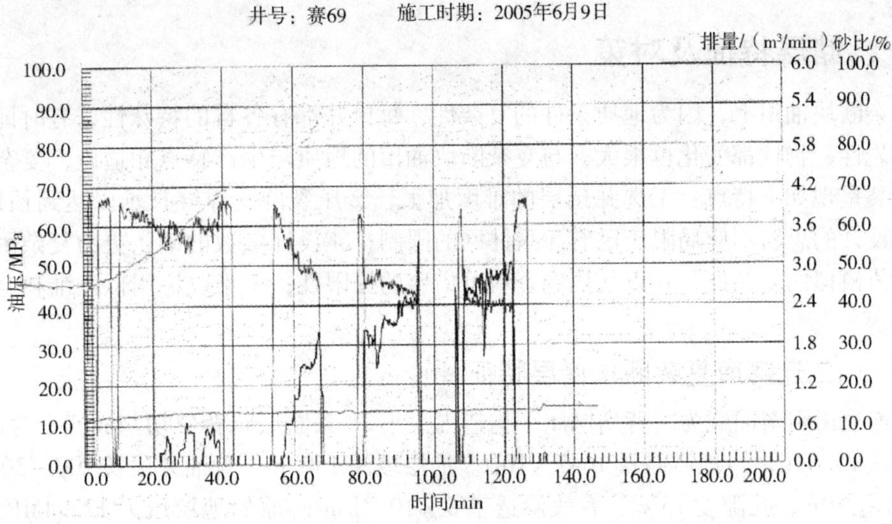

图 12－22　赛 69 井 11～15 号层压裂施工综合曲线

由上述施工资料可见，赛 69 井采用 5½in＋2⅞in 环空注入方式施工，井口压力一直在 12～13MPa 的低水平上，一直很稳定。值得指出的是，该井在加砂前停泵 20min，在加砂期间停泵两次，时间分别达 12min 和 10min，但施工仍正常进行，反映了储层的极致密性。压后测压降 25min，压力几乎不下降，又反映了储层的物性极差。

同时，压后 25min 压力不降还说明了停泵后，裂缝没有继续延伸。一种解释是前置液量设计刚好，停泵后支撑剂恰好运移到裂缝端部，此时可获得最佳的裂缝支撑剖面。另一种解释是岩石较软，岩石的塑性较强，导致压裂停泵后，裂缝立即停止延伸。

赛 69 井压后取得了 4.95m^3/d 的产油量，比设计预期值偏低。虽然压裂施工完全达到设计要求，裂缝形态也与设计基本相同，但由于以下的原因，效果受到了一定程度的影响。

（1）复杂岩性与特殊的储集空间类型，影响了压后产量。岩性复杂，很难保证压裂液对每种岩性都配伍和低伤害。低孔、特低渗的基质储集空间，可动流动饱和度仅 4.04%，含油饱和度仅 17.2%，又无天然裂缝作为流动通道，即使有很长的人工裂缝，由于基质岩块向人工裂缝供油气能力太差，仍无法取得理想的效果。

（2）岩石杨氏模量偏低，仅 11000MPa 左右，闭合压力又相对较高（在 30MPa 以上），因此，支撑剂的嵌入较严重，甚至部分裂缝会因为严重嵌入而失去导流能力，就相当于嵌入段之后的裂缝失去了压后产量的贡献机会。

（3）压后抽汲的液面位置较深，随动液面的部分恢复，在裂缝内产生了循环加载与卸载的过程，在较高闭合压力作用下，会加剧裂缝内支撑剂的破碎。与嵌入的综合影响，导流能力的过早消耗，会使支撑缝长也大幅度缩短。

第七节　复杂断块储层压裂实例分析

一、储层特征及对策

复杂断块油田上，因为地质条件的复杂性，每口井都有各自的特殊性，有时即便是邻井上的岩性、物性都变化也很大。与复杂断块油田的地质与生产特点相适应，复杂断块油田的压裂呈现如下特点：①选井选层的难度加大；②压裂的支撑缝长难以达到预期目标；③压裂设计的思路不应局限于已有注采井网的限制；④设计参数的确认更为复杂困难；⑤油藏数值模拟的复杂性；⑥以往压裂资料可借鉴的局限性；⑦难以应用拟三维和全三维压裂软件。

（一）二连阿南复杂断块储层特征

二连油田阿南油藏为一背斜圈闭。构造内大小38条断层将背斜切割成五个含油断块。含油面积15.64km^2，地质储量1647×10^4t。油层埋深1500m，含油井段长200~300m。单井有效厚度9m，孔隙度15%，有效渗透率6×$10^{-3}$$\mu m^2$。原始地层压力12.94MPa，压力系数0.86，饱和压力4.96MPa，地层温度68℃。该油藏是一个受断层与岩性控制天然能量不足的低渗透复杂断块砂岩油藏。

该油藏地质特征表现为以下几点：①纵向上非均质性强，属不均质—极不均质级别，而平面上则相对较好；②含油井段长，小层分布不集中，且层多层薄；③储层连通性好；④地下原油黏度高（10.46mPa·s），在注水开发中处于不利地位。

开发生产中需加注意的有：①由于注入量始终大于采出量，地层压力已由12.97MPa上升到20.75MPa，为开发生产与复压带来一系列问题；②吸水与产液剖面分析结果说明，在注水井约有一半的射开厚度与射开层数不吸水，在生产井中约有2/3的射开厚度与射开层数不受效；③纵向上非均质性强，在注水井中那些高渗层即是高吸水层。也由于平面上的非均质性相对较缓，加之储层连通性好，因此在生产井中高渗层即是高受效层、高产油层、高出水层与高压层，它们是井的主力层，是少数；④显然，油藏目前的生产动态仅反映了主力层的生产变化，而多数非主力层尚未出尽全力，它们是复压改造的主要对象，也是油藏实现稳油控水的主要依据。

（二）压裂难点

复杂断块地应力方向变化快，裂缝参数设计具有一定的不确定性。

（三）主体技术及参数

针对上述分析，在阿南和赛汉两油藏中的压裂设计工作很多，但主要归结为以下几点。

1. 选井选层研究

根据地质构造及沉积的特点（物源方向、水流方向）分析，掌握整个复杂断块内的油层宏观分布（油层厚度、物性的宏观分布规律）。在此基础上，将整个区块内的油水井按区域分块研究，包括总的产出、注入情况及各砂体或小层在宏观上的产出及吸水量（判断

含水率）分析以及采出程度等。目的是找出主要的候选压裂层。然后再逐一进行单井组研究，对其钻井、地质、采油、压裂、测试及注水等资料综合研究分析，进一步落实压裂的候选层。其中也包括利用注采动态曲线分析，目的是找出油井的注水见效方位，并考虑与裂缝方位的匹配性。

2. 压前储层的精细评价

在粗选压裂井层的基础上，还要对其进行精细评价，进一步淘汰不符合要求的井层。目前已研制出综合考虑有效渗透率、有效厚度、目的层跨距、含水率、剩余可采储量等参数的模糊多因素选井选层方法。

储层精细评价包括小层厚度及其纵横向分布情况、有效渗透率、目前压力系数、含水及剩余可采储量等。研究手段包括地质及测试资料的分析、模糊多因素设计方法（如确认有效渗透率）、灰色系统理论等（如用于预测剩余可采储量）及裂缝模拟和油藏数值模拟软件等，也包含油藏工程中各种经验公式的运用。

上述影响压裂效果的因素，其上下界的定量指标的确定，主要是根据国内外相关的理论研究成果，并运用数值模拟技术进行验证，同时结合油田的实际情况，经综合权衡得到的。

3. 压裂设计原则的灵活性

主要基于复杂断块油田不同油井的自身特点而有所侧重。如有的井要突出强调高导流短缝的重要性（见到注水效果者）；有的井则着重强调缝长的重要性，而导流能力则相对不作过高的要求（未见注水效果，而渗透性又偏低者）；有的井既要强调缝长的重要性，又强调导流能力的重要性（无注水效果而物性较好者）；有的井排量要适当高些（厚度相对较大、距上下高含水层较远或者隔层的遮挡性能良好者）；有的井排量又要适当低些［距上下高含水层相对较近，或由综合测井曲线（主要是自然伽马测井曲线）判断缝高更易于向下延伸者，为了减少支撑剂的无效支撑和减少缝口处导流能力的损失］。

确定平均砂液比，主要基于有效渗透率的大小（有效渗透率高者适当放大砂液比，小者适当放小）以及有效厚度灵活确定。有效厚度小者适当提高砂液比，反之适当降低［主要基于裂缝模拟结果，当有效厚度大时，易于取得较高的裂缝铺置浓度和导流能力（平均砂液比一定的情况下）］。

此外，在前置液百分比上也应随油井滤失性的不同随时变化调整（相应调整压裂液配方）。

4. 裂缝数值模拟和油藏数值模拟综合应用

根据拟定的设计原则，每口井都设计多种压裂方案，然后对每种方案进行裂缝模拟，模拟出相应的缝长和导流能力后，按可能的裂缝方位，按等效导流能力的方法将上述裂缝放进油藏模型中，计算一定时间内的产量动态及面积波及系数等，以此作为选择方案的依据。

5. 研制或优选适合油藏地质特点与工艺要求的压裂材料

压裂液方面研制优选了优质高效的瓜尔胶有机硼体系。该体系为中温体系（阿南、赛汉两油藏地层温度均在68℃左右）。为克服中温体系破胶难问题，又相应研制了微胶囊破胶剂。在$170s^{-1}$条件下剪切50min（与施工时间接近），黏度保持在130mPa·s，流态指数为0.5118，稠度系数为0.97，造壁性滤失系数为$5.9\times10^{-4}m/min^{0.5}$，对储层的伤害率为15%。

支撑剂选用低密中强的宜兴陶粒，密度与砂子相当，不影响输送。45MPa 下的破碎率为9%，在 32MPa 下的导流能力为 94$\mu m^2 \cdot cm$（实验室值）。

上述材料均可满足地质与工程条件。

6. 高砂比压裂和裂缝强制闭合技术的现场应用

研究了高砂比压裂的设计方法和多段加砂技术，并付诸矿场实践，证明是行之有效的增产手段。此外，在部分井上试验了裂缝强制闭合技术，也获成功。

7. 严格系统的现场质量控制

包括施工前压裂材料的备料数量和性能检测、施工中的加砂程序执行情况和前置液的打入地层量监督及追加破胶剂的楔形加入技术指导以及压后放喷和投产的一系列规定，并亲赴现场监督和指导，目的是确保将优化的压裂设计转化为优化的压裂施工，以实现预期的增产目标

二、现场压裂及效果

6 口复压井于 1996 年 7~9 月进行了现场施工。施工主要数据、裂缝拟合结果与复压层第一次压裂（压裂投产）的数据比较发现，复压在施工要求高、难度大的条件下，提高了裂缝的导流能力与支撑缝宽，实现了设计要求。至 1996 年 12 月 10 日，各复压层已累计生产 608d，在继续有效的情况下，取得了显著的技术经济效果。其中阿 31 - 227 井的 49 ~52 号层已属第二次复压，复压后累计增油 769t，日增油 8. 3t，含水由 65% 降至 32%，见表 12-12、表 12-13。可以说，复压实现了油藏稳油控水的开发要求。

表 12-12　阿南 6 口井施工参数及拟合裂缝参数

主要施工数据			裂缝拟合		
施工参数	第一次	复压	设计参数	第一次	复压
总用液量/m^3	83	83	支撑半长/m	100	79
前置液百分数/%	50	62	支撑缝宽/mm	1. 50	2. 43
加砂量/m^3	13	14	裂缝高度/m	47	33
平均砂液比/%	30	43	铺置浓度/（kg/m^2）	2. 7	5. 1
加砂阶段数	4	6，8，10	导流能力/$\mu m^2 \cdot cm$	1. 3	23. 0
破裂压力/MPa	35	38	无因次导流能力	0. 01	0. 44
泵注排量/（m^3/min）	2. 3	3. 0			

表 12-13　阿南 6 口井压裂效果对比情况

基础数据		31 -426	31 -436	31 -22	31 -227	11 -305	10 -38	合计	平均
复压前	取值天数/d	92	70	87	90	58	59	455	76
	日产液/t	7. 7	8. 2	7. 2	7. 9	2. 5	7. 1	40. 6	6. 8
	日产油/t	3. 6	2. 3	3. 5	2. 8	1. 1	3. 0	16. 3	2. 7
	含水/%	54	72	51	65	55	58	51 ~72	60

续表

基础数据		31－426	31－436	31－22	31－227	11－305	10－38	合计	平均
复压后	生产天数/d	124	75	102	96	104	97	608	108
	日产液/t	8.5	14.5	14.4	16.3	12.1	16.7	82.5	13.8
	日产油/t	5.6	7.1	10.1	11.1	8.3	6.6	48.3	8.1
	含水/%	34	51	30	32	32	61	11～30	40
	累计产油/t	697	536	1127	1065	868	644	4937	823
	累计增油/t	251	363	735	796	754	353	3252	542
	日增油/t	2.0	4.8	6.6	8.3	7.2	3.6	32.5	5.4
	含水降低百分点	20	21	21	33	23	－3	－3～33	20
	净收益/10^4 元	－7.7	23.2	56.3	72.6	70.3	20.9	235.6	39.3
	投资回收期/d	0	16	9	6	16	34	81	14

注：1. 31－426 井因复压前后测试的高投资，在统计期内尚未平衡，故净收益栏内出现负值；

2. 10－38 井复压前由注水井转生产井，压后第一个月含水达 80%，故含水栏内出现负值。

第八节　天然裂缝性储层压裂实例分析

一、储层特征及对策

在裂缝性气藏压裂施工过程中，由于天然裂缝开启导致的压裂液过量滤失、主裂缝难以形成和延伸，施工过程中表现出高的施工压力和低砂比阶段快速砂堵等难点。压裂砂堵的原因主要是滤失大及形成多裂缝。

（一）Z16 裂缝性油藏特征

Z16 断块主要含油层位为 Es33 段，油藏埋深 2000～2400m，油层中深 2100m，孔隙度为 22.8%～23.2%，有效渗透率为 31.6mD，为中高孔、低渗储层。该断块属于低矿化度、受岩性控制的层状构造油藏。2005～2007 年，在该断块进行了 4 口井的压裂施工，其中 3 口井由于施工压力上升快，未完成加砂任务。裂缝性油藏压裂是目前压裂工程技术中的难点和热点问题。为提高 Z16 裂缝性断块油藏压裂改造成功率，有必要进行了防砂堵工艺技术措施研究。

（二）压裂难点

裂缝性地层容易砂堵。

（三）压裂主体技术

1. *G* 函数诊断技术

利用测试压裂的 *G* 函数闭合点前叠加导数曲线的上凸现象识别裂缝特征，并根据 *G* 函数闭合特征曲线确定不同时期、不同压力级别下压裂过程中微裂缝张开压力特征。同时利用测试压裂可以确定压裂过程中的滤失情况。

2. 测试压裂中子寿命－同位素缝高诊断技术

通过测试压裂后的中子寿命－同位素测井曲线和测试压裂前测井曲线对比，可以确定压裂过程中裂缝高度和裂缝在射孔段上下延伸的情况，为进一步优化射孔和压裂优化设计提供了依据。

3. 压裂裂缝监测技术

通过井下微震监测和地面微地震压裂裂缝监测技术，可以较准确地获取水力压裂裂缝的长度、方位等参数，从而客观评价压裂施工效果、较好地指导压裂施工设计、同时为邻井同层位压裂施工工艺改进提供依据和进行指导。

4. 优化射孔技术

裂缝性气藏压裂过程中表现出施工压力异常和近井摩阻异常的特征，为了保证施工顺利进行和确保裂缝在储层中延伸，需要在地应力研究基础上，从射孔方式和射孔参数上进行优化，降低射孔引起的孔眼摩阻、弯曲摩阻和施工压力。一般采用定向射孔和小井段集中射孔（射孔井段控制在1~3m内）。

5. 优化加砂程序

优化加砂程序包括加70~140目粉砂或粉陶、优选高黏度压裂液及控制主裂缝净压力等降滤失措施；采用支撑剂段塞技术（由于裂缝性储层的滤失较大，如采用连续式加砂程序进行施工，很容易发生早期砂堵现象。而采用段塞式的加砂程序，即支撑剂段塞技术，可以防止支撑剂连续输送而发生砂堵的现象出现）、选用小粒径支撑剂（由于滤失大造成的造缝宽度降低，有必要采用小粒径支撑剂，以增加支撑剂的铺置浓度）及优化砂液比（最高砂液比低于30%）等。

二、压裂实施及效果

在Z16断块压裂采用提出的高排量、大砂量、适度砂比、支撑剂段塞等有针对性的技术措施，设计了Z16－25x和Z16－2x井压裂方案，并进行了现场实施。表12－14为Z16断块压裂施工对比情况，其中Z16－7x、Z16－11、Z16－23x、Z16－40x为前期压裂施工井。

表12－14 华北Z16裂缝性油藏压裂情况

井号	施工日期	施工井段/m	有效厚度/(m/层)	设计砂量/m^3	实际加砂量/m^3	加砂强度/(m^3/m)	增产倍数	备注
Z16-7x	20051202	2053.0~2077.4	21.2/4	16	12.10	0.57	2.63	砂堵
Z16-11	20051122	2113.6~2118.8	5.2/1		7.50	1.44	1.33	砂堵
Z16-23x	20070812	2161.0~2171.6	9.6/2		15.00	1.56	2.61	高砂比段压力上升6~8MPa
Z16-40x	20070823	2018.6~2150.6	24.2/8	38	33.00	1.36	1.38	砂堵
Z16-25x	20080622	2156.2~2189.6	10.0/4	28	28.98	2.90	2.23	
Z16-2x	20080623	2125.6~2141.2	12.0/2	36	35.78	3.00	4.30	

从施工情况来看，前期压裂的4口井中有3口井出现砂堵，且这3口井的设计加砂量都只有十几立方米，砂堵率为75%，增产倍数平均仅为1.99；而2008年后2口井在加砂规模较大的情况下顺利完成施工，压裂成功率为100%，增产倍数平均为3.27，压裂成功

率及增产效果均明显提高。同时由于Z16断块注水效果差，考虑该断块地层压力下降（依据Z16－20井2007年1月测试的地层压力数据，预计从2005年底到2008年6月，地层压力已下降4.0MPa），2008年压裂效果明显优于前期压裂井。

第九节　低孔特低渗储层压裂实例分析

一、储层特征及对策

A井位于松辽盆地南部梨树断陷金山圈闭，压裂目的层段为沙河子组。储层岩性为灰白色含气砂砾岩，区域压力系数为1.18，属于常压油藏；地层温度梯度为3.26℃/100m，预计储层中深温度为96.4℃。测井解释目的层段孔隙度为8%～11%，平均值为9.5%；渗透率为（0.2～0.6）$\times 10^{-3}\mu m^2$，平均值为0.45$\times 10^{-3}\mu m^2$，属低孔特低渗储层。压裂改造的目标是落实该地区含油气性，求取试油井段的地质参数及相关的油、气、水资料，为储量计算提供参数。

（一）A井储层特征

目的层岩性为灰白色含气砂砾岩，测井解释目的层段孔隙度8%～12%，平均9.5%，渗透率为（0.2～0.6）$\times 10^{-3}\mu m^2$，平均值为0.45$\times 10^{-3}\mu m^2$，属低孔特低渗储层，详细数据见表12-15。隔层测井解释数据见表12-16。

表12-15　A井压裂层测井数据表

试气层号	层位	深度/m	厚度/m	AC/(μs/m)	DEN/(g/cm³)	LLD/Ω·m	GR(API)	ϕ/%	S_w/%	K/mD	SH/%	解释结果
34	沙河子组	2529.5～2531.2	1.7	231	2.44	99	80	12	46	1.2	3	气层
35		2533.0～2541.9	8.9	214	2.46	118	105	8	62	0.2	14	差气
36		2546.0～2551.9	5.9	220	2.44	141	102	9	48	0.2	18	气层
40		2585.8～2588.2	2.4	228	2.44	174	51	11	45	0.6	8	气层
41		2591.3～2594.2	2.9	228	2.45	107	60	11	52	0.5	10	气层
42		2595.4～2599.3	3.9	216	2.44	140	60	10	46	0.6	4	气层

表12-16　A井隔层数据表

试气层层号	隔层类别	井段/m		GR(API)	AC/(μs/m)	LLD/Ω·m	说明
		井段	视厚				
上段（34～36）	灰黑色泥岩	2524～2527	3	140	265	10	上隔层
	无隔层	/	/	/	/	/	下隔层
下段（40～42）	深灰色泥岩	2579.5～2585.8	6.3	140	240	11	上隔层
	深灰色泥岩	2600～2614	14	140	240	50	下隔层

根据应力剖面解释情况（图12-23），本井目的层（2529.5～2599.3m）的最小水平主应力平均值为59.7MPa，最大水平主应力平均值为68.9MPa。目的层上部隔层厚度为

13.2m，应力差为7.4MPa；目的层下部隔层厚度为6.4m，应力差为3.2MPa。因此，目的层下部隔层遮挡条件较差，压裂施工时应注意控制缝高往下过度延伸。

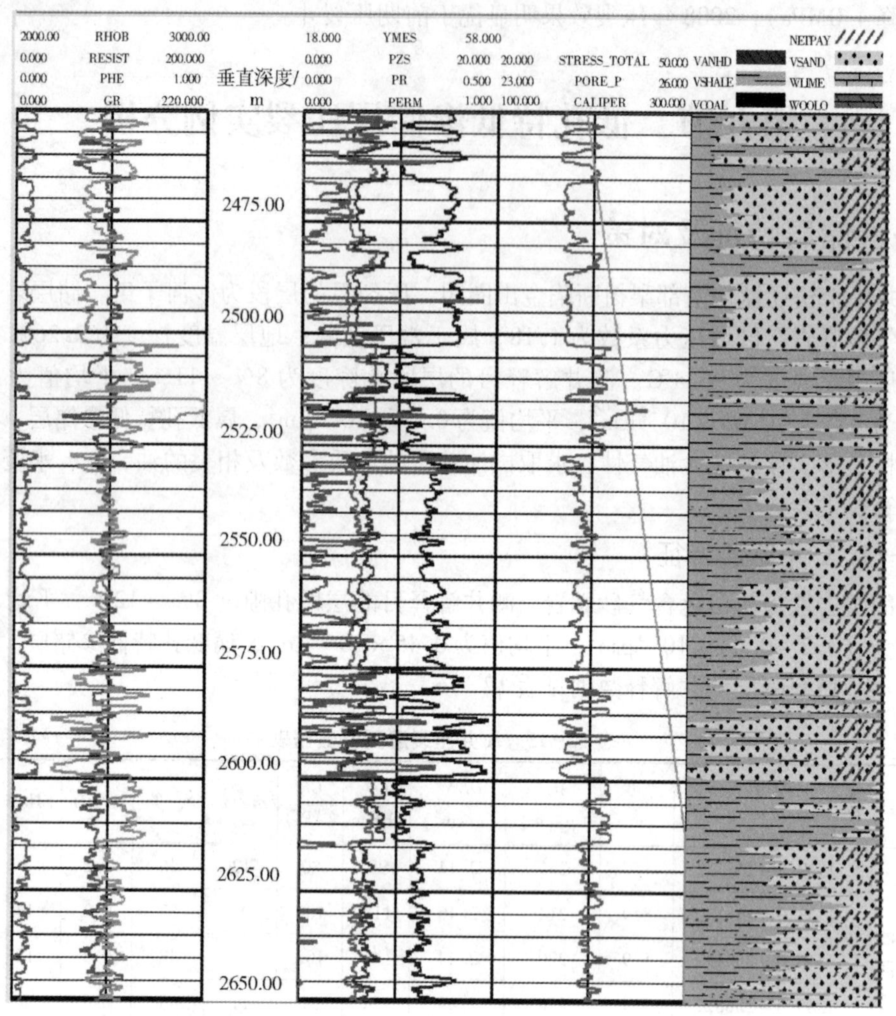

图12-23　A井应力解释剖面图

（二）压裂难点

（1）低空特低渗储层需要长缝，缝高控制难度大；

（2）储层容易伤害。

（三）压裂思路及主体技术

1. 总体思路

（1）扩大有效改造体积，最大限度形成复杂裂缝。

控制缝高：通过液体黏度、排量、支撑剂加入方式等综合优化控制裂缝延伸高度；

多尺度裂缝：通过低黏液体探缝、低中黏液体造缝、中高黏液体扩缝等方法形成多尺度裂缝系统；

不同尺度裂缝的有效支撑：优化小粒径支撑剂提高微裂缝、分支缝的支撑效率；通过组合加砂技术提高主裂缝远井支撑效率。

（2）降低储层伤害。

优选低伤害清洁压裂液体系。

2. 压裂液优选

在满足与地层岩性及流体配伍性的基础上，优选低伤害清洁压裂液体系；考虑造缝及不同尺寸粒径的携砂性能需要，选用低黏（<10mPa·s）、中黏（30~50mPa·s）、高黏（>100mPa·s）3种黏度的压裂液。

3. 支撑剂优选

考虑到不同尺度裂缝系统的有效运移和支撑的需要，采取3种粒径的支撑剂，即70/140目、40/70目和30/50目陶粒支撑剂。

按地层闭合应力梯度0.018~0.02MPa/m计算，地层闭合压力约为45~52MPa，为减少嵌入等导流能力损失因素的影响，保持裂缝长期导流能力处于较高水平，提高导流能力，建议选用高强度的陶粒支撑剂（闭合压力69MPa）。

支撑剂类型：100目陶粒（69MPa）+40/70目陶粒（69MPa）+30/50目陶粒（69MPa）。

二、压裂施工及效果

（一）压裂施工

具体施工参数见表12-17，施工曲线见图12-24。

表12-17 A井压裂施工数据及统计表

名称	时间（时:分）	阶段液量/m^3	阶段排量/(m^3/min)	阶段压力/MPa	砂量/m^3		平均砂比/%
		实际	实际		设计	实际	实际
6月4日管汇重新连接，重新试压60MPa，高压管汇及井口不刺不漏，试压合格。							
低替坐封	19:56~19:57	2	2.5	32	/	/	/
前置液	19:57~20:18	44	2.5	32.3~66.1	/	/	/
6月4日20:18投球，20:48开泵送球，21:06滑套打开，用液11m^3，6月5日9:20开始压裂第二层							
前置液	9:29~10:18	10+195	1.5~3.3~4.5	30~48	4	4	/
携砂液	10:18~11:46	384	4.5	46.5~51	70	70	18.3
顶替液	11:46~11:50	13	4.5	50~62.9	/	/	/
配液量/m^3	设计：950+50 实际（800+50）×2		破裂压力/MPa		45.2		
入井总液量/m^3	60.7+602		平衡压力/MPa		15		
液氮总量/m^3	18		停泵压力/MPa		32.1		
液氮排量/(m^3/min)	120		施工压力/MPa		50		
备　注	第三次施工，第二层顺利完成设计加砂要求						

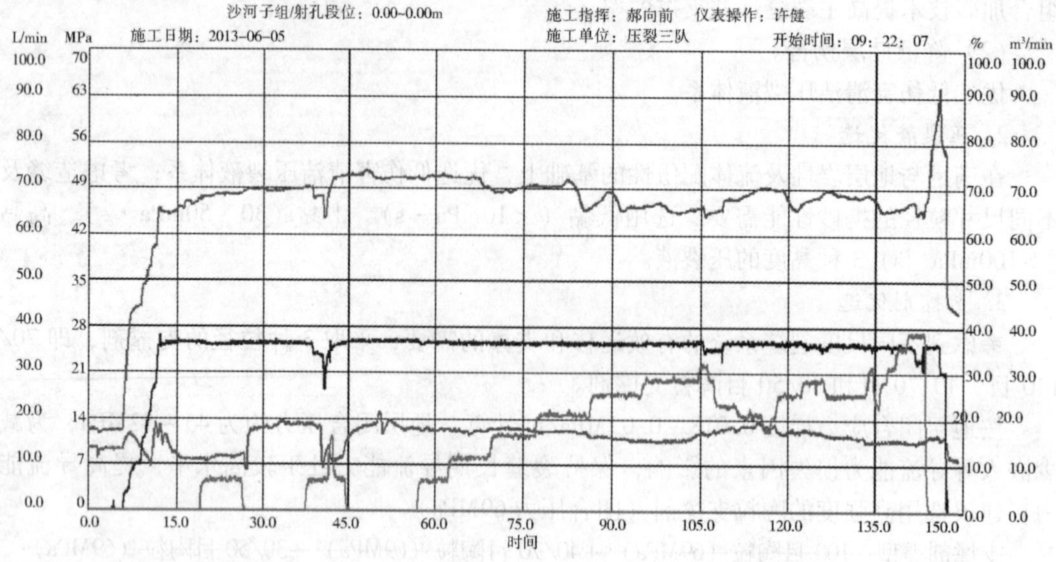

图 12-24　A 井压裂曲线图

从施工曲线分析，压裂施工时，排量从前置液初期 1.5m^3/min 升至 3.3m^3/min，携砂液阶段稳定在 4.5m^3/min，总液量为 602.0m^3，加砂量 74.0m^3，平均砂比 18.3%，满足设计加砂要求，施工顺利完成设计加砂量。显示破裂压力为 45.2MPa，停泵压力为 32.1MPa。

（二）压后效果

人工裂缝模拟结果见图 12-25 及表 12-18。

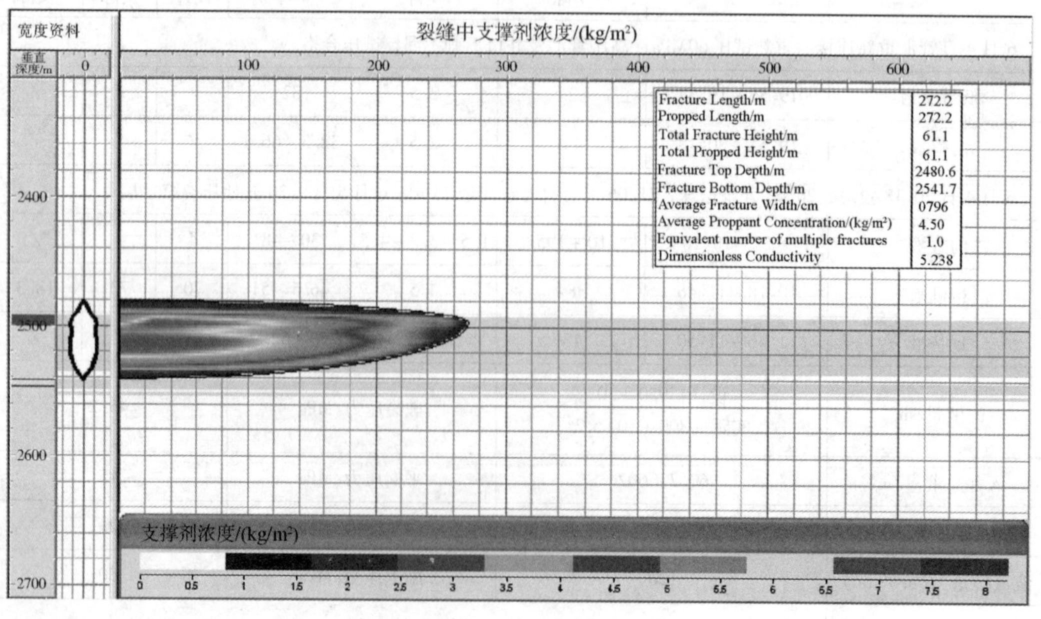

图 12-25　人工裂缝模拟云图

表 12-18　人工裂缝参数模拟计算结果

裂缝参数	支撑缝长/m	支撑缝高/m	缝宽/cm	铺砂浓度/（kg/m^2）
第二层	272.2	61.1	0.796	4.50

通过压后拟合分析，人工裂缝支撑缝长为 272.2m，支撑缝高为 61.1m，平均缝宽为 0.796cm，铺砂浓度为 4.50kg/m^3。

A 井压后初期产气量为 $2.5\times10^4m^3/d$，而邻井常规压裂工艺实施井压后产量一般为（0.5～1.5）$\times10^4m^3/d$，且压后产量递减速率明显慢于邻井，有效期明显增长，累计产气量 $195.88\times10^4m^3$，取得了显著的增产效果。该井压裂技术及效果的成功，为该区低孔特低渗储层的开发提供了参考及依据。

第十节　低压储层压裂实例分析

一、储层特征及主体技术

（一）鄂尔多斯 YY-1 井低压储层特征

鄂尔多斯盆地东南部中生界延长组长 7 段泥页岩（俗称张家滩页岩）为例，主要由黑色、灰黑色泥岩、页岩、泥质粉砂岩、粉砂岩组成（碎屑成分主要为石英、长石、云母、黏土矿物等。石英平均含量 27.75%，长石 26.28%，黏土矿物 42.11%。其中，黏土矿物以伊/蒙混层矿物为主，平均含量为 71.7%，其次是绿泥石、伊利石、高岭石等。孔隙度平均值为 1.82%，渗透率平均值为 $0.163\times10^{-3}\mu m^2$。孔隙类型以微孔为主，其次为粒间孔、自生矿物晶间孔、溶蚀孔隙等。发育多组裂缝，分布范围广且稳定。

YY-1 井井深 1600m，长 7 段岩性为黑色页岩，厚度 65m，录井气测异常，具有较好的试气价值。

（二）压裂难点

压裂液返排难度大。

（三）主体技术

CO_2 泡沫压裂液体系在一些低压、低渗的储层中具有非常显著的施工效果，其工作机理主要包括二氧化碳泡沫压裂体系黏度高、滤失低、悬砂性好、摩阻小以及反排能力强等。

其主要优点包括：①CO_2 泡沫压裂体系黏度高。CO_2 泡沫压裂体系在添加一定的稠化剂之后，将 CO_2 气体注入，因该气体结果具有的特点，能有效提高压裂液体系的黏度。CO_2 泡沫的黏度主要取决于泡沫的质量与液相性能，其质量性能越好，则表明气泡的密集性就越好；而气泡的干扰、摩擦阻力越大，也就表明其黏度越高。通常情况下，泡沫质量达到 75%～80% 之间时，其黏度就会达到最大。因此，通过将其液相黏度增大，既可以有效提高泡沫的稳定性，还能有效增强泡沫流体的黏度，从而使 CO_2 泡沫压裂液的造缝能力不断增强，最终产生出的裂缝宽度越大、长度越长。②CO_2 泡沫压裂体系滤失低。CO_2 泡沫压裂液与传统的水基冻胶压裂液比较，具有滤失系数低与滤失量较小等特点，主要是由于该体系中添加了一定的稠化剂，从而使其造壁能力增强。CO_2 泡沫压裂体系中的泡沫具有两相结构与气液张力等特点，造成当进入地层缝隙的泡沫压裂液必须要克服泡沫变形与界面张力引起的阻力，从而使其滤失系数降低。另外，孔隙中毛细管力所产生的叠加效应也会导致液体滤失量降低。需要注意的是，在渗透率不同的地层中，其滤失系数也是不同的。泡沫流体在低渗透的地层中的滤失系数往往要比传统的水基压裂液要低 2 倍，而在较高渗透率的地层，其滤失系数被压裂液之间的差异并不明显。通过提高泡沫流体的液相黏度，能有效提高其造壁性能，从而降低泡沫流体的滤失系数。③CO_2 泡沫压裂体系悬砂性好。CO_2 泡沫压裂体系因泡沫中具有一些独特的分子结构，使其在高砂比时可通过泡沫自身的能力减缓砂的沉降速度。实践研究表明，在 CO_2 泡沫压裂体系中，10～20 目大小的支撑剂的沉降速度接近于 0。正由于该体系具有良好的悬砂能力，使裂缝中的支撑层始终处于均匀的状态，导致裂缝的导流能力不断增强。④CO_2 泡沫压裂体系摩擦阻力小。CO_2 泡沫压裂液体系由于自身的泡沫结构，使其摩擦阻力比较小，以降低井口的施工压力，从而为排量较大的施工提供良好的施工条件，能有效产生比较大的裂缝面积。通常情况下。CO_2 泡沫压裂液体的摩擦阻力与清水的摩擦阻力几乎是一致的。⑤CO_2 泡沫压裂体系返排能力强。返排作为压裂过程中的一个重要环节，尤其是含气致密砂岩时，其返排的效果将直接影响整个压裂效果。在压裂过程中，不彻底的返排会导致气体的相对渗透率不断降低，导致产量降低。

由于 CO_2 的压缩性能比较好，因此其储能性能也比较强大。当时光完成、降低压力时，气体就会出现膨胀，提升其举升液体的能力，使排液彻底，从而提高裂缝的导流能力。

二氧化碳压裂的主体技术包括以下几点。

1. 优化设计技术

CO_2 压裂设计一般采用拟三维压裂设计软件。考虑了井筒温度场、地层温度场、地面泵入液体温度、施工排量、施工时间等因素对泡沫的影响。在设计方法上国外一般采用恒定内相技术，而长庆油田则使用恒定内相和变比例两种方法。

对恒定内相而言，当加入支撑剂时，支撑剂将与 CO_2 一起作为内相，根据支撑剂体积，调整 CO_2的注入排量，使内相保持恒定。

对变比例而言，当砂比（支撑剂浓度）提高时，降低 CO_2 比例，内相不一定恒定。实践证明这种变比例工艺设计对于保证深井及中、高渗气层的顺利施工是很有效的。

2. 液体混合及泡沫发生技术

为了保证液体 CO_2 与压裂液完全混合和乳化，在压裂液中添加表面活性剂，并在 CO_2 压裂施工中通过高压三通，使 CO_2与冻胶压裂液在高压管线中充分混合。同时，为使压裂液混合后发泡充分，液体配制过程将发泡剂加入到基液中。

3. 提高砂比技术

目前长庆油气田 CO_2 泡沫压裂中，液体 CO_2 与混合液体积之比一般不超过 50%，因此提高砂比不需要使用砂浓缩器系统。而适当提高瓜尔胶压裂液基液黏度和保持瓜尔胶压裂液排量，充分发挥混砂车性能，即可达到较高的砂比。

4. 压后返排技术

根据长庆油气田勘探过程的压裂实践，我们采用压后关井 2h 左右再开井用针阀控制放喷的做法，使压裂液充分破胶，防止放喷时支撑剂回流造成缝口闭合，影响压裂效果。

二、现场压裂及效果

2012 年 4 月，采用液态二氧化碳压裂工艺对该井长 7 段页岩气层进行压裂，有明显破压显示，施工压力平稳，压裂施工综合曲线见图 12-26。施工顺利，关井 24h 后开井放喷排液，24h 后点火可燃。

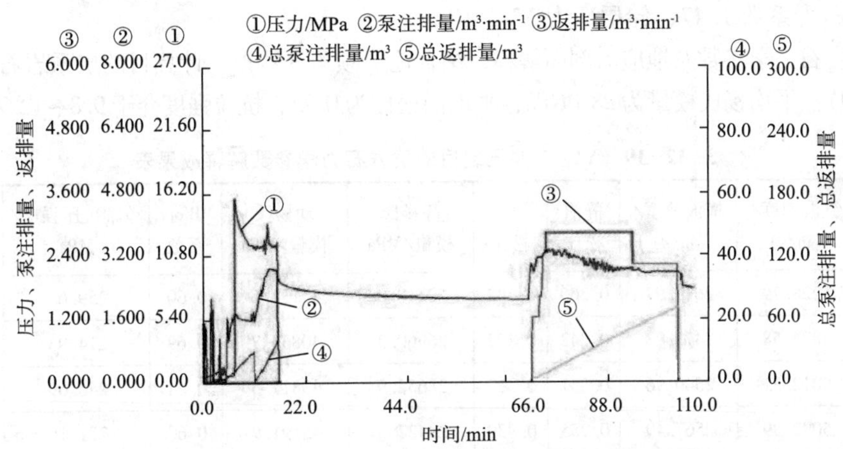

图 12-26 YY-1 井二氧化碳泡沫压裂施工综合曲线

目前国内缺乏液态压裂的关键设备（密闭混砂车），且施工排量受限，此次试验未能实现加砂。通过 YY-1 井二氧化碳压裂试验可以看出，液态二氧化碳在 $2.0m^3/min$ 以上的泵注排量下可以压开页岩层，并形成裂缝。同时，压后返排速度快，返排彻底，试气、投产周期短，为今后陆相页岩气井液态二氧化碳压裂设计提供了参数依据。

第十一节 多薄层压裂实例分析

一、压裂井特征及对策

（一）Y1-1 井储层特征

Y1-1 井是中国石化江汉探区一口典型的薄层致密油藏探井，压裂目的井段为该井Ⅲ号油组（2760.8～2762.0m、2763.2～2764.4m、2771.0～2772.0m，3.4m/3 层），目的层岩性为褐灰色油迹粉砂岩；目的层段储层天然裂缝发育，裂缝主要发育在泥岩中，砂岩中裂缝发育程度相对较低；裂缝以高角度缝为主，见水平裂缝，按成因分类，裂缝属于构造裂缝。

据该区该油组岩心物性资料统计，目的层孔隙度在13.8%～15.9%之间，平均为14.6%，渗透率在4.2×10^{-3}～$27.5\times10^{-3}\mu m^2$之间，平均为$12.3\times10^{-3}\mu m^2$，属于中孔低渗储层。岩心压汞实验分析，新下[I]油组目的储层孔喉半径0.9656～4.2555μm，平均0.8816μm；目的储层以微/细喉道为主，即使孔隙发育良好，由于微/细喉道的控制，基质渗透性及可动性较差。根据目的层段储层全岩分析结果，目的层石英含量51%，长石含量43%，胶结物以铁白云石为主，硬石膏、黄铁矿次之，胶结类型为孔隙胶结；储层具弱速敏、弱酸敏、弱水敏、弱应力敏感性特征。

目的层段储层原油性质较好，密度小，地面原油相对密度为$0.8281g/cm^3$；黏度低，地面原油黏度为6.49mPa·s；含硫为0.51%；凝固点为30℃。

依据江该区该油层平均地温梯度3.3℃/100m预测，本井预计地层温度为113℃左右。预计地层压力系数1.47，储层压力37.5MPa。

通过岩石力学参数及地应力剖面解释，结合地层倾角等数据，计算目的层系岩石力学参数（表12-19）：平均杨氏模量为28.0GPa，平均泊松比为0.25，抗拉强度介于9.8～12.7MPa。

表12-19　Y1-1井压裂目的层岩石力学参数解释成果表

深度/m	纵波速度/(m/s)	横波速度/(m/s)	静泊松比	动泊松比	静杨氏模量/MPa	动杨氏模量/MPa	Biot系数	单轴抗压强度/MPa	抗拉强度/MPa
2759.98	5228.79	2619.97	0.260	0.332	30518.0	47137.6	0.60	259.65	11.80
2760.98	4824.58	2473.98	0.242	0.322	26960.3	40833.7	0.69	214.95	9.77
2761.98	5012.31	2540.96	0.251	0.327	28652.9	43817.5	0.64	246.69	11.21
2762.98	5092.89	2567.49	0.255	0.330	29427.3	45191.9	0.60	271.16	12.33
2763.98	4914.20	2514.81	0.244	0.323	27532.5	41839.1	0.72	207.32	9.42
2764.98	4635.94	2390.38	0.238	0.319	25682.4	38600.6	0.63	280.38	12.74
2770.98	4899.15	2496.69	0.247	0.325	27742.3	42208.7	0.64	249.32	11.33
2771.98	4869.83	2485.30	0.246	0.324	27502.7	41786.7	0.64	250.51	11.39
均值	4934.71	2511.20	0.25	0.33	28002.3	42677.0	0.64	247.50	11.25

根据应力剖面解释情况（图12-27），本井3个目的层（1号、1号、3号）的最小主应力数值分别为66.6MPa、66.2MPa、66.8MPa，3个目之间的最小主应力相差甚微。目的层上部隔层与目的层应力差约为6MPa，措施层下部隔层与目的层应力差约为10～13MPa，目的层下部隔层遮挡条件优于目的层上部，压裂中裂缝可能有往上延伸的趋势，压裂施工时应注意控制缝高在纵向上过度延伸。

（二）压裂难点

（1）该井为该区探井，且目的层段Ⅲ号油组是该区一个全新的层位，储层认识程度很有限，对压裂施工是个新的考验。

（2）该区域储层在平面上变化复杂，估计目的层距油水边界330m，距西侧逆断层15m左右，距耀1井200m，距渗透性砂岩边界225m，压裂存在潜在的风险。

（3）本井靠近西侧逆断层15m左右，人工裂缝延伸至断层附近时，不确定因素较多，

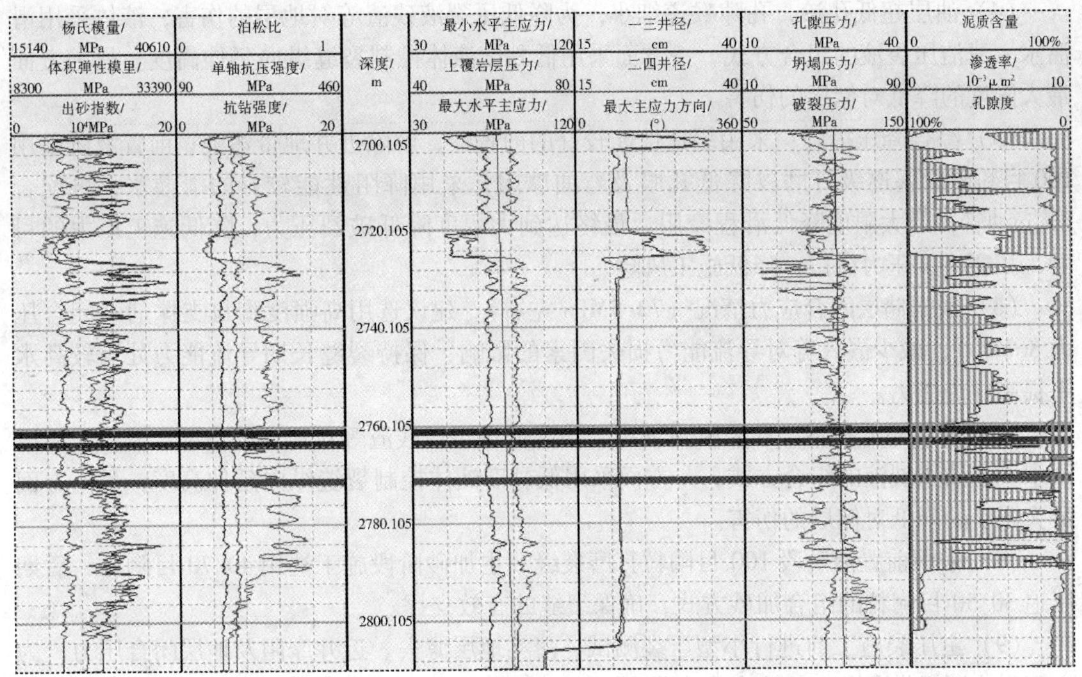

图 12-27　Y1-1井压裂目的层地应力解释成果表

有可能在裂缝延伸至断层时，造成裂缝转向等情况，会产生较大弯曲摩阻，导致施工压力高，加砂困难甚至砂堵。

（4）该井所处构造带区域中，已施工井都表现为整体破裂压力较高，施工压力高的特征，加砂阶段施工压力窗口小，对施工设备、携砂阶段有效加砂都是个考验。

（5）本井纵向上目的层上部隔层遮挡条件有限，压裂施工中裂缝可能有往上延伸趋势，控缝高有一定难度，施工难度大。

（6）多薄层压裂，有效支撑困难，即使对3个小层（3.4m）实现了充分改造，11.2m厚油层（2760.8~2772.0m）也仅有3.4m有效支撑。

（三）主体技术

（1）本井改造井段2760.8~2762.0m、2763.2~2764.4m、2771.0~2772.0m，3.4m/3层，跨度11.2m（2760.8~2772.0m），根据地应力剖面解释情况，3个小层之间应力大小数值相差较小（最小主应力分别为66.6MPa、66.2MPa、66.8MPa），决定对3个小层进行合压改造。

（2）根据储层物性条件以及目的层油组的含油性，在纵向控缝高基础上，尽量以造长缝为主，增加泄油面积，提高单井产能。

（3）根据应力剖面解释情况，本井纵向上目的层上部隔层比起下步隔层遮挡条件稍弱，施工中采用综合控缝高技术，前置液阶段（滑溜水+清洁压裂液基液）低排量造缝，使得每个小层慢慢憋开，让每个小层都充分延伸，避免缝高过早上窜；同时采用变排量施工，携砂液阶段（弹性携砂的清洁压裂液交联液）提高排量，保证液体有效携砂，加强对裂缝的有效支撑。

（4）油层超低孔渗，孔隙喉道细小，为降低压裂液残渣等对地层的伤害，液体采用滑溜水+清洁压裂液的组合方式，一方面采用低黏度液体控制裂缝纵向延伸高度，另一方面最大限度的降低对储层的伤害。

（5）综合降压措施：采用缓速性能较好的前置酸，解除近井地带污染；前置液阶段用100目粉砂段塞逐级打磨以降低孔眼及弯曲摩阻；采用降阻性能较好的滑溜水，再配合3½in油管，最大限度降低沿程摩阻，最终达到大幅度降低破裂压力，降低施工压力的目的，拓宽施工压力窗口，降低施工风险。

（6）根据储层闭合应力情况（72.5MPa左右），建议选用高强度陶粒支撑剂（闭合压力86MPa），减少嵌入等对导流能力损失因素的影响，保持裂缝长期导流能力处于较高水平提高导流能力。

（7）油层超低孔渗，孔隙喉道细小，为降低压裂液残渣等对地层的伤害，液体采用滑溜水+清洁压裂液的组合方式，一方面采用低黏度液体控制裂缝纵向延伸高度，另一方面最大限度的降低对储层的伤害。

（8）采用前置液阶段100目陶粒打磨裂缝，主加砂阶段施工选用40/70目陶粒，后期尾追30/50目陶粒的组合加砂方式，确保裂缝的有效支撑。

（9）主压裂施工前进行小型压裂测试，落实地层滤失、近井摩阻及地层闭合压力，为主压裂施工提供参考；如滤失速度低、油压对加砂不敏感、施工压力可控，选用连续式加砂，否则采用段塞式加砂。

（10）本井下入井底压力监测装置，压裂后进行数据计算反演，重新反演出裂缝的几何形态、地层滤失、闭合压力等数据，为压后评估提供准确数据依据，为获取区块压裂模拟参数的调整模板提供参考。

二、压裂实施及效果

（一）压裂泵注设计（表12-20、图12-28）

（1）酸液预处理：前置酸解除近井地带地层污染，降低破裂压力。

（2）前置液阶段1：采用清洁压裂液基液以1.5m^3/min左右小排量施工，使得每个小层慢慢憋开，避免缝高过早上窜，让每个小层都充分延伸。

（3）前置液阶段2：采用滑溜水以2.0m^3/min左右排量施工，以100目粉陶段塞与隔离液交替注入，打磨孔眼及弯曲摩阻，尽可能保证初期主缝缝宽，同时确保近端缝内不产生砂桥，又起到诊断地层对砂比的敏感度作用。

（4）携砂液主加砂阶段（40/70目）：采用清洁压裂液以2.5m^3/min左右排量施工，根据小型压裂测试解释情况，选择连续性或段塞式加砂方式：连续性加砂时刻关注高砂比阶段支撑剂进入地层后施工压力响应及变化，根据实际施工压力情况及时进行调整，保证施工安全；段塞式加砂方式两个连续砂比为一段，砂比设计总体为上升趋势，中顶隔离（1.5倍井筒）和支撑剂段塞体积相匹配，同时用以诊断砂进地层引起的压力变化，为下个砂比现场调整提供判断依据。

（5）携砂液主加砂阶段后期（30/50目）：加砂后期尾追一个井筒体积左右的30/50目粗砂，增加缝口导流能力。

（6）滑溜水用液占总液量约40%：利用基液及滑溜水控缝高的优势，前置液阶段打入大液量滑溜水充分造缝，为携砂液阶段顺利加砂打好基础。

（7）清洁压裂液占总液量约60%：清洁压裂液黏度较低携砂性能好，既能起到控缝高作用，又能以较高砂比有效携砂，加强对远端裂缝支撑。

（8）顶替阶段：最后采取平衡顶替措施。

表12-20　Y1-1井泵注主程序施工参数表

总液量/m^3	前置液量/m^3	携砂液量/m^3	前置液百分比/%	滑溜水量/m^3	压裂液量/m^3	平均砂液比/%	总砂量/m^3	100目砂量/m^3	40/70目砂量/m^3	30/50目砂量/m^3
432.6	220.0	200.0	50.9	152.6	280.0	11.0	25.0	3.0	19.8	2.2

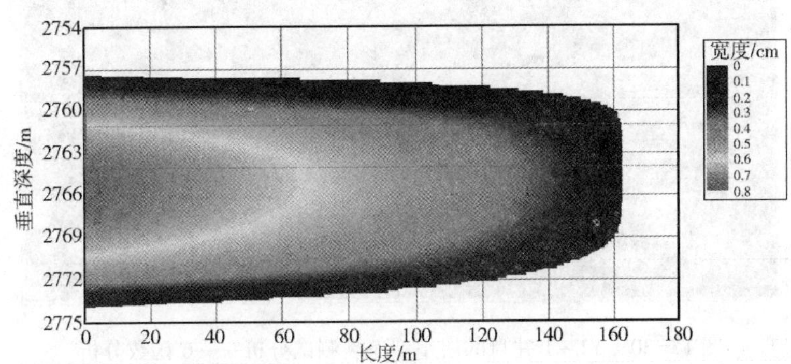

图12-28　Y1-1井目的层裂缝支撑剖面图

（二）压裂现场施工

1. 小型压裂测试分析

（1）小型压裂分析过程及示意图（图12-29、图12-30）。

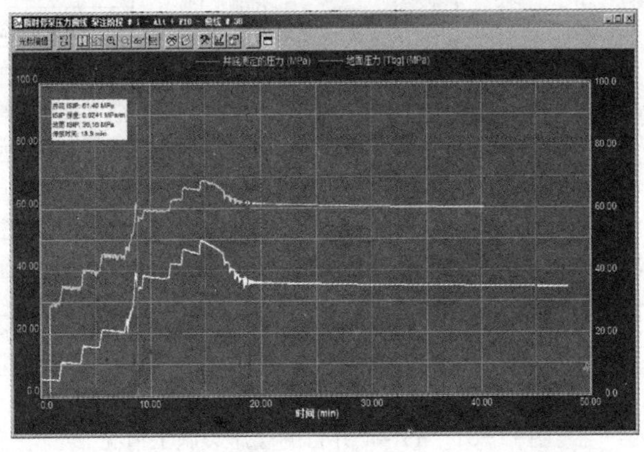

图12-29　Y1-1井目的层小型压裂测试分析——ISIP瞬时停泵压力分析

（2）小型压裂分析认识。

①小型压裂解释得到：地面ISIP为36.16MPa，ISIP梯度0.0241MPa/m，孔眼摩阻2.63MPa，近井筒摩阻1.18MPa，井底闭合应力60.69MPa，地面闭合压力35.50MPa，闭

合应力梯度 0.0238MPa/m，液体效率：33.9%。②近井摩擦（4MPa）较低：近井弯曲摩阻低，天然微裂缝发育程度较低，多裂缝破裂特征不明显，是主压裂阶段有效加砂的一个有利因素；③储层致密、物性条件差：压力半小时降低 1.5MPa，压降缓慢，闭合时间长，滤失程度较小；④裂缝闭合压力：60.07MPa（地层），支撑剂选择（86MPa）满足地层要求。

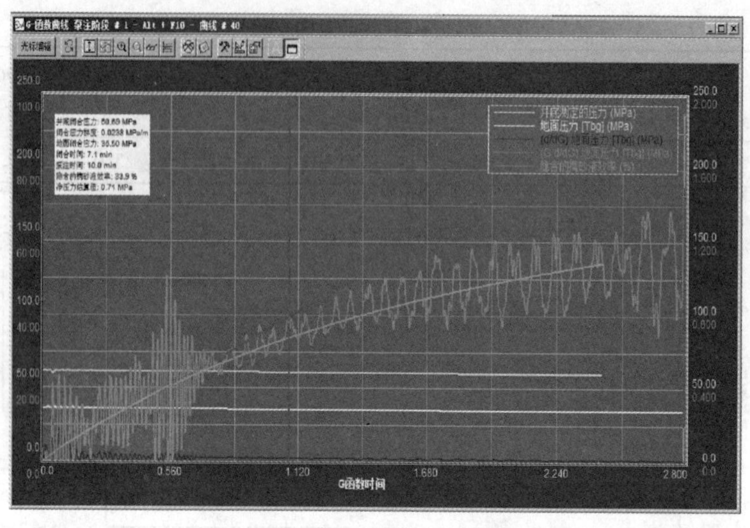

图 12-30　Y1-1 井目的层小型压裂测试分析——G 函数分析

2. 主压裂情况

（1）主压裂施工情况（图 12-31）。

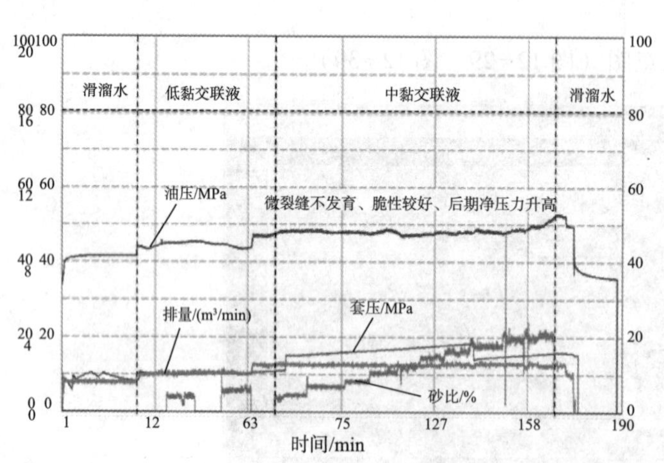

施工排量/m³	1.5~2.5
破裂压力/MPa	39
前置液量/m³	140
携砂液量/m³	240
总净液量/m³	395
滑溜水量/m³	55
压裂液量/m³	340
总砂量/m³	30.87
最高砂比/%	20
平均砂比/%	12
正常施工压力/MPa	44~48
最高施工压力/MPa	52.5
停泵压力/MPa	39.6

图 12-31　Y1-1 井目的层压裂施工情况

（2）主压裂施工技术认识。

①小型压裂测试很必要：主压裂施工前进行小型压裂测试，为主压裂技术思路及时调整提供参考，保证主压裂成功的关键。

②综合降压效果明显：滑溜水和清洁聚合物压裂液具有较好的降阻效果；加上前置液

阶段用100目粉陶段塞逐级打磨以降低孔眼及弯曲摩阻，3½in油管最大限度降低沿程摩阻，最终达到大幅度降低施工压力的目的，保证了该井的顺利加砂。

③组合加砂方式有效：前置液阶段100目陶粒打磨，主加砂阶段施工40/70目陶粒（低黏控缝高、缝宽较窄），后期尾追30/50目陶粒。

④缝高控制有效，前置液造缝充分：从压裂施工情况看，总体施工压力平稳，未见明显缝高失控的迹象；40%比例的前置液造缝充分，保证了携砂液阶段的平稳加砂和总加砂量。

⑤地层对高砂比、粗砂较敏感：加砂后期（20%砂比）及尾追30/50目陶粒时，施工压力增加6MPa左右。

⑥压裂主体技术思路适用：小压测试、综合控缝高、综合降摩阻、基液/滑溜水造缝、加大前置液比例、变排量、滑溜水/基液+清洁压裂液组合、40/70目陶粒主加砂、支撑剂组合。

（三）压后效果

Y1-1井压裂入井液体395m³，返排液280m³左右，返排率71%左右；压后压裂液返排率和见油时间明显好于邻井，初期日产量分别达到6~9t/d，后期稳产达到4~7t/d，是相邻区块及邻井产量的3~6倍，力助该区勘探取得重大突破，为该井区下步产能建设打下了基础。

第十二节　单薄层凝析气藏压裂实例分析

一、压裂井特征及对策

（一）示例井储层特征

X井是中国石化东北探区一口典型的薄层凝析气藏（目的层地面原油密度0.7776g/cm³，黏度1.41Pa·s，含蜡1.04%，凝固点-25℃）评价直井，压裂目的层段为3250.7~3261.5m，10.8m/1层，测井解释该层段为油气同层。

目的层岩性为灰色荧光含砾细砂岩、灰色荧光细砂岩，岩心见垂直裂缝，缝宽约1mm，无充填物。岩心孔隙度4.2%~12.9%，平均9.73%，渗透率（0.1~8.85）$\times 10^{-3}\mu m^2$，平均$3.73\times 10^{-3}\mu m^2$，属低孔特低渗储层（表12-21）；孔隙类型以微孔隙为主，发育较好，储集性能较好（表12-22）。

表12-21　X井目的层段岩心物性分析结果

深度上限/m	深度下限/m	岩石名称	孔隙度/%	水平渗透率/$10^{-3}\mu m^2$	碳酸盐含量/%	岩石密度/(g/cm³)	颗粒密度/(g/cm³)
3253.59	3253.59	灰色荧光含砾细砂岩	10.8	2.35	3.8	2.37	2.66
3254.01	3254.01	灰色荧光含砾细砂岩	11.8	3.46	5.8	2.31	2.62
3254.68	3254.68	灰色荧光含砾细砂岩	12.9	6.71	3.4	2.27	2.6

续表

深度上限/m	深度下限/m	岩石名称	孔隙度/%	水平渗透率/$10^{-3}\mu m^2$	碳酸盐含量/%	岩石密度/(g/cm^3)	颗粒密度/(g/cm^3)
3255.33	3255.33	灰色荧光含砾细砂岩	11.9	8.85	8.7	2.29	2.6
3255.57	3255.57	灰色荧光含砾细砂岩	10.7	7.57	5.8	2.34	2.62
3256.24	3256.24	灰色荧光细砂岩	9.2	0.557	2.8	2.36	2.6
3256.93	3256.93	灰色荧光细砂岩	6.3	0.217	3.4	2.41	2.57
3258.2	3258.2	灰色细砂岩	4.2	0.1	2	2.53	2.64

表 12-22　X 井目的层段岩心扫描电镜分析结果

深度上限/m	深度下限/m	扫描电镜分析结论
3253.59	3253.59	孔隙类型以微孔隙为主，发育较好。填隙物较多，主要为黄铁矿、绿泥石胶结物。储集性能较好
3255.57	3255.57	孔隙类型以微孔隙为主，发育较好。填隙物较多，主要为黄铁矿，见长石次生加大。储集性能较好
3256.93	3256.93	孔隙类型以微孔隙为主，发育较差。填隙物较多，主要为陆源伊利石黏土。储集性能较差

根据黏土矿物总量和常见矿物 X 射线衍射定量分析（表 12-23），第一测试层浊沸石含量达 32% ~53.5%，充填孔隙的浊沸石的溶蚀可以提供大量孔隙空间使砂岩的储集性能得到改善，含浊沸石的砂岩，若浊沸石未发生溶蚀，砂岩则非常致密。根据黏土矿物 X 射线衍射检测分析（表 12-24），伊蒙混层、绿泥石含量相对较高。

表 12-23　X 井目的层段黏土矿物总量和常见矿物 X 射线衍射定量分析

深度上限/m	深度下限/m	黏土矿物/%	石英/%	钾长石/%	斜长石/%	方解石/%	黄铁矿/%	浊沸石/%
3253.59	3253.59	9.90	12.60	4.60	17.80	1.50		53.50
3255.57	3255.57	6.80	22.10	3.00	22.00	1.40	1.50	43.00
3256.93	3256.93	13.40	21.40	2.80	28.10	1.40		32.80

表 12-24　X 井目的层段岩心黏土成分分析

深度上限/m	深度下限/m	伊蒙混层/%	伊利石	高岭石	绿泥石	伊蒙混层中蒙脱石比例/%
3253.59	3253.59	40.00	23.00	6.00	31.00	15.00
3255.57	3255.57	20.00	16.00	15.00	49.00	10.00
3256.93	3256.93	35.00	18.00	12.00	36.00	20.00

依据该井目的层实测压力、温度数据，结合本井钻井液密度使用及后效情况，预测目的层压力系数为 1.0，测试层地层温度 116℃。

根据应力剖面解释情况（图 12-32），本井目的层（3251.7 ~3262.5m）的最小主应力数值在 43.3 ~44.7MPa，均值 44.1MPa；目的层上部 20m 隔层最小主应力数值在 45.1 ~

46.0MPa，均值45.5MPa；措施层下部20m隔层最小主应力数值在47.5～49.2MPa，均值48.7MPa；因此，目的层顶板遮挡条件较差，压裂施工时应注意控制缝高往上过度延伸。

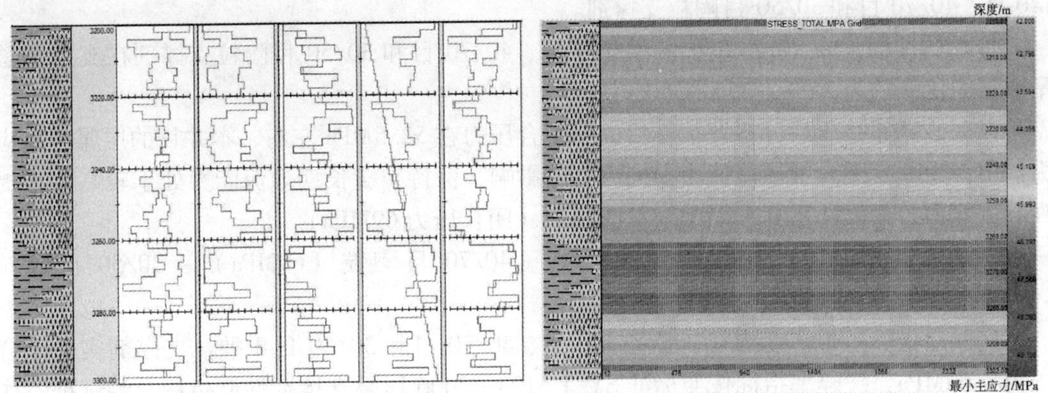

图12-32　X井目的层段地应力剖面解释成果图

（二）压裂难点

（1）单层缝高控制难度大。

（2）凝析气藏压后井底流压控制难度大，容易反凝析伤害导流能力。

（三）主体技术

1. 压裂设计思路

采用有效体积压裂思路，适当加大施工规模，力争扩大改造体积，提升改造效果；考虑到凝析油的存在，在有效控制缝高的前提下，提出ESRV＋全缝网体积裂缝系统内的高通道压裂（主裂缝要求高导流，与主裂缝连通的支裂缝及微裂隙系统也要求高导流），提高全缝网流动性最大限度降低凝析气藏的生产压差，防止反凝析效应的发生。

（1）ESRV：在有效控制缝高前提下，加大施工规模，力争扩大有效改造体积，提升改造及压后增产稳产效果。

（2）双缝：主裂缝系统、其余全尺度（分支缝、微裂缝等）裂缝系统。

（3）高通道：考虑到凝析油的存在，主裂缝高导流能力、其余全尺度裂缝实现较高导流能力，降低凝析气藏生产压差，减缓反凝析效应。

（4）低伤害：多功能低伤害液体，降低储层基质、裂缝伤害，增强与储隔层匹配性。

（5）核心技术：全尺度裂缝系统的造缝技术、全尺度裂缝系统的饱填砂技术。

（6）技术关键：降低破压及施工压力、保持双缝长期导流、单段形成复杂缝、单井提高有效改造体积。

2. 压裂液优选策略

为配合全缝网高通道压裂工艺需要，压裂液在满足与地层岩性及流体配伍性的基础上，优选低伤害压裂液；压裂液液体总量在1200m^{3}左右；压裂液体系采取3种黏度的压裂液，即低黏度压裂液（＜10mPa·s）、中黏度压裂液（30～40mPa·s）、高黏度压裂液（＞100mPa·s）；低黏度压裂液、中黏度压裂液、高黏度压裂液分别在总压裂液中占的比例约为40%、35%、25%。

3. 支撑剂优选策略

考虑到不同尺度裂缝系统的有效运移和支撑的需要，采取 3 种粒径的支撑剂，即 70/140 目、40/70 目和 30/50 目陶粒支撑剂。

每段支撑剂量在 $70m^3$ 左右，70/140 目、40/70 目和 30/50 目陶粒支撑剂在支撑剂总量中占的比例约为 25%、25%、50%。

根据该区邻井压后分析评估，目的层闭合压力在 52.5MPa 左右，本井目的层属于高应力储层，为减少嵌入等导流能力损失因素的影响，保持裂缝长期导流能力处于较高水平提高导流能力，建议选用高强度的陶粒支撑剂（闭合压力 69MPa）。

支撑剂类型：100 目陶粒（69MPa）+40/70 目陶粒（69MPa）+30/50 目陶粒（69MPa）。

支撑剂指标：中密度陶粒，粒径 100 目、40/70 目和 30/50 目 3 种，支撑剂实验闭合压力为 69MPa，破碎率指标按照标准 SY/T 5108—2006 压裂支撑剂性能指标及测试推荐作法要求。

二、压裂实施及效果

（一）压裂工艺方案

基于压裂工艺参数正交模拟研究结果，以主裂缝净压力为目标函数，考察注入参数与净压力的敏感性，由此优化各种注入参数组合及对压裂泵注模式，以期在控缝高基础上，充分利用天然裂缝的作用，扩大有效改造体积，通过压裂泵注模式优化，实现充分造缝、溶缝、多尺度裂缝加砂，实现微裂缝、分支缝、主裂缝多尺度裂缝系统的有效支撑，具体泵注模式可分为 4 个阶段进行优化（图 12-33、图 12-34），也可根据具体储层特征、井况条件、压裂需要等进行适当调整。

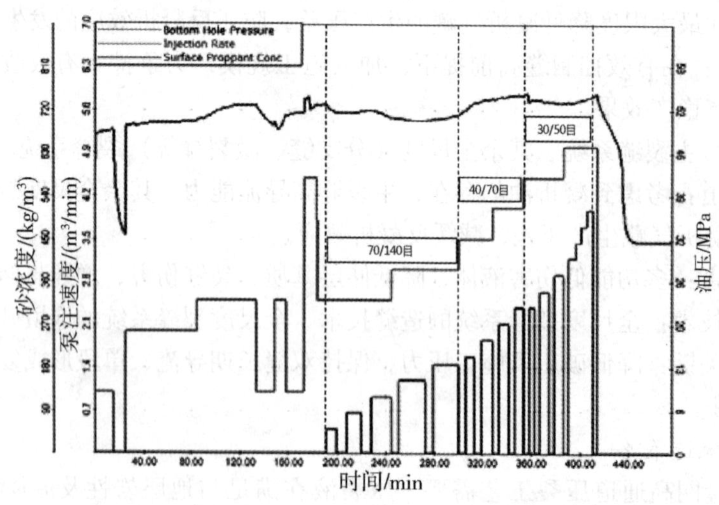

图 12-33 X 井目的层压裂泵注程序示意图

1. 预前置液酸处理阶段

对于埋藏深、构造应力异常、泥质含量高以及钻完井过程中地层伤害严重的储层，压裂破裂压力及施工压力会比较高，此时可以先采用与储层配伍性较好的前置酸对地层进行

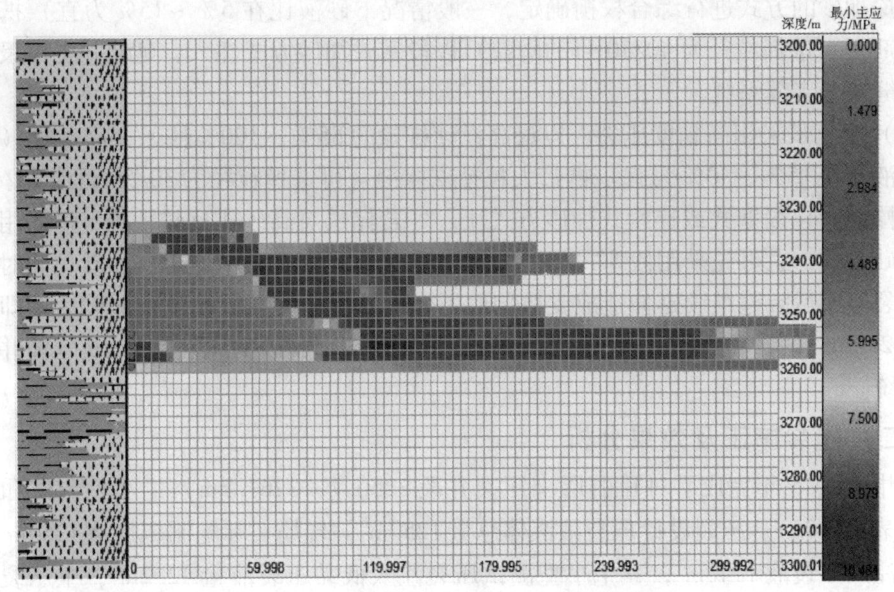

图 12-34　X 井目的层压裂设计裂缝剖面图

预处理。酸液预处理一方面可有效降低地层破裂压力及解除近井地带的污染物和堵塞；另一方面，酸预处理还具有控制初始裂缝高度的作用，可以防止因破裂压力过高致使裂缝造缝初期缝高在纵向的过度延伸甚至失控，这对薄层或者上下隔层遮挡条件的储层压裂是极为有利的，也为后期体积压裂静压力提升及顺利加砂预留了更大的压力窗口。一般情况下，可在酸液预处理结束后适当进行停泵，让酸液有尽可能多的时间与井筒污染物和地层岩石发生反应，最大限度发挥酸液的降压作用。

2. 前置液造缝阶段

对于致密储层或滤失性较差储层，该阶段可采用低黏度压裂液以最高排量的 40% ~ 50% 注入；若储层天然裂缝发育或滤失较大，也可采用两个阶段注入（第一阶段采用低黏度压裂液以最高排量的 40% ~50% 注入，第二阶段采用中黏度压裂液以最高排量的50% ~ 60% 注入）或者直接采用中黏度压裂液以最高排量的 40% ~60% 变排量注入；该注入阶段主要是控缝高、探天然裂缝（黏度低时，井口压力波动较为敏感）及沟通与延伸尺度较小的裂缝系统，即使没有形成各种复杂缝，低黏及中黏压裂液仍有造主裂缝的作用。

3. 交替注酸阶段

多级交替注入酸液 + 顶替液段塞；通过注入方式优化，将酸液最大限度注入到水力裂缝波及范围内，实现酸液在整个水力裂缝面积上的均匀分布。

4. 携砂阶加砂阶段

（1）第一步采用低黏度压裂液以最高设计排量的 60% ~70% 注入、低砂比（小段塞多次试探加砂的方式进行综合权衡确定，一般情况下砂液比在 1% ~12% 为宜）携带小粒径支撑剂（可选择粒径为 70/140 目的陶粒支撑剂）以段塞式加砂方式注入，延伸并支撑微细尺度及尺度较小的天然裂缝及微裂缝系统；该步压裂液体积占该级注入总体积的 40% 左右。

（2）第二步采用中黏度压裂液以最高设计排量的 70% ~85% 注入，中砂比（小段塞多次试探加砂的方式进行综合权衡确定，一般情况下砂液比在5%～15%为宜）携带中粒径支撑剂（可选择粒径为40/70目的陶粒）以段塞式加砂方式注入，延伸并支撑尺度较大的微裂缝及分支缝系统。

（3）第三步采用高黏度压裂液以最高设计排量的85%～100%注入，高砂比（一般情况下砂液比在15%～40%为宜）携带大粒径支撑剂（可选择粒径为30/50目或20/40目的陶粒支撑剂）以段塞式或连续式加砂方式注入（若储层对高砂比比较敏感，可采用段塞式试探加砂方式；也可先采用段塞式加砂方式，施工最后阶段采用连续式加砂；同时，为了防止压裂停泵后裂缝继续延伸造成支撑剖面不合理的情况发生，在该步加砂后期即支撑剂还剩余2～3m^{3}时，试探快速提高施工砂液比，实现端部脱砂的压裂效果），延伸并支撑主裂缝系统。

（二）压裂施工及效果分析

X井于2015年完成了对目的层（压裂井段3250.7～3261.5m）的小型测试和主压裂施工（表12-25）。压裂设计压裂液液体总量1250m^3，现场实际配制压裂液1250m^3，压裂施工共注入压裂液1140m^3，其中小型测试压裂注入低黏压裂液量42.2m^3，主压裂施工注入压裂液1097.8m^3（低黏压裂液507.8m^3，中黏压裂液400m^3，高黏压裂液290m^3）。压裂设计支撑剂72.5m^3（100目粉陶16.9m^3，40/70目陶粒16.5m^3，30/50目陶粒39.1m^3），实际压裂施工共加入支撑剂73.9m^3（70/140目粉陶16.9m^3，40/70目陶粒17.0m^3，30/50目陶粒40.0m^3）。

表12-25　X井目的层压裂设计与施工情况对比

压裂设计情况		压裂施工情况	
酸液量/m^3	40	酸液量/m^3	40
总压裂液量/m^3	1250	总压裂液量/m^3	1240
低黏压裂液量/m^3	550	低黏压裂液量/m^3	550
中黏压裂液量/m^3	400	中黏压裂液量/m^3	400
高黏压裂液量/m^3	300	高黏压裂液量/m^3	290
总砂量/m^3	72.5	总砂量/m^3	26.0
70/140目陶粒/m^3	16.9	70/140目陶粒/m^3	16.9
40/70目陶粒/m^3	16.5	40/70目陶粒/m^3	17.0
30/50目陶粒/m^3	39.1	30/50目陶粒/m^3	40.0

按上述技术思路对示例X井进行了现场压裂施工并取得成功，压后解释该井缝高控制良好，裂缝缝高80%都在储层纵向范围内延伸，主体支撑剂基本都加入储层内，储层有效支撑率较好。压后初期日气量达到30000～45000m^3/d，稳产后日气量稳定在20000～25000m^3/d，是邻井常规压裂工艺实施井产量的2～3倍左右，且压后产量递减速率明显慢于邻井，有效期明显增长，取得了显著的增产稳产效果。借助本井思路，对该区几口试验井进行了先导试验，均取得理想效果，提高了该区薄层凝析气藏储层的压裂改造效果。

第十三节　边底水储层压裂实例分析

一、压裂井特征及对策

当产层与遮挡层之间最小水平主应力差较小或遮挡层很薄时，压开的裂缝很容易进入甚至穿透遮挡层，当邻层为水层时（底水油藏），不但达不到预期的增产作用，还会引起压后产水。

（一）压裂井储层特征

某井区位于塔里木盆地，储层孔隙度在6%～10%之间，平均值为6.14%；渗透率为（0.08～1.28）$\times 10^{-3}\mu m^2$，平均值为$0.18\times 10^{-3}\mu m^2$，为特低孔、特低渗储层。井区A井测井综合解释（表12-26、图12-35）认为，17～20小层为目的油层，26～27小层为水层。目的层和水层间隔层厚度18m。井段应力计算结果显示，储隔层应力差小，约2.1～2.5MPa。

表12-26　A井导眼井应力剖面表

层位	层顶 TVD/m	层底 TVD/m	层厚/m	杨氏模量/GPa	泊松比	最小水平主应力/MPa	最大水平主应力/MPa
1	5353.5	5405.3	51.82	30.8	0.22	81.3	81.9
2	5405.3	5413.6	8.23	31.8	0.2	80.9	81.5
3	5413.6	5415.8	2.29	27.1	0.28	89.0	89.5
4	5415.8	5442.1	26.21	31.8	0.22	82.4	83.0
5	5442.1	5444.6	2.59	28.7	0.16	77.8	78.3
6	5444.6	5450.0	5.33	31.8	0.21	81.4	82.0
7	5450.0	5455.9	5.94	29.0	0.23	84.8	85.4
8	5455.9	5460.0	4.12	33.9	0.18	78.0	78.7
9	5460.0	5464.9	4.88	31.1	0.27	89.1	89.7
10	5464.9	5472.1	7.16	31.4	0.26	87.4	88.0
11	5472.1	5474.4	2.29	34.2	0.22	83.7	84.3
12	5474.4	5477.7	3.35	33.9	0.24	85.7	86.3
13	5477.7	5497.2	19.49	29.7	0.26	88.5	89.1
14	5497.2	5510.6	13.43	23.2	0.29	91.6	92.0
15	5510.6	5513.4	2.74	19.8	0.3	93.4	93.8
16	5513.4	5517.6	4.25	30.4	0.23	85.1	85.7
17	5517.6	5521.3	3.63	33.2	0.2	82.4	83.0
18	5521.3	5525.4	4.13	32.6	0.2	82.1	82.8

续表

层位	层顶 TVD/m	层底 TVD/m	层厚/m	杨氏模量/GPa	泊松比	最小水平主应力/MPa	最大水平主应力/MPa
19	5525.4	5529.0	3.63	31.8	0.23	85.2	85.8
20	5529.0	5531.3	2.24	31.7	0.23	85.0	85.6
21	5531.3	5534.7	3.46	31.2	0.24	87.4	87.9
22	5534.7	5539.1	4.42	27.1	0.27	90.0	90.5
23	5539.1	5544.8	5.64	25.5	0.29	93.2	93.6
24	5544.8	5547.1	2.29	32.6	0.2	82.0	82.7
25	5547.1	5549.1	2.04	30.4	0.26	89.1	89.6
26	5549.1	5552.0	2.92	32.3	0.22	83.9	84.5
27	5552.0	5558.0	5.94	31.3	0.23	85.3	85.9
28	5558.0	5614.9	56.92	33.6	0.2	82.5	83.2
29	5614.9	5630.0	15.13	32.4	0.24	87.6	88.2
30	5630.0	5642.3	12.3	30.5	0.26	90.8	91.3

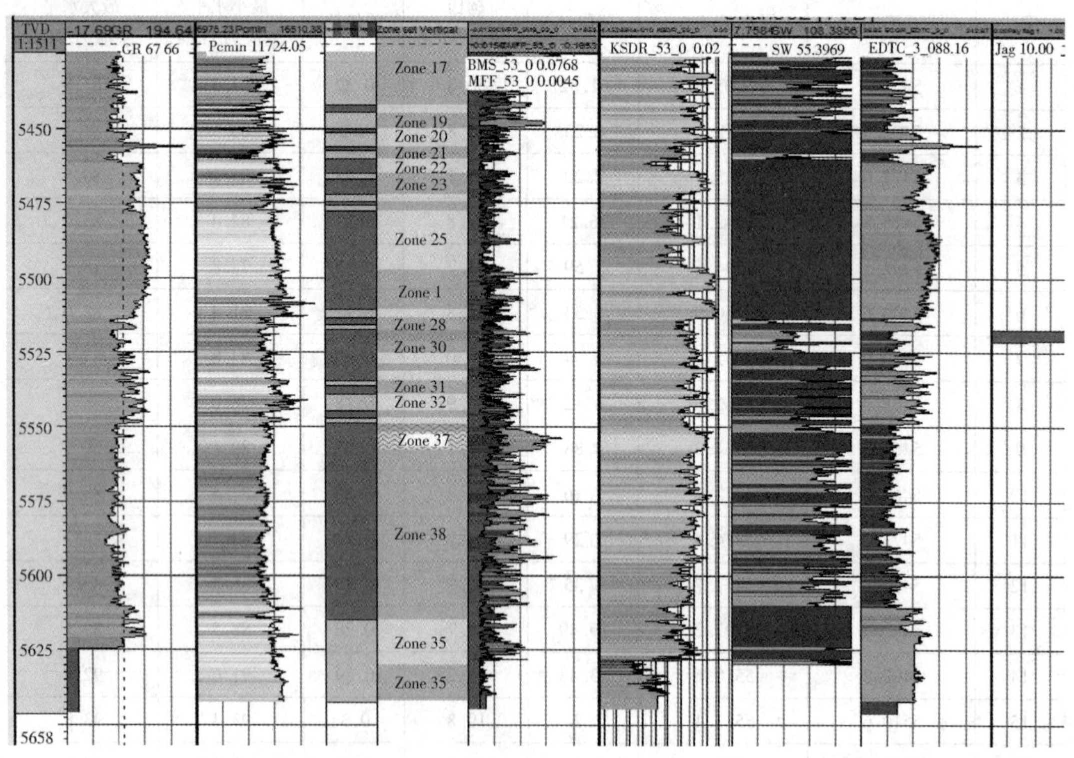

图 12-35　A 井应力解释剖面图

（二）压裂难点

缝高控制难度大。

（三）主体技术思路

由于本井压裂过程中沟通下部水层的风险极高，设计采用两种技术结合，综合控制裂缝高度的延伸，力争不压穿隔层。

1. 限制施工净压力

施工净压力是决定裂缝延伸范围的重要参数，为了达到合理控制净压力的目的，采用了3项措施：①降低压裂液黏度；②降低施工排量；③控制施工规模。

对不同施工排量的模拟显示，排量小于4～5m^3/min可以保证裂缝高度延伸不到水层，排量大于等于6m^3/min时，裂缝高度延伸至水层，如图12-36所示。

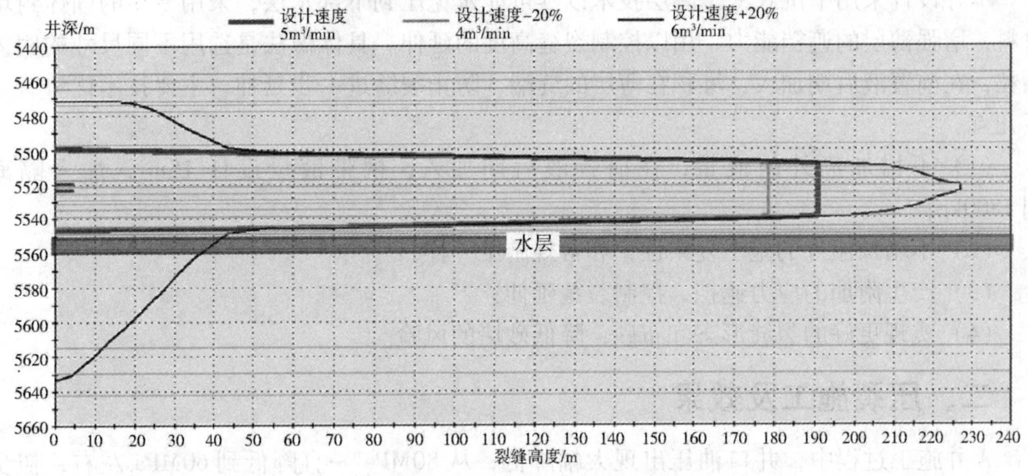

图12-36　排量对裂缝高度的影响

对不同施工规模的模拟显示，规模为30～33m^3砂（290～319m^3液）可以保证裂缝高度延伸不到水层，规模大于等于36m^3砂（348m^3液）时，裂缝高度延伸至水层，如图12-37所示。

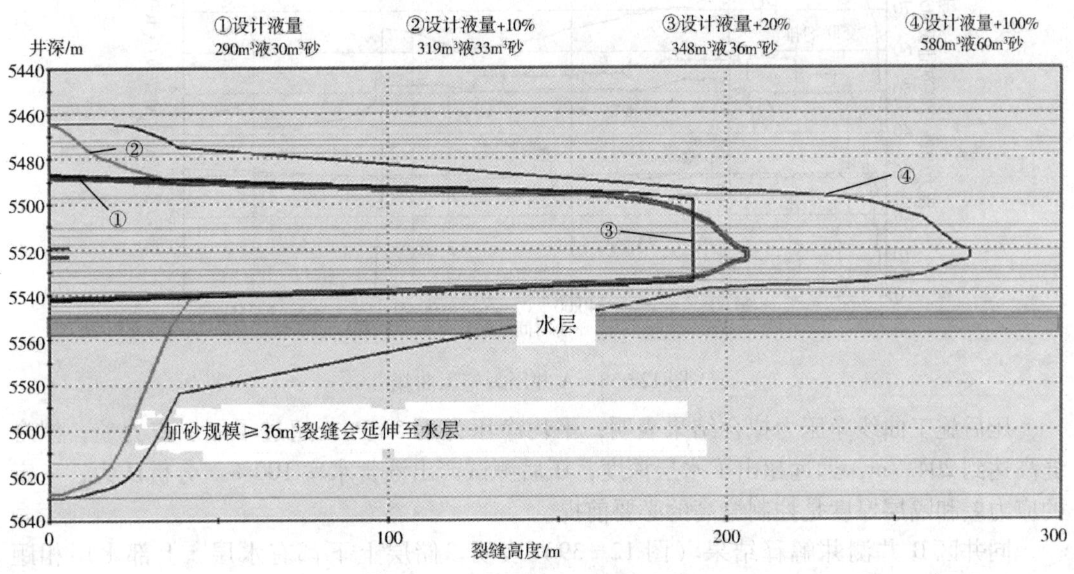

图12-37　施工规摸对裂缝高度的影响

通过综合模拟设计，优化该井施工参数：①排量：不超过4～5m^3/min。②规模：30m^3 砂，310m^3 液。③低黏度基液作为前置液造缝，转速170s^{-1}时，黏度范围为49～70cp。④高黏度冻胶携砂提高携砂能力，交联液在127℃，不添加破胶剂，转速100s^{-1}时，100分钟内黏度大于100cp。

2. 人工隔层技术

人工隔层技术主要是通过加入上浮式、下沉式隔离剂，在裂缝的顶、底部形成人工遮挡层，利用隔离剂和携带液之间的密度差，形成压实的低渗透层，增加额外的遮挡应力，从而达到控制动态缝高的目的。

本井设计采用下沉式人工隔层技术以尽可能避免压到下部水层，采用专用的固体封堵材料，增强薄层的遮挡能力，用以控制裂缝高度的延伸。具体做法是选用不同尺寸的固体颗粒，在前置液后期加入，堆积在薄层的缝端，防止裂缝进一步延伸。主要技术优势有以下几点。

（1）不增加额外的液量，在前置液后期加入，携带液量设计15m^3，加入隔离剂1800kg；

（2）不增加额外的施工复杂性，和常规施工一样；

（3）产生附加的应力遮挡，控制裂缝延伸；

（4）实现更好的裂缝形态和布砂，降低砂堵的风险。

二、压裂施工及效果

A井施工过程中，井口油压出现大幅降低，从80MPa一直降低到60MPa左右，初步判断裂缝高度可能已经失控（图12-38）。

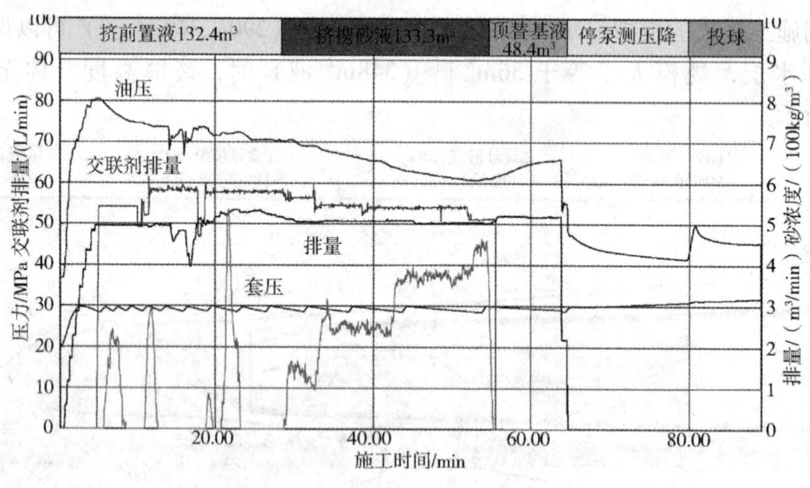

图12-38　A井压裂施工曲线

压后施工曲线净压力拟合结果表明，平均净压力为5MPa，超过了隔层应力差，拟合缝高达到204.7m，远远超出了水层深度，压后测试产出液含水率100%。分析认为，一定的应力差和隔层厚度是控制缝高的必要前提。

同井区B井测井解释结果（图12-39）表明，储层上下都有水层，上部水层相距69.9m；下部水层相距41.68m，储隔层应力差8.2～10.5MPa。设计同样采取了控排量、控规模、变黏度和人工隔层控缝高技术，为了深入认识缝高延伸情况，主压裂前设计了测试压裂。测试压裂曲线表明，未出现缝高失控、油压陡降的趋势。

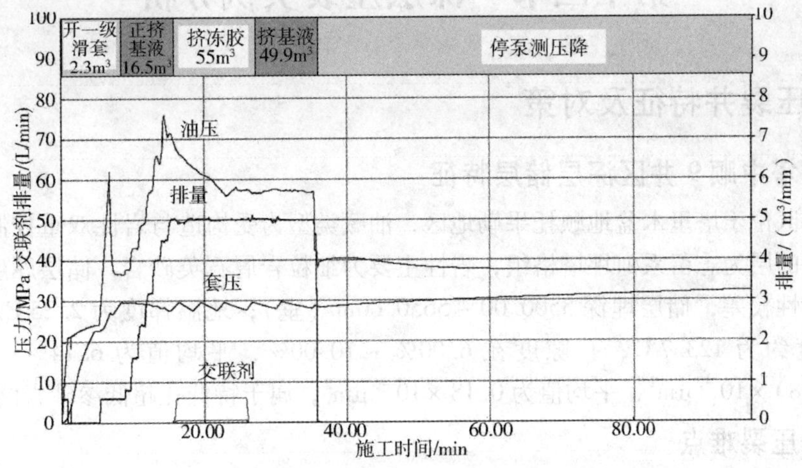

图 12-39　B 井测试压裂施工曲线

为了进一步确认是否有缝高失控的情况，对测试压力曲线进行拟合（图 12-40），从拟合的结果看，裂缝顶深为5552m，裂缝底深为5586m，总高度为34m，裂缝延伸范围没有穿透上下水层。

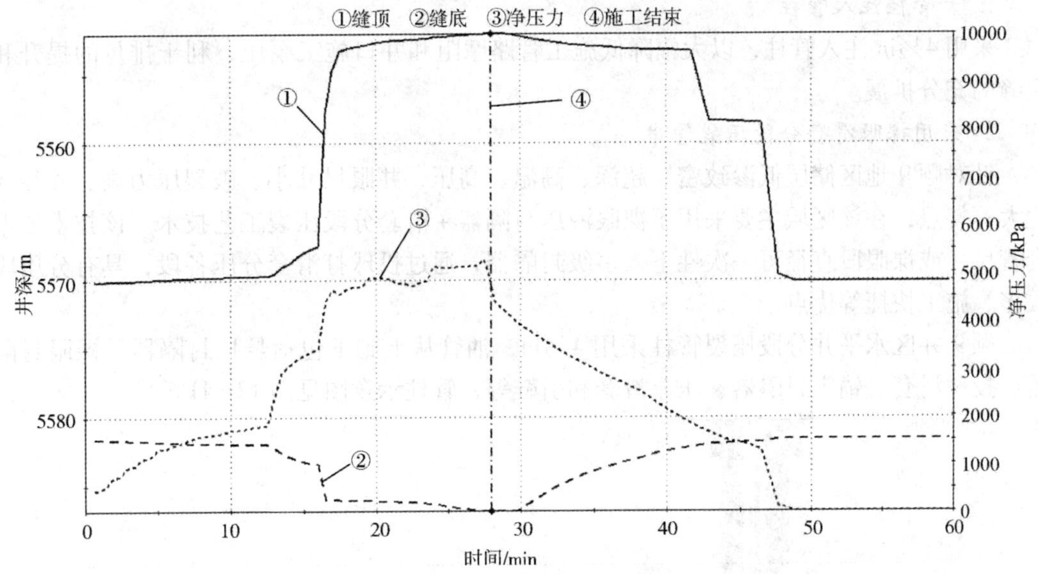

图 12-40　B 井裂缝高度分析

随后对 B 井完成了主压裂，施工过程缝高控制较好，压后初期产油 20.6t/d，不含水，目前产油 7.5t/d，累计产油 9489.3t。

第十四节　深层压裂实例分析

一、压裂井特征及对策

（一）塔中顺9井区深层储层特征

顺9井区位于塔里木盆地顺托果勒地区，油藏类型为受构造与岩性双重控制的边水岩性油藏，目的层为志留系柯坪塔格组，岩性主要为细粒岩屑石英砂岩，储层厚度薄，砂泥岩互层，物性较差，储层埋深5500.00～5650.00m（垂）；地温梯度为2.25℃/100m，储层中部温度约为123.7℃；孔隙度在6.00%～10.00%，平均值为6.14%；渗透率为(0.08～1.28)$\times10^{-3}\mu m^2$，平均值为0.18$\times10^{-3}\mu m^2$，属于特低孔超低渗砂岩储层。

（二）压裂难点

（1）深层，井筒摩阻高，施工排量受限，裂缝改造尺寸小；

（2）温度高，酸岩反应速度快，酸蚀缝长受限；

（3）闭合压力高，导流能力递减快。

（三）深层水平井压裂主体技术

1. 大管径注入管柱

采用4½in注入管柱，以大幅降低施工管路摩阻和井口施工泵压，利于排量的提升和裂缝的充分扩展。

2. 采用裸眼滑套分段压裂管串

针对顺9地区储层低渗致密、超深、高温、高压、井眼尺寸小、破裂压力高、井径变化大等特点，在该区域主要采用了裸眼液压封隔器+滑套分段压裂工艺技术。该技术依据套管尺寸或裸眼段直径可一次性下入多级封隔器，通过投球打滑套分压各段，具有分压段数多、施工快捷等优点。

顺9井区水平井分段压裂管柱采用4½in，油管从上到下包括悬挂封隔器、裸眼封隔器、投球滑套、锚定封隔器、压差滑套和引鞋等，管柱示意图见图12-41。

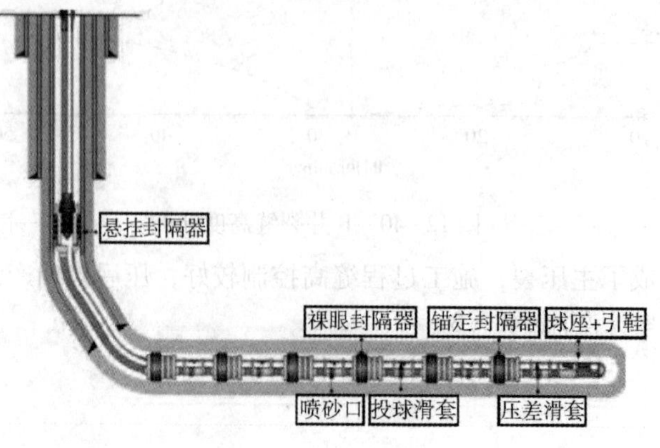

图12-41　顺9井区分段压裂管柱示意图

3. 裂缝参数及施工参数优化

应用ECLIPSE压裂产量预测模拟软件，按正交设计方法，模拟不同的裂缝长度、裂缝间距、裂缝导流等下的产量变化情况，结合经济评估分析，确定最终的裂缝几何尺寸及段数（裂缝间距确定）。

然后结合裂缝参数优化结果，应用GOFHER等裂缝模拟软件，模拟确定实现上述裂缝参数下的压裂施工参数，并结合现场可操作性，最终优化确定每段的液量、支撑剂量、施工砂液比及压裂液黏度与支撑剂粒径等参数。

4. 耐温延迟交联压裂液

对于超深致密砂岩油藏来说，压裂液必须是具有配伍性好、低摩阻、低滤失、携砂性能好、破胶彻底、易返排等特点。通过优选评价，顺9井区采用斯伦贝谢YF135 HTD水基冻胶压裂液，该体系是一种硼酸交联，化学延迟的压裂液体系。通过调节延迟剂加量，交联时间可以延迟到5~6min，最多12min（取决于温度），这将极大地降低管柱中的摩阻；其高温流变曲线显示在127℃下，压裂液的黏度可以维持高于100mPa·s超过2h；破胶后黏度小于9mPa·s，残渣含量为589mg/L，满足超深特低渗储层压裂改造的需要。

5. 选用高强度支撑剂

由于顺9井区目的层埋藏深，所使用的支撑剂则需要较高强度，在压裂施工以后，裂缝中的支撑剂所承受的压力将是储层闭合压力与储层压力的差，但考虑到油井的长期开采，后期储层压力会下降较大，因此需按储层的闭合压力大小来选择支撑剂。

6. 压裂综合配套技术

根据小型压裂测试分析的结果，主压裂泵注程序需考虑：①液体效率偏低，使用降滤失剂结合粉陶段塞提高液体效率；②前置液比例控制在40%左右；③最高加砂浓度480~540kg/m^3；④为防止缝高过大，施工排量控制在5.0m^3/min左右。

二、压裂实施及效果

塔中顺9井区水平井分段压裂改造共施工顺902H、顺9CH、顺9-1H共3口井（表12-27），3口井均采用裸眼封隔器+滑套压裂工艺技术，施工成功率达100%，顺9CH更创造了中国深井分段压裂改造的纪录。

表12-27 塔中顺9井区3口井压裂情况及效果

井号	分段级数	总液量/m^3	前置液比例/%	加砂量/m^3	最高排量/m^3·min^{-1}	平均砂比/%	压前产量		压后产量		试油结论
							液/t·d^{-1}	油/t·d^{-1}	液/t·d^{-1}	油/t·d^{-1}	
顺902H	6	1772.6	55.5	147.7	5.4	18.7	/	/	/	/	水层
顺9CH	7	3574.8	46.2	293.3	5.2	15.7	/	/	35.0	21.5	油层
顺9-1H	7	3128.0	48.6	262.6	4.8	16.3	/	/	28.3	11.2	油层

第十五节　水平井穿层压裂实例分析

一、压裂井特征及对策

水平井穿层压裂即打破控缝高的理念束缚，通过施工排量、压裂液用量、支撑剂加入程序的参数优化，实现裂缝穿透泥岩隔层，沟通上下未钻遇储层，并形成有效的油气通道，主要是通过快速起动压裂车组、大排量注入压裂液、大量注入前置液扩缝、混合粒径支撑不同层段等手段达到多层共同开发的目的。以下为水平井穿层压裂实施情况。

（一）DPH120 井储层特征

DPH120 井钻完井基本数据见表 12-28。

表 12-28　DPH-120 井钻完井基本数据

<table>
<tr><td>钻井队</td><td colspan="2">五普 50407 队</td><td>地理位置</td><td colspan="5">陕西省榆林市榆阳区小壕兔乡沙则汗二队集体地</td></tr>
<tr><td>井　别</td><td colspan="2">开发井（水平井）</td><td>构造位置</td><td colspan="5">鄂尔多斯盆地伊陕斜坡东北部</td></tr>
<tr><td>井口横坐标（Y）</td><td colspan="2">19389388.45</td><td>地面海拔/m</td><td>1293.09</td><td colspan="2">设计井深/m</td><td colspan="2">垂深 2630.00
斜深 4035.39（B 靶点）</td></tr>
<tr><td>井口纵坐标（X）</td><td colspan="2">4303749.23</td><td>补心距/m</td><td>7.5</td><td colspan="2">完钻井深/m</td><td colspan="2">垂深 2636.99
斜深 4037.00（B 靶点）</td></tr>
<tr><td>开钻日期</td><td colspan="2">2015.7.10</td><td>完钻日期</td><td>2015.8.14</td><td colspan="2">人工井底/m</td><td colspan="2">4037.00</td></tr>
<tr><td>完井方式</td><td colspan="2">裸眼完井</td><td>水平段长/m</td><td>1200</td><td colspan="2">井底位移/m</td><td colspan="2">1566.50</td></tr>
<tr><td>完钻层位</td><td colspan="2">二叠系下统下石盒子组盒 1^2 段</td><td>固井质量</td><td>合格</td><td colspan="2">闭合方位/（°）</td><td colspan="2">344.07</td></tr>
<tr><td rowspan="3">造斜点数据</td><td colspan="2">深度/m</td><td>2285.00</td><td rowspan="3">最大井斜数据</td><td colspan="2">深度/m</td><td colspan="2">3112.14</td></tr>
<tr><td colspan="2">方位/（°）</td><td>338.81</td><td colspan="2">方位/（°）</td><td colspan="2">344.91</td></tr>
<tr><td colspan="2">狗腿度/［（°）/30m］</td><td>3.350</td><td colspan="2">斜度/（°）</td><td colspan="2">91.19</td></tr>
<tr><td>井身结构</td><td colspan="8">钻头 ϕ311.20mm×406.00m＋套管 ϕ244.50mm×405.55m
钻头 ϕ222.20mm×2837m＋套管 ϕ177.80mm×2837.00m
钻头 152.40mm×4037.00m</td></tr>
<tr><td>套管程序</td><td>尺寸/mm</td><td>钢级</td><td>壁厚/mm</td><td>下入深度/m</td><td>水泥塞深/m</td><td>水泥返高/m</td><td>出地高/m</td><td>试压情况</td></tr>
<tr><td>表套</td><td>244.50</td><td>J55</td><td>8.94</td><td>405.55</td><td>305</td><td>地面</td><td>-0.87</td><td>清水 19MPa
15min 压力降
0.15MPa</td></tr>
</table>

续表

钻井队	五普 50407 队		地理位置	陕西省榆林市榆阳区小壕兔乡沙则汗二队集体地				
技套	177.80	N80	8.05	1894.74	2800	地面	0	清水 15MPa 10min 压力降 0.25MPa
	177.80	N80	9.19	2837				
生产套管	114.3	P110	6.35	4029.0	裸眼封隔器			
	阻流环井深：2804.10m							
裸眼	152.40mmPDC 钻头			深度/m		4037.00		
套管头型号	$9^5/_8$in × 7in，耐压 35MPa							

该井设计水平段长度为 1200m；实钻水平段总长度为 1200m；钻遇砂岩总长度为 1200m，占水平段总长度的 100%；钻遇具有全烃显示的砂岩总长度为 472m，占水平段总长度的 39.33%；该井最高全烃净增值 87.832%，水平段加权全烃净增值 34.37%；钻遇泥岩长度为 0m，占水平段总长度的 0%。

该井储层为低孔、低渗储层，本区盒 1 段储层平均孔隙度为 10.31%，平均渗透率为 $0.76 \times 10^{-3}\ \mu m^2$。孔喉为大孔微细喉，其平均孔隙半径为 39μm，平均喉道半径为 0.63μm，中值喉道半径 0.09μm，排驱压力为 0.5MPa，中值压力为 13.95MPa

本井盒 1 气层上隔层为泥岩隔层，平均泥质含量在 90% 以上，泥岩较纯，泥岩厚度 30m 左右，上隔层隔遮挡效果好，下隔层有 4m 左右泥岩，泥岩较薄，下隔层遮挡果相对较差。

（二）压裂难点

穿层造缝及穿层有效支撑的难度大。

（三）主体技术

从邻井 D66－180 井目的层段测井曲线分析（图 12－42），压裂目的层砂体厚度 20m 左右，中间无夹层，水平段盒 1 砂岩与上覆地层有 30m 泥岩隔层，上隔层遮挡效果较好；水平段盒 1 砂岩与下覆地层有 4m 的泥岩隔层，下隔层遮挡效果相对较差。由邻井测井数据可知，该储层下面 5 号、6 号、7 号、8 号小层显示良好，为达到充分改造的目的，对该井实施穿层压裂。

本井实施裸眼封隔器＋滑套分段压裂工艺（图 12－43），该工艺能够满足大排量施工要求，同时为降低压裂液对储层的伤害，本井采用清洁压裂液，并根据所用压裂液体系的改变，依据液体性质适当调整设计参数：设计平均砂比 20%～21%，最高砂比 32%，前置液比例设计 43%，排量 4.5～5m^3/min。

二、压裂实施及效果

DPH－120 井共实施了 10 段压裂施工，针对未知地层压裂特征时，首先采用阶梯测试压裂技术分析泥岩裂缝延伸特性，了解延伸压力、闭合压力以及地层对液体的滤失特性。针对主加砂压裂施工，则采取了以下技术措施。

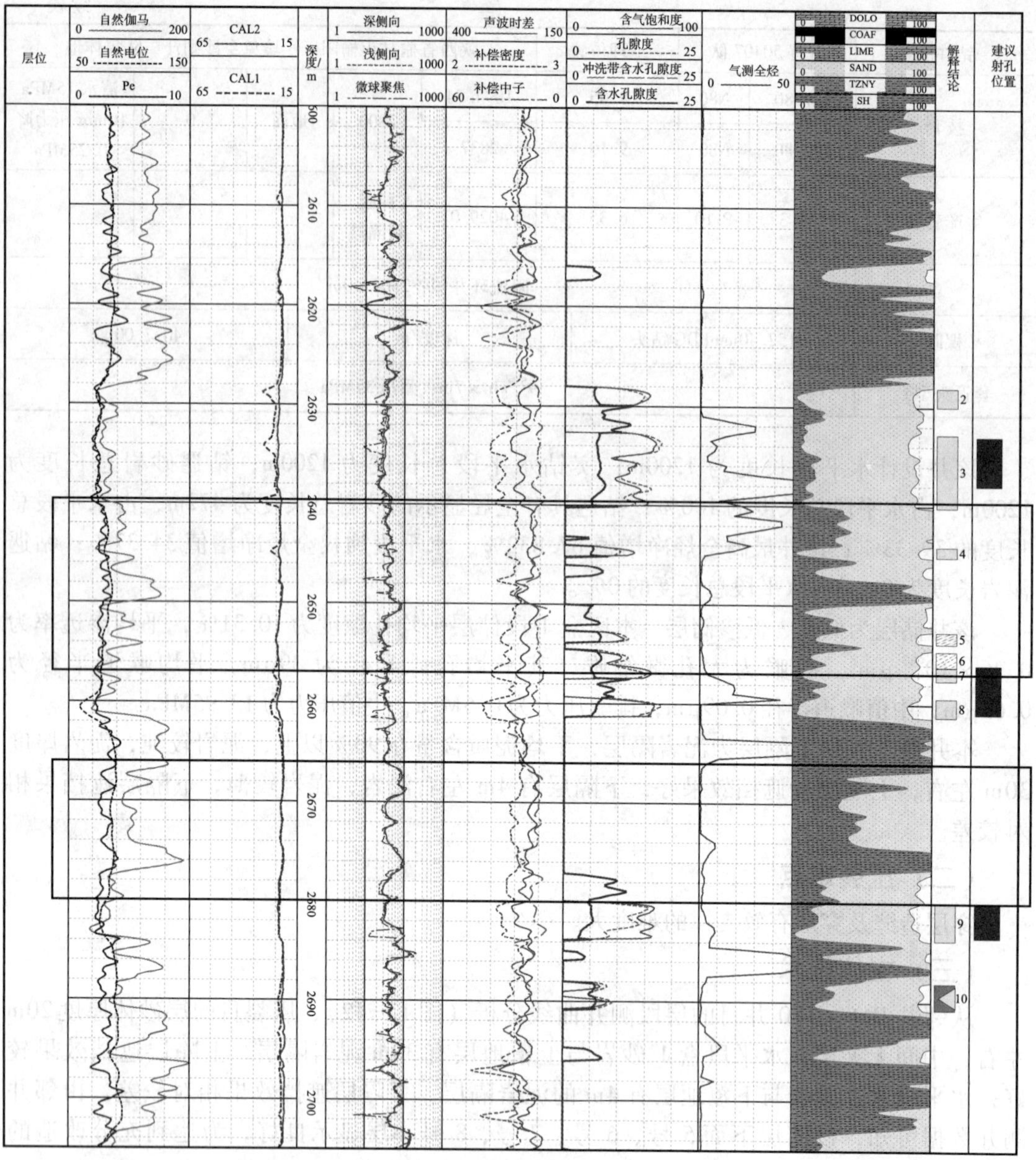

图 12-42　邻井 D66-180 井测井成果图

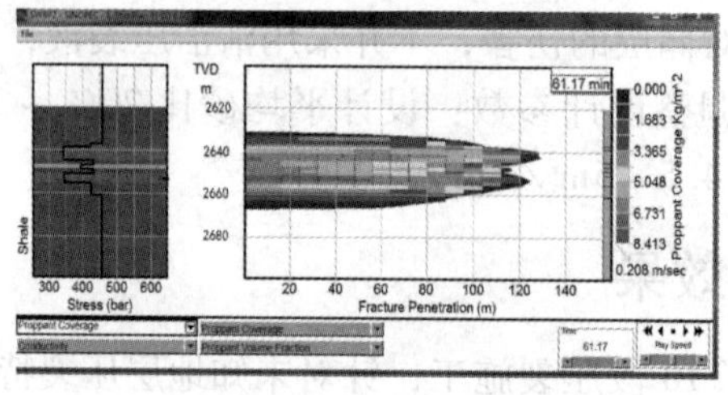

图 12-43　DPH-120 井穿层压裂模拟图

在压裂起始阶段，快速启动压裂车组，在15s内施工注入压裂液排量达到4.5m³/min，在井筒内憋压，致使地层快速起裂。在前置液阶段，注入前置液进行扩缝，前置液的注入量为压裂液总注入量的40%，由此使得裂缝在长度、高度上充分延伸，为支撑剂的铺置提供条件，并扩大裂缝的泄气面积。同时，在前置液阶段，通过向前置液中分别加入5%和7%的粒度在40～70目之间的陶粒段塞打磨裂缝壁面。在携砂液阶段，以砂比为9%→14%→18%→22%→25%→28%→30%→32%的阶梯式递增的方式，向上述阶段得到的裂缝中注入包含有作为支撑剂的粒度在20～40目之间的陶粒的携砂液，以避免高应力泥岩层裂缝宽度窄导致的砂堵，总加砂量为40.5m³。施工泵注程序如表12-29所示。

表12-29　DPH-120井压裂泵注程序

程序	液体类型	压裂液				砂比/%	砂量/m³	累计砂量/m³	液氮		破胶剂/kg		时间/min	支撑剂类型
		排量/(m³/min)	净液量/m³	混砂液量/m³	累计混砂液量/m³				排量/(m³/min)	液氮量/m³	胶囊	APS		
前置液144m³	冻胶	4.5	40.0	40.0	40.0	0.0		0.0	0.28	2.49	2		8.9	
	冻胶	4.5	12.0	12.4	52.4	5.0	0.6	0.6	0.28	0.78	1.2		2.8	20～40目
	冻胶	5	40.0	40.0	92.4	0.0		0.6	0.28	2.24	8		8.0	
	冻胶	5	12.0	12.5	104.9	7.0	0.8	1.4	0.28	0.70	3.6		2.5	20～40目
	冻胶	5	40.0	40.0	144.9	0.0		1.4	0.28	2.24	16		8.0	
携砂液191m³	冻胶	5	25.0	26.4	171.3	9.0	2.3	3.7	0.28	1.48		5.0	5.3	20～40目
	冻胶	5	25.0	27.1	198.4	14.0	3.5	7.2	0.28	1.51		5.0	5.4	20～40目
	冻胶	5	30.0	33.2	231.6	18.0	5.4	12.6	0.28	1.85		6.0	6.6	20～40目
	冻胶	5	40.0	45.3	276.9	22.0	8.8	21.4	0.28	2.55		10.0	9.1	20～40目
	冻胶	5	40.0	46.0	322.9	25.0	10.0	31.4	0.28	2.58		10.0	9.2	20～40目
	冻胶	5	15.0	17.5	340.4	28.0	4.2	35.6	0.28	0.98		3.8	3.5	20～40目
	冻胶	5	10.0	11.8	352.2	30.0	3.0	38.6	0.26	0.62		3.0	2.4	20～40目
	冻胶	5	6.0	7.1	359.3	32.0	1.9	40.5	0.26	0.36		1.8	1.4	20～40目
顶替液	原胶	5	5.0	5.0	364.3	0.0	0.0	40.5		0.00			1.0	
合计			340.0	364.3	364.3	20.5	40.5	40.5		20.38	30.8	44.6	74.1	

现场实施水平井14段的压裂施工，获得成功，其中一段的施工曲线如图12-44所示。实现了泥岩穿层压裂，单井压后日产气达到60000m³/min，取得了显著的增产效果。

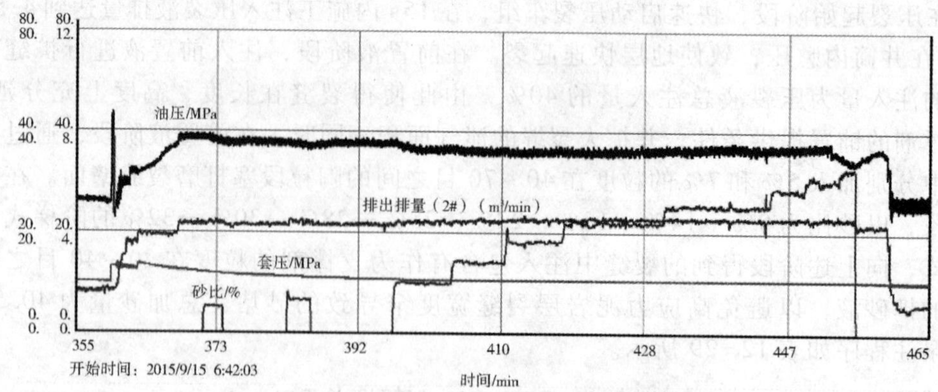

图 12-44　DPH-120 井穿层压裂施工曲线图

第十六节　水平井重复压裂实例分析

一、巴肯油田储层特征及对策

（一）储层特征

春天湖/榆树古力区块位于巴肯油田中部，孔隙度变化较大，在东北方向逐渐递减，西南方向则呈尖灭式递减。从 20 世纪 80 年代后期就开始对巴肯页岩储层进行开发，利用长水平段的水平井技术取得了一定的成效。

图 12-45 是巴肯油藏储层层段测井曲线类型。在该区域，中巴肯储层厚度基本在 1.82～4.57m，深度大约为 3048m，破裂压力梯度在 0.0156～0.0174MPa/m 之间。储层初始孔隙压力梯度为 0.0113MPa/m，显示出弱高压状态，井底静态温度为 115.6℃，渗透率

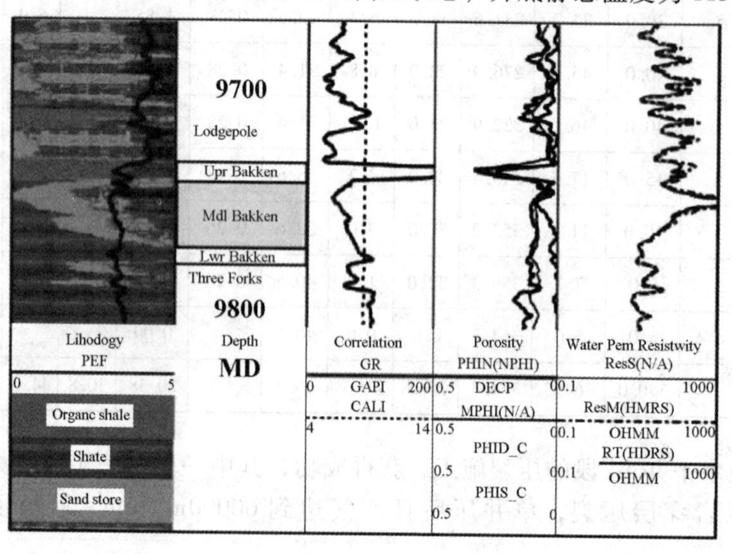

图 12-45　巴肯油藏产层测井显示

为 $(0.05\sim0.5)\times10^{-3}\mu m^2$，孔隙度为 8%～12%。已钻的 17 口水平井均使用单水平段的方式对该区进行开发，为了促进垂直裂缝的延伸，水平段是平行于最大主应力方向钻进的。这些水平井基本都有 914m 的水平段，且进行射孔。大多数井采用传统的单级泵注程序进行压裂，初次压裂施工平均注入了 $85m^3$ 的 20/40 目树脂支撑剂，其中有 3 口井的加砂量大于 $170m^3$。

水平井压裂后进行了示踪剂测井，测井结果显示支撑剂在初次施工井中的分布是不规则的，水平段的端部和中部的铺砂效果好于根部，并且在许多施工过程中表现为铺砂效果由端部到根部逐渐改善。在有些井中，重要的产层根本没有支撑剂铺置。因此，需要对生产情况较差的井进行重复压裂。

（二）压裂难点

水平井重复压裂如何有效分段难度大。

（三）主体技术

为了提高储层的改造体积，针对需要重复压裂的水平段，在已完成的限流射孔基础上进行了喷砂射孔（图 12-46）。初次压裂的射孔簇间距较大，因此该水平段的射孔密度在喷射射孔后增加了 1～2 个射孔簇，射孔簇间距由初次的 213.36m 降低到 91.44m，甚至更低。射孔过程中，用 3 个喷嘴以 120℃相位进行喷射，在每一个射孔处，用 7.7 方的压裂液携带砂浓度为 $120kg/m^3$ 的 20/40 目支撑剂。在泵注过程中，以 20.7MPa 的压降经过喷嘴，在喷砂射孔后，井筒进行了循环洗井，并提出了施工油管。

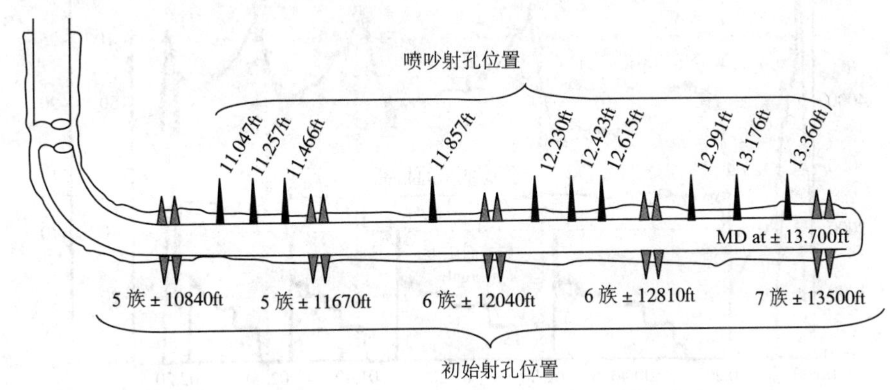

图 12-46　水平井重复压裂新增射孔位置（LTS 36－2－2H 井）

重复压裂施工中，将前置液和携砂液以多个泵注阶段按顺序逐步注入。前 5 口井施工过程中，采用的都是三级泵注阶段的注入方式，而其余井采用的是四级泵注阶段的方式。由于施工十分顺利，很少考虑砂堵问题，并且前置液用量不需要为克服近井滤失而大量增加，延续初次压裂时的施工排量 $7.6\sim8.7m^3/min$ 即可满足要求。重复压裂中 20/40 目支撑剂的用量为 $170m^3$。压裂液采用交联的羧甲基－羟丙基瓜尔胶体系（CMHPG），添加具有很强承载属性的氯基破乳剂。

按照新的施工设计，每个支撑剂的尾追注入阶段（最后一个泵注阶段尾追除外）均采用 $1200kg/m^3$ 的高砂浓度，以促使压裂液沿水平段转向进入新的储层段造新缝。与此同时，在前 2 个泵注阶段的后期投入小球封堵孔眼，从而改善裂缝的转向效果。在压裂施工结束后，以 $0.1m^3/min$ 的实际速度返排。在返排结束进行洗井作业后，将示踪测井仪下入油管。然后生产装备、抽油杆、抽油泵陆续开始在井下工作，进行投产。

LTS36－2－H 井于 2001 年 12 月进行了初次压裂施工，共加入 20～40 目陶粒的 $170m^3$。初始瞬时停泵压力在起破后为 23.1MPa，在 23min 后下降了 2.2MPa。施工排量在 $7.95m^3/min$ 时，净压力有 3.3MPa 的增加。施工末期的压力递减和储层被压开后的压力递减情况相似。LTS36－2－H 井于 2007 年 4 月进行了重复压裂施工。重复压裂施工前，该井已累积生产原油 1.16×10^4t，保持着 7.4t/d 的日产油量。重复压裂施工计划注 20～40 目陶粒的 $182m^3$。图 12－47 是此次重复压裂的施工曲线。从图中可以看出，初次瞬时停泵压力在起破后为 15.23MPa，10min 后下降了 8.05MPa。施工排量仍然为 $7.95m^3/min$，净压力上升了 11.76MPa。最终的瞬时停泵压力比初次压裂时高 0.62MPa。

从重复压裂施工曲线图（图 12－47）中可以看出，当第一泵注阶段中以 $480kg/m^3$ 的砂浓度进行加砂时，随着静液柱压力的增加，井口压力并没有减少。反应了井底施工压力有所增加，这可能是由于高渗透率储层随着生产导致地层压力下降较快，形成了较强的诱导应力促使裂缝发生了转向。在该阶段的支撑剂顶替过程中，尽管静液柱压力降低，施工压力却急剧上升了 3.45MPa。同样反应在施工的初期，裂缝发生了转向，延伸至储层的高应力区中。这样的施工异常现象在第二、第三泵注阶段也有所表现。

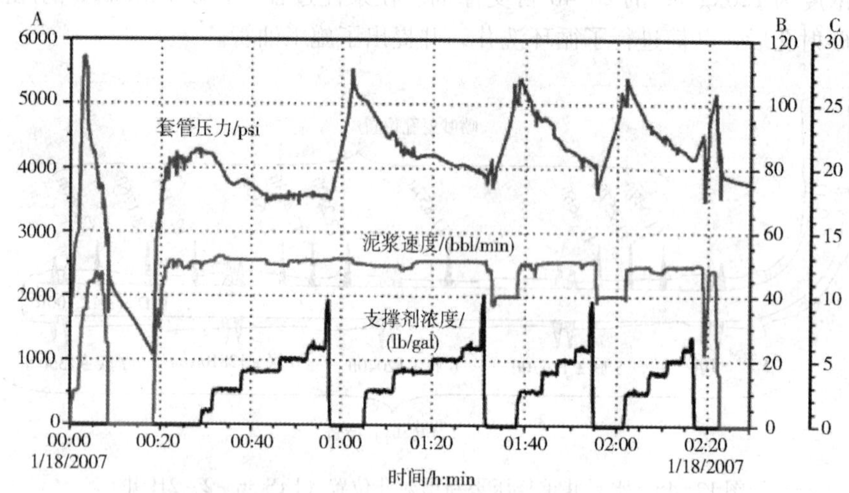

图 12－47　重复压裂多泵注阶段压裂施工曲线

二、压裂施工及效果

图 12－48 是 LTS 36－2－H 井初次压裂和重复压裂后的示踪测井曲线对比图。初次压裂时的示踪测井曲线成果位于下部，重复压裂后的位于上部。施工中加入了 3 种同位素进行监测：第一阶段加入 Sb－124（蓝色，顶部），第二和第三阶段加入了 Ir－192（红色，中部），第四阶段加入了 Sc－46（黄色，底部）。从对比图中可以看出，重复压裂使得更多的储层被压开，增加了裂缝的覆盖范围和缝长，并且从示踪同位素的分布中可以看出各次注入的支撑剂均延水平段分布。重复压裂后的示踪测井结果显示，转向技术很可能引导

支撑剂优先进入初次施工后的经示踪测井解释的未有效支撑的裂缝，而不是先前所认为的最佳铺砂位置。

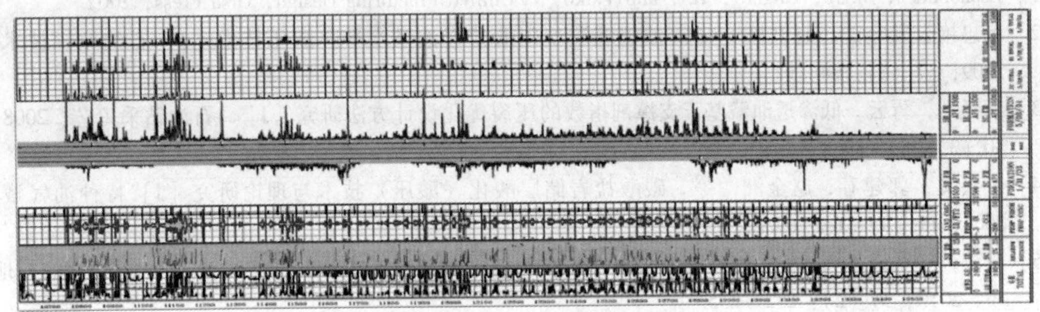

图 12-48　初次压裂（下部）和重复压裂（上部）示踪剂测井结果

表 12-30　重复压裂前后产量对比表

井号	重复压裂前累计产量/10³t	30 天平均产量		增产量/t	增产比例/%	增加可采储量/t
		重复压裂前/t	重复压裂后/t			
1	32.15	5.75	2.88	10.82	188.00	3.58
2	17.18	5.89	18.50	12.60	214.00	8.34
3	15.56	8.49	20.69	12.19	144.00	26.29
4	14.32	9.04	19.32	10.28	114.00	19.10
5	11.60	7.33	21.77	14.44	197.00	9.37
6	10.38	5.44	25.65	20.21	372.00	20.14
7	9.73	3.84	14.66	10.82	282.00	10.82
8	9.60	5.11	21.69	16.58	324.00	13.06
9	9.41	6.21	21.71	15.51	250.00	16.34
10	9.10	5.21	20.15	14.95	287.00	10.58
11	9.08	5.34	13.32	7.97	149.00	5.10
12	7.04	5.25	28.81	23.56	449.00	9.73
13	5.89	6.66	29.43	22.77	342.00	6.21
14	4.89	5.69	19.03	13.34	235.00	10.58
15	4.53	5.01	26.78	21.77	434.00	13.03
合计		90.26	318.07	227.82	252.00	182.25
平均		6.01	21.21	15.19	252.00	12.15

表 12-30 中，这 15 口井在初次压裂后 30d 平均产量为 27.4t/d，重复压裂后 30d 的平均产量为 21.21t/d。尽管如此，重复压裂技术使得数以万计的原油储量得到动用。这些井的平均气油比从 190m³/t 降到 107m³/t。气油比和生产压差在重复压裂后的下降显示之前未被开发的基质已经得到了改造，并且新的储量得到了持续动用。前期估算的 LTS 36-2-H井的单井可采储量为 4.12×10^4t，而在重复压裂后，单井可采储量增加了 9371t。对 15 口射孔完井的重复压裂改造井进行统计发，重复压裂使单井可采储量平均增加了 32%，约为 1.22×10^4t。

参考文献

[1] Economides, M. J. , Oligney, R. , and Valko, P. Unified Fracturing Design, Orsa Press, 2002.

[2] 韩忠艳，耿宇迪，赵文娜．塔河油田缝洞型碳酸盐岩油藏水平井酸压技术［J］石油钻探技术，2009，37（6）：94～97.

[3] 蒋廷学，胥云．低渗透油藏基于支撑剂指数的压裂优化设计方法研究［J］．石油钻采工艺，2008，30（3）：87～89.

[4] 王兴文，郭建春，赵金洲，等．碳酸盐岩储层酸化（酸压）技术与理论研究［J］特种油气藏，2004，11（4）：67～69.

[5] 张波，薛承瑾，周林波，等．多级酸压在超深裂缝型碳酸盐岩水平井的应用［J］．新疆石油与地质，2013，34（2）：232～235.

[6] 张晓逵，宋党育．煤层气解吸特征研究进展［J］．中国煤层气，2009，6（5）：17～20.

[7] 李相臣，康毅力．煤层气储层微观结构特征及研究方法进展［J］．中国煤层气，2010，7（2）：13～17.

[8] 许春花，赵冠军，龙胜祥，等．提高煤层气采收率新技术分析［J］．中国石油勘探，2010（3）：51～54.

[9] 汪伟英，汪亚蓉，邹来方，等．煤层气储层渗透率特征研究［J］．石油天然气学报，2009，31（6）：127～128.

[10] 张卫东，魏韦．煤层气水平井开发技术现状及发展趋势［J］．中国煤层气，2008，5（4）：19～22.

[11] 杜志敏，付玉，伍勇．低渗透煤层气产能影响因素评价［J］．石油与天然气地质，2007，28（4）：516～519.

[12] 付利，申瑞臣，屈平，等．给予层次分析法的煤层气钻完井方式优选［J］．石油钻采工艺，2011，33（4）：10～14.

[13] Alex Chakhmakhchev. Worldwide coalbed methane overview. SPE 106850, 2007.

[14] Ramaswamy S, Ayers W B, Holditch S A. Best drilling, completion and stimulation methods for CBM reservoirs［J］. World oil, 2008, 229（10）: 125～132.

[15] 鲜保安，夏柏如，张义，等．煤层气U型井钻井采气技术研究［J］．石油钻采工艺，2010，32（4）：91～95.

[16] 黄勇，姜军．U型水平连通井在河东煤田柳林地区煤层气开发的适应性分析［J］．中国煤炭地质，2009，21（1）：31～36.

[17] 冯立杰，李朝辉，姜光杰，等．对接井水力运移卸压开采煤层气方法的探讨［J］．中国煤层气，2010，7（5）：10～12.